3ds Max 2020/VRay

室内设计表现基础与实战教程

时代印象　编著

人 民 邮 电 出 版 社
北 京

图书在版编目（CIP）数据

3ds Max 2020/VRay室内设计表现基础与实战教程 / 时代印象编著. -- 北京 : 人民邮电出版社, 2021.8
ISBN 978-7-115-56559-4

Ⅰ. ①3… Ⅱ. ①时… Ⅲ. ①室内装饰设计—计算机辅助设计—三维动画软件—教材 Ⅳ. ①TU238-39

中国版本图书馆CIP数据核字(2021)第095216号

内容提要

本书以 3ds Max 和 VRay 软件为基础，为读者全面介绍 3ds Max 2020 的重要功能，不仅介绍了软件的重要参数和实战案例，还介绍了常用的 VRay 渲染器。

本书共 12 章。前 10 章为 3ds Max 2020 的基础操作部分，涉及软件基础、对象操作、建模、摄影机与构图、材质与贴图、灯光、环境与效果等；第 11 章介绍 VRay 渲染器的使用方法和一些渲染技巧；第 12 章安排了 3 个商业综合案例。

本书在编排的时候特意设计了“技巧与提示”，以帮助读者快速、高效地掌握软件的操作方法。另外，本书附带学习资源，内容包括本书所有实战案例的素材文件和实例文件，以及 PPT 教学课件和在线教学视频。读者可通过在线方式获取这些资源，具体方法请参看本书前言部分。

本书非常适合作为 3ds Max 初学者的入门及提高参考书。另外，请读者注意，本书所有内容均基于中文版 3ds Max 2020 和 VRay4.2 编写，读者可安装相同或更高版本软件来学习。

◆ 编　　著　时代印象
　责任编辑　王　冉
　责任印制　马振武
◆ 人民邮电出版社出版发行　　北京市丰台区成寿寺路 11 号
　邮编　100164　　电子邮件　315@ptpress.com.cn
　网址　https://www.ptpress.com.cn
　三河市君旺印务有限公司印刷
◆ 开本：787×1092　1/16
　印张：15.25
　字数：530 千字　　2021 年 8 月第 1 版
　印数：1 – 2 000 册　　2021 年 8 月河北第 1 次印刷

定价：69.90 元

读者服务热线：(010) 81055410　印装质量热线：(010) 81055316
反盗版热线：(010) 81055315
广告经营许可证：京东市监广登字 20170147 号

前言

Autodesk 公司推出的 3ds Max 是一款三维制作软件，它功能强大，从诞生以来就一直受到 CG 界艺术家的喜爱。3ds Max 在效果图领域的应用非常广泛，在模型塑造、场景渲染、动画及特效等方面表现良好，能制作出高品质的作品。这也使其在室内设计、建筑表现、影视与游戏制作等领域占据重要地位，成为全球非常受欢迎的三维制作软件。

本书采用一种加深理解的高效学习方法，以理论 + 实战的方式介绍 3ds Max 2020 的软件操作和表现技法，使读者通过实战案例去感悟软件的使用方法和技巧。本书大幅度提升了案例的视觉效果，并以现阶段流行的制作风格进行讲解。在案例编排上，本书强调针对性和实用性。对于建模技术、灯光技术、材质技术、渲染技术等 3ds Max 的核心技术，笔者将多年的相关制作经验进行了毫无保留的分享，以期再续经典。

本书在结构上分为基础入门和商业应用两大部分，带领读者由浅入深地进行科学的学习。本书内容主要包括软件基础、对象操作、建模、摄影机与构图、材质与贴图、灯光、环境与效果、渲染设置、商业综合案例等。

本书结构清晰，语言通俗易懂，适合以下读者学习使用。

（1）从事装饰设计的工作人员。

（2）从事效果图制作的工作人员。

（3）大中专院校相关专业的学生。

（4）对 3ds Max 感兴趣的业余爱好者。

本书附带学习资源，内容包括本书所有实战案例的素材文件和实例文件，以及 PPT 教学课件和在线教学视频。这些学习资源文件可通过在线方式获取，扫描“资源获取”二维码，关注“数艺设”的微信公众号，即可得到资源文件获取方式。如需资源获取技术支持，请致函 szys@ptpress.com.cn。

资源获取

由于编者水平有限，书中难免存在疏漏之处，敬请广大读者批评指正。

编　者

2021 年 1 月

资源与支持

本书由“数艺设”出品，“数艺设”社区平台（www.shuyishe.com）为您提供后续服务。

配套资源

全书实战案例的素材文件和实例文件

PPT 教学课件

在线教学视频

资源获取请扫码

“数艺设”社区平台，为艺术设计从业者提供专业的教育产品。

与我们联系

我们的联系邮箱是 szys@ptpress.com.cn。如果您对本书有任何疑问或建议，请您发邮件给我们，并请在邮件标题中注明本书书名及 ISBN，以便我们更高效地做出反馈。

如果您有兴趣出版图书、录制教学课程，或者参与技术审校等工作，可以发邮件给我们；有意出版图书的作者也可以到“数艺设”社区平台在线投稿（直接访问 www.shuyishe.com 即可）。如果学校、培训机构或企业想批量购买本书或“数艺设”出版的其他图书，也可以发邮件联系我们。

如果您在网上发现针对“数艺设”出品图书的各种形式的盗版行为，包括对图书全部或部分内容的非授权传播，请您将怀疑有侵权行为的链接通过邮件发给我们。您的这一举动是对作者权益的保护，也是我们持续为您提供有价值的内容的动力之源。

关于“数艺设”

人民邮电出版社有限公司旗下品牌“数艺设”，专注于专业艺术设计类图书出版，为艺术设计从业者提供专业的图书、U 书、课程等教育产品。出版领域涉及平面、三维、影视、摄影与后期等数字艺术门类，字体设计、品牌设计、色彩设计等设计理论与应用门类，UI 设计、电商设计、新媒体设计、游戏设计、交互设计、原型设计等互联网设计门类，环艺设计手绘、插画设计手绘、工业设计手绘等设计手绘门类。更多服务请访问“数艺设”社区平台 www.shuyishe.com。我们将提供及时、准确、专业的学习服务。

目录

目录

目录

目录

目录

目录

01

第 1 章

3ds Max 2020 基础入门

要点索引

▼

启动和退出 3ds Max 2020

3ds Max 2020 的工作界面

3ds Max 2020 的文件操作

3ds Max 2020 的视口操作

3ds Max 2020 的系统设置

3ds Max 是 Autodesk 公司出品的一款三维制作软件，它功能强大，从诞生以来就一直受到三维设计人员的喜爱。3ds Max 在模型塑造、场景渲染、动画及特效等方面表现良好，能制作出高品质的作品，这也使其在室内设计、影视与游戏制作、产品造型和效果图等领域占据重要地位。

1.1 启动和退出 3ds Max 2020

本节将讲解 3ds Max 2020 的启动方法、初次启动画面及退出方法。

1.1.1 启动 3ds Max 2020

安装好 3ds Max 2020 后，用户可以通过以下两种常用方法来启动 3ds Max 2020。

双击桌面上的快捷方式图标，如图 1-1 所示。

执行“开始 > 所有程序 >Autodesk 3ds Max 2020>3ds Max 2020 - Simplified Chinese”命令，如图 1-2 所示。

图 1-1

图 1-2

1.1.2 3ds Max 2020 的初次启动画面

3ds Max 2020 的启动画面如图 1-3 所示。初次启动时，系统会自动弹出“欢迎使用 3ds Max”对话框，其中包括学习、导航、资源等内容，如图 1-4 所示。若想在启动 3ds Max 2020 时不再弹出“欢迎使用 3ds Max”对话框，只需要在该对话框左下角取消选中“在启动时显示此欢迎屏幕”复选框即可。若要恢复弹出“欢迎使用 3ds Max”对话框，可以执行“帮助 > 欢迎屏幕”菜单命令来打开该对话框，如图 1-5 所示。

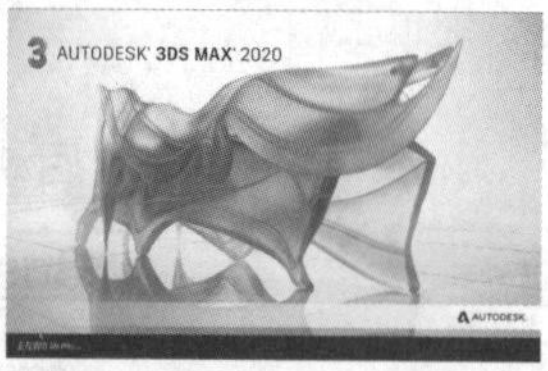

图 1-3

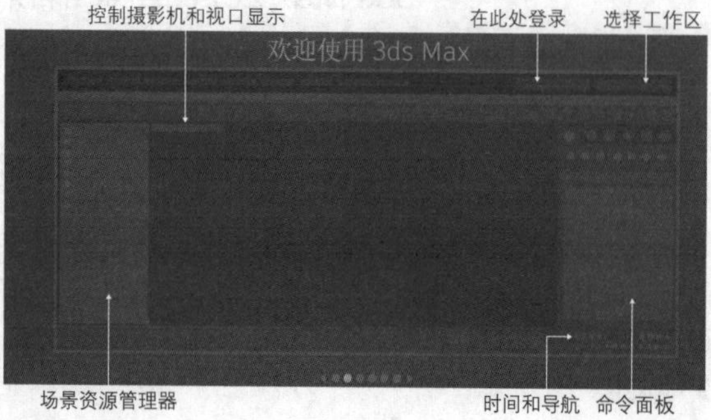

图 1-4

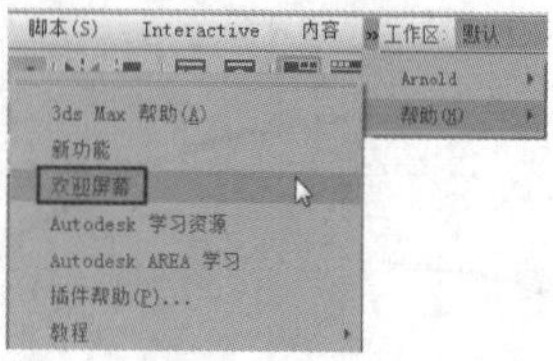

图 1-5

1.1.3 退出 3ds Max 2020

完成 3ds Max 2020 的使用后，用户可以通过如下两种常用方法退出该应用程序。

执行“文件 > 退出”菜单命令即可退出 3ds Max 2020。

单击 3ds Max 2020 工作界面右上角的“关闭”按钮，可以快速退出 3ds Max 2020，如图 1-6 所示。

图 1-6

> ⓘ 技巧与提示
>
> 完成 3ds Max 2020 的使用后，用户也可以按 Alt+F4 快捷键退出 3ds Max 2020。

1.2 3ds Max 2020 的工作界面

启动 3ds Max 2020 后，关闭“欢迎使用 3ds Max”对话框，即可进入 3ds Max 2020 的工作界面。

1.2.1 认识 3ds Max 2020 的工作界面

3ds Max 2020 的工作界面分为标题栏、菜单栏、主工具栏、命令面板、视口区域、视口控制器、状态栏、时间控制区、Ribbon 工具栏、场景资源管理器、时间尺 11 个部分，如图 1-7 所示。

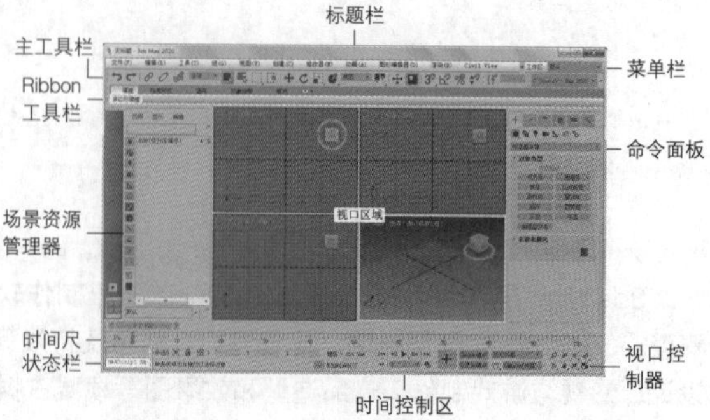

图 1-7

> ① 技巧与提示
>
> Ribbon 是一种以面板和标签页为架构的用户界面形式。它包含由命令按钮和图标组成的一系列面板，把相关的面板组织成几组“标签”。每一个应用程序都有一个不同的标签组，其展示了程序所提供的功能。设计 Ribbon 的目的是使应用程序的功能更加易于被用户发现和使用，减少用户点击鼠标的次数。

1. 菜单栏

3ds Max 2020 的菜单栏集合了各种操作命令，包括“文件”“编辑”“工具”“组”“视图”“创建”“修改器”“动画”“图形编辑器”“渲染”“Civil View”“自定义”“脚本”“Interactive”“内容”“Arnold”“帮助”“登录”18个菜单，如图 1-8 所示。

图 1-8

2. 主工具栏

主工具栏是工作中较常用的区域，许多常用的操作命令都以按钮的形式出现在这里。在默认状态下，主工具栏包含 30 个工具按钮，它们都是较常用的工具。

> ① 技巧与提示
>
> 当用户不了解某个工具按钮的名称时，可以借助工具按钮的提示来了解 3ds Max 的这种功能。用户只需要将鼠标指针移动到主工具栏中的某个工具按钮上，随即便会弹出该工具按钮的名称，从而了解它是什么工具，如图 1-9 所示。
>
> 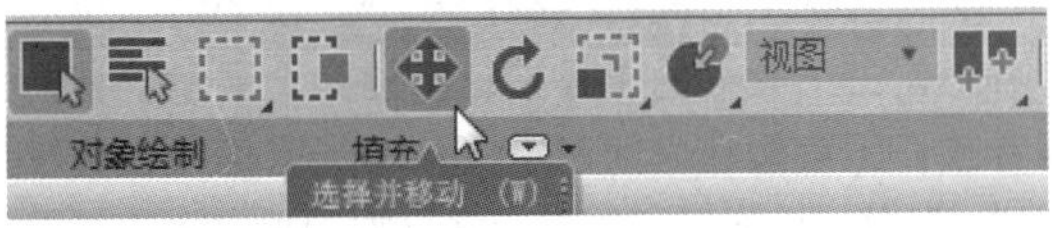
>
>
> 图 1-9

3. 命令面板

命令面板是工作中使用很频繁的区域。在默认状态下，它位于整个工作界面的右侧，由 6 个标签组成，从左到右分别是“创建”“修改”“层级”“运动”“显示”“程序”，如图 1-10 所示。单击命令面板中的不同标签，可以进入相应的命令面板。

每个命令面板都由不同的标题栏组成，标题栏左侧有一个三角符号▶。这种带三角符号的标题栏称为卷展栏。单击标题栏左侧的三角符号▶，可以向下展开卷展栏，显示可供输入或设置的各项参数；再次单击标题栏左侧的三角符号▼，将会收起卷展栏。

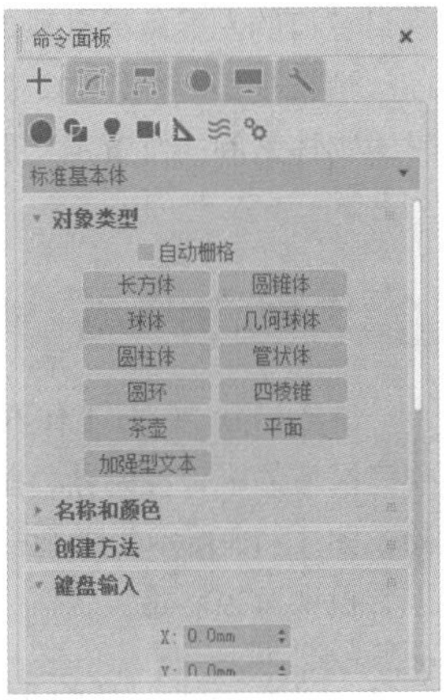

图 1-10

> ① 技巧与提示
>
> 当多个卷展栏被展开时，面板会变得很长，面板中的某些部分将被隐藏起来。上下拖曳面板右侧的垂直滚动条，可以将隐藏的部分显示出来。

4. 视口区域

在默认状态下，3ds Max 2020 的视口区域中有 4 个视口，分别为顶视口、前视口、左视口和透视视口，如图 1-11 所示。各视口可以相互转换，并且其大小可以调整。用户的操作将在被激活的视口中进行。

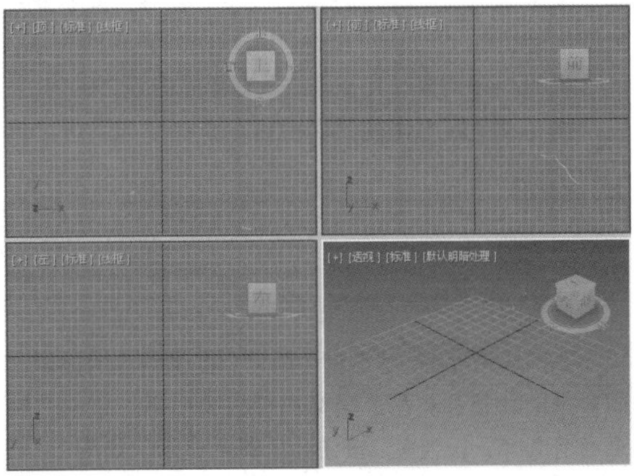

图 1-11

用户在计算机屏幕上看到的是一个平面结构，只有水平与垂直的关系。根据投影角度的不同，3ds Max 2020 的视口分为正交视口和透视视口。

正交视口：正交视口采用正交投影的方法，即主体与投影的光线呈 90°，不进行任何透视，能够准确表现高度与宽度之间的关系，主体的所有部分都与观察平面平行。在 3ds Max 2020 中，有效的正交视口包括前视口、后视口、顶视口、底视口、左视口和右视口。视口窗口的左上角标有视口的名称。

透视视口：透视视口最贴近人对事物的观察习惯，它对物体之间的位置定义更为直观。

5. 视口控制器

3ds Max 2020 工作界面的右下角存放着用于控制视口区域的视口控制器，图 1–12 所示为标准视口控制器，图 1–13 所示为透视视口控制器，图 1–14 所示为摄影机视口控制器。

图 1–12

图 1–13

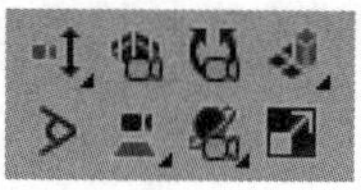
图 1–14

视口控制器主要用于改变视口中物体的观察效果，但并不改变视口中物体本身的大小及结构，其中常用工具的具体功能如下。

缩放：放大或缩小目前激活的视口区域。

缩放所有视图：放大或缩小所有视口区域。

最大化显示选定对象：用于激活视口中的选择对象。

所有视图最大化显示选定对象：将所有视口中的选择对象最大化显示。

缩放区域：拖曳鼠标缩放视口中的选择区域。

视野：同时缩放透视视口中的指定区域。

平移视图：沿着任意方向移动视口，但不能拉近或推远视口。

环绕子对象：用于围绕子对象旋转视口。

最大 / 最小化视口切换：在原视口与满屏之间切换激活的视口。

6. 状态栏

在操作过程中，状态栏会向用户提供相应的提示，如对象的数量和类型、坐标和栅格大小等。单击“锁定当前选择”按钮，按钮会呈黄色显示，如图 1–15 所示，此时会锁定当前选择的对象。

图 1–15

7. 时间控制区

时间控制区位于工作界面的下方，用来设置、控制运动的时间，如图 1–16 所示。

图 1–16

1.2.2 设置 3ds Max 2020 的工作界面

3ds Max 2020 的工作界面比较复杂，为了让用户快速掌握该软件，本小节将介绍对主工具栏、命令面板的位置进行调整的操作，以便用户定制适合个人习惯的工作环境，从而方便自己的操作，提高工作效率。

1. 设置主工具栏

主工具栏中有许多工具按钮和功能按钮，用户可以根据工作需要对主工具栏进行设置。例如，重新放置主工具栏、显示主工具栏的隐藏部分、选择工具按钮中的附属工具、将主工具栏设置为浮动工具栏、隐藏主工具栏等。

01 重新放置主工具栏。按住鼠标左键拖曳主工具栏左侧的两条垂直线，即可将其分离出来，使主工具栏成为一个浮动面板，如图 1–17 所示。将主工具栏分离出来后，用户便可以拖曳主工具栏的标题栏，将其放到工作界面的左侧、右侧或下方，以适应自己的操作习惯，如图 1–18 所示。

图 1–17

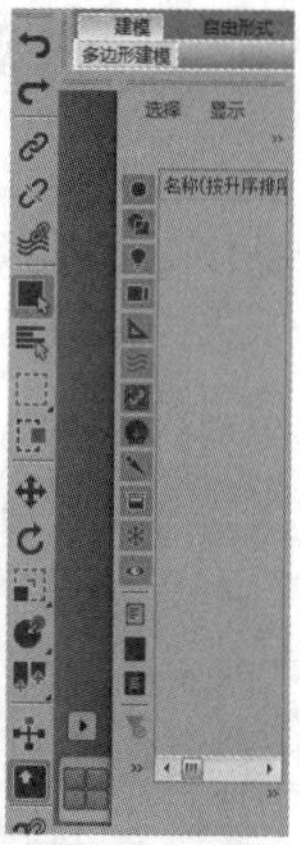

图 1–18

02 显示主工具栏的隐藏部分。在分辨率较小的屏幕上，主工具栏的工具按钮不能完全显示。将鼠标指针放在工具按钮之间的空白处，当鼠标指针变成手掌样式时，按住鼠标左键沿水平方向拖曳主工具栏，如图 1–19 所示，即可显示出主工具栏的隐藏部分，如图 1–20 所示。

图 1–19

图 1–20

03 选择工具按钮中的附属工具。某些工具按钮右下角有一个小三角形，这表示此工具按钮中包含其他工具。长按带有附加工具的工具按钮，可以显示该工具按钮中的附属工具，如图 1–21 所示。将鼠标指针移动到要选择的工具上，松开鼠标即可选择想要的附属工具，如图 1–22 所示。

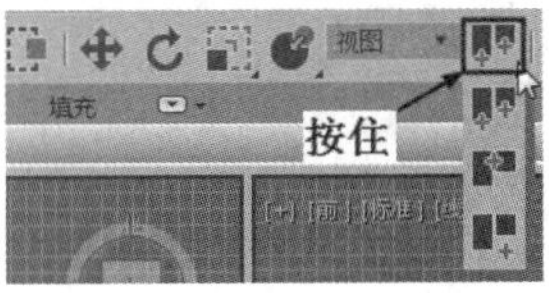

图 1–21

图 1–22

> ① 技巧与提示
>
> 在选择工具按钮中的附属工具时，一定要在按住鼠标左键的情况下选择。

2. 设置命令面板

在默认状态下，3ds Max 2020 中的命令面板位于工作界面的右侧。如果要改变命令面板的位置，可以使用鼠标右键单击命令面板的标题栏，在弹出的右键菜单中选择面板停靠的位置，如图 1–23 所示。或是直接用鼠标拖曳命令面板的标题栏，然后将其放在其他位置。图 1–24 所示是将命令面板放在工作界面左侧的效果。

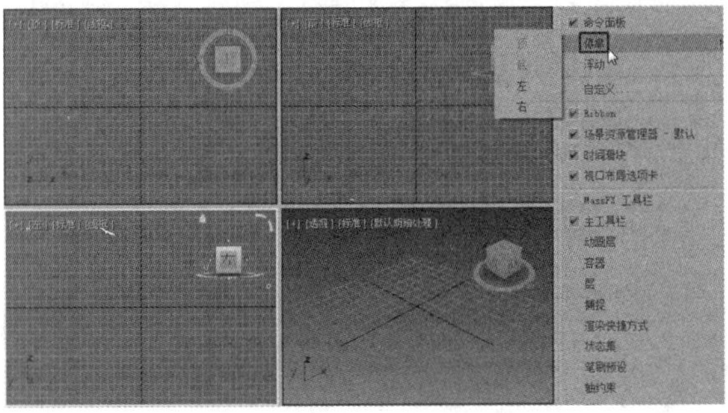

图 1–23

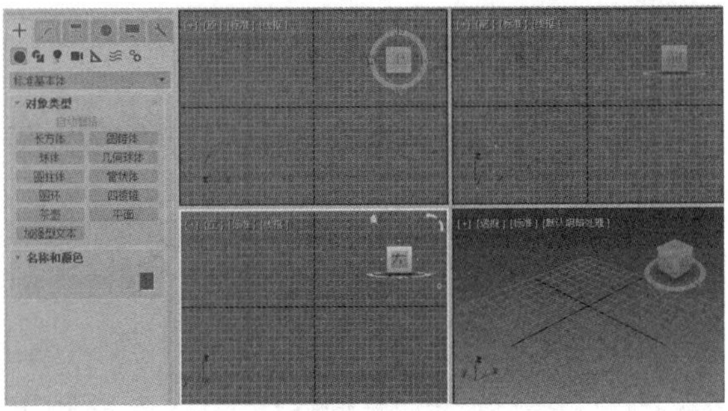

图 1–24

使用鼠标右键单击命令面板的标题栏，在弹出的右键菜单中选择“浮动”命令，如图 1–25 所示，或是直接拖曳命令面板的标题栏使其脱离默认位置，命令面板将成为浮动面板，如图 1–26 所示。

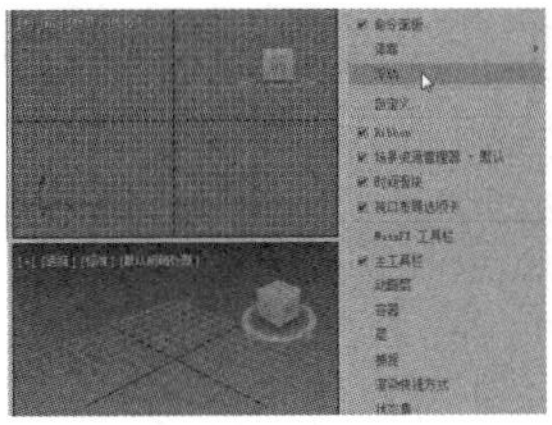

图 1–25

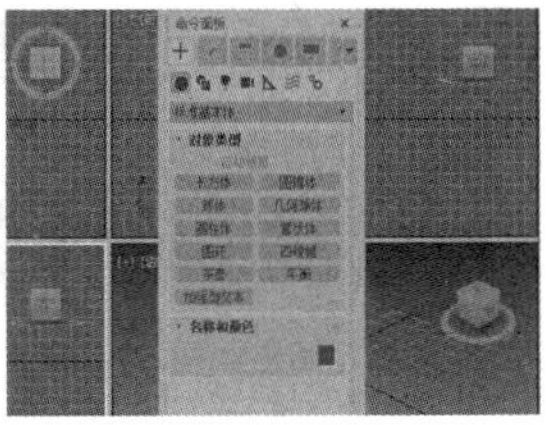

图 1–26

> ① 技巧与提示
>
> 将命令面板拖曳到其他位置后，可以通过双击面板中的标题栏将其还原到默认的状态，也可以单击面板右上角的“关闭”按钮，将该面板关闭。在关闭命令面板后，可以通过右键单击主工具栏，在弹出的菜单中选择“命令面板”命令的方式，重新调出命令面板。

1.3 3ds Max 2020 的文件操作

文件操作是 3ds Max 中常用的一项功能，读者需要完全掌握。3ds Max 2020 的文件操作集中于“文件”菜单中。

1.3.1 新建场景

在 3ds Max 中，执行“文件 > 新建全部”菜单命令，或执行“文件 > 从模板新建”菜单命令，可以新建一个场景。

新建全部：用于新建一个场景，并清除当前场景中的所有内容，如图 1–27 所示。

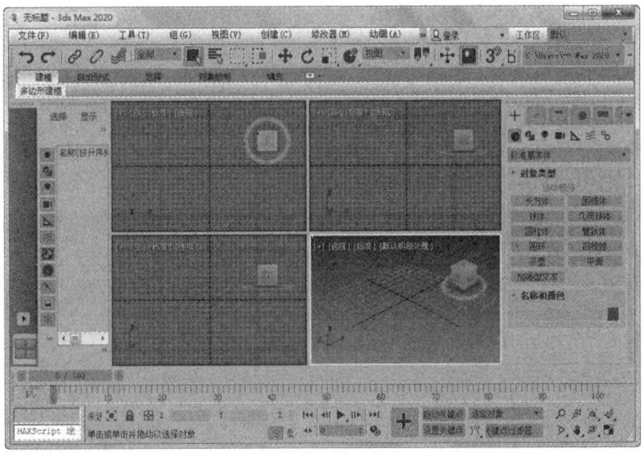

图 1–27

从模板新建：用于从“创建新场景”对话框中选择场景模板进行创建，如图 1–28 所示。

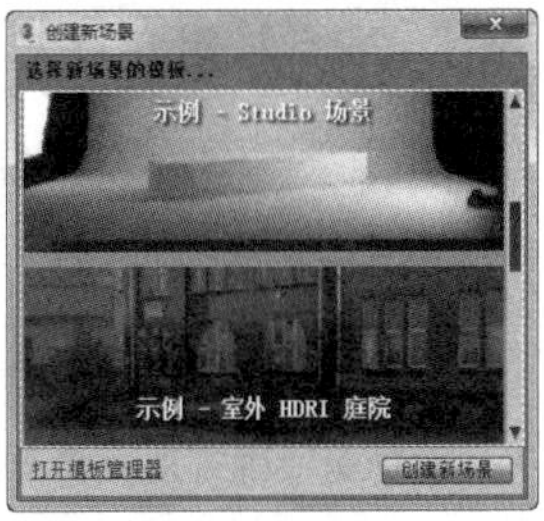

图 1–28

① 技巧与提示

在一般情况下，新建场景可以用快捷键来完成。按 Ctrl+N 快捷键可以创建一个全新的场景。

1.3.2 重置场景

执行“文件 > 重置”菜单命令，可以新建一个文件并重新设置系统环境，这个命令在工作中会经常用到。

在执行“重置”命令后，会打开一个询问对话框，如图 1-29 所示。如果单击“是”按钮是(Y)，将创建一个新的文件，并恢复到默认状态下的系统环境；如果单击“否”按钮否(N)，将取消这次操作，返回到当前的场景中。

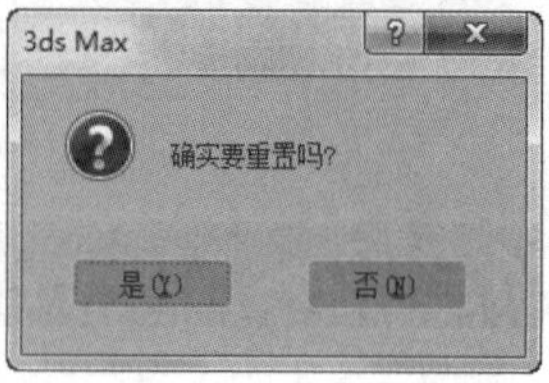

图 1-29

① 技巧与提示

使用“新建”方式创建的场景将保持目前界面的所有设置，包括视口区域和命令面板中的设置。如果要恢复默认状态下的工作界面，则需要使用“重置”命令。

1.3.3 打开文件

“打开”命令用于打开一个已有的素材文件。执行“文件 > 打开”菜单命令，或按 Ctrl+O 快捷键，根据提示可以打开指定的文件。

① 技巧与提示

因为 3ds Max 2020 一次只能打开一个场景，所以在打开一个新的素材文件后，将自动关闭前面的场景。除了可以用“打开”命令打开场景以外，还有一种更为简便的方法将其打开：在文件夹中选择要打开的文件，然后将其直接拖曳到 3ds Max 的工作界面中。

实战：打开素材文件	
素材位置	素材文件 > 第 1 章 >01.max
实例位置	无
学习目标	掌握打开素材文件的方法

01 第 1 种方法：启动 3ds Max 2020 后，执行“文件 > 打开”菜单命令，如图 1-30 所示。在“打开文件”对话框中选择指定的文件后，单击“打开”按钮打开(O)，如图 1-31 所示。

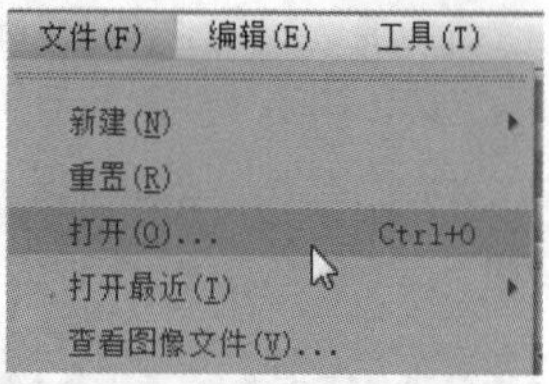

图 1-30

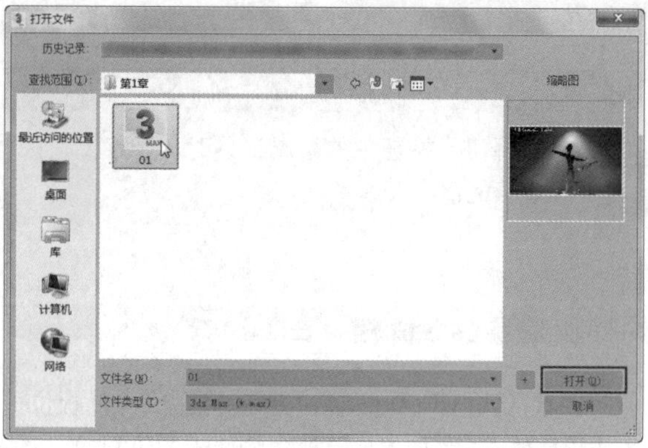

图 1-31

02 第 2 种方法：找到要打开的文件，然后直接双击该文件，如图 1-32 所示，即可将其打开，如图 1-33 所示。

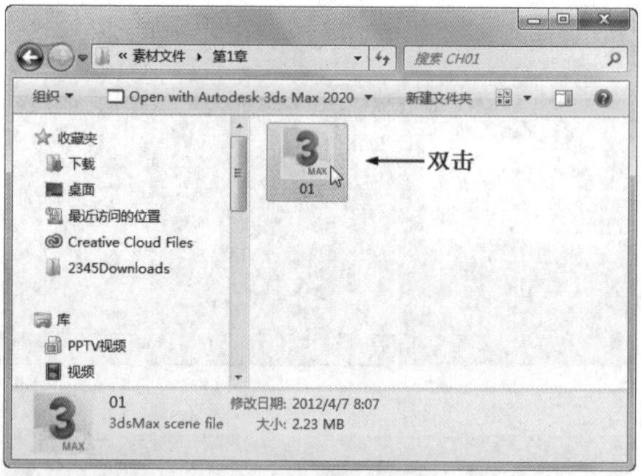

图 1-32

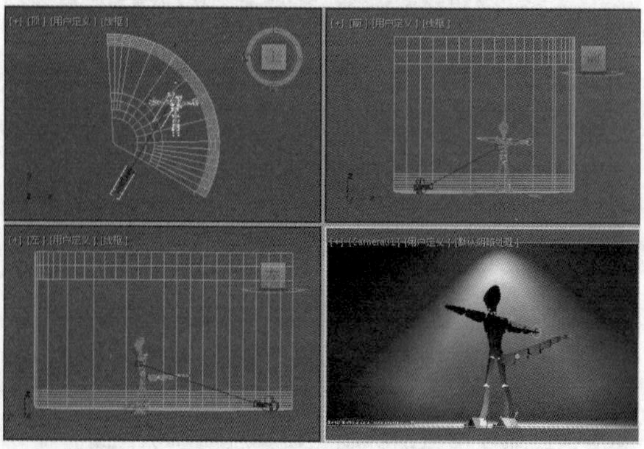

图 1-33

1.3.4 保存场景

执行“文件 > 保存”菜单命令，可以保存当前场景。如果先前没有保存场景，执行该命令则会打开“文件另存为”对话框，在该对话框中可以设置文件的保存位置、文件名以及保存类型，如图 1-34 所示。

图 1-34

> **① 技巧与提示**
>
> “文件”菜单中包括“保存”“另存为”和“保存副本为”3 个用于保存文件的命令。如果计算机硬盘中没有保存当前素材文件，那么执行“保存”命令会打开“文件另存为”对话框，在此对话框中可以设置文件的保存位置、文件名和保存类型并保存文件；如果硬盘中已经存在当前素材文件，执行“保存”命令将直接覆盖掉这个文件。如果事先已经保存了当前素材文件，要重新设置保存位置、文件名或保存类型，就需要执行“另存为”命令，在打开的“文件另存为”对话框中重新进行设置。执行“保存副本为”命令，可以用一个不同的文件名来保存当前场景的副本。

1.3.5 导入外部文件

执行“文件 > 导入”菜单命令，可以加载或合并当前 3ds Max 素材文件以外的几何体文件。“导入”命令包含 6 种导入方式，如图 1-35 所示。执行该命令可以打开“选择要导入的文件”对话框，在该对话框中可以选择要导入的文件，如图 1-36 所示。

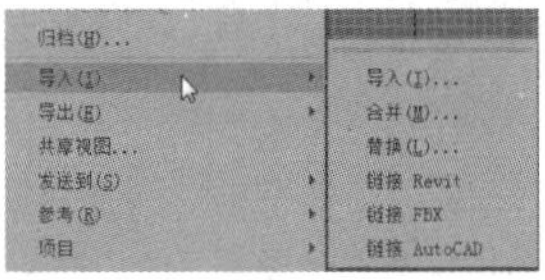

图 1-35

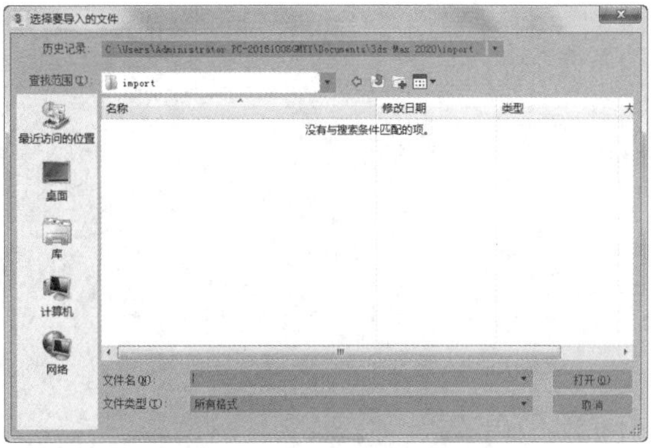

图 1-36

实战：导入外部文件

素材位置	素材文件 > 第 1 章 >01.dwg
实例位置	无
学习目标	掌握如何导入外部文件

01 执行“文件 > 导入 > 导入”菜单命令，打开“选择要导入的文件”对话框，选择学习资源中的“素材文件 > 第 1 章 >01.dwg”文件，如图 1-37 所示。

图 1-37

02 单击“打开”按钮 打开(O)，在弹出的“AutoCAD DWG/DXF 导入选项”对话框中单击“确定”按钮 确定，如图 1-38 所示，导入文件后的效果如图 1-39 所示。

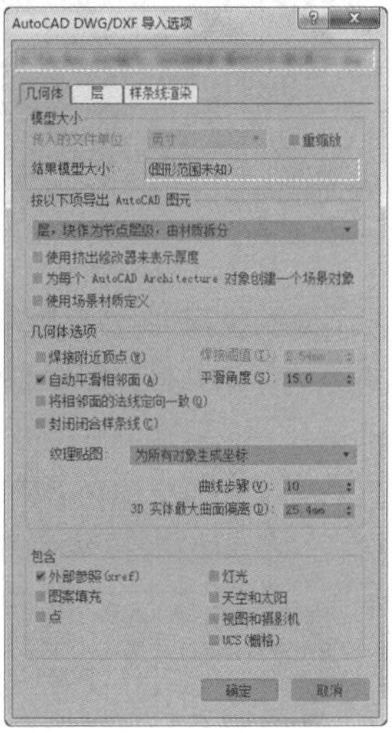

图 1-38

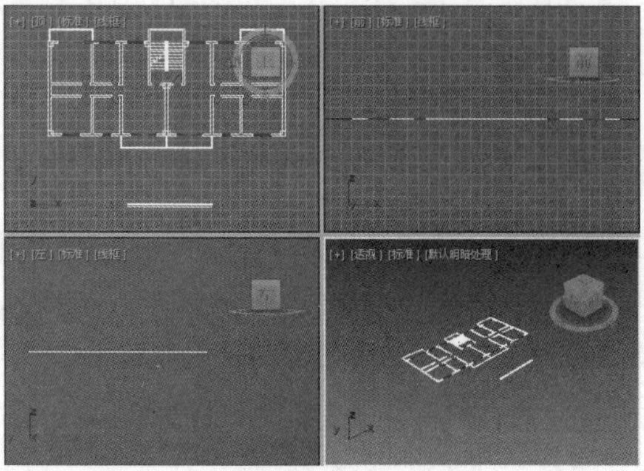

图 1-39

① 技巧与提示

执行“文件 > 导入 > 合并”菜单命令，可以打开“合并文件”对话框，在该对话框中可以将保存在素材文件中的对象加载到当前场景中。

实战：合并外部文件	
素材位置	素材文件 > 第 1 章 >02-1.max 和 02-2.max
实例位置	无
学习目标	掌握如何合并外部文件

01 打开学习资源中的“素材文件 > 第 1 章 >02-1.max”文件，这是一个书桌模型，如图 1-40 所示。

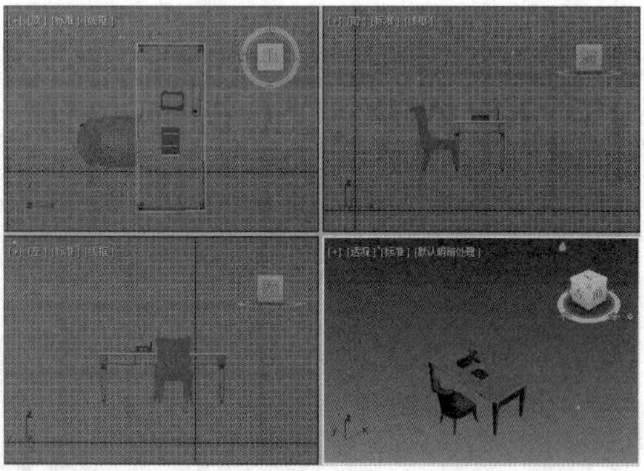

图 1-40

02 执行“文件 > 导入 > 合并”菜单命令，打开“合并文件”对话框，然后选择“02-2.max”素材文件并将其打开，如图 1-41 所示。

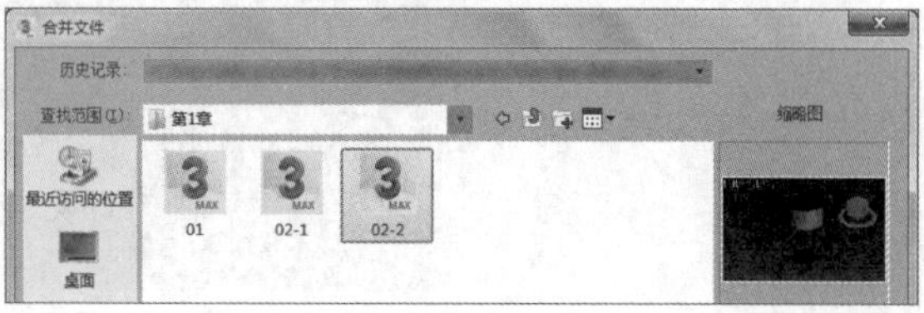

图 1-41

03 在打开的“合并 -02-2.max”对话框中选择要合并的对象，然后单击“确定”按钮，如图 1-42 所示，合并素材文件后的效果如图 1-43 所示。

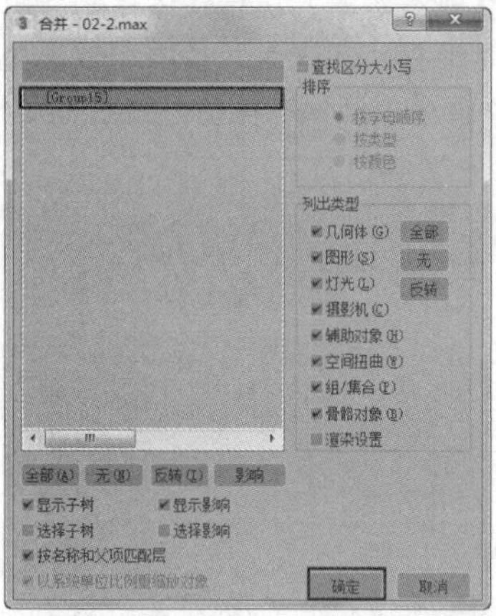

图 1-42

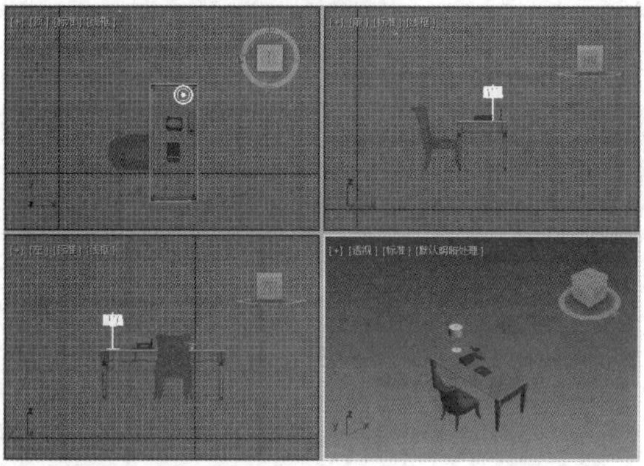

图 1-43

① 技巧与提示

合并文件时，也可以将需要合并的素材文件直接从文件夹中拖入视口区域，在弹出的菜单中选择“合并文件”命令即可，如图 1-44 所示。

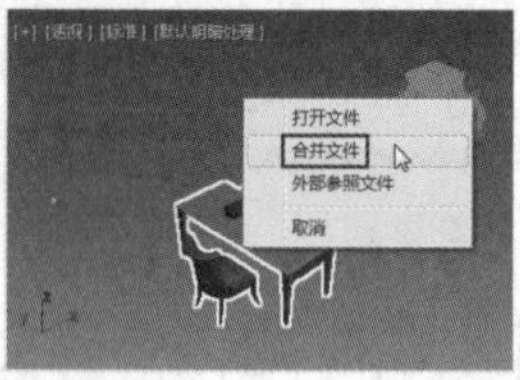

图 1-44

1.3.6 导出选定对象

执行“文件 > 导出”菜单命令，可以将场景中的图形对象导出为各种格式的文件，其中包含 4 种导出方式，如图 1-45 所示。

图 1-45

导出：执行该命令，在弹出的“选择要导出的文件”对话框中可以选择要将场景导出成何种文件格式。

导出选定对象：在场景中选择图形对象以后，执行该命令可以以各种格式导出选定的对象。

发布到 DWF：执行该命令可以将场景中的图形对象导出成 DWF 格式的文件，这种格式的文件可以在 AutoCAD 中打开。

游戏导出器：该命令用于导出游戏角色模型。

实战：导出选定对象	
素材位置	素材文件 > 第 1 章 >03.max
实例位置	无
学习目标	掌握导出选定对象的方法

01 打开本书学习资源中的“素材文件 > 第 1 章 > 03.max”文件，选中场景中的汽车模型，如图 1-46 所示。

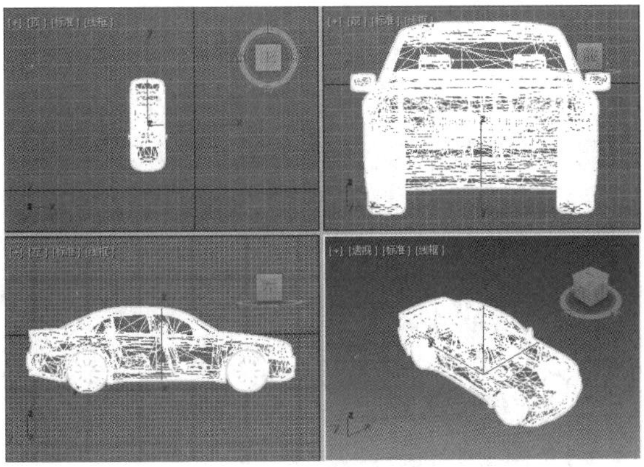

图 1-46

02 执行“文件 > 导出 > 导出选定对象”菜单命令，如图 1-47 所示。

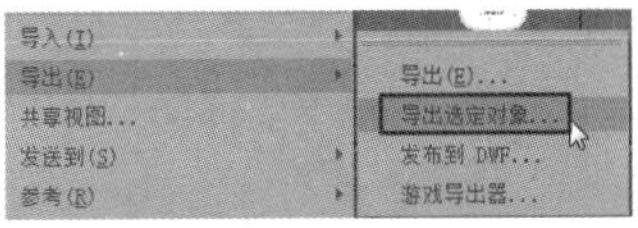

图 1-47

03 在弹出的“选择要导出的文件”对话框中设置导出模型的路径、名称及格式，然后单击“保存”按钮 保存(S)，如图 1-48 所示。

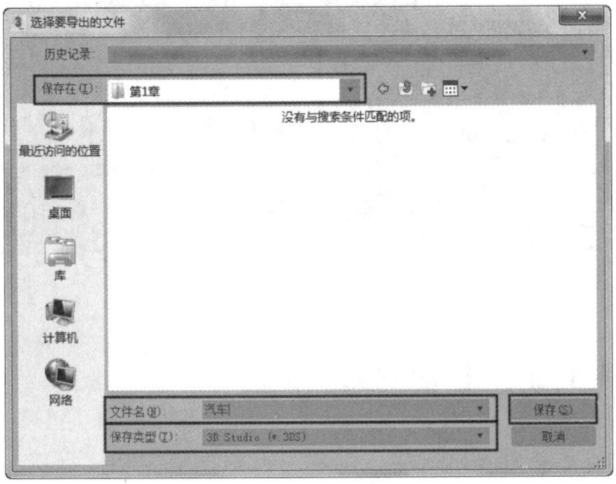

图 1-48

04 在弹出的“将场景导出到 .3DS 文件”对话框中勾选“保持 MAX 的纹理坐标”复选框，然后单击“确定”按钮 确定，如图 1-49 所示。

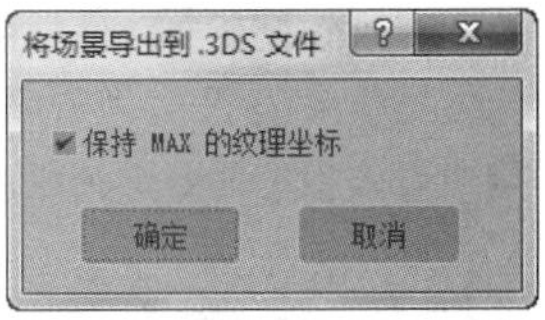

图 1-49

05 导出的模型文件可以在设置的文件路径中找到，如图 1-50 所示。

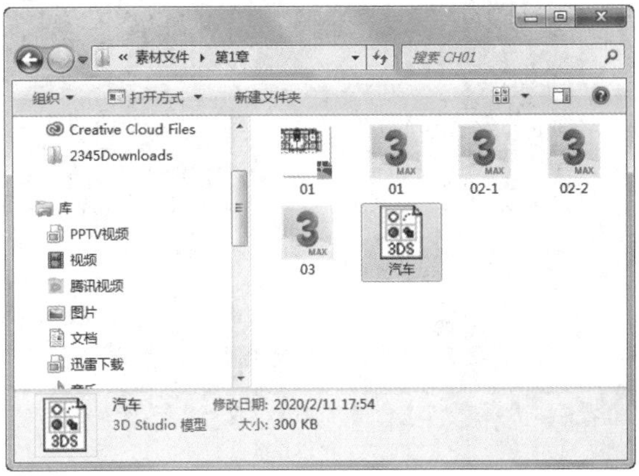

图 1-50

1.4 3ds Max 2020 的视口操作

视口区域是创建与编辑模型的区域，是 3ds Max 的重要部分，用户可以根据需要设置视口区域的布局、切换当前的视口、隐藏视口的网格线、设置 View Cube 图标、更改视口显示效果、为视口添加背景图像等。

1.4.1 设置视口区域的布局

用户可以在“视口配置”对话框中重新设置每个视口，打开该对话框可以使用以下 3 种方法。

执行“视图 > 视口配置”菜单命令，如图 1-51 所示。

单击视口名称处的“+”号，在弹出的菜单中选择“配置视口”命令，如图 1-52 所示。

使用鼠标右键单击工作界面右下角的视口控制器中的任意一个按钮。

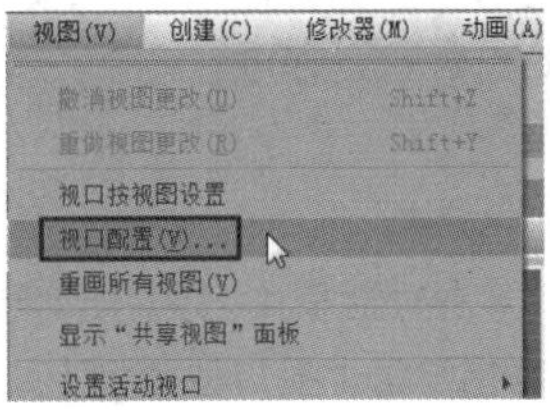

图 1-51

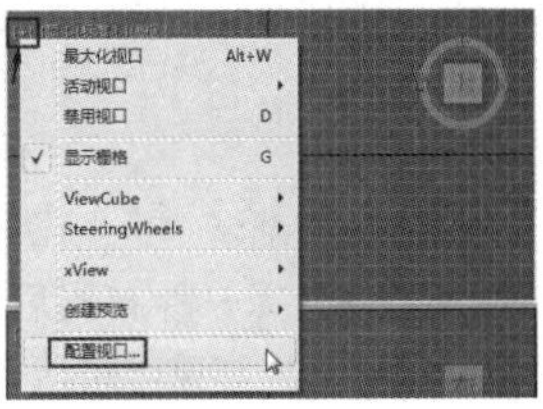

图 1-52

“视口配置”对话框中包含若干个选项卡，如“显示性能”“背景”“布局”“安全框”“区域”等，用户可以根据需要进行相应的设置，如图 1-53 所示。

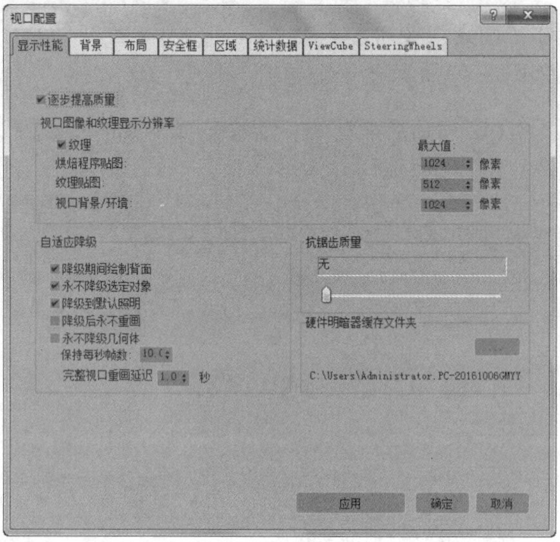

图 1-53

实战：设置视口区域的布局	
素材位置	无
实例位置	无
学习目标	掌握如何设置视口区域的布局

01 执行“视图 > 视口配置”菜单命令，打开“视口配置”对话框，选择“布局”选项卡，该选项卡提供了多种视图布局，如图 1-54 所示。

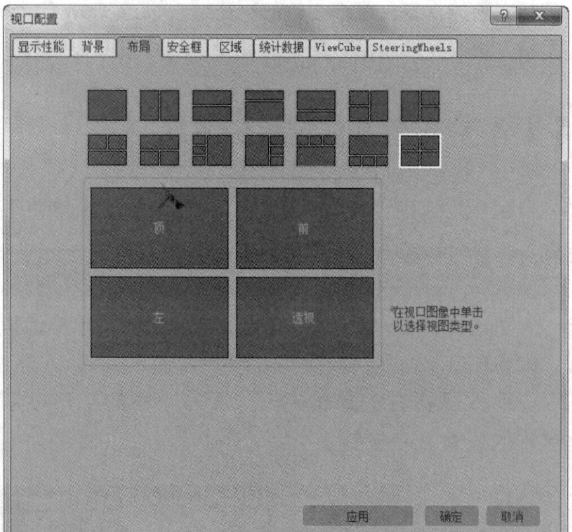

图 1-54

02 选择一种布局后，单击对话框中部的视口图像，在弹出的菜单中可以重新指定每个视口的类型（如将前视口改为后视口），如图 1-55 所示。

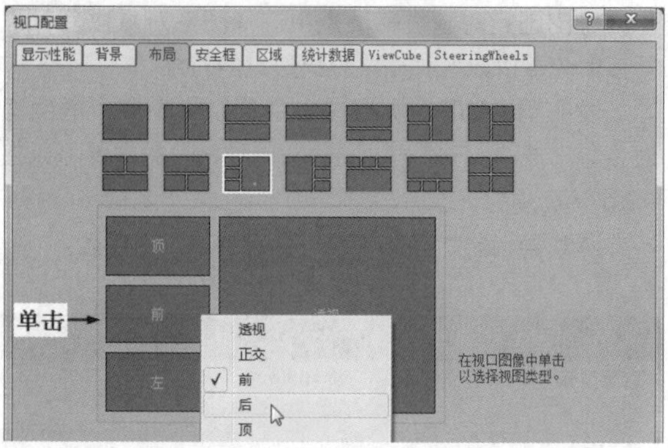

图 1-55

03 选择好布局后，单击“确定”按钮 确定 ，即可改变视口区域的布局，如图 1-56 所示。

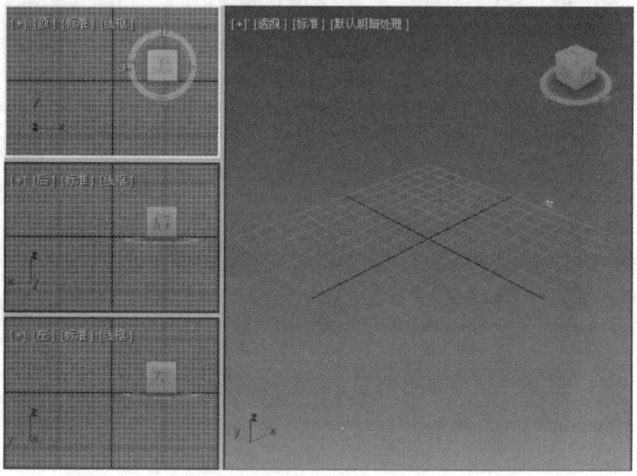

图 1-56

04 拖曳视口的边界可以改变视口大小，如图 1-57 所示。

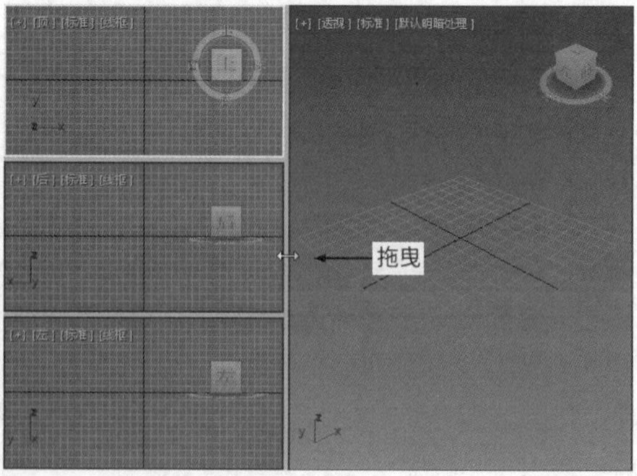

图 1-57

1.4.2 切换当前的视口

在 3ds Max 中，用户可以根据需要切换视口。例如，单击顶视口的名称，在弹出的菜单中选择需要切换为的视口（如透视视口），如图 1-58 所示，即可将顶视口切换为透视视口，效果如图 1-59 所示。

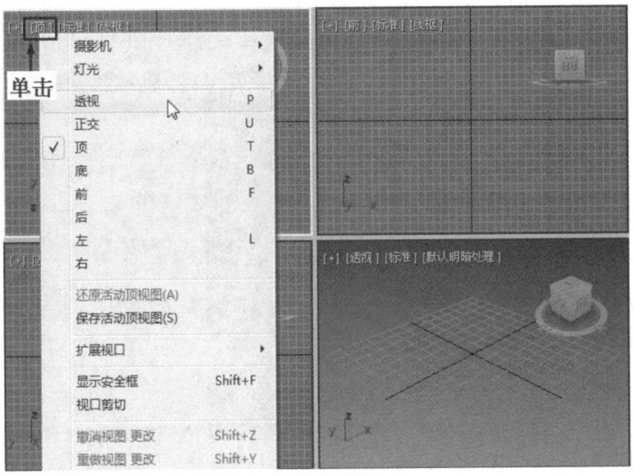

图 1-58

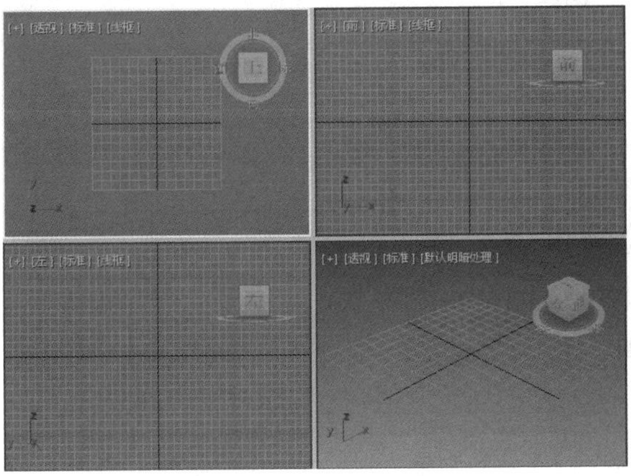

图 1-59

> ① 技巧与提示
>
> 在 3ds Max 中，如果用户想在视口之间进行切换，可以通过相应的快捷键来完成，这样便于提高工作效率。各视口对应的快捷键如下。
>
> T 键：顶视口（Top）
>
> B 键：底视口（Bottom）
>
> L 键：左视口（Left）
>
> U 键：正交视口（User）
>
> F 键：前视口（Front）
>
> P 键：透视视口（Perspective）

1.4.3 隐藏视口的网格线

在默认状态下，视口背景中存在着网格线，这通常不利于查看图形，如图 1-60 所示。执行“工具 > 栅格和捕捉 > 显示主栅格”菜单命令，取消选中“显示主栅格”命令左侧的复选框，如图 1-61 所示，即可将网格线隐藏，效果如图 1-62 所示。

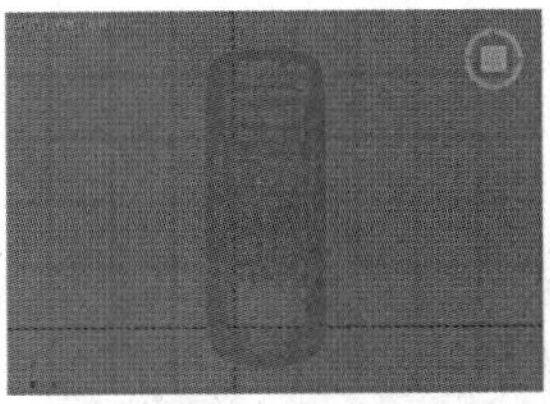
图 1-60

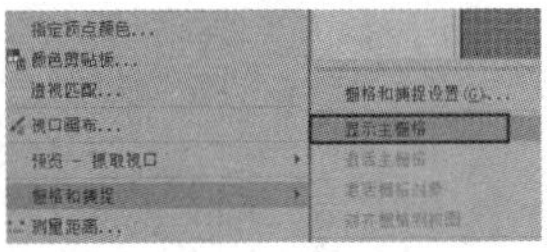
图 1-61

图 1-62

> ① 技巧与提示
>
> 取消显示视口背景的网格线后，再次执行“工具 > 栅格和捕捉 > 显示主栅格”菜单命令，可以显示网格线。另外，按 G 键也可以显示或隐藏视口中的网格线。

1.4.4 设置 View Cube 图标

View Cube（导航控件）提供了视口当前方向的视觉反馈，让用户可以调整视图方向以及在标准视图与等距视图间进行切换。

View Cube 图标在默认情况下会显示在活动视口的右上角。如果 View Cube 处于非活动状态，其图标则会叠加在场景之上，但它不会显示在摄影机视口中，如图 1-63 所示。

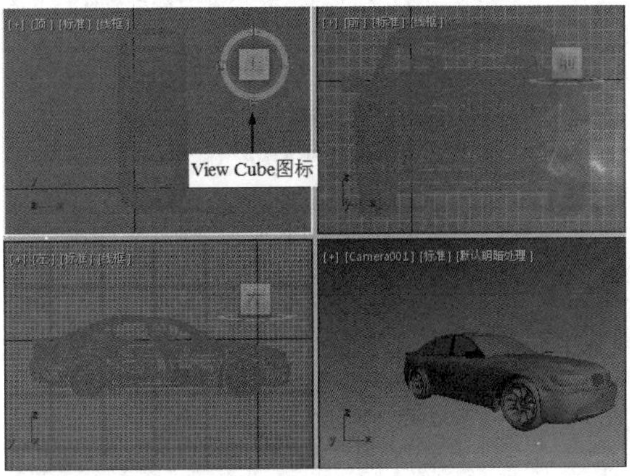

图 1-63

当 View Cube 处于非活动状态时，其主要功能是根据模型的指向显示场景方向。将鼠标指针置于 View Cube 图标上时，它将变成活动状态，单击指定方向，可以切换到一种可用的预设视口中，或者旋转当前视口，如图 1-64 所示。

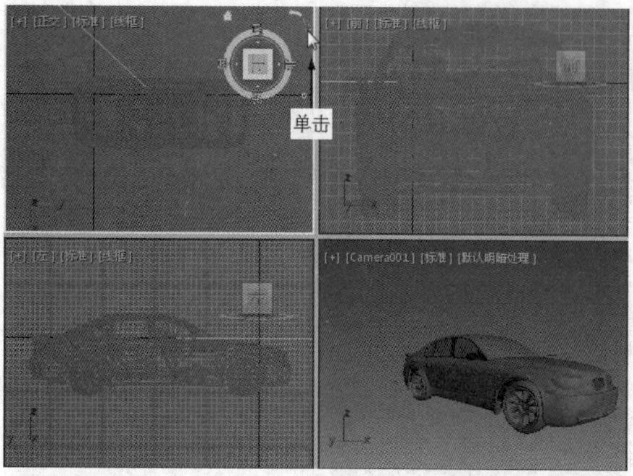

图 1-64

> ⓘ 技巧与提示
>
> 当 View Cube 处于非活动状态时，默认情况下它在视口右上角显示为半透明状，这样不会完全遮住其所在位置的模型。当 View Cube 处于活动状态时，它是不透明的，因此可能遮住场景中的模型。

在创建模型的过程中，如果 View Cube 图标影响了模型的显示，执行“视图 >ViewCube> 显示 View Cube”菜单命令，如图 1-65 所示，可以隐藏 View Cube 图标，效果如图 1-66 所示。

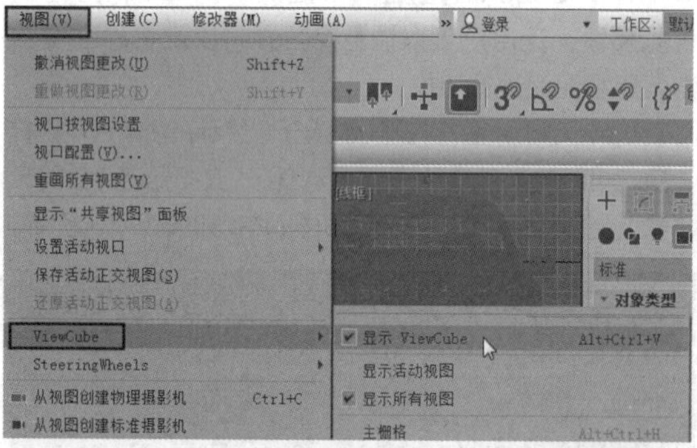

图 1-65

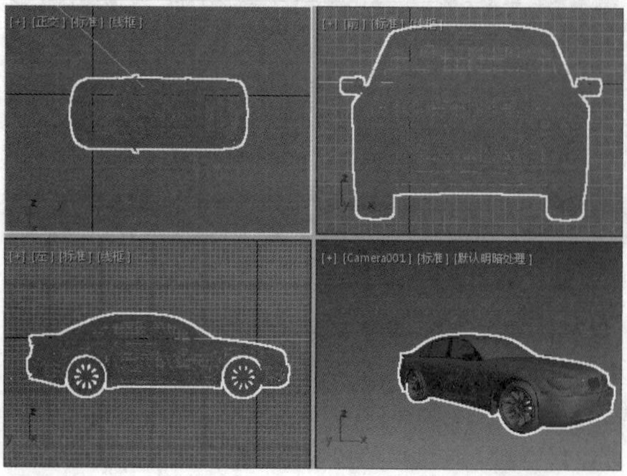

图 1-66

1.4.5 更改视口显示效果

单击视口中的“线框”选项，在弹出的菜单中可以更改视口显示效果，其中包括“默认明暗处理”“面”“边界框”“平面颜色”“隐藏线”“线框覆盖”等视觉效果，如图 1-67 所示。在图 1-68 所示的 4 个视口中，分别展示了模型的“隐藏线”“边界框”“线框覆盖”“默认明暗处理”效果。

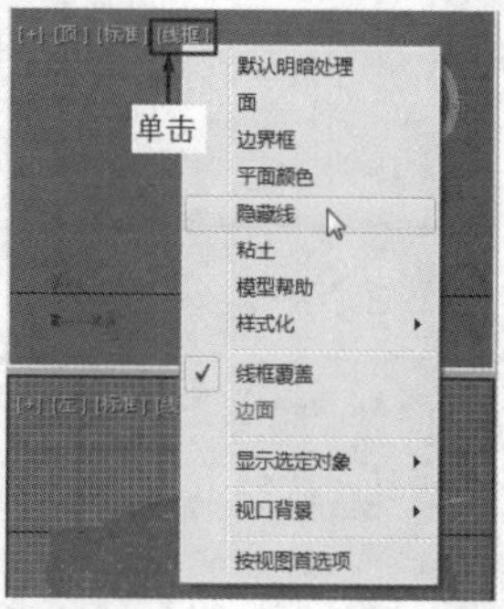

图 1-67

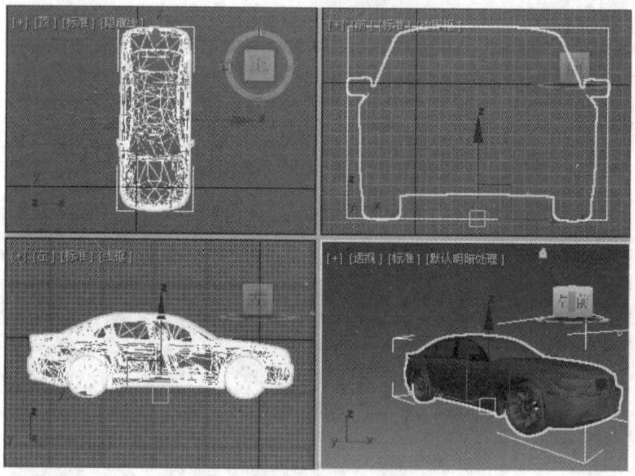

图 1-68

1.4.6 为视口添加背景图像

用户可以根据需要为视口添加背景图像，使其成为创建模型时的参考对象。

实战：为视口添加背景图像	
素材位置	素材文件 > 第 1 章 >01.jpg
实例位置	无
学习目标	掌握如何为视口添加背景图像

01 选择其中一个视口（如“顶视口”），然后执行“视图 > 视口背景 > 配置视口背景”菜单命令，如图 1-69 所示。

02 在打开的“视口配置”对话框中选中“使用文件”选项，然后单击“文件”按钮 文件... ，如图 1-70 所示。

03 在打开的“选择背景图像”对话框中选择要作为视口背景的图像，然后单击“打开”按钮 打开(O) ，如图 1-71 所示。

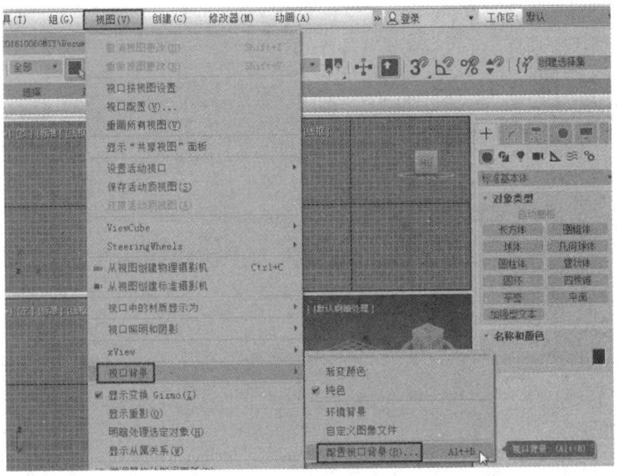

图 1-69

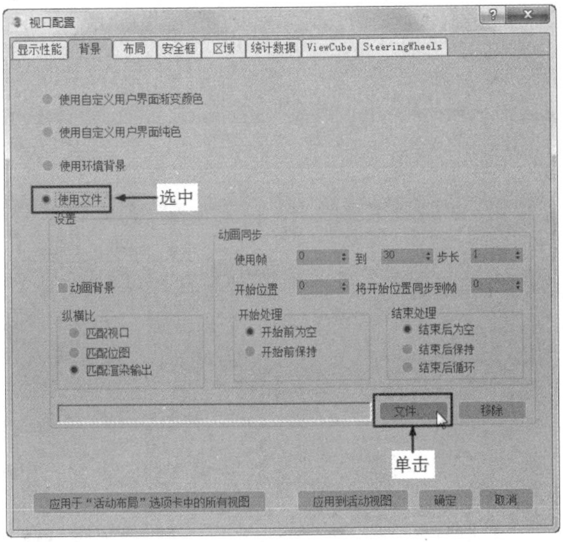

图 1-70

图 1-71

04 返回到"视口配置"对话框中单击"确定"按钮 确定 ，即可为视口添加背景图像，如图 1-72 所示。

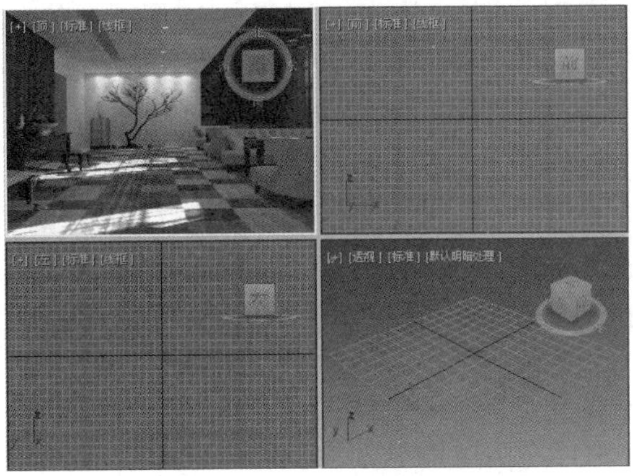

图 1-72

1.5 3ds Max 2020 的系统设置

在使用 3ds Max 之前，用户有必要对系统环境进行设置，以便更好地进行建模创建与编辑工作。系统环境的常用设置主要包括栅格和目标捕捉设置、单位设置以及自动备份时间设置等。

用户可以通过"自定义"菜单定制自己喜欢的界面，还可以对 3ds Max 系统进行设置，如设置绘图单位和自动备份等，如图 1-73 所示。

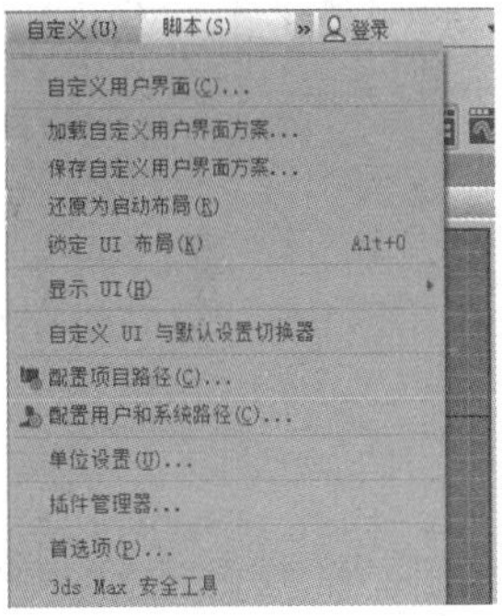

图 1-73

1.5.1 设置绘图单位

设置绘图单位是进行三维建模的重要准备工作，设置不同的单位将会影响模型导入、导出以及合并的尺寸。单位的设置包括显示单位比例设置和系统单位设置。

1. 设置显示单位比例

显示单位比例是三维建模的依据。执行"自定义 > 单位设置"菜单命令，打开"单位设置"对话框，用户可以在其中根据实际要求进行相应的单位设置，如图 1-74 所示。例如，单击"公制"下拉列表框，可以在弹出的列表中单击选择所需单位，如图 1-75 所示。

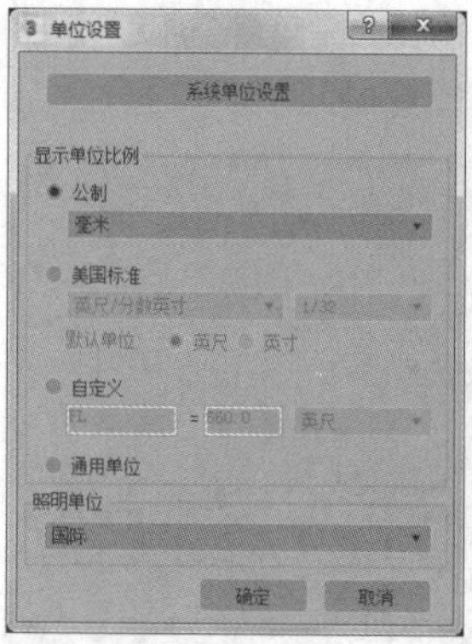

图 1-74

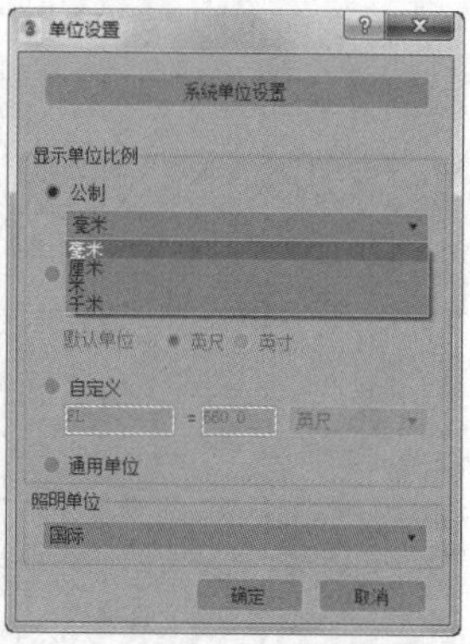

图 1-75

2. 设置系统单位

系统单位是模型转换的依据。在“单位设置”对话框中单击“系统单位设置”按钮 系统单位设置 ，在打开的“系统单位设置”对话框中，用户可以根据需要进行相应的设置，如图 1-76 所示。

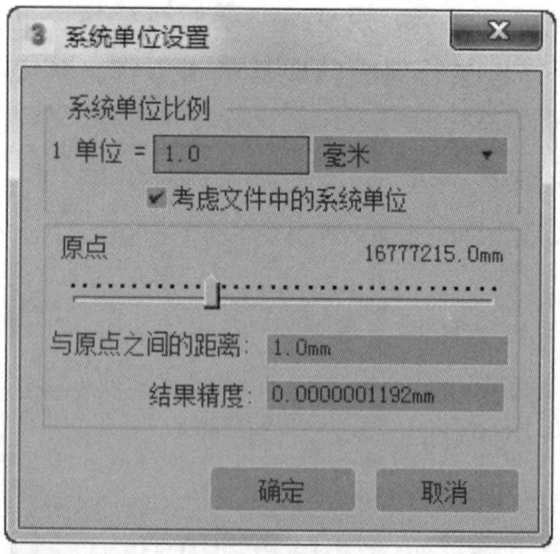

图 1-76

1.5.2 设置自动备份时间

在 3ds Max 中有一个系统自动备份功能，默认每 5 分钟备份一次，总共备份 3 个文件，系统将依次对文件进行更新。当制作较大的场景时，如此频繁的自动备份会影响操作速度，因此用户可以根据工作需要更改自动备份的时间。

执行“自定义 > 首选项”菜单命令，打开“首选项设置”对话框，选择“文件”选项卡，在“自动备份”区域中显示了默认的自动备份间隔时间和文件数，如图 1-77 所示，用户可以对其中的参数进行修改。例如，设置备份间隔为 10 分钟，文件数为 5，然后单击“确定”按钮 确定 ，如图 1-78 所示。

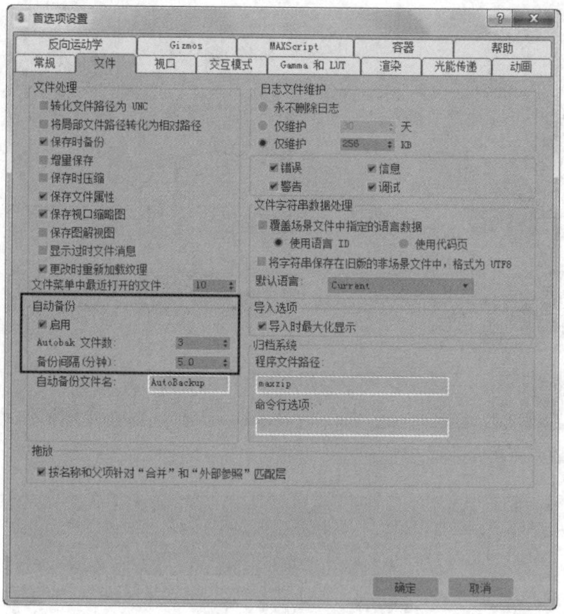

图 1-77

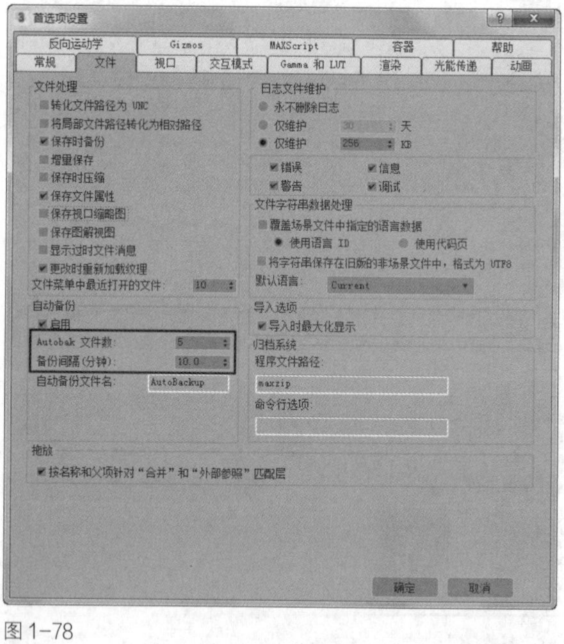

图 1-78

技巧与提示

在“自动备份”区域中除了可以设置自动备份文件的间隔时间，也可以设置自动备份文件的数量。自动备份文件的间隔时间的单位为分钟，自动备份的文件通常存放在“C: \My Documents\3dsmax\autoback”目录下，其名称依次为 AutoBackup01、AutoBackup02、AutoBackup03 ……

1.5.3 设置界面颜色

在默认情况下，3ds Max 2020 的工作界面是黑色的，如图 1–79 所示。用户可以根据实际的工作需要设置界面颜色。

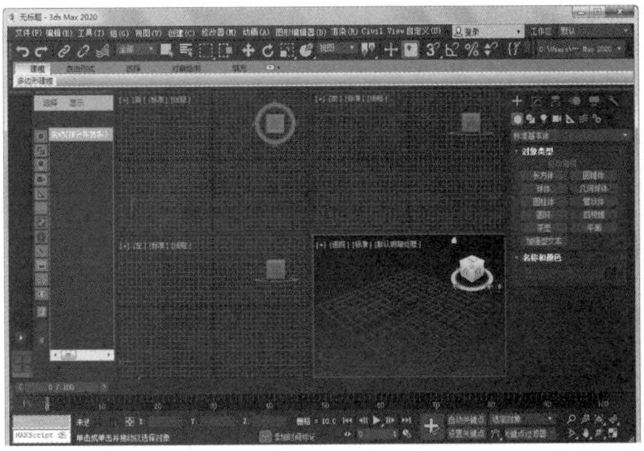

图 1–79

实战：设置视口背景颜色	
素材位置	无
实例位置	无
学习目标	掌握视口背景颜色的设置方法

01 执行“自定义 > 自定义用户界面”菜单命令，如图 1–80 所示。

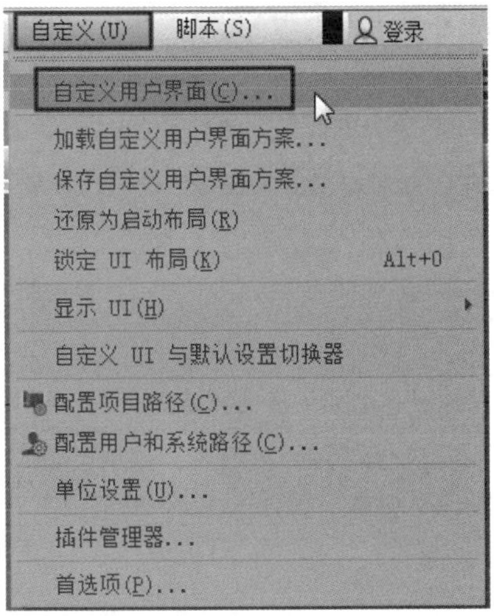

图 1–80

02 在打开的“自定义用户界面”对话框中选择“颜色”选项卡，然后在上方的列表中选择“视口背景”选项，再单击右边的颜色框，如图 1–81 所示。

03 在打开的“颜色选择器”对话框中选择需要的视口背景颜色，如图 1–82 所示，单击“确定”按钮 确定 。

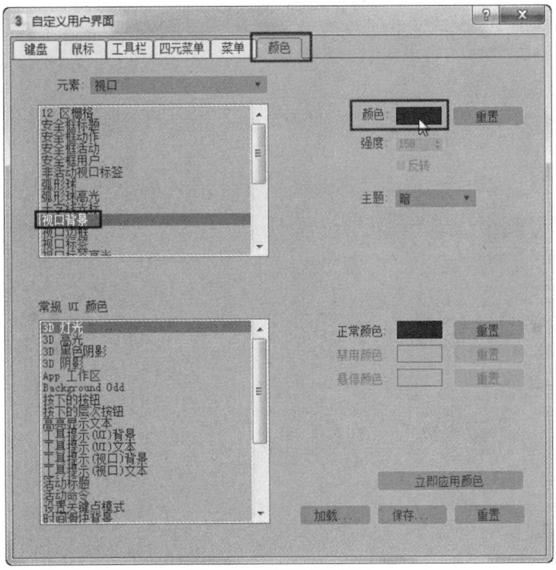

图 1–81

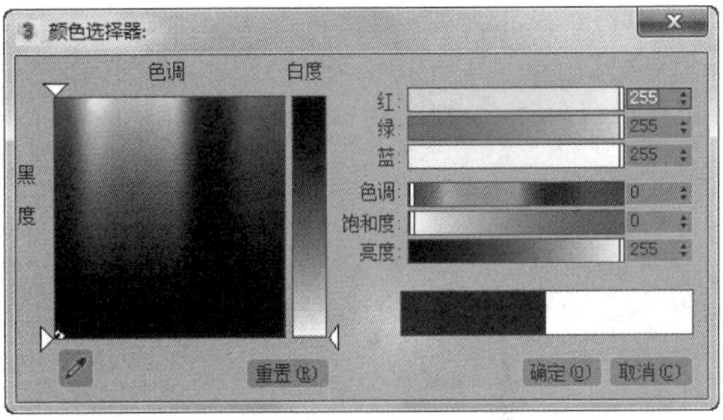

图 1–82

04 关闭“自定义用户界面”对话框，更改视口的背景颜色后（如“白色”），效果如图 1–83 所示。

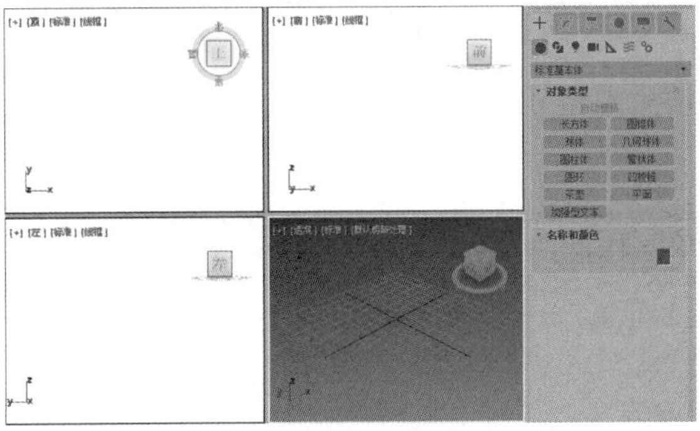

图 1–83

技巧与提示

在“自定义用户界面”对话框不仅可以设置视口背景颜色，还可以设置其他元素的颜色。在“元素”列表中选择要设置颜色的对象，如图 1–84 所示，可对其中的元素进行颜色设置，如图 1–85 所示。

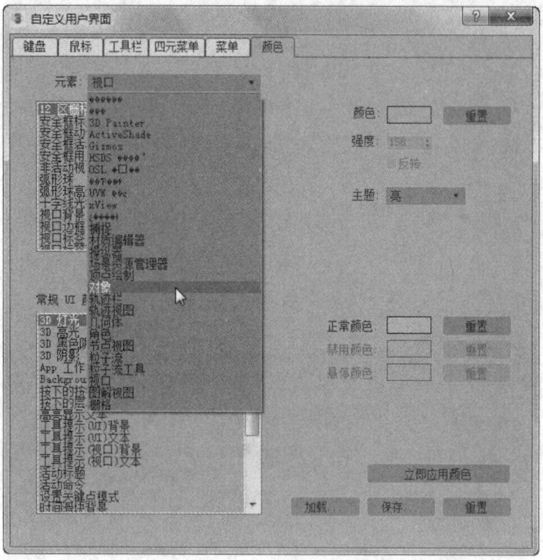

图 1-84

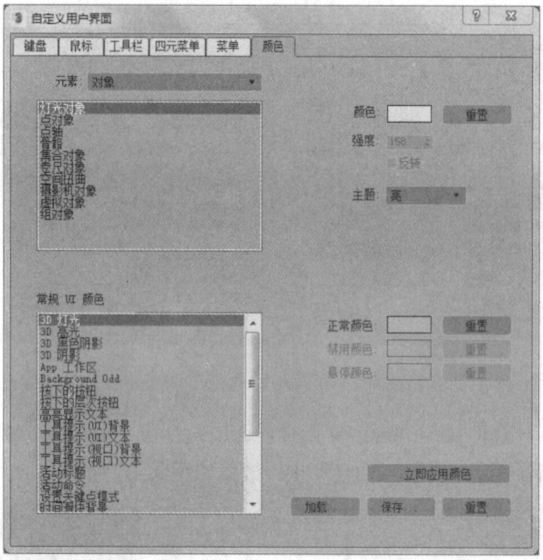

图 1-85

实战：加载自定义用户界面	
素材位置	无
实例位置	无
学习目标	掌握加载自定义用户界面的方法

01 执行“自定义 > 加载自定义用户界面方案”菜单命令，如图 1-86 所示。

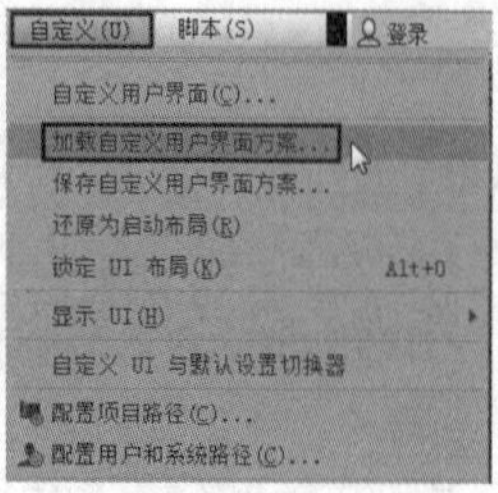

图 1-86

02 在弹出的“加载自定义用户界面方案”对话框中选择 3ds Max 2020 安装路径下的“UI”文件夹中的界面方案，如选择“ame-Light”界面方案，然后单击“打开”按钮 打开(O) ，如图 1-87 所示。加载的界面为亮色界面，效果如图 1-88 所示。

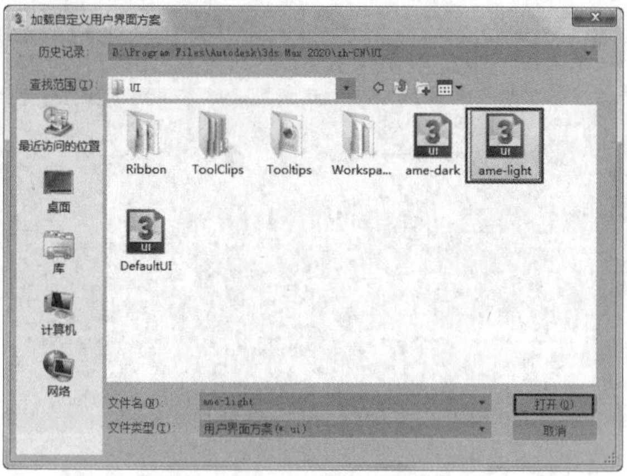

图 1-87

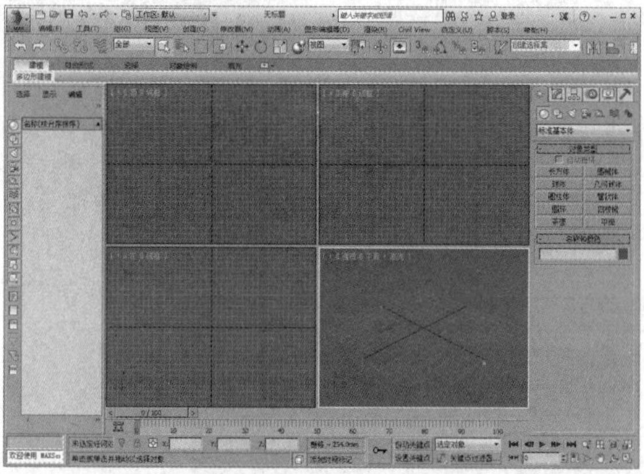

图 1-88

技巧与提示

执行“自定义 > 保存自定义用户界面方案”菜单命令，可以对修改的界面方案进行保存，以便以后调用该界面效果。执行“自定义 > 还原为启动布局”菜单命令，可以自动加载“_startup.ui”文件，并将界面恢复到初始设置。

1.5.4 设置快捷键

为了提高工作效率，用户可以在 3ds Max 2020 中设置自己习惯使用的快捷键。

实战：设置快捷键	
素材位置	无
实例位置	无
学习目标	掌握如何设置快捷键

01 执行“自定义 > 自定义用户界面”菜单命令，在打开的“自定义用户界面”对话框中选择“键盘”选项卡，如图 1-89 所示。

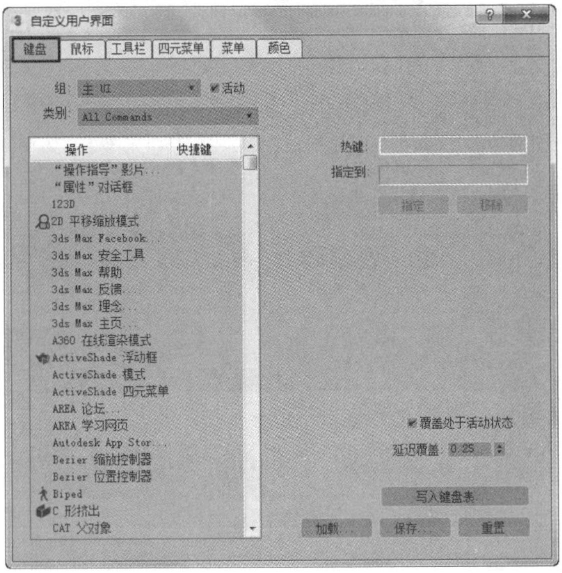

图 1-89

02 在“类别”下拉列表中选择“Edit”（编辑）选项，方便查找命令，此时可以在下方的列表中看到一些命令已经设置好了快捷键，如图 1-90 所示。

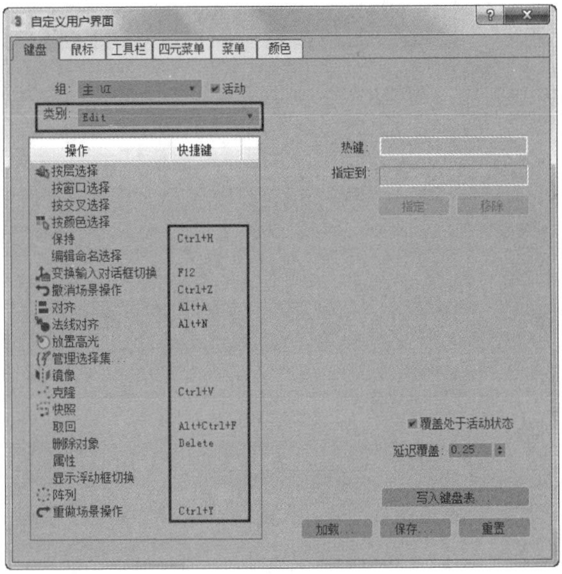

图 1-90

03 选择当前未定义快捷键的命令（如“镜像”），然后在右侧的“热键”输入框中按快捷键（如 Alt + M），然后单击“指定”按钮 指定 ，如图 1-91 所示。

04 单击“指定”按钮 指定 后，可以看到在左侧的列表中已经将 Alt + M 快捷键指定给了“镜像”命令，如图 1-92 所示。

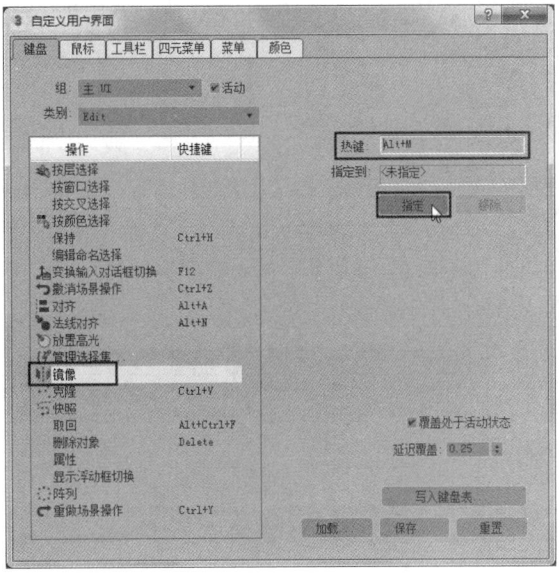

图 1-91

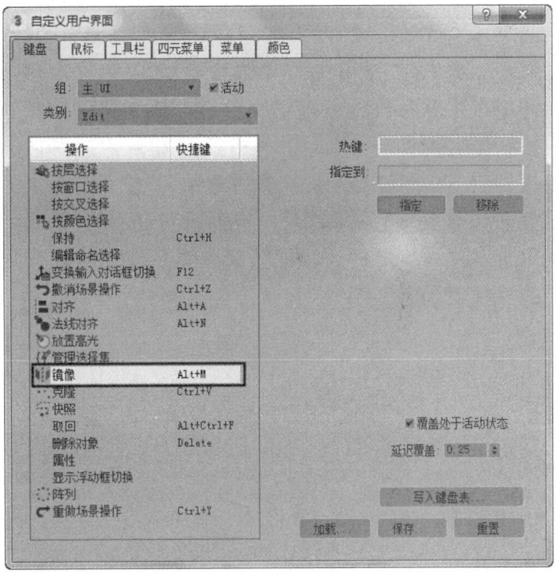

图 1-92

技巧与提示

设置的快捷键可能会与其他打开的软件的热键冲突，为了避免快捷键冲突造成不便，可以修改其他软件的热键。

05 在“自定义用户界面”对话框中单击“保存”按钮 保存... ，在弹出的“保存快捷键文件为”对话框中设置保存的路径与文件名，然后单击“保存”按钮 保存(S) 进行快捷键的保存，如图 1-93 所示。

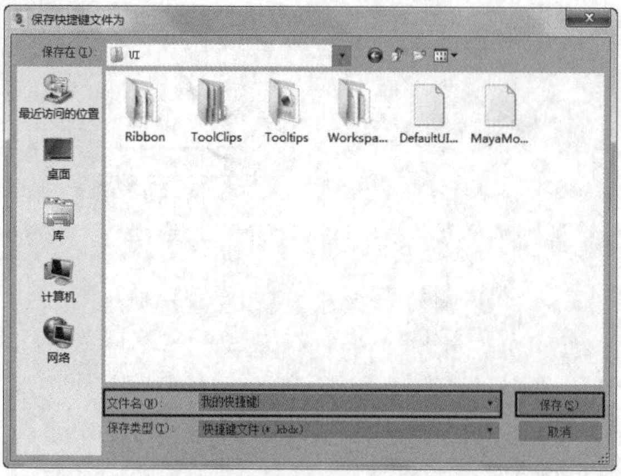

图 1-93

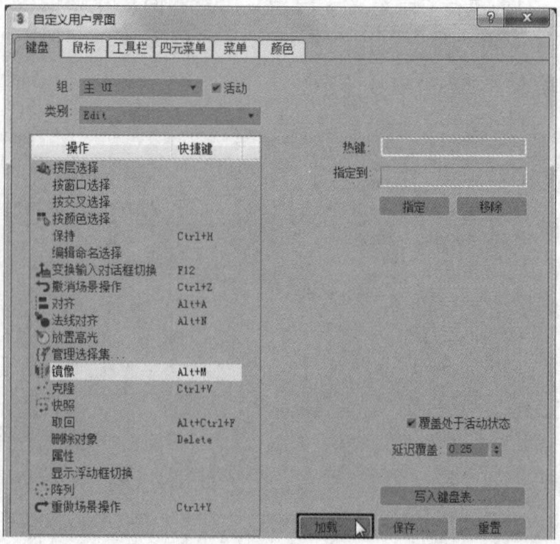

图 1-94

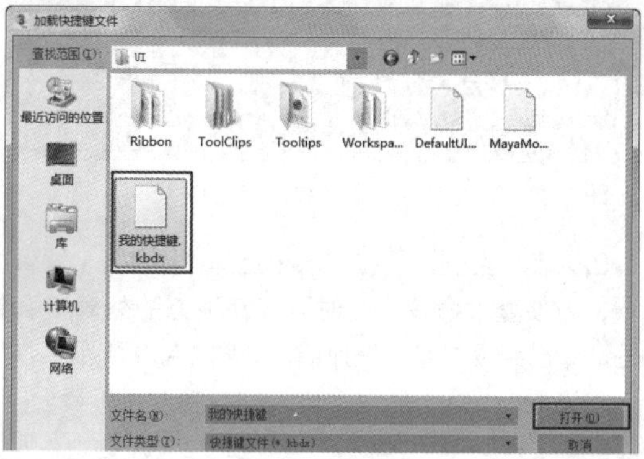

图 1-95

① 技巧与提示

如果要在其他计算机上调用这套快捷键，可以在“自定义用户界面”对话框中选择“键盘”选项卡并单击“加载”按钮 加载... ，如图 1-94 所示，然后在弹出的“加载快捷键文件”对话框中选择保存好的快捷键文件，接着单击“打开”按钮 打开(O) 即可，如图 1-95 所示。用户还可以在“自定义用户界面”对话框中单击“写入键盘表”按钮 写入键盘表... ，将设置好的快捷键导出为“.txt”文件，以便随时查看各个功能对应的快捷键。

02

第 2 章

3ds Max 2020 的对象操作

要点索引

▼

对象选择

对象捕捉

对象隐藏和冻结

对象操作

使用 3ds Max 2020 进行模型创建与编辑的过程中，常常需要对模型对象进行各种操作。例如，在需要创建大量相同模型时，可以使用复制操作来快速达到所需效果。本章将详细讲解在 3ds Max 2020 中常用的对象操作。

2.1 对象选择

在编辑模型之前，首先需要选择所要编辑的对象，然后才能对其进行编辑。用户可以通过如下几种不同的方式对对象进行选择。

2.1.1 直接选择

使用主工具栏中的“选择对象”工具可以轻松地对物体进行选择，该工具位于主工具栏的左部，呈指针形状，如图 2-1 所示。

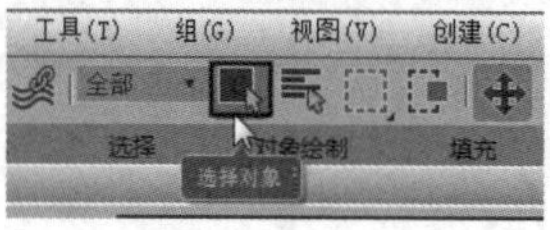

图 2-1

单击主工具栏上的“选择对象”按钮后，在场景中单击要选择的对象便可以将其选中。单击场景中的对象后，在正交视口中被选择的对象将变成白色，在透视视口中被选择的对象的四周会出现青色线框来标示对象的轮廓范围，如图 2-2 所示的球体。

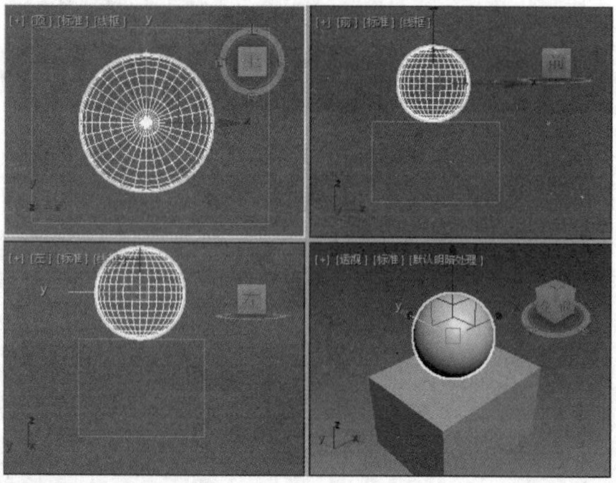

图 2-2

> ① 技巧与提示
>
> 按住 Ctrl 键，可以对场景中的多个对象进行连续选择；按住 Alt 键，可以取消选择场景中的对象。

2.1.2 按名称选择

使用主工具栏上的“按名称选择”工具可以通过对象的名称对其进行选择，该工具位于“选择对象”工具的右侧，如图 2-3 所示。单击“按名称选择”按钮，将打开“从场景选择”对话框，如图 2-4 所示。该对话框下部的对象列表中列举了场景中存在的对象，对话框的工具栏中提供了显示对象类型的按钮（如显示几何体、显示图形、显示灯光等）。在查找文本框中输入要选择的对象的名称，即可选择指定的对象。在对象列表中选择对象后，单击“确定”按钮，即可完成对指定对象的选择。

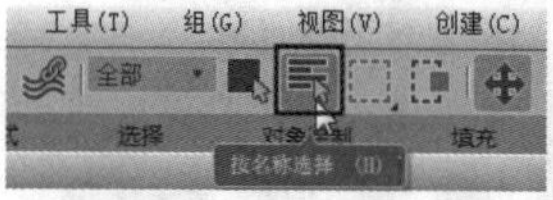

图 2-3

图 2-4

> ① 技巧与提示
>
> 在复杂的场景中，使用“选择对象”工具往往无法快速、准确地选择需要的对象，这时使用“按名称选择”工具就轻松多了。

2.1.3 按颜色选择

使用命令面板中的“按颜色选择”工具可以通过对象的颜色对其进行选择。

实战：按颜色选择	
素材位置	素材文件 > 第 2 章 >01.max
实例位置	实例文件 > 第 2 章 >01.max
学习目标	学习按颜色选择的方法

01 打开“素材文件 > 第 2 章 >01.max”素材文件，然后单击命令面板中的颜色框按钮，如图 2-5 所示。

02 在打开的“对象颜色”对话框中单击需要选择的对象的颜色，然后单击“按颜色选择”按钮，如图 2-6 所示。

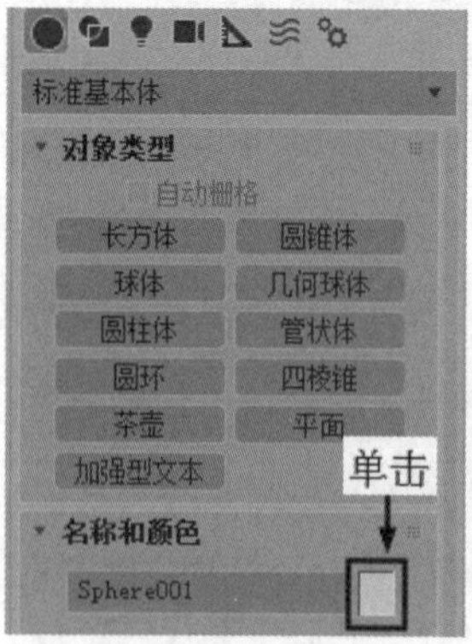

图 2-5

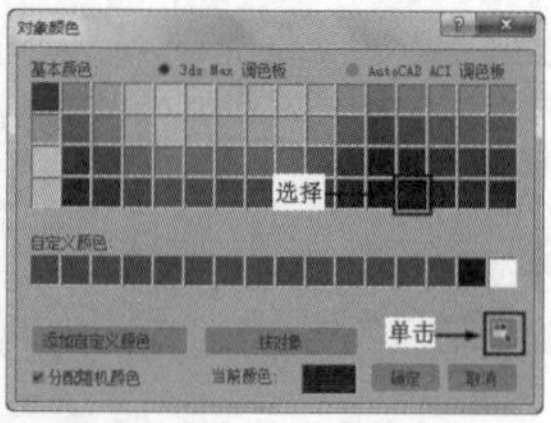

图 2-6

03 在打开的“选择对象”对话框中，系统将根据颜色选择具有该颜色的所有物体，如图 2-7 所示的“对象 001”和“对象 002”，然后单击“选择”按钮，即可在场景中选择具有该颜色的所有物体，如图 2-8 所示。

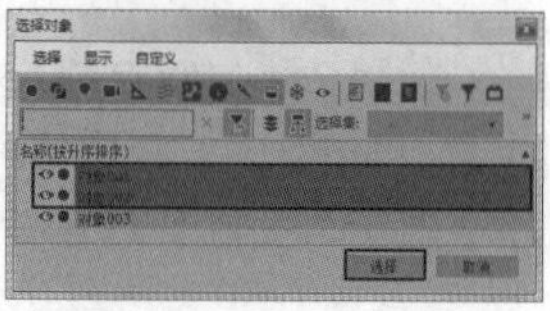

图 2-7

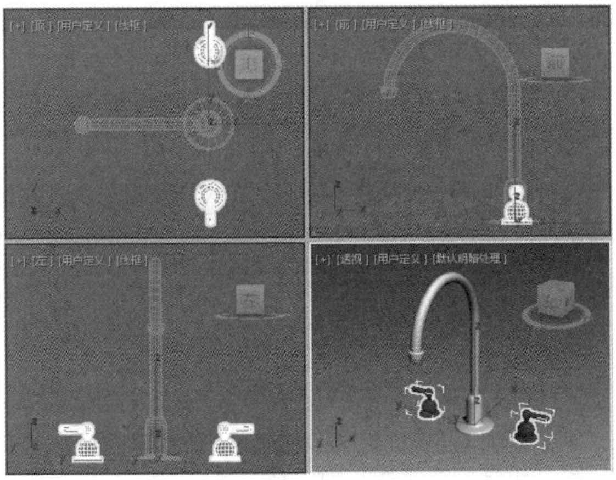

图 2-8

> ① 技巧与提示
>
> 除了上述介绍的选择方法外，还可以使用“选择并移动”工具、“选择并旋转”工具和“选择并均匀缩放”工具对对象进行选择，这些选择方法将在“2.4 对象操作”中进行讲解。

2.1.4 选择并链接

主工具栏中的“选择并链接”工具主要用于建立对象之间的父子链接关系与定义层级关系，但是只有父级对象能带动子级对象，而子级对象的变化不会影响到父级对象。比如，使用“选择并链接”工具将一个球体拖曳到一个导向板上，可以让球体与导向板建立链接关系，使球体成为导向板的子对象。那么移动导向板，球体也会跟着移动，但移动球体时，导向板不会跟着移动，如图 2-9 所示。

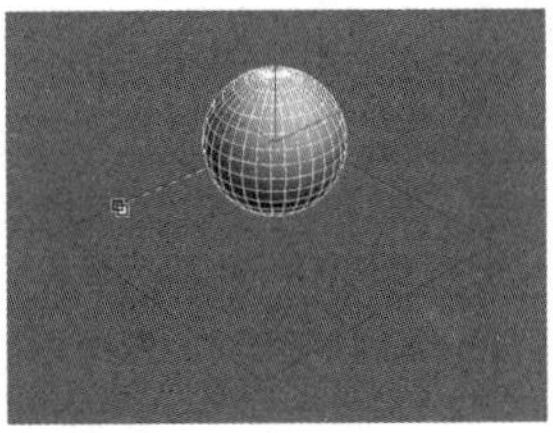

图 2-9

> ① 技巧与提示
>
> “取消链接选择”工具与“选择并链接”工具的作用恰好相反，它是用来断开链接关系的。

2.1.5 使用选择区域

在选择对象时，用户还可以设置选择的区域。长按主工具栏中的“矩形选择区域”按钮，可以展开选择区域工具的各个按钮，其中包括“矩形选择区域”按钮、“圆形选择区域”按钮、“围栏选择区域”按钮、“套索选择区域”按钮和“绘制选择区域”按钮，如图 2-10 所示。

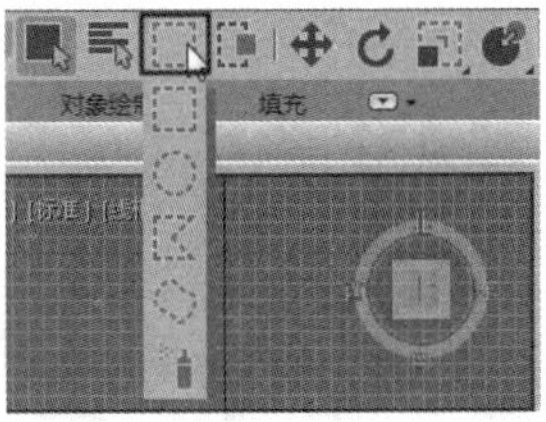

图 2-10

矩形选择区域：用于在矩形选区内选择对象，如图 2-11 所示。

圆形选择区域：用于在圆形选区内选择对象，如图 2-12 所示。

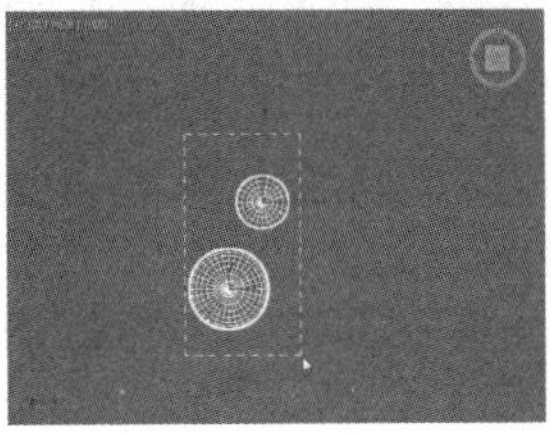

图 2-11

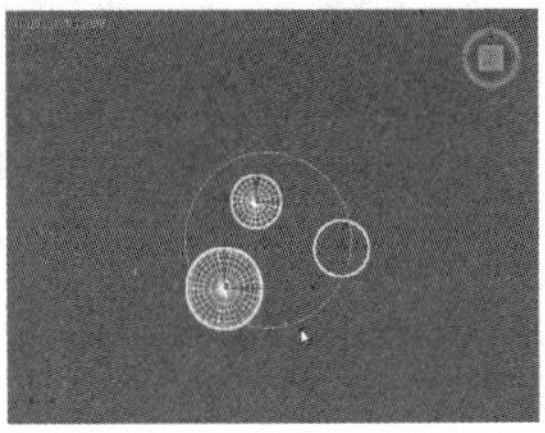

图 2-12

围栏选择区域：用于在不规则的“围栏”选区内选择对象，如图 2-13 所示。

套索选择区域：用于在复杂的区域内通过单击鼠标左键并拖动选择对象，如图 2-14 所示。

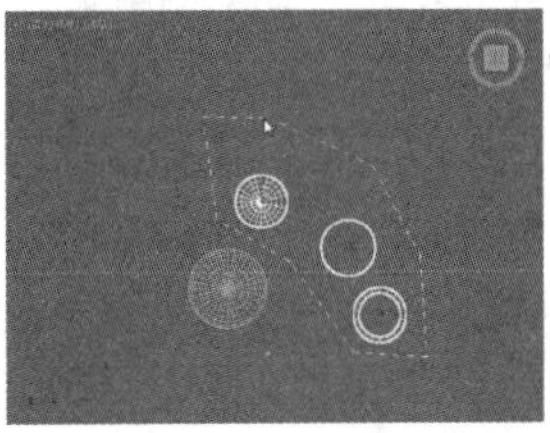

图 2-13

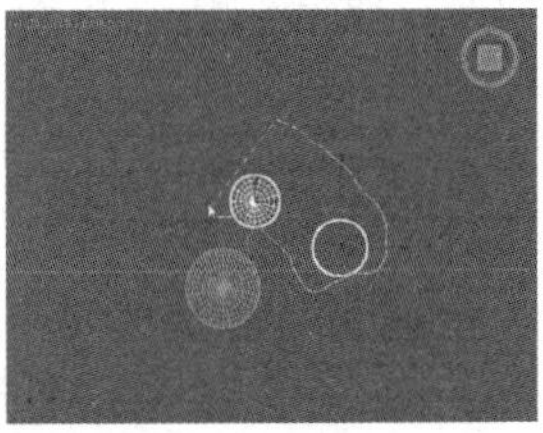

图 2-14

绘制选择区域：用于将鼠标指针放在对象上拖曳以将其选中，如图 2-15 所示。

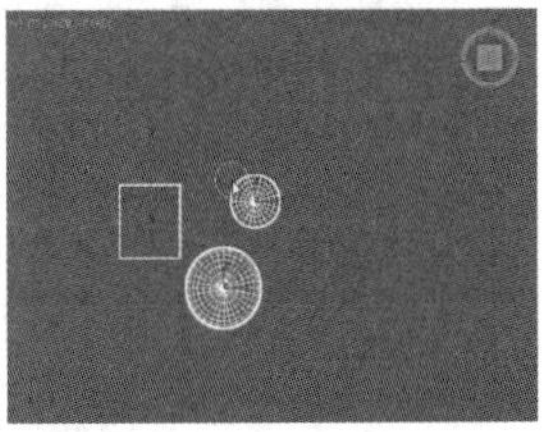

图 2-15

2.1.6 使用选择范围

在使用选择区域选择时，可以设置是按窗口或按交叉方式选择对象。单击主工具栏中的“窗口 / 交叉”按钮可以在窗口或交叉模式之间进行切换。

窗口：按窗口方式选择对象时，只有被完全框住的对象才能被选中；若只框住对象的一部分，则无法将其选中，如图 2-16 和图 2-17 所示。

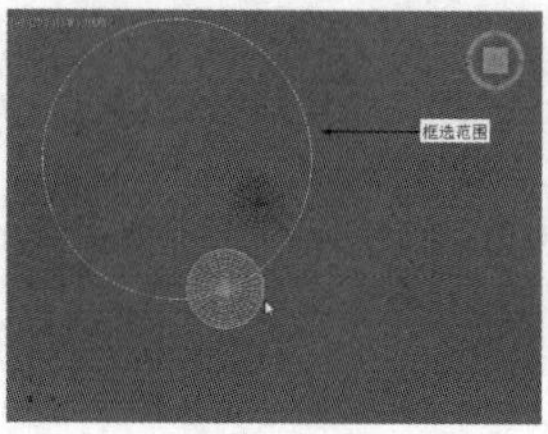

图 2-16

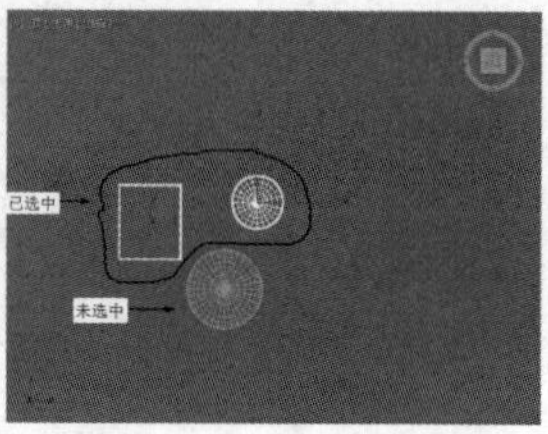

图 2-17

交叉：按交叉方式选择对象时，可以将框内的对象以及与边线相触的对象全部选中，如图 2-18 和图 2-19 所示。

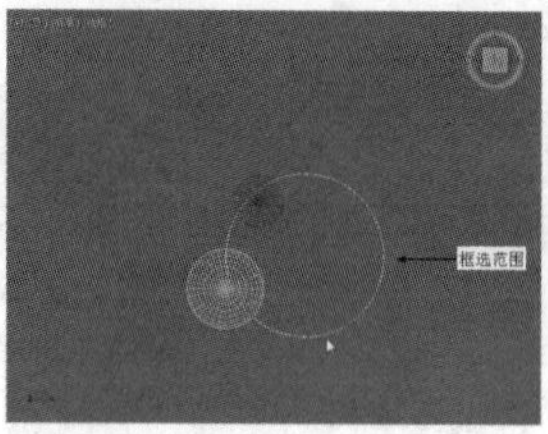

图 2-18

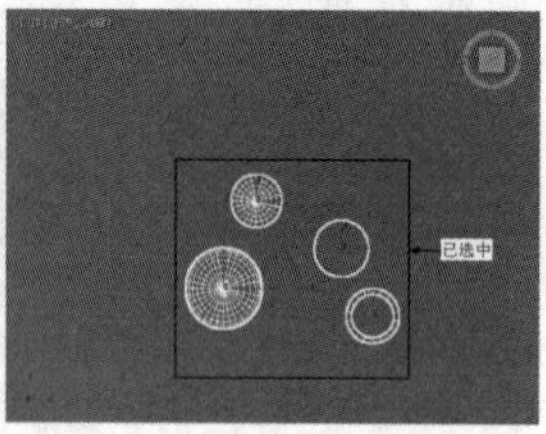

图 2-19

2.2 对象捕捉

在创建与编辑模型的过程中，正确设置捕捉参数和使用捕捉工具，可以使操作更方便，建模更精确。

2.2.1 设置捕捉

执行“工具 > 栅格和捕捉 > 栅格和捕捉设置”菜单命令，打开“栅格和捕捉设置”对话框，选择“捕捉”选项卡，即可对捕捉的方式进行设置，如图 2-20 所示。在“栅格和捕捉设置”对话框中选择“选项”选项卡，可以对捕捉的精度进行设置，如图 2-21 所示。

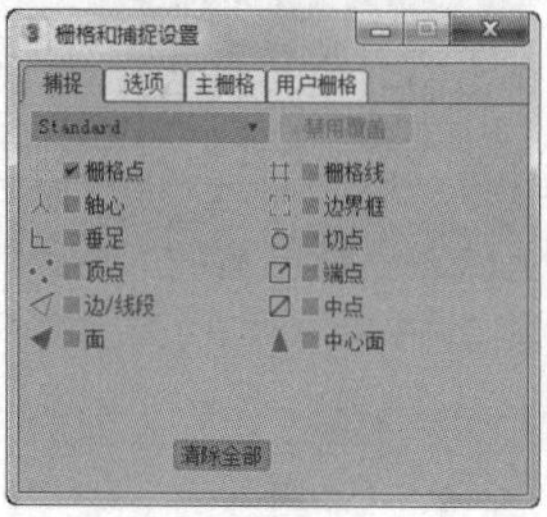

图 2-20

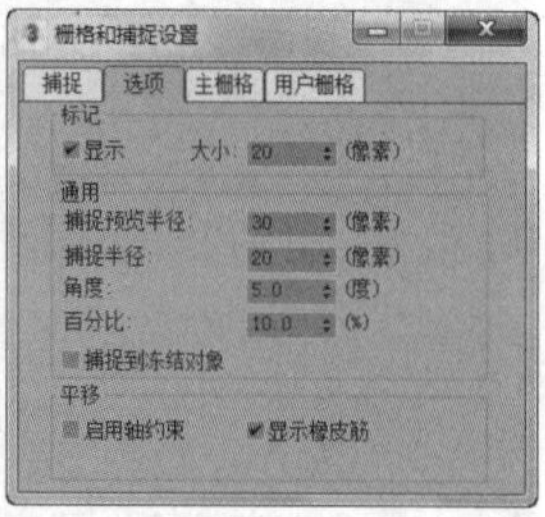

图 2-21

2.2.2 捕捉对象

在 3ds Max 中，可以运用捕捉功能在创建和编辑对象时进行精确定位。常用的捕捉工具包括“三维捕捉开关”、“角度捕捉切换”、“百分比捕捉切换”和“微调器捕捉切换”，如图 2-22 所示。长按“捕捉开关”按钮，将展开其中的子工具，包括“二维捕捉开关”、“2.5 维捕捉开关”和“三维捕捉开关”，如图 2-23 所示。

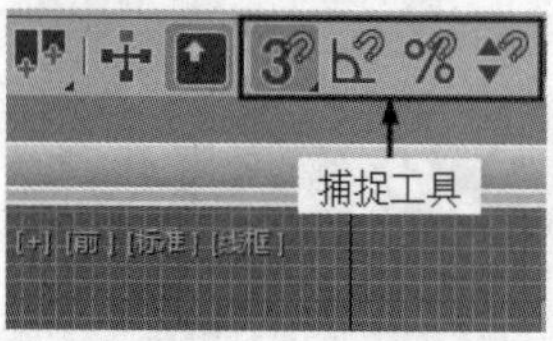

图 2-22

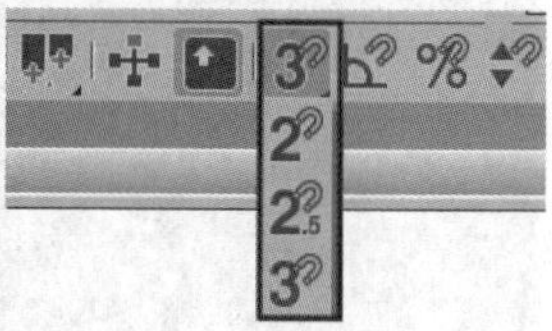

图 2-23

各种捕捉工具的作用如下。

二维捕捉开关：用于捕捉当前视图构建平面上的元素，z 轴将被忽略。

2.5 维捕捉开关：介于二维和三维间的捕捉，可将三维空间的对象捕捉到二维平面上。

三维捕捉开关：用于在三维空间中捕捉三维物体。

角度捕捉切换：设置进行旋转操作时的角度间隔，使对象按固定的增量进行旋转。

百分比捕捉切换：设置缩放和挤压操作的百分比间隔，使比例缩放按固定增量进行。

微调器捕捉切换：用来设置微调器单次单击的增加值或减少值。

> ⓘ 技巧与提示
>
> 若要设置微调器捕捉的参数，可以在“微调器捕捉切换”工具上单击鼠标右键，然后在弹出的“首选项设置”对话框中单击“常规”选项卡，接着在“微调器”选项组下设置相关参数，如图 2-24 所示。

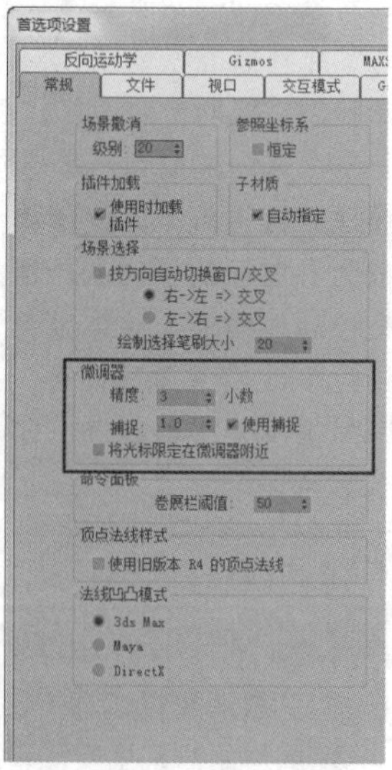

图 2-24

实战：捕捉对象	
素材位置	无
实例位置	无
学习目标	掌握捕捉开关的用法

01 启动 3ds Max 后，进入工作界面创建一个长方体，然后沿 x 轴复制一个，效果如图 2-25 所示。

02 在三维捕捉开关上单击鼠标右键，在打开的“栅格和捕捉设置”对话框中选择“捕捉”选项卡，选中常用的捕捉点，具体设置如图 2–26 所示。

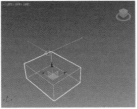

图 2–25

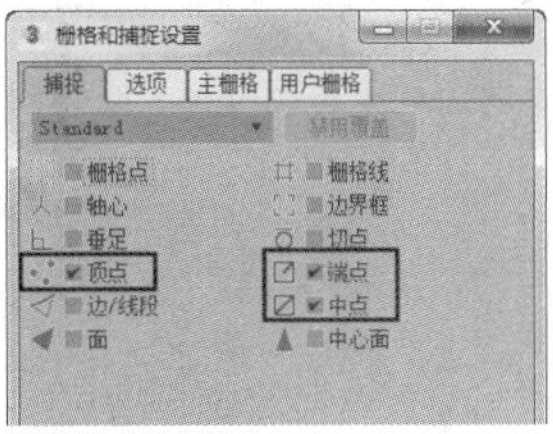

图 2–26

03 选择主工具栏中的“选择并移动”工具，然后单击三维捕捉开关按钮将其激活，接着捕捉右侧长方体左上角的顶点，如图 2–27 所示，拖曳右侧长方体将其移动到左侧长方体右下角的顶点，松开鼠标左键，如图 2–28 所示。

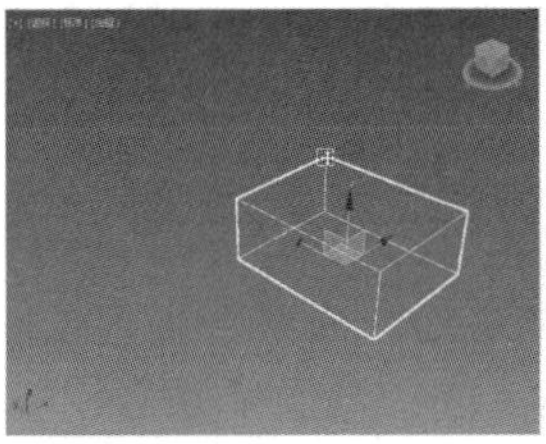

图 2–27

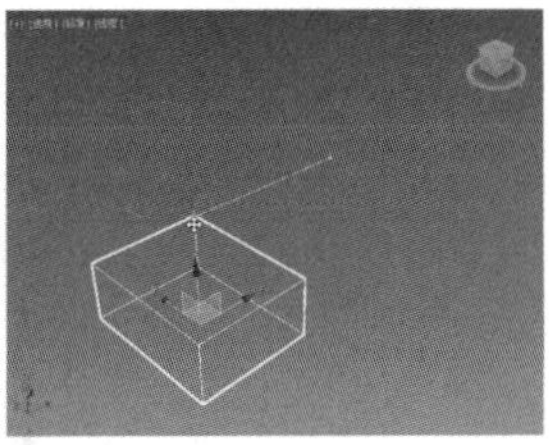

图 2–28

04 按 Ctrl + Z 快捷键返回初始状态，然后将捕捉工具切换为二维捕捉开关，接着进行同样的移动操作，可以发现二维捕捉开关无法捕捉到空间上的点。但将鼠标指针移动到 x、y 平面共面的其他顶点，则会发现二维捕捉开关可以成功将其捕捉，如图 2–29 所示。

05 将捕捉工具切换为 2.5 维捕捉开关，执行同样的操作，可以发现在透视图中 2.5 维捕捉开关与三维捕捉开关一样，可以捕捉、移动空间上的点，但是不能令其与其他点重合，如图 2–30 所示。

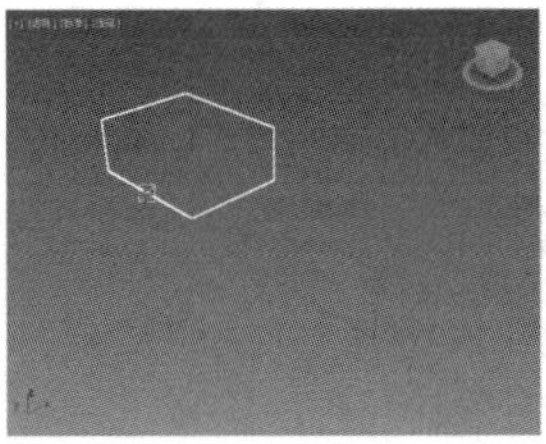

图 2–29

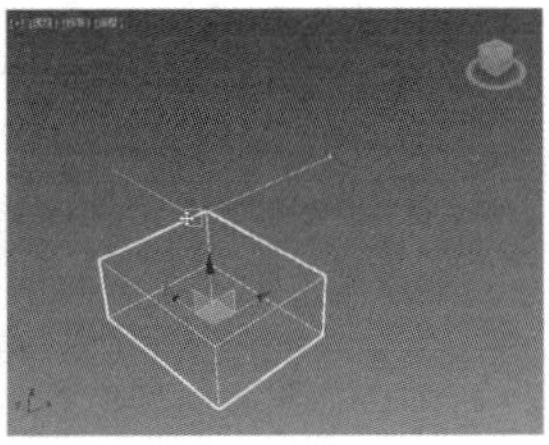

图 2–30

技巧与提示

当移动捕捉点位于不可见位置时，2.5 维捕捉开关可以捕捉到空间上的点作为移动结束参考，但只能让对象在平面上移动。

2.3 对象隐藏和冻结

在绘制场景中的模型的过程中，如果场景过于复杂，通常需要对部分影响操作的模型进行暂时隐藏，在需要这些模型时，再使其显示。用户也可以将模型暂时冻结起来，以避免在编辑模型时，因失误而对其进行错误的编辑。

2.3.1 隐藏对象

在 3ds Max 中，用户可以使用右键菜单和“显示”命令面板两种方式对指定的对象进行隐藏或显示。

1. 使用右键菜单隐藏和显示对象

选择要隐藏的对象，然后单击鼠标右键，在弹出的菜单中选择“隐藏选定对象”命令，如图 2–31 所示，即可隐藏该对象，图 2–32 所示的场景是隐藏球体后的效果。在右键菜单中还可以根据需要选择“按名称取消隐藏”“全部取消隐藏”“隐藏未选定对象”命令进行相应的显示或隐藏操作。

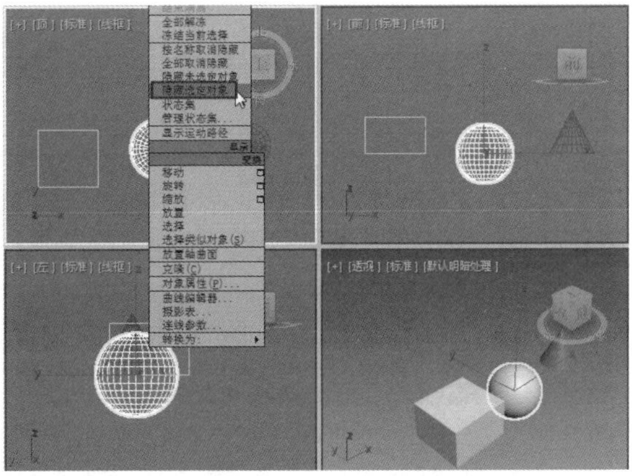

图 2–31

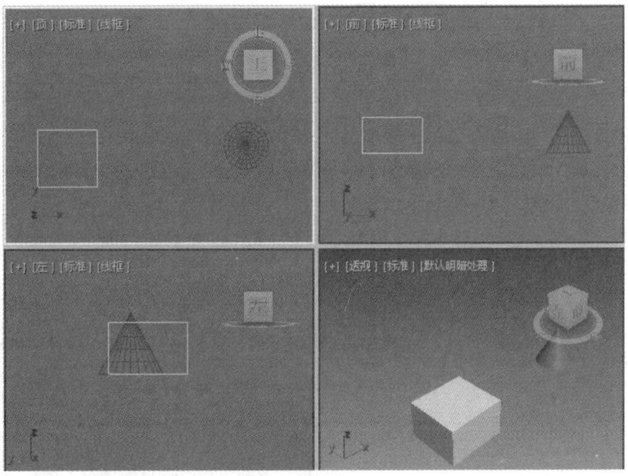

图 2–32

2. 使用“显示”命令面板

单击命令面板中的“显示”标签，然后在“显示”命令面板中展开“按类别隐藏”和“隐藏”卷展栏，用户可以根据需要选择要显示或隐藏的对象。

> ① 技巧与提示
>
> 在“显示”命令面板的“按类别隐藏”卷展栏中，未被选中的复选框，表示该类别的对象处于显示状态；被选中的复选框，表示该类别的对象处于隐藏状态。图 2-33 所示是未隐藏任何类别对象的效果，图 2-34 所示是隐藏几何体类别对象的效果。
>
> 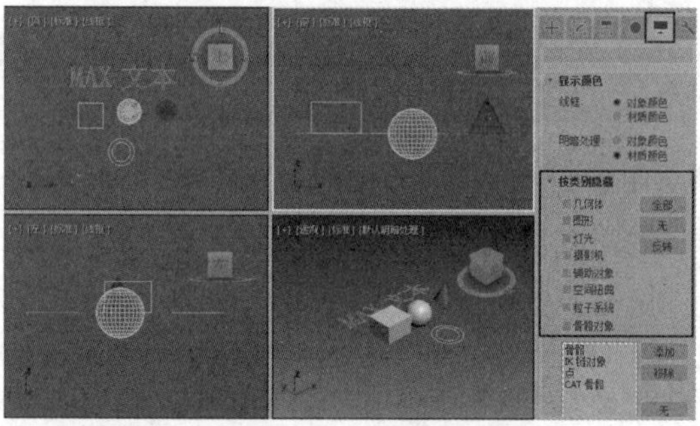
>
> 图 2-33
>
> 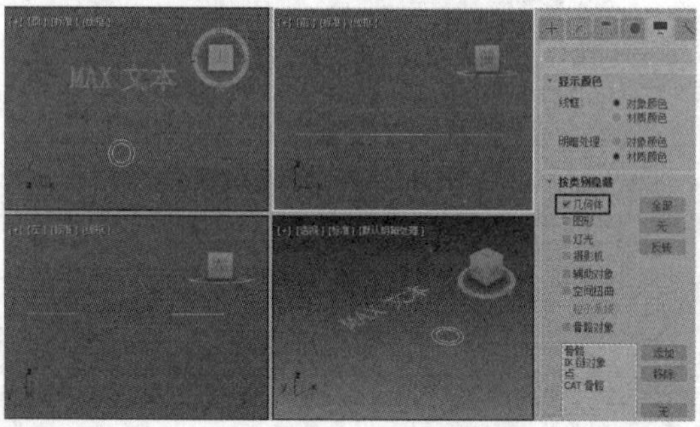
>
> 图 2-34

2.3.2 冻结对象

同隐藏对象一样，用户可以使用右键菜单和“显示”命令面板两种方式对指定的对象进行冻结或解冻操作，如图 2-35 和图 2-36 所示。

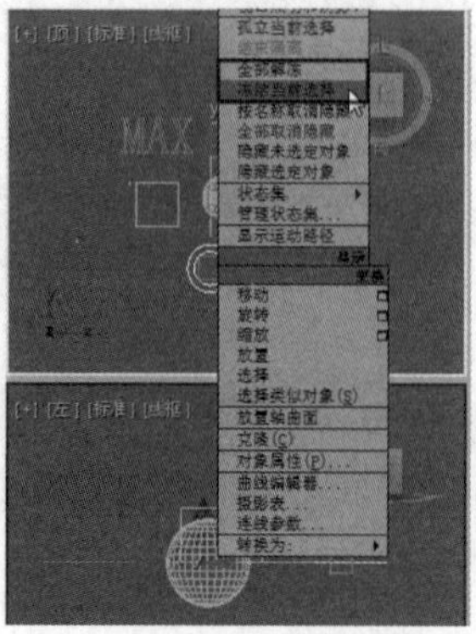

图 2-35

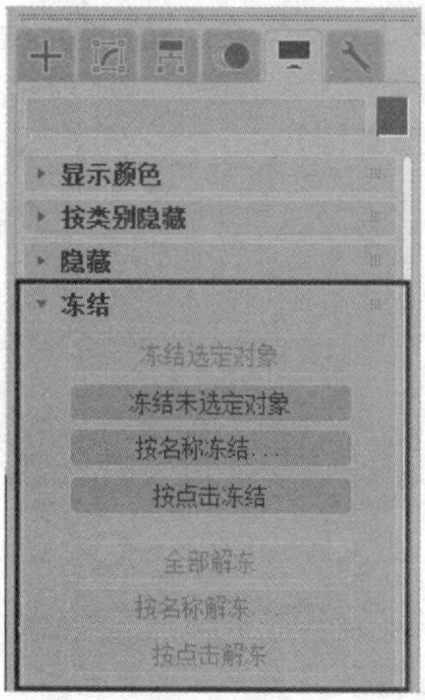

图 2-36

用户可以通过右键菜单和“显示”命令面板进行以下冻结或解冻操作。

选择要冻结的对象，然后单击鼠标右键，在弹出的菜单中选择“冻结当前选择”命令，即可冻结该对象。

在场景中单击鼠标右键，选择“全部解冻”命令，可以将所有冻结的对象解冻。

在“显示”命令面板中的“冻结”卷展栏中，可以根据需要单击“冻结选定对象”按钮 冻结选定对象 、“冻结未选定对象”按钮 冻结未选定对象 、“按名称冻结”按钮 按名称冻结... 、“按点击冻结”按钮 按点击冻结 对对象进行冻结。

在“显示”命令面板中的“冻结”卷展栏中，可以根据需要单击“全部解冻”按钮 全部解冻 、“按名称解冻”按钮 按名称解冻... 、“按点击解冻”按钮 按点击解冻 解冻冻结的对象。

> ① 技巧与提示
>
> 当对象被冻结后，在进行模型的编辑时，就无法对冻结的对象进行编辑，这样可以避免对不需要进行编辑的对象进行误操作。

2.4 对象操作

在创建好模型后，通常需要对模型的位置、角度、大小进行调整，以满足绘图的要求。另外，通常还会对模型进行复制、阵列等操作，以创建大量所需的相同模型。

2.4.1 移动对象

移动对象是绘图中最常用的操作，使用主工具栏中的“选择并移动”工具不仅可以对场景中的对象进行选择，还可以通过拖曳被选择的对象对其进行移动。如果要准确移动对象，可以在选择对象的情况下，右键单击“选择并移动”按钮，打开“移动变换输入”对话框，在其中根据需要输入移动偏移值，如图 2-37 所示。

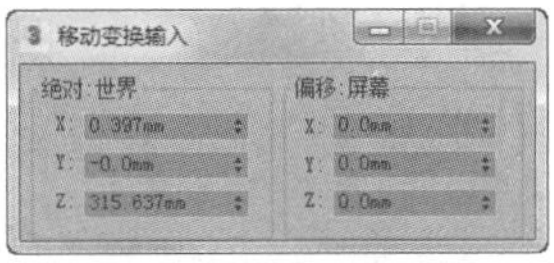

图 2-37

“移动变换输入”对话框中包括“绝对 : 世界”和“偏移 : 屏幕”两个选项栏，其中各选项的含义如下。

绝对 : 世界： 用于改变对象的绝对坐标值。

偏移 : 屏幕： 用于改变对象的相对位置。

X：改变对象在 x 轴方向的位置。

Y：改变对象在 y 轴方向的位置。

Z：改变对象在 z 轴方向的位置。

> **技巧与提示**
>
> 在不同的视口中选择对象，在“移动变换输入”对话框中需要设置的“偏移 : 屏幕”的 x 轴、y 轴、z 轴偏移值也不同，用户要注意根据当前视图来确定应该设置哪个轴的偏移值。例如，在顶视口中选择对象时，设置“偏移 : 屏幕”的 z 轴偏移值，对象将产生空间垂直方向的移动，而在前视口中选择对象时，设置“偏移 : 屏幕”的 z 轴偏移值，对象将产生垂直于屏幕方向的移动。

实战：移动对象	
素材位置	素材文件 > 第 2 章 >02.max
实例位置	实例文件 > 第 2 章 >02.max
学习目标	学习移动对象的方法

01 打开“素材文件 > 第 2 章 >02.max”素材文件，如图 2-38 所示。

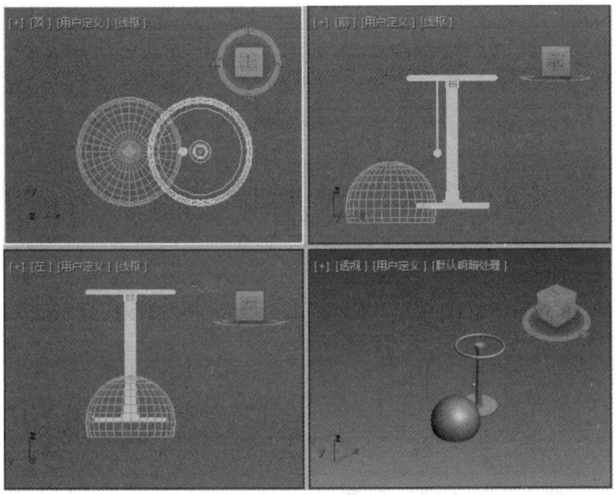

图 2-38

02 单击主工具栏中的“选择并移动”按钮，然后单击场景中的半球体将其选中，如图 2-39 所示。

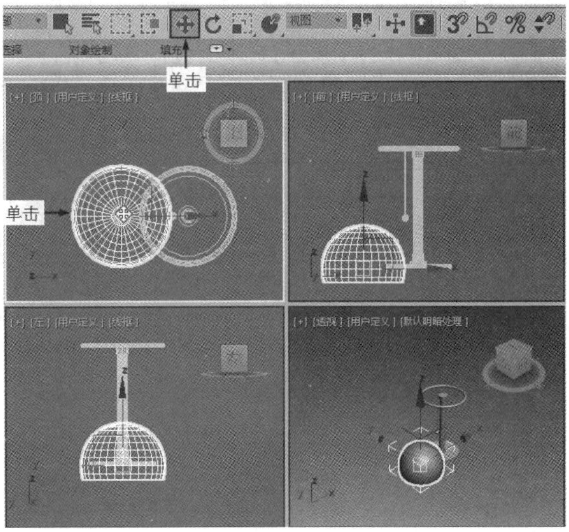

图 2-39

03 将鼠标指针移动到半球体对象上，当指针呈形状时，按住鼠标左键将对象向右适当拖曳，然后松开鼠标左键完成对对象的移动操作，如图 2-40 所示。

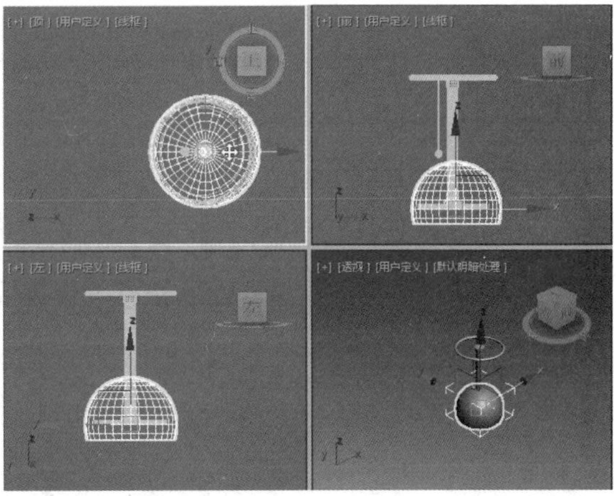

图 2-40

04 在顶视口中选择半球体对象，然后使用鼠标右键单击“选择并移动”按钮，在打开的“移动变换输入”对话框中输入“偏移 : 屏幕”值为 280mm，如图 2-41 所示。

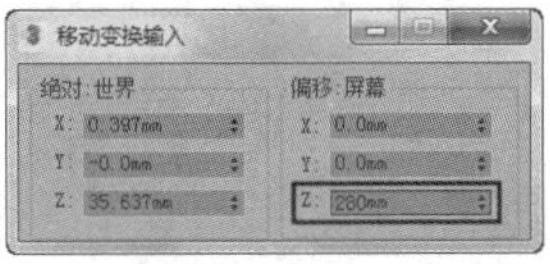

图 2-41

05 按 Enter 键确定，即可将半球体对象按照指定的距离进行移动，效果如图 2-42 所示。

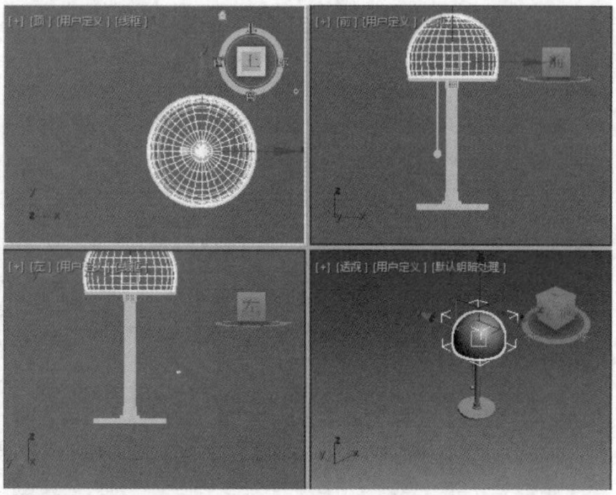

图 2-42

2.4.2 旋转对象

使用“选择并旋转”工具可以在选择对象的同时让对象进行旋转。单击“选择并旋转”按钮，然后选择一个对象并按住鼠标左键进行拖曳，如图 2-43 所示，即可对该对象进行旋转操作。在旋转对象时，在对象的上方将显示旋转的角度数，如图 2-44 所示。

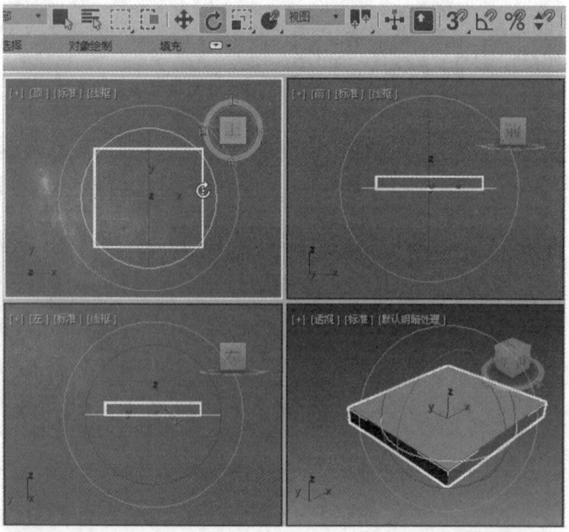

图 2-43

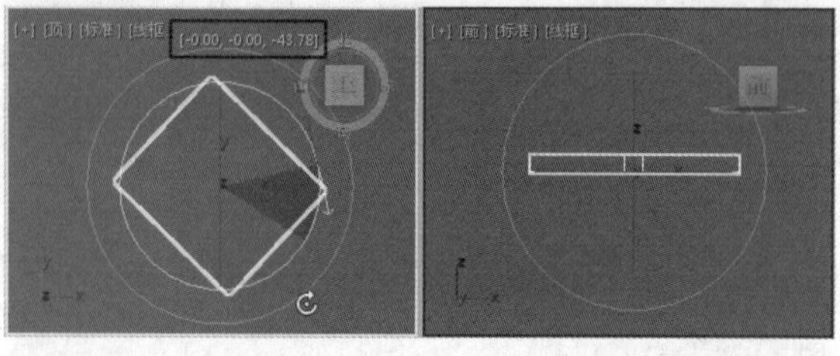

图 2-44

同移动对象一样，拖曳的方法只能使对象旋转一个大致的角度。如果要让对象精确地旋转，则可以在选择对象后，使用鼠标右键单击“选择并旋转”按钮，打开“旋转变换输入”对话框，输入需要旋转对象的角度，如图 2-45 所示。然后按 Enter 键确定，即可使对象按照指定的角度进行旋转，图 2-46 所示是长方体沿 *z* 轴旋转 45° 后的效果。

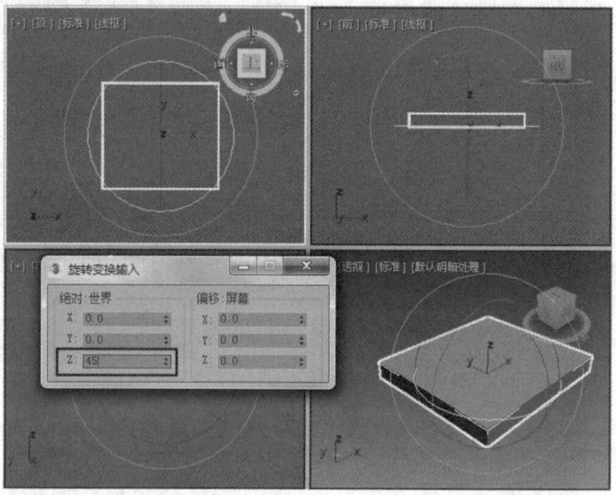

图 2-45

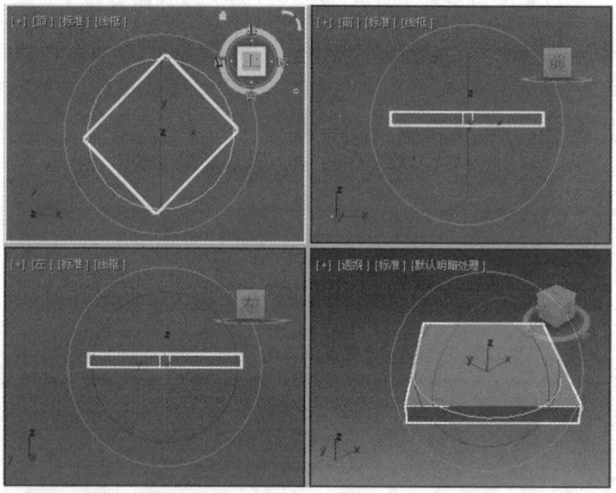

图 2-46

2.4.3 缩放对象

使用缩放工具可以在选择对象后，将对象进行缩放处理。长按“选择并均匀缩放”按钮，将展开各种缩放工具，其中包含“选择并均匀缩放”工具、“选择并非均匀缩放”工具和“选择并挤压”工具，如图 2-47 所示。

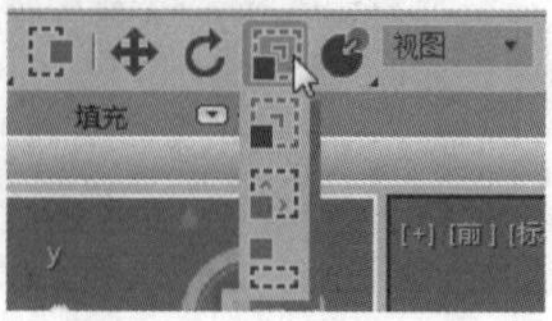

图 2-47

选择并均匀缩放：该工具用于选择对象并对其进行等比缩放。单击“选择并均匀缩放”按钮，然后在场景中单击指定的对象，按住鼠标左键进行拖曳，即可对被选择的对象进行等比缩放。

选择并非均匀缩放：该工具用于选择对象并对其进行非等比缩放。单击“选择并非均匀缩放”按钮，然后单击场景中的对象，按住鼠标左键进行拖曳，即可对被选择的对象进行非等比缩放。

选择并挤压：该工具用于选择对象并对其进行挤压。单击“选择并挤压”按钮，然后单击场景中的对象，按住鼠标左键拖曳，即可对被选择的对象进行挤压。

> ① 技巧与提示
>
> 在使用“选择并非均匀缩放”工具对对象进行缩放的操作中，按住鼠标左键沿着某轴进行拖曳时，将改变对象在该轴上的比例大小，其他轴上的比例不发生变化；在使用“选择并挤压”工具对对象进行挤压的操作中，按住鼠标左键沿着某轴进行拖曳时，将改变对象在该轴上的比例大小，其他轴上的比例将发生相反的变化，以保持对象的总体积不变。

2.4.4 对齐对象

使用 3ds Max 中的对齐功能，可以快速、准确地使指定的对象按照一定的方向对齐。选择一个对象后，单击主工具栏上的“对齐”按钮，如图 2-48 所示，然后单击视口中的目标对象，将弹出“对齐当前选择”对话框，如图 2-49 所示。设置好对齐的方向后，单击“确定”按钮 确定 ，即可完成对齐操作。

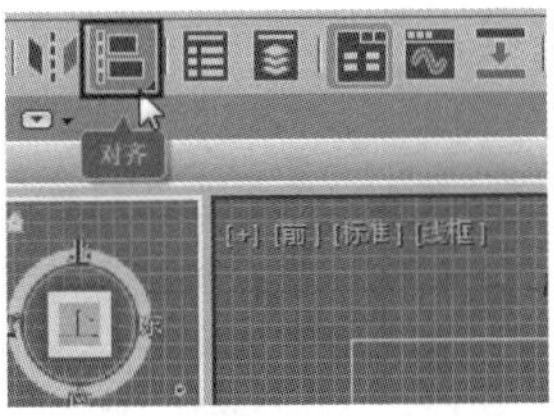

图 2-48

图 2-49

在“对齐当前选择”对话框中可以设置对象的对齐位置和对齐方向，其中各选项的含义如下。

对齐位置：指定对象的对齐位置，包括对象的最小、中心、轴点和最大位置。

对齐方向：指定特殊方向对齐依据的轴向。

匹配比例：将目标对象的缩放比例沿指定的轴向施加到当前对象上。

实战：对齐对象	
素材位置	素材文件 > 第 2 章 >03.max
实例位置	实例文件 > 第 2 章 >03.max
学习目标	学习对齐对象的方法

01 打开“素材文件 > 第 2 章 >03.max”素材文件，选择茶几脚模型，如图 2-50 所示。

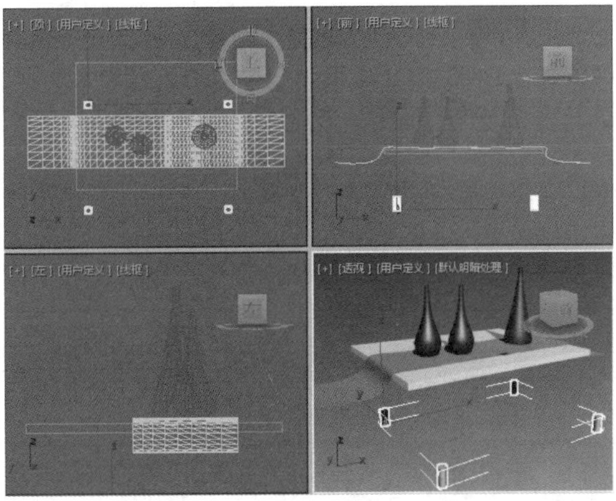

图 2-50

02 在主工具栏中单击“对齐”按钮，然后在顶视图中单击茶几台面模型作为对齐的目标对象，如图 2-51 所示。

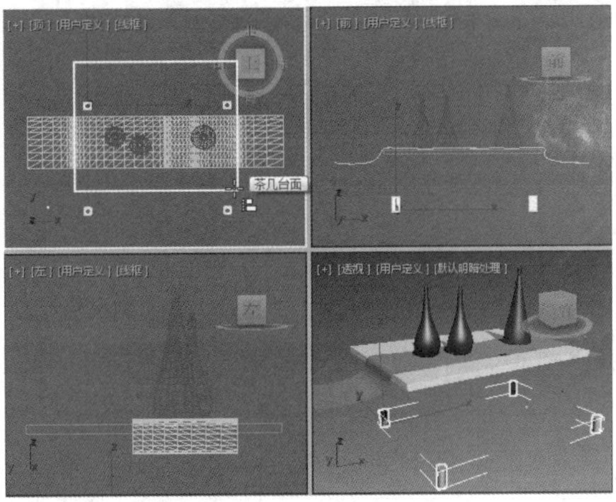

图 2-51

03 在打开的“对齐当前选择（茶几台面）”对话框中设置“对齐位置”为“X 位置”“Y 位置”，“当前对象”为“中心”，“目标对象”为“中心”，然后单击“应用”按钮 应用 ，如图 2-52 所示。

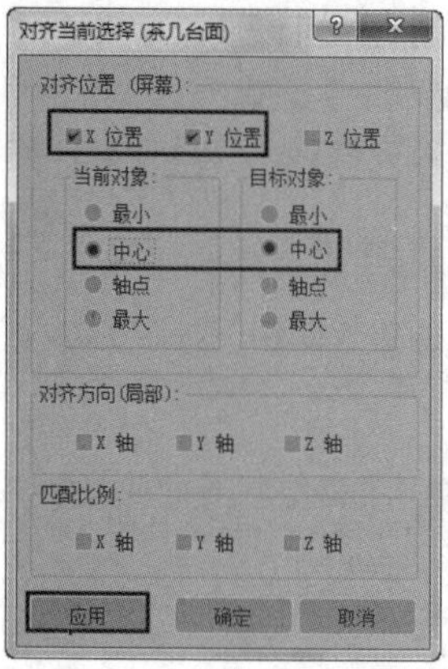

图 2-52

04 在“对齐当前选择（茶几台面）”对话框中设置“对齐位置”为“Z位置”、“当前对象”为“最大”、“目标对象”为“最小”，如图 2-53 所示。然后单击“确定”按钮 确定 ，完成对齐操作，效果如图 2-54 所示。

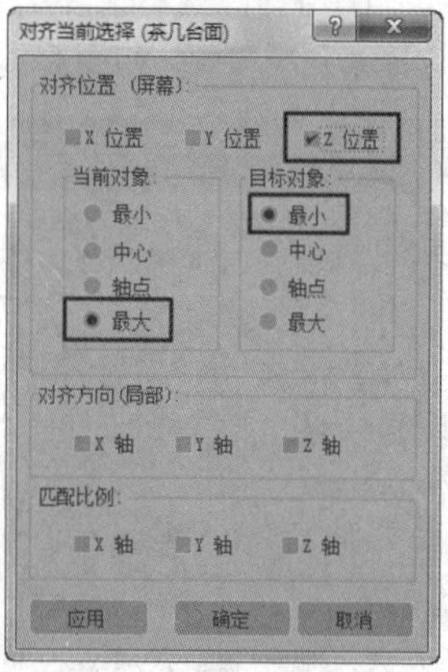

图 2-53

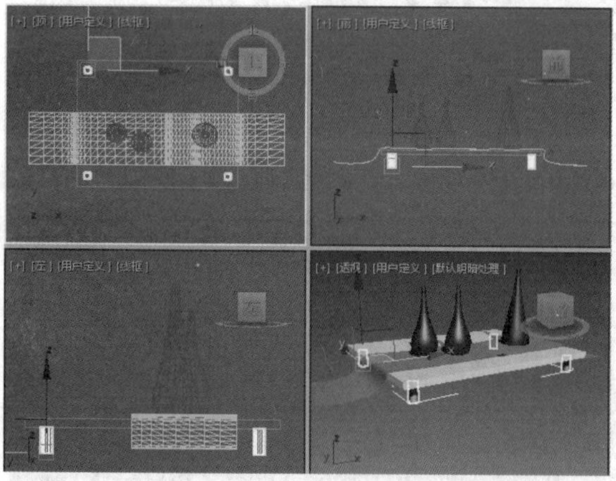
图 2-54

① 技巧与提示

选择对象后，长按“对齐”按钮，在展开的子工具中选择“快速对齐”工具，然后在视口中单击要对齐的目标对象，可以目标对象的轴心为基点，快速地将原对象与目标对象对齐。

单击“层次”标签，在“层次”命令面板中单击“仅影响轴”按钮 仅影响轴 ，可以在视口中调整所选对象的轴心位置。

2.4.5 复制对象

在 3ds Max 中绘制效果图时，通常会需要使用多个相同的模型组成最终的效果图。为了提高工作效率，用户可以在创建其中一个模型后，使用复制的方法创建其他相同模型。

如下 3 种方法可以进行复制操作。

按住 Shift 键，同时对模型进行移动、旋转或缩放等变换操作。

选择对象，然后执行“编辑 > 克隆”菜单命令。

选择对象，然后按 Ctrl+V 快捷键。

使用菜单命令或按 Ctrl+V 快捷键对指定的模型进行复制，将打开如图 2-55 所示的“克隆选项”对话框，在该对话框中只能设置复制对象的方式，而不能设置复制对象的数量。如果按住 Shift 键对模型进行移动、旋转或缩放等变换操作，将打开如图 2-56 所示的“克隆选项”对话框，在该对话框中不仅可以设置复制对象的方式，还可以设置复制对象的数量。在“克隆选项”对话框中设置好复制的选项后，单击“确定”按钮 确定 即可完成复制操作。

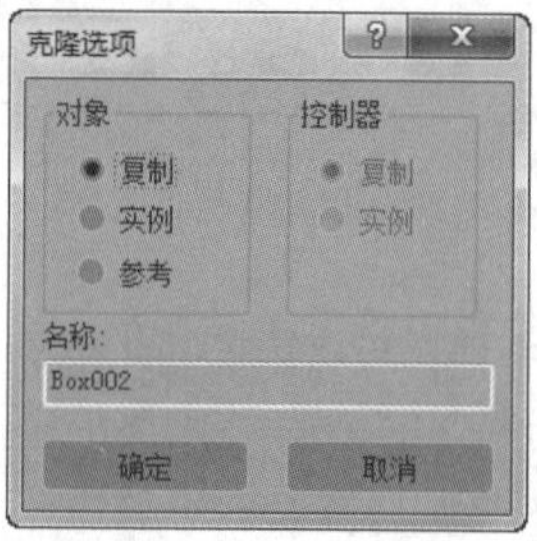

图 2-55

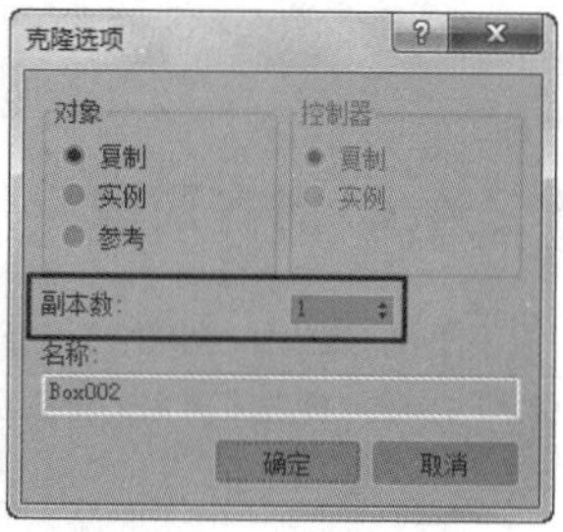

图 2-56

在“克隆选项”对话框中，各选项的作用如下。

复制：用于单纯的复制操作。

实例：进行关联复制操作，被复制出来的对象和原对象之间存在相互关联的性质，也就是说当一个对象的属性被改变时，另一个对象也跟着改变。

参考：进行参考复制操作，被复制出来的对象会随原对象的改变而变化，但复制出来的对象发生改变，不会影响原对象的属性。

副本数：用于设置复制出的对象的数目。

名称：用于设置复制出的对象的名称，如果要复制出多个对象，系统将在对象的名称后依次编号。

实战：复制对象	
素材位置	素材文件 > 第 2 章 >04.max
实例位置	实例文件 > 第 2 章 >04.max
学习目标	学习复制对象的方法

01 打开“素材文件 > 第 2 章 >04.max”素材文件，如图 2-57 所示。

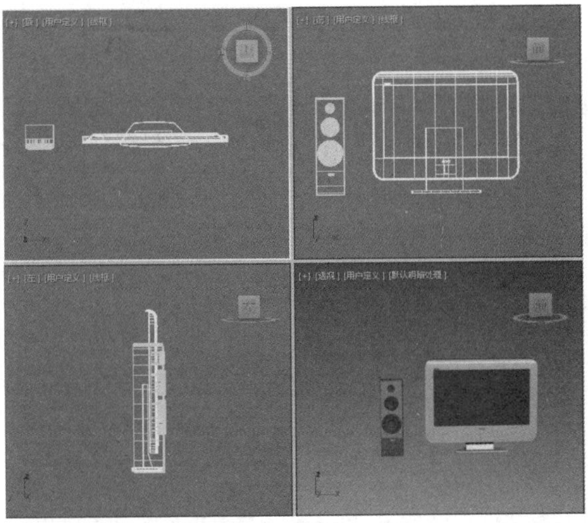

图 2-57

02 将顶视口最大化显示，按住 Shift 键并向右拖曳音箱模型，效果如图 2-58 所示。

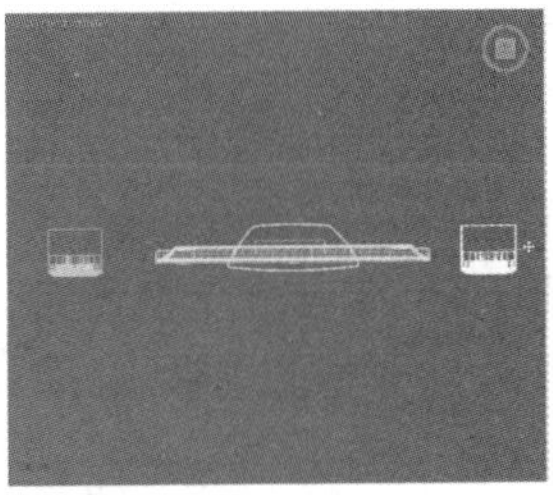

图 2-58

03 在弹出的“克隆选项”对话框中设置“副本数”为 1，然后单击“确定”按钮 确定 ，如图 2-59 所示，执行复制操作后的效果如图 2-60 所示。

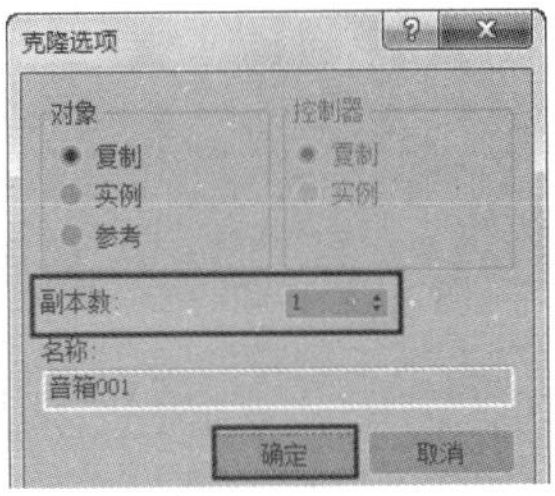

图 2-59

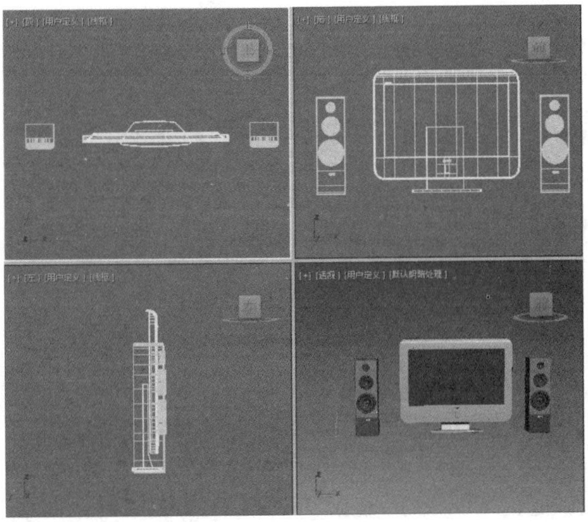

图 2-60

2.4.6 镜像对象——镜像复制手模型

3ds Max 中的“镜像”工具能模拟现实中镜面的功能，对对象进行镜像转换，可以创建出相对于当前坐标系统对称的对象副本。

选择需要镜像的对象后，单击主工具栏上的“镜像”按钮，如图 2-61 所示，在打开的“镜像 : 屏幕坐标”对话框中可以根据需要设置镜像的选项，如图 2-62 所示。

图 2-61

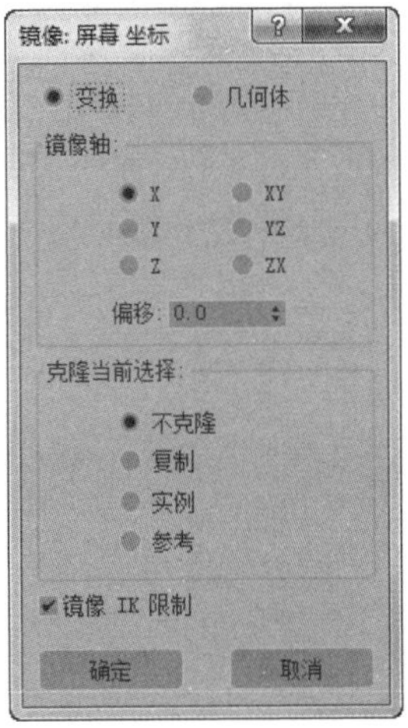

图 2-62

在“镜像”对话框中，各选项的作用如下。

镜像轴: 用于控制选择的对象按照指定的轴或平面进行镜像，可以在“偏移”文本框中输入镜像后的对象的偏移量。

克隆当前选择: 在此列举了镜像的方式，如果需要进行复制操作，可以选定“复制”“实例”“参考”中的一种方式，复制后的对象将沿着指定的轴或平面与原对象对称。

镜像 IK 限制: 当围绕一个轴镜像几何体时，会导致镜像 IK 约束（与几何体一起镜像），如果不希望 IK 约束受“镜像”工具的影响，则可禁用此选项。

实战：镜像对象	
素材位置	素材文件 > 第 2 章 >05.max
实例位置	实例文件 > 第 2 章 >05.max
学习目标	学习镜像对象的方法

01 打开“素材文件 > 第 2 章 >05.max”文件，选择人物模型中的右手模型，如图 2-63 所示。

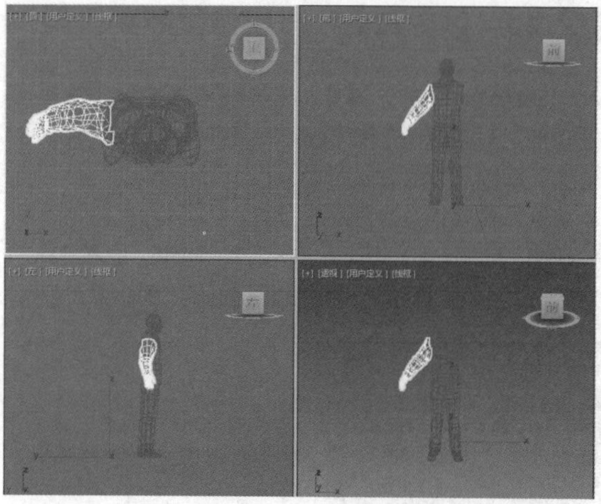

图 2-63

02 单击主工具栏上的“镜像”按钮，在打开的“镜像：屏幕坐标”对话框中设置“镜像轴”为“X”，再选中“复制”单选项，如图 2-64 所示，单击“确定”按钮 确定 ，效果如图 2-65 所示。

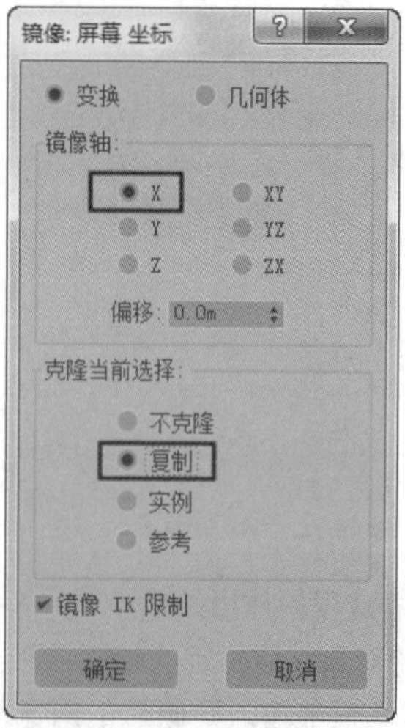

图 2-64

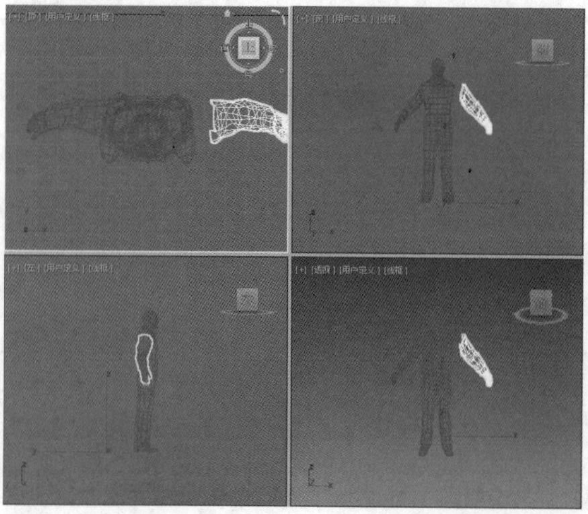

图 2-65

03 将镜像复制得到的手模型向左适当移动，效果如图 2-66 所示。

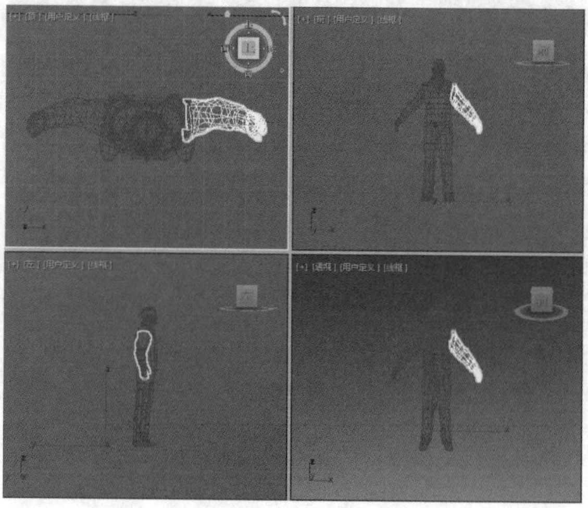

图 2-66

这里补充说明一点，如果在“镜像：屏幕坐标”对话框中设置镜像的偏移值，可以直接调节镜像复制出的对象的位置，如图 2-67 所示，单击“确定”按钮 确定 ，得到的镜像效果如图 2-68 所示。

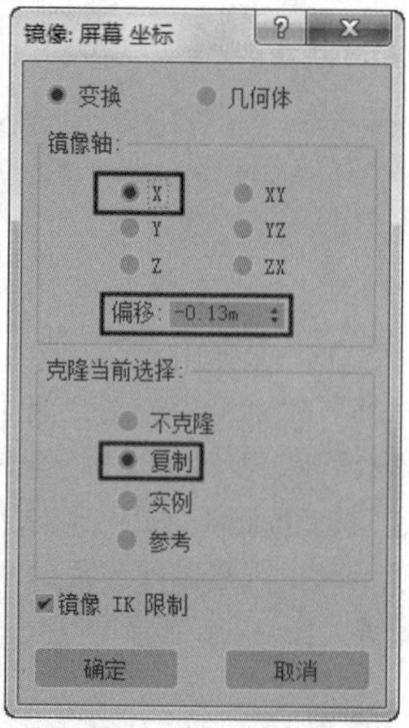

图 2-67

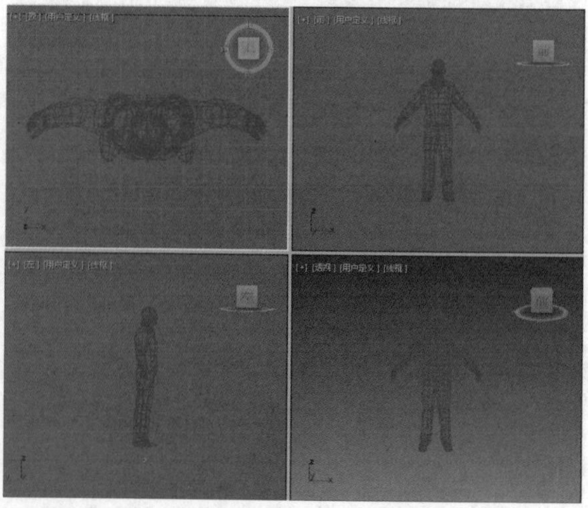

图 2-68

2.4.7 阵列操作——创建时钟模型

使用阵列操作能够轻易地创建出对象的大量副本的集合。在“阵列”对话框中，可以指定阵列偏移量、旋转角度和复制数量。选择一个对象后，执行“工具 > 阵列”菜单命令，即可打开“阵列”对话框，如图 2-69 所示。

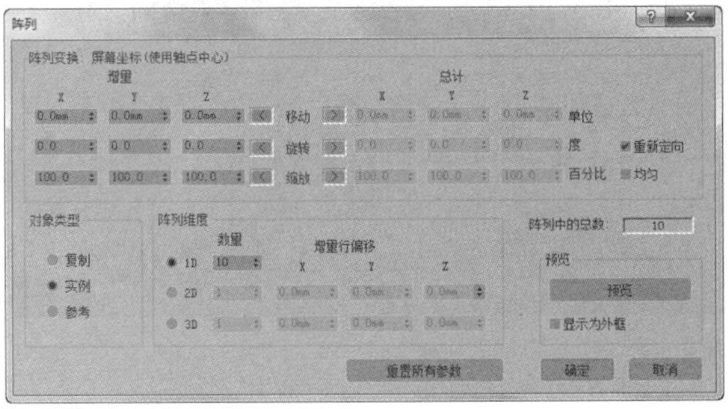

图 2-69

在“阵列”对话框的顶部可以设置沿 x 轴、y 轴和 z 轴的偏移量、旋转角度和缩放比例，在对话框下方可以设置阵列的数量。例如，创建一个半径为 10mm 的球体，将球体对象沿 x、y、z 轴进行阵列，设置各轴的复制数量依次为 5、4、3，各轴的对象间距均为 40mm，如图 2-70 所示，阵列后的效果如图 2-71 所示。

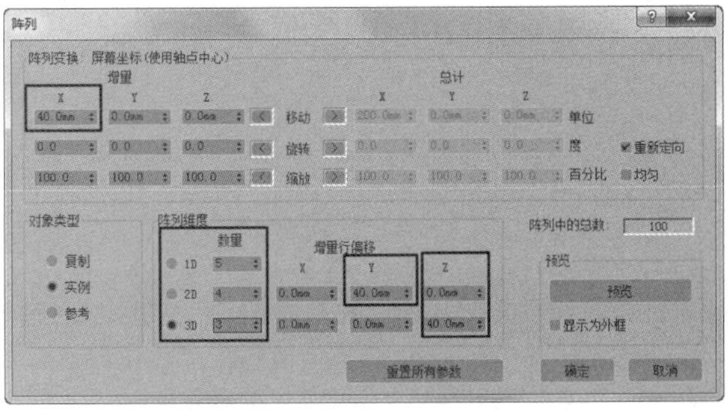

图 2-70

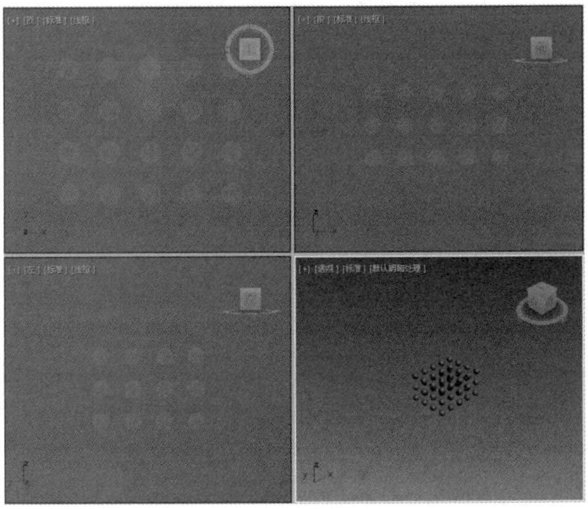

图 2-71

实战：创建时钟模型	
素材位置	素材文件 > 第 2 章 >06.max
实例位置	实例文件 > 第 2 章 >06.max
学习目标	学习环形阵列对象的方法

01 打开“素材文件 > 第 2 章 >06.max”素材文件，在视口中选择球体和支架模型，如图 2-72 所示。

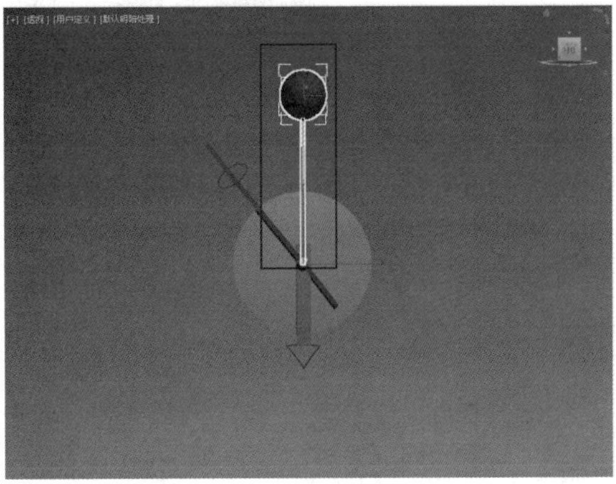

图 2-72

02 执行“组 > 组”菜单命令，打开“组”对话框，然后单击“确定”按钮 确定 ，将选择的模型编辑为编组对象，如图 2-73 所示。

03 单击命令面板中的“层次”标签，然后在“层次”命令面板中选择“轴”选项卡，再单击“仅影响轴”按钮 仅影响轴 ，如图 2-74 所示。

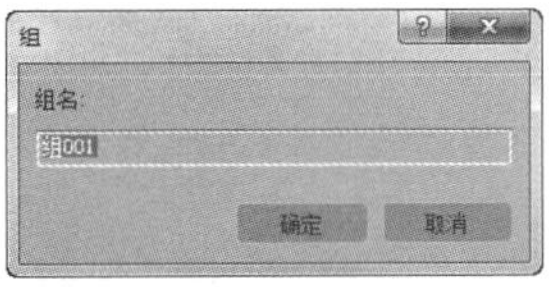

图 2-73

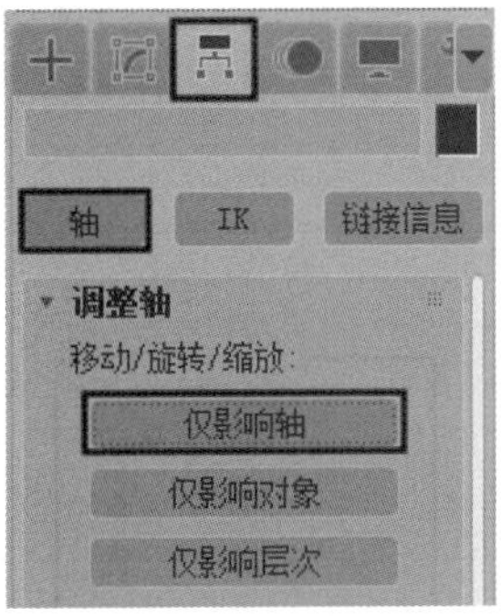

图 2-74

技巧与提示

“仅影响轴”按钮 仅影响轴 主要用来调整对象的轴心位置，旋转和环形阵列操作将以轴心为中心点进行旋转。

04 在前视口中选择编组对象，将编组对象的轴移动到圆柱体的中心处，如图 2-75 所示。

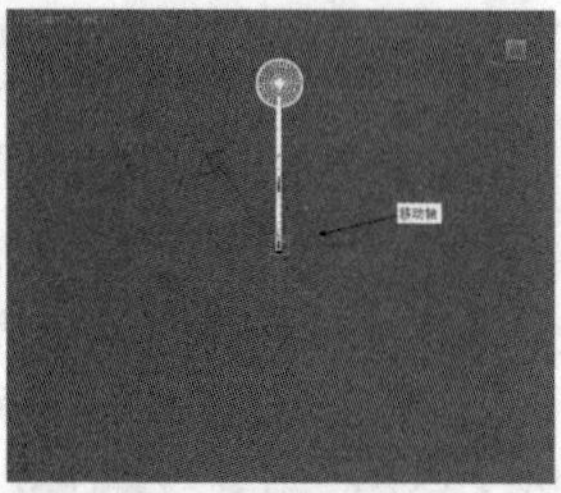

图 2-75

05 选择编组对象，然后选择“工具 > 阵列”菜单命令，打开“阵列”对话框，然后设置在 z 轴方向旋转 30°，设置“1D”数量为“12”，如图 2-76 所示。

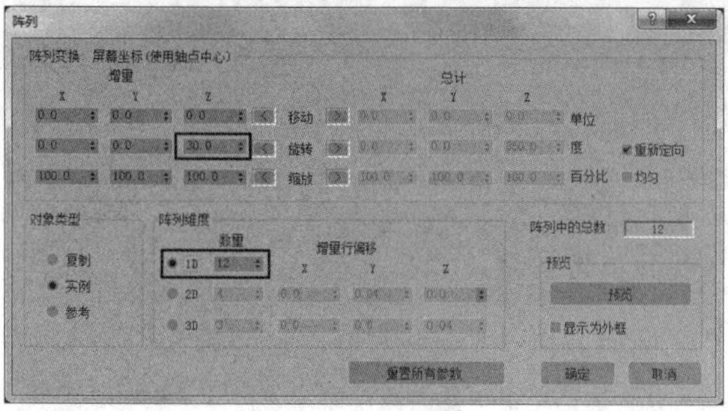

图 2-76

06 单击“确定”按钮 确定 ，完成对编组对象的环形阵列，效果如图 2-77 所示。

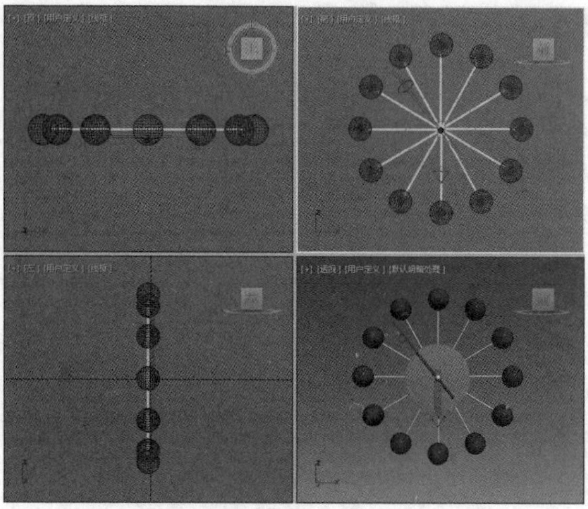

图 2-77

2.4.8 撤销 / 重做

在使用 3ds Max 2020 进行对象操作时，难免会出现一些错误操作，这时可以单击“主工具栏”上的“撤销”按钮，取消上一步的操作，恢复之前的操作，连续单击该按钮可撤销多步操作。如果撤销操作过多，导致取消了正确的操作，可以单击“重做”按钮，重做上一步撤销的操作。

03

第3章

基础建模

要点索引

▼

建模思路

标准基本体

扩展基本体

复合对象

建模是用 3ds Max 制作效果图的基础，没有模型，材质和灯光就无从谈起。本章将介绍 3ds Max 2020 的入门级建模技术，包括创建标准基本体、扩展基本体和复合对象。通过对本章的学习，大家可以快速地创建出一些简单的模型。

3.1 建模思路

在开始学习建模之前，首先需要掌握建模的思路。在 3ds Max 中，建模的过程就相当于现实生活中的“雕刻”过程。下面以一个水龙头为例来讲解建模的思路，图 3-1 所示为水龙头的效果图，图 3-2 所示为水龙头的线框图。

图 3-1

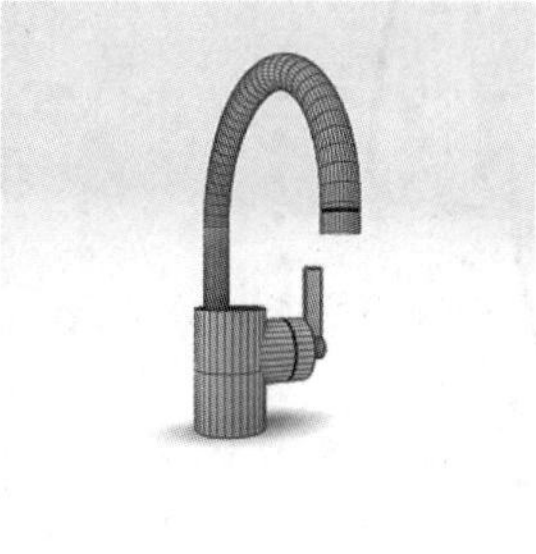

图 3-2

在创建这个水龙头模型的过程中，可以将其分解为 5 个独立的部分来分别进行创建，如图 3-3 所示。

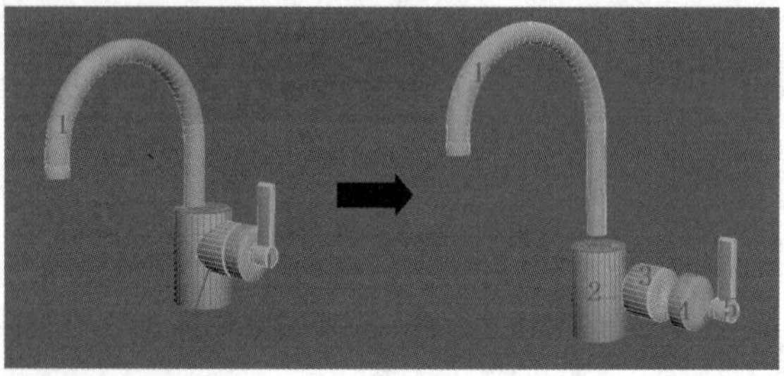

图 3-3

第 2、3、4 部分的结构非常简单，可以通过修改、扩展基本体得到；而第 1 和第 5 部分可以使用多边形建模的方法来进行制作。

3.2 标准基本体

标准基本体是 3ds Max 中自带的一些模型，用户可以直接创建出这些模型。在“创建”命令面板中单击“几何体”按钮●，然后在下拉列表中选择“标准基本体”即可找到这些模型。标准基本体包含 10 种对象类型，分别是“长方体”“圆锥体”“球体”“几何球体”“圆柱体”“管状体”“圆环”“四棱锥”“茶壶”“平面”“加强型文本”，如图 3-4 所示。

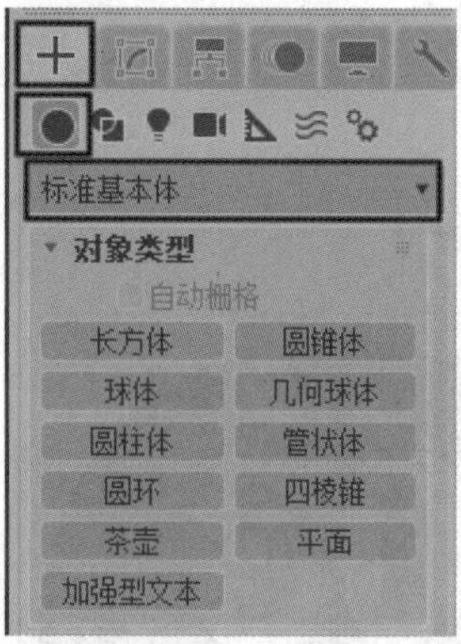

图 3-4

3.2.1 长方体

长方体是建模中最常用的几何体。现实中与长方体接近的物体很多，可以直接使用长方体创建出很多模型，比如方桌、墙体等，同时还可以将长方体用作多边形建模的基础物体，其参数设置面板如图 3-5 所示。

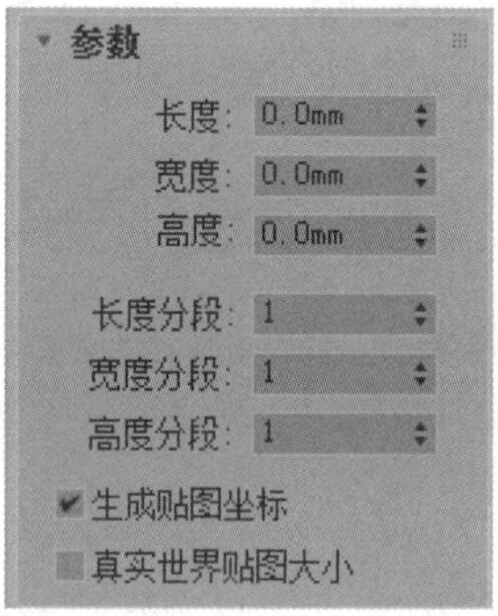

图 3-5

技巧与提示

在不同的视口中创建模型时，即使是设置相同的参数，得到的模型效果也是不同的。一般情况下，我们都在顶视口中建模，特殊情况下可以在左视口或前视口中建模，在透视图中观察模型效果。

重要参数介绍

长度/宽度/高度：这 3 个参数决定了长方体的外形，用来设置长方体的长度、宽度和高度。

长度分段/宽度分段/高度分段：这 3 个参数用来设置沿着对象每个轴的分段数量。

实战：用长方体制作俄罗斯方块

素材位置	无
实例位置	实例文件 > 第 3 章 > 用长方体制作俄罗斯方块 > 用长方体制作俄罗斯方块 .max
学习目标	学习用长方体创建模型

本案例将通过创建长方体来制作俄罗斯方块模型，其效果如图 3-6 所示。

图 3-6

01　使用“长方体”工具 长方体 在场景中创建一个长方体，在“参数”卷展栏下设置“长度”为 20mm、“宽度”为 20mm 、“高度”为 10mm，然后设置“长度分段”和“宽度分段”都为 2、“高度分段”为 1，其位置及参数如图 3-7 所示。

图 3-7

ⓘ 技巧与提示

创建模型时，可以在未取消选择对象前直接在“创建”面板中的“参数”卷展栏中设置模型的参数；如果在创建模型时，已取消选择对象，就需要重新选择该模型，然后在“修改”命令面板中的“参数”卷展栏中设置模型的参数。

02　使用“长方体”工具 长方体 在场景中创建一个长方体，设置“长度”为 20mm、“宽度”为 10mm 、“高度”为 10mm，然后设置“长度分段”为 2、“宽度分段”和“高度分段”为 1，其位置及参数如图 3-8 所示。

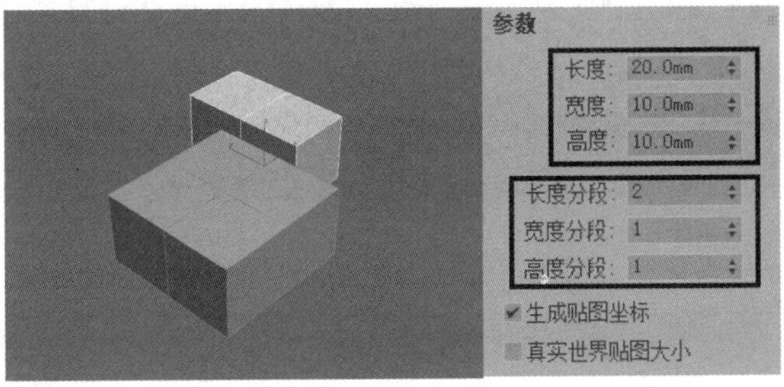

图 3-8

03　将上一步创建的长方体复制并旋转至如图 3-9 所示的位置。

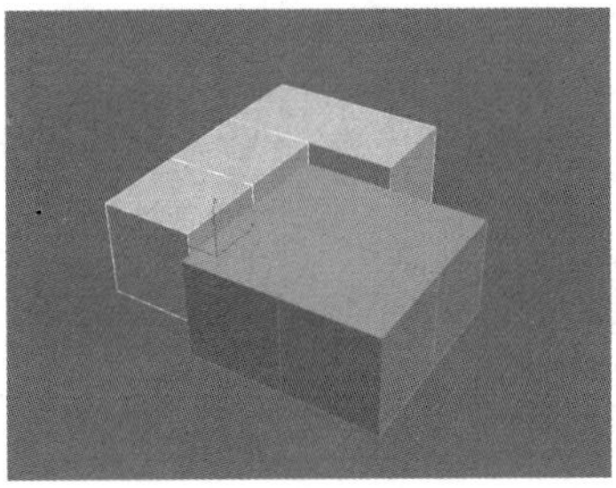

图 3-9

ⓘ 技巧与提示

移动长方体时，应使用“2.5D 捕捉”工具 2.5，并在顶视口中进行移动，以确保模型完全拼合。

04　使用“长方体”工具 长方体 在场景中创建一个长方体，设置“长度”为 30mm、“宽度”为 10mm 、“高度”为 10mm，然后设置“长度分段”为 3、“宽度分段”和“高度分段”都为 1，其位置及参数如图 3-10 所示。

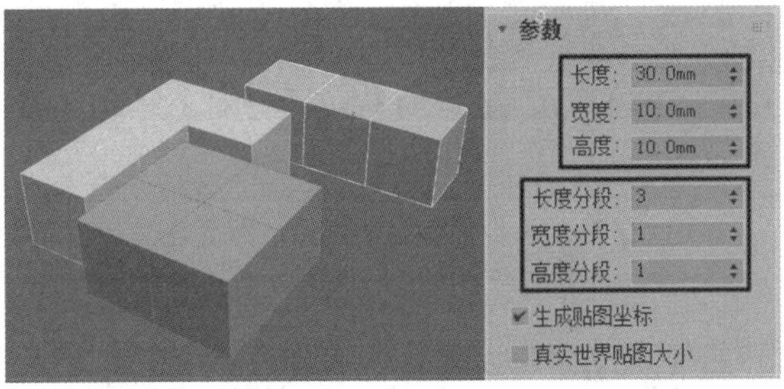

图 3-10

05　使用“长方体”工具 长方体 在场景中创建一个长方体，设置“长度”为 10mm、“宽度”为 10mm 、“高度”为 10mm，然后设置分段数都为 1，其位置及参数如图 3-11 所示。

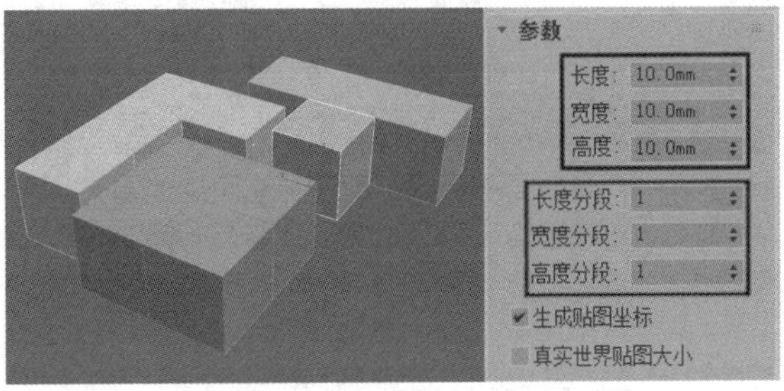

图 3-11

06　使用“长方体”工具 长方体 在场景中创建一个长方体，设置“长度”为 10mm、“宽度”为 40mm 、“高度”为 10mm，然后设置“宽度分段”为 4、“长度分段”和“高度分段”都为 1，其位置及参数如图 3-12 所示。

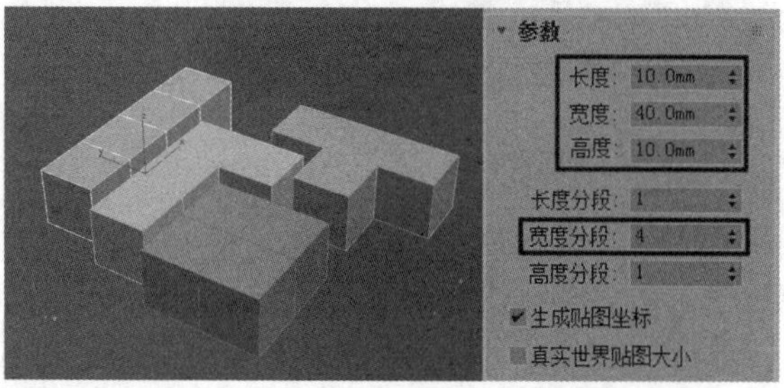

图 3-12

07 使用“长方体”工具 长方体 在场景中创建一个长方体，设置“长度”为 20mm、“宽度”为 10mm 、“高度”为 10mm，然后设置“长度分段”为 2、“宽度分段”和“高度分段”都为 1，其位置及参数如图 3-13 所示。

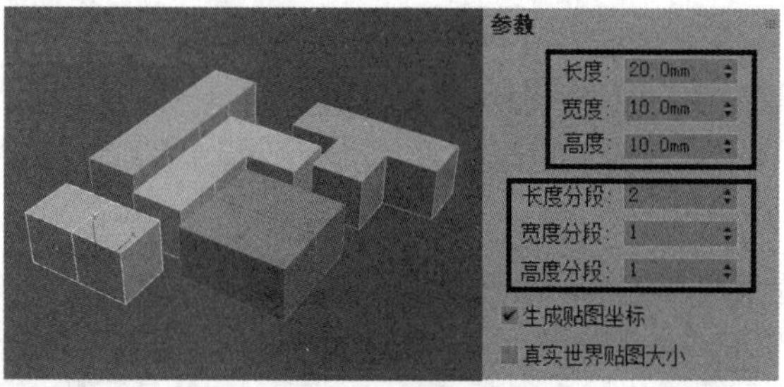

图 3-13

08 选中上一步创建的长方体，然后在其旁边复制出一个长方体。俄罗斯方块的最终效果如图 3-14 所示。

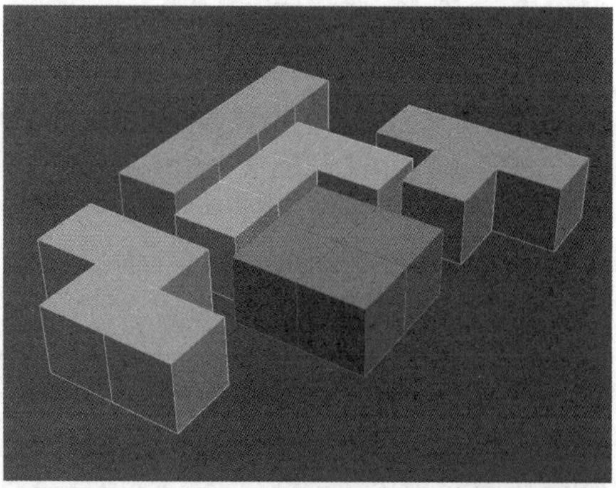

图 3-14

实战：用长方体制作花架	
素材位置	无
实例位置	实例文件 > 第 3 章 > 用长方体制作花架 > 用长方体制作花架 .max
学习目标	学习用长方体创建模型

本案例将通过创建长方体来制作花架模型，效果如图 3-15 所示。

图 3-15

01 使用“长方体”工具 长方体 在场景中创建一个长方体，然后在“参数”卷展栏下设置“长度”为 400mm、“宽度”为 400mm 、“高度”为 40mm，分段数都为 1，如图 3-16 所示。

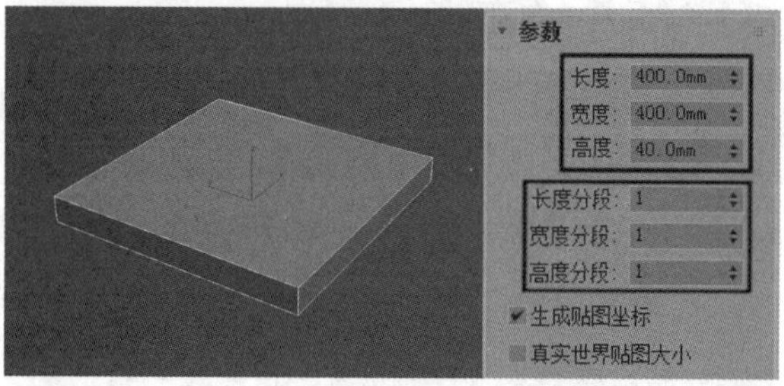

图 3-16

02 选择上一步创建的长方体，然后按 Ctrl + V 快捷键在原位复制一次，接着右键单击“选择并移动”按钮，在打开的“移动变换输入”对话框中设置“偏移 : 世界”的 z 轴值为 600mm，如图 3-17 所示，移动模型后的效果如图 3-18 所示。

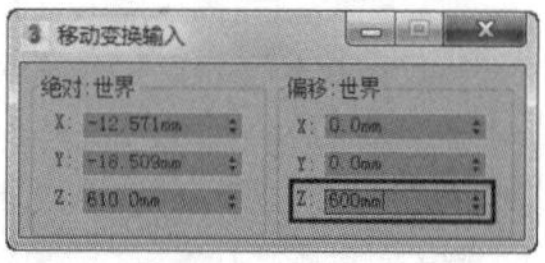

图 3-17

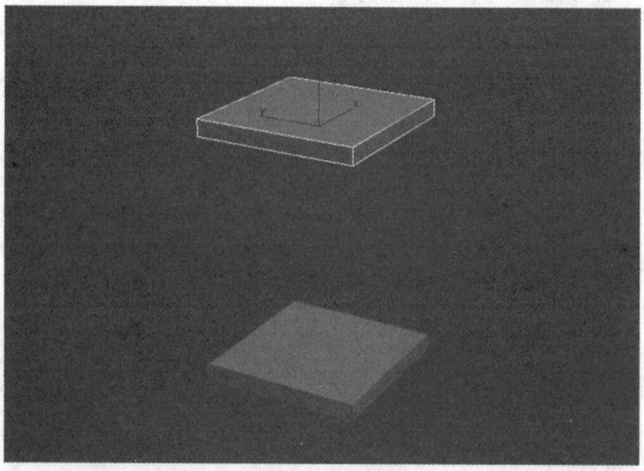

图 3-18

① 技巧与提示

在顶视口中选择对象后，设置“偏移：世界”的 z 轴值时，输入正值是向上移动，输入负值是向下移动。

03　使用“长方体”工具 长方体 在场景中创建一个长方体，然后在“参数”卷展栏下设置“长度”为 40mm、“宽度”为 40mm 、“高度”为 800mm，分段数都为 1，如图 3-19 所示。

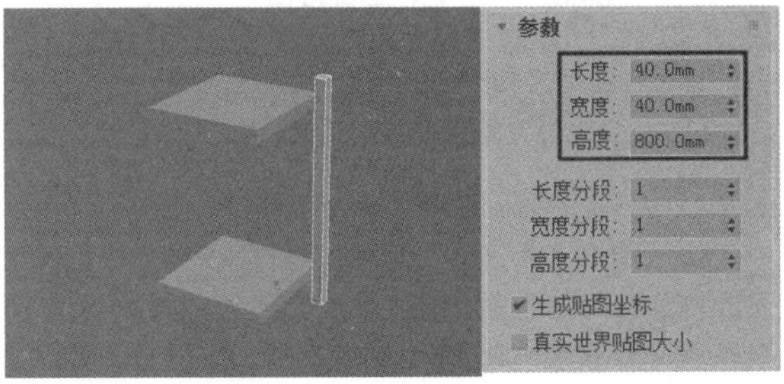

图 3-19

04　选中上一步创建的长方体，然后复制 3 次，并将复制的各个长方体适当移动，完成花架的创建，最终效果如图 3-20 所示。

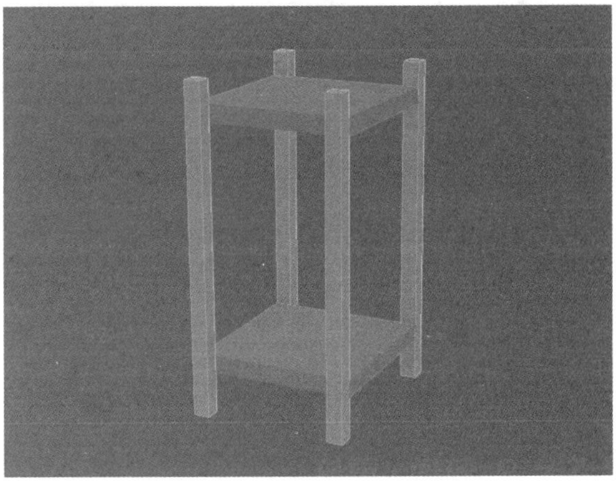

图 3-20

3.2.2 圆锥体

与圆锥体接近的物体在现实生活中很常见，如冰激凌的外壳，在 3ds Max 中的圆锥体及其参数设置面板如图 3-21 所示。

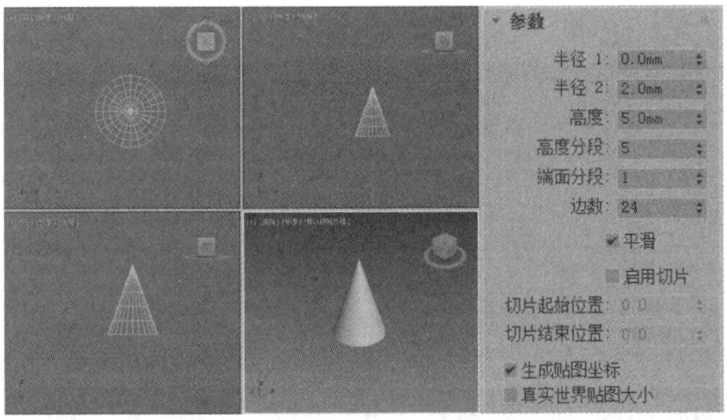

图 3-21

重要参数介绍

半径 1/ 半径 2：设置圆锥体的第 1 个半径和第 2 个半径，两个半径的最小值都是 0。

高度：设置圆锥体中心轴的维度，负值将在构造平面下方创建圆锥体。

高度分段：设置沿着圆锥体主轴的分段数。

端面分段：设置围绕圆锥体顶部和底部的中心的同心分段数。

边数：设置圆锥体周围边数。

平滑：混合圆锥体的面，从而在渲染视图中创建平滑的外观。

启用切片：控制是否开启“切片”功能。

切片起始 / 结束位置：设置从局部 x 轴的零点开始围绕局部 z 轴的度数。

> ⓘ 技巧与提示
>
> 对于“切片起始位置”和“切片结束位置”这两个选项，正数值将按逆时针移动切片的末端，负数值将按顺时针移动切片的末端。

3.2.3 球体

与球体接近的物体在现实生活中也是很常见的。在 3ds Max 中，可以创建完整的球体，也可以创建半球体或其他的部分球体。创建完整的球体时，其效果和参数设置面板如图 3-22 所示。

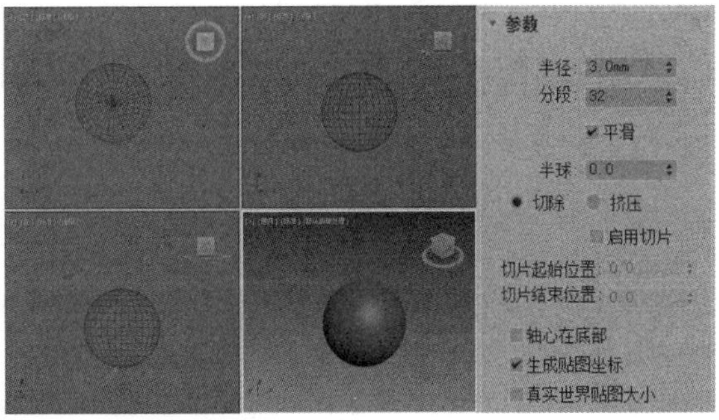

图 3-22

重要参数介绍

半径：指定球体的半径。

分段：设置球体多边形分段的数目。分段越多，球体越光滑，反之则越粗糙，图 3-23 所示是“分段”值分别为 8 和 32 的球体对比。

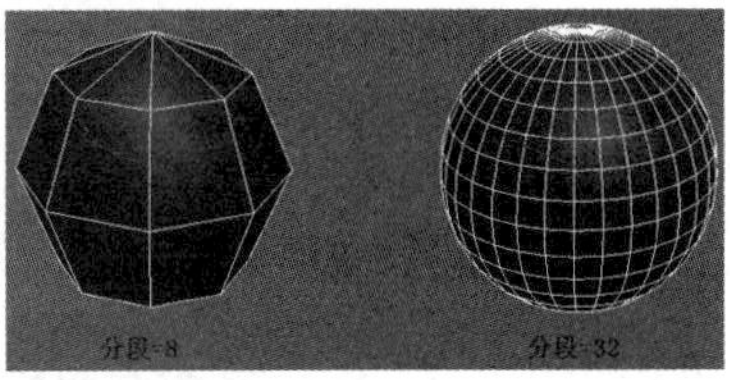

图 3-23

平滑：混合球体的面，从而在渲染视图中创建平滑的外观。

半球：该值过大将从底部“切断”球体，以创建部分球体，其取值范围为 0~1。值为 0 可以生成完整的球体；值为 0.5 可以生成半球体，如图 3-24 所示；值为 1 会使球体消失。

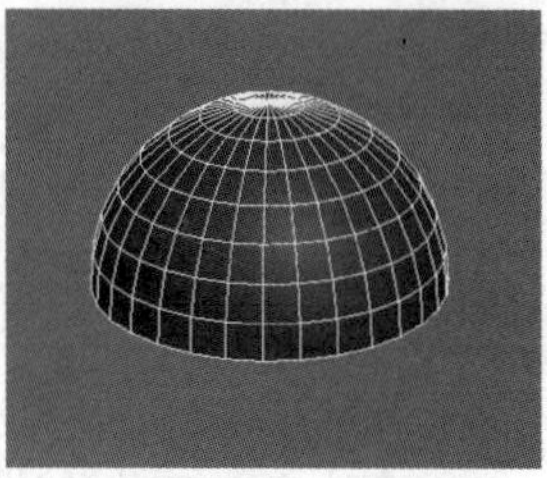

图 3-24

切除：通过在半球断开时将球体中的顶点数和面数“切除”来减少它们的数量。

挤压：保持原始球体中的顶点数和面数，使球体向着顶部挤压为越来越小的体积。

轴心在底部：在默认情况下，轴点位于球体中心的构造平面上，如图 3-25 所示；如果勾选“轴心在底部”复选框，则会使球体沿着其局部 *z* 轴向上移动，使轴点位于其底部，如图 3-26 所示。

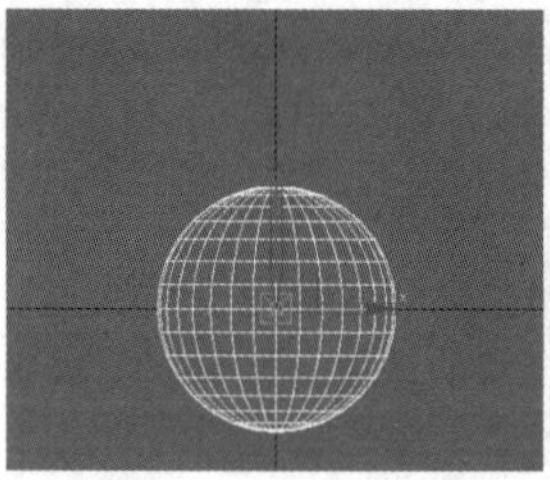

图 3-25

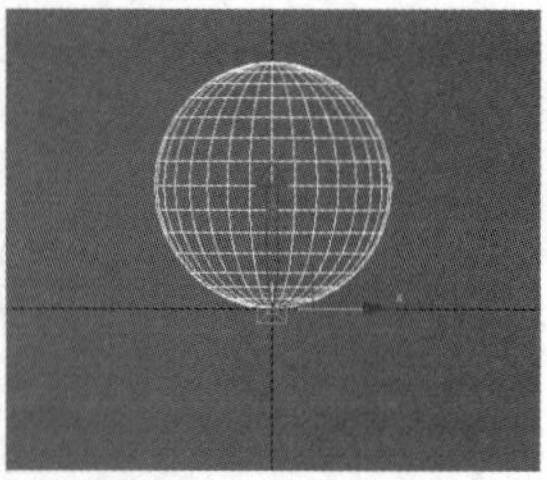

图 3-26

实战：用球体制作化学分子模型

素材位置	无
实例位置	实例文件 > 第 3 章 > 用球体制作化学分子模型 > 用球体制作化学分子模型 .max
学习目标	学习用球体创建模型

本案例将通过创建球体和圆柱体来制作化学分子模型，其效果如图 3-27 所示。

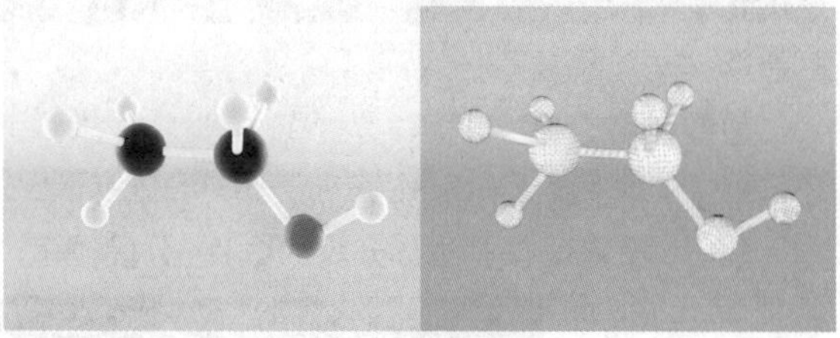

图 3-27

01 使用“球体”工具 球体 在场景中创建一个球体作为碳原子，然后在“参数”卷展栏下设置“半径”为 45mm、“分段”为 32，如图 3-28 所示。

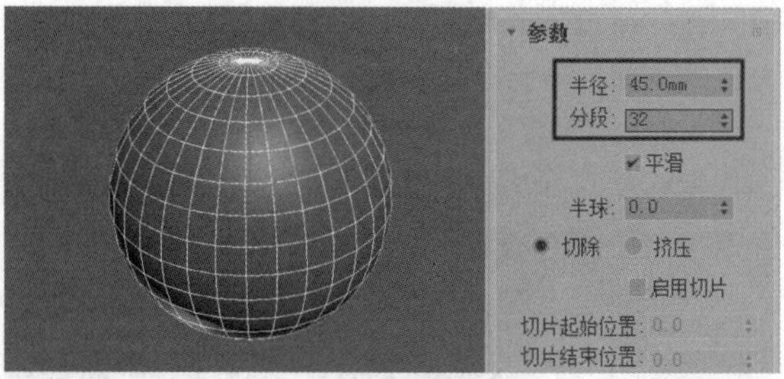

图 3-28

02 使用“圆柱体”工具 圆柱体 在场景中创建一个圆柱体作为化学键，然后设置“半径”为 8mm、“高度”为 100mm，其余参数为默认值，其位置和参数如图 3-29 所示。

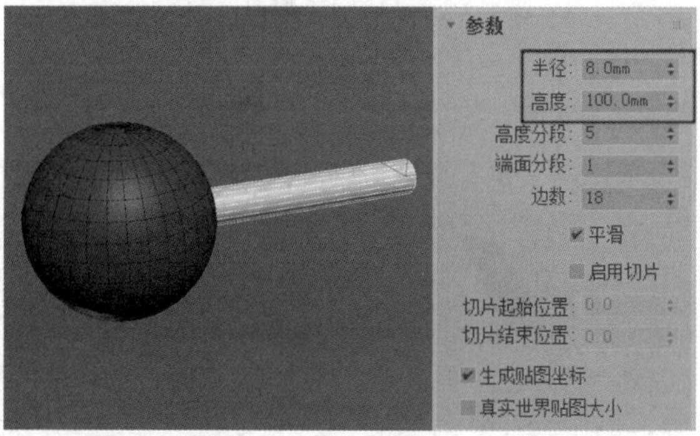

图 3-29

03 选中球体模型，然后将其复制到圆柱体的另一端，效果如图 3-30 所示。

04 将创建的圆柱体复制 6 次，并适当调整各个圆柱体的位置和角度，其效果如图 3-31 所示。

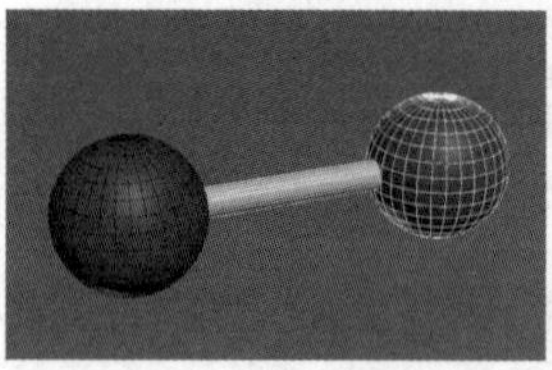

图 3-30

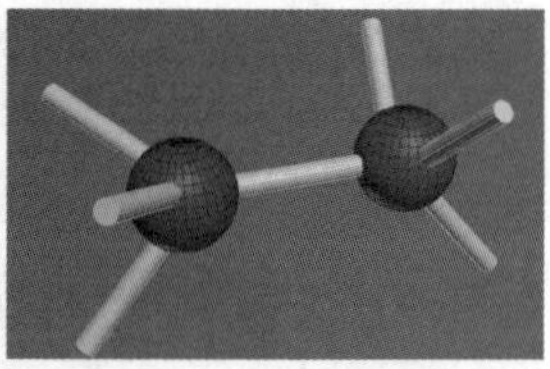

图 3-31

05 使用“球体”工具 球体 在场景中创建一个球体，然后在“参数”卷展栏下设置“半径”为 25mm，其位置和参数如图 3-32 所示。

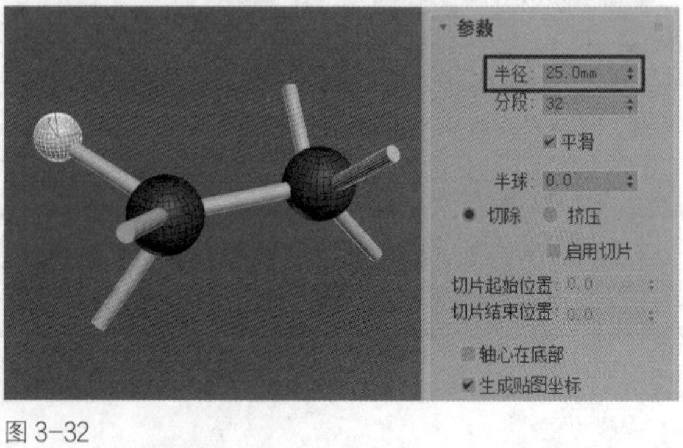

图 3-32

06 将上一步创建的球体复制 4 次，并将复制的球体移动到圆柱体的端点处，其效果如图 3-33 所示。

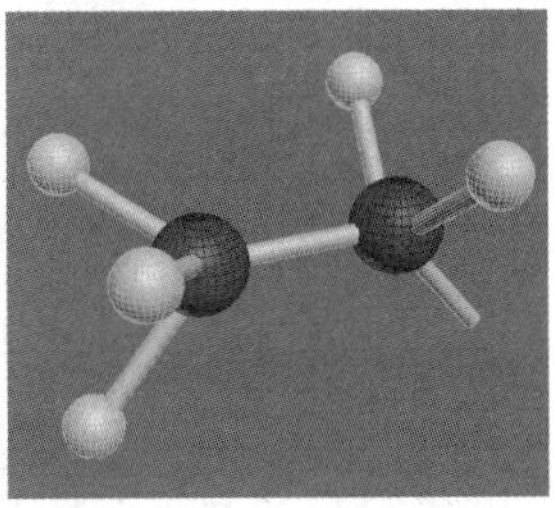

图 3-33

07 使用“球体”工具 球体 在场景中创建一个球体，然后在“参数”卷展栏下设置“半径”为 35mm，其效果和参数如图 3-34 所示。

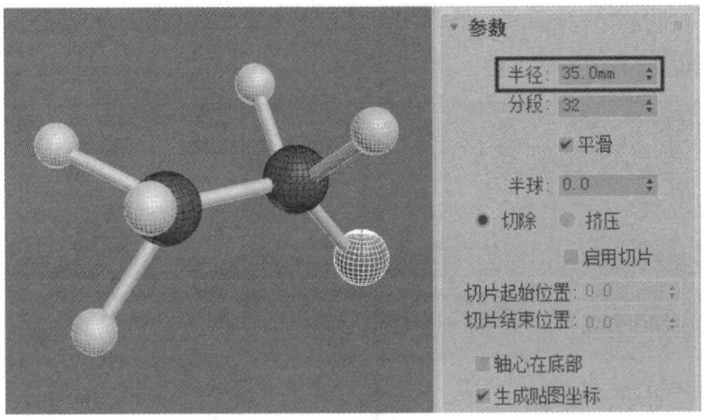

图 3-34

08 选择一组小球体和圆柱体，然后将其复制并移动到上一步创建的球体处，完成分子模型的创建，最终效果如图 3-35 所示。

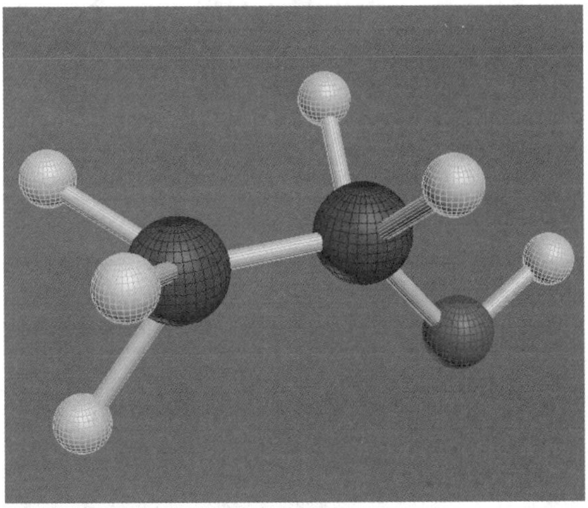

图 3-35

实战：用球体制作地灯	
素材位置	无
实例位置	实例文件 > 第 3 章 > 用球体制作地灯 > 用球体制作地灯 .max
学习目标	学习用球体和圆锥体创建模型

本案例将通过创建球体和圆锥体来制作地灯模型，效果如图 3-36 所示。

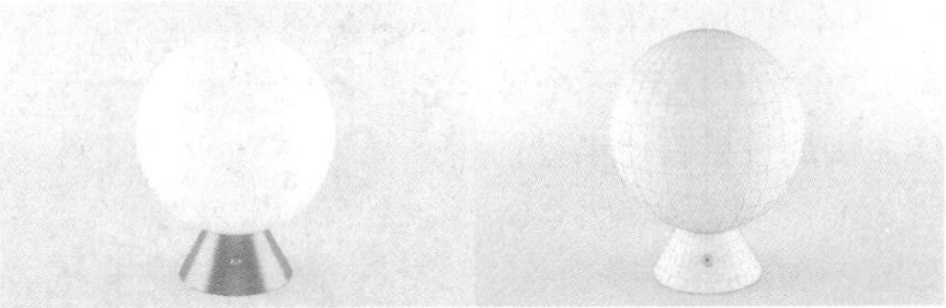

图 3-36

01 在“创建”命令面板中单击“球体”按钮 球体 ，然后在场景中创建一个球体，设置“半径”为 50mm、“半球”为 0.1，如图 3-37 所示。

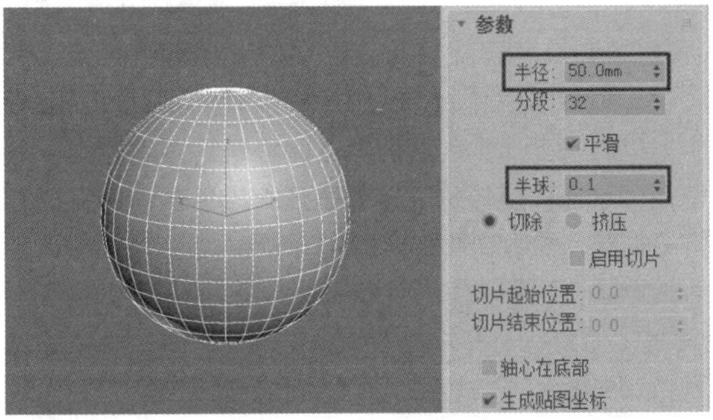

图 3-37

02 在“创建”命令面板中单击“圆锥体”按钮 圆锥体 ，然后创建一个圆锥体，设置“半径 1”为 16mm、“半径 2”为 30mm、“高度”为 -25mm、“边数”为 32，如图 3-38 所示。

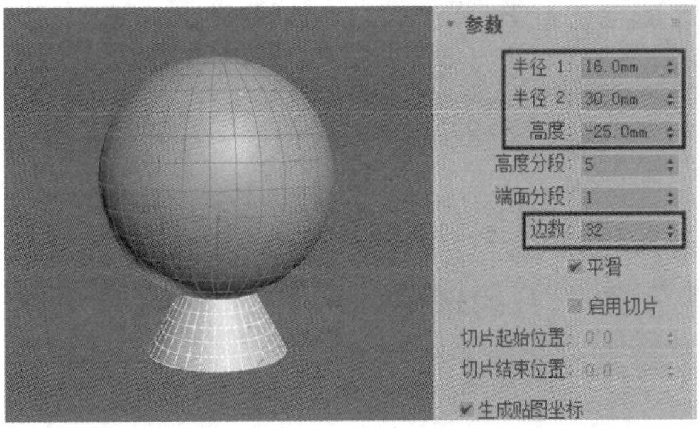

图 3-38

03 选择圆锥体，然后单击主工具栏中的“对齐”按钮，再单击选择场景中的球体，对球体和圆锥体进行对齐，在打开的“对齐当前选择（Sphere001）”对话框中设置的参数选项如图 3-39 所示。

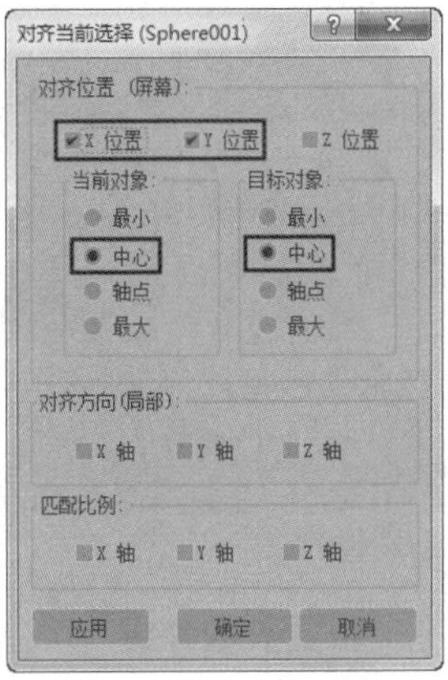

图 3-39

04 使用“球体”工具在场景中创建一个球体，然后设置其“半径”为3mm、“半球”为0.5，如图3-40所示。

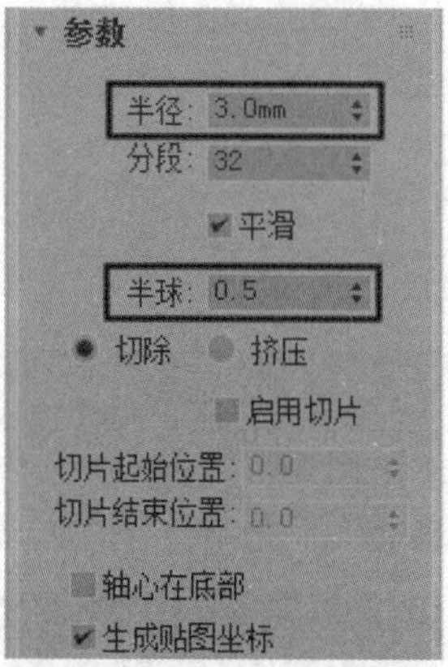

图 3-40

05 将上一步创建的半球体移动到圆锥体上，并使用“选择并旋转”工具 适当旋转半球体，完成地灯的创建，最终效果如图3-41所示。

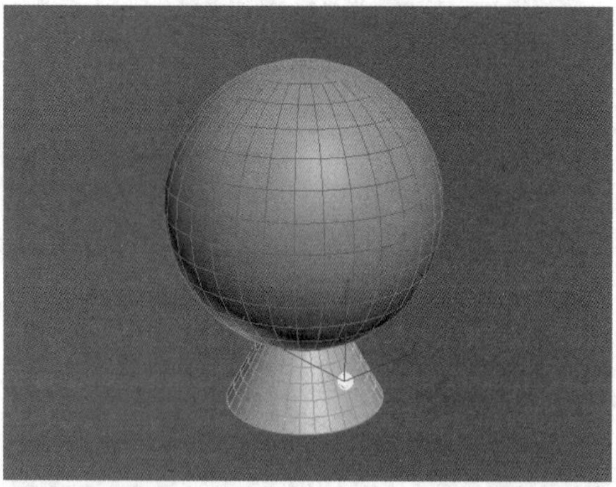

图 3-41

3.2.4 几何球体

几何球体的形状与球体的形状很接近，了解了球体的参数之后，几何球体的参数便不难理解了，如图3-42所示。

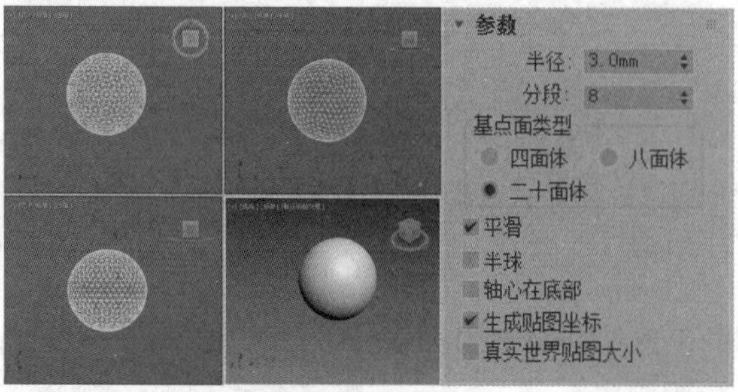

图 3-42

重要参数介绍

基点面类型：用于选择几何球体表面的基本组成单位类型，可供选择的有“四面体”“八面体”和“二十面体”，图3-43所示分别是这3种基点面的效果。

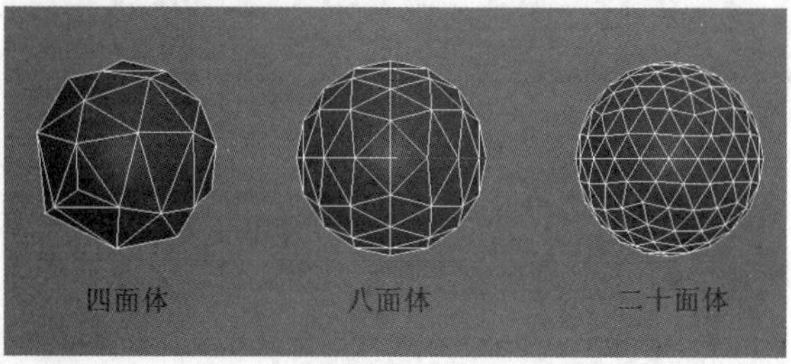

图 3-43

平滑：选中该复选框后，创建出来的几何球体的表面就是光滑的；如果取消选中该复选框，效果则相反，如图3-44所示。

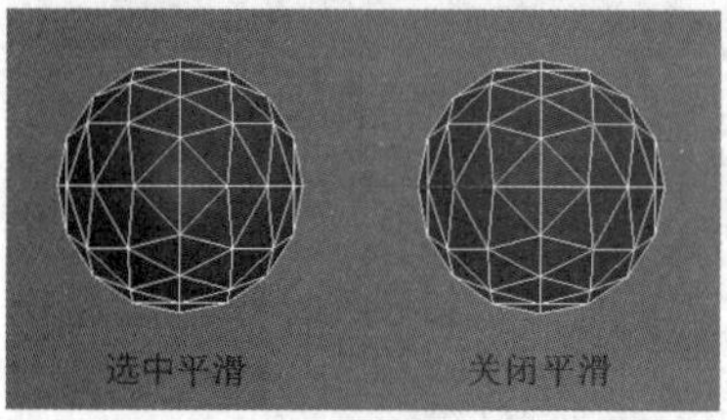

图 3-44

半球：选中该复选框后，创建出来的几何球体是一个半球体，如图3-45所示。

图 3-45

> ① 技巧与提示
>
> 几何球体与球体在创建出来之后可能很相似，但几何球体是由三角面构成的，而球体是由四角面构成的，如图3-46所示。

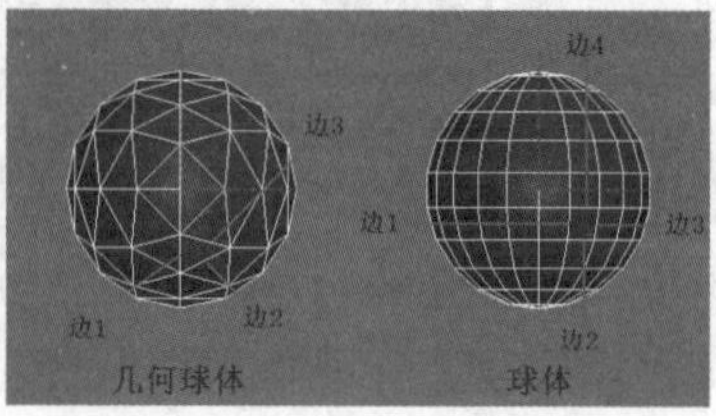

图 3-46

3.2.5 圆柱体

与圆柱体接近的物体在现实中很常见，比如玻璃杯和桌腿等。制作由圆柱体构成的物体时，可以先将圆柱体转换成可编辑多边形，然后对细节进行调整，其效果和参数设置面板如图3-47所示。

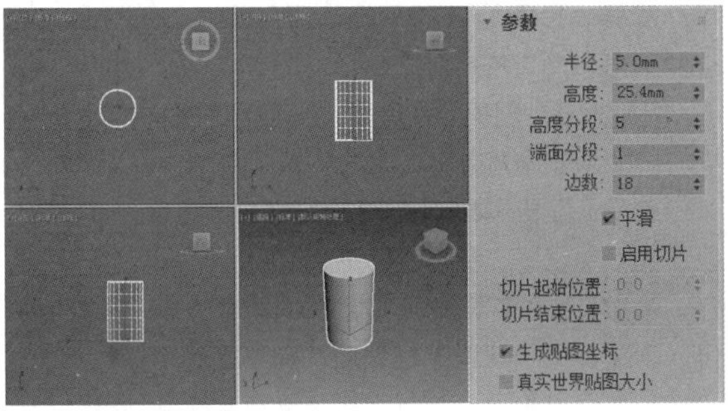

图 3-47

重要参数介绍

半径：设置圆柱体的半径。

高度：设置圆柱体中心轴的维度，负值表示将在构造平面下方创建圆柱体。

高度分段：设置沿着圆柱体主轴的分段数量。

端面分段：设置围绕圆柱体顶部和底部的中心的同心分段数量。

边数：设置圆柱体周围的边数。

实战：用圆柱体制作书架	
素材位置	无
实例位置	实例文件 > 第 3 章 > 用圆柱体制作书架 > 用圆柱体制作书架 .max
学习目标	学习用圆柱体创建模型

本案例将通过创建圆柱体来制作书架模型，其效果如图 3-48 所示。

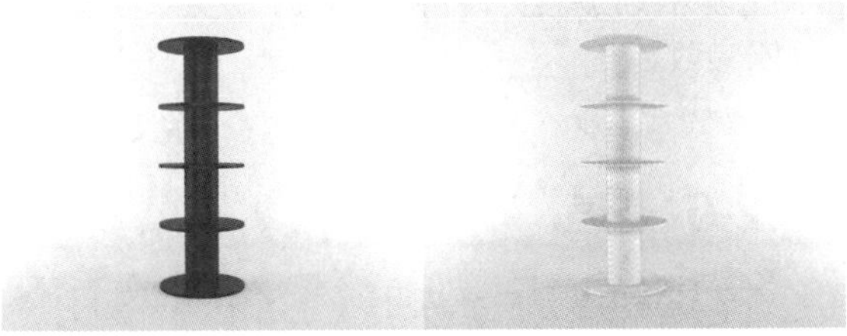

图 3-48

01 在“创建”命令面板中单击“圆柱体”按钮 圆柱体 ，然后在场景中创建一个圆柱体，设置“半径”为 60mm、“高度”为 800mm，其余参数为默认值，如图 3-49 所示。

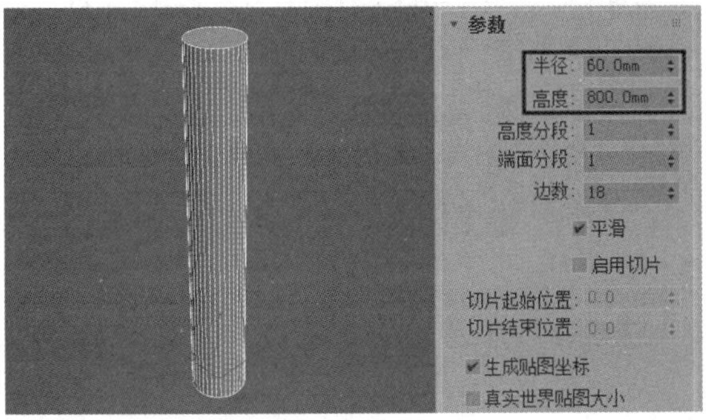

图 3-49

02 使用“圆柱体”工具 圆柱体 在场景中创建一个圆柱体，然后设置“半径”为 150mm、“高度”为 10mm，其余参数为默认值，将其放置于上一步创建的圆柱体下方，如图 3-50 所示。

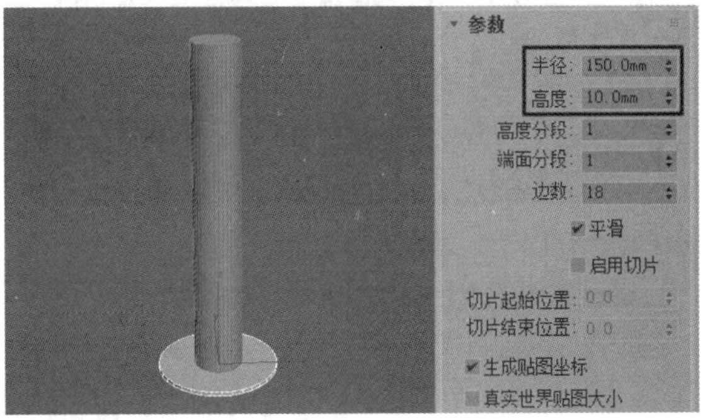

图 3-50

03 切换到前视口，然后选择上一步创建的圆柱体，按住 Shift 键，使用“选择并移动”工具将其向上移动，在打开的“克隆选项”面板中设置“对象”为“复制”，“副本数”为 4，如图 3-51 所示。

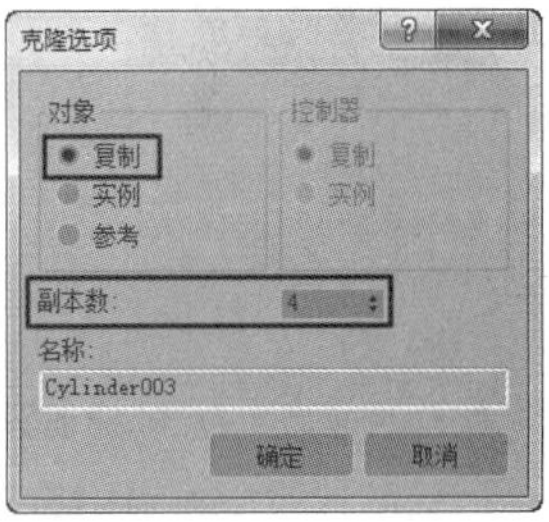

图 3-51

04 将复制所得的 4 个圆柱体适当移动，完成书架模型的创建，其效果如图 3-52 所示。

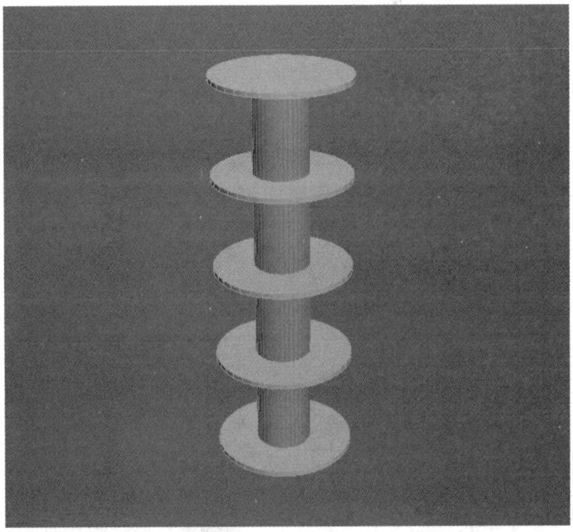

图 3-52

3.2.6 管状体

管状体的外形与圆柱体相似，不过管状体是空心的，因此管状体有两个半径，即外径（半径 1）和内径（半径 2），其效果及参数设置面板如图 3-53 所示。

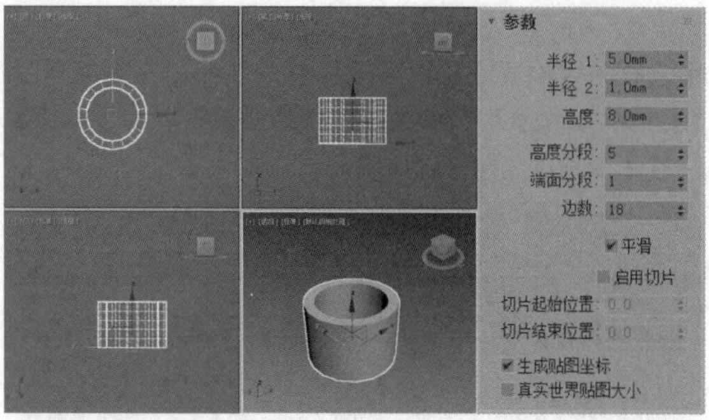

图 3-53

重要参数介绍

半径 1/ 半径 2：“半径 1”是指管状体的外径，“半径 2”是指管状体的内径，如图 3-54 所示。

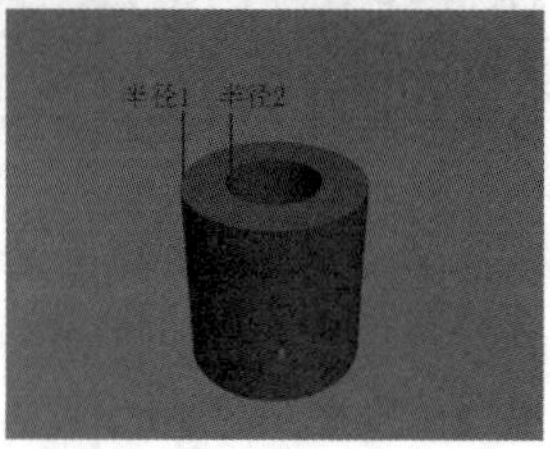

图 3-54

高度：设置沿着管状体中心轴的维度，负值表示将在构造平面下方创建管状体。

高度分段：设置沿着管状体主轴的分段数量。

端面分段：设置围绕管状体顶部和底部的中心的同心分段数量。

边数：设置管状体周围的边数。

3.2.7 圆环

圆环可以用于创建环形或具有圆形横截面的环状物体，其效果及参数设置面板如图 3-55 所示。

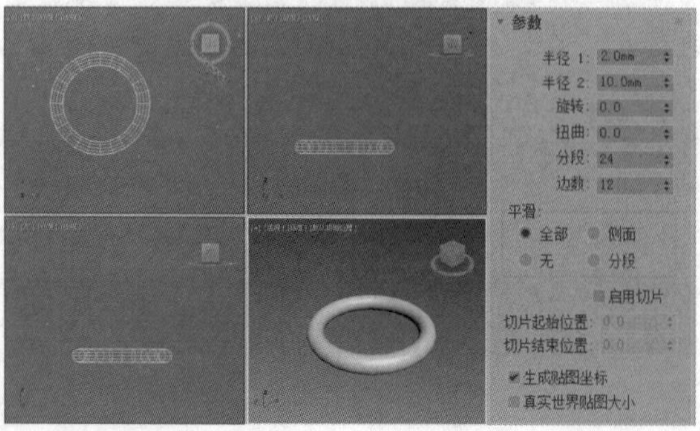

图 3-55

重要参数介绍

半径 1：设置从环形的中心到圆形横截面的中心的距离，这是环形的半径。

半径 2：设置圆形横截面的半径。

旋转：设置旋转的角度，顶点将围绕通过环形中心的圆形非均匀旋转。

扭曲：设置扭曲的角度，横截面将围绕通过环形中心的圆形逐渐旋转。

分段：设置围绕环形的分段数目，减小该数值，可以创建多边形环，而不是圆形环。

边数：设置环形圆形横截面的边数，减小该数值，可以创建类似于棱锥的横截面，而不是圆形横截面。

3.2.8 四棱锥

四棱锥的底面是矩形，侧面是三角形，其效果及参数设置面板如图 3-56 所示。

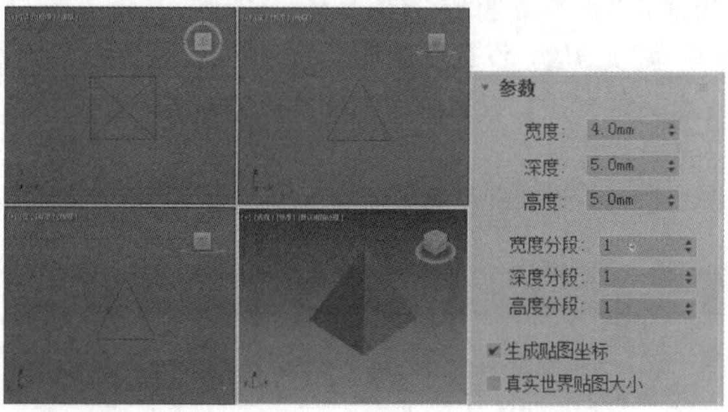

图 3-56

重要参数介绍

宽度 / 深度 / 高度：设置四棱锥对应面的维度。

宽度分段 / 深度分段 / 高度分段：设置四棱锥对应面的分段数。

3.2.9 茶壶

茶壶在室内场景中经常用到的一个物体，使用“茶壶”工具 茶壶 可以方便快捷地创建出一个精度较低的茶壶模型，其效果及参数设置面板如图 3-57 所示。

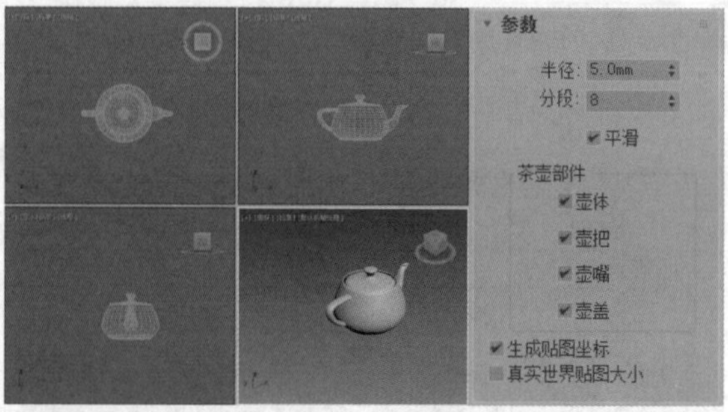

图 3-57

重要参数介绍

半径：设置茶壶的半径。

分段：设置茶壶或其单独部件的分段数。

平滑：混合茶壶的面，从而在渲染视图中创建平滑的外观。

茶壶部件：用于选择要创建的茶壶的部件，包含“壶体”“壶把”“壶嘴”“壶盖”4 个部件，图 3-58 所示是一个完整的茶壶与缺少相应部件的茶壶。

图 3-58

3.2.10 平面

平面在建模过程中的使用频率非常高，如创建墙面和地面等，其效果及参数设置面板如图 3-59 所示。

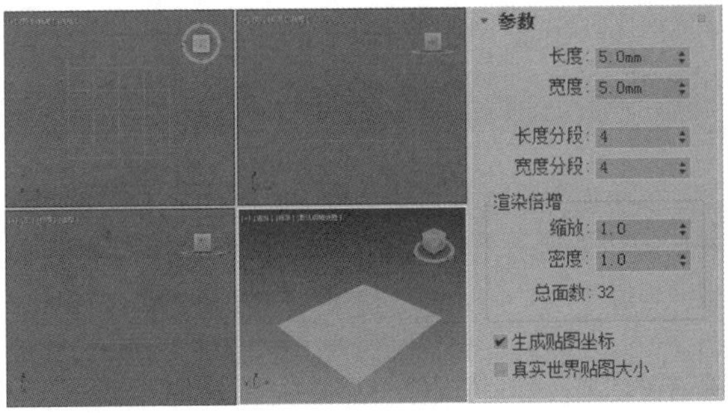

图 3-59

重要参数介绍

长度 / 宽度：设置平面对象的长度和宽度。

长度分段 / 宽度分段：设置平面对象每个轴的分段数。

> **技巧与提示**
>
> 在默认情况下创建出来的平面是没有厚度的，如果要让平面产生厚度，需要为平面加载“壳”修改器，然后适当调整“内部量”和“外部量”的数值，如图 3-60 所示。

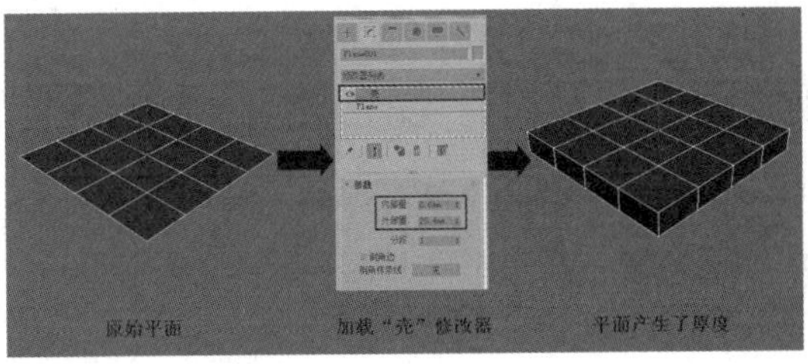

图 3-60

3.2.11 加强型文本

使用“加强型文本”工具 加强型文本 可以在场景中创建出文字模型，其效果如图 3-61 所示，参数设置面板如图 3-62 所示。在“参数”卷展栏中可以更改字体类型和字体大小；在“几何体”卷展栏中设置“挤出”参数，可以将文本图形拉伸为实体模型。

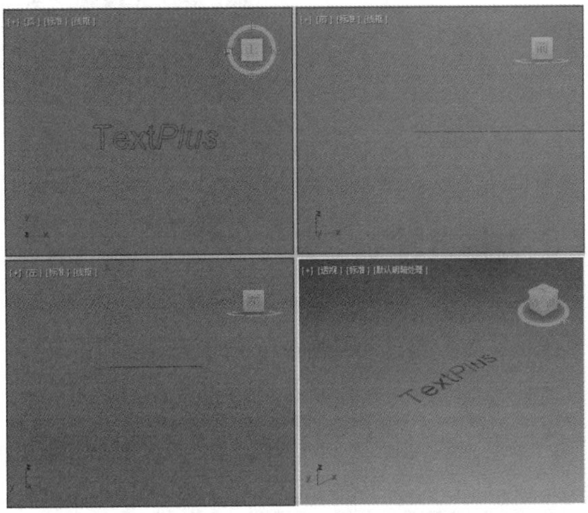

图 3-61

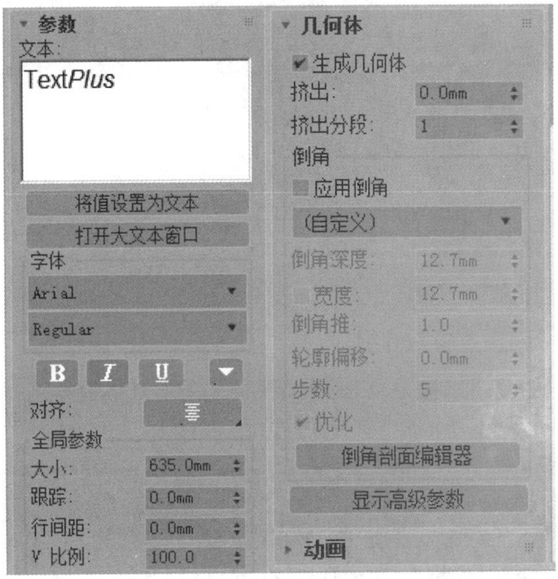

图 3-62

3.3 扩展基本体

扩展基本体是基于标准基本体创建的一种扩展物体，共有 13 种，分别是“异面体”“环形结”“切角长方体”“切角圆柱体”“油罐”“胶囊”“纺锤”“L-Ext”“球棱柱”“C-Ext”“环形波”“软管”“棱柱”，如图 3-63 所示。本节将介绍一些较为常用的扩展基本体。

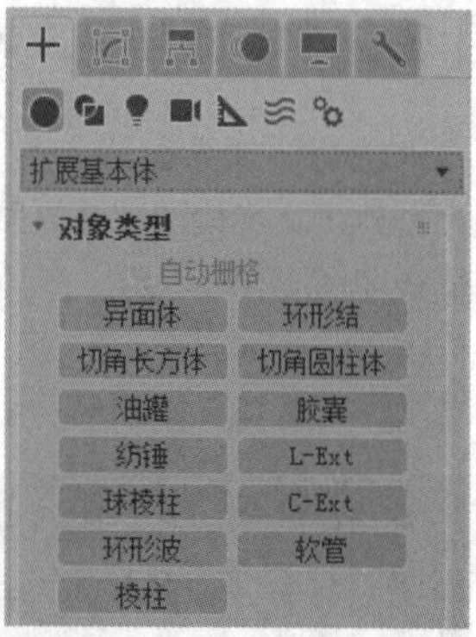

图 3-63

3.3.1 异面体

异面体是一种很典型的扩展基本体，可以用来创建四面体、立方体和星形等，其效果及参数设置面板如图 3-64 所示。

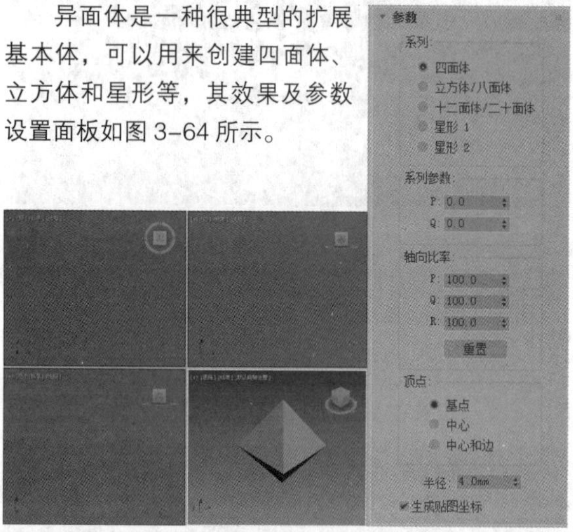

图 3-64

重要参数介绍

系列：在这个选项组下可以选择异面体的类型，图 3-65 所示是 5 种异面体类型。

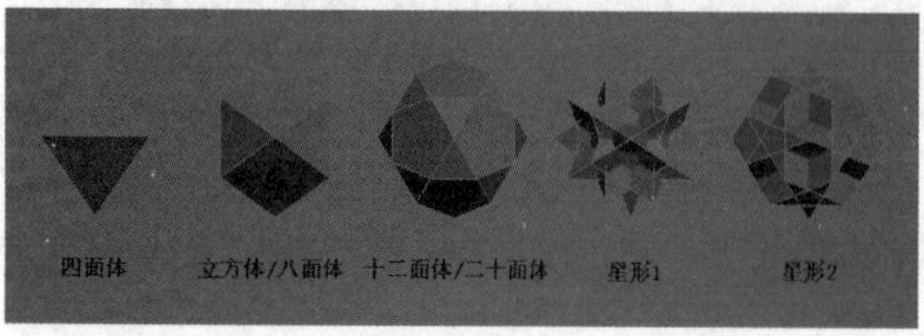

图 3-65

系列参数：P、Q 两个选项主要用来切换多面体顶点与面之间的关联关系，其数值范围为 0~1。

轴向比率：多面体可以拥有多达 3 种形状的面，如三角形、方形或五角形。这些面可以是规则的，也可以是不规则的。如果多面体只有一种或两种面，则只有一个或两个轴向比率参数处于活动状态，处于非活动状态的参数不起作用。P、Q、R 控制多面体一个面反射的轴。如果调整了参数，单击“重置”按钮 重置 可以将 P、Q、R 的数值恢复到默认值 100。

顶点：这个选项组中的参数决定多面体每个面的内部几何体。“中心”和“中心和边”选项会增加对象的顶点数，从而增加面数。

半径：设置任何多面体的半径。

实战：用异面体制作戒指	
素材位置	无
实例位置	实例文件 > 第 3 章 > 用异面体制作戒指 > 用异面体制作戒指 .max
学习目标	学习用异面体、管状体和切角圆柱体创建模型

本案例将通过创建异面体、管状体和切角圆柱体来制作戒指模型，其效果如图 3-66 所示。

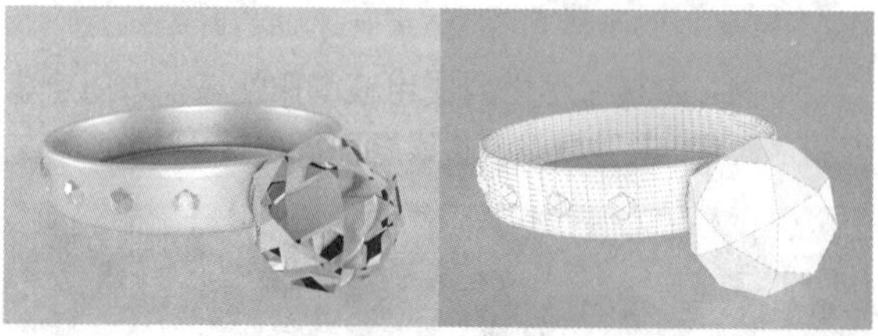
图 3-66

01 使用标准基本体中的“管状体”工具 管状体 在场景中创建一个管状体，然后在“参数”卷展栏设置“半径 1”为 40mm、“半径 2”为 38mm、“高度”为 15mm，“高度分段”为 6、“边数”为 36，其他参数保持默认值，如图 3-67 所示。

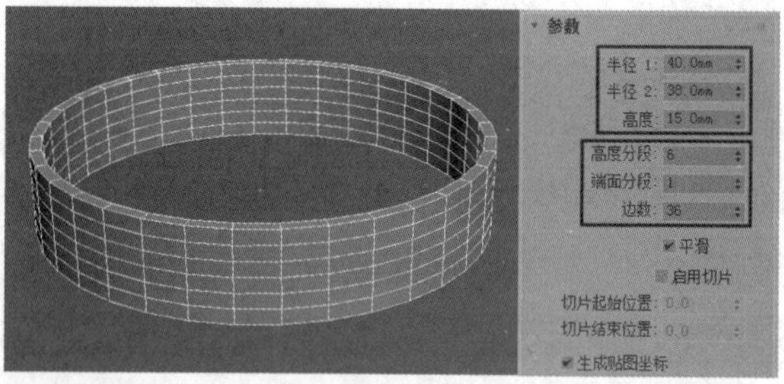

图 3-67

02 选中上一步创建的管状体，然后在“修改”面板中的“修改器列表”中选择“网格平滑”修改器，使得圆环更加光滑，如图 3-68 所示。

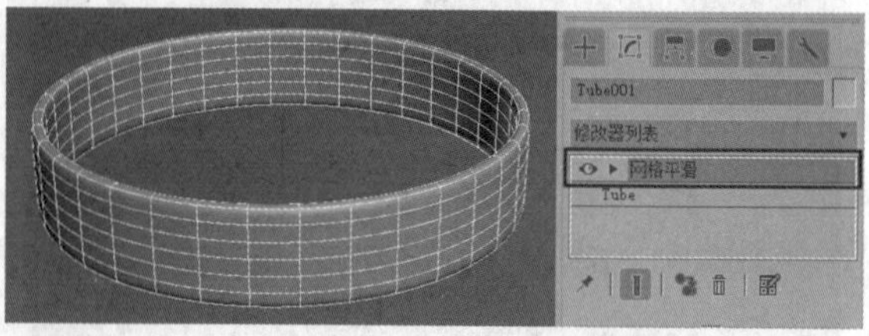

图 3-68

03 使用扩展基本体中的“切角圆柱体”工具 切角圆柱体 在场景中创建一个切角圆柱体，然后在“参数”卷展栏下设置 “半径”为 8mm、“高度”为 1.5mm、“圆角”为 0.5mm，“圆角分段”为 3、“边数”为 36，其他参数保持默认值，适当调整切角圆柱体的位置，其效果如图 3-69 所示。

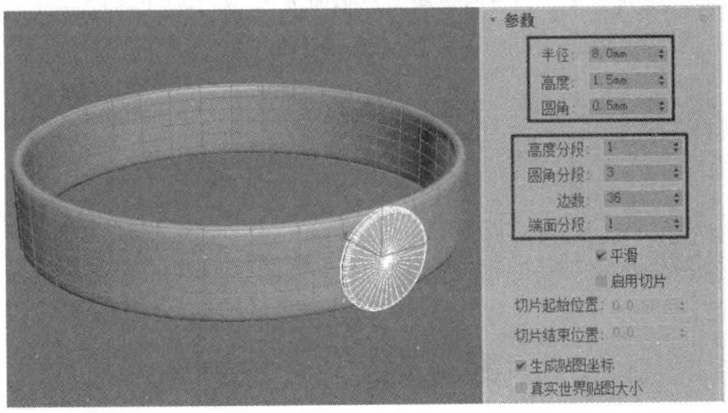

图 3-69

04 使用“异面体”工具 异面体 在切角圆柱体上创建一个异面体，然后在“参数”卷展栏设置“系列”为“十二面体 / 二十面体”、“半径”为 15mm，适当调整异面体的位置，其他参数保持默认值，其参数及效果如图 3-70 所示。

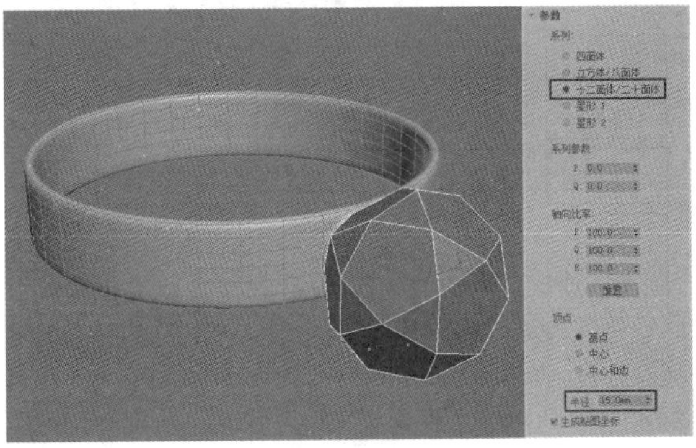

图 3-70

05 使用“异面体”工具 异面体 ，在指环上创建一个小异面体，适当调整该异面体的位置，其参数及效果如图 3-71 所示。

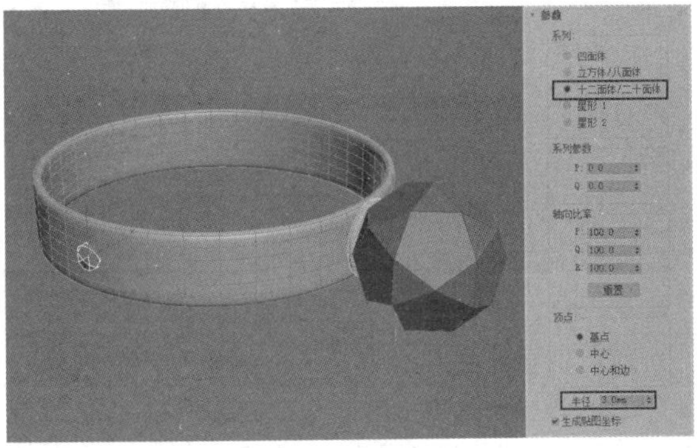

图 3-71

06 将上一步创建的小异面体在指环上复制一圈，最终效果如图 3-72 所示。

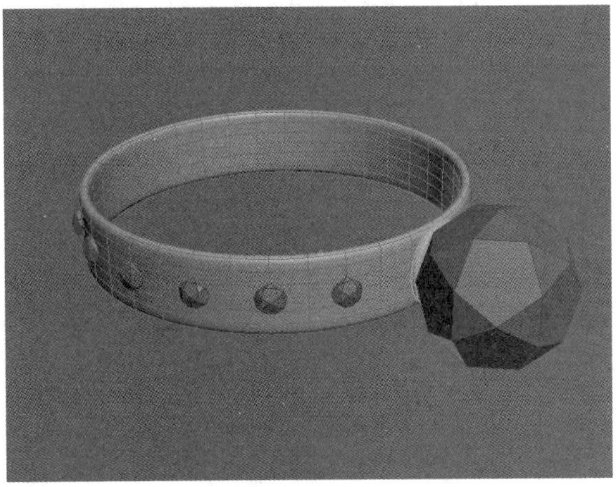

图 3-72

3.3.2 切角长方体

切角长方体是长方体的扩展物体，使用“切角长方体”工具 切角长方体 可以快速创建带圆角效果的长方体，其效果及参数设置面板如图 3-73 所示。

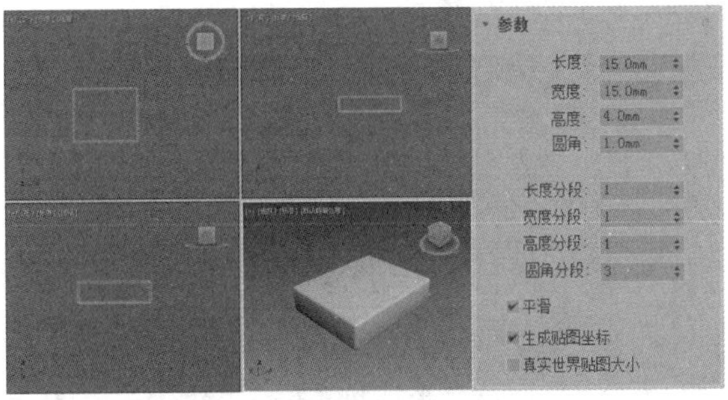

图 3-73

重要参数介绍

长度 / 宽度 / 高度：用来设置切角长方体的长度、宽度和高度。

圆角：切开倒角长方体的边，以创建圆角效果，图 3-74 所示是长度、宽度和高度相等，而“圆角”值分别为 1mm、3mm、6mm 时的切角长方体的效果。

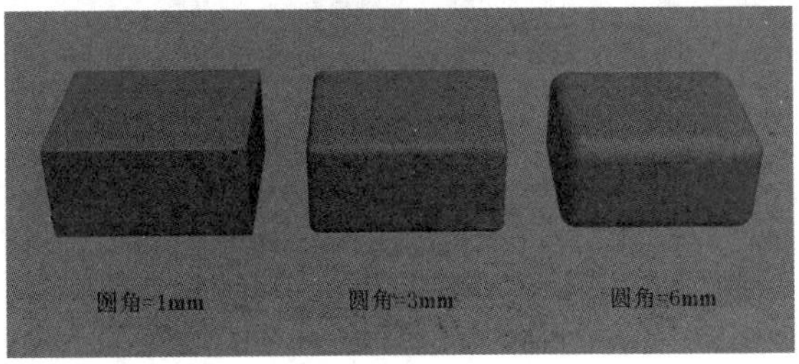

图 3-74

长度分段/宽度分段/高度分段：设置沿着相应轴的分段数量。

圆角分段：设置切角长方体圆角边的分段数。

实战：用切角长方体制作双人沙发	
素材位置	无
实例位置	实例文件 > 第 3 章 > 用切角长方体制作双人沙发 > 用切角长方体制作双人沙发 .max
学习目标	学习用切角长方体和 C-Ext 创建模型

本案例将通过创建切角长方体和 C-Ext 来制作双人沙发模型，其效果如图 3-75 所示。

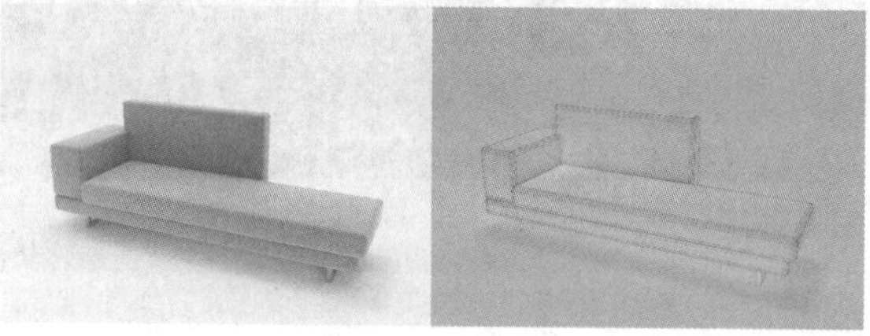

图 3-75

01 使用“切角长方体”工具 切角长方体 在场景中创建一个切角长方体，在“参数”卷展栏中设置“长度”为 400mm、“宽度”为 1500mm、“高度”为 80mm、“圆角”为 20mm，其他参数保持默认值，其效果与参数如图 3-76 所示。

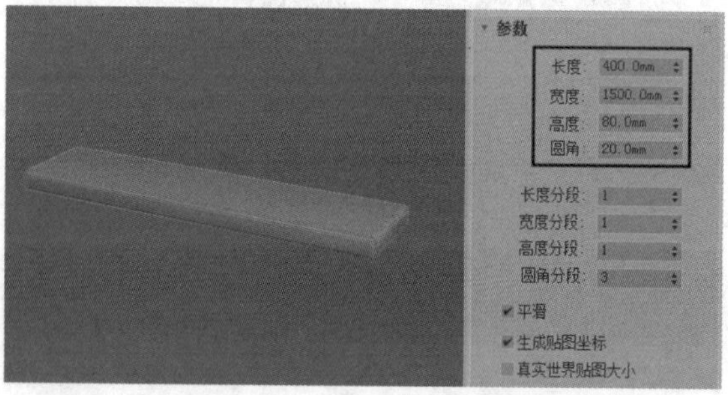

图 3-76

02 使用“切角长方体”工具 切角长方体 在场景中创建一个切角长方体，设置“长度”为 500mm、“宽度”为 200mm、“高度”为 250mm、“圆角”为 20mm，其他参数保持默认值，其效果与参数如图 3-77 所示。

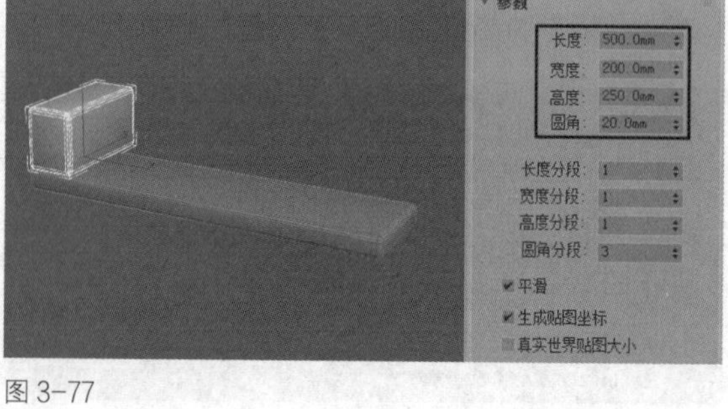

图 3-77

03 使用“切角长方体”工具 切角长方体 在场景中创建一个切角长方体，设置“长度”为 430mm、“宽度”为 1330mm、“高度”为 100mm、“圆角”为 20mm，其他参数保持默认值，其效果与参数如图 3-78 所示。

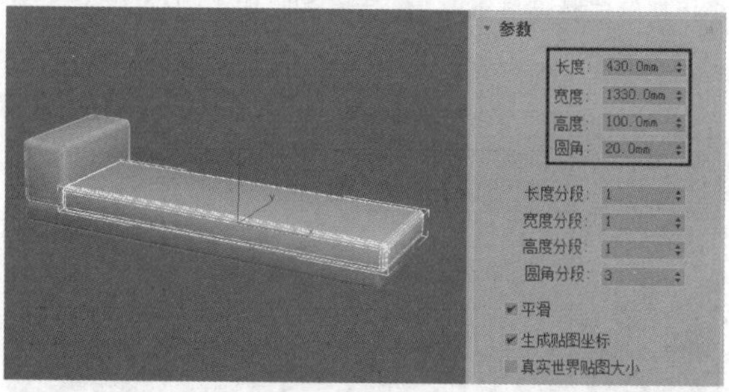

图 3-78

04 使用“切角长方体”工具 切角长方体 在场景中创建一个切角长方体，设置“长度”为 100mm、“宽度”为 800mm、“高度”为 480mm、“圆角”为 20mm，其他参数保持默认值，其效果与参数如图 3-79 所示。

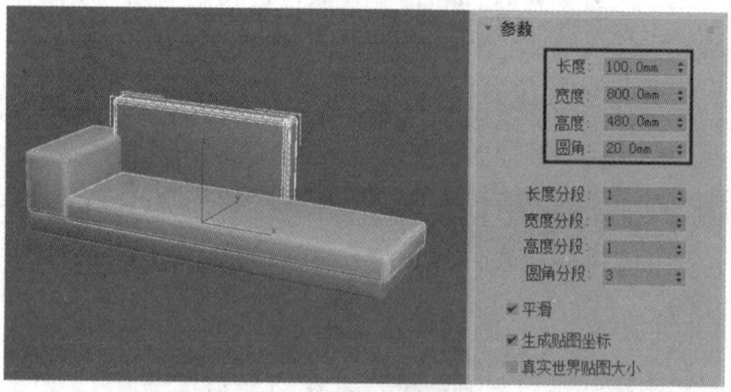

图 3-79

05 使用“C-Ext”工具 C-Ext 在场景中创建一个 C-Ext 模型，设置“背面长度”为 80mm、“侧面长度”为 -300mm、“前面长度”为 80mm、“背面宽度”为 20mm、“侧面宽度”为 20mm、“前面宽度”为 20mm、“高度”为 20mm，其他参数保持默认值，其效果与参数如图 3-80 所示。

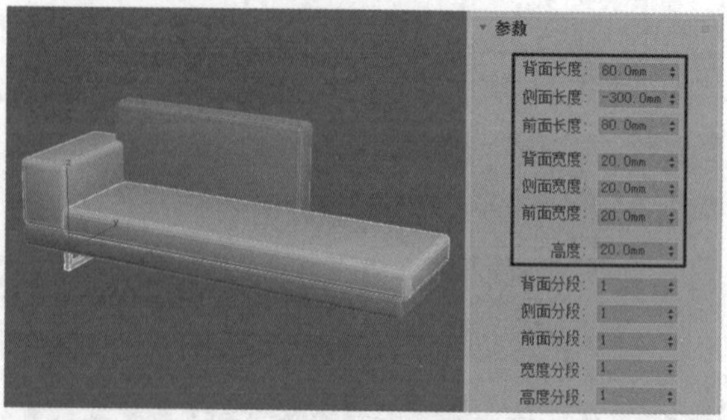

图 3-80

06 选择上一步创建的 C-Ext 模型，然后按住 Shift 键将该模型向右拖曳，将其复制一次，完成本例模型的创建，其效果如图 3-81 所示。

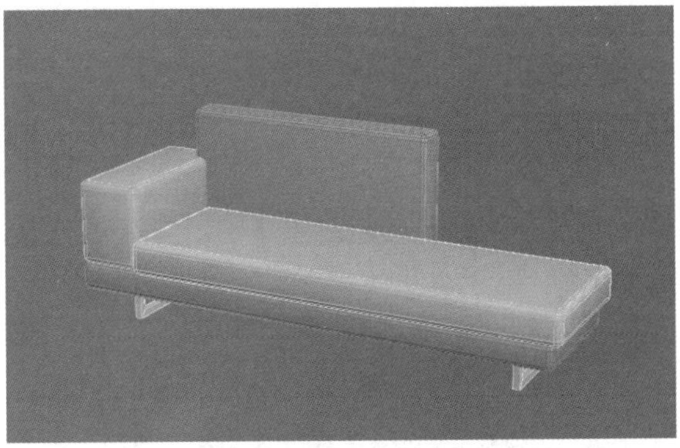

图 3-81

3.3.3 切角圆柱体

切角圆柱体是圆柱体的扩展物体，使用“切角圆柱体”工具 切角圆柱体 可以快速创建带圆角效果的圆柱体，其效果及参数设置面板如图 3-82 所示。

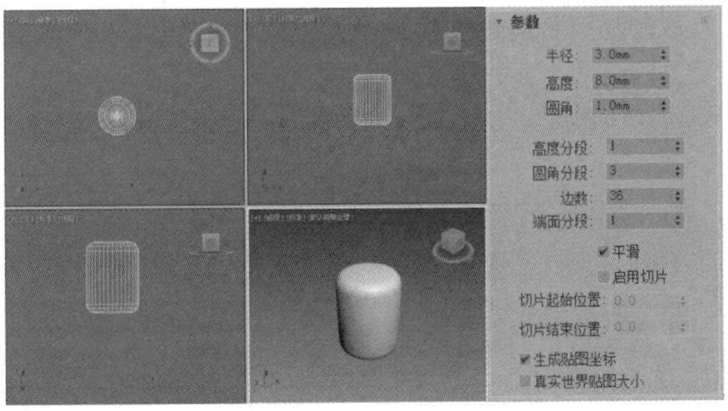

图 3-82

重要参数介绍

半径：设置切角圆柱体的半径。

高度：设置切角圆柱体中心轴的维度，负值表示将在构造平面下方创建切角圆柱体。

圆角：斜切切角圆柱体的顶部和底部封口边。

高度分段：设置沿着相应轴的分段数。

圆角分段：设置切角圆柱体圆角边的分段数。

边数：设置切角圆柱体周围的边数。

端面分段：设置沿着切角圆柱体顶部和底部的中心和同心分段的数量。

实战：用切角圆柱体制作圆凳	
素材位置	无
实例位置	实例文件 > 第 3 章 > 用切角圆柱体制作圆凳 > 用切角圆柱体制作圆凳 .max
学习目标	学习用切角圆柱体创建模型

本案例将通过创建切角圆柱体来制作圆凳模型，其效果如图 3-83 所示。

图 3-83

01 使用“切角圆柱体”工具 切角圆柱体 在场景中创建一个切角圆柱体，设置“半径”为 300mm、“高度”为 250mm、“圆角”为 30mm，“圆角分段”为 3、“边数”为 24，其他参数保持默认值，如图 3-84 所示。

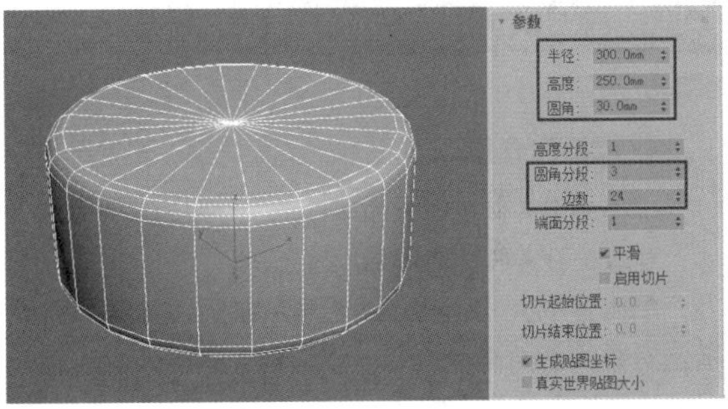

图 3-84

02 使用“切角圆柱体”工具 切角圆柱体 在场景中创建一个切角圆柱体，设置“半径”为 40mm、“高度”为 300mm、“圆角”为 10mm，“圆角分段”为 3、“边数”为 24，其他参数保持默认值，其效果与参数如图 3-85 所示。

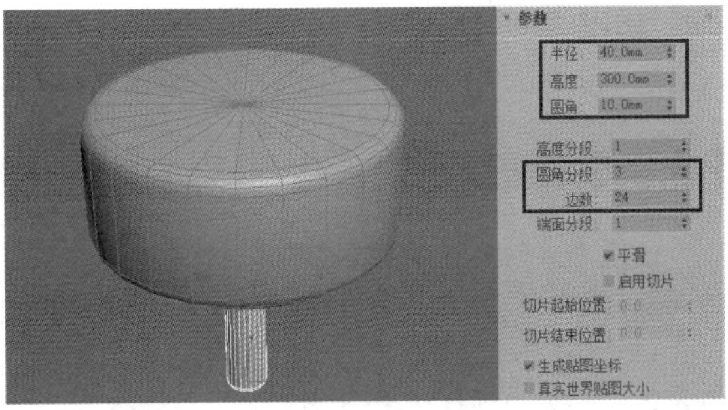

图 3-85

03 选中上一步创建的切角圆柱体模型，然后将其复制 3 次，并调整各个切角圆柱体的位置，完成圆凳模型的创建，其效果如图 3-86 所示。

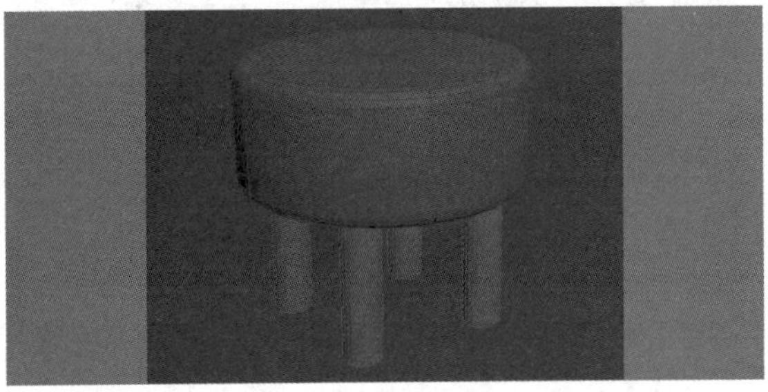

图 3-86

3.3.4 胶囊

使用“胶囊”工具 胶囊 可以创建出带有半球状封口的圆柱体，其效果及参数设置面板如图 3-87 所示。

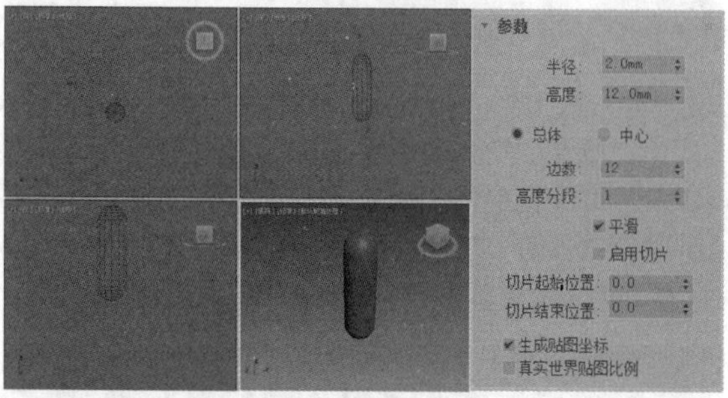

图 3-87

重要参数介绍

半径：用来设置胶囊的半径。

高度：设置胶囊中心轴的维度。

总体 / 中心：决定“高度”值指定的内容。“总体”指定对象的总体高度；“中心”指定圆柱体中心轴的高度，不包括其圆顶封口。

边数：设置胶囊周围的边数。

高度分段：设置沿着胶囊主轴的分段数。

平滑：启用该选项时，胶囊表面会变得平滑，反之则有明显的转折效果。

启用切片：控制是否启用“切片”功能。

切片起始 / 结束位置：设置从局部 x 轴的零点开始围绕局部 z 轴的度数。

3.3.5 L-Ext/C-Ext

使用“L-Ext”工具 L-Ext 可以创建并挤出 L 形的对象，其效果及参数设置面板如图 3-88 所示；使用“C - Ext”工具 C-Ext 可以创建并挤出 C 形的对象，其效果及参数设置面板如图 3-89 所示。

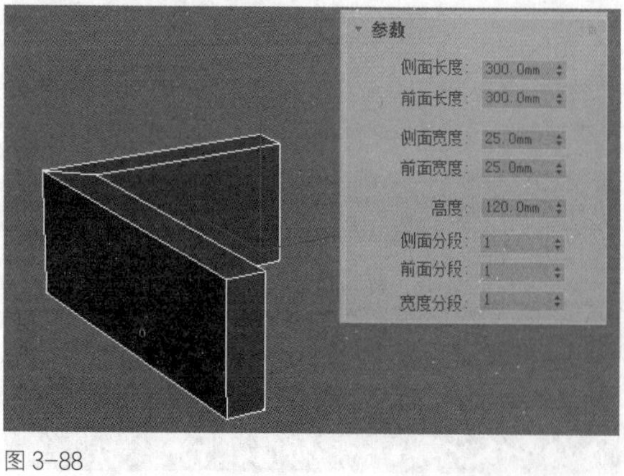

图 3-88

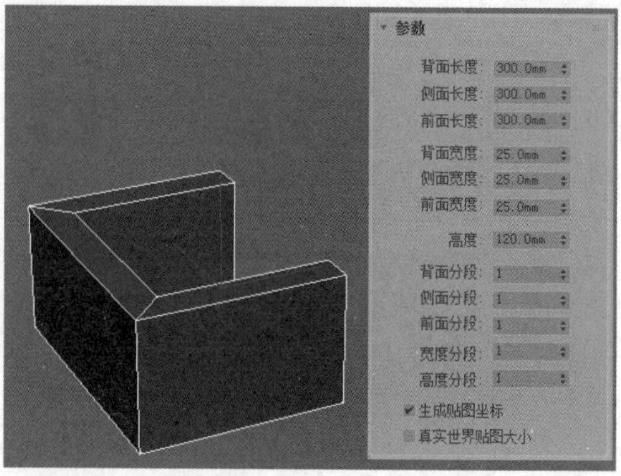

图 3-89

实战：用 C-Ext 制作简约茶几	
素材位置	无
实例位置	实例文件 > 第 3 章 > 用 C-Ext 制作简约茶几 > 用 C-Ext 制作简约茶几 .max
学习目标	学习用切角圆柱体和 C-Ext 创建模型

本案例将通过创建切角圆柱体和 C-Ext 来制作简约茶几模型，其效果如图 3-90 所示。

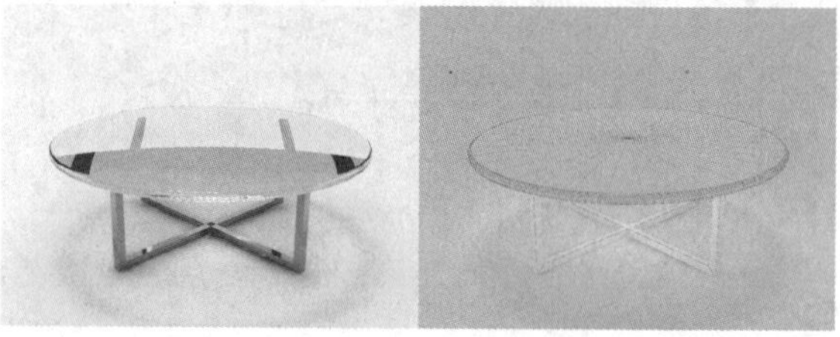

图 3-90

01 使用“切角圆柱体”工具 切角圆柱体 在场景中创建一个切角圆柱体，设置“半径”为 100mm、“高度”为 5mm、“圆角”为 2mm，“边数”为 36，其他参数保持默认值，如图 3-91 所示。

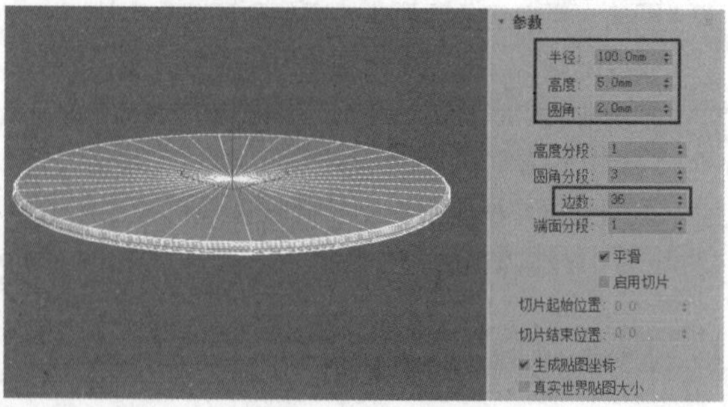

图 3-91

02 使用“C-Ext”工具 C-Ext 在场景中创建一个 C-Ext 模型，设置“背面长度”为 60mm、“侧面长度”为 152mm、“前面长度”为 60mm、“背面宽度”为 5mm、

“侧面宽度”为 5mm、“前面宽度”为 5mm、“高度”为 5mm，其他参数保持默认值，然后使用“选择并旋转”工具将 C-Ext 模型适当旋转，其效果与参数如图 3-92 所示。

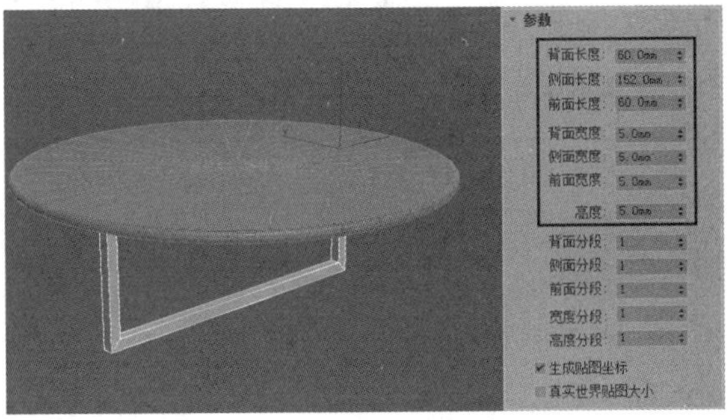

图 3-92

03 选中上一步创建的 C-Ext 模型，然后在主工具栏中长按“使用轴点中心”按钮，在弹出的下拉菜单中选择“使用选择中心”按钮，如图 3-93 所示。

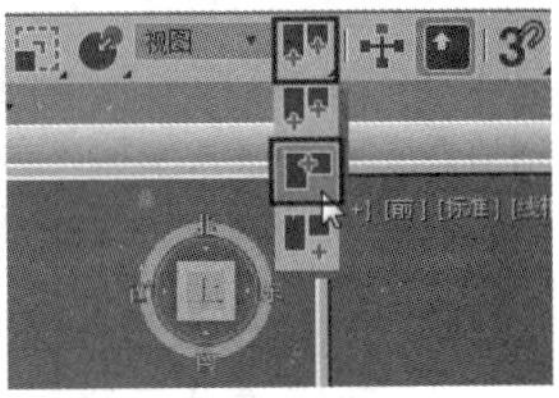

图 3-93

> ① 技巧与提示
>
> 轴点中心工具组包含“使用轴点中心”工具、“使用选择中心”工具和“使用变换坐标中心”工具。“使用轴点中心”工具可以围绕其各自的轴点旋转或缩放一个或多个对象。“使用选择中心”工具可以围绕其共同的几何中心旋转或缩放一个或多个对象，如果变换多个对象，该工具会计算所有对象的平均几何中心，并将该几何中心作为变换中心。“使用变换坐标中心”工具可以围绕当前坐标系的中心旋转或缩放一个或多个对象，当使用“拾取”功能将其他对象指定给坐标系时，其坐标中心在该对象轴的位置上。

04 选择“角度捕捉切换”工具，然后选择“选择并旋转”工具，在顶视口中按住 Shift 键拖曳 C-Ext 模型，将其沿 z 轴旋转 90°，如图 3-94 所示，完成本例的创建，其效果如图 3-95 所示。

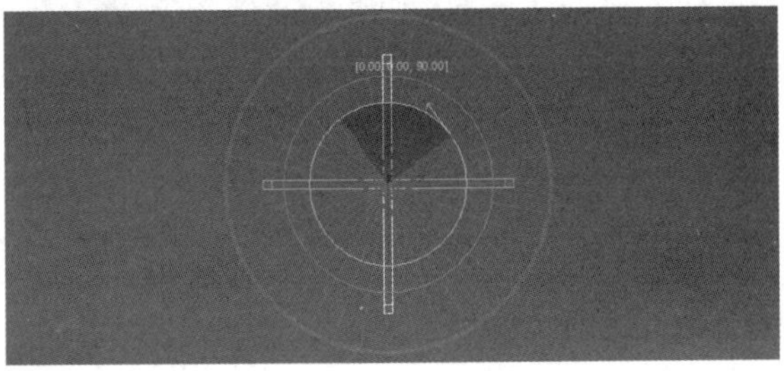

图 3-94

图 3-95

3.4 复合对象

使用 3ds Max 内置的模型就可以创建出很多优秀的效果图，但是在很多时候我们还会使用复合对象，因为使用复合对象建模工具来创建模型可以大大节省建模时间。复合对象建模工具有 12 种，如图 3-96 所示，本节将介绍一些较为常用的复合对象建模工具。

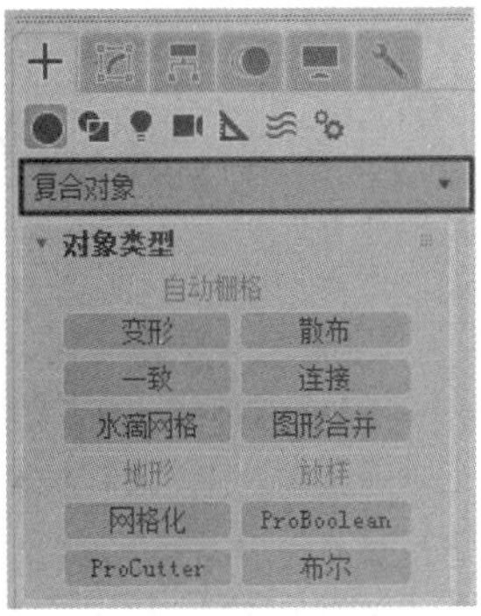

图 3-96

3.4.1 图形合并

使用“图形合并”工具 图形合并 可以将一个或多个图形嵌入其他对象的网格中或从网格中移除，其参数设置面板如图 3-97 所示。

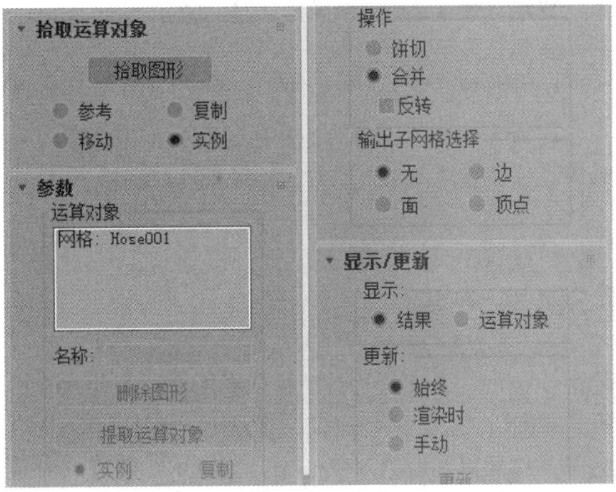

图 3-97

重要参数介绍

拾取图形 拾取图形：单击该按钮，然后单击要嵌入对象网格中的图形，图形可以沿图形局部的 z 轴负方向投射到对象的网格上，例如，将图 3-98 所示的花纹嵌入花瓶，得到的效果如图 3-99 所示。

图 3-98

图 3-99

参考 / 复制 / 移动 / 实例：指定如何将图形传输到其他对象中。

运算对象：列出复合对象中的所有运算对象。

删除图形 删除图形：从复合对象中删除选中图形。

提取运算对象 提取运算对象：提取选中运算对象的副本或实例。在“运算对象”列表中选择运算对象时，该按钮才可用。

实例 / 复制：指定如何提取运算对象。

操作：该组选项中的参数决定如何将图形应用于网格。

饼切：切去对象网格曲面外部的图形。

合并：将图形与对象网格的曲面合并。

反转：反转“饼切”或“合并”效果。

输出子网格选择：该组选项中的参数决定将哪个选择级别传送到“堆栈”中。

显示：确定是否显示图形运算对象。

结果：显示操作结果。

运算对象：显示运算对象。

更新：该选项组中的参数用来指定何时更新显示结果。

3.4.2 布尔

“布尔”运算是通过对两个或两个以上的对象进行“并集”“差集”“交集”“合并”“附加”“插入”运算，从而得到新的对象形态。“布尔”运算的参数设置面板如图 3-100 所示。

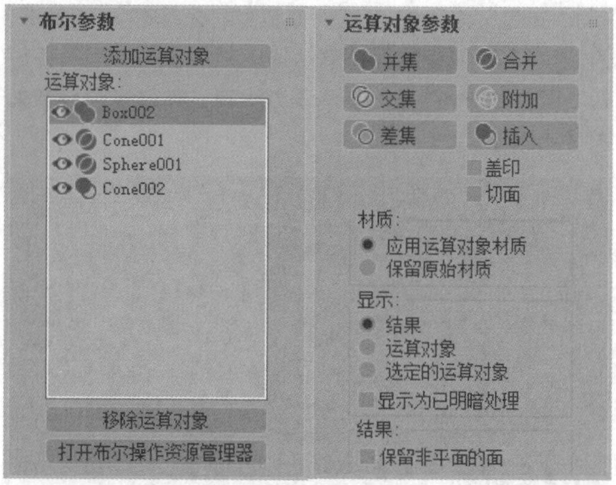

图 3-100

重要参数介绍

添加运算对象 添加运算对象：单击该按钮，然后可以在场景中选择另一个运算对象来完成“布尔”运算。

运算对象：主要用来显示当前运算对象的名称。

移除运算对象 移除运算对象：在运算对象中选择一个，然后单击该按钮，可以将选择的对象从运算结果中移除。

打开布尔操作资源管理器 打开布尔操作资源管理器：用于打开“布乐操作资源管理器”对话框，在其中可以查看运算对象，并修改运算操作类型，如图 3-101 所示。

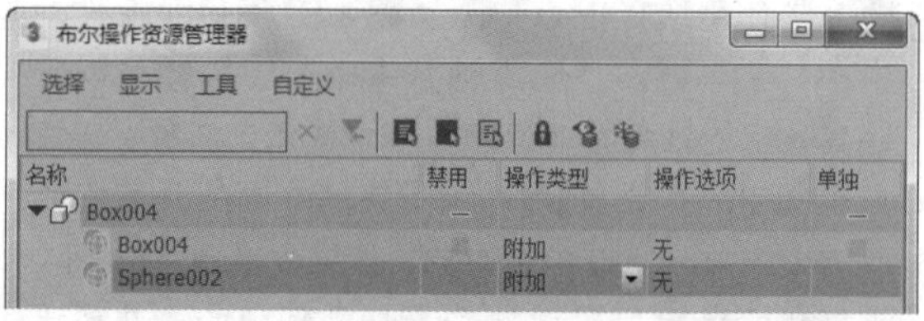

图 3-101

运算对象参数：指定采用何种方式来进行“布尔”运算。

并集：将两个对象合并，相交的部分将被删除，运算完成后两个对象将合并为一个对象，如图 3-102 所示。

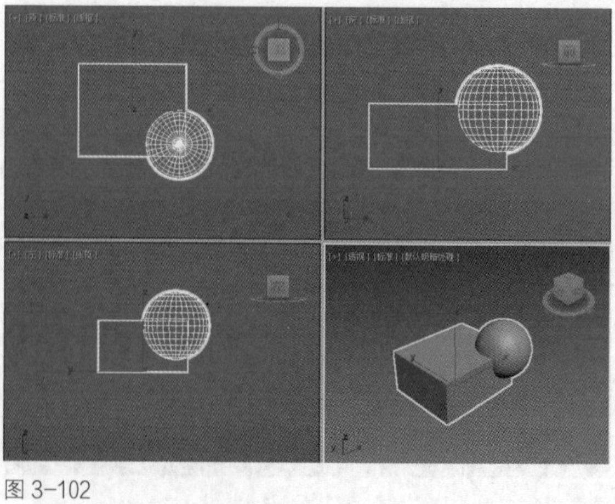
图 3-102

交集：将两个对象相交的部分保留下来，删除不相交的部分，如图 3-103 所示。

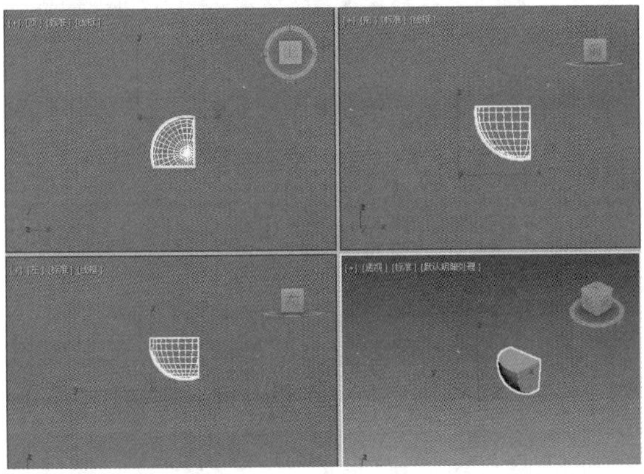

图 3-103

差集：在原对象中删去与添加的运算对象重合的部分，如图 3-104 所示。

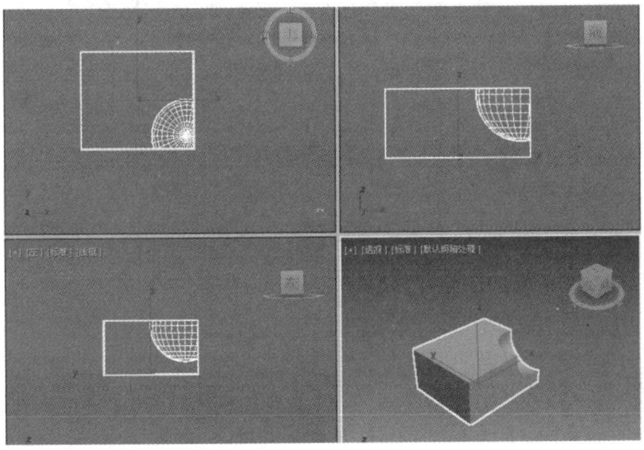

图 3-104

合并：将两个对象合并，相交的部分将被保留，运算完成后两个对象将合并为一个对象，如图 3-105 所示。

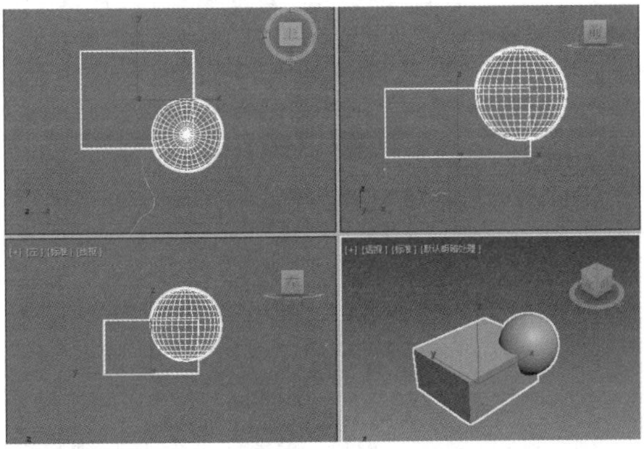

图 3-105

附加：将两个对象加在一起，各自的内部结构不发生变化。

插入：将两个对象加在一起，将添加的对象插入原对象。

盖印：在原对象上沿着添加对象与原对象相交的面来增加顶点和边数，如图 3-106 所示。

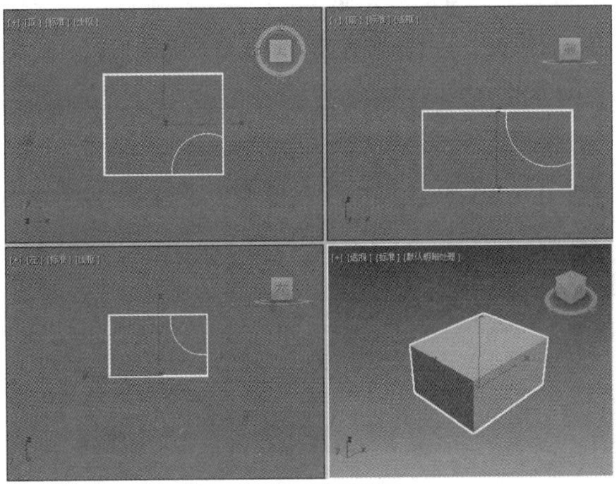

图 3-106

切面：删除添加对象在原对象内部的所有片段面，如图 3-107 所示。

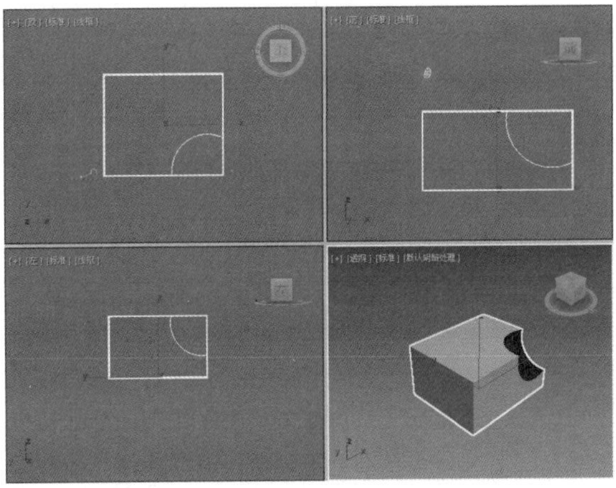

图 3-107

实战：用布尔运算制作烟灰缸

素材位置	无
实例位置	实例文件 > 第 3 章 > 用布尔运算制作烟灰缸 > 用布尔运算制作烟灰缸 .max
学习目标	学习用布尔运算制作模型的方法

本案例将通过“布尔”运算来制作烟灰缸模型，其效果如图 3-108 所示。

图 3-108

01 使用“切角长方体”工具 切角长方体 在场景中创建一个切角长方体，设置“长度”为 60mm、“宽度”为 80mm、“高度”为 20mm、“圆角”为 5mm、“圆角分段”为 5，其他参数保持默认值，其效果和参数如图 3-109 所示。

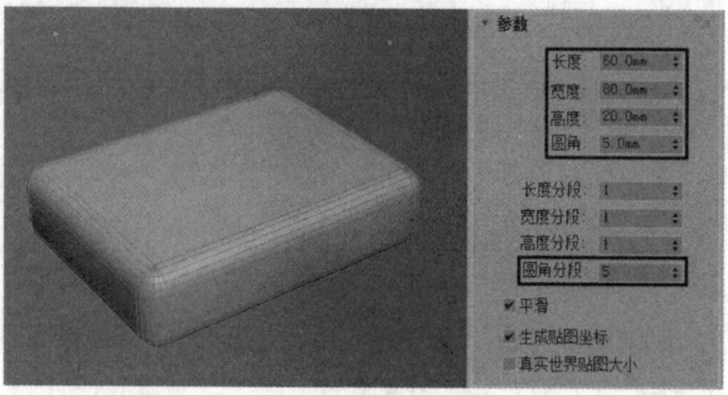

图 3-109

02 使用“球体”工具 球体 在场景中创建一个球体，设置“半径”为 25 mm、“分段”为 64，其他参数保持默认值，如图 3-110 所示。

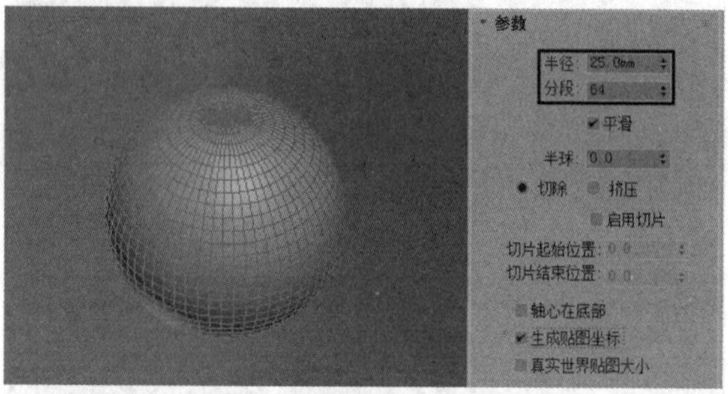

图 3-110

03 选中球体，然后使用“选择并非均匀缩放”工具，在前视口的 y 轴上拖曳以调整球体，使其效果如图 3-111 所示。

04 将球体移动到与切角长方体相交，其效果如图 3-112 所示。

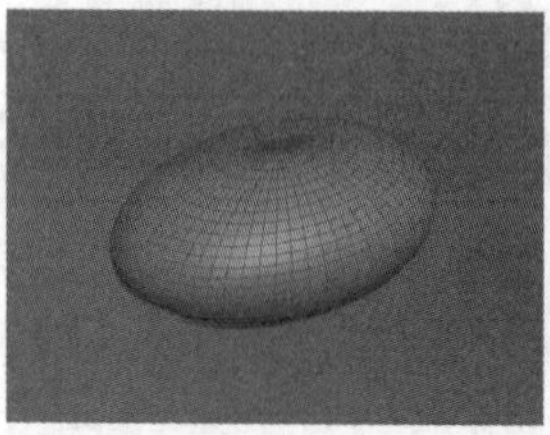

图 3-111

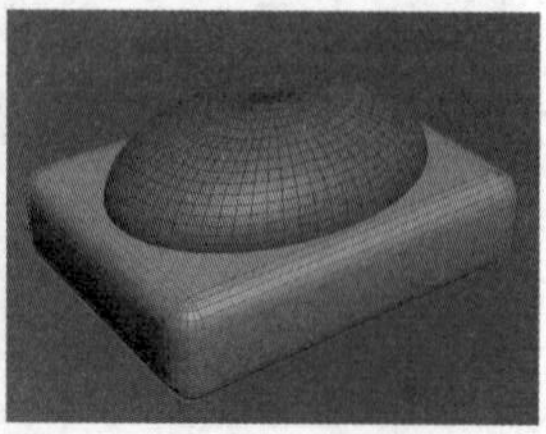

图 3-112

05 选中切角长方体，切换到“复合对象”创建面板中，然后单击“布尔”按钮 布尔 ，在“运算对象参数”卷展栏下设置运算为“差集” 差集 ，再单击“添加运算对象”按钮 添加运算对象 ，最后拾取压缩后的球体，如图 3-113 所示，最终效果如图 3-114 所示。

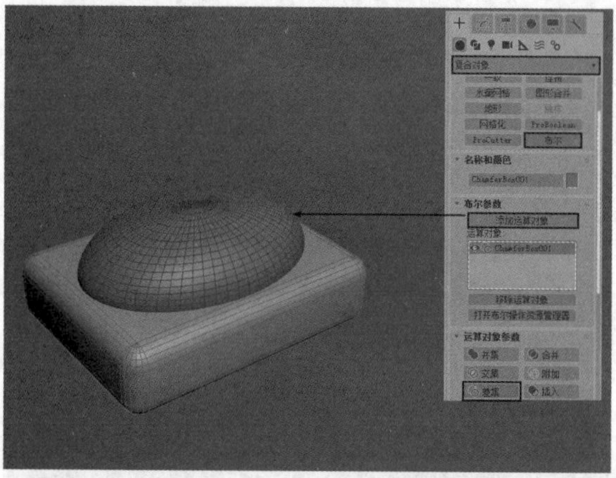

图 3-113

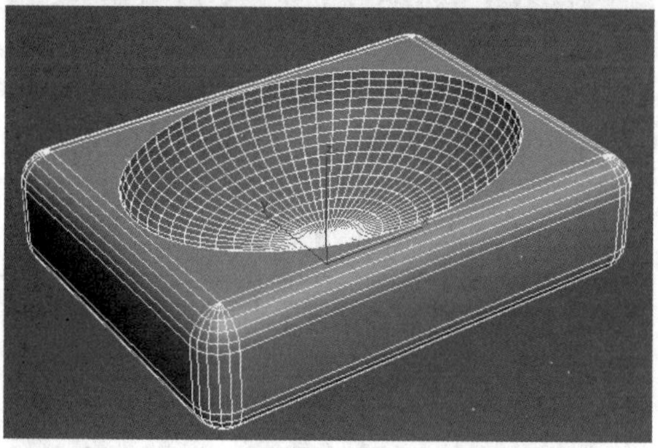

图 3-114

3.4.3 放样

“放样”能将一个二维图形作为某个路径的剖面，从而生成复杂的三维对象。“放样”是一种特殊的建模方法，能快速地创建出多种模型。在进行放样操作时，“创建”命令面板中的参数设置如图 3-115 所示，而“修改”面板中的参数设置将会多一个“变形”卷展栏，如图 3-116 所示。

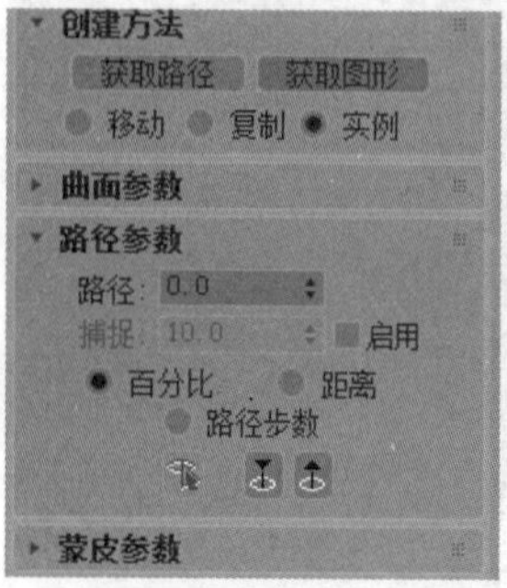

图 3-115

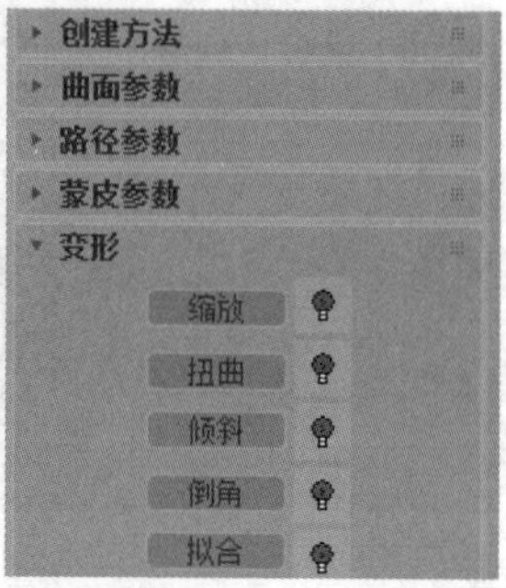

图 3-116

重要参数介绍

获取路径 获取路径 ：单击此按钮，将路径指定给选定图形或更改当前指定的路径。

获取图形 获取图形：单击此按钮，将图形指定给选定路径或更改当前指定的图形。

移动 / 复制 / 实例：用于指定将路径或图形转换为放样对象的方式。

缩放 缩放：使用“缩放”变形可以从单个图形中放样对象，该图形在沿着路径移动时只改变其缩放。

扭曲 扭曲：使用“扭曲”变形可以沿着对象的长度创建盘旋或扭曲的对象，将沿着路径指定旋转量。

倾斜 倾斜：使用“倾斜”变形可以围绕局部 x 轴和 y 轴旋转图形。

倒角 倒角：使用“倒角”变形可以制作出具有倒角效果的对象。

拟合 拟合：使用“拟合”变形可以使用两条拟合曲线来定义对象的顶部和侧剖面。

实战：用放样制作旋转花瓶

素材位置	无
实例位置	实例文件 > 第 3 章 > 用放样制作旋转花瓶 > 用放样制作旋转花瓶 .max
学习目标	学习放样工具和样条线的使用方法

本案例将通过“放样”工具和样条线来制作旋转花瓶模型，其效果如图 3-117 所示。

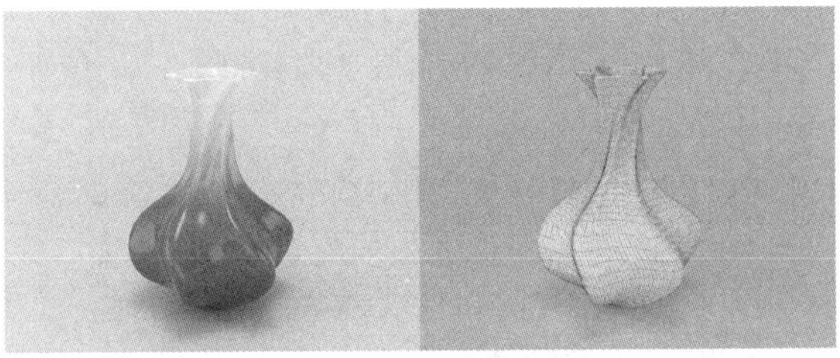

图 3-117

01 在“创建”命令面板中单击“图形”按钮，然后在“样条线”创建面板中单击“星形”按钮 星形，如图 3-118 所示。

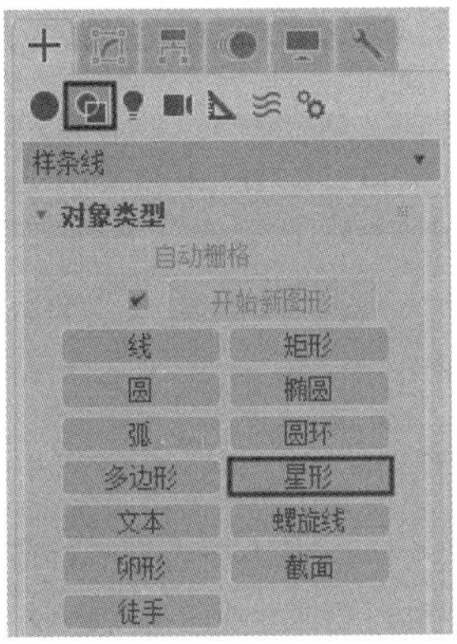

图 3-118

02 在场景中绘制一个星形，然后在“参数”卷展栏下设置“半径 1”为 50mm、“半径 2”为 34mm、“点”为 6、“圆角半径 1”为 7mm、“圆角半径 2”为 8mm，具体参数设置及图形效果如图 3-119 所示。

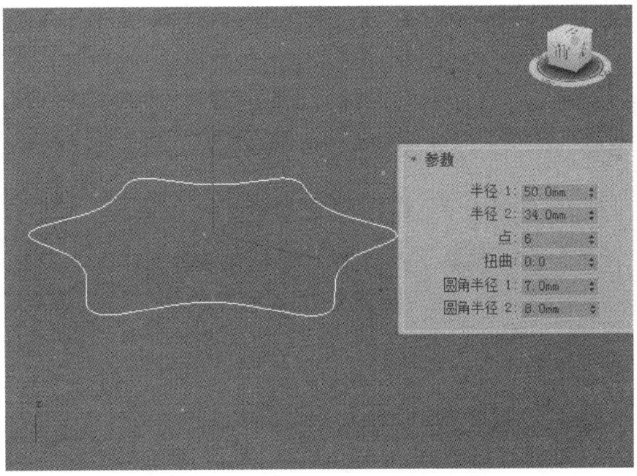

图 3-119

03 在“样条线”创建面板中单击“线”按钮 线，然后在前视口中按住 Shift 键绘制一条样条线作为放样路径，如图 3-120 所示。

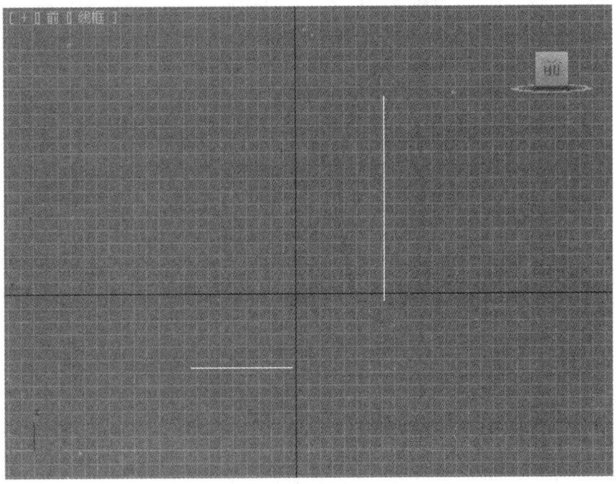

图 3-120

04 选择星形，然后切换到“几何体”类型下的“复合对象”创建面板。

05 单击“放样”按钮 放样，在“创建方法”卷展栏下单击“获取路径”按钮 获取路径，然后在视口中拾取之前绘制的样条线路径，放样得到的效果如图 3-121 所示。

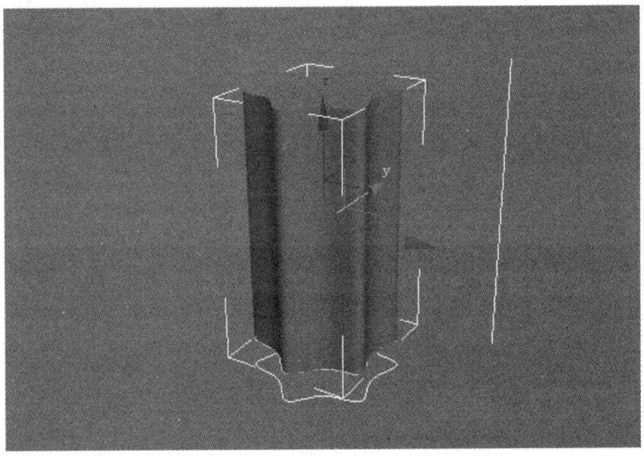

图 3-121

06 进入“修改”命令面板，然后在“变形”卷展栏中单击“缩放”按钮 缩放 ，打开“缩放变形”对话框，将缩放曲线调节成如图 3-122 所示的形状，得到的模型效果如图 3-123 所示。

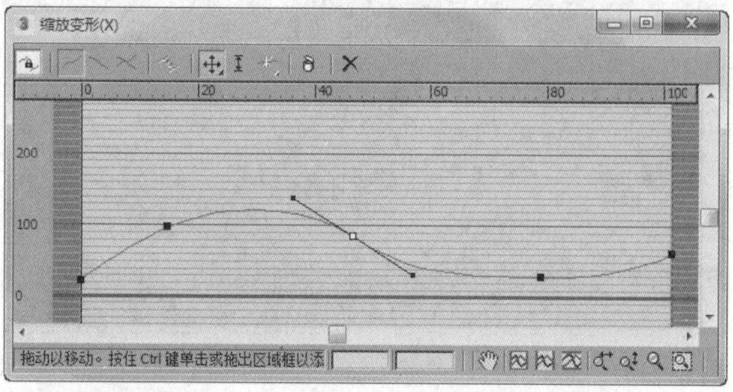

图 3-122

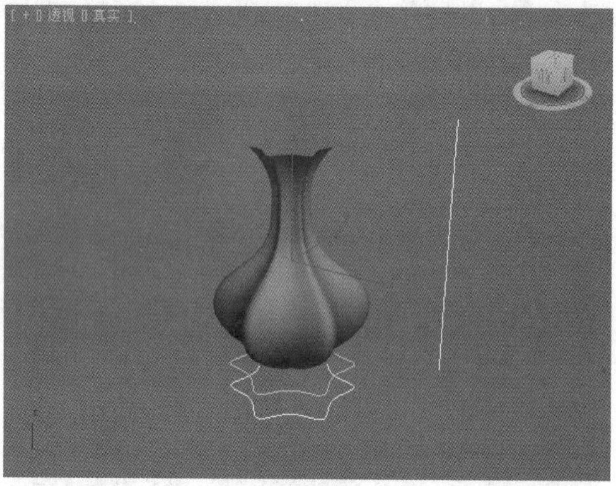

图 3-123

07 在“变形”卷展栏中单击“扭曲”按钮 扭曲 ，在弹出的“扭曲变形”对话框中将曲线调节成如图 3-124 所示的形状，完成本例的制作，得到的效果如图 3-125 所示。

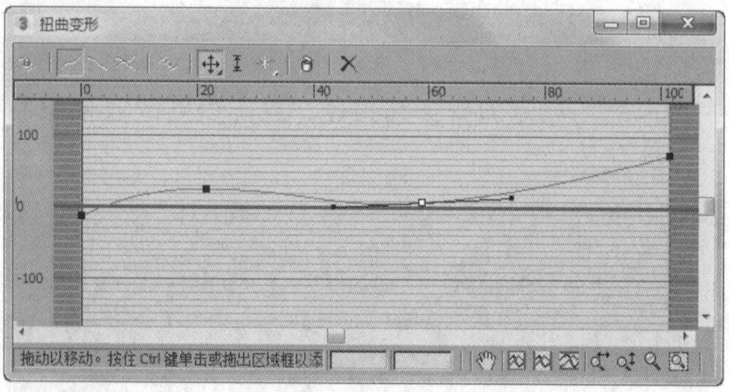

图 3-124

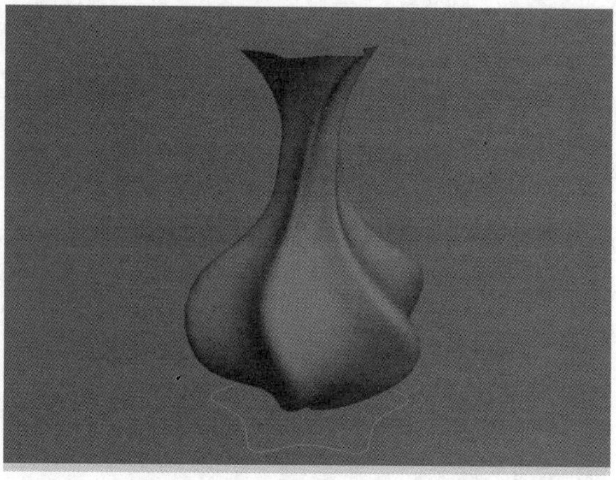

图 3-125

ⓘ 技巧与提示

“缩放变形”对话框的工具栏上有一个“移动控制点”工具和一个“插入角点”工具，用这两个工具就可以调节曲线的形状。但要注意，在调节角点前，需要在角点上单击鼠标右键，然后在弹出的菜单中选择“Bezier- 平滑”命令，这样调节出来的曲线才是平滑的，如图 3-126 所示。

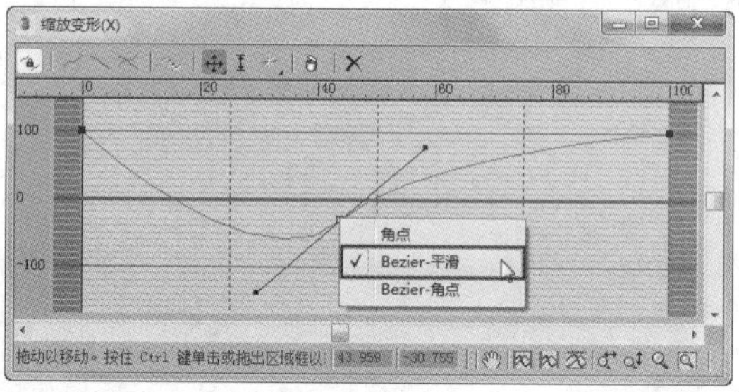

图 3-126

04

第 4 章

样条线建模

要点索引

▼

样条线的基本设置

常用样条线图形

创建文本

编辑样条线

二维图形由一条或多条样条线组成，而样条线又由顶点和线段组成，所以只要调整顶点的参数及线段的参数就可以生成不同的二维图形，利用这些二维图形又可以生成三维模型。

4.1 样条线的基本设置

在“创建”命令面板中单击“图形”按钮，然后设置图形类型为“样条线”，这里有 12 种样条线，分别是“线”“矩形”“圆”“椭圆”“弧”“圆环”“多边形”“星形”“文本”“螺旋线”“卵形”“截面”“徒手”，如图 4-1 所示。

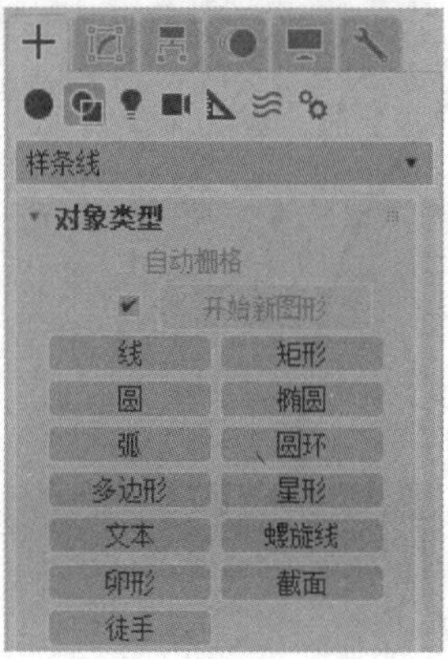

图 4-1

下面以“线”为例，介绍样条线的基本设置。线是建模中是最常用的一种样条线，其使用方法非常灵活，形状也不受约束，可以封闭也可以不封闭，拐角处可以是尖锐的也可以是平滑的，如图 4-2 所示。线的参数包括 5 个卷展栏，分别是“名称和颜色”“渲染”“插值”“创建方法”“键盘输入”，如图 4-3 所示。由于“名称和颜色”中的选项与“几何体”的卷展栏一致，这里不再讲解。

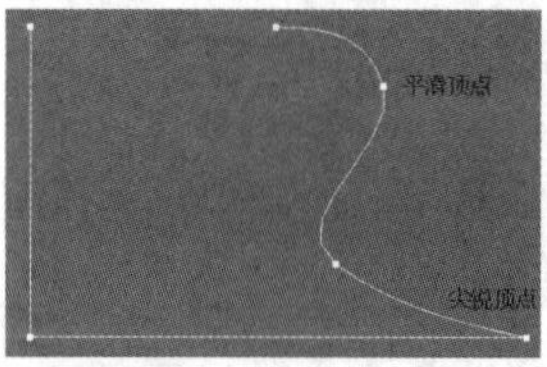

图 4-2

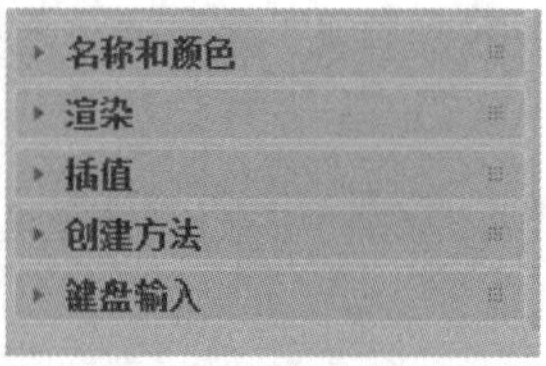

图 4-3

4.1.1 渲染

展开“渲染”卷展栏，其中包含用于设置线的渲染参数，如图 4-4 所示。

重要参数介绍

在渲染中启用：勾选此复选框才能渲染出样条线；若不勾选，将不能渲染出样条线。

在视口中启用：勾选此复选框后，样条线会以网格的形式显示在视口中。

使用视口设置：该选项只有在勾选“在视口中启用”复选框时才可用，主要用于设置不同的渲染参数。

生成贴图坐标：控制是否应用贴图坐标。

真实世界贴图大小：控制应用于对象的纹理贴图材质所使用的缩放方法。

视口：只有勾选“使用视口设置”复选框时，“视口”选项才可用，选择“视口”选项，可以在视图中设置并显示出样条线的效果。

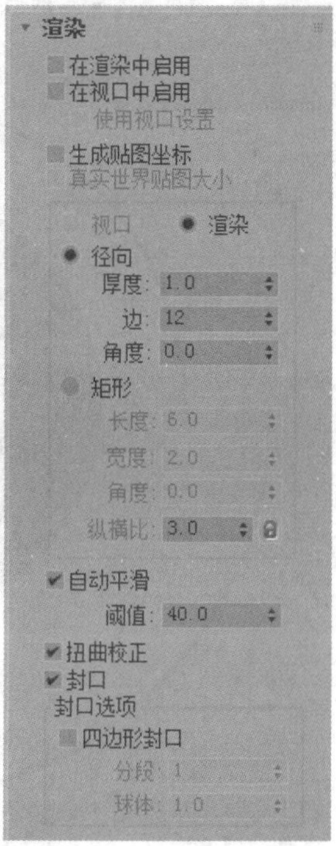

图 4-4

渲染：选择“在渲染中启用”和“渲染”选项时，可以设置样条线的渲染参数，并通过渲染显示出样条线的效果。

径向：将三维网格显示为圆柱形对象，其参数包含“厚度”“边”“角度”。“厚度”选项用于指定视图或渲染样条线网格的直径，其默认值为 1，数值范围为 0~100；“边”选项用于在视图或渲染器中为样条线网格设置边数或面数（如值为 4 表示一个方形横截面）；“角度”选项用于调整视图或渲染器中的横截面的旋转位置。

矩形：将三维网格显示为矩形对象，其参数包含“长度”“宽度”“角度”“纵横比”。“长度”选项用于设置沿局部 y 轴的横截面的大小；“宽度”选项用于设置沿局部 x 轴的横截面的大小；“角度”选项用于调整视图或渲染器中的横截面的旋转位置；“纵横比”选项用于设置矩形横截面的纵横比。

自动平滑：启用该选项可以激活下面的“阈值”选项，调整“阈值”的数值可以自动平滑样条线。

封口：用于设置线条线两端的封口效果。

4.1.2 插值

展开“插值”卷展栏，其中包含用于设置线的平滑参数，如图 4-5 所示。

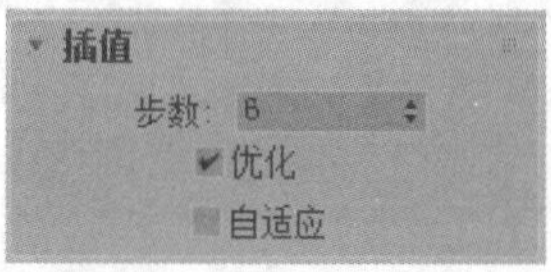

图 4-5

重要参数介绍

步数：用于设置样条线的步数。

优化：启用该选项后，可以从样条线的直线线段中删除不需要的步数。

自适应：启用该选项后，系统会自适应设置每条样条线的步数，以生成平滑的曲线。

> ⓘ 技巧与提示
>
> 设置样条线的步数时，值越大，样条线的表面越平滑，同时也会减慢计算机的运算速度。

4.1.3 创建方法

展开“创建方法”卷展栏，如图 4-6 所示。

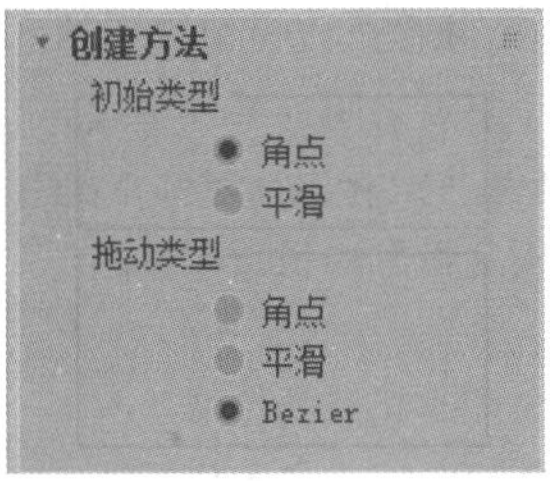

图 4-6

重要参数介绍

初始类型：指定创建第 1 个顶点的类型，共有以下两个选项。

角点：通过顶点产生一个没有弧度的尖角。

平滑：通过顶点产生一条平滑的、不可调整的曲线。

拖动类型：当拖曳顶点时，设置所创建顶点的类型。

角点：通过顶点产生一个没有弧度的尖角。

平滑：通过顶点产生一条平滑的、不可调整的曲线。

Bezier：通过顶点产生一条平滑的、可以调整的曲线。

4.1.4 键盘输入

展开“键盘输入”卷展栏，可以通过键盘输入参数来完成样条线的绘制，如图 4-7 所示。

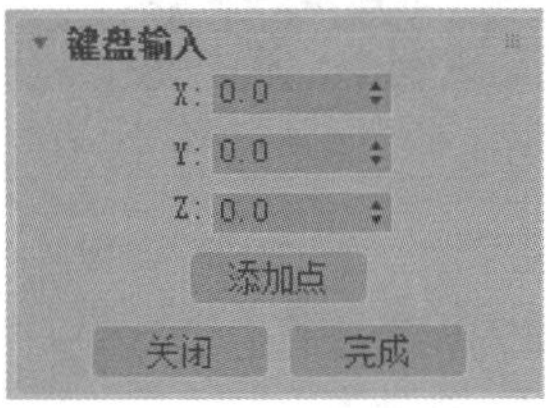

图 4-7

> ⓘ 技巧与提示
>
> 如果绘制出来的样条线不是很平滑，就需要对其进行调节。样条线的形状主要在顶点级别下进行调节，顶点包括“角点”“平滑”“Bezier”3 种样式，该内容将在“4.4 编辑样条线”一节中进行详细介绍。

4.2 常用样条线图形

在 3ds Max 2020 中，除了线外，常用的样条线图形还包括矩形、圆、椭圆、弧、圆环、多边形、星形、螺旋线等，其中各种图形的创建方法和参数基本相同。

4.2.1 矩形

使用“矩形”工具 矩形 可以创建矩形（包括正方形）样条线，其参数包括 6 个卷展栏，分别是“名称和颜色”“渲染”“插值”“创建方法”“键盘输入”“参数”，如图 4-8 所示。由于“渲染”“插值”“键盘输入”卷展栏与“线”的卷展栏一致，这里不再讲解。

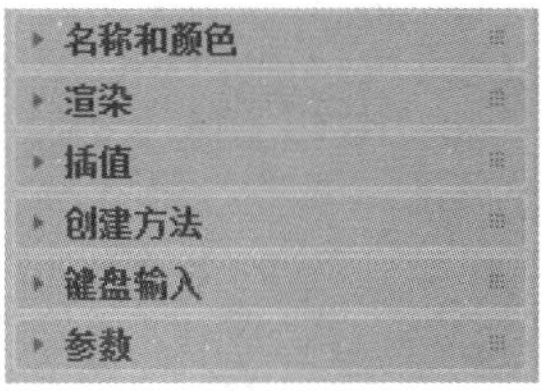

图 4-8

1. 创建方法

展开“创建方法”卷展栏，其中包含使用“边”和“中心”两种创建方法，如图 4-9 所示。

图 4-9

重要参数介绍

边：第一次单击会在图形的一边或一角定义一个点，然后拖曳直径或角点来创建矩形。

中心：第一次单击会定义图形中心，然后拖曳半径或角点来创建矩形。

2. 参数

展开“参数”卷栅栏，可以设置矩形的长度、宽度和角半径参数，如图 4-10 所示。

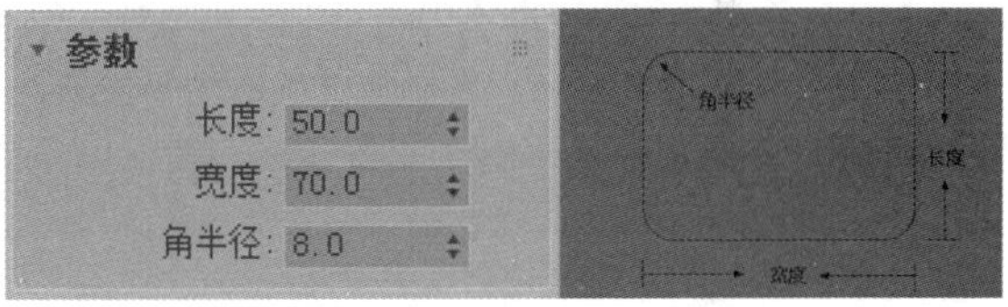

图 4-10

重要参数介绍

长度：指定矩形沿着局部 y 轴的大小。

宽度：指定矩形沿着局部 x 轴的大小。

角半径：用于创建圆角，设置为 0 时，矩形包含 90° 角。

> ① 技巧与提示
>
> 在绘制矩形时，可以按住 Shift 键绘制正方形。

4.2.2 圆

“圆”工具 圆 用来创建由 4 个顶点组成的闭合圆形样条线，其参数包括6个卷展栏，其中的“渲染”“插值”“创建方法”“键盘输入”卷展栏与“矩形”的卷展栏一致。“参数”卷展栏中的“半径”选项用于设置圆的半径（圆心到边缘的距离），如图 4-11 所示。

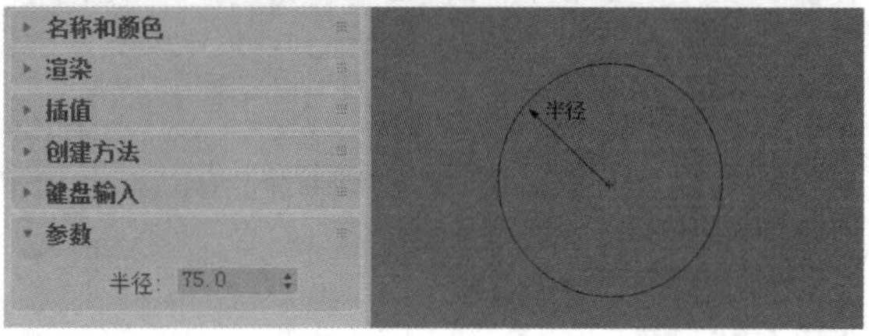

图 4-11

4.2.3 椭圆

“椭圆”工具 椭圆 可以创建椭圆形和圆形样条线，在“参数”卷展栏中可以设置椭圆的长度和宽度，以及轮廓的厚度，如图 4-12 所示。

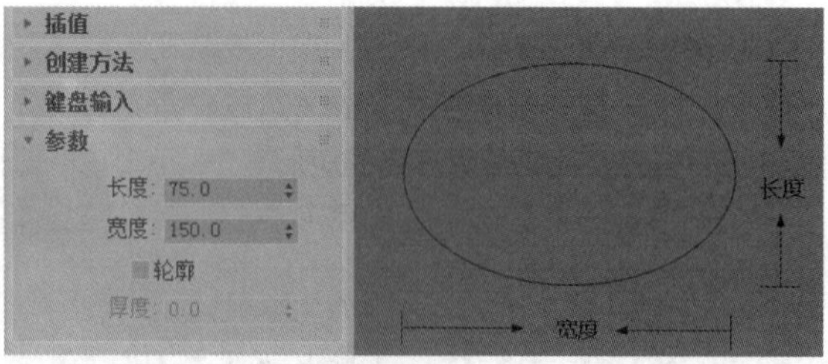

图 4-12

重要参数介绍

长度：沿着局部 y 轴的大小。

宽度：沿着局部 x 轴的大小。

轮廓：勾选该复选框，可以在厚度文本框中设置椭圆轮廓的厚度。

4.2.4 弧

“弧”工具 弧 用来创建由 4 个顶点组成的开放或闭合的部分圆形。在“创建方法”卷展栏中可以设置创建弧的方法；在“参数”卷展栏中可以设置弧的半径、包含的角度和形状，如图 4-13 所示。

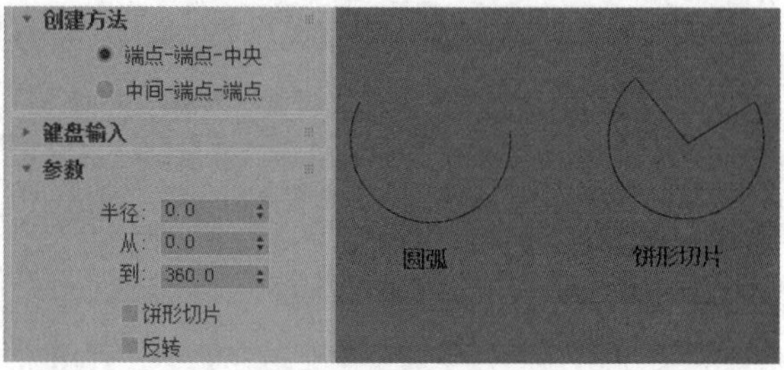

图 4-13

重要参数介绍

端点 - 端点 - 中央：拖曳并松开以设置弧形的两个端点，然后单击以指定两个端点之间的第 3 个点。

中间 - 端点 - 端点：拖曳并松开以指定弧形的半径和一个端点，然后单击以指定弧形的另一个端点。

半径：设置弧形的半径。

从：从局部正 x 轴测量角度时起点的位置。

到：从局部正 x 轴测量角度时结束点的位置。

饼形切片：启用此选项后，将添加从端点到半径圆心的直线段，从而创建闭合样条线。

反转：启用此选项后，将反转弧形样条线的方向，并将第一个顶点放置在开放弧形的相反末端。

4.2.5 圆环

“圆环”工具 圆环 可以通过两个同心圆创建闭合的形状，在“参数”卷展栏中可以设置弧的圆环内半径（“半径 1”）和外半径（“半径 2”），如图 4-14 所示。

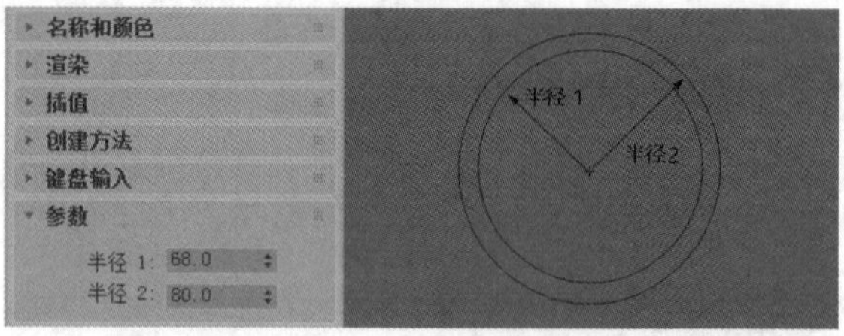

图 4-14

重要参数介绍

半径 1：第 1 个圆的半径，即内半径。

半径 2：第 2 个圆的半径，即外半径。

4.2.6 多边形

“多边形”工具 多边形 可创建具有任意面数或顶点数（N）的闭合平面或圆形样条线，在“参数”卷展栏中可以设置多边形内接或外接圆的半径、多边形边数、多边形角半径等，如图 4-15 所示。

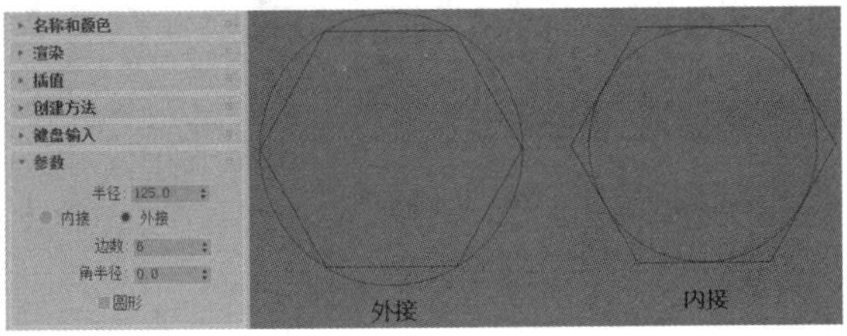

图 4-15

重要参数介绍

半径： 径向中心到边的距离。

内接： 选中时，“半径”为径向中心到各角的距离。

外接： 选中时，“半径”为径向中心到各侧边中心的距离。

边数： 边的数量，范围为 3 ~ 100。

角半径： 要应用于各角的圆角的度数。值为 0 时指定标准非圆角，值大于 0 则每个角生成 2 个 Bezier 顶点。

圆形： 启用该选项之后，将指定圆形“多边形”。

4.2.7 星形

使用“星形”工具 星形 可以创建具有很多顶点的闭合星形样条线，星形样条线使用两个半径来设置外部点和内谷之间的距离。在“参数”卷展栏中可以设置星形的两个半径、点数、两个圆角半径等参数，如图 4-16 所示。

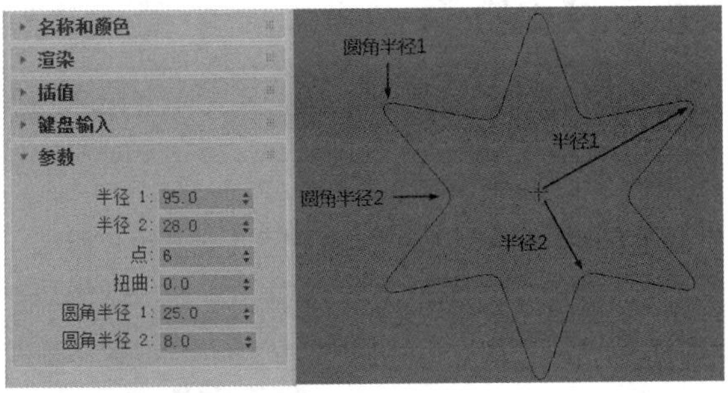

图 4-16

重要参数介绍

半径 1： 星形第 1 组顶点的半径。在创建星形时，通过第一次拖曳来交互设置这个半径。

半径 2： 星形第 2 组顶点的半径。在完成星形时，通过移动鼠标并单击来交互设置这个半径。

点： 星形上的顶点数，范围为 3 ~ 100。

扭曲： 围绕星形中心旋转“半径 2”顶点，从而生成锯齿形效果。

圆角半径 1： 圆化第 1 组顶点，每个点生成 2 个 Bezier 顶点。

圆角半径 2： 圆化第 2 组顶点，每个点生成 2 个 Bezier 顶点。

4.2.8 螺旋线

使用“螺旋线”工具 螺旋线 可创建开口平面或螺旋线，在“参数”卷展栏中可以设置螺旋线的两个半径、高度、圈数等参数，如图 4-17 所示。

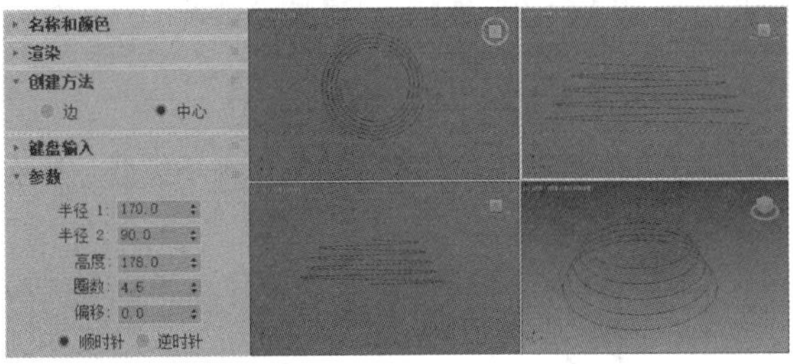

图 4-17

重要参数介绍

边： 以螺旋线的边为基点开始创建。

中心： 以螺旋线的中心为基点开始创建。

半径 1/ 半径 2： 分别设置螺旋线起点和终点的半径。

高度： 设置螺旋线的高度。

圈数： 设置螺旋线起点和终点之间的圈数。

偏移： 强制在螺旋线的一端累积圈数。“高度”为 0 时，偏移的影响不可见。

顺时针 / 逆时针： 设置螺旋线的旋转方向是顺时针还是逆时针。

4.2.9 截面

使用“截面”工具 截面 可以创建截面对象，其参数卷展栏包括“截面参数”“截面大小”等，如图 4-18 所示。

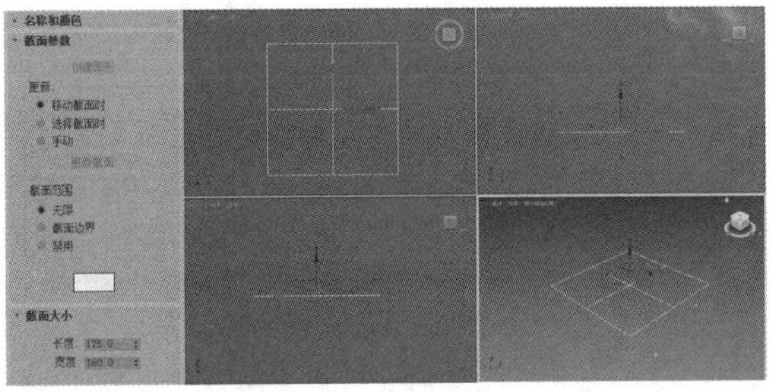

图 4-18

重要参数介绍

创建图形： 基于当前显示的相交线创建图形。单击该按钮，将显示一个对话框，在此可以命名新对象。截面图形是基于场景中所有相交线创建的可编辑样条线，该样条线由曲线段和角顶点组成。

长度 / 宽度：用于调整截面矩形的长度和宽度。

> ① 技巧与提示
>
> 截面是一种特殊类型的样条线，可以通过几何体对象基于横截面切片生成图形。

实战：用样条线制作椅子

素材位置	无
实例位置	实例文件 > 第 4 章 > 用样条线制作椅子 > 用样条线制作椅子 .max
学习目标	学习用样条线创建模型的方法

本案例将通过创建样条线来制作椅子模型，其效果如图 4-19 所示。

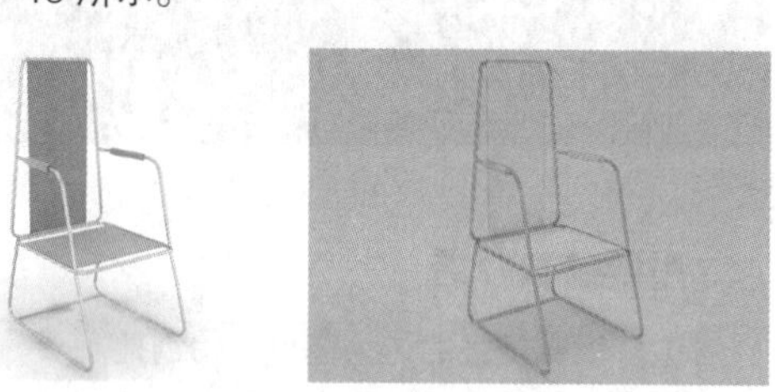

图 4-19

01 使用“矩形”工具 在前视口中绘制出椅子靠背部分，然后在“参数”卷展栏中设置“长度”为 600mm、“宽度”为 400mm、“角半径”为 35mm，如图 4-20 所示。

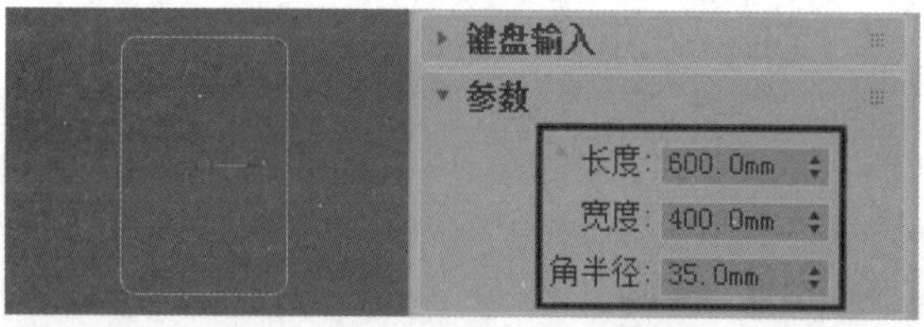

图 4-20

02 选中上一步创建的矩形，然后单击鼠标右键，接着在弹出的菜单中选择“转换为 > 转换为可编辑样条线”命令，如图 4-21 所示。

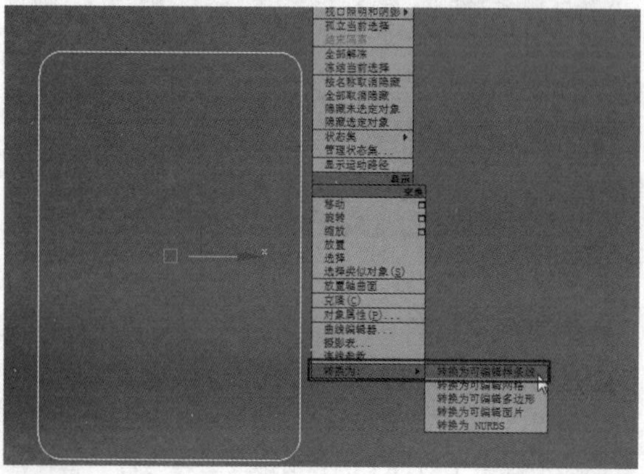

图 4-21

03 进入“修改”命令面板，然后在“选择”卷展栏下单击“顶点”按钮，进入“点”层级，再将矩形调整成图 4-22 所示的形状。

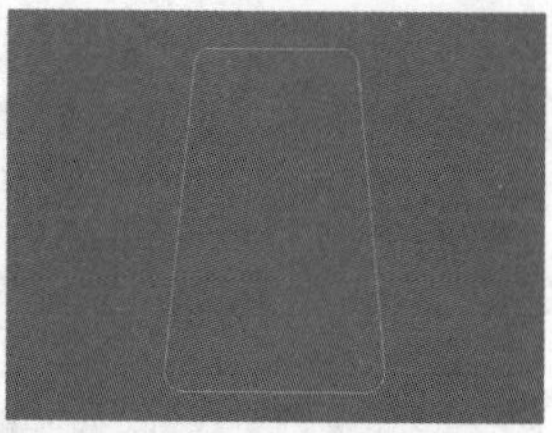

图 4-22

04 进入“修改”命令面板，然后在“渲染”卷展栏下勾选“在渲染中启用”和“在视口中启用”复选框，接着选择“径向”选项，最后设置“厚度”为 12mm，如图 4-23 所示。

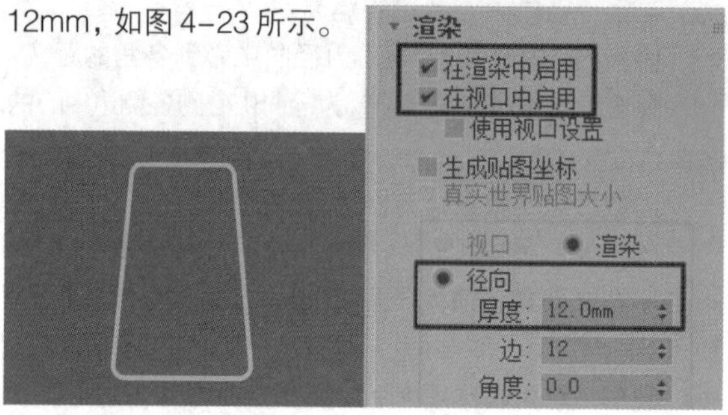

图 4-23

05 使用“矩形”工具 在顶视口中绘制出椅子座椅部分，然后在“参数”卷展栏中设置“长度”为 400mm、“宽度”为 400mm、“角半径”为 35mm，其位置与参数如图 4-24 所示。

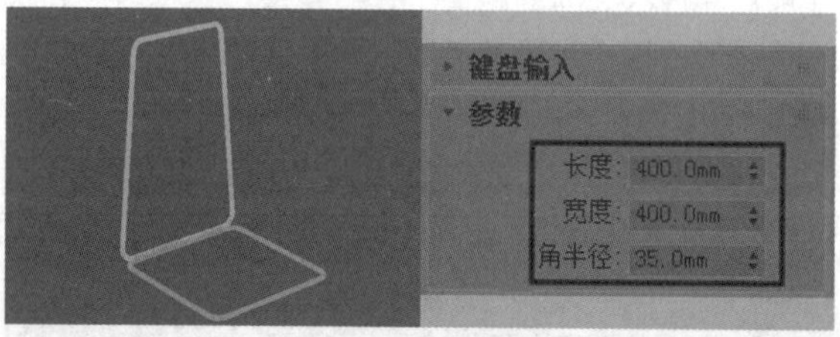

图 4-24

06 使用“线”工具 在左视口中绘制出一侧的椅子扶手，其位置与参数如图 4-25 所示。

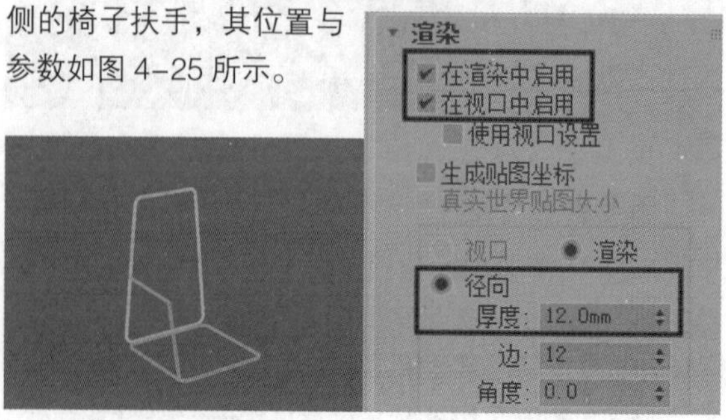

图 4-25

07 选择上一步创建的扶手，在“选择”卷展栏中单击“顶点”按钮，然后在“几何体”卷展栏中单击“圆角”按钮，在右侧的输入框中输入 50，如图 4-26 所示。

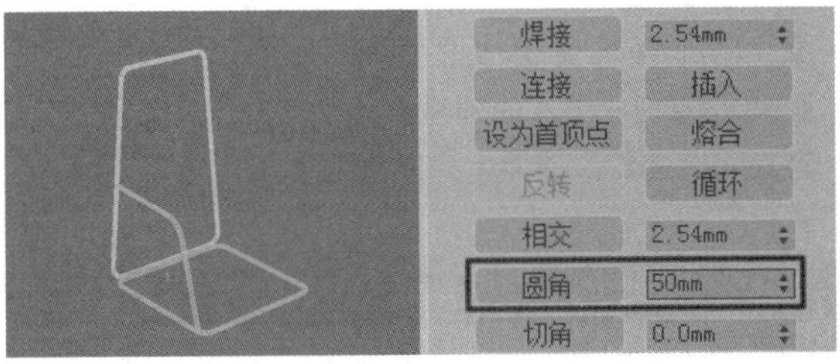

图 4-26

08 将扶手模型复制出一个，移动到椅子另一边，如图 4-27 所示。

09 使用“线”工具在左视口中绘制出一侧的椅子腿，并进入“顶点”层级调整模型，效果如图 4-28 所示。

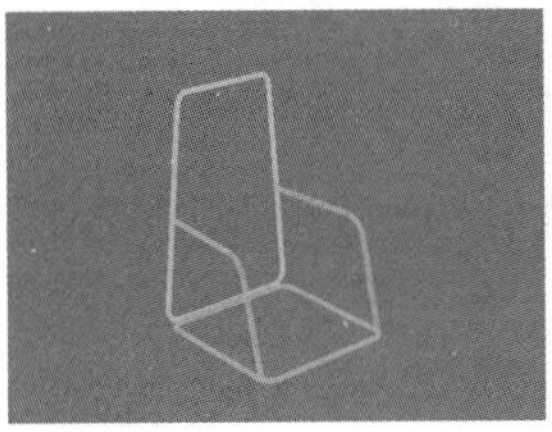

图 4-27

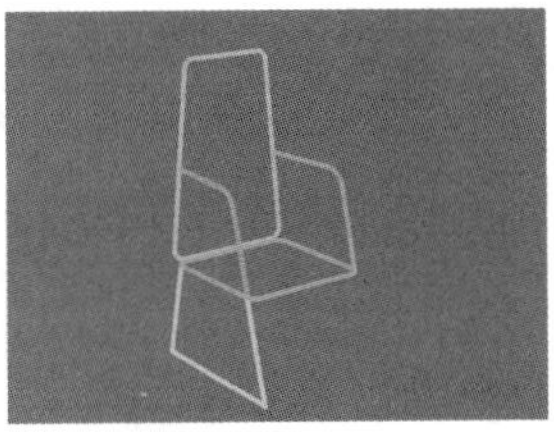

图 4-28

10 选择上一步创建的椅子腿模型，然后在“几何体”卷展栏中单击“圆角”按钮，接着在右侧的输入框中输入 50，最后复制一个椅子腿模型并放在另一侧，如图 4-29 所示。

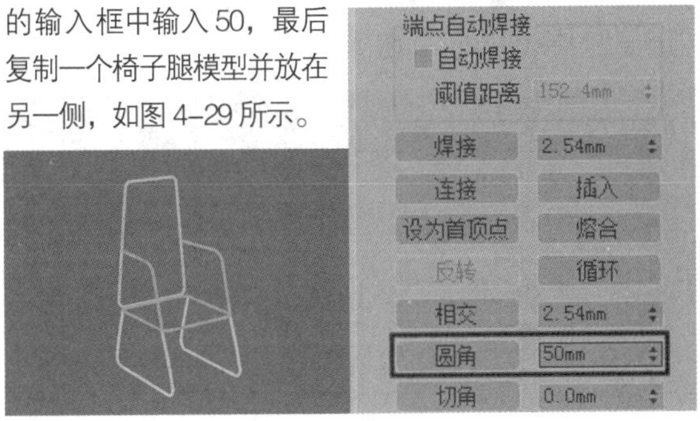

图 4-29

11 使用“线”工具在前视口中绘制出后侧的椅子腿，如图 4-30 所示。

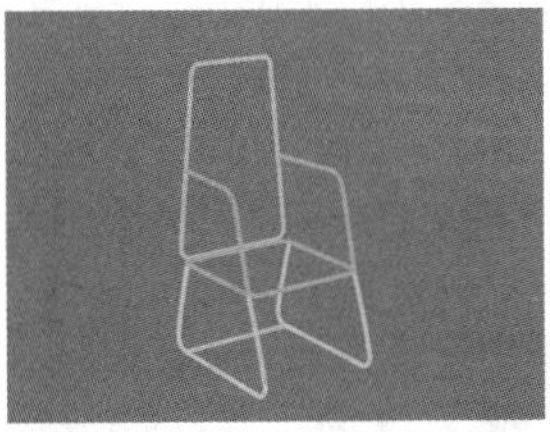

图 4-30

12 使用“线”工具，进入顶视口在座椅上绘制一条直线，然后在“渲染”卷展栏中选择“渲染”类型为“矩形”，接着设置“长度”为 3mm、“宽度”为 300mm，其位置及效果如图 4-31 所示。

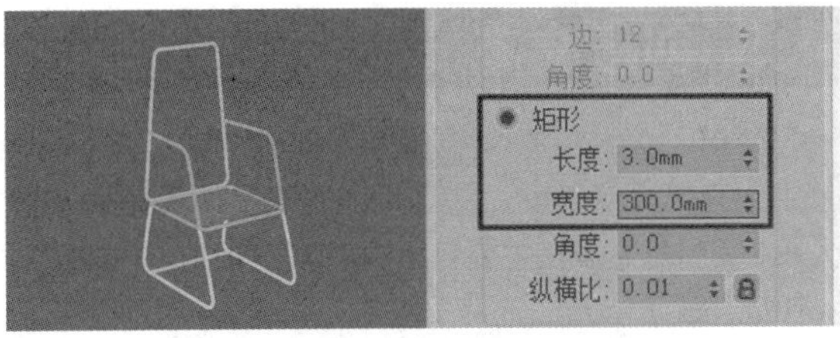

图 4-31

13 使用“线”工具，进入前视口在座椅靠背上绘制一条直线，然后在“渲染”卷展栏中选择“渲染”类型为“矩形”，接着设置“长度”为 3mm、“宽度”为 250mm，其位置及效果如图 4-32 所示。

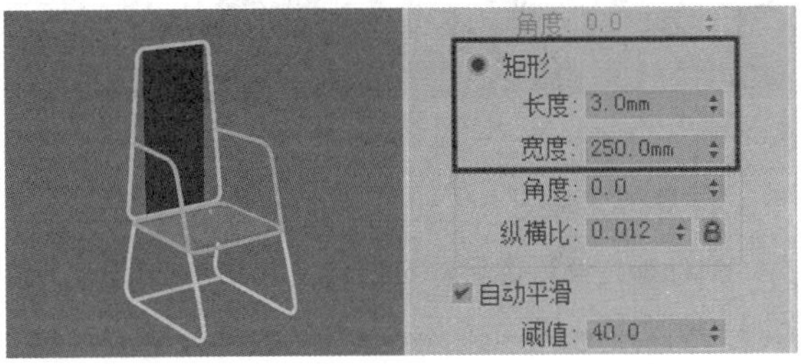

图 4-32

14 使用“线”工具，进入左视口在座椅扶手上绘制一条直线，然后在“渲染”卷展栏中选择渲染类型为“径向”，接着设置“厚度”为 25mm，如图 4-33 所示。最后将刚创建的直线复制一个到另一侧的扶手上，最终效果如图 4-34 所示。

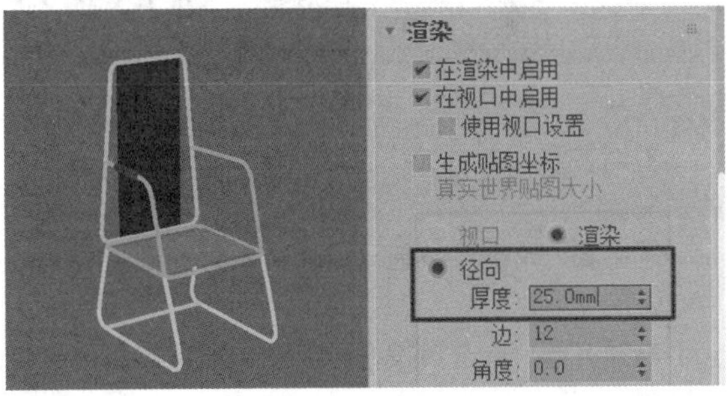

图 4-33

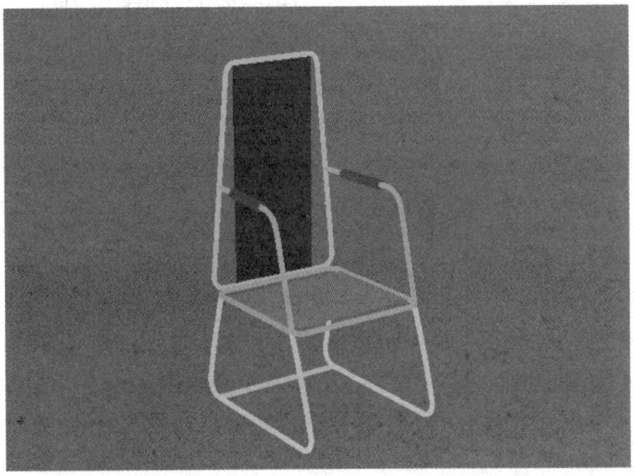

图 4-34

4.3 创建文本

使用“文本”工具 文本 可以很方便地在场景中创建出文字模型，并且可以更改字体类型和字体大小，其参数卷展栏主要包括“渲染”“插值”“参数”，如图 4-35 所示。

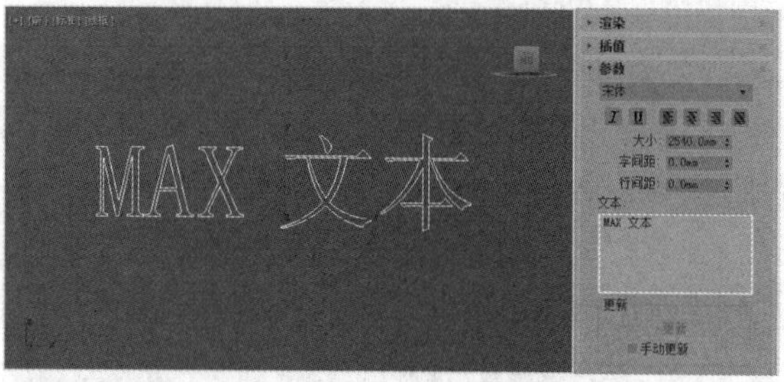

图 4-35

重要参数介绍

斜体 I：单击该按钮可以将文本切换为斜体，如图 4-36 所示。

下划线 U：单击该按钮可以将文本切换为下划线文本，如图 4-37 所示。

图 4-36

图 4-37

左对齐：单击该按钮可以使文本对齐到边界框的左侧。

居中：单击该按钮可以使文本对齐到边界框的中心。

右对齐：单击该按钮可以使文本对齐到边界框的右侧。

对正：分隔所有文本行以填充边界框的范围。

大小：设置文本高度，其默认值为 100mm。

字间距：设置文字的间距。

行间距：调整行的间距（只对多行文本起作用）。

文本：在此可以输入文本，若要输入多行文本，可以按 Enter 键切换到下一行。

> ① 技巧与提示
>
> “文本”工具 文本 和“加强型文本”工具 加强型文本 都可用于创建文本内容，两者区别在于，使用“加强型文本”工具 加强型文本 创建文本时，可以直接通过“几何体”卷展栏中的“挤出”参数将文本图形拉伸为实体模型；而使用“文本”工具 文本 创建文本时，需要添加“挤出”修改器，才能将文本图形拉伸为实体模型。

实战：用文本制作企业名牌	
素材位置	无
实例位置	实例文件 > 第 4 章 > 用文本制作企业名牌 > 用文本制作企业名牌 .max
学习目标	学习用文本样条线创建模型的方法

本案例将通过创建文本来制作企业名牌模型，其效果如图 4-38 所示。

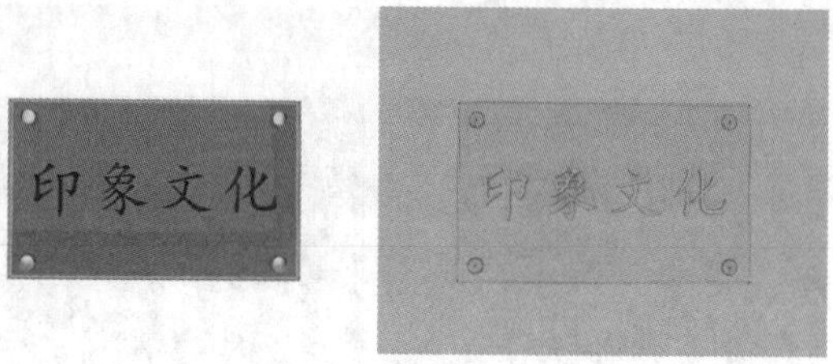

图 4-38

01 使用“切角长方体”工具 切角长方体，在前视口中创建一个切角长方体，然后展开“参数”卷展栏，设置“长度”为 300mm、“宽度”为 500mm、“高度”为 35mm、“圆角”为 5mm、“圆角分段”为 3，其他参数保持默认值，如图 4-39 所示。

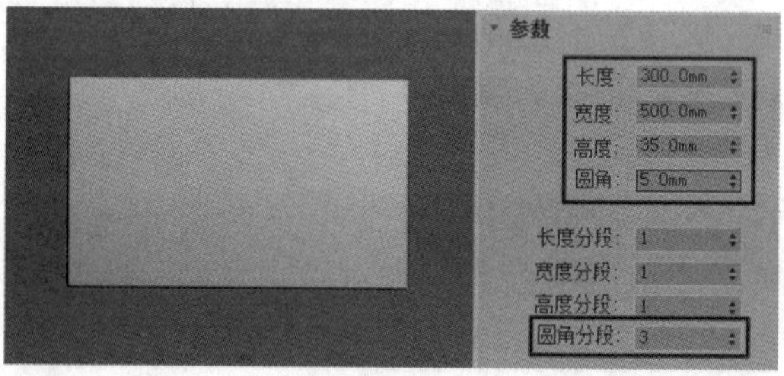

图 4-39

02 使用“切角圆柱体”工具 切角圆柱体，在前视口中创建一个切角圆柱体，然后展开“参数”卷展栏，设置“半径”为 14mm、“高度”为 -42mm、“圆角”为 3mm、“圆角分段”为 3、“边数”为 20，其他参数保持默认值，接着复制出 3 个切角圆柱体并调整位置，其位置及参数如图 4-40 所示。

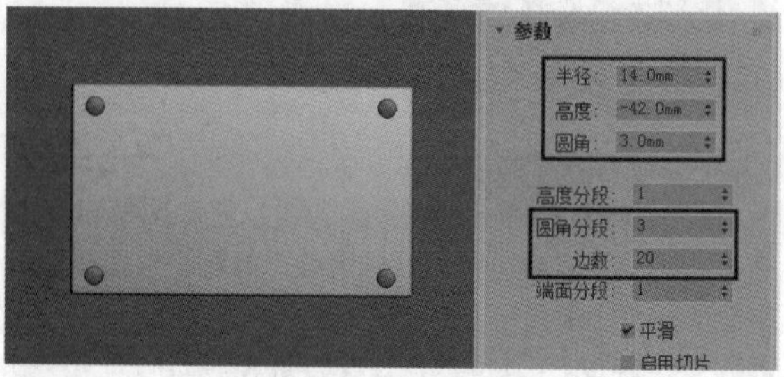

图 4-40

03　使用“文本”工具 文本 ，在前视口中创建一个文本样条线，然后展开“参数”卷展栏设置“字体”为“楷体”、“大小”为 100mm、“字间距”为 10mm，接着在“文本”框中输入“印象文化”，完成后的效果如图 4-41 所示。

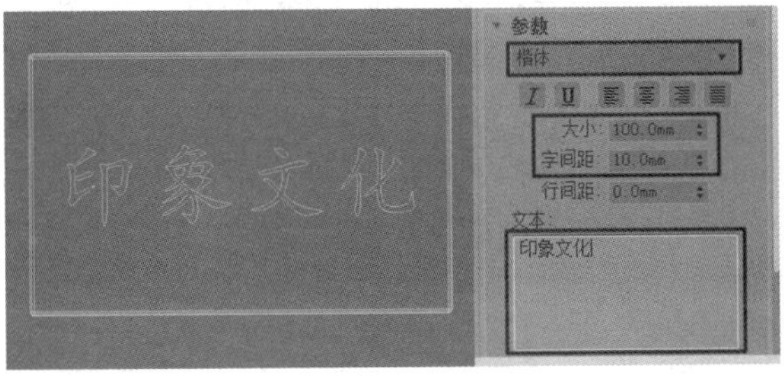

图 4-41

04　选中文本样条线，然后执行“修改器 > 网格编辑 > 挤出”命令，此时文本样条线变成一个有厚度的模型，接着在“修改”命令面板中展开“参数”卷展栏，设置“数量”为 8mm，如图 4-42 所示，最终效果如图 4-43 所示。

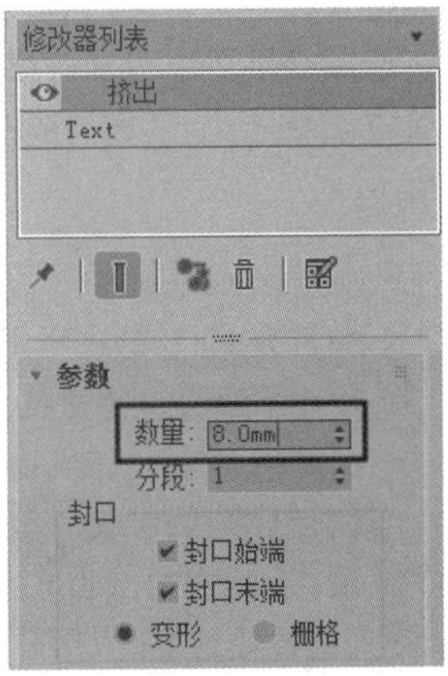

图 4-42

图 4-43

4.4 编辑样条线

虽然 3ds Max 2020 提供了很多种二维图形，但是也不能完全满足用户创建复杂模型的需求，因此需要对样条线的形状进行修改。因为绘制出来的样条线都是参数化对象，只能对其参数进行调整，所以就需要将样条线转换为可编辑样条线。

4.4.1 转换为可编辑样条线

将样条线转换为可编辑样条线的方法有以下两种。

第 1 种：选择样条线，然后单击鼠标右键，接着在弹出的菜单中选择“转换为 > 转换为可编辑样条线”命令，如图 4-44 所示。

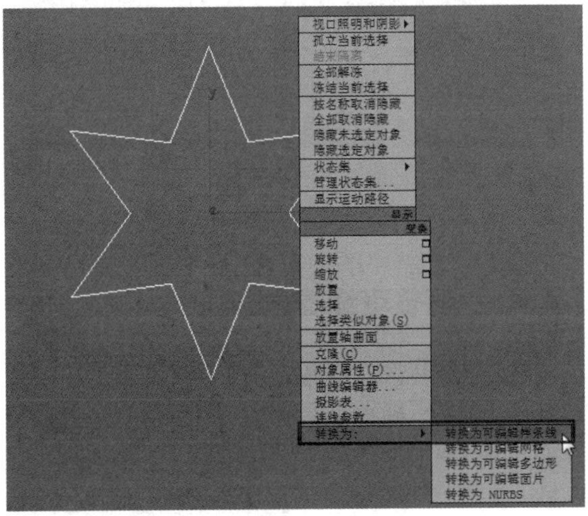

图 4-44

第 2 种：选择样条线，然后在“修改器列表”的下拉列表框中选择“编辑样条线”修改器，为其加载一个“编辑样条线”修改器，如图 4-45 所示。

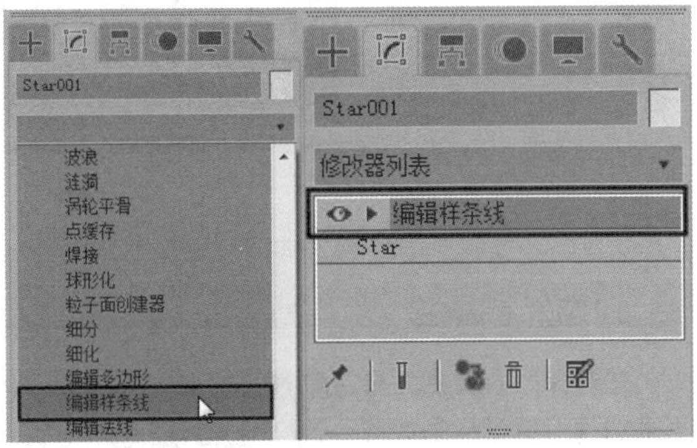

图 4-45

> ⓘ 技巧与提示
>
> 将样条线转换为可编辑样条线和为样条线添加“编辑样条线”修改器是有区别的。添加“编辑样条线”修改器后，其修改器堆栈中不只包含“编辑样条线”选项，同时还保留了原始的样条线（其中包含“参数”卷展栏）。当选择“编辑样条线”选项时，有“选择”“软选择”“几何体”卷展栏，

如图 4-46 所示；当选择原始的样条线选项时，其卷展栏包括“渲染”“插值”“参数”，如图 4-47 所示。

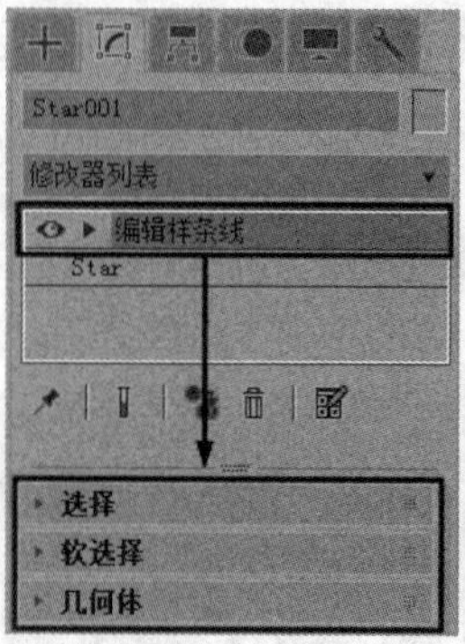

图 4-46

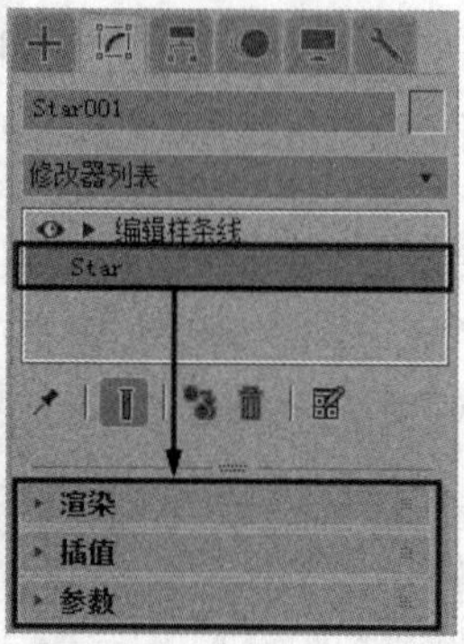

图 4-47

4.4.2 调节可编辑样条线

将样条线转换为可编辑样条线后，可编辑样条线的卷展栏就有 5 个，分别是“渲染”“插值”“选择”“软选择”“几何体”，如图 4-48 所示。

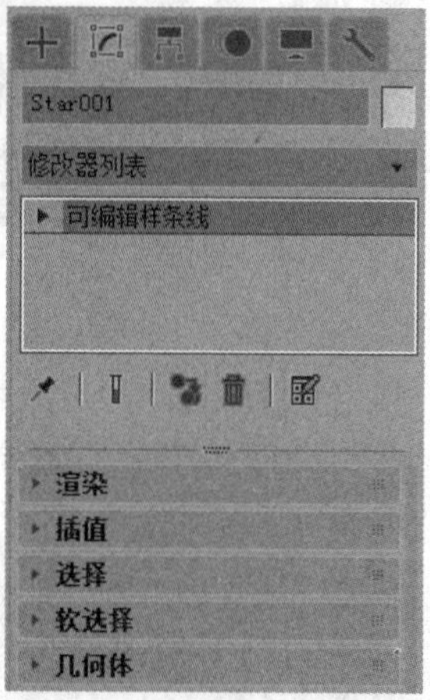

图 4-48

1. 选择卷展栏

“选择”卷展栏主要用来切换可编辑样条线的操作层级，如图 4-49 所示。

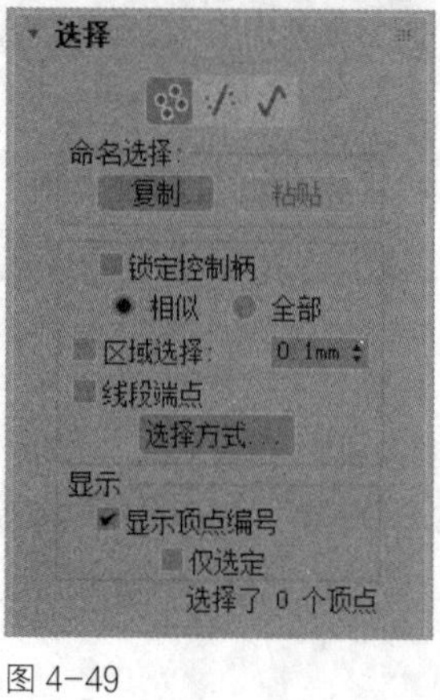

图 4-49

重要参数介绍

顶点：用于访问“顶点”子对象层级，在该层级下可以对样条线的顶点进行调节，如图 4-50 所示。

线段：用于访问“线段”子对象层级，在该层级下可以对样条线的线段进行调节，如图 4-51 所示。

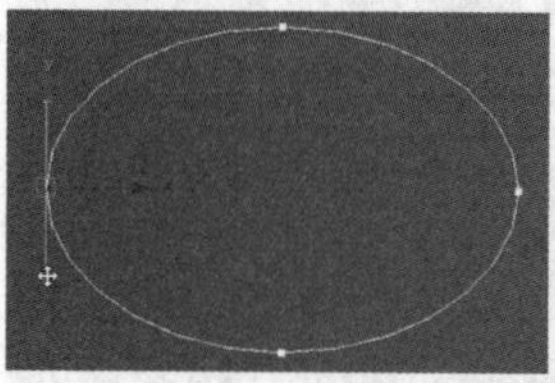
图 4-50

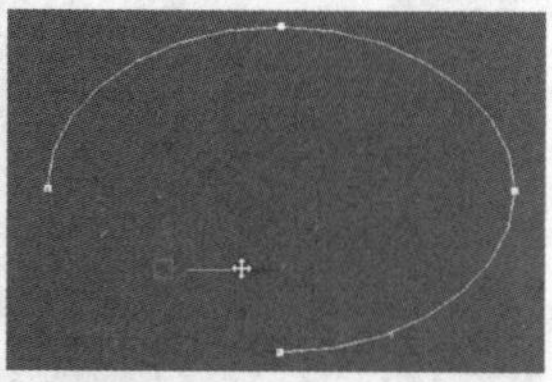
图 4-51

样条线：用于访问“样条线”子对象层级，在该层级下可以对样条线整体进行调节，如图 4-52 所示。

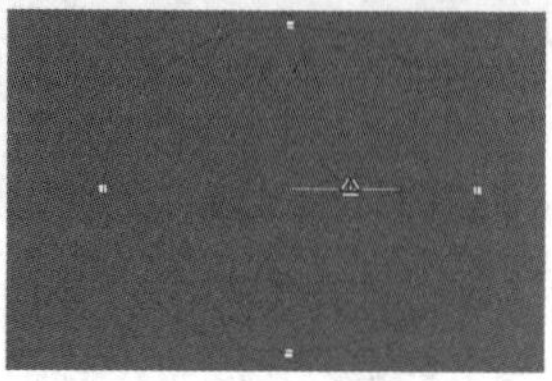
图 4-52

命名选择：该选项组用于复制和粘贴命名选择集。

复制 复制 ：将命名选择集放到复制缓冲区。

粘贴 粘贴 ：从复制缓冲区中粘贴命名选择集。

锁定控制柄：取消勾选该复选框时，即使选择了多个顶点，用户每次也只能变换一个顶点的切线控制柄；勾选该复选框时，用户可以同时变换多个 Bezier 和 Bezier 角点控制柄。

相似：拖曳传入向量的控制柄时，所选顶点的所有传入向量将同时移动；同样，移动某个顶点上的传出切线控制柄时，所选顶点的所有传出切线控制柄都将移动。

全部：当处理单个 Bezier 角点顶点，并且想要移动两个控制柄时，可以选择该选项。

区域选择：该选项允许自动选择所单击顶点的特定半径中的所有顶点。

线段端点：勾选该复选框后，可以通过单击线段来选择顶点。

选择方式 选择方式... ：单击该按钮可以打开“选择方式”对话框，如图 4-53 所示。在该对话框中可以选择所选样条线或线段上的顶点。

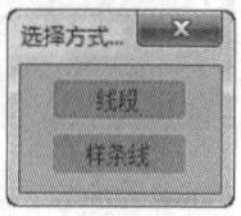

图 4-53

显示：该选项组用于设置顶点编号的显示方式。

显示顶点编号：启用该选项后，3ds Max 中任何子对象层级的所选样条线的顶点旁边将显示顶点编号，如图 4-54 所示。

仅选定：启用该选项后（启用“显示顶点编号”选项时，该选项才可用），仅在所选顶点旁边显示顶点编号，如图 4-55 所示。

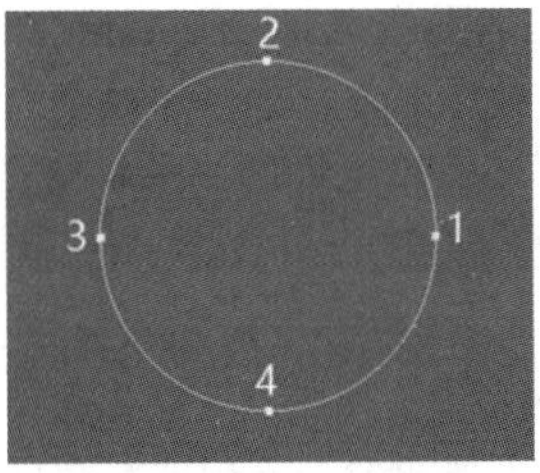

图 4-54

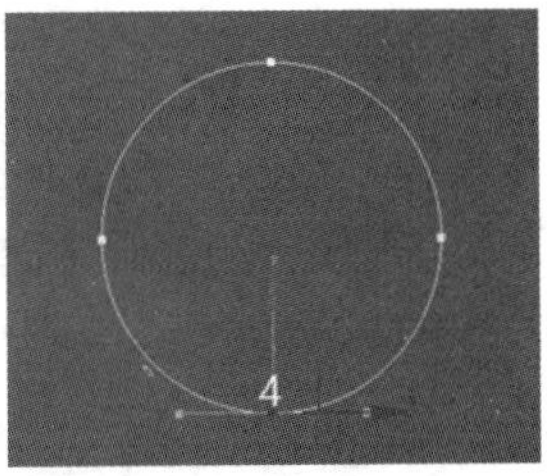

图 4-55

2. 软选择卷展栏

“软选择”卷展栏下的参数选项允许部分地选择显式选择邻接处中的子对象，如图 4-56 所示。这将使显式选择的行为就像被磁场包围了一样。在对子对象进行变换时，在场景中被部分选定的子对象就会以平滑的方式被绘制出来。

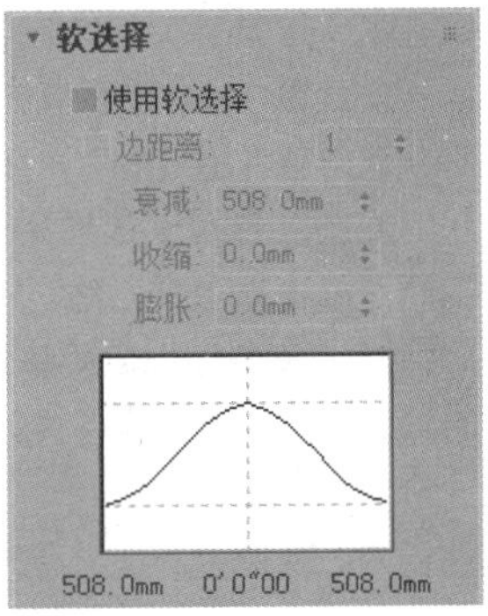

图 4-56

重要参数介绍

使用软选择：启用该选项后，3ds Max 会将样条线曲线变形应用到所变换的选择周围的未选定子对象。

边距离：启用该选项后，可以将软选择限制到指定的边数。

衰减：用于定义影响区域的距离，它是用当前单位表示的从中心到球体的边的距离。使用更高的“衰减”数值，可以实现更平缓的斜坡。

收缩：用于沿着垂直轴提高并降低曲线的顶点。数值为负数时，将生成凹陷，而不是点；数值为 0 时，收缩将跨越该轴生成平滑变换。

膨胀：用于沿着垂直轴展开和收缩曲线。受“收缩”选项的限制，“膨胀”选项设置膨胀的固定起点。“收缩”值为 0mm 并且“膨胀”值为 1mm 时，将会产生最为平滑的凸起。

软选择曲线图：以图形的方式显示软选择是如何进行工作的。

3. 几何体卷展栏

“几何体”卷展栏下是一些编辑样条线对象和子对象的相关参数与工具，如图 4-57 所示。

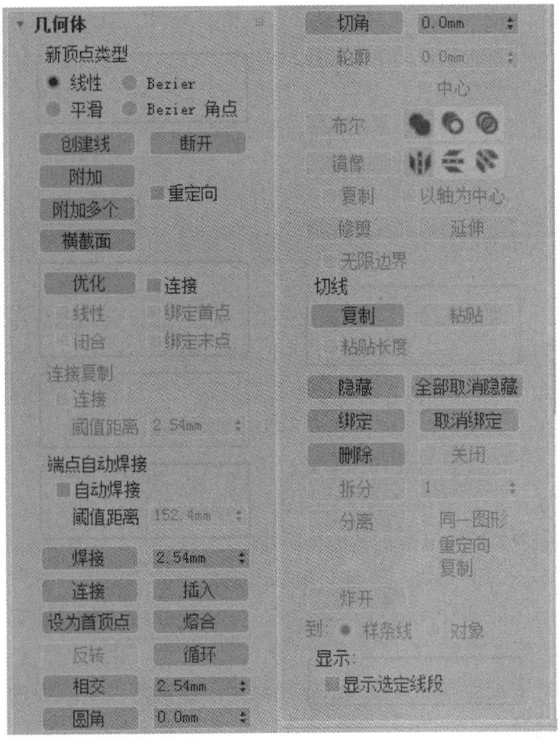

图 4-57

重要参数介绍

新顶点类型：该选项组用于选择新顶点的类型。

线性：新顶点具有线性切线。

Bezier：新顶点具有 Bezier 切线。

平滑：新顶点具有平滑切线。

Bezier 角点：新顶点具有 Bezier 角点切线。

创建线 创建线：向所选对象添加更多样条线，这些线是独立的样条线子对象。

断开 断开：在选定的一个或多个顶点拆分样条线。选择一个或多个顶点，然后单击“断开”按钮 断开 可以创建拆分效果。

附加 附加：将其他样条线附加到所选样条线上。

附加多个 附加多个：单击该按钮可以打开“附加多个”对话框，该对话框中有包含场景中所有其他图形的列表。

重定向：启用该选项后，将重新定向附加的样条线，使每个样条线的创建局部坐标系与所选样条线的创建局部坐标系对齐。

横截面 横截面：在横截面形状外创建样条线框架。

优化 优化：这是最重要的工具之一，可以在样条线上添加顶点，且不更改样条线的曲率值。

连接：启用该选项时，通过连接新顶点可以创建一个新的样条线子对象。使用“优化”工具 优化 添加顶点后，“连接”选项会为每个新顶点创建一个单独的副本，然后将所有副本与一个新样条线相连。

线性：启用该选项后，使用“角点”顶点可以使新样条直线中的所有线段变成线性。

绑定首点：启用该选项后，可以使在优化操作中创建的第一个顶点绑定到所选线段的中心。

闭合：如果启用该选项，将连接新样条线中的第一个和最后一个顶点，以创建一个闭合的样条线；如果关闭该选项，“连接”选项将始终创建一个开口的样条线。

绑定末点：启用该选项后，可以使在优化操作中创建的最后一个顶点绑定到所选线段的中心。

连接复制：该选项组在“线段”层级下使用，用于控制是否开启连接复制功能。

连接：启用该选项后，按住Shift键复制线段将创建一个新的样条线子对象，以及将新线段的顶点连接到原始线段顶点的其他样条线。

阈值距离：确定启用“连接复制”中的“连接”选项时将使用的距离软选择，该数值越大，创建的样条线就越多。

端点自动焊接：该选项组用于自动焊接样条线的端点。

自动焊接：启用该选项后，会自动焊接在与同一样条线的另一个端点的阈值距离内放置和移动的端点顶点。

阈值距离：用于控制在自动焊接顶点之前，顶点可以与另一个顶点接近的程度。

焊接 焊接：这是最重要的工具之一，可以将两个端点顶点或同一样条线中的两个相邻顶点转化为一个顶点。

连接 连接：连接两个端点顶点以生成一条线性线段。

插入 插入：插入一个或多个顶点，以创建其他线段。

设为首顶点 设为首顶点：指定所选样条线中的哪个顶点为第一个顶点。

熔合 熔合：将所有选定顶点移至它们的平均中心。

反转 反转：该工具在“样条线”层级下使用，用于反转所选样条线的方向。

循环 循环：选择顶点以后，单击该按钮可以循环选择同一条样条线上的顶点。

相交 相交：在属于同一个样条线对象的两个样条线的相交处添加顶点。

圆角 圆角：在线段会合的地方设置圆角，以添加新的控制点。

切角 切角：用于设置形状角部的倒角。

轮廓 轮廓：这是最重要的工具之一，在“样条线”层级下使用，用于创建样条线的副本。

中心：如果关闭该选项，原始样条线将保持静止，仅仅一侧的轮廓偏移到“轮廓”工具指定的距离处；如果启用该选项，原始样条线和轮廓将从一个不可见的中心线以“轮廓”工具指定的距离向外移动。

布尔 布尔：对两个样条线进行二维布尔运算。

并集：将两个重叠样条线组合成一个样条线，在该样条线中，重叠的部分会被删除，而保留两个样条线不重叠的部分，构成一个样条线。

差集：从第1个样条线中减去与第2个样条线重叠的部分，并删除第2个样条线中剩余的部分。

交集：仅保留两个样条线的重叠部分，并且会删除二者的不重叠部分。

镜像 镜像：对样条线进行相应的镜像操作。

水平镜像：沿水平方向镜像样条线。

垂直镜像：沿垂直方向镜像样条线。

双向镜像：沿对角线方向镜像样条线。

复制：启用该选项后，可以在镜像样条线时复制（而不是移动）样条线。

以轴为中心：启用该选项后，可以以样条线对象的轴点为中心镜像样条线。

> **技巧与提示**
>
> 绘制具有对称性的图形时，可以先绘制其中一边的图形，然后将其镜像复制，再通过“附加”功能将两个图形附加在一起就可以了。

修剪 修剪：清理形状中的重叠部分，使端点接合在一个点上。

延伸 延伸：清理形状中的开口部分，使端点接合在一个点上。

无限边界：为了计算相交，启用该选项可以将开口样条线视为无穷长。

切线：使用该选项组中的工具可以将一个顶点的控制柄复制并粘贴到另一个顶点。

复制 复制：激活该按钮，然后单击一个控制柄，可以将所选控制柄切线复制到缓冲区。

粘贴 粘贴：激活该按钮，然后单击一个控制柄，可以将控制柄切线粘贴到所选顶点。

粘贴长度：如果启用该选项，可以复制控制柄的长度；如果关闭该选项，则只考虑控制柄角度，而不改变控制柄长度。

隐藏 隐藏：隐藏所选顶点和任何相连的线段。

全部取消隐藏 全部取消隐藏：显示任何隐藏的子对象。

绑定 绑定：允许创建绑定顶点。

取消绑定 取消绑定：允许断开绑定顶点与所附加线段的连接。

删除 删除 ：在“顶点”层级下，可以删除所选的一个或多个顶点，以及与每个要删除的顶点相连的那条线段；在“线段”层级下，可以删除当前形状中任何选定的线段。

关闭 关闭 ：将所选样条线的顶点与新线段相连，以关闭该样条线。

拆分 拆分 ：通过添加指定的顶点数来细分所选线段。

分离 分离 ：允许选择不同样条线中的几个线段，然后拆分（或复制）它们，以构成一个新图形。

同一图形：启用该选项后，将关闭“重定向”功能，并且“分离”操作将使分离的线段保留为形状的一部分（而不是生成一个新形状）。如果还启用了“复制”选项，则可以结束在同一位置进行的线段的分离副本。

重定向：移动和旋转新的分离对象，以便对局部坐标系进行定位，并使其与当前活动栅格的原点对齐。

复制：复制分离线段，而不是移动它。

炸开 炸开 ：通过将每个线段转化为一个独立的样条线或对象，来分裂任何所选样条线。

到：设置炸开样条线的方式，包含“样条线”和“对象”两种方式。

显示：控制是否开启“显示选定线段”功能。

显示选定线段：启用该选项后，与所选顶点子对象相连的任何线段将以红色高亮显示。

4.4.3 调节样条线的形状

如果绘制出来的样条线不是很平滑，就需要对其进行调节（需要尖角的角点时就不需要调节），样条线形状主要是在“顶点”层级下进行调节。下面以图 4-58 中的矩形为例来详细介绍一下如何将硬角点调节为平面的角点。

执行“修改器 > 面片 / 样条线编辑 > 编辑样条线”命令，然后在“修改器”面板的“选择”卷展栏下单击“顶点”按钮，进入“顶点”层级，如图 4-59 所示。

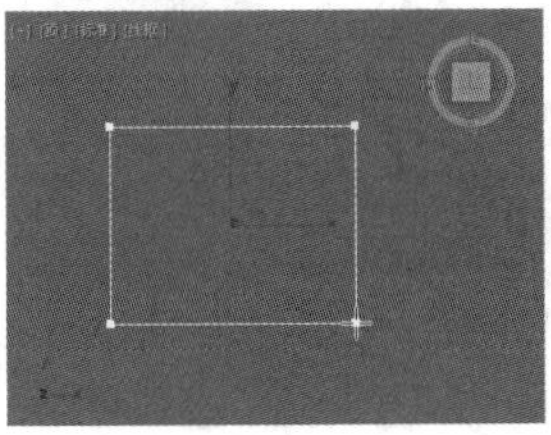

图 4-58

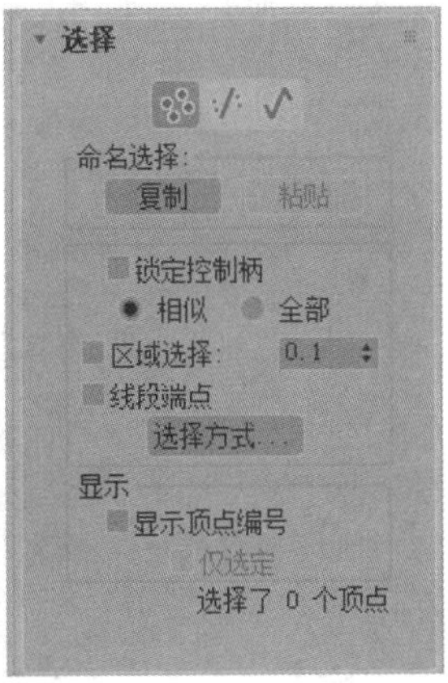

图 4-59

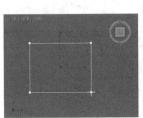

选择需要调节的顶点，然后单击鼠标右键，在弹出的菜单中可以观察到除了“角点”命令以外，还有另外 3 个命令，分别是“Bezier 角点”、Bezier 和“平滑”，如图 4-60 所示。

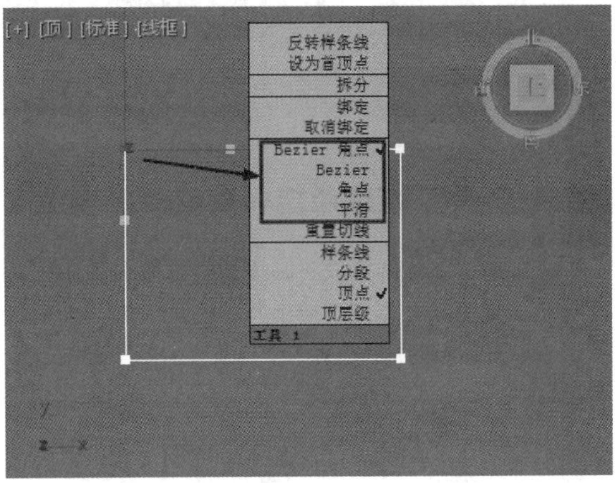

图 4-60

平滑：如果选择该选项，则选择的顶点会自动变得平滑，但是角点的形状无法再被调节，如图 4-61 所示。

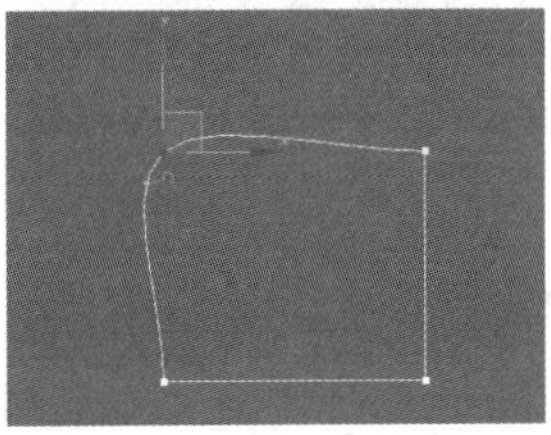

图 4-61

Bezier 角点：如果选择该选项，则原始角点的形状保持不变，但会出现控制柄（两条滑竿）和两个可供调节方向的锚点，如图 4-62 所示。可以用“选择并移动”工具、“选择并旋转”工具、“选择并均匀缩放”工具等对这两个锚点进行移动、旋转和缩放等操作，从而改变角点的形状，如图 4-63 所示。

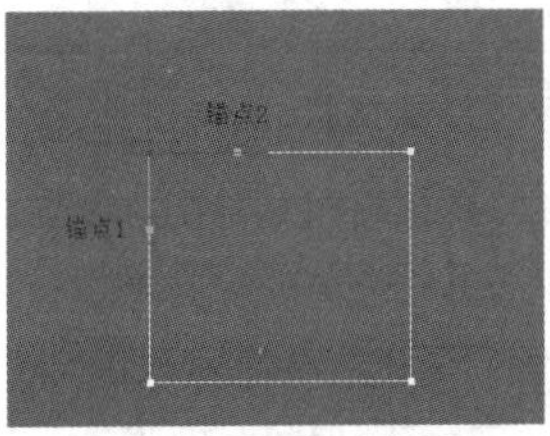

图 4-62

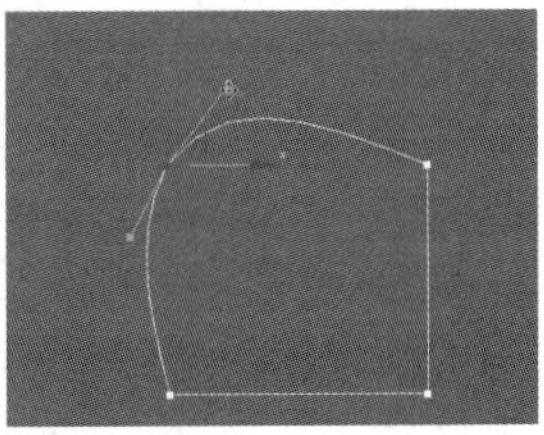

图 4-63

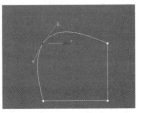

Bezier：如果选择该选项，则会改变原始角点的形状，同时也会出现控制柄和两个可供调节方向的锚点，如图 4-64 所示。同样，可以用“选择并移动”工具、“选择并旋转”工具、“选择并均匀缩放”工具等对这两个锚点进行移动、旋转和缩放等操作，从而改变角点的形状，如图 4-65 所示。

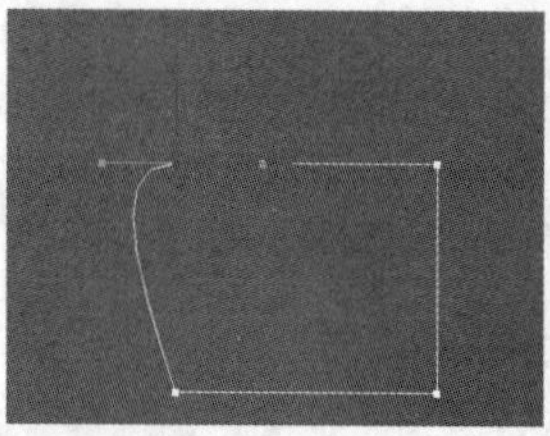

图 4-64

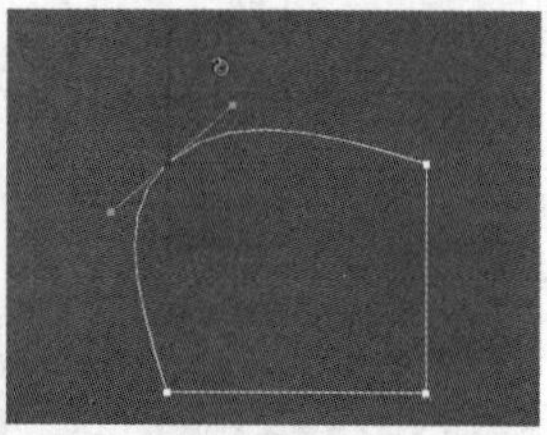

图 4-65

4.4.4 将二维样条线转换成三维模型

将二维样条线转换成三维模型的方法有很多，常用的方法是为模型加载“挤出”“倒角”或“车削”修改器。图 4-66 所示是为一个样条线加载“车削”修改器后得到的三维模型效果。

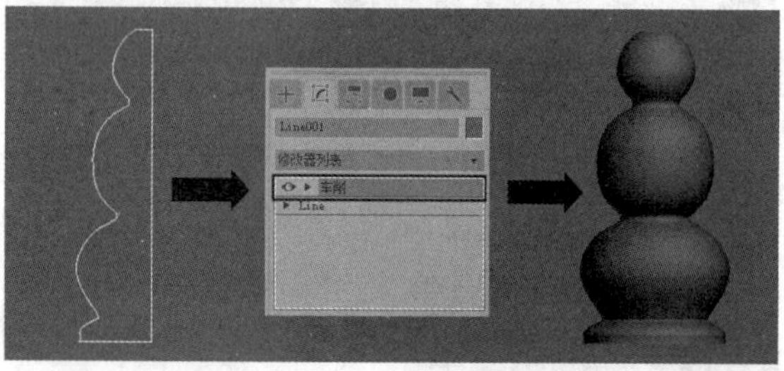

图 4-66

实战：创建高脚酒杯模型	
素材位置	无
实例位置	实例文件 > 第 4 章 > 创建高脚酒杯模型 > 创建高脚酒杯模型 .max
学习目标	学习将二维样条线转换成三维模型的方法

本案例将通过将二维样条线转换成三维模型的方法制作高脚酒杯模型，效果如图 4-67 所示。

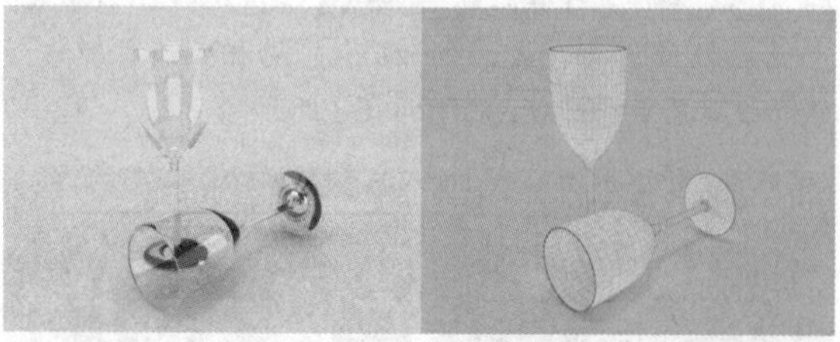

图 4-67

01 使用“线”工具 线 在前视口中创建一个酒杯半边轮廓线图形，如图 4-68 所示。

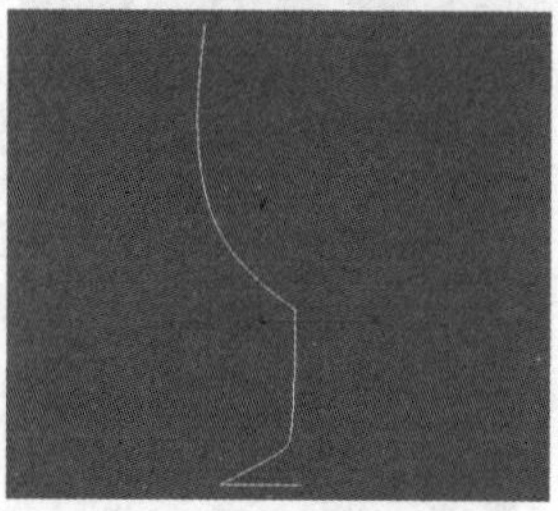

图 4-68

> **技巧与提示**
>
> 在使用“线”工具 线 创建样条线的操作中，指定线的一个顶点后，在不松开鼠标左键的情况拖曳鼠标，可以将顶点转变为“Bezier”角点，从而在绘制线条时使该点处的线段变得平滑。

02 进入“修改”命令面板，在修改器堆栈中展开“Line”选项，选择“样条线”子选项，然后在“几何体”卷展栏中适当调整线的轮廓值，为样条线创建一个轮廓，如图 4-69 所示。

03 在“修改器列表”下拉列表中选择“车削”修改器，然后展开“车削”选项，选择“轴”子选项，如图 4-70 所示。

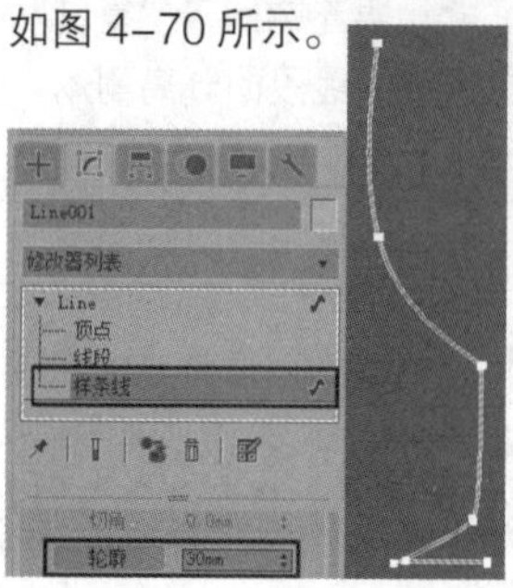

图 4-69

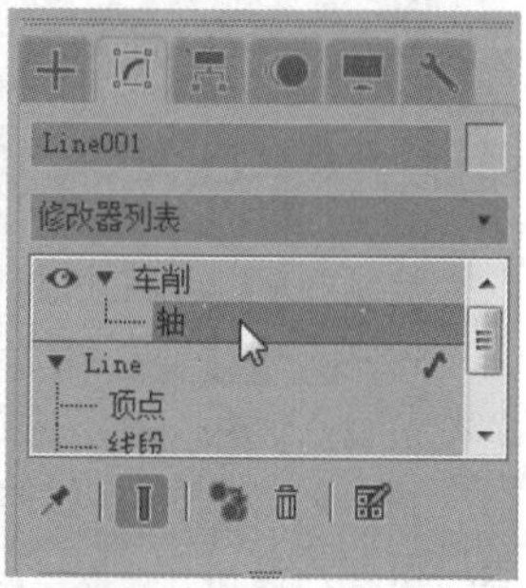

图 4-70

04 在前视口中拖曳“车削”的轴，调整图形，如图 4-71 所示，在透视图中显示的图形效果如图 4-72 所示。

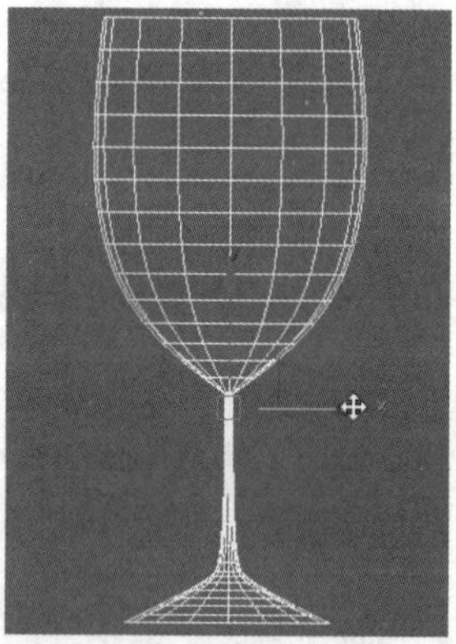

图 4-71

图 4-72

05

第 5 章

修改器建模

要点索引

▼

在 3ds Max 中，修改器是对模型进行编辑，改变其几何形状及属性的工具。修改器对于创建一些特殊形状的模型具有非常强大的作用，当使用多边形建模等建模方法很难满足模型要求时，不妨采用修改器进行建模。

5.1 修改器概述

在建模工作中，修改器通常是建模的辅助工具。修改器既可以对模型进行完善，也可以对模型进行优化（如“优化”修改器和平滑类修改器），还可以对基础模型进行形态塑造（如“弯曲”修改器、“扭曲”修改器和 FFD 修改器）。合理利用修改器，可以大大减少建模的工作量。

5.1.1 修改器堆栈

修改器位于修改器堆栈中，进入“修改”命令面板，可以观察到修改器堆栈中的修改器列表及各个工具，如图 5-1 所示。

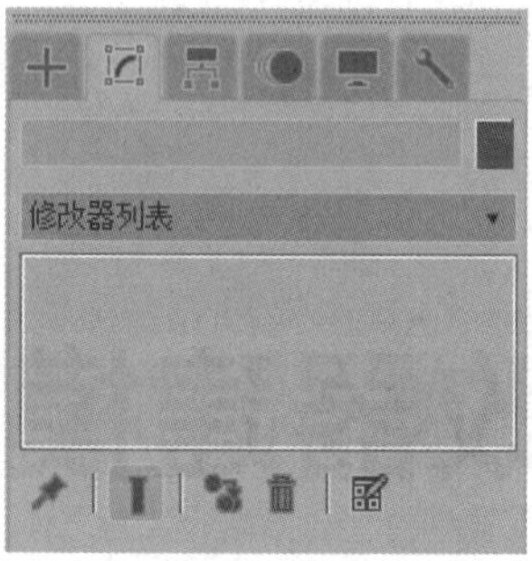

图 5-1

重要参数介绍

锁定堆栈：激活该按钮可以将堆栈和“修改”命令面板的所有控件锁定到选定对象的堆栈中。即使在选择了视图中的另一个对象之后，也可以继续对锁定堆栈的对象进行编辑。

显示最终结果开 / 关切换：激活该按钮后，会在选定的对象上显示整个堆栈的效果。

使唯一：激活该按钮可以将关联的对象修改成独立对象，这样可以对选择集中的对象单独进行操作（只有在场景中有选择集的时候该按钮才可用）。

从堆栈中移除修改器：若堆栈中存在修改器，单击该按钮可以删除当前修改器，并清除由该修改器引发的所有更改。

> ① 技巧与提示
>
> 如果想要删除某个修改器，不可以在选中某个修改器后按 Delete 键，那样删除的将会是对象本身而非单个的修改器。要删除某个修改器，需要先选择该修改器，然后单击“从堆栈中移除修改器”按钮。

配置修改器集：单击该按钮将弹出一个菜单，这个菜单中的命令主要用于配置在“修改”命令面板中怎样显示和选择修改器，如图 5-2 所示。

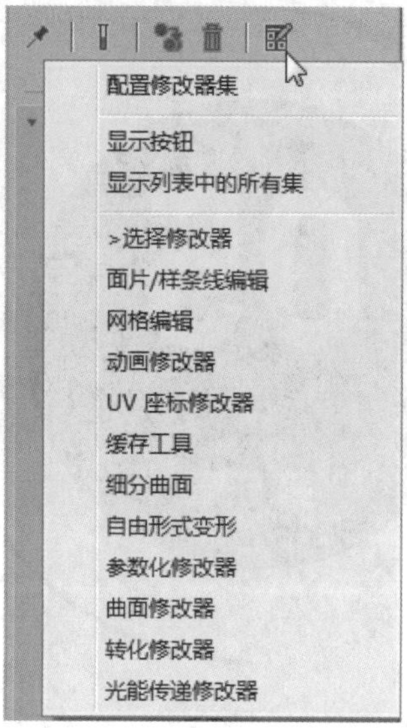

图 5-2

5.1.2 为对象添加修改器

为对象添加修改器的方法很简单。选择一个对象后，切换到“修改”命令面板中，然后单击“修改器列表”下拉列表框，在弹出的修改器列表中可以为对象选择需要的修改器，如图 5-3 所示。

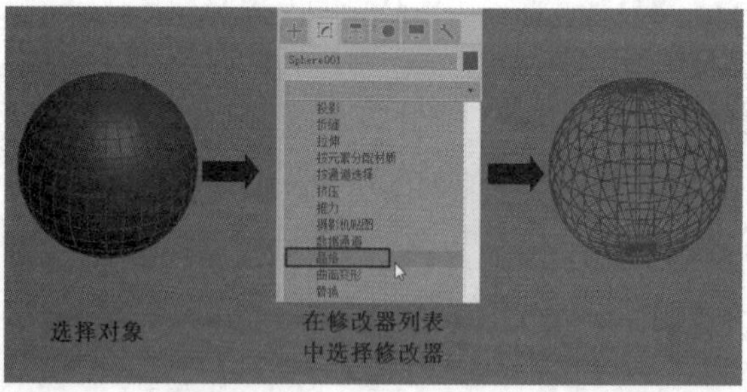

图 5-3

5.1.3 修改器的排序

修改器的排列顺序非常重要，先加入的修改器位于修改器堆栈的下部，后加入的修改器则在修改器堆栈的上部，不同的顺序对同一对象起到的效果是不一样的。

下面以图 5-4 所示的管状体为例介绍修改器的排列顺序对效果的影响，同时介绍如何调整修改器的顺序。

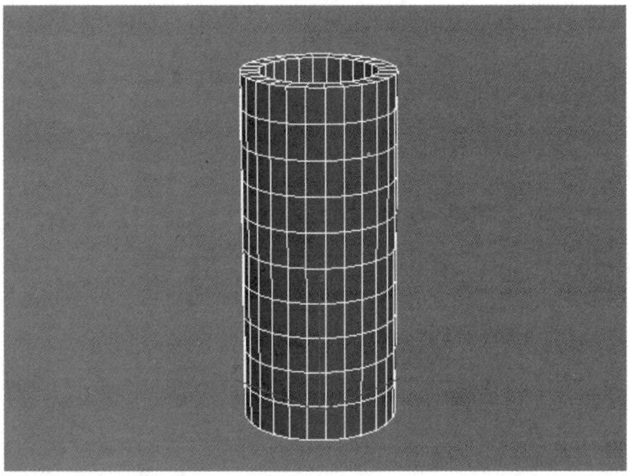

图 5-4

为管状体添加“扭曲”(即 Twist)修改器，然后在“参数”卷展栏下设置扭曲的“角度”为 360°，这时管状体便会产生大幅度的扭曲变形，如图 5-5 所示。继续为管状体添加“弯曲”（即 Bend）修改器，然后在“参数”卷展栏下设置弯曲的“角度”为 90°，这时管状体会发生很自然的弯曲变形，如图 5-6 所示。

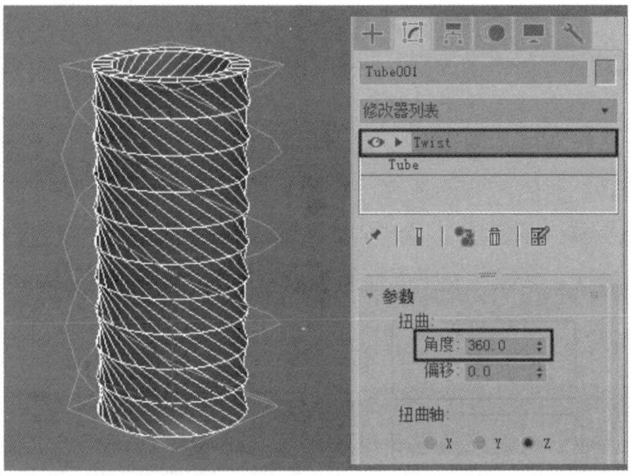

图 5-5

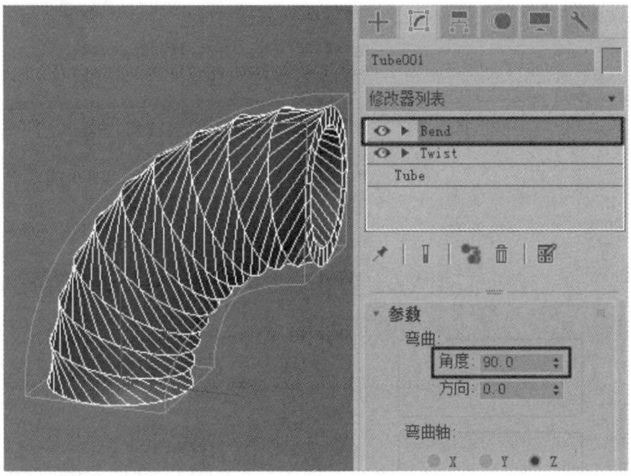

图 5-6

下面调整两个修改器的顺序。长按“弯曲”修改器不放，将其拖曳到“扭曲”修改器的下方，然后松开鼠标左键(拖曳时修改器下方会出现一条蓝色的线)，如图 5-7 所示。调整顺序后可以发现管状体的效果发生了变化，如图 5-8 所示。

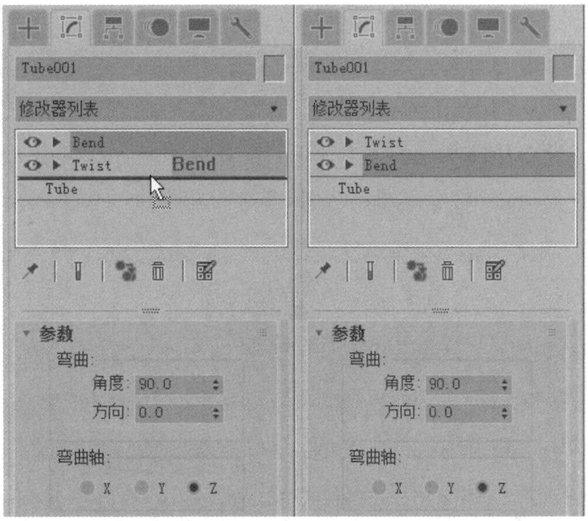

图 5-7

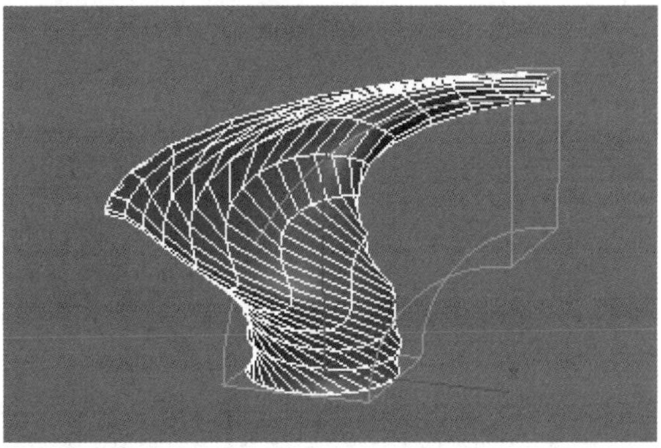

图 5-8

技巧与提示

在修改器堆栈中，如果要同时选择多个修改器，可以先选中一个修改器，然后按住 Ctrl 键单击其他修改器进行加选，按住 Shift 键则可以选中多个连续的修改器。

5.1.4 启用与禁用修改器

在修改器堆栈中可以观察到每个修改器左侧都有个眼睛图标，这个图标表示修改器的启用或禁用状态。当眼睛显示为开启的状态时，代表这个修改器已启用；当眼睛显示为关闭的状态时，代表这个修改器已被禁用。单击这个眼睛图标即可切换启用和禁用状态。

在图 5-9 所示的修改器堆栈中，可以看到为一个圆柱体加载了 3 个修改器，分别是“波浪”（即 Wave）修改器、“扭曲”修改器和“晶格”修改器，并且这 3 个修改器都被启用了。下面以此为例来介绍启用与禁用修改器的影响。

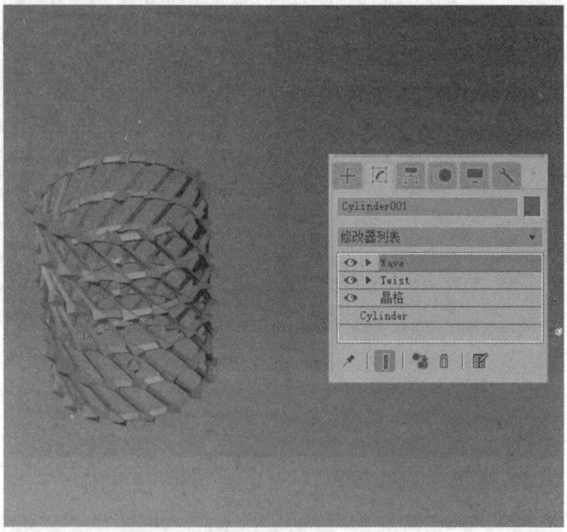

图 5-9

在修改器堆栈中选择圆柱体（即 Cylinder），然后单击“显示最终结果开 / 关切换”按钮将其关闭，场景中的圆柱体便不能显示所用修改器的效果，如图 5-10 所示。再次单击“显示最终结果开 / 关切换”按钮，使其处于激活状态，即可再次显示圆柱体所用修改器的效果。

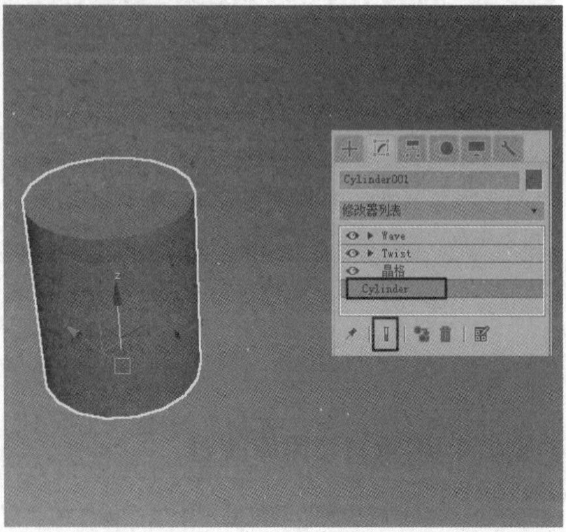

图 5-10

单击要禁用的修改器（如“扭曲”）左侧的眼睛图标，禁用修改器，这时物体的扭曲形状将取消，如图 5-11 所示。

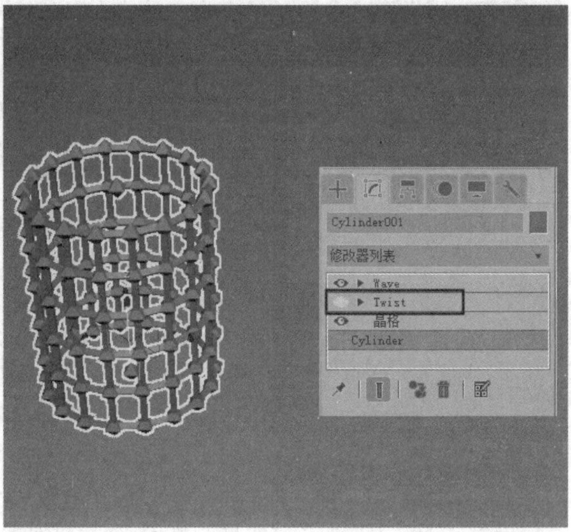

图 5-11

5.1.5 塌陷修改器堆栈

塌陷修改器会将对象转换为可编辑网格，并删除其中所有的修改器，这样可以简化对象，并且还能够节约内存。使用“塌陷到”命令可以塌陷到当前选定的修改器，也就是说删除当前及列表中位于当前修改器下面的所有修改器，保留当前修改器上面的所有修改器；而使用“塌陷全部”命令，会塌陷整个修改器堆栈，删除所有修改器，并使对象变成可编辑网格。

在修改器上单击鼠标右键，在弹出的菜单中可以选择“塌陷到”和“塌陷全部”命令。选择“塌陷到”命令，只对选择的修改器进行塌陷；选择“塌陷全部”命令，将对修改器堆栈中的所有修改器进行塌陷，如图 5-12 所示。

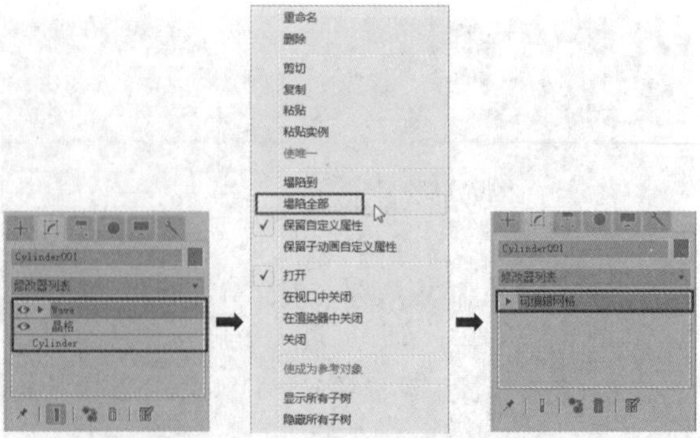

图 5-12

> **技巧与提示**
>
> 对修改器进行塌陷之后就不能再对修改器的参数进行调整，也不能将修改器恢复到基准值。

5.1.6 复制修改器

在 3ds Max 中，用户可以将物体上的修改器复制到其他物体上，复制修改器的方法主要有以下两种。

在修改器上单击鼠标右键，在弹出的菜单中选择“复制”命令，然后选择另一个物体，在修改器堆栈中的原对象名称上单击鼠标右键，在弹出的菜单中选择“粘贴”命令即可，如图 5-13 所示。

直接将修改器堆栈中的修改器拖曳到场景中的某一物体上。

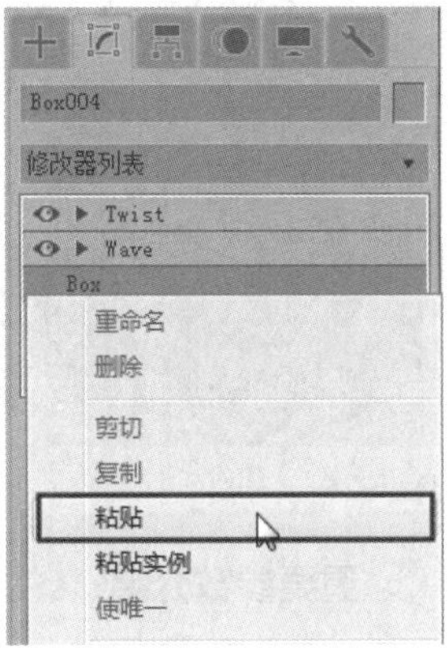

图 5-13

> ① 技巧与提示
>
> 在选中某一修改器后，如果按住 Ctrl 键将其拖曳到其他对象上，可以将这个修改器作为实例粘贴到其他对象上；如果按住 Shift 键将其拖曳到其他对象上，就相当于将源物体上的修改器剪切并粘贴到新对象上。

5.1.7 Gizmo 的作用

许多修改器都有 Gizmo 子选项，它以次物体层级的形式存在于修改器中，通常被称作“变形器”，即通过调整 Gizmo 可以将模型进行变形，以得到一些通过常规方法很难制作出来的效果。例如，在修改器堆栈中展开“波浪”（即 Wave）和“扭曲”（即 Twist）修改器，即可看见其中的 Gizmo 子选项，如图 5-14 所示。

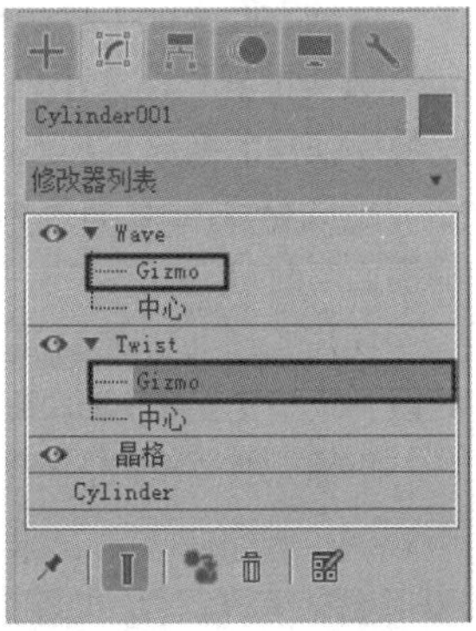

图 5-14

实战：用 Gizmo 制作水滴	
素材位置	无
实例位置	实例文件 > 第 5 章 > 用 Gizmo 制作水滴 > 用 Gizmo 制作水滴 .max
学习目标	学习 Gizmo 的使用方法

本案例将通过 Gizmo 来制作水滴模型，其效果如图 5-15 所示。

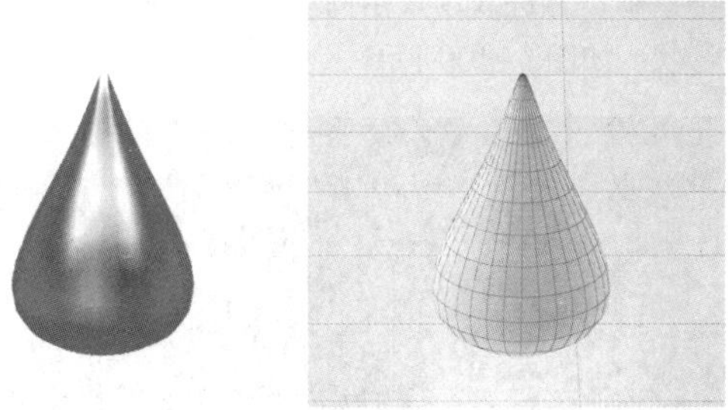

图 5-15

01 使用“球体”工具 球体 在场景中绘制一个球体，如图 5-16 所示。

图 5-16

02 选择创建的球体，然后进入“修改”命令面板，在修改器列表中选择“拉伸”（即 Stertch）修改器，为球体添加“拉伸”修改器，如图 5-17 所示。

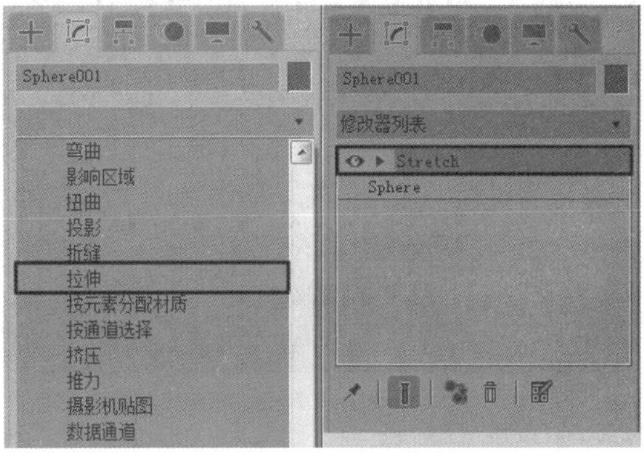

图 5-17

03 在“修改”命令面板中设置“拉伸”值为 2、“放大”值为 0.5、“拉伸轴”为 z 轴，其效果和参数如图 5-18 所示。

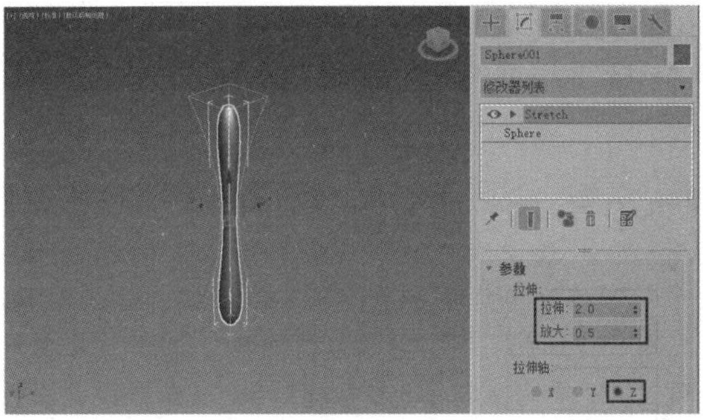

图 5-18

04 在修改器堆栈中单击“拉伸（即 Stertch）”修改器左侧的三角形按钮将其展开，然后选择 Gizmo 子选项，再进入场景中向上拖曳变形器，调整对象的形状，如图 5-19 所示。

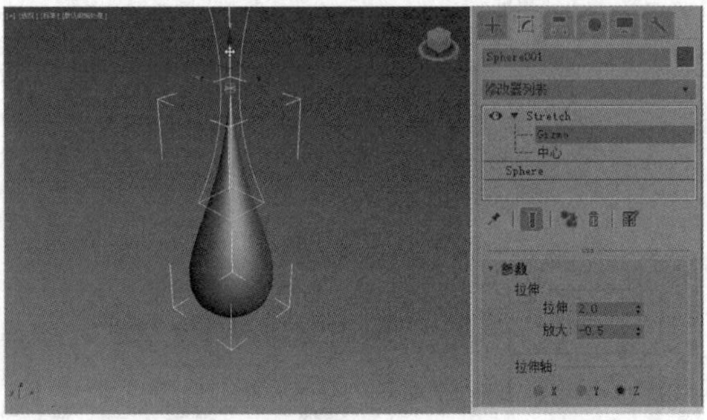

图 5-19

05 在 z 轴上拖曳变形器，可以得到不同形态的水滴效果，如图 5-20 所示。

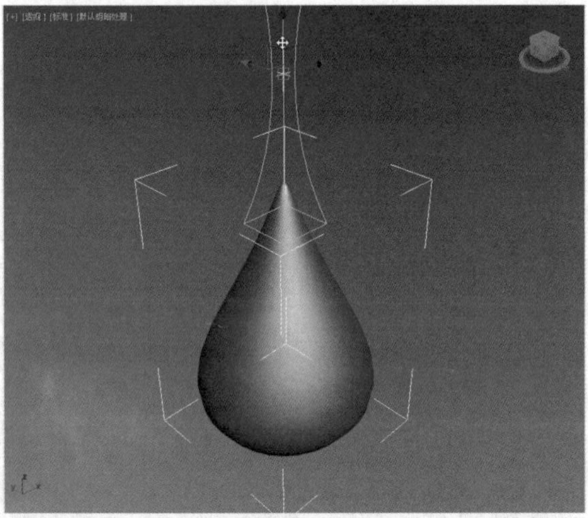

图 5-20

5.2 二维转三维图形类修改器

二维转三维图形类修改器是将二维图形转换为三维模型的修改器，如“挤出”修改器、“车削”修改器、“扫描”修改器、“倒角”修改器等。

5.2.1 挤出修改器

在“修改器列表”的下拉列表中选择“挤出”修改器，如图 5-21 所示，可以将深度添加到二维图形中，并且可以将对象转换成一个参数化对象，其参数设置面板如图 5-22 所示。

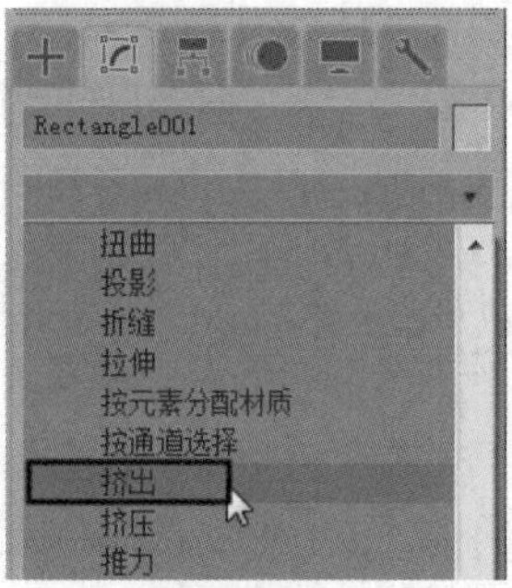

图 5-21

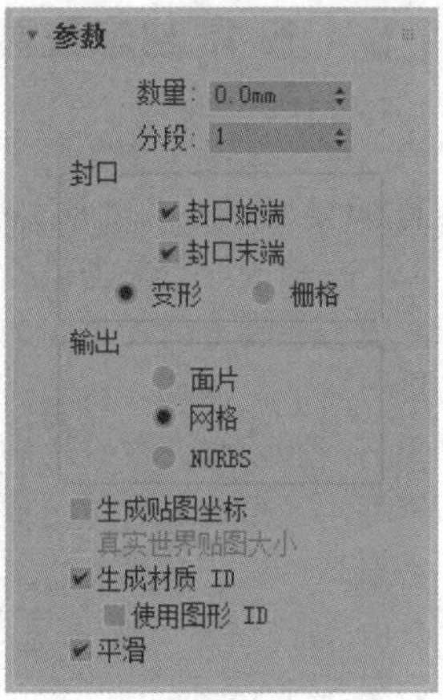

图 5-22

重要参数介绍

数量：设置挤出的深度。

分段：指定要在挤出对象中创建的线段数目。

封口：用来设置挤出对象的封口，共有以下 4 个选项。

封口始端：在挤出对象的初始端生成一个平面。

封口末端：在挤出对象的末端生成一个平面。

变形：以可预测、可重复的方式排列封口面，这是创建变形目标必需的操作。

栅格：在图形边界的方形上修剪栅格中安排的封口面。

输出：指定挤出对象的输出方式，共有以下 3 个选项。

面片：产生一个可以折叠到面片对象中的对象。

网格：产生一个可以折叠到网格对象中的对象。

NURBS：产生一个可以折叠到 NURBS 对象中的对象。

生成贴图坐标：将贴图坐标应用到挤出对象中。

真实世界贴图大小：控制应用于对象的纹理贴图材质所使用的缩放方法。

生成材质 ID：将不同的材质 ID 指定给挤出对象的侧面与封口。

使用图形 ID：将材质 ID 指定给挤出生成的样条线线段，或指定给由 NURBS 挤出生成的曲线子对象。

平滑：将平滑应用于挤出图形。

实战：用挤出修改器制作书本	
素材位置	无
实例位置	实例文件 > 第 5 章 > 用挤出修改器制作书本 > 用挤出修改器制作书本 .max
学习目标	学习挤出修改器的使用方法

本案例将通过“挤出”修改器来制作书本模型，其效果如图 5-23 所示。

图 5-23

01　在“创建”命令面板中单击“图形”按钮，再单击“线”按钮 线 ，如图 5-24 所示，然后参照书本的横截面大小在场景中绘制书本外壳并调整好造型，如图 5-25 所示。

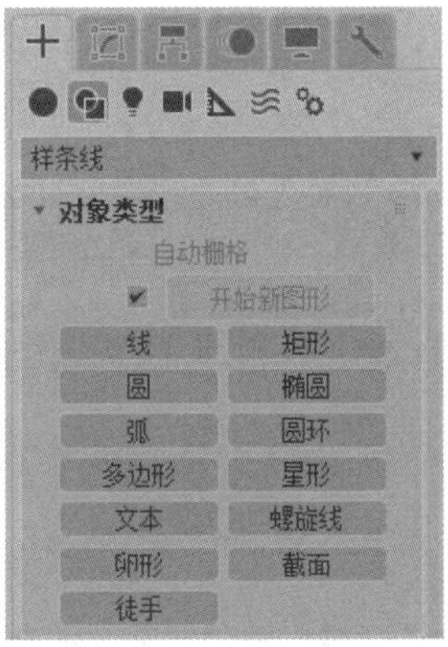

图 5-24

图 5-25

02　选择创建的样条线，进入“修改”命令面板，在修改器堆栈中选择“样条线”层级，如图 5-26 所示。

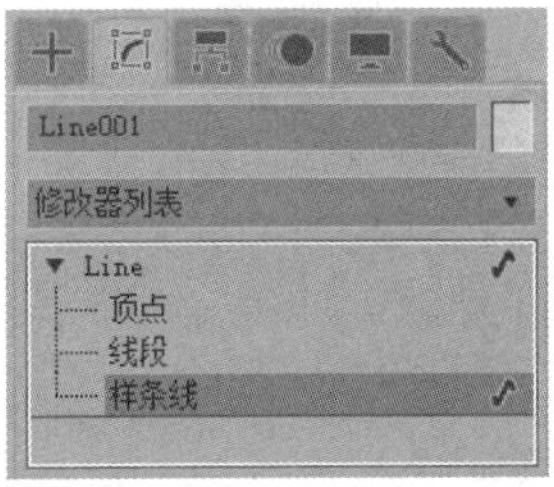

图 5-26

03　在“几何体”卷展栏中适当调整“轮廓”值，如图 5-27 所示，绘制出外壳的厚度，其效果如图 5-28 所示。

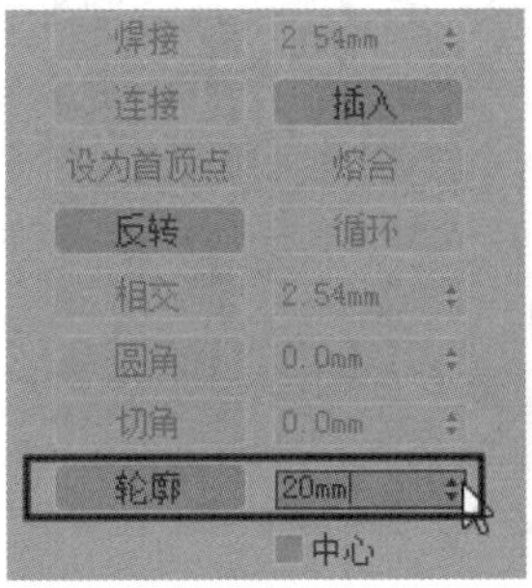

图 5-27

图 5-28

① 技巧与提示

外壳的厚度根据绘制的样条线进行设定，这里可以根据图形的大小适当调整其厚度。

04　选中修改后的样条线，单击“修改器列表”下拉列表框，在弹出的列表中选择“挤出”选项，然后在“参数”卷展栏下设置“数量”为 180mm，如图 5-29 所示。

图 5-29

05　使用“线”工具 线 在外壳内绘制书的横截面，如图 5-30 所示。

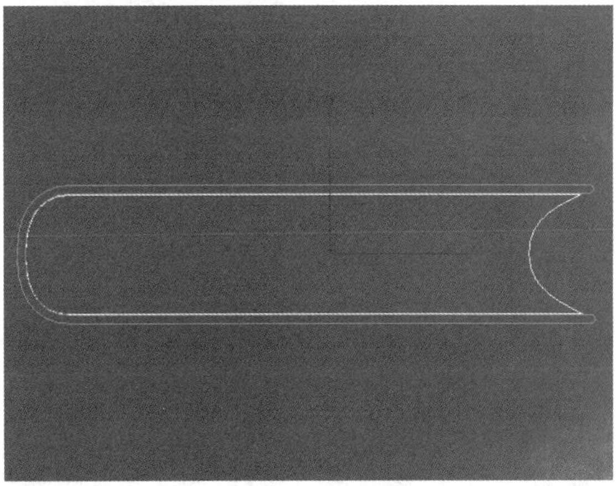

图 5-30

06　选中上一步创建的样条线，然后为其添加“挤出”修改器，并在“参数”卷展栏下设置“数量”为 175mm，如图 5-31 所示。

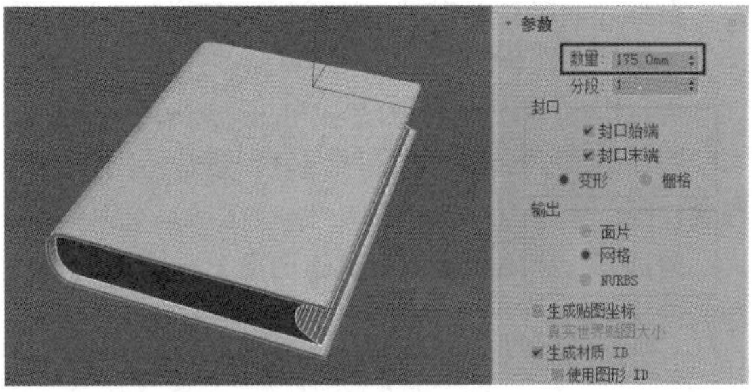

图 5-31

07 适当调整横截面的位置，完成本例的绘制，效果如图 5-32 所示。

图 5-32

5.2.2 车削修改器

在“修改器列表”的下拉列表中选择“车削”修改器，如图 5-33 所示。该修改器可以通过围绕坐标轴旋转一个图形或 NURBS 曲线来生成 3D 对象，其参数设置面板如图 5-34 所示。

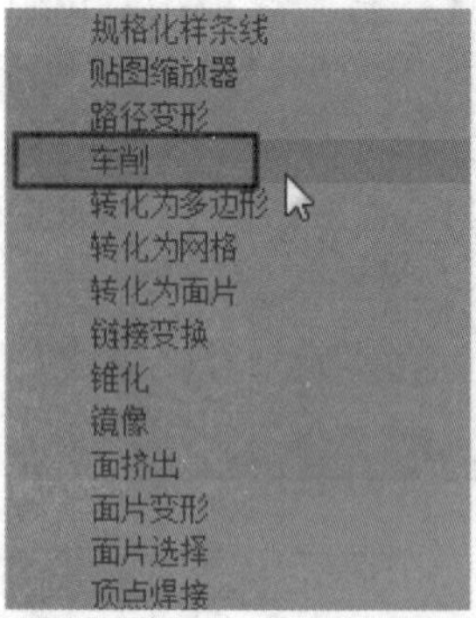

图 5-33

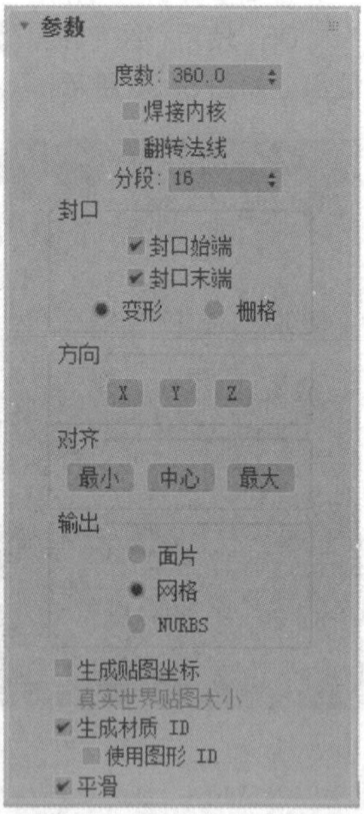

图 5-34

重要参数介绍

度数：设置对象围绕坐标轴旋转的角度，其范围为 0° ~360°，默认值为 360° 。

焊接内核：通过焊接旋转轴中的顶点来简化网格。

翻转法线：使物体的法线翻转，翻转后物体的内部会外翻。

分段：在起始点之间设置在曲面上创建的插补线段的数量。

封口：如果设置的车削对象的“度数”小于 360° ，该选项用来控制是否在车削对象的内部创建封口。

封口始端：车削的起点，用来设置封口的最大程度。

封口末端：车削的终点，用来设置封口的最大程度。

变形：按照创建变形目标所需的可预见且可重复的模式来排列封口面。

栅格：在图形边界的方形上修剪栅格中安排的封口面。

方向：设置轴的旋转方向，共有 x、y 和 z 这 3 个轴可供选择。

对齐：设置对齐的方式，共有“最小”“中心”“最大”3 种方式可供选择。

输出：指定车削对象的输出方式，共有以下 3 种。

面片：产生一个可以折叠到面片对象中的对象。

网格：产生一个可以折叠到网格对象中的对象。

NURBS：产生一个可以折叠到 NURBS 对象中的对象。

实战：用车削修改器制作按钮	
素材位置	无
实例位置	实例文件 > 第 5 章 > 用车削修改器制作按钮 > 用车削修改器制作按钮 .max
学习目标	学习车削修改器的使用方法

本案例将通过“车削”修改器来制作按钮模型，其效果如图 5-35 所示。

图 5-35

01 在前视口中使用“线”工具  在场景中绘制按钮底座的剖面，如图 5-36 所示。

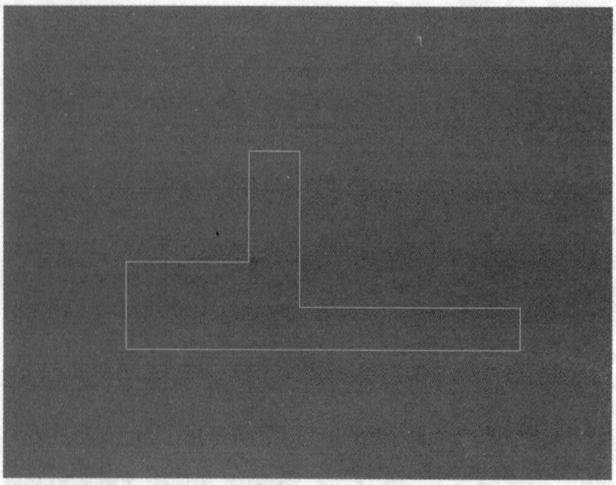

图 5-36

02 选中创建的样条线，然后切换到“修改”命令面板，选择“顶点”层级，如图 5-37 所示。

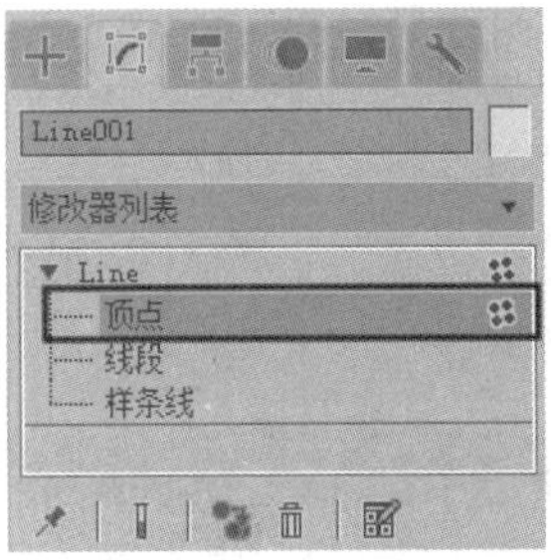

图 5-37

03 参照图 5-38 所示的效果对样条线的形状进行调整。

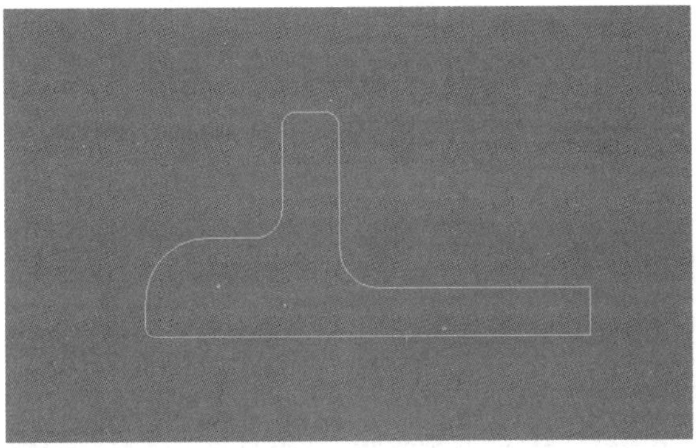

图 5-38

技巧与提示

在修改样条线形状时，可以将顶点转换为“Bezier 角点”，然后进行形状编辑。

04 选中修改后的样条线，进入“修改”命令面板，在“修改器列表”的下拉列表中选择“车削”选项，然后在“参数”卷展栏下选中“焊接内核”复选框，设置“分段”为 36、“方向”为 y 轴、“对齐”为“最大”，如图 5-39 所示。

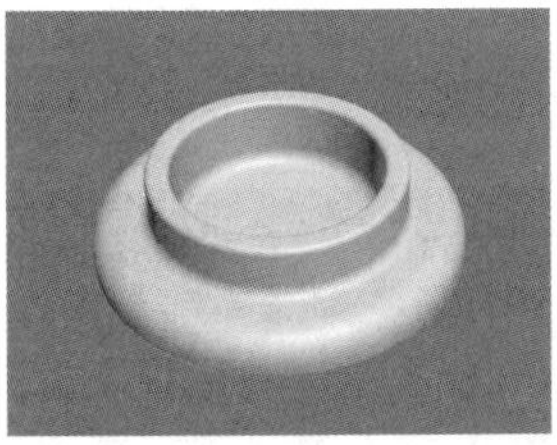

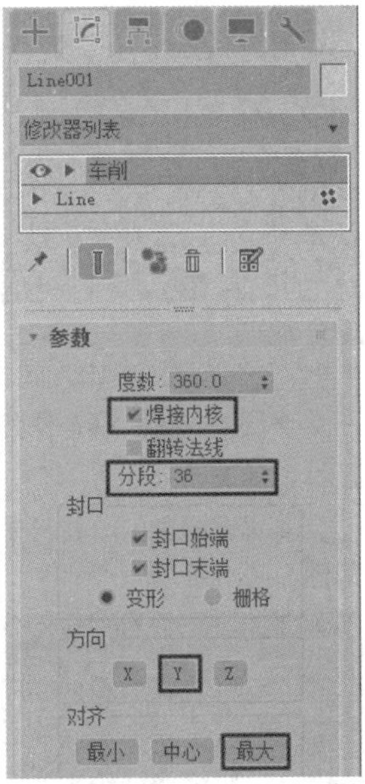

图 5-39

05 使用“线”工具在前视口中绘制按钮上半部分的剖面，如图 5-40 所示。

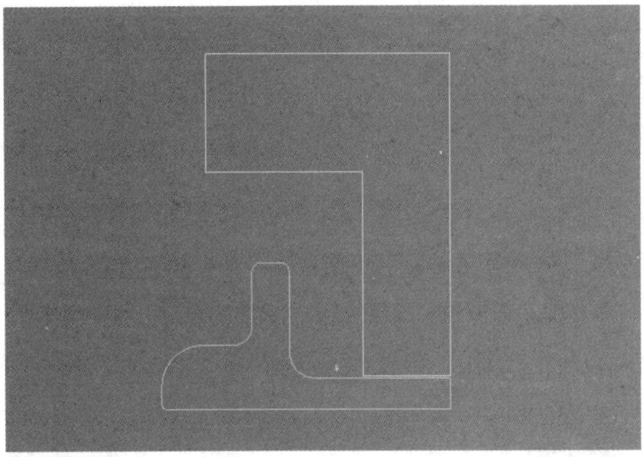

图 5-40

06 选中上一步创建的样条线，切换到“修改”命令面板，选择“顶点”层级，然后调整样条线的形状，如图 5-41 所示。

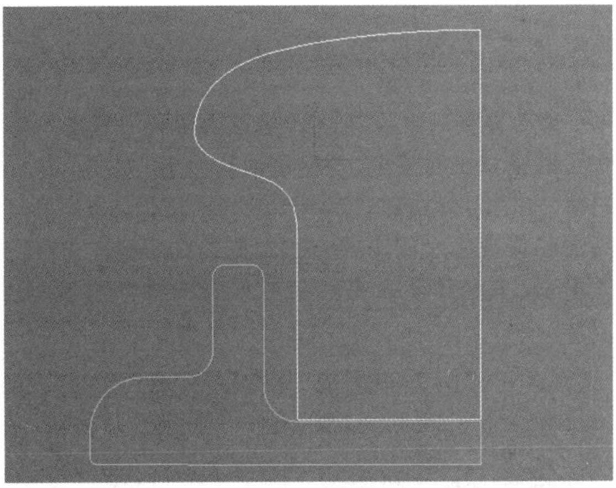

图 5-41

07 选中上一步修改后的样条线，进入“修改”命令面板，在“修改器列表”的下拉列表中选择“车削”选项，然后在“参数”卷展栏下选中“焊接内核”复选框，设置“分段”为 36、“方向”为 y 轴、“对齐”为“最大”，如图 5-42 所示，按钮的最终效果如图 5-43 所示。

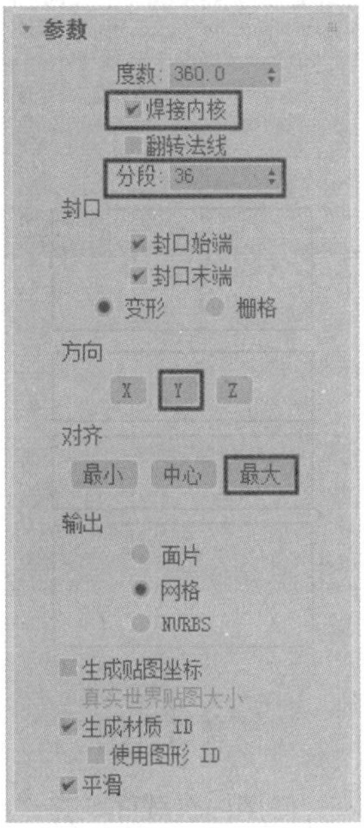

图 5-42

图 5-43

5.2.3 扫描修改器

修改器列表中的“扫描”修改器用于沿着基本样条线路径挤出横截面。该修改器类似于“放样”复合对象，但它可以处理一系列预制的横截面，如角度、通道和宽法兰，也可以用自由绘制的样条线作为自定义截面，其修改器命令和参数设置面板如图 5-44 所示。

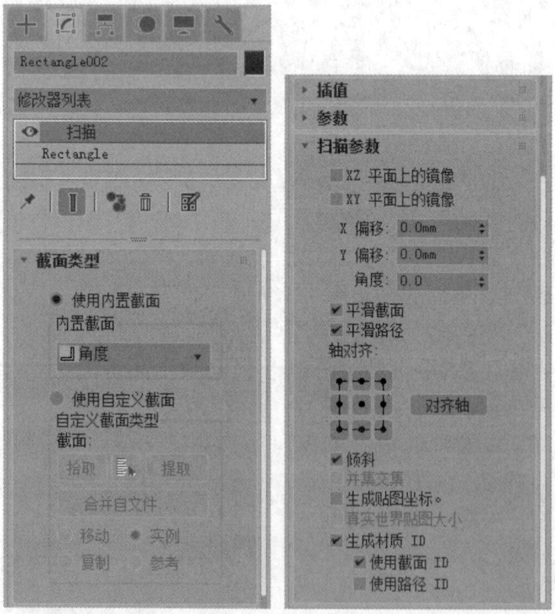

图 5-44

重要参数介绍

使用内置截面：在“内置截面”下拉列表中可以选择一个内置的备用截面，如图 5-45 所示。

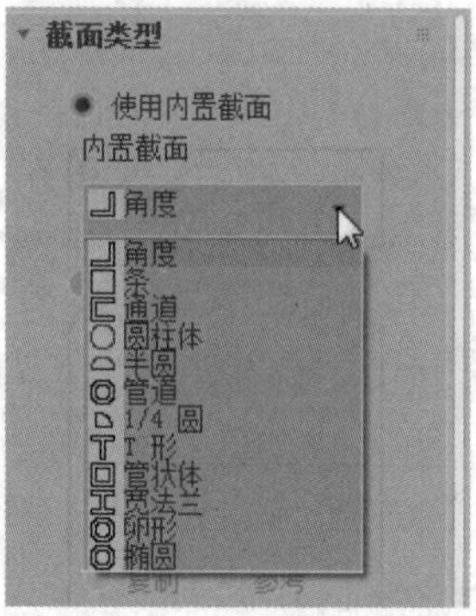

图 5-45

角度 角度：沿着样条线扫描结构角度截面，如图 5-46 所示，默认的“内置截面”为“角度”。

条 条：沿着样条线扫描二维矩形截面，如图 5-47 所示。

图 5-46

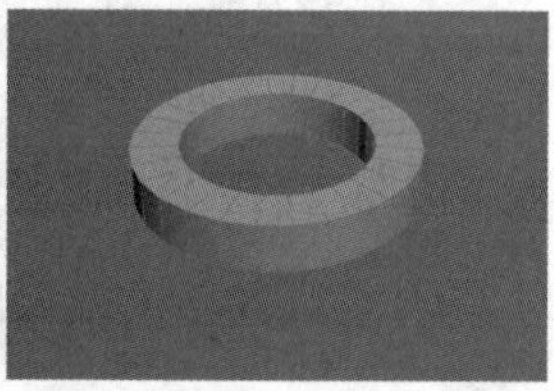

图 5-47

通道 通道：沿着样条线扫描结构通道截面，如图 5-48 所示。

圆柱体 圆柱体：沿着样条线扫描实心二维圆截面，如图 5-49 所示。

图 5-48

图 5-49

半圆 半圆：沿着样条线扫描该截面生成一个半圆挤出，如图 5-50 所示。

管道 管道：沿着样条线扫描圆形空心管道截面，如图 5-51 所示。

图 5-50

图 5-51

1/4 圆 1/4：用于建模细节，沿着样条线扫描该截面生成一个 1/4 圆形挤出，如图 5-52 所示。

T 形 T 形：沿着样条线扫描结构的 T 形截面，如图 5-53 所示。

图 5-52

图 5-53

管状体 管状体：根据方形，沿着样条线扫描空心管道截面，其与管道截面类似，如图 5-54 所示。

宽法兰 宽法兰：沿着样条线扫描结构宽法兰截面，如图 5-55 所示。

图 5-54

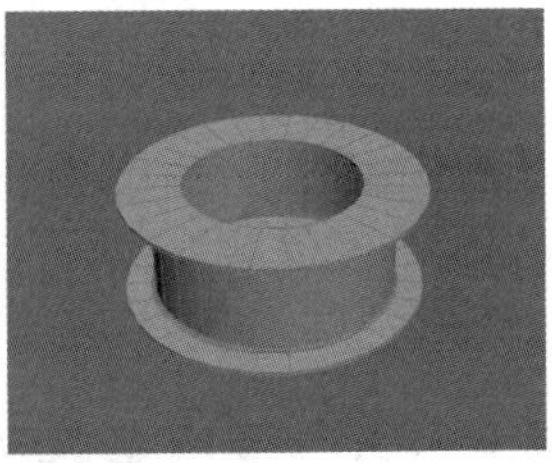

图 5-55

卵形 卵形：沿样条线扫描出卵形管道，如图5-56所示。

椭圆 椭圆：沿样条线扫描出椭圆形管道，如图 5-57 所示。

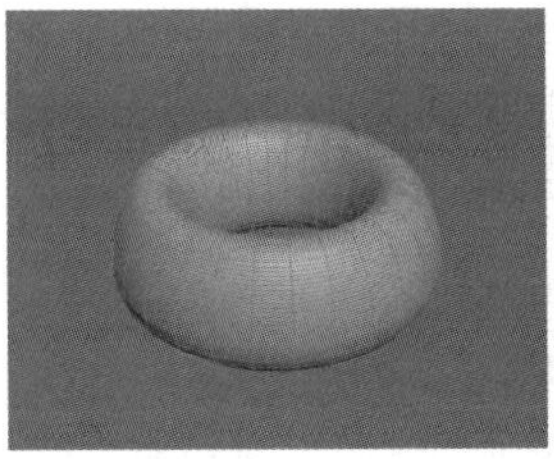

图 5-56

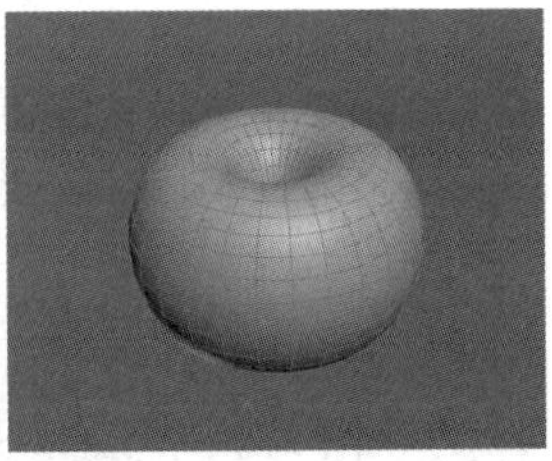

图 5-57

使用自定义截面：如果已经创建了自定义的截面，或者当前场景中含有另一个形状，那么可以选择该选项。

截面：显示所选择的自定义图形的名称，该区域默认为空白，直到选择了自定义图形。

拾取 拾取：如果想要使用的自定义图形在视口中可见，那么可以单击"拾取"按钮 拾取，然后直接从场景中拾取图形。

提取 提取：单击该按钮将打开"提取图形"对话框，可以在场景中创建一个新图形，这个新图形可以是副本、实例或当前自定义截面的参考。

拾取图形：单击该按钮可按名称选择自定义图形，此对话框仅显示位于当前场景中的有效图形，其控件类似于"场景资源管理器"控件。

合并自文件 合并自文件：用于选择储存在另一个 MAX 文件中的截面，单击该按钮将打开"合并文件"对话框。

移动：沿着指定的样条线扫描自定义截面。与"实例""复制""参考"开关不同，选择"移动"选项时，选中的截面会向样条线移动。在视口中编辑原始图形不影响"扫描"网格。

复制：沿着指定样条线扫描选中截面的副本。

实例：沿着指定样条线扫描选定截面的实例。

参考：沿着指定样条线扫描选中截面的参考。

XZ 平面上的镜像：启用该选项后，截面相对于应用"扫描"修改器的样条线垂直翻转。默认设置为禁用状态。

XY 平面上的镜像：启用该选项后，截面相对于应用"扫描"修改器的样条线水平翻转。默认设置为禁用状态。

X 偏移：相对于基本样条线移动截面的水平位置。

Y 偏移：相对于基本样条线移动截面的垂直位置。

角度：相对于基本样条线所在的平面旋转截面。

平滑截面：提供平滑曲面，该曲面环绕着沿基本样条线扫描的截面的周界。默认设置为启用状态。

平滑路径：沿着基本样条线的长度提供平滑曲面。这类平滑对曲线路径十分有用。默认设置为禁用状态。

轴对齐：帮助用户将截面与基本样条线路径对齐的二维栅格。选择 9 个按钮之一来围绕样条线路径移动截面的轴。

对齐轴 对齐轴：启用该选项后，"轴对齐"栅格在视口中以三维外观显示，此时只能看到 3 x 3 的对齐栅格、截面和基本样条线路径。实现满意的对齐后，就可以关闭"对齐轴"按钮 对齐轴 或右键单击以查看扫描。

倾斜：启用该选项后，只要路径弯曲并改变其局部 z 轴的高度，截面便围绕样条线路径旋转。如果样条线路径是二维的，则忽略倾斜。如果禁用，则图形在穿越三维路径时不会围绕其 z 轴旋转。默认设置为启用状态。

5.2.4 倒角修改器

"倒角"修改器可以将图形挤出为三维对象，并在边缘应用平滑的倒角效果，如图 5-58 所示。其参数设置面板包含"参数"和"倒角值"卷展栏，如图 5-59 所示。

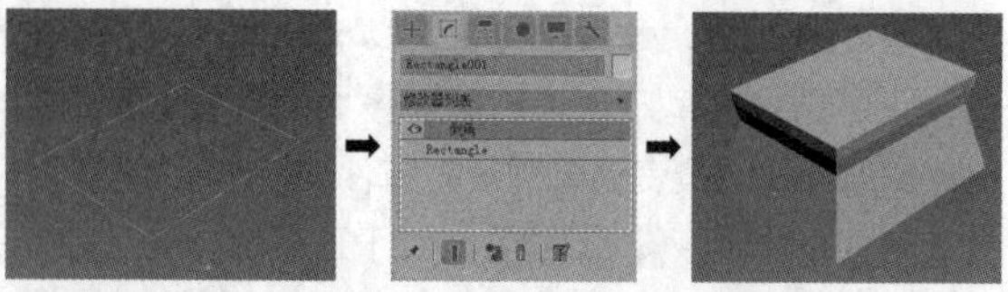

图 5-58

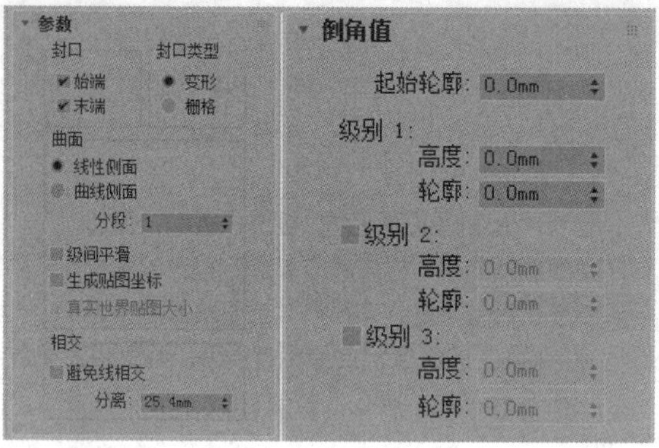

图 5-59

重要参数介绍

封口：指定倒角对象是否要在一端封闭开口。

始端：用对象的最低局部 z 值（底部）对末端进行封口。

末端：用对象的最高局部 z 值（底部）对末端进行封口。

封口类型：用于指定封口的类型。

变形：创建合适的变形封口曲面。

栅格：在栅格图案中创建封口曲面。

曲面：控制曲面的侧面曲率、平滑度和贴图。

线性侧面：选择该选项后，级别之间会沿着一条直线进行分段插补。

曲线侧面：选择该选项后，级别之间会沿着一条 Bezier 曲线进行分段插补。

分段：设置在每个级别之间中级分段的数量。

级间平滑：控制是否将平滑效果应用于倒角对象的侧面。

生成贴图坐标：将贴图坐标应用于倒角对象。

真实世界贴图大小：控制应用于对象的纹理贴图材质所使用的缩放方法。

相交：防止重叠的相邻边产生锐角。

避免线相交：防止轮廓彼此相交。

分离：设置边与边之间的距离。

起始轮廓：设置轮廓到原始图形的偏移距离，正值会使轮廓变大，负值会使轮廓变小。

级别 1：包含以下两个选项。

高度：设置“级别 1”在起始级别之上的距离。

轮廓：设置“级别 1”的轮廓到起始轮廓的偏移距离。

级别 2：在“级别 1”之后添加一个级别。

高度：设置“级别 1”之上的距离。

轮廓：设置“级别 2”的轮廓到“级别 1”轮廓的偏移距离。

级别 3：在前一级别之后添加一个级别，如果未启用“级别 2”，“级别 3”会添加在“级别 1”之后。

高度：设置到前一级别之上的距离。

轮廓：设置“级别 3”的轮廓到前一级别轮廓的偏移距离。

5.3 编辑三维图形类修改器

编辑三维图形类修改器是对三维模型进行造型变换的修改器，常见的包括 FFD 修改器、“弯曲”修改器、“扭曲”修改器和“噪波”修改器等。

5.3.1 FFD 修改器

FFD 是“自由变形”的意思，FFD 修改器即“自由变形”修改器。FFD 修改器包含 5 种类型，分别为 FFD 2×2×2 修改器、FFD 3×3×3 修改器、FFD 4×4×4 修改器、FFD（长方体）修改器和 FFD（圆柱体）修改器，如图 5-60 所示。这种修改器使用晶格框围住选中的几何体，然后通过调整晶格的控制点来改变闭合几何体的形状，如图 5-61 所示。

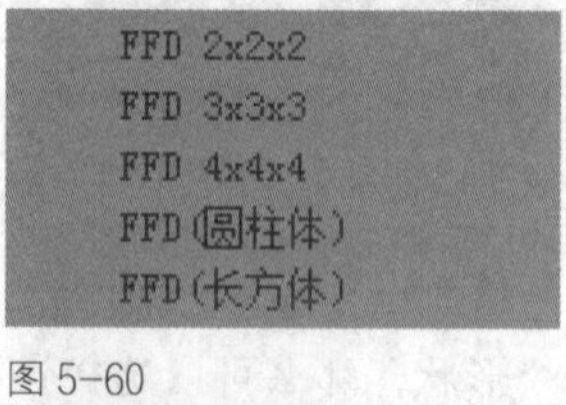

图 5-60

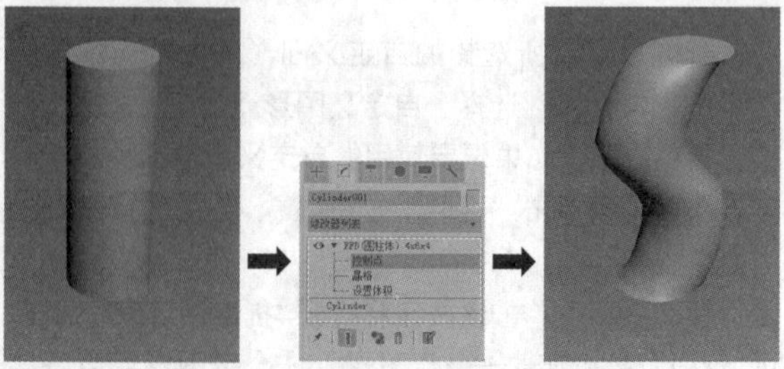

图 5-61

各种类型的 FFD 修改器的使用方法基本相同，因此这里选择 FFD（长方体）修改器来进行讲解，其参数设置面板如图 5-62 所示。

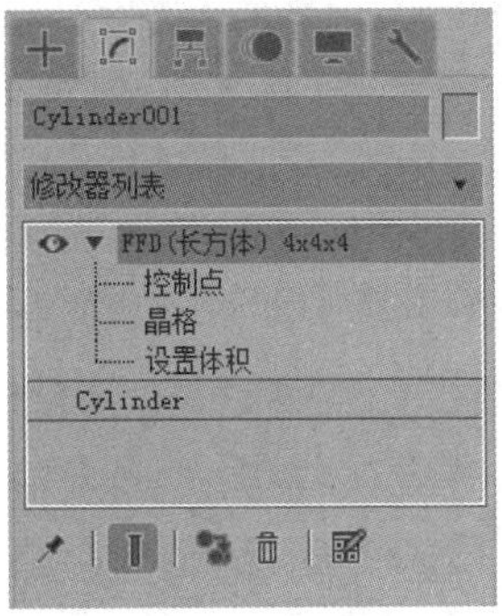

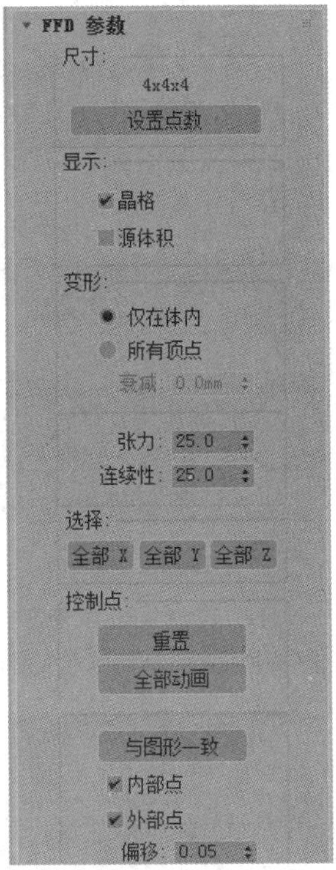

图 5-62

重要参数介绍

尺寸：显示晶格中当前控制点的数目，如 4×4×4、2×2×2 等。

设置点数：单击该按钮可以打开“设置 FFD 尺寸”对话框，在该对话框中可以设置晶格中所需控制点的数目，如图 5-63 所示。

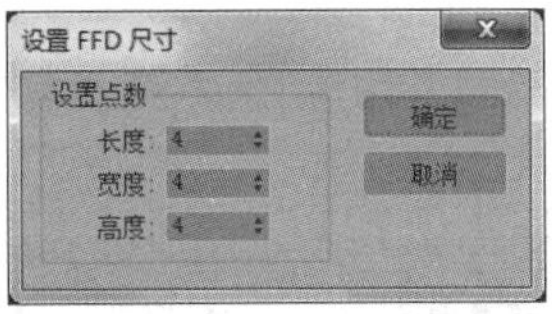

图 5-63

晶格：控制是否使连接控制点的线条形成栅格。

源体积：启用该选项可以将控制点和晶格以未修改的状态显示出来。

仅在体内：只有位于源体积内的顶点才会变形。

所有顶点：所有顶点都会变形。

衰减：决定 FFD 的效果减为 0 时离晶格的距离。

张力 / 连续性：调整变形样条线的张力和连续性。虽然无法看到 FFD 中的样条线，但晶格和控制点代表着控制样条线的结构。

全部 X / 全部 Y / 全部 Z：用于选中由这些轴指定的局部维度的所有控制点。

重置：单击该按钮可将所有控制点恢复到原始位置。

全部动画：单击该按钮可以将控制器指定给所有的控制点，使它们在轨迹视图中可见。

与图形一致：在对象中心控制点位置之间沿直线方向来延长线条，可以将每一个 FFD 控制点移到修改对象的交叉点上。

内部点：仅控制受“与图形一致”影响的对象内部的点。

外部点：仅控制受“与图形一致”影响的对象外部的点。

偏移：设置控制点偏移对象曲面的距离。

实战：用 FFD 修改器制作靠枕	
素材位置	无
实例位置	实例文件 > 第 5 章 > 用 FFD 修改器制作靠枕 > 用 FFD 修改器制作靠枕 .max
学习目标	学习 FFD 修改器的使用方法

本案例将通过 FFD 修改器来制作靠枕模型，其效果如图 5-64 所示。

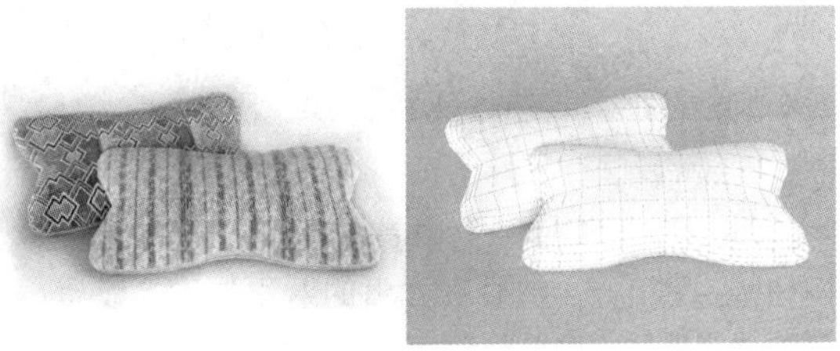

图 5-64

01 在“几何体”创建面板中选择“扩展基本体”类型，然后单击“切角长方体”按钮，如图 5-65 所示。

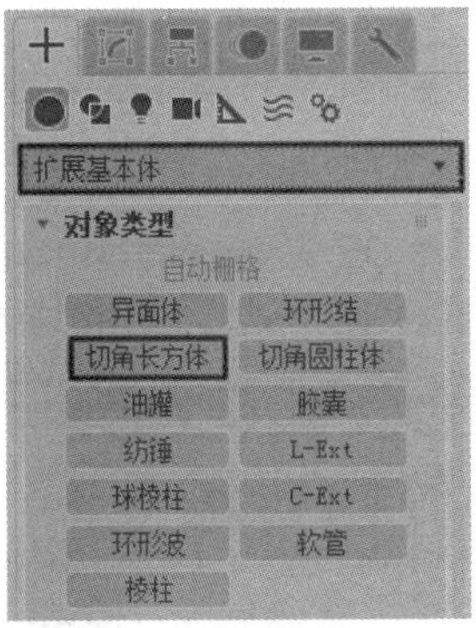

图 5-65

02 使用“切角长方体”工具在场景中创建一个切角长方体模型，然后设置“长度”为 600mm、“宽度”为 100mm、“高度”为 300mm、“圆角”为 30mm、“长度分段”为 12、“宽度分段”为 2、“高度分段”为 6、“圆角分段”为 3，如图 5-66 所示。

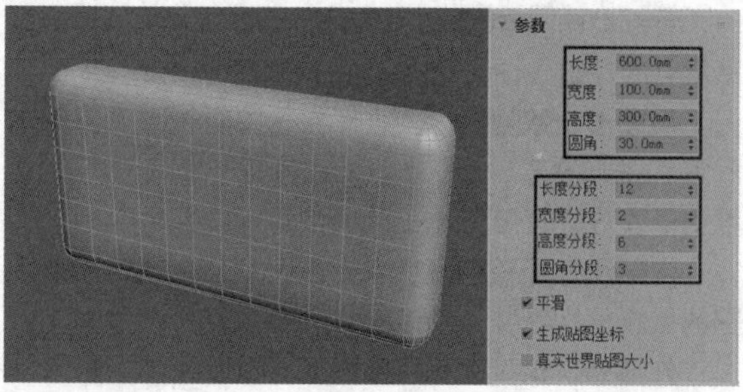

图 5-66

03 选中创建的切角长方体，为其添加 FFD（长方体）修改器，默认情况下是 4×4×4 的控制点，如图 5-67 所示。

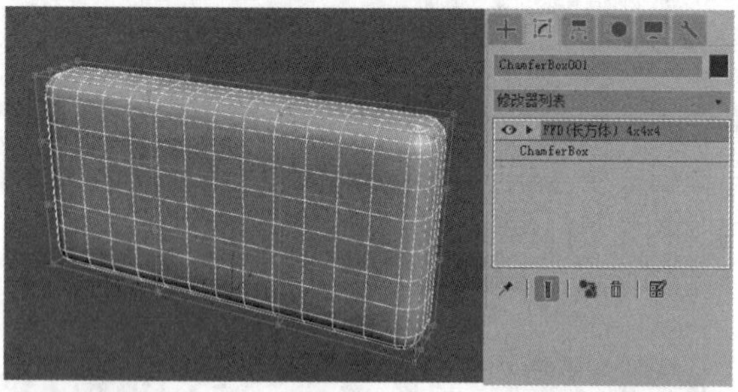

图 5-67

04 在“FFD 参数”卷展栏中，单击“设置点数”按钮 设置点数 ，然后在弹出的对话框中，设置“长度”“宽度”“高度”都为 5，如图 5-68 所示。

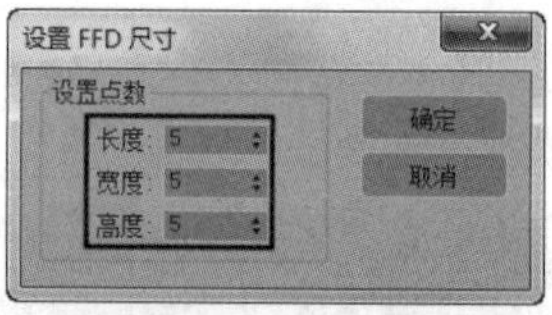

图 5-68

05 在修改器堆栈中单击修改器前的三角形符号▶，在展开的子选项中选中“控制点”层级，如图 5-69 所示。

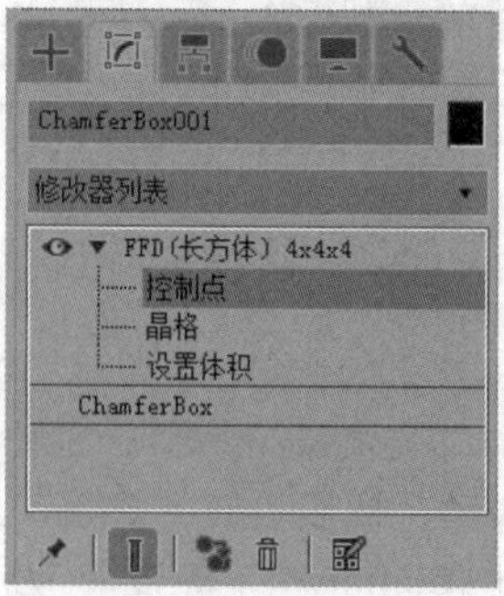

图 5-69

06 在前视口中使用主工具栏中的“选择并均匀缩放”工具选中控制点并调整靠枕的形状，其效果如图 5-70 所示。

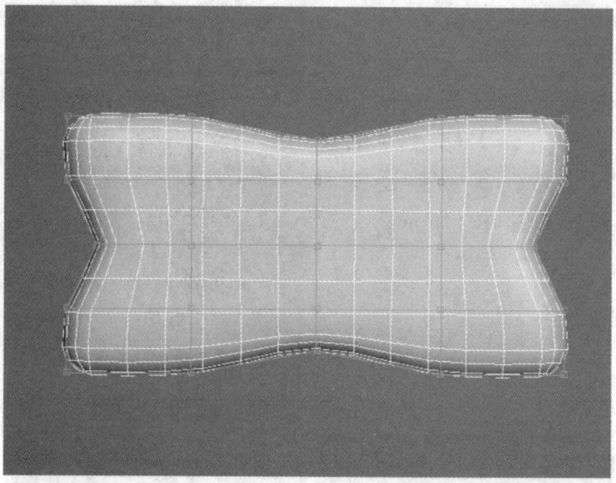

图 5-70

07 在左视口中使用“选择并均匀缩放”工具选中控制点并调整靠枕的形状，其效果如图 5-71 所示。

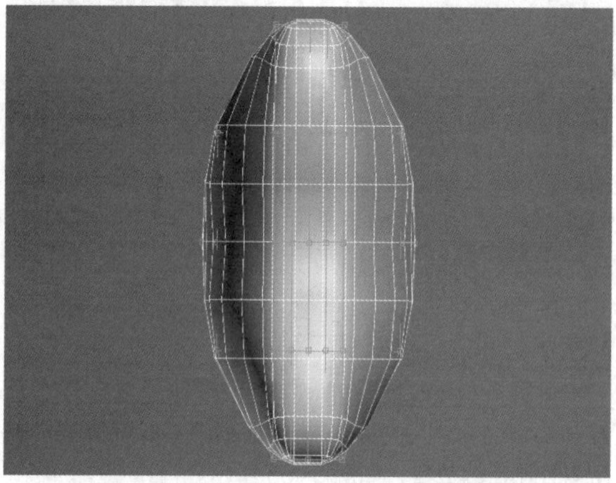

图 5-71

08 在顶视口中使用“选择并均匀缩放”工具选中控制点并调整靠枕的形状，其效果如图 5-72 所示。

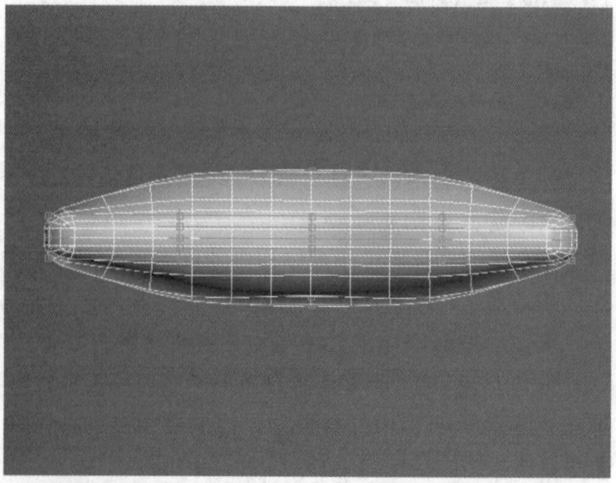

图 5-72

09 对靠枕的造型进行精细调整，最终的透视效果如图 5-73 所示。

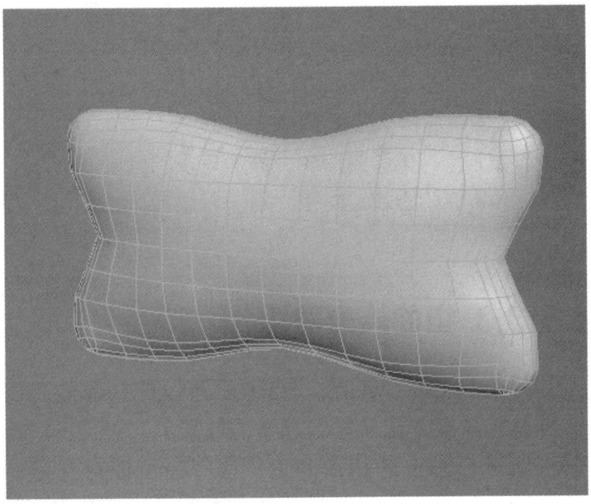

图 5-73

5.3.2 弯曲修改器

“弯曲（即 Bend）”修改器可以在任意 3 个轴上控制几何体弯曲的角度和方向，也可以对几何体的一段限制弯曲效果，其参数设置面板如图 5-74 所示。

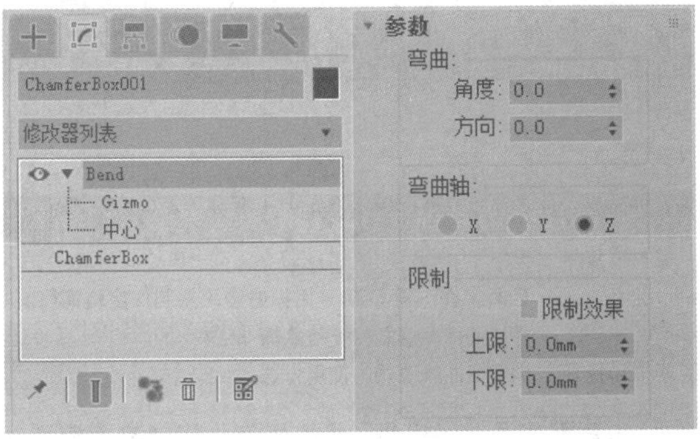

图 5-74

重要参数介绍

角度：从顶点平面设置要弯曲的角度，范围为 -999999~999999。

方向：设置相对于水平面的弯曲方向，范围为 -999999~999999。

X/Y/Z：指定要弯曲的轴，默认轴为 z 轴。

限制效果：将限制约束应用于弯曲效果。

上限：以世界单位设置上部边界，该边界位于弯曲中心点的上方，超出该边界后弯曲不再影响几何体，其范围为 0~999999。

下限：以世界单位设置下部边界，该边界位于弯曲中心点的下方，超出该边界后弯曲不再影响几何体，其范围为 -999999~0。

实战：用弯曲修改器制作手镯	
素材位置	无
实例位置	实例文件 > 第 5 章 > 用弯曲修改器制作手镯 > 用弯曲修改器制作手镯 .max
学习目标	学习弯曲修改器的使用方法

本案例将通过“弯曲（即 Bend）”修改器来制作手镯模型，其效果如图 5-75 所示。

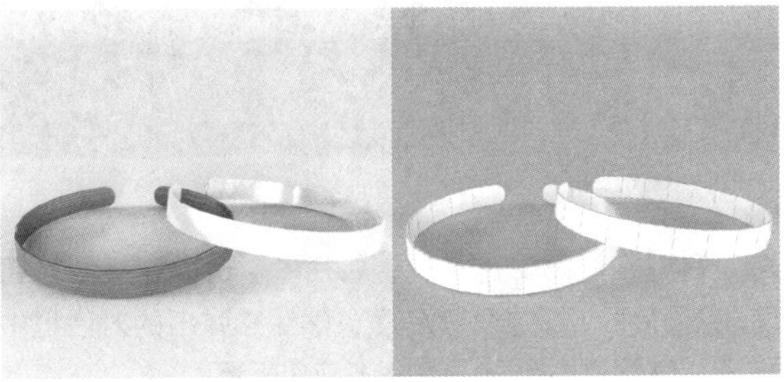

图 5-75

01 使用“图形”创建面板中的“矩形”工具 矩形 在顶视口中绘制一个矩形，设置“长度”为 10mm、“宽度”为 260mm、“角半径”为 4mm，如图 5-76 所示。

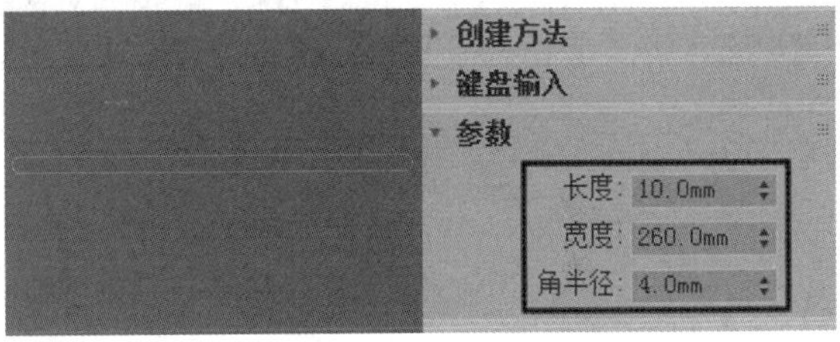

图 5-76

02 选中创建的矩形，然后为其添加“挤出”修改器，设置挤出“数量”为 1mm，如图 5-77 所示。

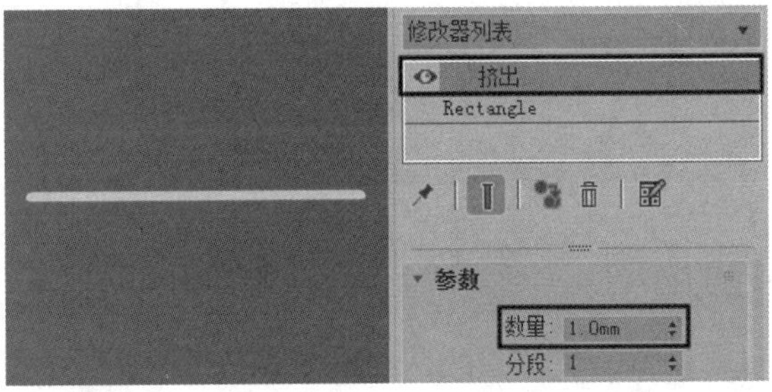

图 5-77

03 选中挤出的矩形模型，为其添加“编辑多边形”修改器，然后选择“边”层级，再参照图 5-78 所示的效果选择上下两条边。

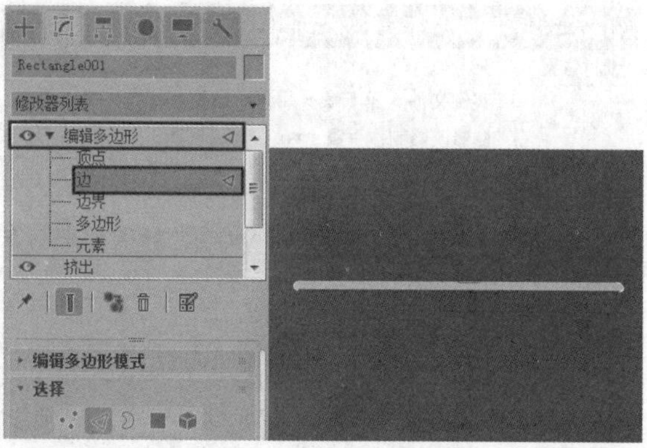

图 5-78

04 在“编辑边界”卷展栏中单击“连接”按钮 连接 后的“设置”按钮，然后在弹出的对话框中设置“连接边”为 20，如图 5-79 所示。

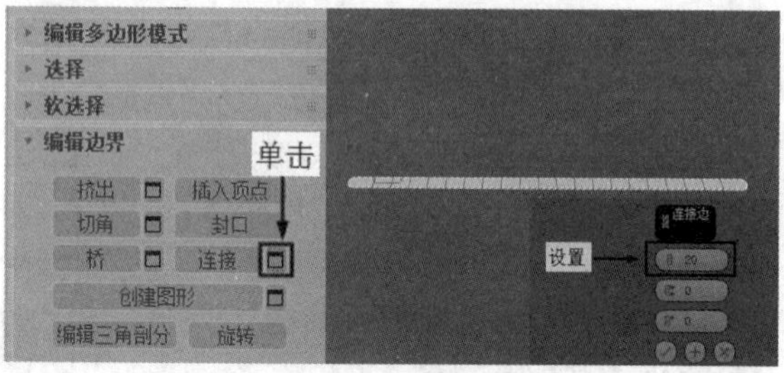

图 5-79

> ① 技巧与提示
>
> “编辑多边形”修改器可以使模型转换为可编辑多边形，为模型添加分段线，为下一步添加“弯曲”修改器做准备。

05 为模型添加“弯曲（即 Bend）”修改器，设置弯曲“角度”为 335、“弯曲轴”为 x 轴，完成本例模型的创建，效果如图 5-80 所示。

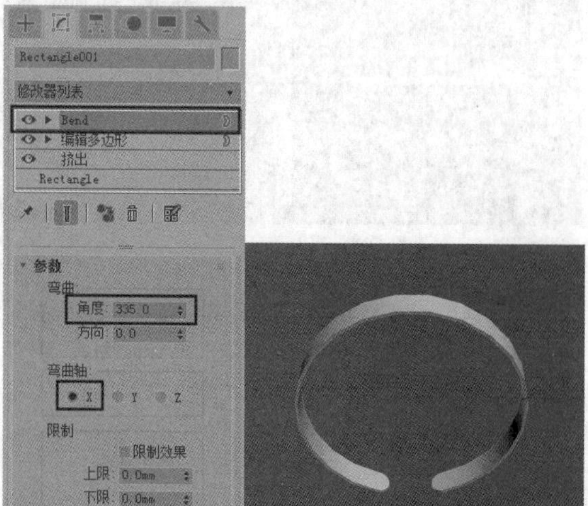

图 5-80

> ① 技巧与提示
>
> 在对模型进行弯曲的操作中，可以通过如下两种方法使弯曲的模型看起来更加圆滑。
>
> 第 1 种：在弯曲的面上添加更多的分段线。
>
> 第 2 种：添加“网格平滑”修改器。

5.3.3 扭曲修改器

“扭曲（即 Twist）”修改器可以使几何体产生一种旋转效果（就像拧湿抹布的效果），并且可以控制任意 3 个轴上的扭曲角度，同时也可以对几何体的一段限制扭曲效果，其参数设置面板与“弯曲（即 Bend）”修改器相似，如图 5-81 所示。

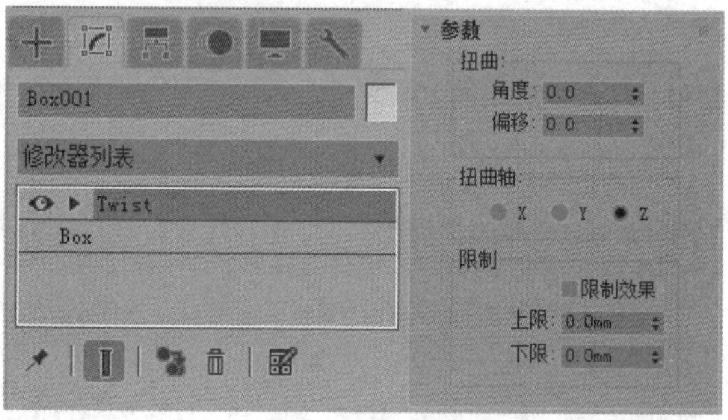

图 5-81

实战：用扭曲修改器制作旋转笔筒	
素材位置	无
实例位置	实例文件 > 第 5 章 > 用扭曲修改器制作旋转笔筒 > 用扭曲修改器制作旋转笔筒 .max
学习目标	学习扭曲修改器的使用方法

本案例将通过“扭曲”修改器制作旋转笔筒模型，其效果如图 5-82 所示。

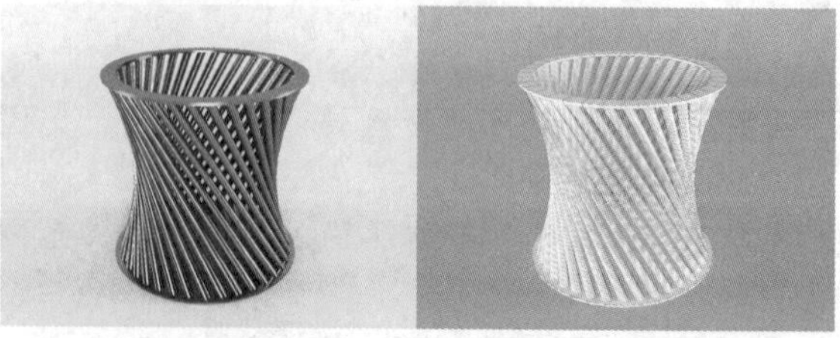
图 5-82

01 使用“圆柱体”工具 圆柱体 在场景中创建笔筒的底部，设置“半径”为 100mm、“高度”为 3mm、“边数”为 36，如图 5-83 所示。

02 使用“圆柱体”工具 圆柱体 创建笔筒壁，然后设置“半径”为 5mm、“高度”为 200mm、“边数”为 18，参数设置及圆柱体的位置如图 5-84 所示。

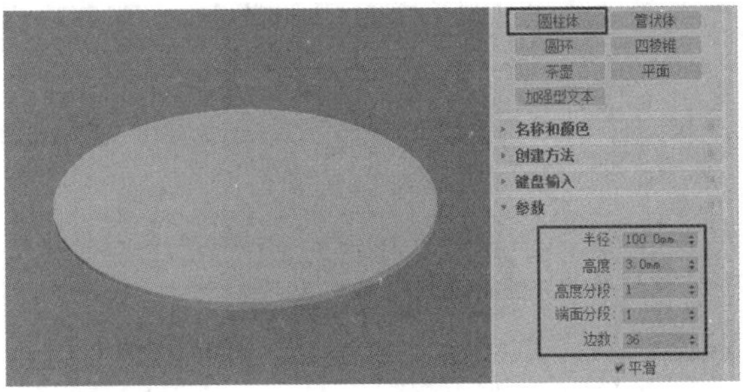

图 5-83

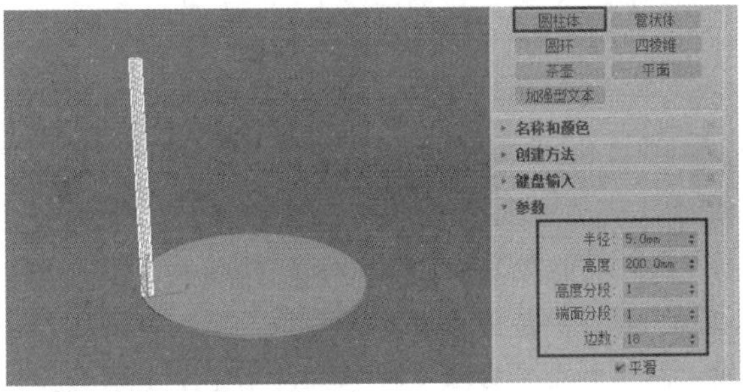

图 5-84

03 将上一步创建的圆柱体沿着底部圆柱体复制一圈，如图 5-85 所示。

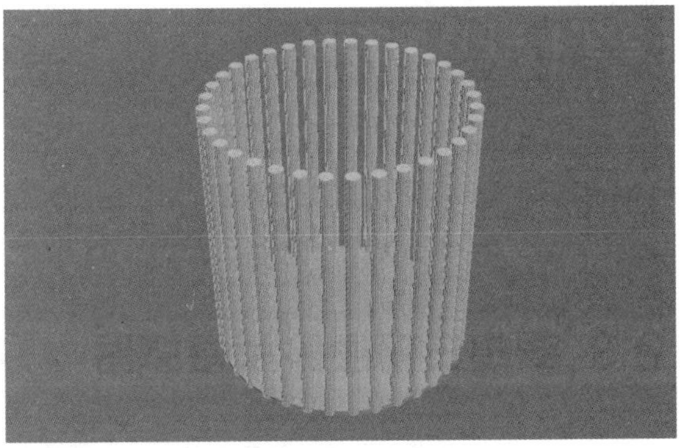

图 5-85

04 使用“管状体”工具 管状体 在场景中创建一个管状体模型作为笔筒的顶部，然后设置“半径 1”为 105mm、“半径 2”为 90mm、“高度”为 3mm、“边数”为 36，如图 5-86 所示。

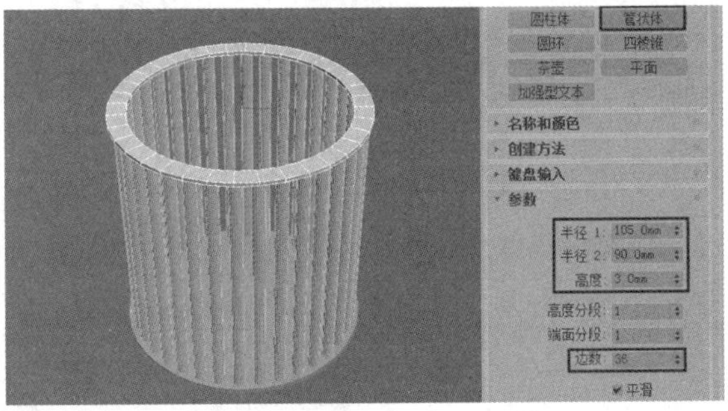

图 5-86

05 选择前面创建的全部模型，然后执行“组 > 组”命令，打开“组”对话框，单击“确定”按钮 确定 ，将所有模型编成一个组，如图 5-87 所示。

图 5-87

06 为创建的组添加“扭曲（即 Twist）”修改器，设置“角度”为 80、“扭曲轴”为 z 轴，如图 5-88 所示，完成旋转笔筒的创建，效果如图 5-89 所示。

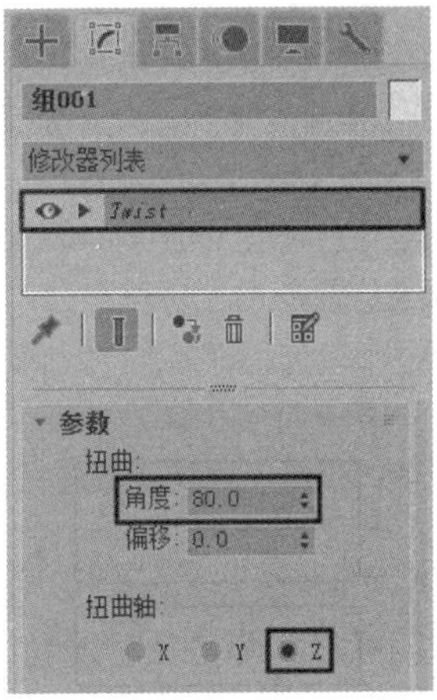

图 5-88

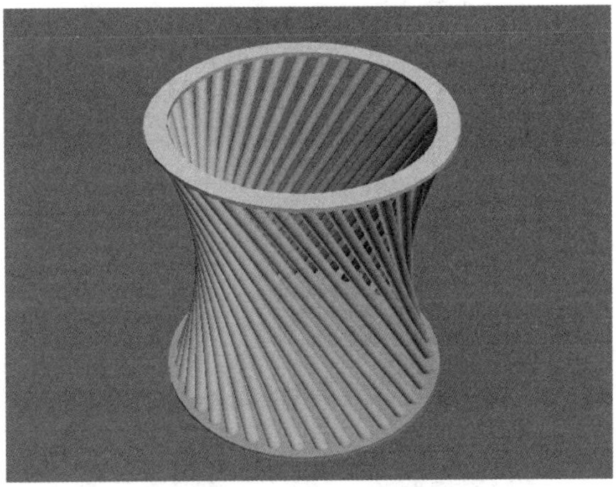

图 5-89

5.3.4 噪波修改器

“噪波（即 Noise）”修改器可以使对象表面的顶点进行随机变动，从而让其表面变得起伏、不规则，常用于制作复杂的地形、地面和水面效果，其参数设置面板如图 5-90 所示。

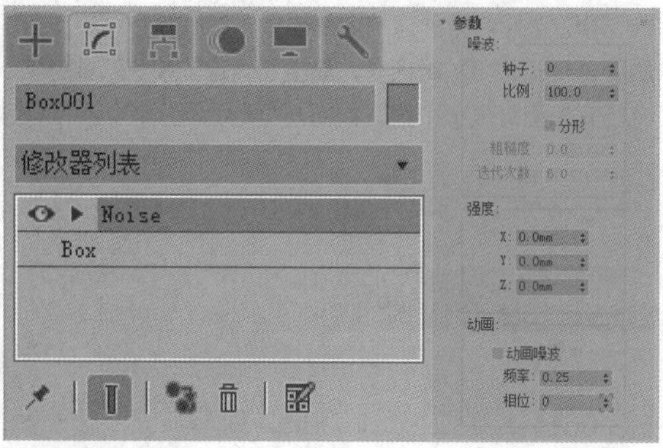

图 5-90

重要参数介绍

种子：从设置的数值中生成一个随机起始点。该参数在创建地形时非常有用，因为每种不同的设置都可以生成不同的效果。

比例：设置噪波影响的大小（不是强度）。较大的比例值可以产生平滑的噪波，较小的比例值可以产生锯齿现象非常严重的噪波。

分形：控制是否产生分形效果。勾选该复选框以后，下面的"粗糙度"和"迭代次数"选项才可用。

粗糙度：决定分形变化的程度。

迭代次数：控制分形功能所使用的迭代数目。

X/Y/Z：设置噪波在 *x*/*y*/*z* 轴上的强度（至少为其中一个坐标轴输入强度数值）。

实战：用噪波修改器制作咖啡	
素材位置	无
实例位置	实例文件 > 第 5 章 > 用噪波修改器制作咖啡 > 用噪波修改器制作咖啡 .max
学习目标	学习噪波修改器的使用方法

本案例将通过"噪波"修改器来制作咖啡模型，其效果如图 5-91 所示。

图 5-91

01 使用"线"工具 线 在前视口中绘制咖啡杯托盘的剖面样条线，然后在"修改"命令面板的修改器堆栈中选择"顶点"层级，对样条线进行调整，如图 5-92 所示。

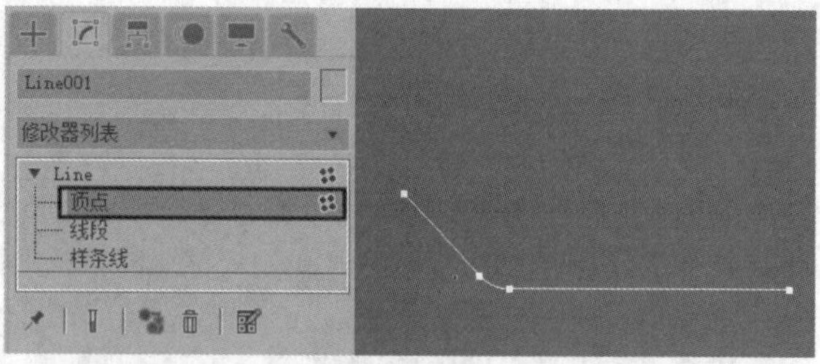

图 5-92

> **技巧与提示**
>
> 在绘制咖啡杯托盘的剖面样条线时，为了与后面的咖啡杯和咖啡吻合，这里将托盘底部的剖面样条线的长度设置为约 110mm，咖啡杯底部的剖面样条线长度设置为约 105mm。

02 选择调整好的样条线，在修改器堆栈中选择"样条线"层级，然后在"几何体"卷展栏中适当调整"轮廓"值，为样条线添加一个轮廓，如图 5-93 所示。

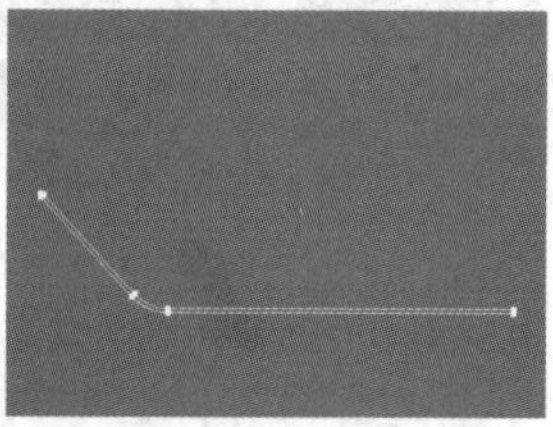

图 5-93

03 选择样条线，在"修改器列表"的下拉列表中选择"车削"选项，设置"分段"为 32、"方向"为 *y* 轴、"对齐"为"最大"，如图 5-94 所示。

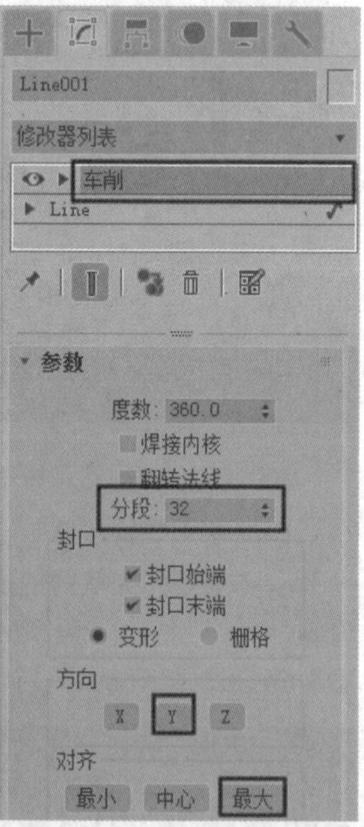

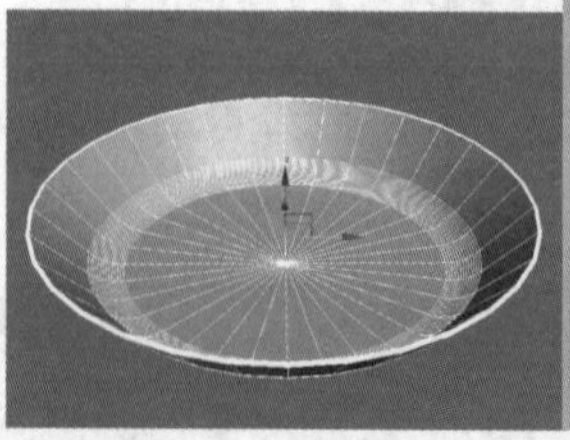

图 5-94

04 使用同样的方法绘制咖啡杯模型，效果如图 5-95 所示。

图 5-95

05 使用“球体”工具 球体 在前视口中创建一个球体，设置“半径”为 205mm、“半球”为 0.58，如图 5-96 所示。

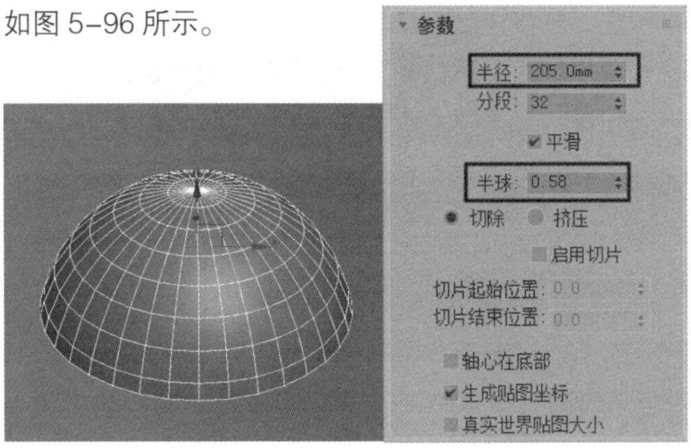

图 5-96

06 在前视口中选择球体，然后单击主工具栏中的“镜像”按钮，在打开的对话框中设置“镜像轴”为 y 轴、“克隆当前选择”为“不克隆”，再单击“确定”按钮 确定 ，如图 5-97 所示。

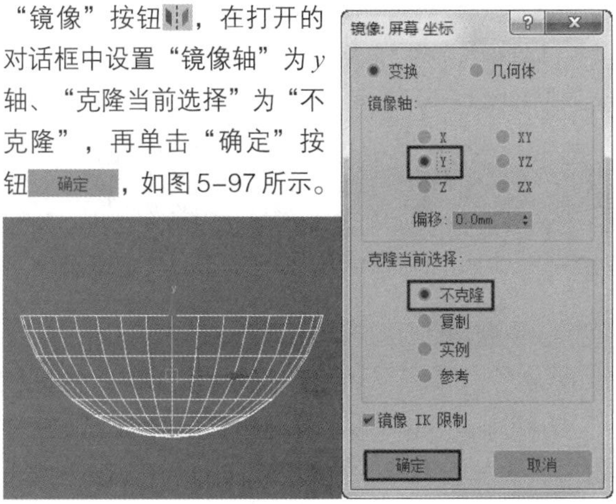

图 5-97

07 切换到“修改”命令面板，在“修改器列表”的下拉列表中选择 FFD 4×4×4 修改器，然后在修改器堆栈中选择“控制点”层级，如图 5-98 所示，接着在前视口中选择并向上拖曳球体顶部的控制点，如图 5-99 所示。

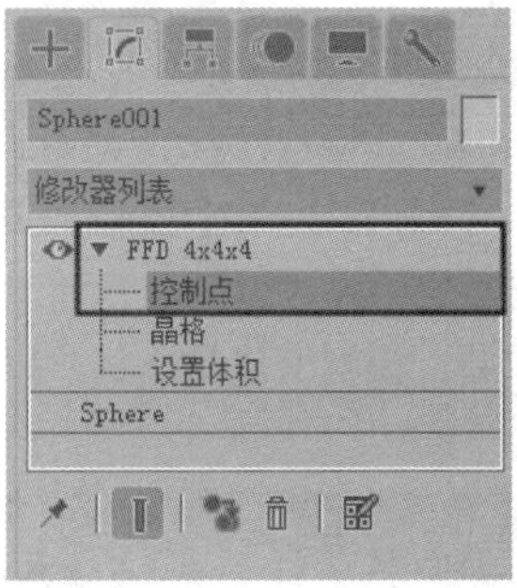

图 5-98

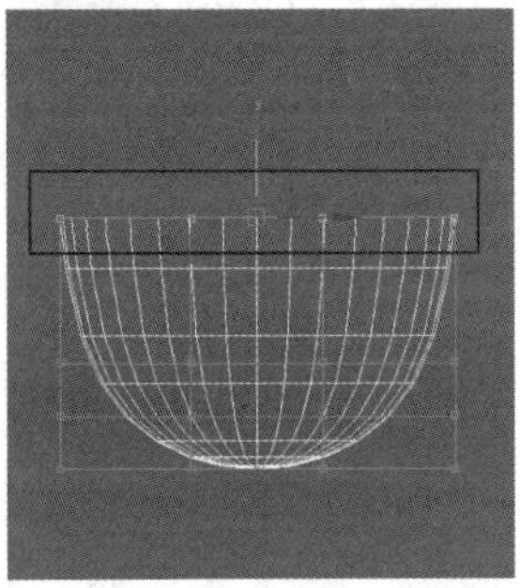

图 5-99

08 在“修改器列表”的下拉列表中选择“噪波(即 Noise)”修改器，设置“种子”为 7、“比例”为 0.1，选中“分形”复选框，设置“迭代次数”为 1，设置“强度”选项组中的“Z”为 20mm，如图 5-100 所示。

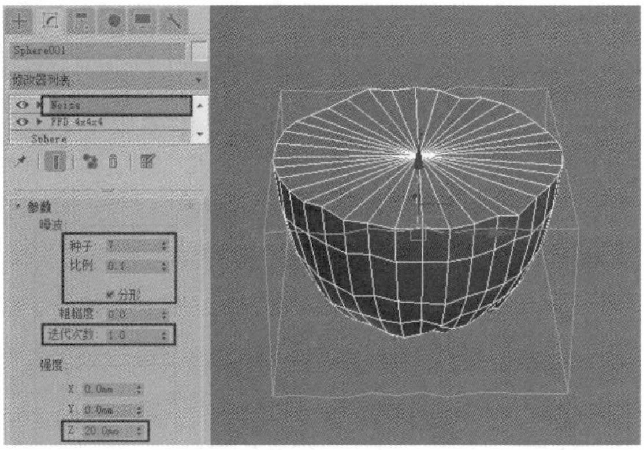

图 5-100

09 在“修改器列表”的下拉列表中选择“平滑”修改器，然后在“参数”卷展栏中选中“自动平滑”复选框，如图 5-101 所示。

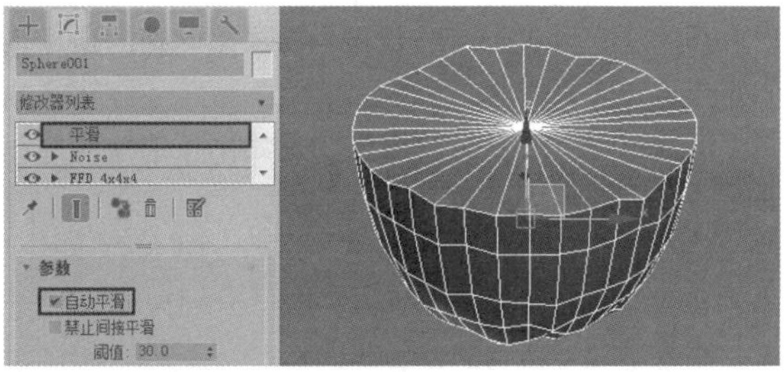

图 5-101

10 将咖啡模型移动到咖啡杯模型内，完成本例的制作，其效果如图 5-102 所示。

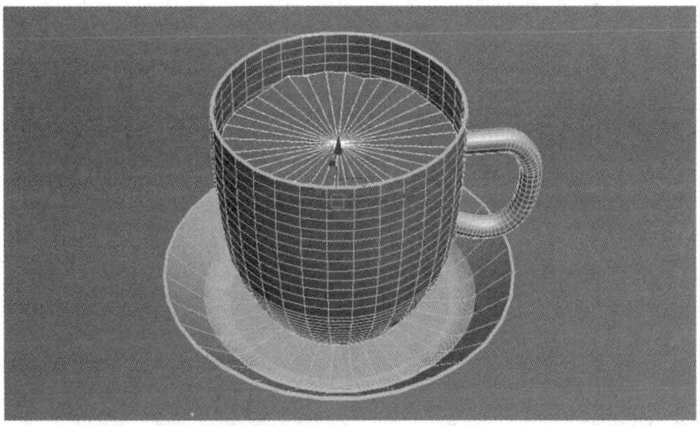

图 5-102

5.3.5 晶格修改器

“晶格”修改器可以将图形的线段或边转化为圆柱形结构，并在顶点产生可选择的关节多面体，其参数设置面板如图 5-103~ 图 5-105 所示。

图 5-103

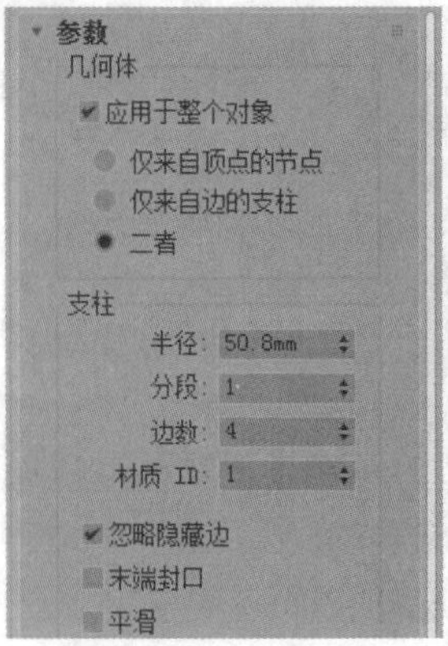

图 5-104

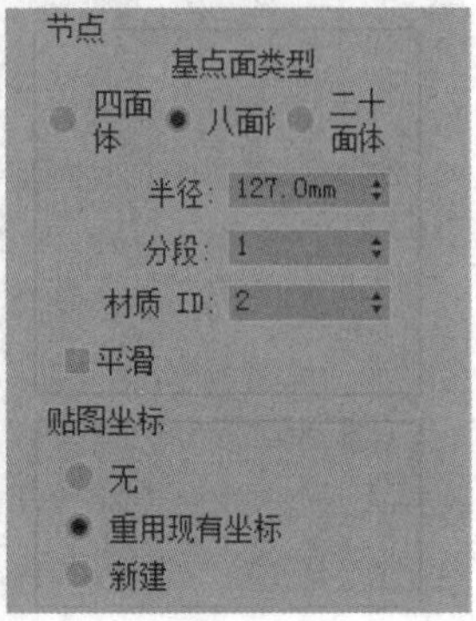

图 5-105

重要参数介绍

应用于整个对象：将“晶格”修改器应用到对象的所有边或线段上。

仅来自顶点的节点：仅显示由原始网格的顶点生成的节点（多面体）。

仅来自边的支柱：仅显示由原始网格的线段生成的支柱（圆柱体）。

二者：显示支柱和节点。

半径：指定结构的半径。

分段：指定结构的分段数。

边数：指定结构边界的边数目。

材质 ID：指定用于结构的材质 ID，这样可以使结构和关节具有不同的材质 ID。

忽略隐藏边：如果启用该选项，将仅生成可视边的结构；如果禁用该选项，将生成所有边的结构，包括不可见边。图 5-106 所示是启用和禁用“忽略隐藏边”选项的对比效果。

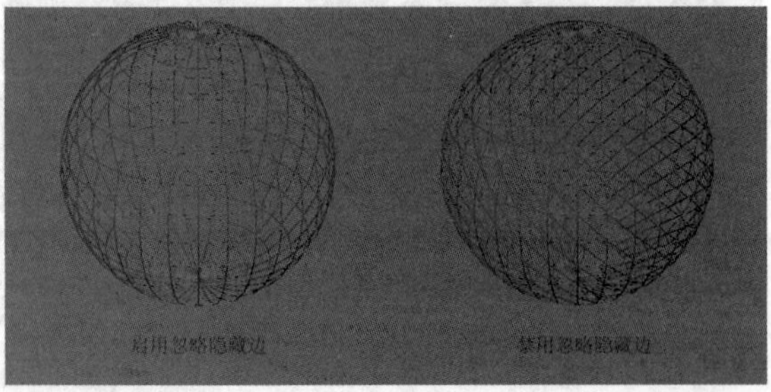

图 5-106

末端封口：将末端封口应用于结构。

平滑：将平滑应用于结构。

基点面类型：用于指定关节的多面体类型，包括“四面体”“八面体”“二十面体”。注意，“基点面类型”对“仅来自边的支柱”选项不起作用。

半径：设置关节的半径。

分段：指定关节中的分段数，分段数越多，关节形状越接近球形。

材质 ID：指定用于结构的材质 ID。

平滑：将平滑应用于关节。

无：不指定贴图。

重用现有坐标：将当前贴图指定给对象。

新建：将圆柱形贴图应用于每个结构和关节。

> ⓘ 技巧与提示
>
> 使用“晶格”修改器可以基于网格拓扑来创建可渲染的几何体结构，也可以用来渲染线框图。

实战：用晶格修改器制作金属摆件

素材位置	无
实例位置	实例文件 > 第 5 章 > 用晶格修改器制作金属摆件 > 用晶格修改器制作金属摆件 .max
学习目标	学习晶格修改器的使用方法

本案例将通过“晶格”修改器来制作金属摆件模型，其效果如图 5-107 所示。

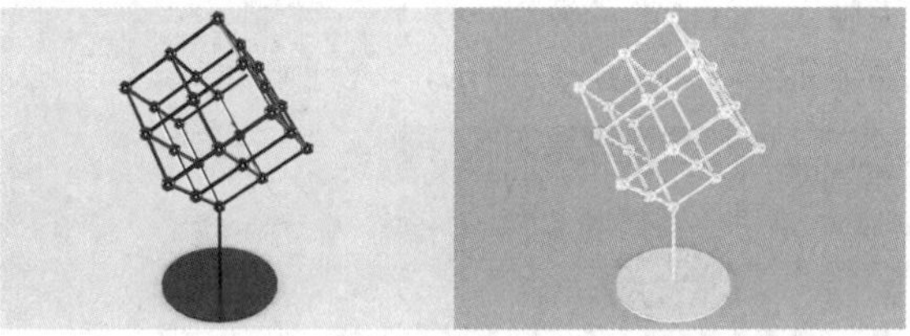

图 5-107

01 使用“长方体”工具 长方体 在场景中绘制一个长方体，设置“长度”“宽度”“高度”都为 50mm，“长度分段”“宽度分段”“高度分段”都为 2，如图 5-108 所示。

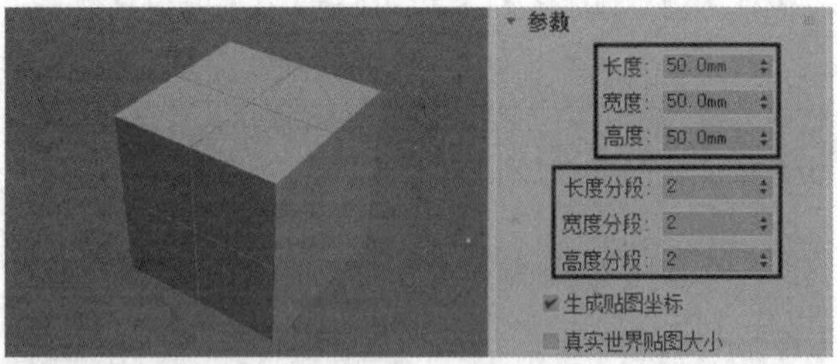

图 5-108

02 在“修改”命令面板的“修改器列表”的下拉列表中选择“晶格”修改器，模型变成晶格状，如图 5-109 所示。

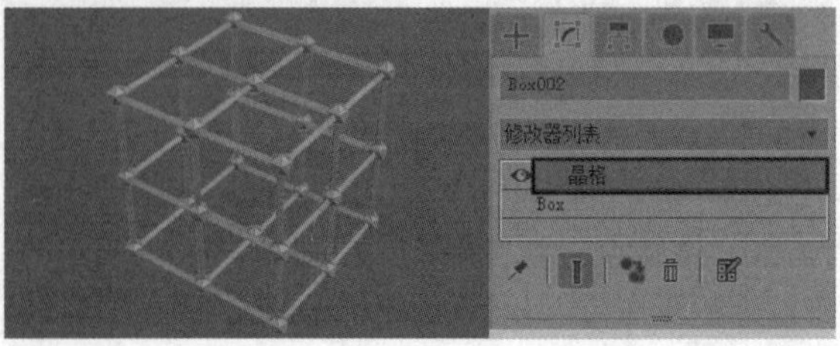

图 5-109

03 在“参数”卷展栏的“支柱”选项组下设置“半径”为 1mm、“边数”为 5。在“节点”选项组下设置“基点面类型”为“二十面体”、“半径”为 3.5mm，再选中“平滑”复选框，如图 5-110 所示。

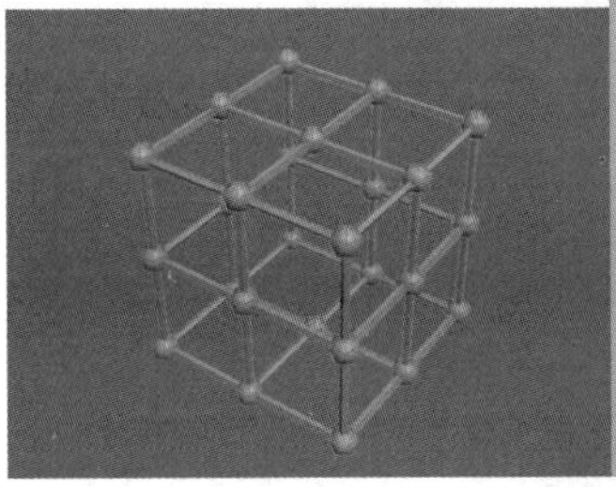
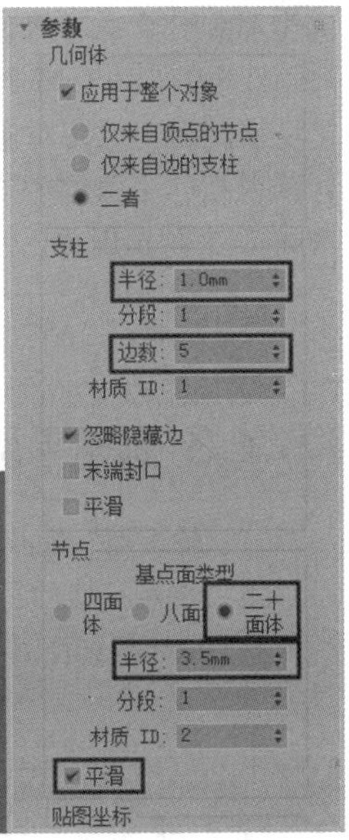

图 5-110

04 使用“选择并旋转”工具对修改好的晶格模型进行旋转，其效果如图 5-111 所示。

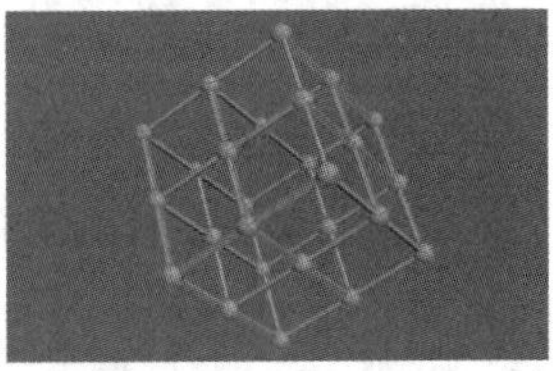

图 5-111

05 使用“圆柱体”工具 圆柱体 创建支柱模型，其位置及参数如图 5-112 所示。

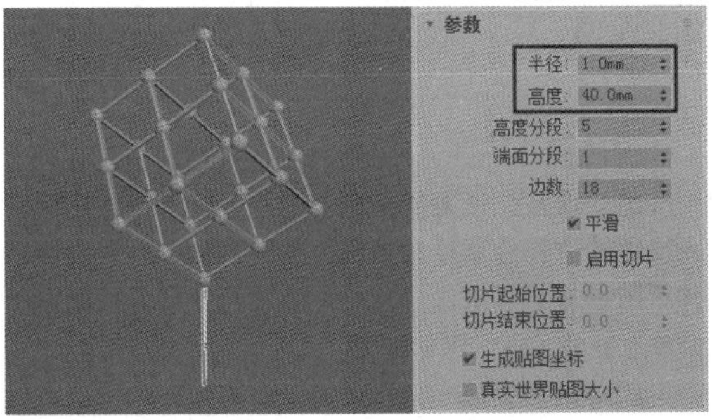

图 5-112

06 使用“圆柱体”工具 圆柱体 创建底盘模型，其参数设置如图 5-113 所示，完成本例的制作，其最终效果如图 5-114 所示。

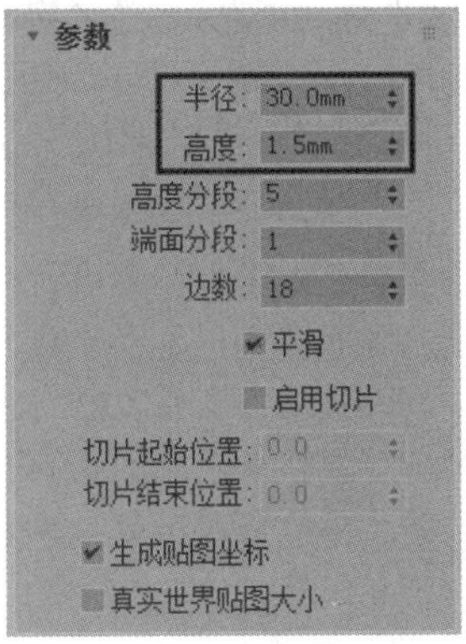

图 5-113

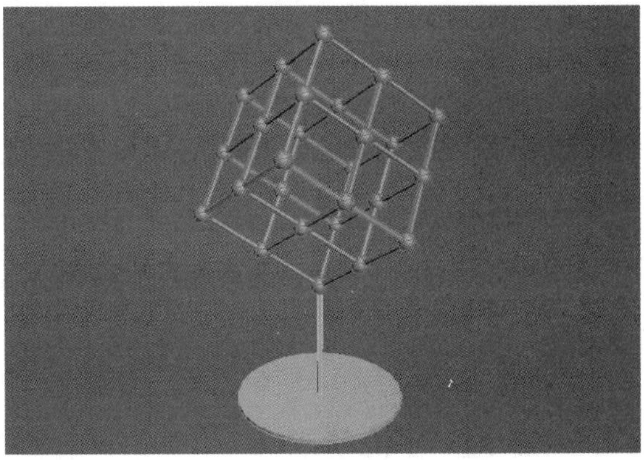

图 5-114

5.4 平滑类修改器

平滑类修改器主要包括“平滑”修改器、“网格平滑”修改器和“涡轮平滑”修改器，用于对模型进行平滑处理。

5.4.1 平滑修改器

“平滑”修改器通过将面组成平滑组来平滑几何体的面，如图 5-115 所示，其参数设置面板如图 5-116 所示。

图 5-115

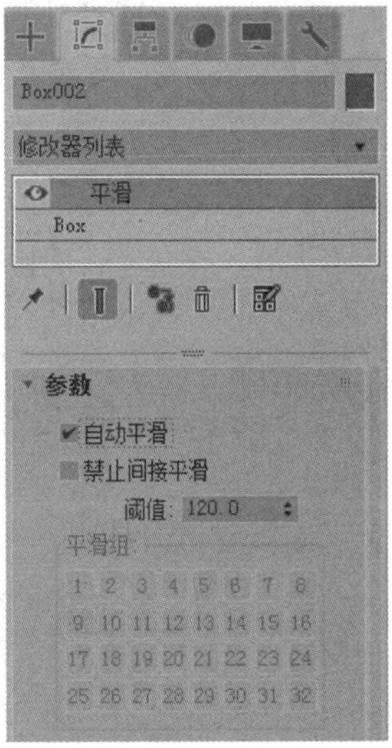

图 5-116

重要参数介绍

自动平滑：如果选中“自动平滑”复选框，则可以通过使用该选项下方的“阈值”设置指定的（可设置动画）阈值来自动平滑对象。“自动平滑”基于面之间的角设置平滑组。如果法线之间的角小于阈值的角，则可以将任意两个相接表面输入相同的平滑组。

禁止间接平滑：使用“自动平滑”时，可以启用此选项以防止平滑“泄漏”。如果将“自动平滑”应用到对象上后，不应该被平滑的部分变得平滑，则可以启用“禁止间接平滑”来查看它是否纠正了该问题。

阈值：以度数为单位指定阈值角度。如果法线之间的角小于阈值的角，则可以将任意两个相接表面输入相同的平滑组。

平滑组：包含 32 个按钮的栅格表示选定面所使用的平滑组，并用来为选定面手动指定平滑组。

5.4.2 网格平滑修改器

“网格平滑”修改器通过多种方法平滑场景中的几何体。它允许细分几何体，同时在角和边插补新面的角度以及将单个平滑组应用于对象中的所有面。“网格平滑”的效果是使角和边变圆，就像它们被锉平或刨平了一样。调整“网格平滑”参数可控制新面的大小和数量，以及它们如何影响对象曲面，如图 5-117 所示，其参数设置面板如图 5-118 所示。

图 5-117

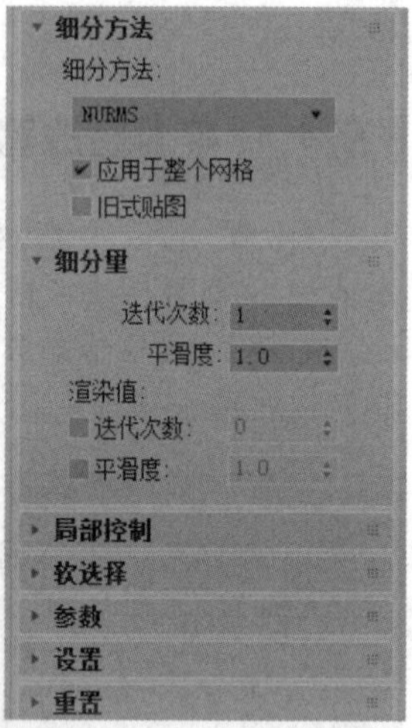

图 5-118

重要参数介绍

细分方法：系统提供了“NURMS”“经典”“四边形输出”3 种细分方法。

NURMS：减少非均匀有理数网格平滑对象，“强度”和“松弛”平滑参数在 NURMS 类型中不可用。

经典：生成三面和四面的多面体。

四边形输出：仅生成四面多面体。

应用于整个网格：启用时，在堆栈中向上传递的所有子对象选择被忽略，且“网格平滑”应用于整个对象。

迭代次数：设置网格细分的次数。增加该值时，每次新的迭代会通过在迭代之前对顶点、边和曲面创建平滑差补顶点来细分网格。修改器会细分曲面来使用这些新的顶点。默认设置为 0，范围为 0~10。

平滑度：确定对多尖锐的锐角添加面以平滑它。计算得到的平滑度为顶点连接的所有边的平均角度。值为 0 会禁止创建任何面；值为 1 会将面添加到所有顶点，即使它们位于一个平面上。

5.4.3 涡轮平滑修改器

“涡轮平滑”修改器与“网格平滑”修改器类似，是“网格平滑”修改器的升级版，如图 5-119 所示，其参数设置面板如图 5-120 所示。

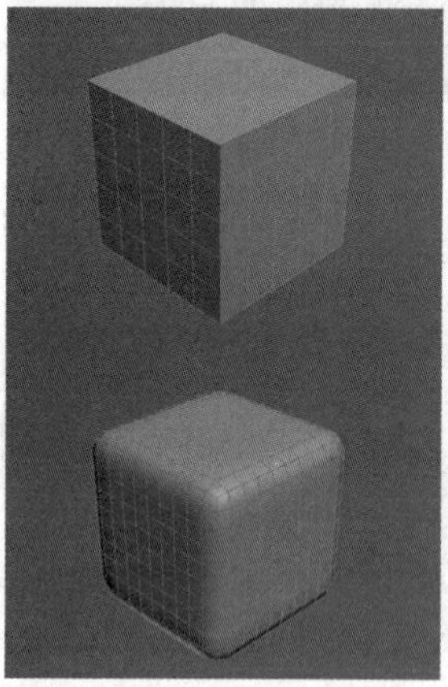

图 5-119

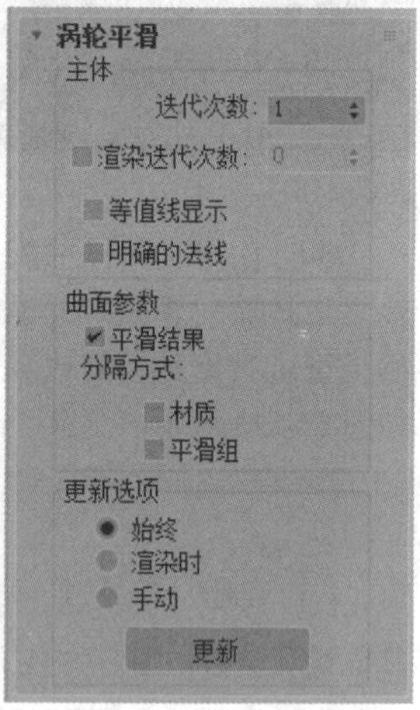

图 5-120

重要参数介绍

迭代次数：设置网格细分的次数。增加该值时，每次新的迭代会通过在迭代之前对顶点、边和曲面创建平滑差补顶点来细分网格。修改器会细分曲面来使用这些新的顶点。默认值为 1，范围为 0~10。

渲染迭代次数：允许在渲染时选择一个不同数量的平滑迭代次数应用于对象。使用方法为启用渲染迭代次数，并使用右边的字段来设置渲染迭代次数。

> ① 技巧与提示
>
> “平滑”修改器的参数很少，平滑效果也不明显，平时基本不会用到；“网格平滑”修改器是用得比较多的一种修改器，可以很好地平滑模型，但“网格平滑”修改器的迭代次数超过 2 次就容易引起计算机卡顿，因此迭代次数一般不要超过 2；“涡轮平滑”修改器可以迭代更多的次数，而不造成计算机卡顿，但是不稳定，容易出现计算错误。

06

第6章

多边形建模

要点索引

▼

多边形建模方法

编辑多边形对象

多边形建模应用案例

多边形建模的思路与网格建模的思路很接近，其不同点在于网格建模只能编辑三角面，而多边形建模对面数没有任何要求。多边形建模方法灵活，对硬件的要求也很低，因此被广泛应用到游戏角色、影视、工业造型、室内外设计等模型制作中。

6.1 多边形建模方法

在编辑多边形对象之前，首先要明确多边形对象不是创建出来的，而是“塌陷”（转换）出来的。

6.1.1 多边形建模的思路

在多边形建模中，当我们遇到了和需要的三维模型形状非常接近的几何体时，可以直接在视口中创建这些类型的几何体，然后将其转换为可编辑多边形，在“修改”命令面板中对点、线和多边形进行调整，以达到最终的效果。如果三维模型的点、线和多边形都不足以支撑造型，就需要增加模型的布线，再结合挤出、插入等命令来完成模型的创建。

6.1.2 多边形建模的技巧

在三维建模中，对于左右对称的物体，如人头模型、眼镜、汽车等，只需要制作出对称的一半模型，然后通过修改器中的镜像复制命令来完成另一半模型的创建。只要是轴对称的模型，都可以通过镜像来制作。需要注意的是，镜像复制时，要选择实例复制，不要以复制形式进行复制，这样可以方便后期修改。

6.1.3 转换多边形对象

将对象转换为多边形的方法主要有以下 4 种。

第 1 种，选中对象，然后在界面左上角的“建模”选项卡中单击“多边形建模”按钮 多边形建模，在弹出的面板中单击“转化为多边形”按钮，如图 6-1 所示。注意，经过这种方法转换来的多边形的创建参数将全部丢失。

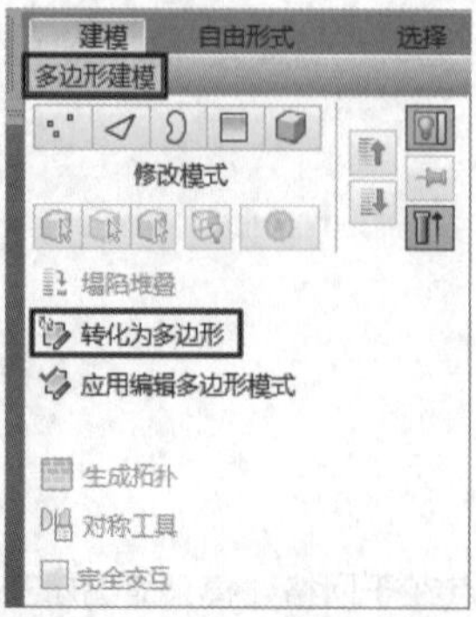

图 6-1

第 2 种，在对象上单击鼠标右键，然后在弹出的菜单中执行“转换为 > 转换为可编辑多边形”命令，如图 6-2 所示。同样，经过这种方法转换来的多边形的创建参数将全部丢失。

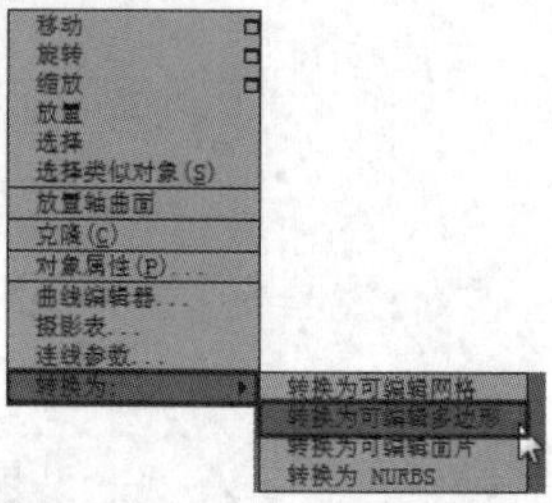

图 6-2

第 3 种，为对象添加“编辑多边形”修改器，经过这种方法转换来的多边形的创建参数将保留下来，如图 6-3 所示。

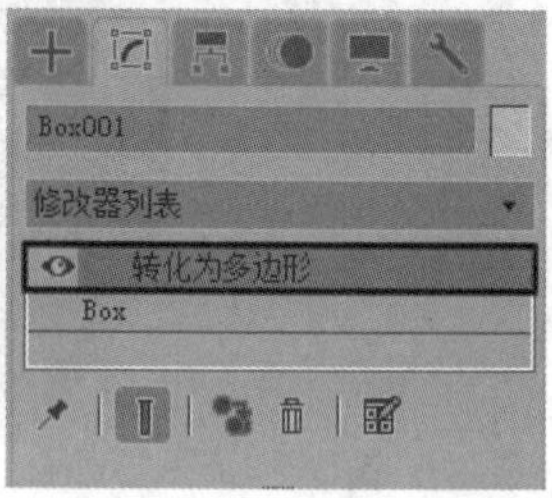

图 6-3

第 4 种，在修改器堆栈中选中对象，然后单击鼠标右键，在弹出的菜单中选择“可编辑多边形”命令，如图 6-4 所示。经过这种方法转换来的多边形的创建参数将全部丢失。

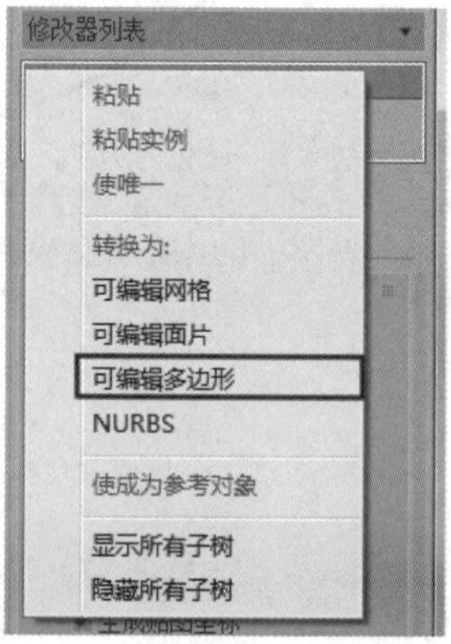

图 6-4

6.2 编辑多边形对象

将物体转换为可编辑多边形对象后，就可以对其顶点、边、边界、多边形和元素分别进行编辑。可编辑多边形对象的参数设置面板中包括 6 个卷展栏，分别是“选择”“软选择”“编辑几何体”“细分曲面”“细分置换”“绘制变形”，如图 6-5 所示。

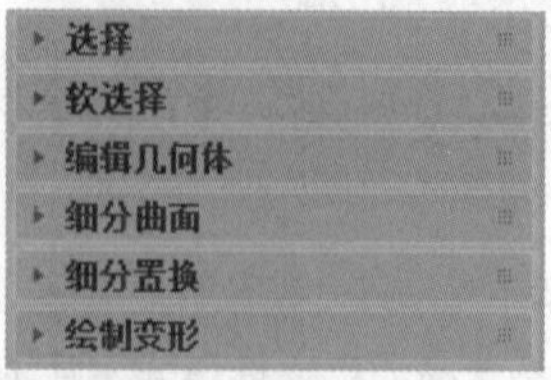

图 6-5

在选择了不同的层级以后，可编辑多边形对象的参数设置面板也会发生相应的变化，比如在“选择”

卷展栏下单击“顶点”按钮，进入“顶点”层级以后，在参数设置面板中就会增加两个对顶点进行编辑的卷展栏，如图6-6所示。而如果进入“边”层级和“多边形”层级，参数设置面板中又会增加对边和多边形进行编辑的卷展栏，如图6-7和图6-8所示。

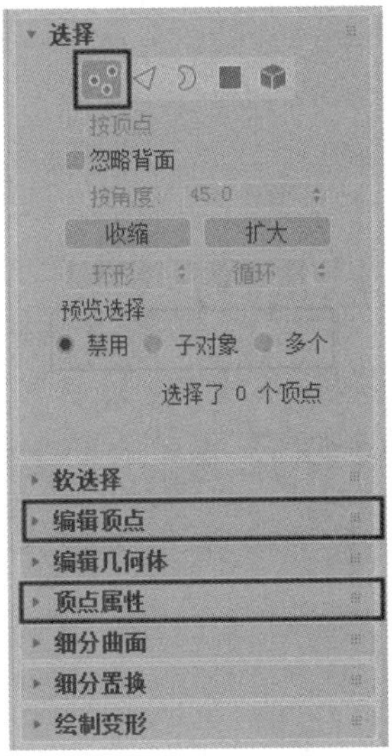

图6-6

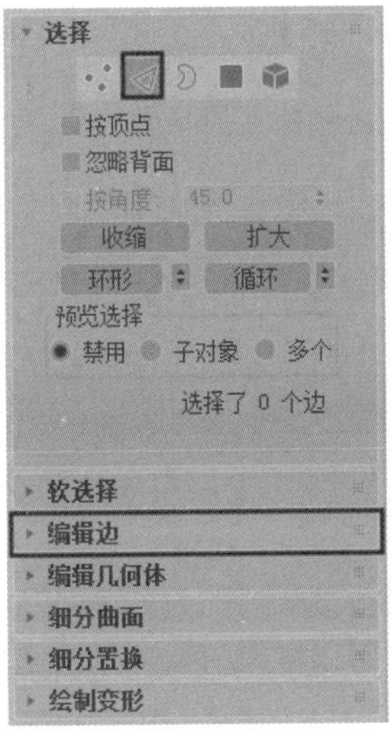

图6-7

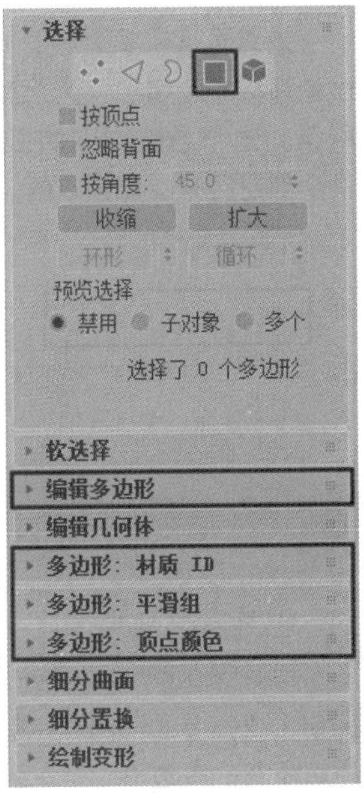

图6-8

6.2.1 选择

“选择”卷展栏下的工具与选项主要用来选择多边形子对象层级，如图6-9所示。

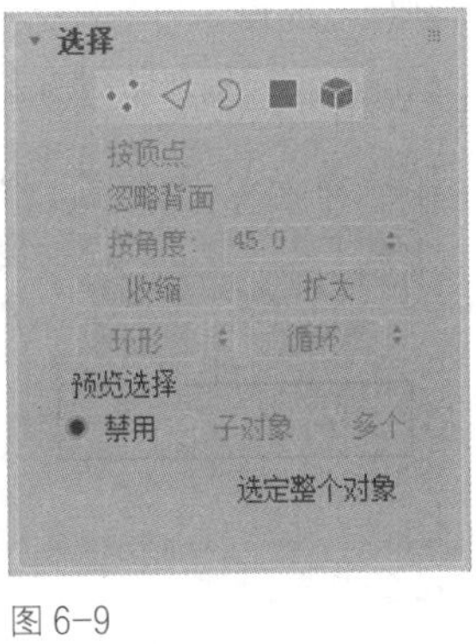

图6-9

重要参数介绍

顶点：用于访问“顶点”子对象层级。

边：用于访问“边”子对象层级。

边界：用于访问“边界”子对象层级，可从中选择构成网格中孔洞边框的一系列边。边界总是由仅在一侧带有面的边组成，并总是完整循环。

多边形：用于访问“多边形”子对象层级。

元素：用于访问“元素”子对象层级，可从中选择对象中的所有连续多边形。

按顶点：除了“顶点”层级外，该选项可以在其他4种层级中使用。启用该选项后，只有选择所用的顶点才能选择子对象。

忽略背面：启用该选项后，只能选中法线指向当前视口的子对象。比如启用该选项以后，在前视口中框选如图6-10所示的顶点，则只能选择正面的顶点，背面的不会被选择，图6-11所示是在左视口中的观察效果；如果禁用该选项，在前视口中框选相同区域的顶点，则背面的顶点也会被选择，图6-12所示是在顶视口中的观察效果。

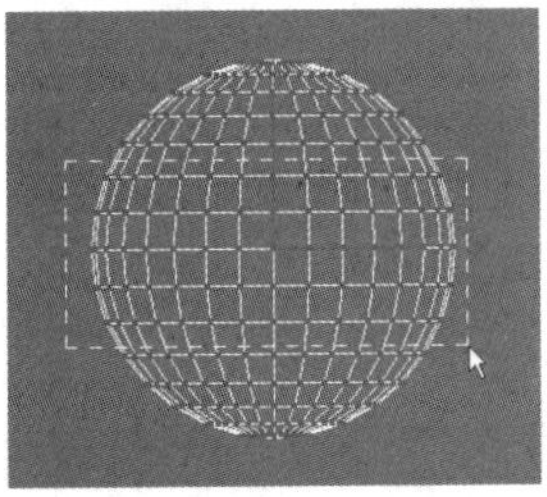
图6-10

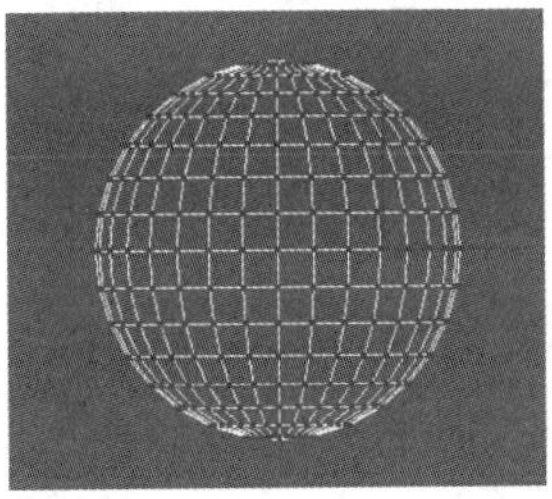
图6-11

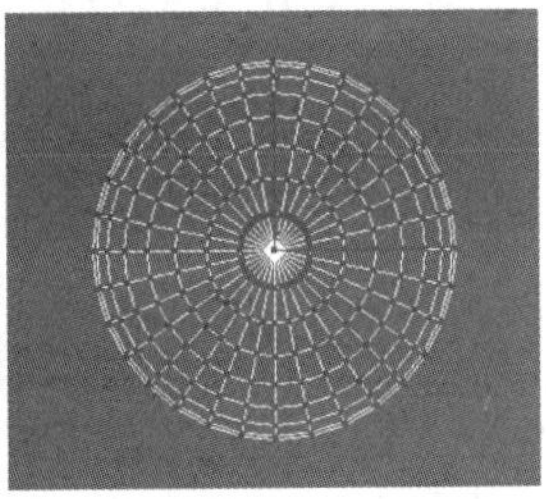
图6-12

按角度：该选项只能用在“多边形”层级中。启用该选项时，如果选择一个多边形，3ds Max会基于设置的角度自动选择相邻的多边形。

收缩 收缩 ：单击一次该按钮，可以在当前选择范围中向内减少一圈对象。

扩大 扩大 ：与“收缩”相反，单击一次该按钮，可以在当前选择范围中向外增加一圈对象。

环形 环形 ：该工具只能在“边”层级和“边界”层级中使用。在选中一部分子对象后，单击该按钮可以自动选择平行于当前对象的其他对象。比如选择如图6-13所示的边，然后单击“环形”按钮 环形 ，可以选择整个纬度上平行于选定边的边，如图6-14所示。

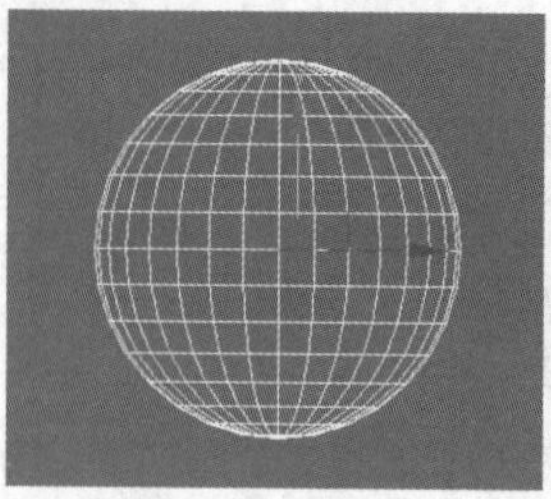

图 6-13

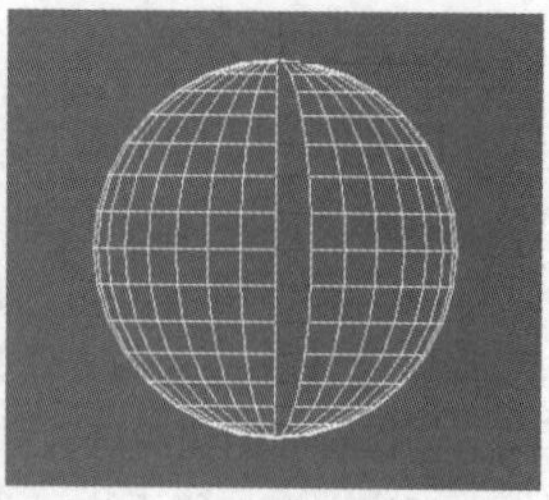

图 6-14

循环 循环：该工具同样只能在“边”层级 和“边界”层级 中使用。在选中一部分子对象后，单击该按钮可以自动选择与当前对象在同一曲线上的其他对象。比如选择图 6-15 所示的边，然后单击“循环”按钮 循环，可以选择经度上的所有边，如图 6-16 所示。

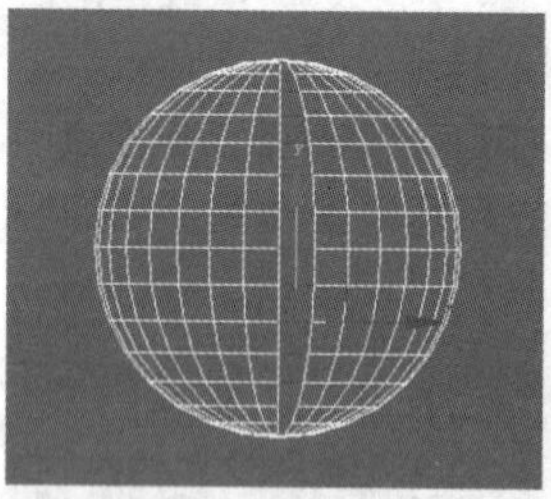

图 6-15

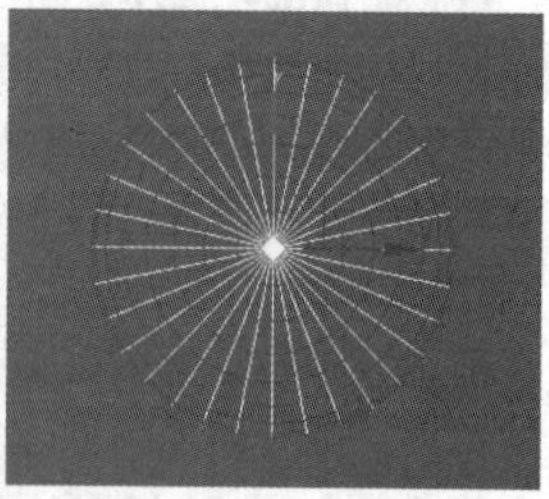

图 6-16

6.2.2 软选择

“软选择”是以选中的子对象为中心向四周扩散，以放射状的方式来选择子对象。在对选择的部分子对象进行变换时，可以让子对象以平滑的方式进行过渡。另外，可以通过调整“衰减”“收缩”“膨胀”的数值来控制所选子对象区域的大小及对子对象控制力的强弱，并且“软选择”卷展栏还包含绘制软选择的工具，如图 6-17 所示。

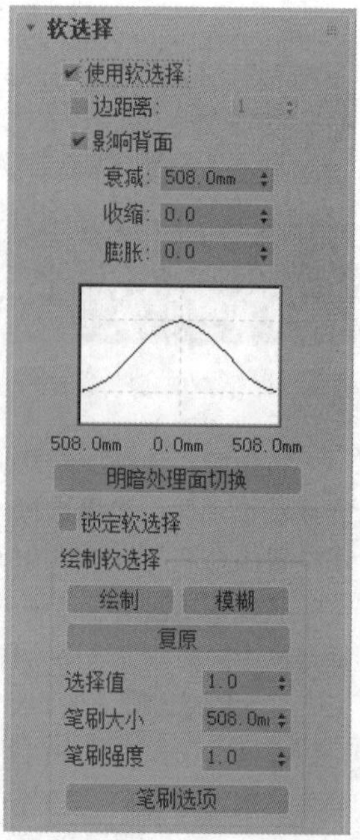

图 6-17

① 技巧与提示

“使用软选择”复选框用于控制是否开启“软选择”功能。选中该复选框开启“软选择”功能后，选择一个或一个区域的子对象时，会以这个子对象为中心向外选择其他对象。比如框选图 6-18 所示的顶点，那么软选择就会以这些顶点为中心向外进行扩展选择，如图 6-19 所示。

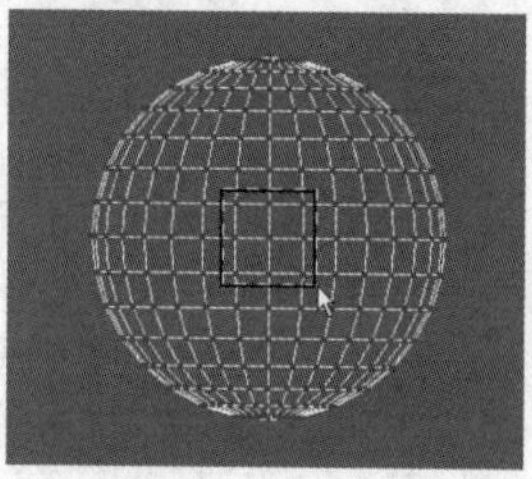

图 6-18

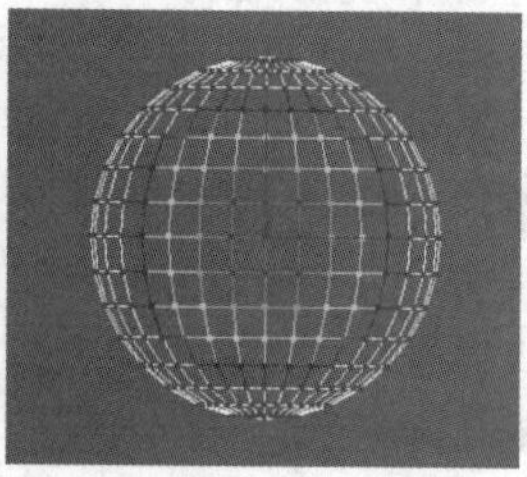

图 6-19

6.2.3 编辑顶点

进入可编辑多边形的“顶点”层级 以后，在“修改”命令面板中会增加一个“编辑顶点”卷展栏，如图 6-20 所示。这个卷展栏下的工具全部是用来编辑顶点的。

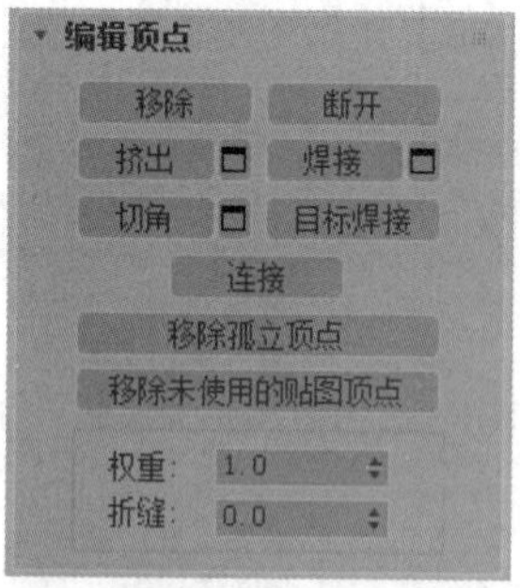

图 6-20

重要参数介绍

移除 移除：选中一个或多个顶点以后，单击该按钮（或按 Backspace 键）可以将其移除，并接合起顶点所在的多边形。

① 技巧与提示

移除顶点只是移除了顶点，而面仍然存在，如图 6-21 所示；而删除顶点同时也会删除连接到这些顶点的面，如图 6-22 所示。选中一个或多个顶点以后，按 Delete 键可以删除顶点。

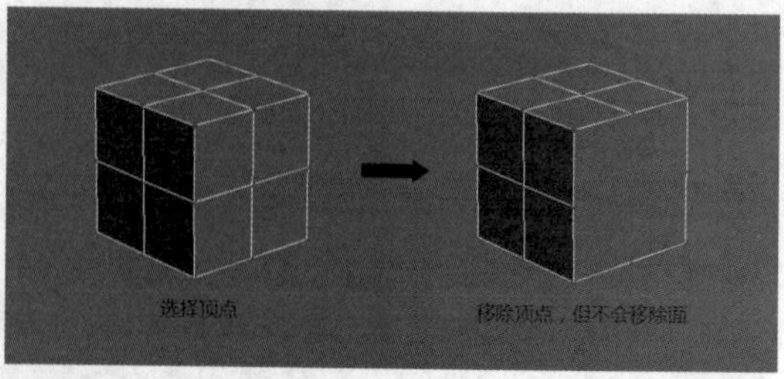

图 6-21

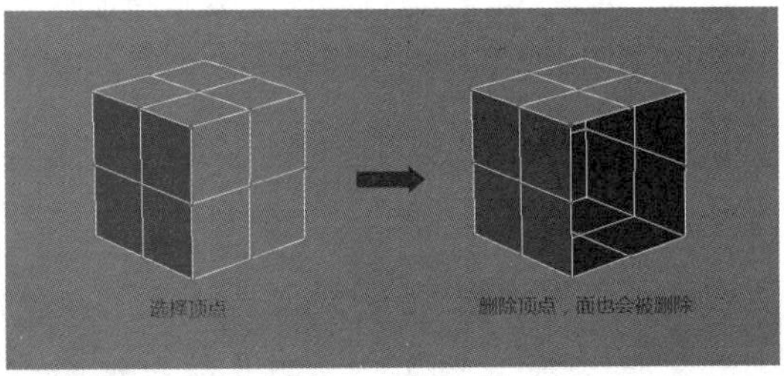

图 6-22

断开 断开：选中顶点以后，单击该按钮可以在与选定顶点相连的每个多边形上都创建一个新顶点，这可以使多边形的转角相互分开，使它们不再相连于原来的顶点上。

挤出 挤出：直接使用这个工具可以手动在视口中挤出顶点，如图 6-23 所示；如果要精确设置挤出的高度和宽度，可以单击右侧的“设置”按钮，然后在视口中的“挤出顶点”对话框中输入数值，如图 6-24 所示。

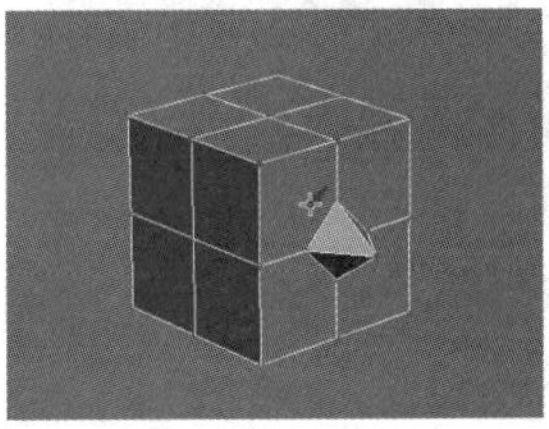

图 6-23

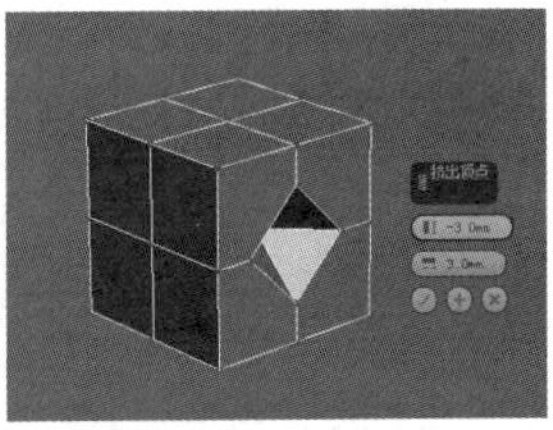

图 6-24

焊接 焊接：对“焊接顶点”对话框中指定的“焊接阈值”范围内的连续的选中的顶点进行合并，合并后所有边都会与产生的单个顶点连接。单击右侧的“设置”按钮可以设置“焊接阈值”。

切角 切角：选中顶点以后，使用该工具在视口中拖曳鼠标指针，可以手动为顶点切角，如图 6-25 所示。单击右侧的“设置”按钮，在弹出的“切角”对话框中可以设置精确的“顶点切角量”数值，同时还可以将切角后的面“打开”，以生成孔洞效果，如图 6-26 所示。

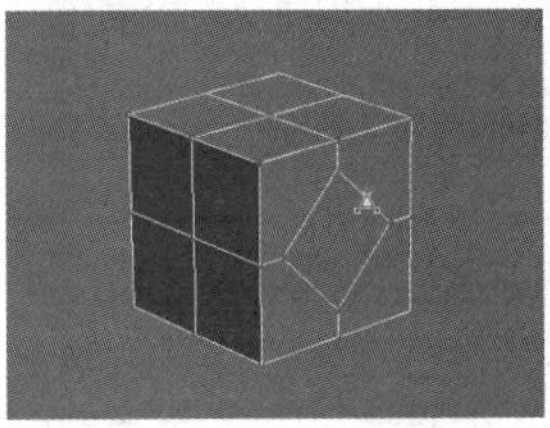

图 6-25

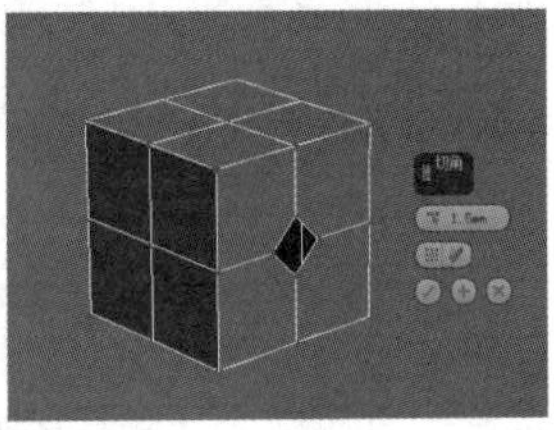

图 6-26

目标焊接 目标焊接：选择一个顶点后，使用该工具可以将其焊接到相邻的目标顶点，如图 6-27 所示。

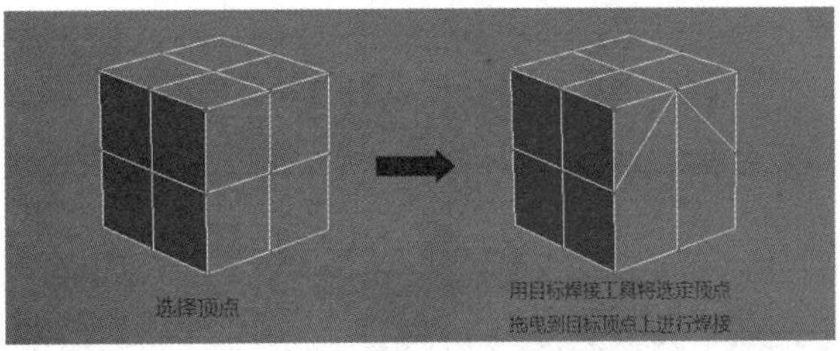

图 6-27

技巧与提示

“目标焊接”工具 目标焊接 只能焊接成对的连续顶点。也就是说，选择的顶点与目标顶点必须有一条边相连。

连接 连接：在选中的对角顶点之间创建新的边，如图 6-28 所示。

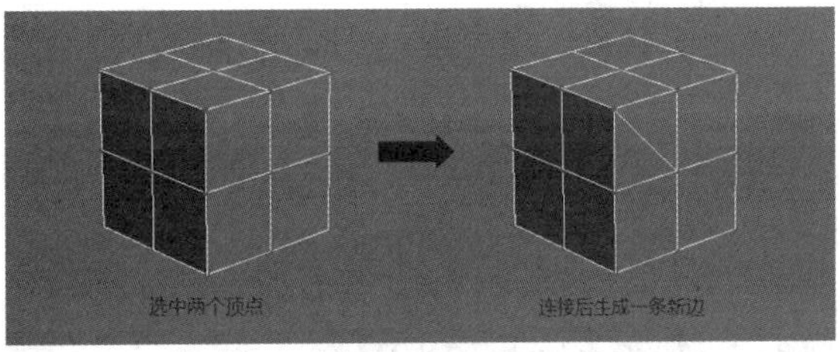

图 6-28

移除孤立顶点 移除孤立顶点：删除不属于任何多边形的所有顶点。

移除未使用的贴图顶点 移除未使用的贴图顶点：某些建模操作会留下未使用的（孤立）贴图顶点，它们会显示在“展开 UVW”编辑器中，但是不能用于贴图，单击该按钮就可以自动删除这些贴图顶点。

权重：设置选定顶点的权重，供 NURMS 细分选项和“网格平滑”修改器使用。

6.2.4 编辑边

进入可编辑多边形的“边”层级以后，在“修改”命令面板中会增加一个“编辑边”卷展栏，如图 6-29 所示。这个卷展栏下的工具全部是用来编辑边的。

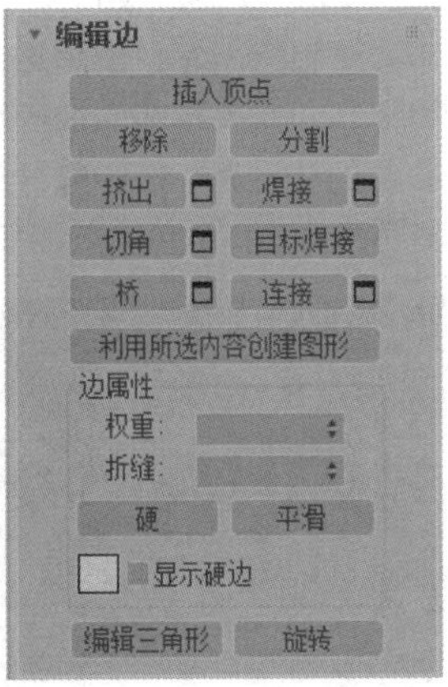

图 6-29

重要参数介绍

插入顶点 插入顶点 ：在“边”层级 下，使用该工具在边上单击鼠标左键，可以在边上添加顶点，如图 6-30 所示。

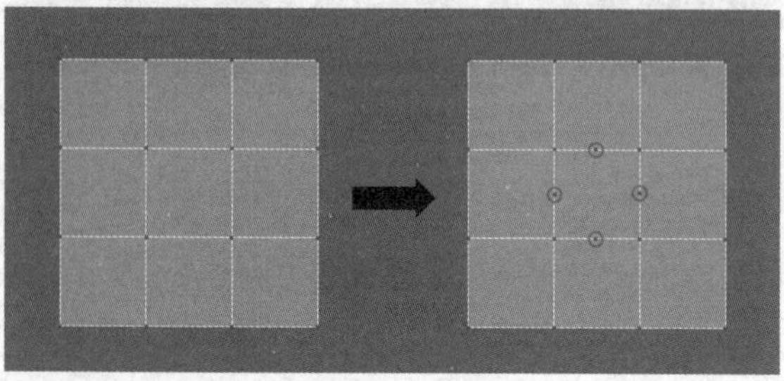

图 6-30

移除 移除 ：选择边以后，单击该按钮或按 Backspace 键可以移除边，如图 6-31 所示。如果按 Delete 键，将删除边以及与边连接的面，如图 6-32 所示。

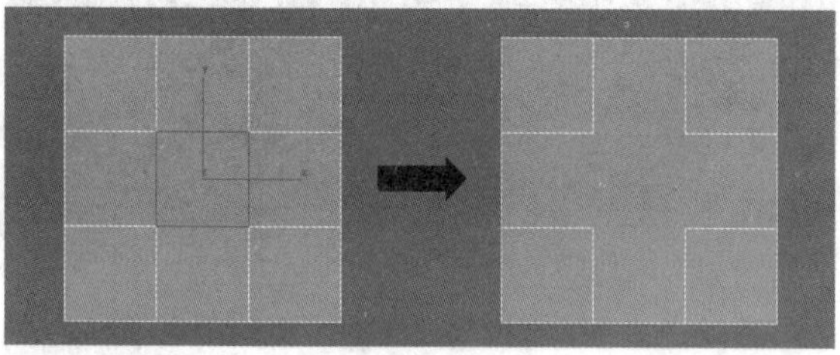

图 6-31

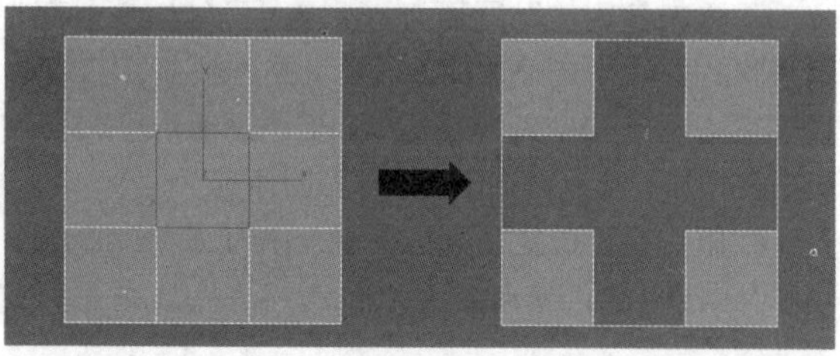

图 6-32

分割 分割 ：沿着选定边分割网格。对网格中心的单条边应用该工具时，不会起任何作用。

挤出 挤出 ：使用这个工具可以手动在视口中挤出边。如果要精确设置挤出的高度和宽度，可以单击右侧的“设置”按钮，然后在视口中的“挤出边”对话框中输入数值，如图 6-33 所示。

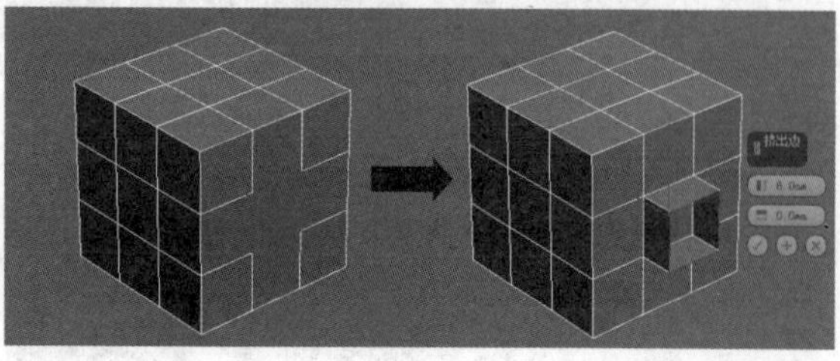

图 6-33

焊接 焊接 ：组合“焊接边”对话框指定的“焊接阈值”范围内的选定边，只能焊接仅附着一个多边形的边，也就是边界上的边。

切角 切角 ：可以为选定边进行切角（圆角）处理，从而生成平滑的棱角，如图 6-34 所示。

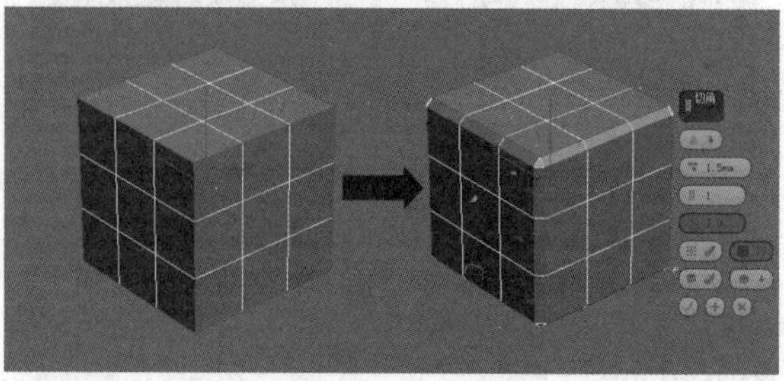

图 6-34

① 技巧与提示

很多时候在为边进行切角处理以后，都需要为模型添加“网格平滑”修改器，以生成较为平滑的模型，如图 6-35 所示。

图 6-35

目标焊接 目标焊接 ：用于选择边并将其焊接到目标边，只能焊接仅附着一个多边形的边，也就是边界上的边。

桥 桥 ：使用该工具可以连接对象的边，但只能连接边界边，也就是只在一侧有多边形的边。

连接 连接 ：可以在每对选定边之间创建新边，对于创建或细化边循环特别有用。比如选择一对竖向的边，则可以在横向上生成边，如图 6-36 所示。

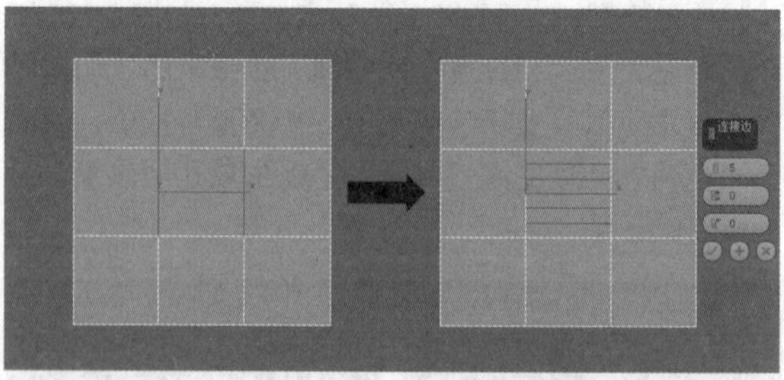

图 6-36

利用所选内容创建图形 利用所选内容创建图形 ：用于将选定的边创建为样条线图形。选择边以后，单击该按钮可以打开“创建图形”对话框，在该对话框中可以设置图形名称以及图形的类型，如果选择“平滑”类型，则生成的是平滑的样条线，如图 6-37 所示；如果选择“线性”类型，则生成的样条线的形状与选定边的形状保持一致，如图 6-38 所示。

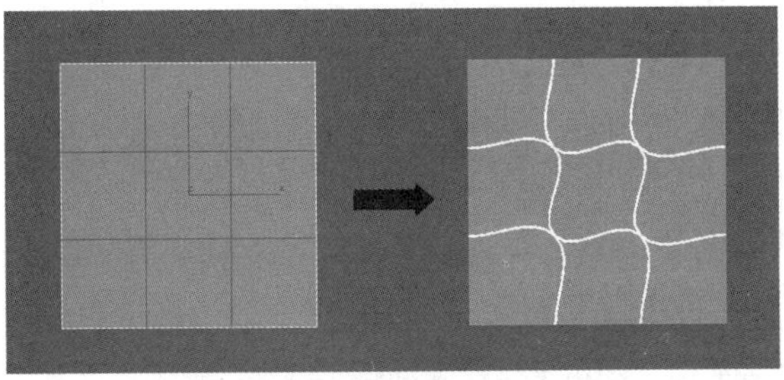
图 6-37

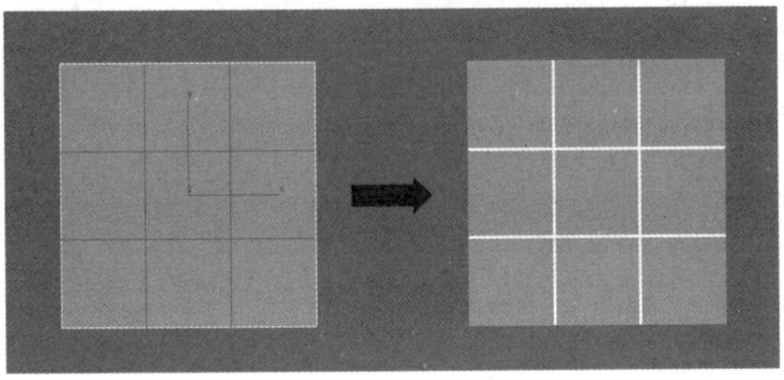
图 6-38

权重：设置选定边的权重，供 NURMS 细分选项和“网格平滑”修改器使用。

折缝：指定对选定边或边执行的折缝操作量，供 NURMS 细分选项和“网格平滑”修改器使用。

编辑三角形 编辑三角形：用于修改绘制内边或对角线时多边形细分为三角形的方式。

旋转 旋转：用于通过单击对角线修改多边形细分为三角形的方式。使用该工具时，对角线在线框和边面视口中显示为虚线。

6.2.5 编辑多边形

进入可编辑多边形的“多边形”层级以后，在“修改”命令面板中会增加一个“编辑多边形”卷展栏，如图 6-39 所示。这个卷展栏下的工具全部是用来编辑多边形的。

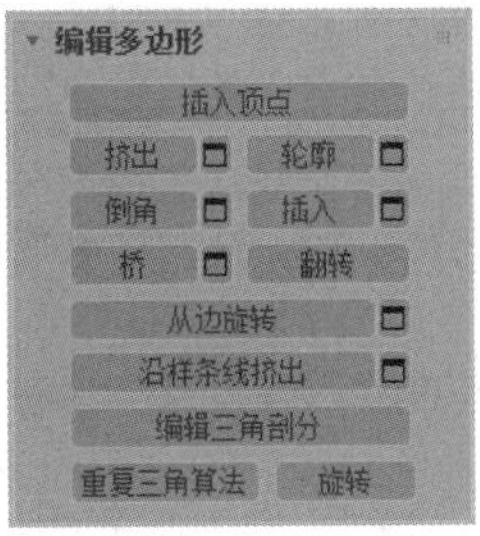

图 6-39

重要参数介绍

插入顶点 插入顶点：用于手动在多边形上插入顶点（单击即可插入顶点）以细化多边形，如图 6-40 所示。

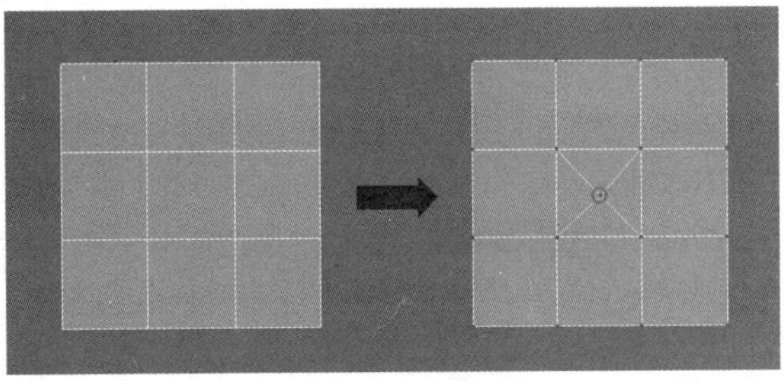
图 6-40

挤出 挤出：这是多边形建模中使用频率非常高的工具，可以挤出多边形。如果要精确设置挤出的高度，可以单击右侧的“设置”按钮，然后在视口中的“挤出边”对话框中输入数值。挤出多边形时，“高度”为正值可向外挤出多边形，为负值可向内挤出多边形，如图 6-41 所示。

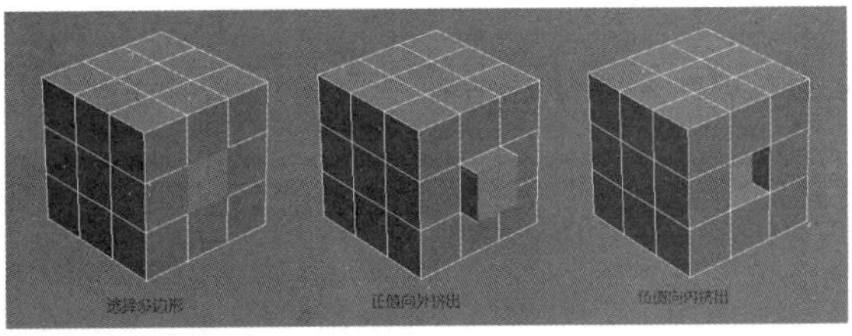
图 6-41

轮廓 轮廓：用于增加或减少每组连续的选定多边形的外边。

倒角 倒角：这是多边形建模中使用频率很高的工具，可以挤出多边形，同时对多边形进行倒角，如图 6-42 所示。

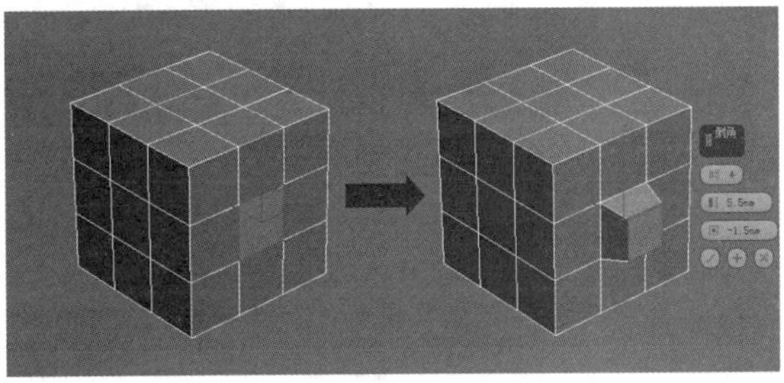
图 6-42

插入 插入：执行没有高度的倒角操作，即在选定多边形的平面内执行该操作，如图 6-43 所示。

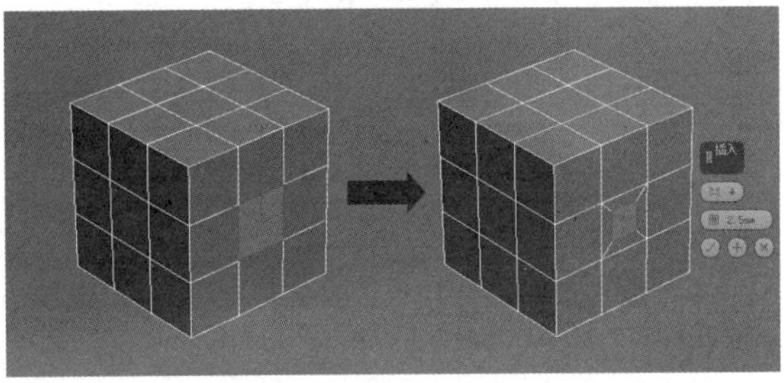
图 6-43

桥 桥 ：使用该工具可以连接对象上的两个多边形或多边形组。

翻转 翻转 ：反转选定多边形的法线方向，从而使其面向用户。

从边旋转 从边旋转 ：选择多边形后，使用该命令可以沿着垂直方向拖曳任何边，以便旋转选定多边形。

沿样条线挤出 沿样条线挤出 ：用于沿样条线挤出当前选定的多边形。

编辑三角剖分 编辑三角剖分 ：通过绘制内边修改多边形细分为三角形的方式。

重复三角算法 重复三角算法 ：在当前选定的一个或多个多边形上执行最佳三角剖分。

旋转 旋转 ：使用该命令可以修改多边形细分为三角形的方式。

6.2.6 编辑几何体

“编辑几何体”卷展栏下的工具适用于所有子对象层级，主要用来全局修改多边形对象，如图 6-44 所示。

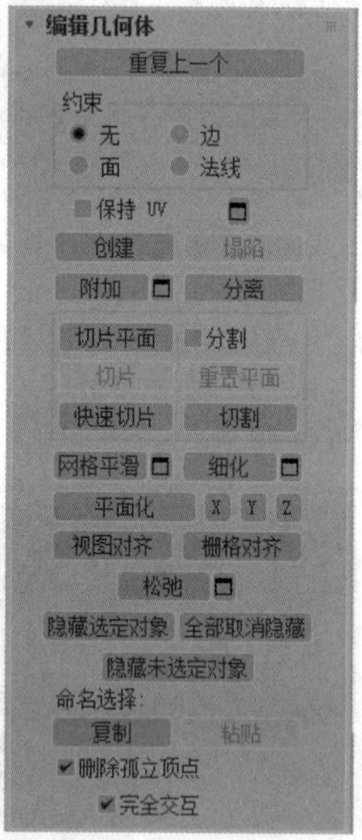

图 6-44

重要参数介绍

重复上一个 重复上一个 ：单击该按钮可以重复执行上一次使用的命令。

约束：使用现有的几何体来约束子对象的变换，共有“无”“边”“面”“法线”4 种方式可供选择。

保持 UV：启用该选项后，可以在编辑子对象的同时不影响该对象的 UV 贴图。

设置 ：单击该按钮可以打开“保持贴图通道”对话框，如图 6-45 所示。在该对话框中可以指定要保持的顶点颜色通道或纹理通道（贴图通道）。

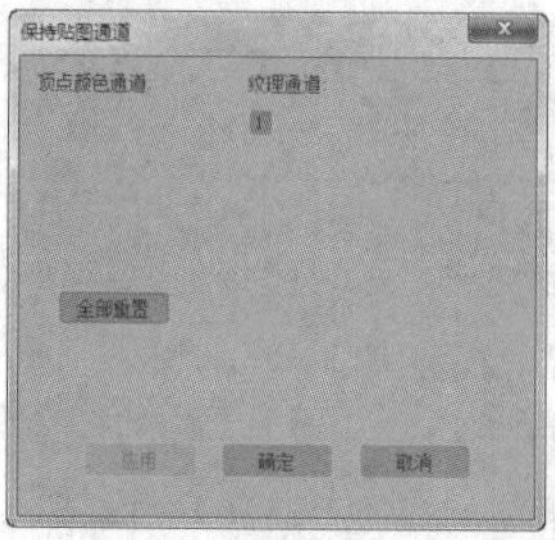

图 6-45

创建 创建 ：创建新的几何体。

塌陷 塌陷 ：通过将顶点与选择中心的顶点焊接，使连续选定的子对象的组产生塌陷。

> ⓘ 技巧与提示
>
> “塌陷”工具 塌陷 类似于“焊接”工具 焊接 ，但是该工具不需要设置“阈值”数值就可以使连续选定的子对象的组直接塌陷在一起。

附加 附加 ：使用该工具可以将场景中的其他对象附加到选定的可编辑多边形中。

分离 分离 ：用于将选定的子对象作为单独的对象或元素分离出来。

切片平面 切片平面 ：使用该工具可以沿某一平面将网格对象分开。

分割：启用该选项后，可以通过“快速切片”命令 快速切片 和“切割”命令 切割 在划分边的位置创建两个顶点集合。

切片 切片 ：用于在切片平面的位置执行切割操作。

重置平面 重置平面 ：将执行过“切片”的平面恢复到之前的状态。

快速切片 快速切片 ：可以对对象进行快速切片，切片线在对象表面，所以可以更加准确地进行切片。

切割 切割 ：用于在一个或多个多边形上创建出新的边。

网格平滑 网格平滑 ：使选定的对象产生平滑效果。

细化 细化 ：增加局部网格的密度，从而方便处理对象的细节。

平面化 平面化 ：强制使所有选定的子对象成为共面。

视图对齐 视图对齐 ：使对象中的所有顶点与活动视口所在的平面对齐。

栅格对齐 栅格对齐 ：将选定对象或子对象中的所有顶点与当前视口平面对齐。如果子对象层级处于活动状态，则该功能只适用于选定的子对象。

松弛 松弛 ：使当前选定的对象产生松弛现象。

隐藏选定对象 隐藏选定对象 ：隐藏所选定的子对象。

全部取消隐藏 全部取消隐藏 ：将所有的隐藏对象还

原为可见对象。

隐藏未选定对象 隐藏未选定对象：隐藏未选定的任何子对象。

命名选择：用于复制和粘贴子对象的命名选择集。

删除孤立顶点：启用该选项后，选择连续子对象时会删除孤立顶点。

完全交互：启用该选项后，如果更改数值，将直接在视口中显示最终的结果。

6.3 多边形建模应用案例

前面详细介绍了多边形建模方法和编辑多边形对象，下面通过两个案例讲解多边形建模的具体应用。

实战：用多边形建模制作烛台	
素材位置	无
实例位置	实例文件 > 第 6 章 > 用多边形建模制作烛台 > 用多边形建模制作烛台 .max
学习目标	学习挤出工具和插入工具的使用方法

本案例将通过多边形建模来制作烛台模型，其效果如图 6-46 所示。

图 6-46

01 使用“圆柱体”工具 圆柱体 在场景中创建一个圆柱体，然后在“参数”卷展栏中修改参数，如图 6-47 所示，所创建圆柱体的效果如图 6-48 所示。

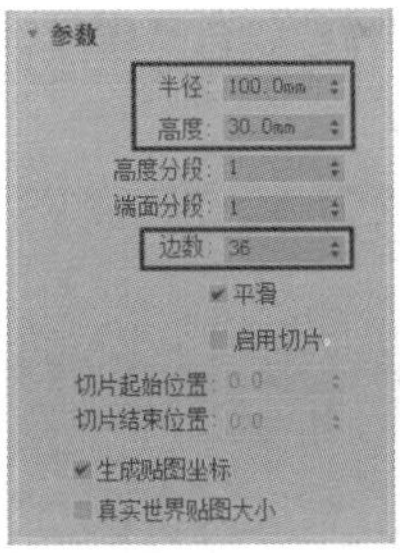

图 6-47

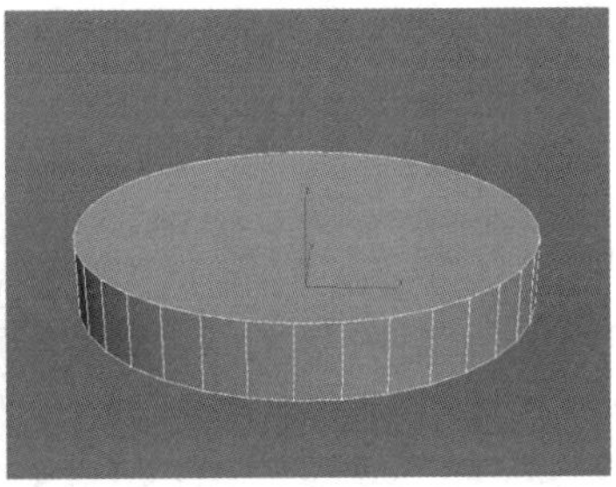

图 6-48

02 选中创建的圆柱体，然后单击鼠标右键，在弹出的菜单中执行“转换为 > 转换为可编辑多边形”命令，如图 6-49 所示。

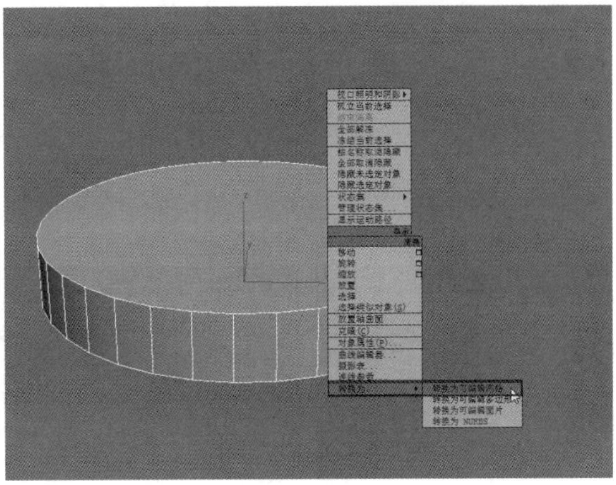

图 6-49

03 进入“多边形”层级■，然后选中如图 6-50 所示的多边形，再单击“挤出”按钮 挤出 右侧的“设置”按钮■，在打开的对话框中设置“高度”为 15mm，如图 6-51 所示。

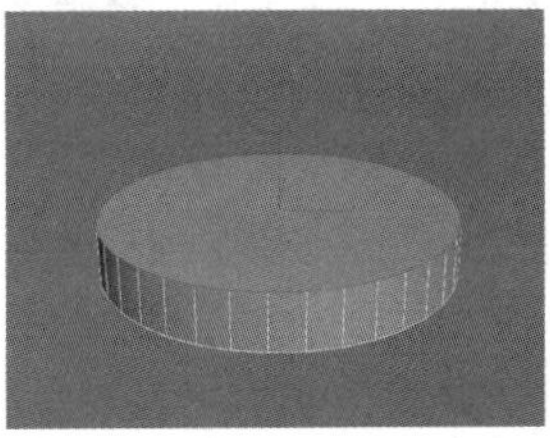

图 6-50

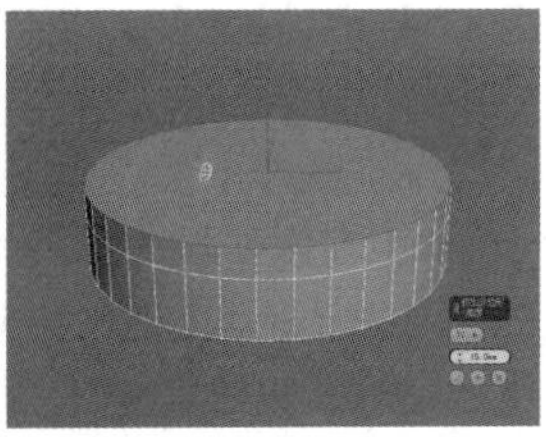

图 6-51

04 保持选中多边形，然后单击“轮廓”按钮 轮廓 右侧的“设置”按钮■，在打开的对话框中设置“轮廓”为 15mm，如图 6-52 所示。

05 保持选中多边形，然后单击“挤出”按钮 挤出 右侧的“设置”按钮■，在打开的对话框中设置“高度”为 85mm，如图 6-53 所示。

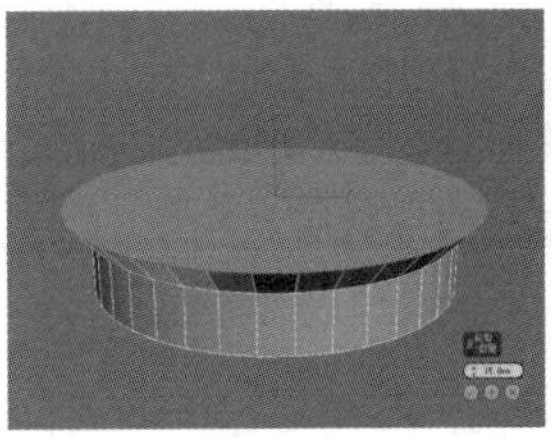

图 6-52

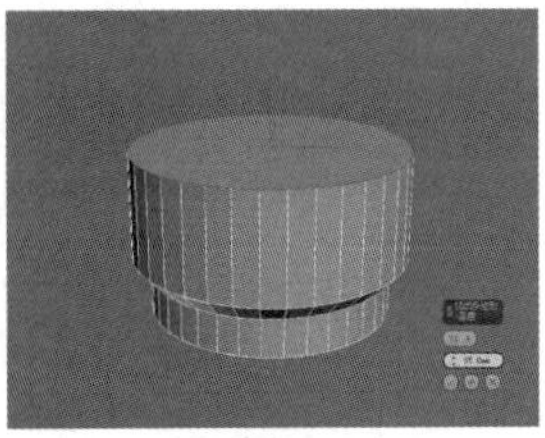

图 6-53

06 保持选中多边形，单击“插入”按钮 插入 右侧的“设置”按钮■，在打开的对话框中设置“数量”为 10mm，如图 6-54 所示。

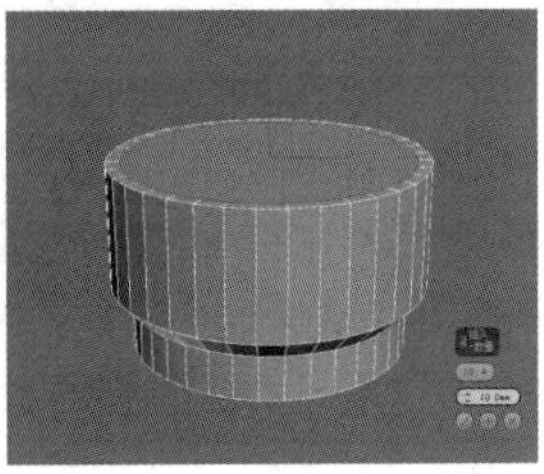

图 6-54

07 保持选中多边形，单击“挤出”按钮 挤出 右侧的“设置”按钮，在打开的对话框中设置“高度”为 -70mm，如图 6-55 所示。

08 保持选中多边形，单击“挤出”按钮 挤出 右侧的“设置”按钮，在打开的对话框中设置“高度”为 -10mm，如图 6-56 所示。

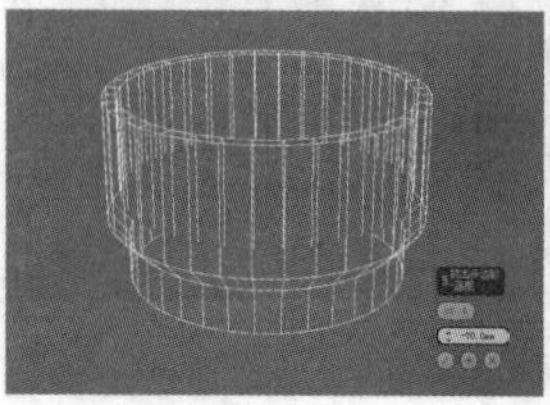
图 6-55

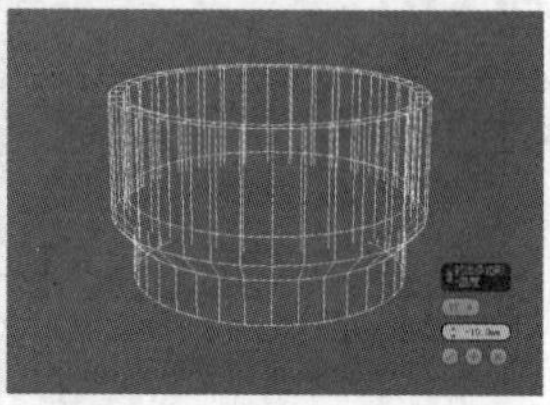
图 6-56

09 保持选中多边形，单击“轮廓”按钮 轮廓 右侧的“设置”按钮，在打开的对话框中设置“轮廓”为 -5mm，如图 6-57 所示。

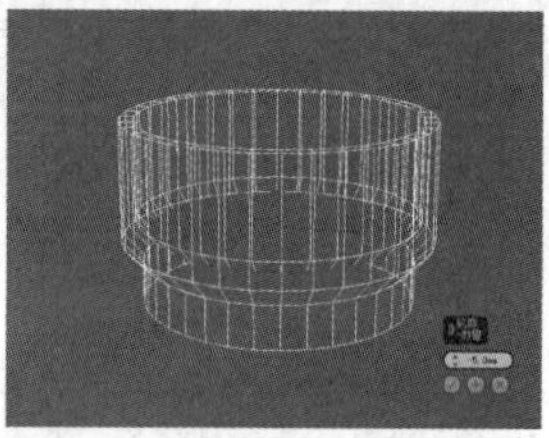
图 6-57

10 在修改器堆栈中单击“边”层级，然后选中如图 6-58 所示的边，再单击“切角”按钮 切角 右侧的“设置”按钮，在打开的对话框中设置“边切角量”为 2mm，如图 6-59 所示。

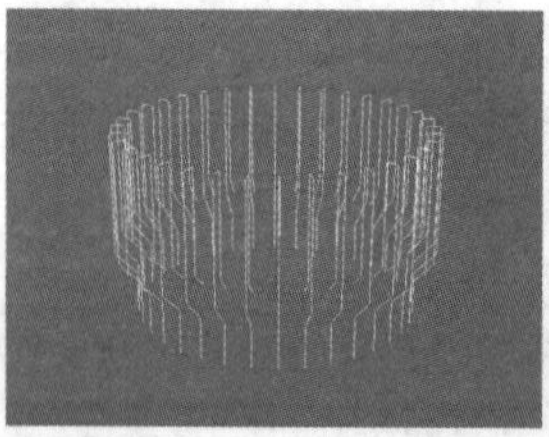
图 6-58

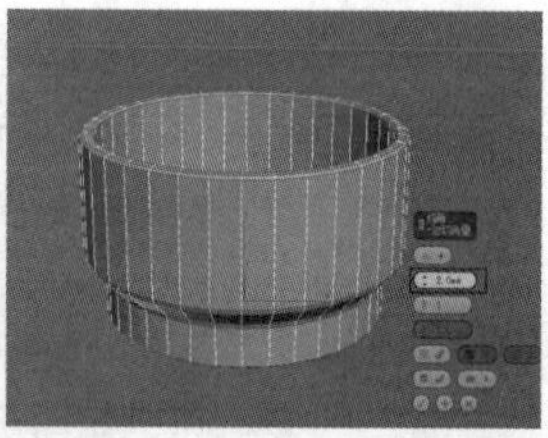
图 6-59

技巧与提示

进入“边”层级，随意选择一条横向上的边，然后在“选择”卷展栏下单击“环形”按钮 环形 ，可以选择与该边在同一经度上的所有横向边，如图 6-60 所示。单击鼠标右键，在弹出的菜单中选择“转换到面”命令，这样就可以将对边的选择转换为对面的选择，如图 6-61 所示。

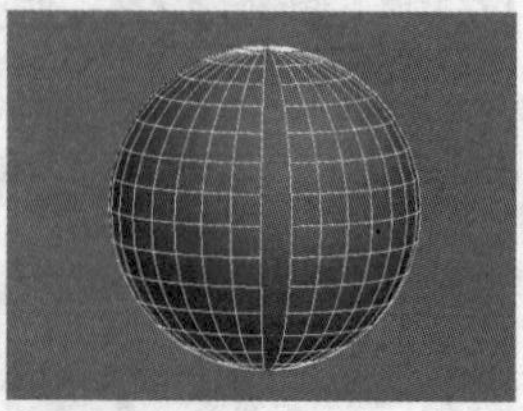
图 6-60

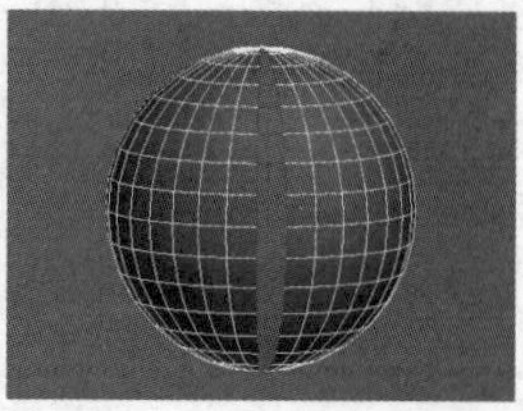
图 6-61

11 选中整个模型，然后为其添加“网格平滑”修改器，并设置参数如图 6-62 所示，完成本例模型的创建，其效果如图 6-63 所示。

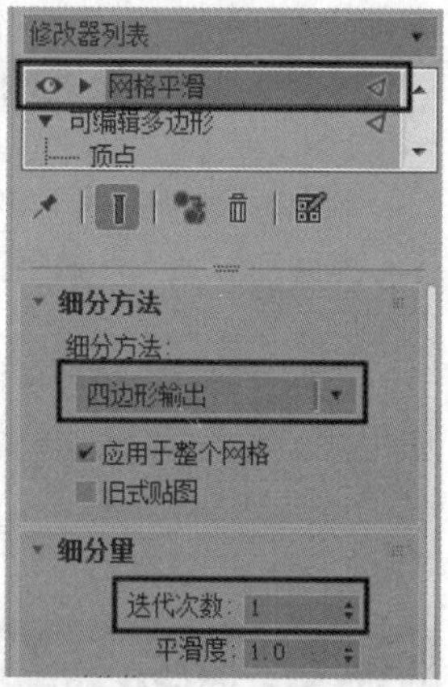

图 6-62

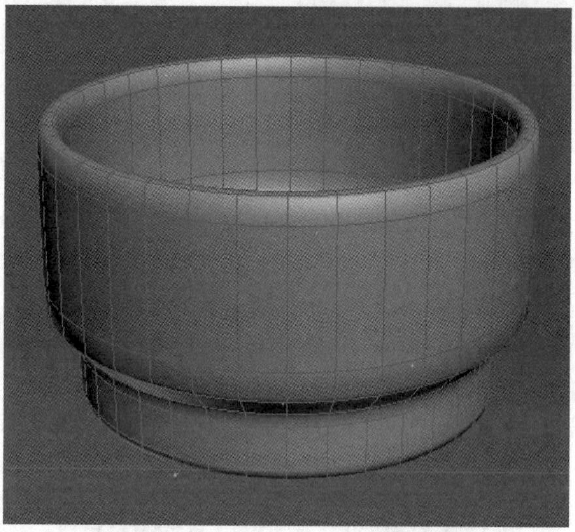
图 6-63

实战：用建模工具制作欧式台灯

素材位置	无
实例位置	实例文件 > 第 6 章 > 用建模工具制作欧式台灯 > 用建模工具制作欧式台灯 .max
学习目标	学习建模工具的使用方法

本案例将通过多边形建模来制作欧式台灯模型，其效果如图 6-64 所示。

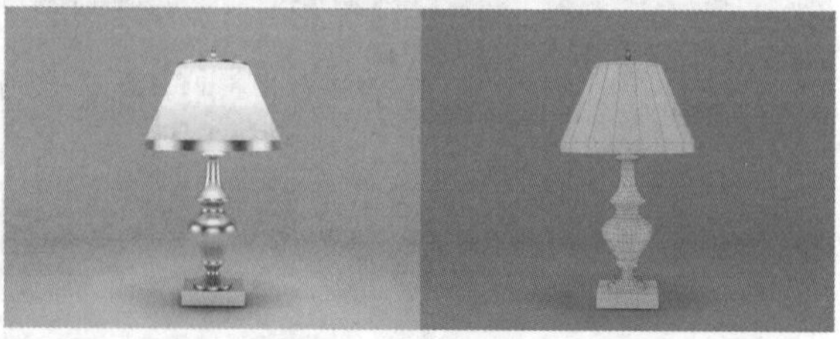
图 6-64

01 使用“圆柱体”工具 圆柱体 在场景中创建一个圆柱体，设置“半径”为 20mm、“高度”为 510mm、“高度分段”为 10，如图 6-65 所示。

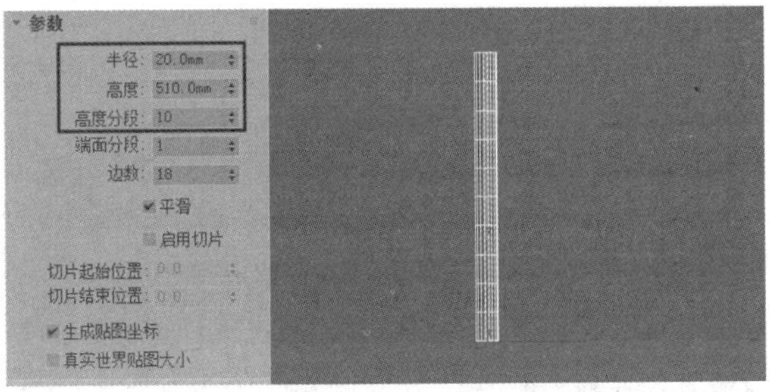

图 6-65

02 选中并在创建的圆柱体上单击鼠标右键，在弹出的菜单中执行“转换为 > 转换为可编辑多边形”命令，将圆柱体转换为可编辑多边形，然后进入“顶点”层级，在前视口中对顶点进行调整，调整后的效果如图 6-66 所示。

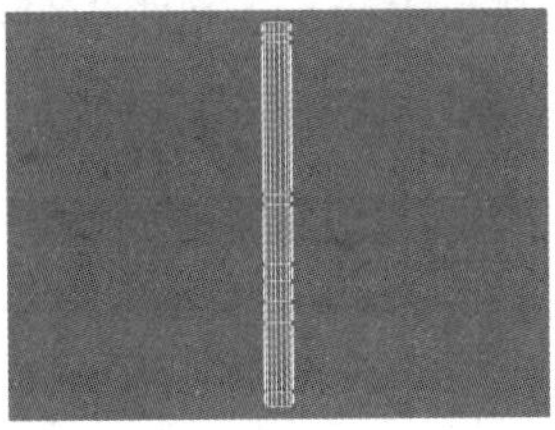
图 6-66

03 使用“选择并均匀缩放”工具在顶视口中对顶点进行缩放调整，如图 6-67 所示，调整后的模型在前视口中的效果如图 6-68 所示。

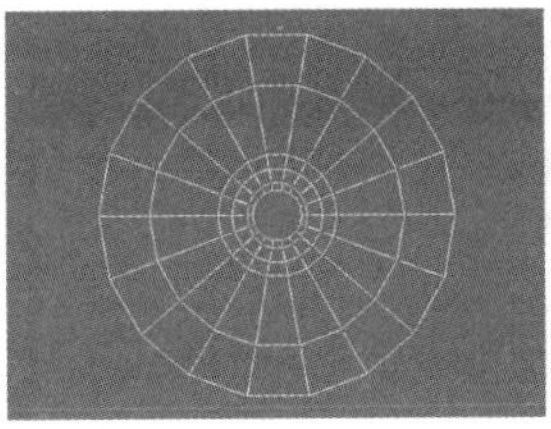
图 6-67

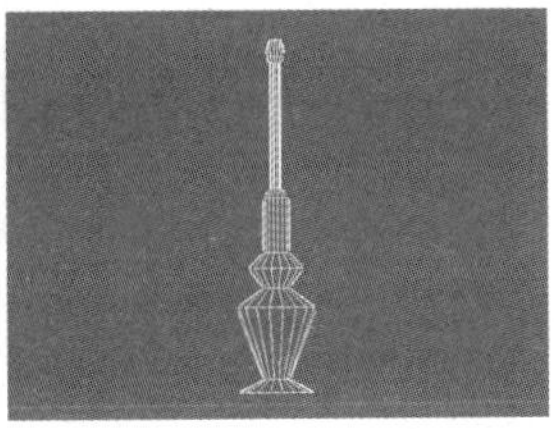
图 6-68

04 进入“边”层级，选择如图 6-69 所示的边，然后在“编辑边”卷展栏中单击“连接”按钮 连接 右侧的“设置”按钮，在打开的对话框中设置“分段”为 6，如图 6-70 所示。

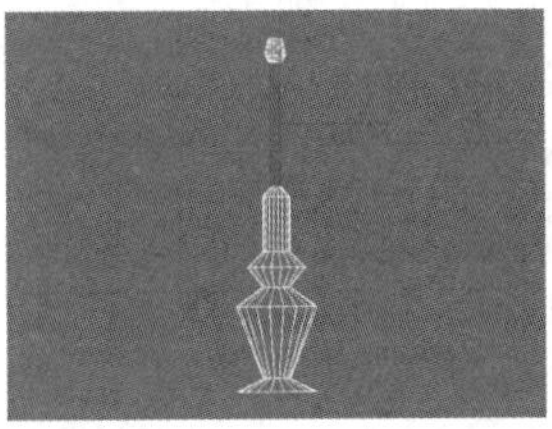
图 6-69

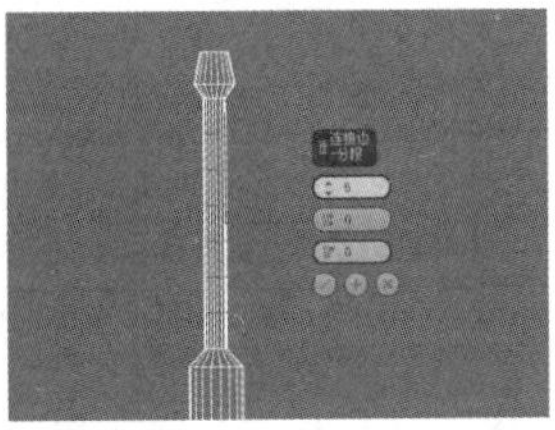
图 6-70

① 技巧与提示

用户在多边形建模时，经常会为了特定需要而选择一圈的边对象。如果逐条去选择这些边会比较麻烦，且容易选错。这时利用“选择”卷展栏中的“环形”工具 环形 和“循环”工具 循环，就可以非常方便地进行边的选择。

05 进入“顶点”层级，然后分别在顶视口和前视口中对顶部的顶点进行调整，调整后效果如图 6-71 和图 6-72 所示。

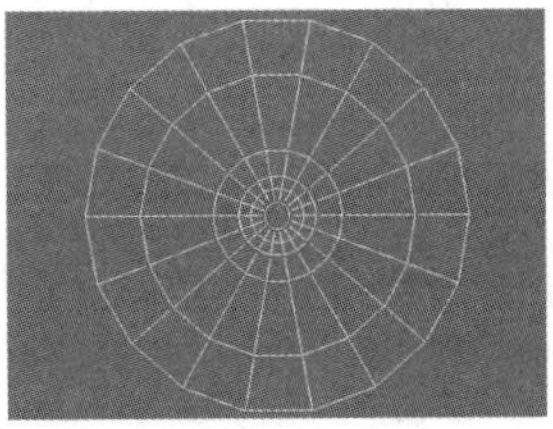
图 6-71

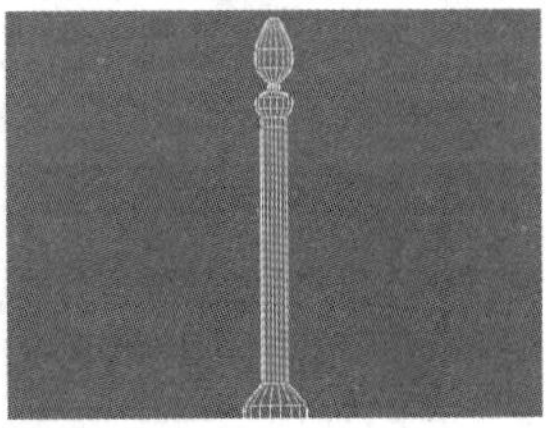
图 6-72

06 使用“连接”功能在其他位置添加竖向边，然后将顶点调整成如图 6-73 所示的效果，此时模型在透视视口中的效果如图 6-74 所示。

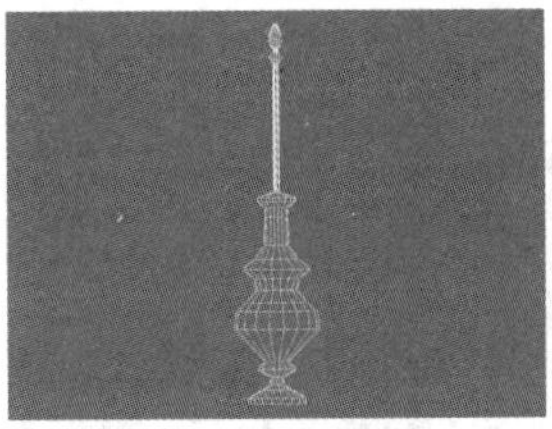
图 6-73

图 6-74

07 使用“圆柱体”工具 圆柱体 在场景中创建一个圆柱体，然后在“参数”卷展栏下设置“半径”为 40mm、“高度”为 180mm、“高度分段”为 3，具体参数设置及模型位置如图 6-75 所示。

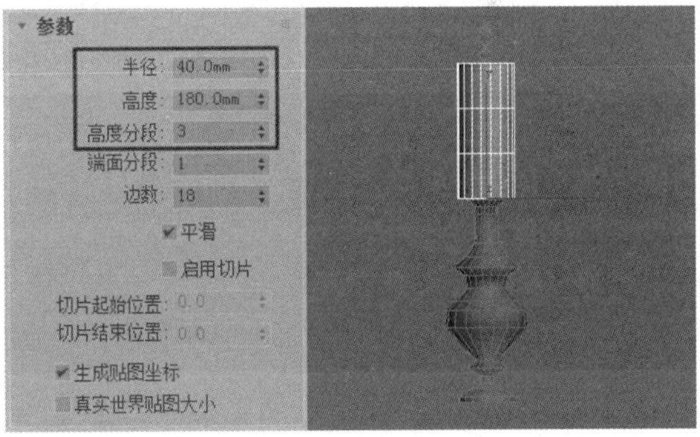

图 6-75

08 将上一步创建的圆柱体转换为可编辑多边形，进入“顶点”层级，然后使用“选择并均匀缩放”工具分别在顶视口和前视口中对顶点进行调整，调整后的效果如图 6-76 和图 6-77 所示。

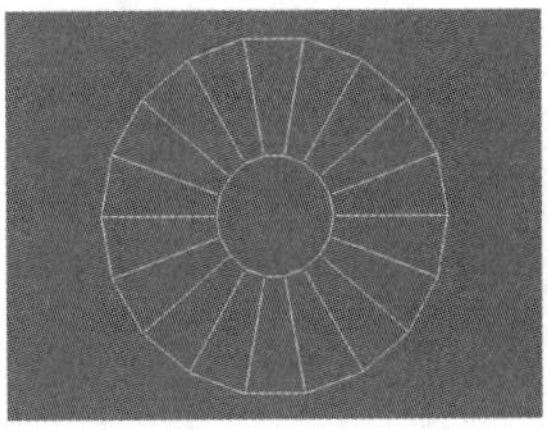
图 6-76

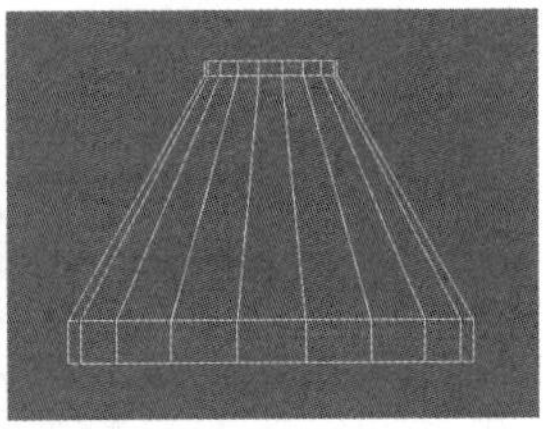
图 6-77

09 进入“多边形”层级，选择灯罩顶部和底部的多边形，如图 6-78 所示，然后按 Delete 键将其删除，其效果如图 6-79 所示。

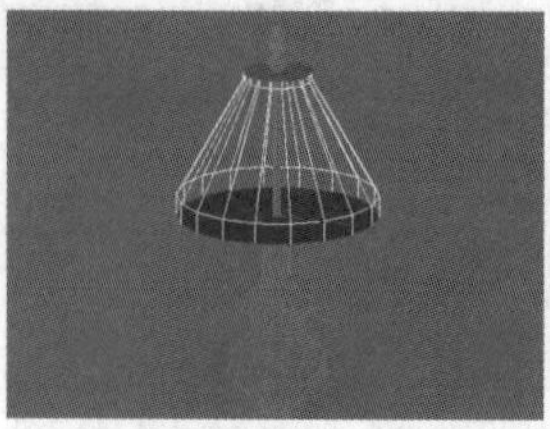
图 6-78

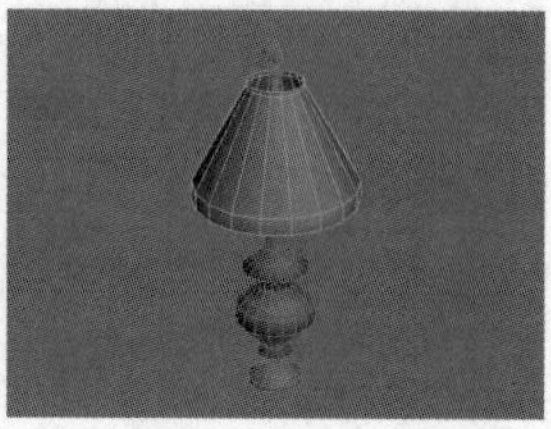
图 6-79

10 为灯柱模型添加一个“网格平滑”修改器，然后在“细分量”卷展栏下设置“迭代次数”为 1，具体参数设置及模型效果如图 6-80 所示。

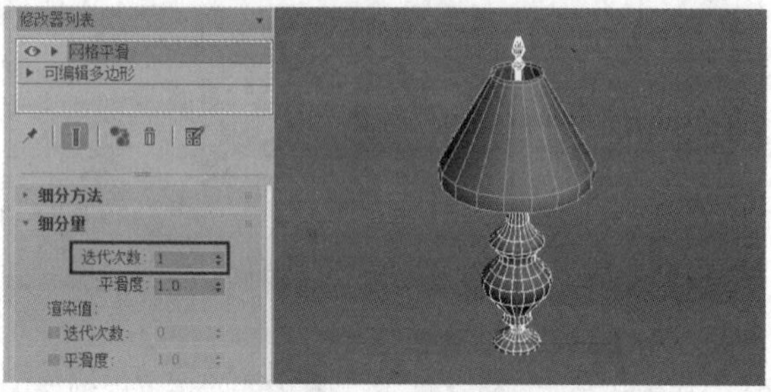

图 6-80

11 使用“长方体”工具 长方体 在灯柱底部创建一个长方体，然后设置“长度”和“宽度”为 120mm、“高度”为 30mm，完成本例模型的创建，其效果如图 6-81 所示。

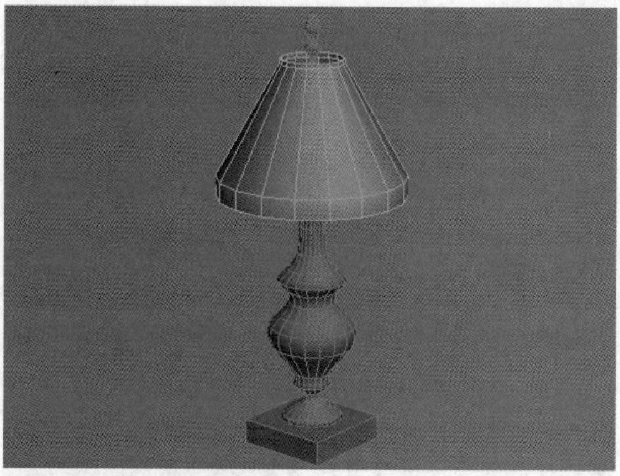
图 6-81

① 技巧与提示

多边形建模中，经常会遇到不小心删除了多余的面造成模型破面的情况。图 6-82 所示的模型中间缺失了一块面，如果需要将其补回来，可以在“边界”层级下选择要封口的边界（如图 B），然后在“编辑边界”卷展栏下单击“封口”按钮 封口 或按 Alt+P 快捷键，这样就可以将缺失的面补回来（如图 C）。

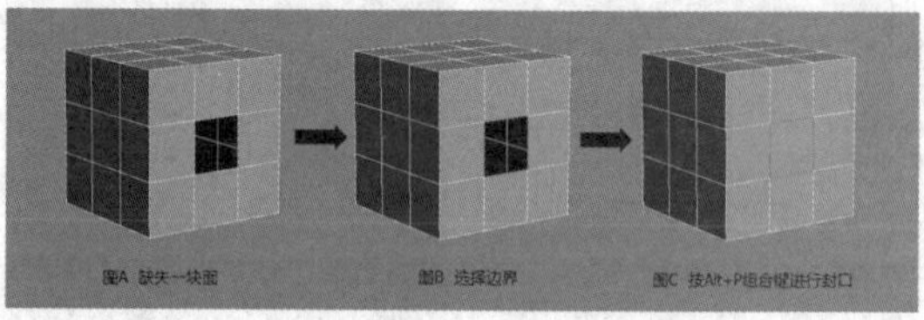

图 6-82

07

第7章

摄影机与构图

要点索引

▼

摄影机的重要术语

3ds Max 中的摄影机

构图

本章将讲解 3ds Max 的摄影机和构图技术。首先介绍 3ds Max 的摄影机工具，然后介绍场景构图。用户在进行场景构图前需要先明确画面表达的主题。例如，建筑设计构图以表现建筑为主题，室内设计构图以表现室内装潢为主题。

7.1 摄影机的重要术语

3ds Max 中的摄影机与真实的摄影机有很多术语是相同的，下面介绍一下摄影机的重要术语。

7.1.1 镜头

一个结构简单的镜头可以是一块凸形毛玻璃，它折射来自被拍摄物体上每一点的被扩大了的光线，然后这些光线聚集起来形成连贯的点，即焦平面。当镜头准确聚集时，胶片的位置就与焦平面互相叠合。镜头一般分为标准镜头、广角镜头、远摄镜头、鱼眼镜头和变焦镜头等。

7.1.2 焦平面

焦平面是通过镜头折射后的光线聚集起来形成清晰的、上下颠倒的影像的地方。经过离摄影机不同距离的运行，光线被不同程度地折射后会聚合在焦平面上，因此就需要调节聚焦装置，前后移动镜头以改变其与摄影机后背的距离。当镜头聚焦准确时，胶片的位置和焦平面应叠合在一起。

7.1.3 光圈

光圈通常位于镜头的中央，它是一个圆环，可以控制圆孔的开口大小，并且可以控制曝光时光线的亮度。当需要大量的光线来进行曝光时，就需要增大光圈的圆孔；若只需要少量光线来进行曝光时，就需要缩小圆孔，让少量的光线进入。

光圈由装设在镜头内的叶片控制，而叶片是可动的。光圈越大，镜头里的叶片就打开得越大，所谓“最大光圈”就是叶片打开得最大，让可通过镜头的光线全部进入的全开光圈；反之光圈越小，叶片就收缩得越厉害，最后可缩小到只剩小小的一个圆点。

光圈就如同人类眼睛的虹膜，用来控制拍摄时单位时间的进光量，一般以 f/5、F5 或 1 ： 5 来表示。就实际而言，较小的 f 值表示较大的光圈。

光圈的计算单位称为光圈值（f-number）或者是级数（f-stop）。

1. 光圈值

标准的光圈值（f-number）的编号如下。

f/1、f/1.4、f/2、f/2.8、f/4、f/5.6、f/8、f/11、f/16、f/22、f/32、f/45、f/64，其中 f/1 是进光量最大的光圈号数。光圈值的分母越大，进光量就越小。通常镜头会用到的光圈号数为 f/22 ~ f/2.8，光圈值越大的镜头，镜片的口径就越大。

2. 级数

级数（f-stop）是指相邻的两个光圈值的进光量的差距，例如，f/8 与 f/11 之间相差一级，f/2 与 f/2.8 之间也相差一级。依此类推，f/8 与 f/16 之间相差两级，f/1.4 与 f/4 之间就差了 3 级。

在职业摄影领域，有时称级数为“挡”或是“格”，例如，f/8 与 f/11 之间相差一挡，f/8 与 f/16 之间相差两格。

在每两级（光圈号数）之间，后面号数的进光量都是前面号数的一半。例如，f/5.6 的进光量只有 f/4 的一半，f/16 的进光量也只有 f/11 的一半，号数越靠后，进光量越小，并且是以等比级数的方式递减的。

技巧与提示

除了考虑进光量，光圈的大小还跟景深有关。景深是物体成像后在相片（图档）中的清晰程度。光圈越大，景深会越小（清晰的范围较小）；光圈越小，景深就越大（清晰的范围较大）。

大光圈的镜头非常适合拍摄低光量的环境，因为它可以在微光的环境下，获取更多的现场光，让我们可以用较快速的快门来拍照，以便保持拍摄时相机的稳定。但是大光圈的镜头不易制作，必须要花较多的费用才可以获得。

好的摄影机会根据测光的结果等来自动计算光圈的大小。一般情况下快门速度越快，光圈就越大，以保证有足够的光线通过，所以大光圈的镜头也比较适合拍摄高速运动的物体，比如行动中的汽车、落下的水滴等。

7.1.4 快门

快门是摄影机中的一个机械装置，大多设置于机身接近底片的位置（大型摄影机的快门设计在镜头中），用于控制底片接受光线的时间长短。也就是说，在每一次拍摄时，光圈的大小控制了光线的进入量，快门的速度决定了光线进入的时间长短，这样一次的动作便完成了所谓的“曝光”。

快门是镜头前阻挡光线进入的装置，一般而言，快门的时间范围越大越好。秒数低的快门适合拍摄运动中的物体，某款摄影机就强调快门最快能达到 1/16000 秒，可以轻松捕捉急速移动的目标。不过当您要拍的是夜晚的车水马龙时，快门速度就要减慢，照片中常见的丝绢般的水流效果就要用慢速快门才能拍到。

快门以“秒”作为单位，它有一定的数字格式，一般在摄影机上可以见到的快门单位有以下 15 种。

B、1、2、4、8、15、30、60、125、250、500、1000、2000、4000、8000。

上面每一个数字单位都是分母，也就是说每一段快门分别是 1 秒、1/2 秒、1/4 秒、1/8 秒、1/15 秒、1/30 秒、1/60 秒、1/125 秒、1/250 秒（以下依此类推）等。一般中阶的单眼摄影机快门能达到 1/4000 秒，高阶的专业摄影机可以到 1/8000 秒。B 指的是慢快门“Bulb”，B 快门的开关时间由操作者自行控制，可以用快门按钮或是快门线来控制整个曝光的时间。

每两个相邻快门数值之间的差距都是两倍，例如，1/30 是 1/60 的两倍，1/1000 是 1/2000 的两倍，这个跟光圈值的级数差距计算是一样的。与光圈相同，每两个快门之间的差距也称为一级、一格或是一挡。光圈级数跟快门级数的进光量其实是相同的，也就是说光圈之间相差一级的进光量，其实就等于快门之间相差一级的进光量，这一点在计算曝光时很重要。

7.1.5 渲染安全框

渲染安全框可以通俗地理解为相框，只要在安全框内显示的对象都可以被渲染出来。渲染安全框可以直观地体现渲染输出的尺寸比例。

打开渲染安全框的方法有以下两种。

第 1 种，用鼠标右键单击视口左上角的视口名称，在弹出的菜单中选择“显示安全框”命令，如图 7-1 所示。

第 2 种，按 Shift + F 快捷键直接打开渲染安全框，图 7-2 所示是打开“动作安全框”“标题安全框”“用户安全框”的效果。

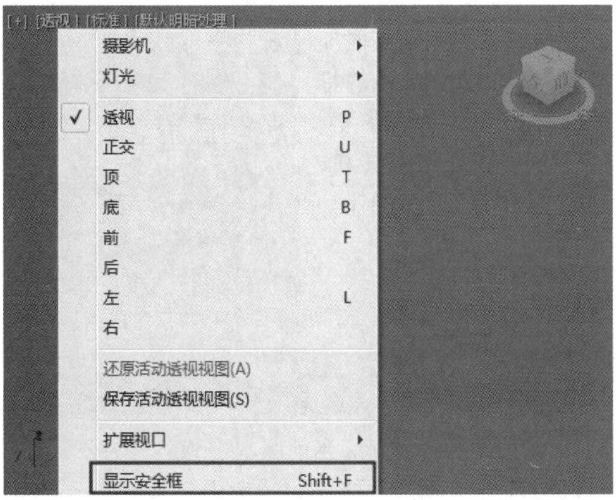

图 7-1

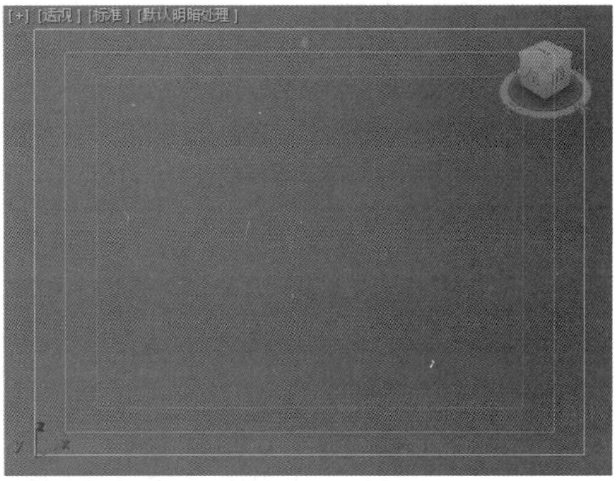

图 7-2

用鼠标右键单击视口左上角的视口类型名称，然后在弹出的菜单中选择“视口全局设置”命令，在打开的“视口配置”对话框中选择“安全框”选项卡，就可以对渲染安全框进行设置，如图 7-3 和图 7-4 所示。

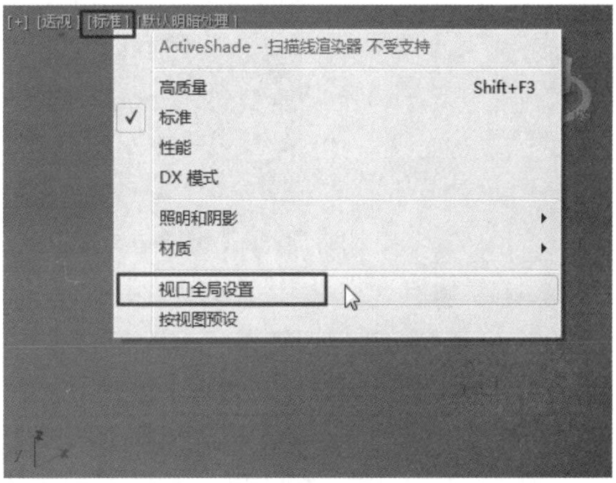

图 7-3

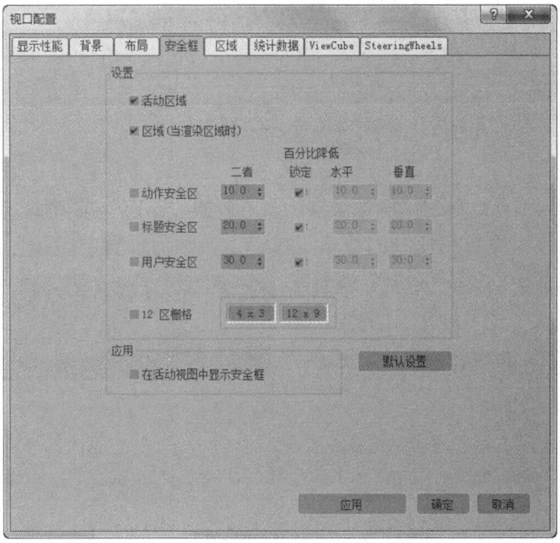

图 7-4

7.1.6 图像纵横比

图像纵横比是构成图像的纵向和横向像素个数的比例，是渲染图像的横向与纵向的比例。当设定好固定的图像纵横比之后，调节图像的任意一个尺寸，另一个尺寸会同比例变化。

实战：设置图像纵横比	
素材位置	无
实例位置	无
学习目标	掌握如何设置图像的纵横比

01 按F10键打开“渲染设置”对话框，在“公用”选项卡的“输出大小”选项组中，默认的“图像纵横比”为1.333，如图7-5所示。

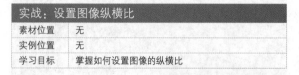

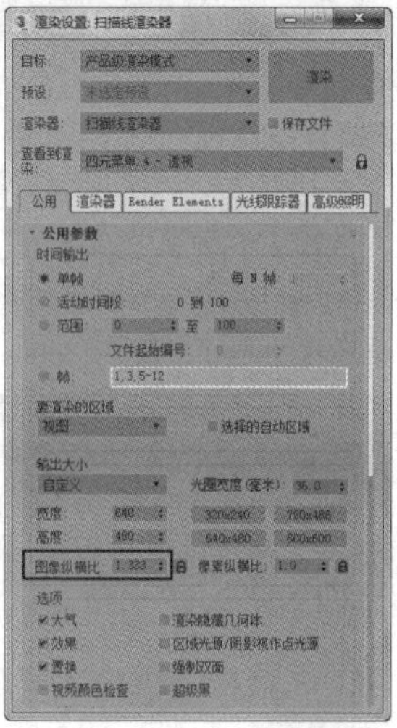

图 7-5

02 设置“宽度”为1280、“高度”为720，此时“图像纵横比”自动显示为1.778，如图7-6所示。

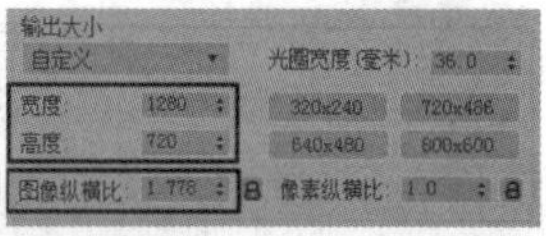

图 7-6

> ① 技巧与提示
>
> “图像纵横比”的数值是由“宽度”的数值除以“高度”的数值得出的。若“宽度”与“高度”的数值相同，“图像像素比”就为1。

03 单击“图像像素比”右侧的“锁定”按钮🔒，“图像纵横比”的数值将被锁定，然后设置“宽度”为1920，“高度”就会自动变成1080，“图像纵横比”将保持不变，如图7-7所示。

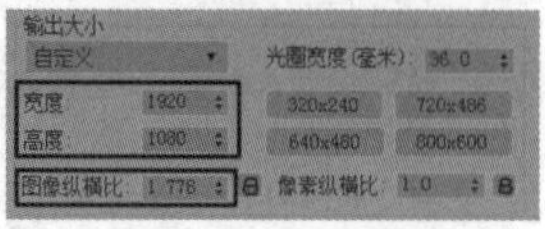

图 7-7

> ① 技巧与提示
>
> “图像纵横比”会影响渲染安全框的大小。“图像纵横比”为不同数值时，所显示的渲染安全框的大小不同，如图7-8和图7-9所示。

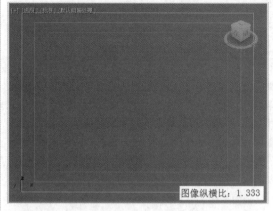

图 7-8

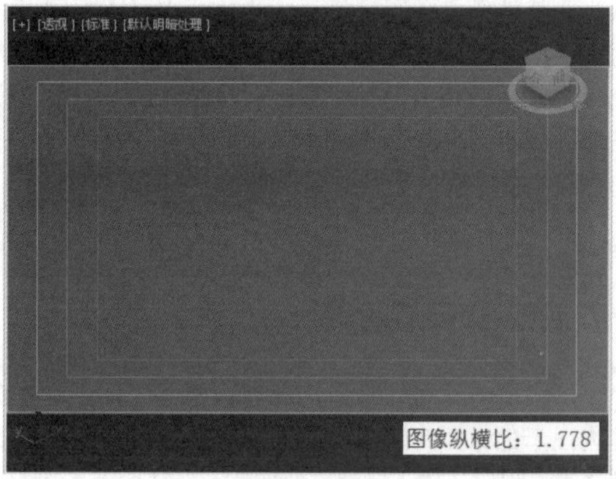

图 7-9

7.2 3ds Max 中的摄影机

3ds Max 中的摄影机在制作效果图和动画时非常有用。3ds Max 中的标准摄影机包括目标摄影机、物理摄影机和自由摄影机，如图7-10所示。

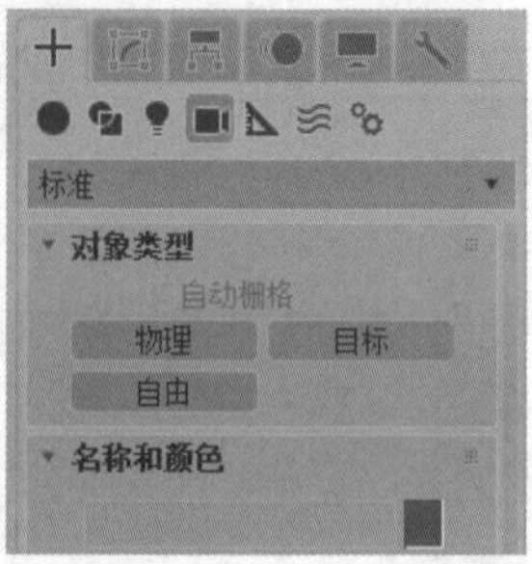

图 7-10

> ① 技巧与提示
>
> 安装适合 3ds Max 当前版本的 Vray 插件后，摄影机列表中会增加一种 VRay 摄影机。

7.2.1 目标摄影机

目标摄影机是最常用的摄影机之一，其操作简单方便。使用目标摄影机时，只需将目标对象定位在所需位置的中心，即可查看所放置的目标点周围的区域，它比自由摄影机更容易定向。

在“创建”命令面板中单击“摄影机”按钮，然后在“标准”摄影机类型中单击“目标”按钮 目标 ，如图 7-11 所示，接着在场景中按住鼠标左键拖曳鼠标指针即可创建一台目标摄影机，此时可以观察到目标摄影机包含的目标点和摄影机两个对象，如图 7-12 所示。

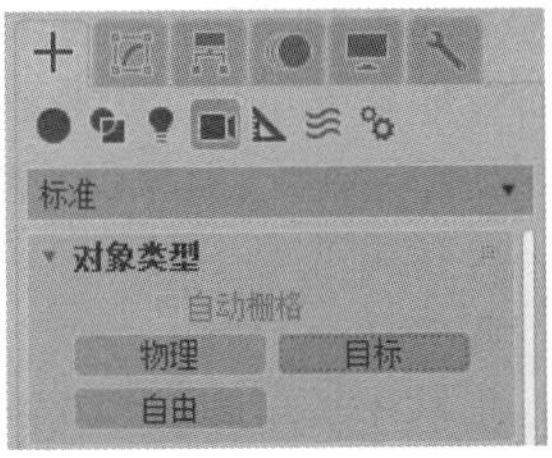

图 7-11

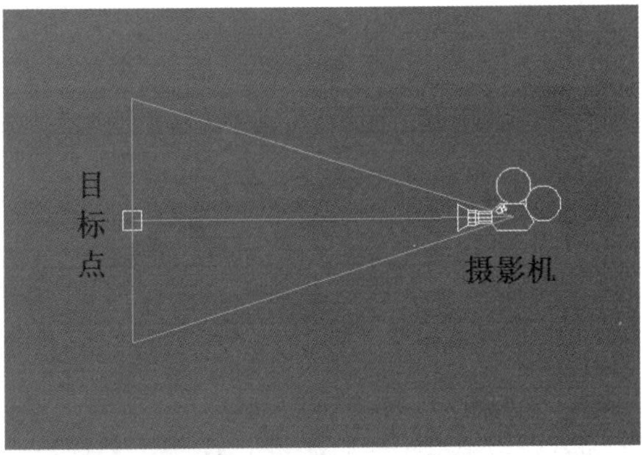

图 7-12

在默认情况下，目标摄影机的参数卷展栏主要包含“参数”和“景深参数”，如图 7-13 所示。当在“参数”卷展栏下设置“多过程效果”为“运动模糊”时，目标摄影机的参数卷展栏就变成了“参数”和“运动模糊参数”，如图 7-14 所示。

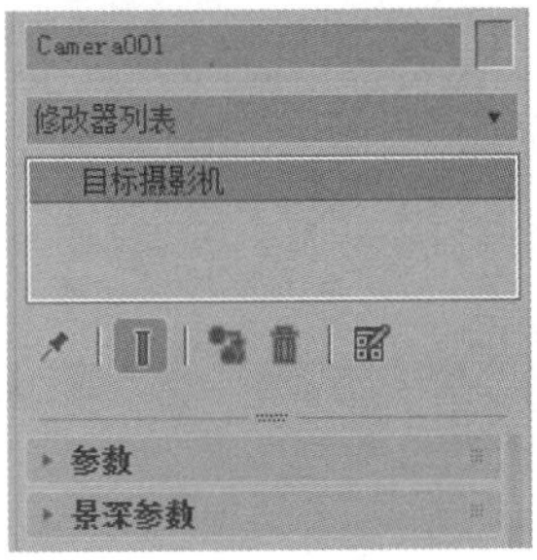

图 7-13

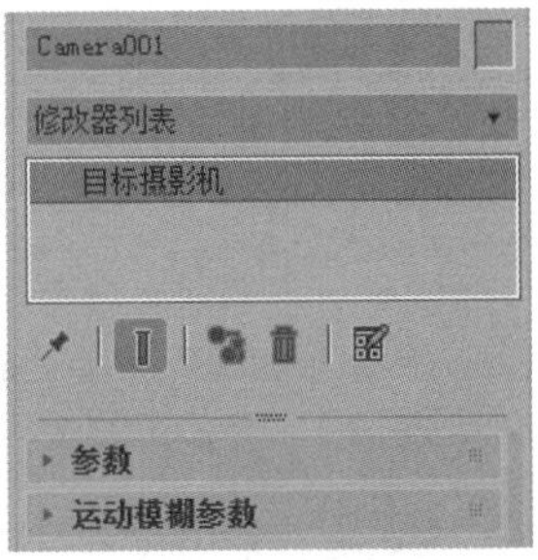

图 7-14

1. 参数卷展栏

在目标摄影机参数设置面板中展开“参数”卷展栏，其中的参数内容如图 7-15 所示。

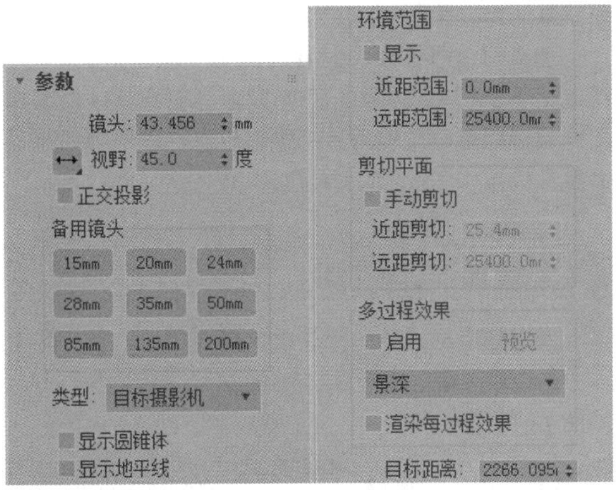

图 7-15

重要参数介绍

镜头：以 mm 为单位设置摄影机的焦距。

视野：设置摄影机查看区域的宽度视野，包括水平、垂直和对角线 3 种方式。

正交投影：启用该选项后，摄影机视口为用户视图；关闭该选项后，摄影机视口为标准的透视视口。

备用镜头：系统预置的摄影机镜头焦距包含 15mm、20mm、24mm、28mm、35mm、50mm、85mm、135mm 和 200mm。

类型：切换摄影机的类型，包含“目标摄影机”和“自由摄影机”。

显示圆锥体：启用此选项，将显示摄影机视野定义的锥形光线（实际上是一个四棱锥）。锥形光线出现在其他视口，但是显示在摄影机视口中。

显示地平线：启用此选项后，摄影机视口中的地平线上会显示一条深灰色的线条。

显示：启用此选项后，将显示出在摄影机锥形光线内的矩形。

近距 / 远距范围：设置大气效果的近距范围和远距范围。

手动剪切：启用该选项可定义剪切的平面。

近距剪切：设置近距平面。

远距剪切：设置远距平面。

> **技巧与提示**
>
> 在渲染摄影机视口时，比“近距剪切”平面近或比“远距剪切”平面远的对象是不可见的。

启用：启用该选项后，可以预览渲染效果。

预览 预览 ：单击该按钮可以在活动摄影机视口中预览效果。

多过程效果：包括“景深”和“运动模糊”两个选项，

系统默认为“景深”。

渲染每过程效果：启用该选项后，系统会将渲染效果应用于多重过滤效果的每个过程（景深或运动模糊）。

目标距离：当使用目标摄影机时，该选项用来设置摄影机与其目标之间的距离。

2. 景深参数卷展栏

景深是摄影机的一个非常重要的功能，在实际工作中的使用频率也非常高，常用于表现画面的中心点，如图 7-16 所示。

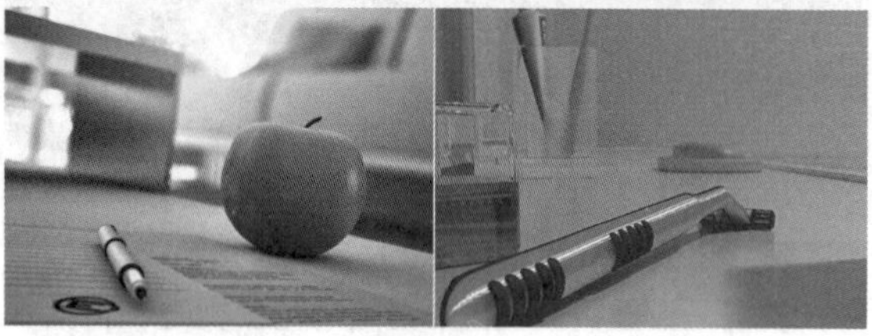

图 7-16

当设置“多过程效果”为“景深”时，系统会自动显示出“景深参数”卷展栏，在目标摄影机参数设置面板中展开“景深参数”卷展栏，其中的参数内容如图 7-17 所示。

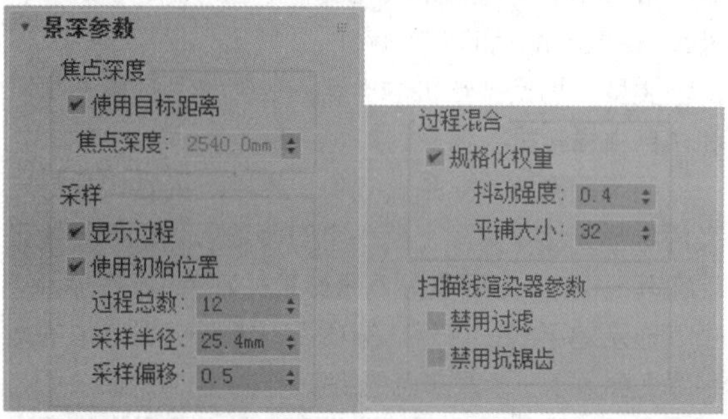

图 7-17

重要参数介绍

使用目标距离：启用该选项后，系统会将摄影机的目标距离用作每个过程摄影机偏移的距离。

焦点深度：当禁用“使用目标距离”选项时，该选项可以用来设置摄影机的偏移深度，其取值范围为 0~100。

显示过程：启用该选项后，“渲染帧窗口”对话框中将显示多个渲染通道。

使用初始位置：启用该选项后，第 1 个渲染过程将位于摄影机的初始位置。

过程总数：设置生成景深效果的过程数。增大该值可以提高效果的真实度，但是会增加渲染时间。

采样半径：设置场景生成的模糊半径。数值越大，模糊效果越明显。

采样偏移：设置模糊靠近或远离“采样半径”的权重。增大该值将增加景深模糊的数量级，从而得到更均匀的景深效果。

规格化权重：启用该选项后可以将权重规格化，以获得平滑的结果；禁用该选项后，效果会变得更加清晰，但颗粒状效果也更明显。

抖动强度：设置应用于渲染通道的抖动程度。增大该值会增加抖动量，并且会生成颗粒状效果，这种效果在对象的边缘上尤为明显。

平铺大小：设置图案的大小，0 表示以最小的方式进行平铺；100 表示以最大的方式进行平铺。

禁用过滤：启用该选项后，系统将禁用过滤的整个过程。

禁用抗锯齿：启用该选项后，可以禁用抗锯齿功能。

3. 运动模糊参数卷展栏

运动模糊一般运用在动画中，常用于表现运动对象高速运动时产生的模糊效果，如图 7-18 所示。

图 7-18

当设置“多过程效果”为“运动模糊”时，系统会自动显示出“运动模糊参数”卷展栏，在目标摄影机参数设置面板中展开“运动模糊”卷展栏，其中的参数内容如图 7-19 所示。

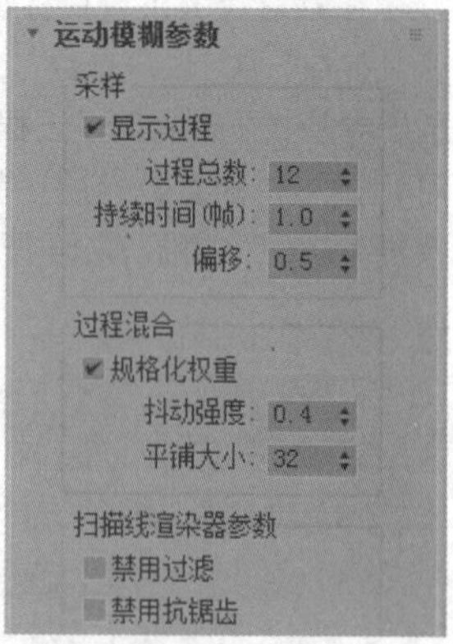

图 7-19

重要参数介绍

显示过程：启用该选项后，“渲染帧窗口”对话框中将显示多个渲染通道。

过程总数：设置生成模糊效果的过程数。增大该值可以提高效果的真实度，但是会增加渲染时间。

持续时间（帧）：在制作动画时，该选项用来设置应用运动模糊的帧数。

偏移：设置模糊的偏移距离。

规格化权重：启用该选项后，可以将权重规格化，以获得平滑的结果；当禁用该选项后，效果会变得更加清晰，但颗粒状效果也更明显。

抖动强度：设置应用于渲染通道的抖动程度。增大该值会增加抖动量，并且会生成颗粒状效果，这种效果在对象的边缘上尤为明显。

平铺大小：设置图案的大小，0 表示以最小的方式进行平铺；100 表示以最大的方式进行平铺。

禁用过滤：启用该选项后，系统将禁用过滤的整个过程。

禁用抗锯齿：启用该选项后，可以禁用抗锯齿功能。

实战：创建目标摄影机

素材位置	素材文件 > 第 7 章 >01
实例位置	实例文件 > 第 7 章 > 创建目标摄影机 > 创建目标摄影机 .max
学习目标	学习目标摄影机的功能及用法

本案例将讲解目标摄影机的创建方法及具体应用，案例最终效果如图 7-20 所示。

图 7-20

01 打开本书学习资源中的“素材文件 > 第 7 章 >01>01.max”文件，这是一个室内场景，如图 7-21 所示。

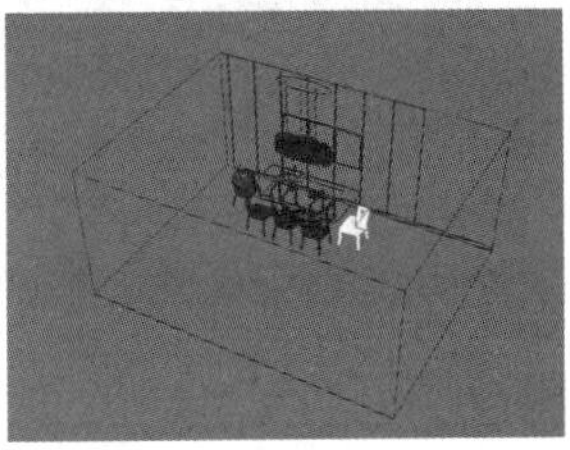

图 7-21

> ① 技巧与提示
>
> 该场景中的模型有餐桌、椅子、吊灯和墙壁上的挂画，所有模型都集中在一侧，因此可以让摄影机面向挂画。

02 在“创建”命令面板中单击“摄影机”按钮，然后在“标准”摄影机类型中单击“目标”按钮 目标，如图 7-22 所示，接着在顶视口中按住鼠标左键并拖曳，创建一架摄影机，如图 7-23 所示。

图 7-22

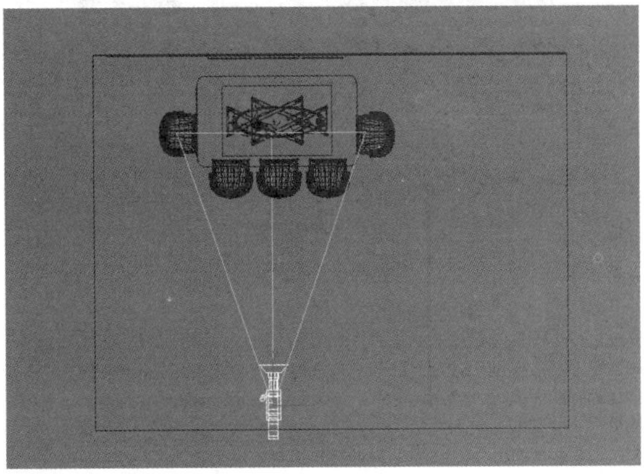

图 7-23

03 为了方便调整摄影机并方便观察取景，先将视口布局从四视口调整为双视口模式。执行“视图 > 视口背景 > 配置视口背景”菜单命令，打开“视口配置”对话框，选择“布局”选项卡，然后选择并列形式的双视口布局，如图 7-24 所示。

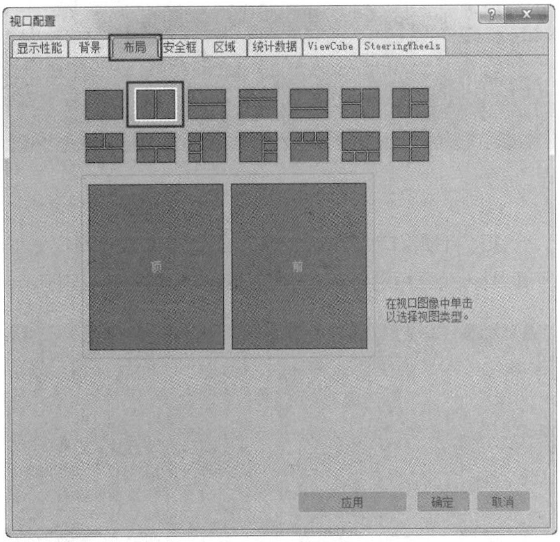

图 7-24

04 在“布局”选项卡中单击双视口布局右侧的视口，在弹出的菜单中选择“Camera001”命令，如图 7-25 所示。然后单击“确定”按钮 确定，即可将右侧的视口切换为摄影机视口，如图 7-26 所示。

① 技巧与提示

创建摄影机对象后，在任意视口中按 C 键可以将当前视口切换为摄影机视口。

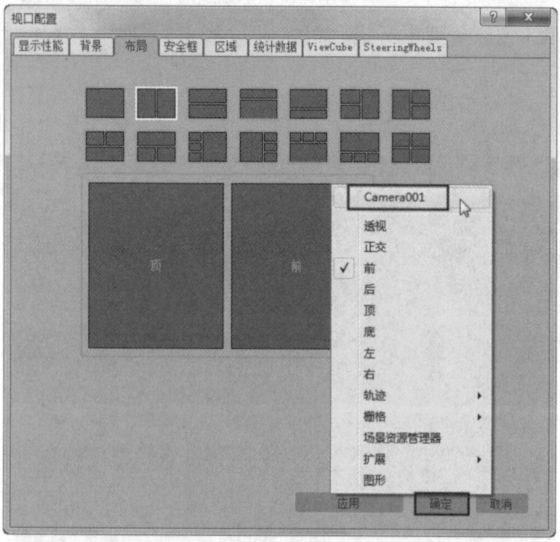

图 7-25

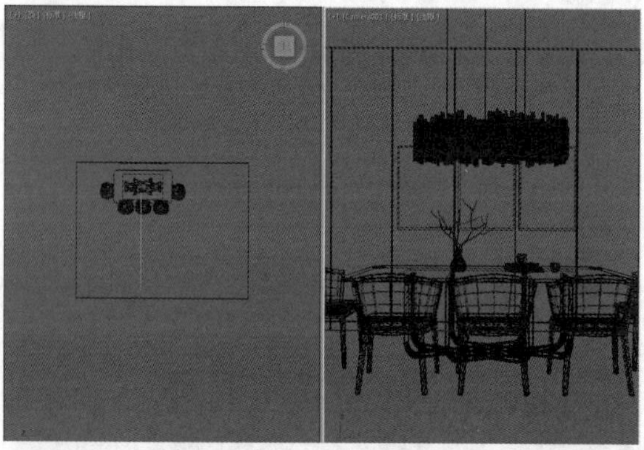
图 7-26

05 将顶视口切换为左视口，在该视口中选择摄影机及其目标点，然后沿着 y 轴向上适当移动，如图 7-27 所示。

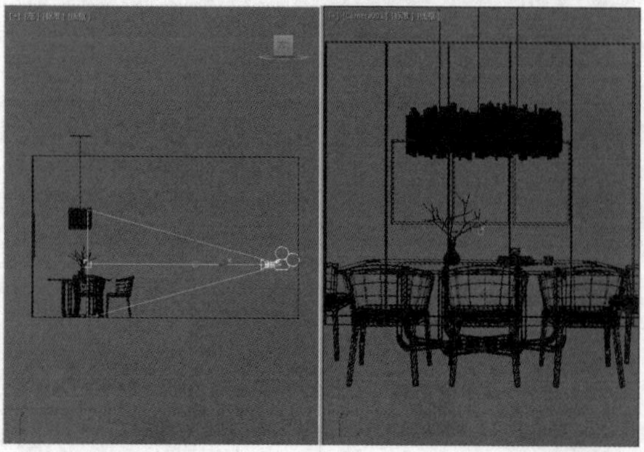
图 7-27

① 技巧与提示

选择摄影机及其目标点时，为了避免误选其他对象，将“选择过滤器”设置为“C- 摄影机”选项即可。

06 按 F10 键打开“渲染设置”对话框，在“公用”选项卡中设置“输出大小”的“宽度”为 800、“高度”为 600，如图 7-28 所示。这里限定渲染输出画面的比例大小，可以方便后期微调摄影机。

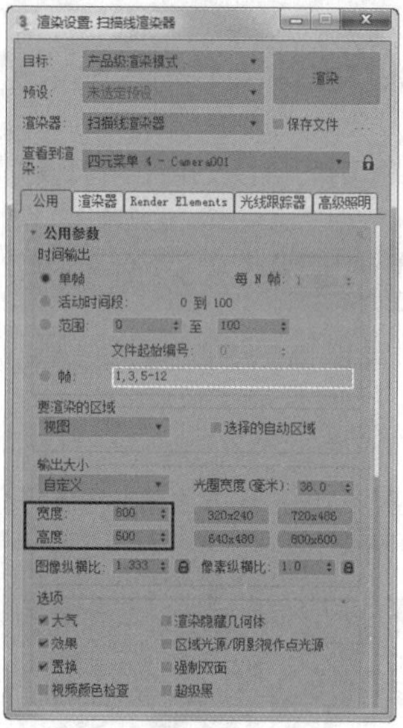

图 7-28

07 选择摄影机视口，然后按 Shift + F 快捷键打开渲染安全框，这时可以直接在视口中观察到渲染画面的内容，如图 7-29 所示。

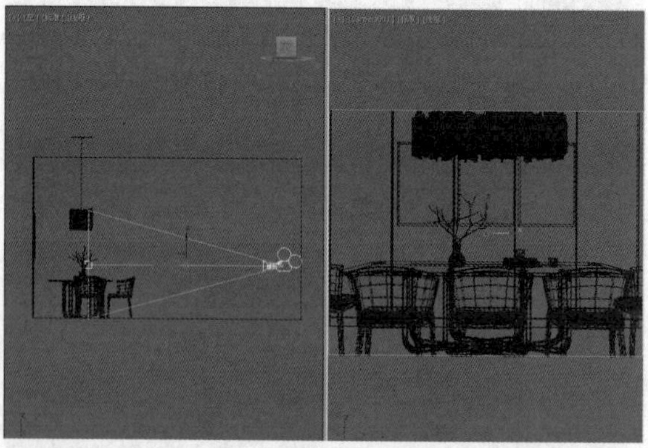
图 7-29

08 在图 7-29 中可以发现渲染安全框内的模型并没有显示完整，接下来需要对摄影机进行调整。在视口选中摄影机对象，然后切换到“修改”命令面板，设置“镜头”值为 45mm，如图 7-30 所示。

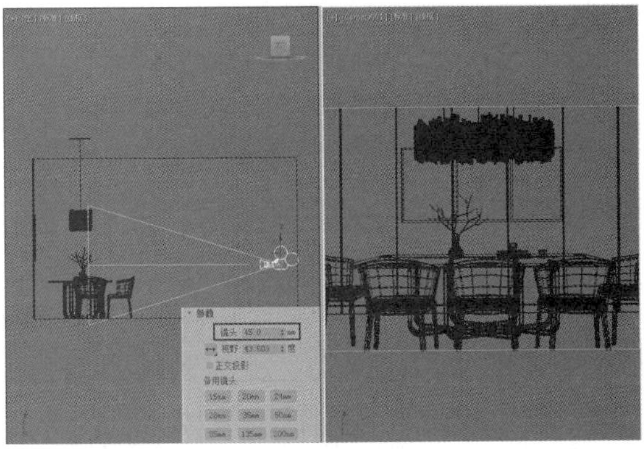

图 7-30

① 技巧与提示

调整摄影机的取景范围时，也可以在视口控制器工具组中使用“推拉摄影机”工具和“环游摄影机”工具进行快速调整。

09 在左视口中选择摄影机，然后沿着 x 轴向右移动，将摄影机向后推移一小段距离，确保画面中的模型都能在画面中显示，其效果如图 7-31 所示。

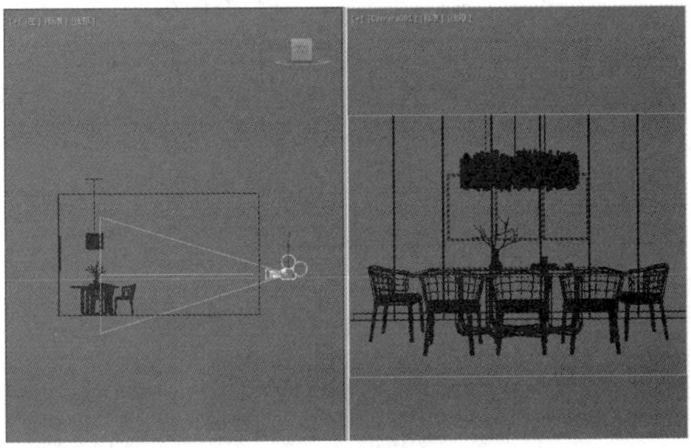

图 7-31

10 在摄影机视口中按 F3 键以显示实体模型，发现画面呈一片灰白色，看不到模型，如图 7-32 所示。观察左视口，可以发现摄影机移动到墙壁的外侧了，因此摄影机视口中显示的是外侧的墙壁。

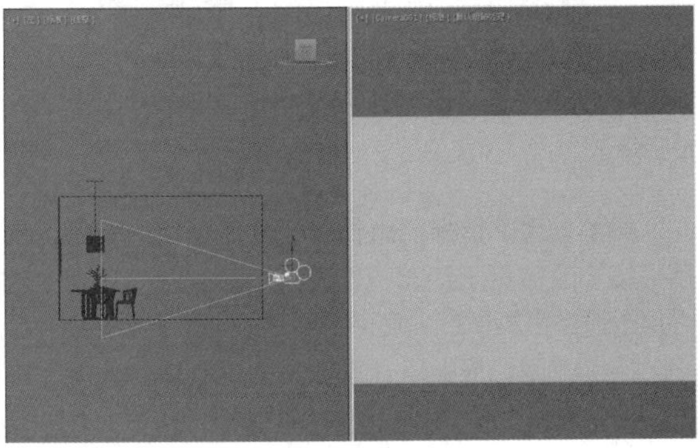

图 7-32

11 在视口中选择摄影机对象，然后在“修改”命令面板中选中“手动剪切”复选框，再设置“近距剪切”为 3000mm、“远距剪切”为 10000mm，如图 7-33 所示。此时观察左侧的左视口，摄影机范围内出现两条红线，分别是近距剪切和远距剪切的位置，而两条红线内的对象就显示在摄影机视口中，其最终效果如图 7-34 所示。

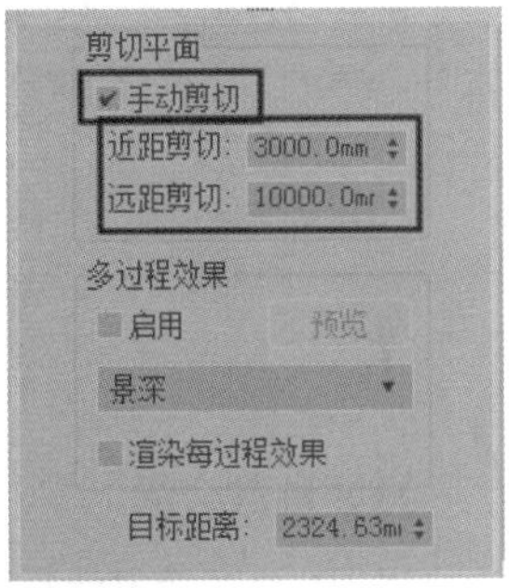

图 7-33

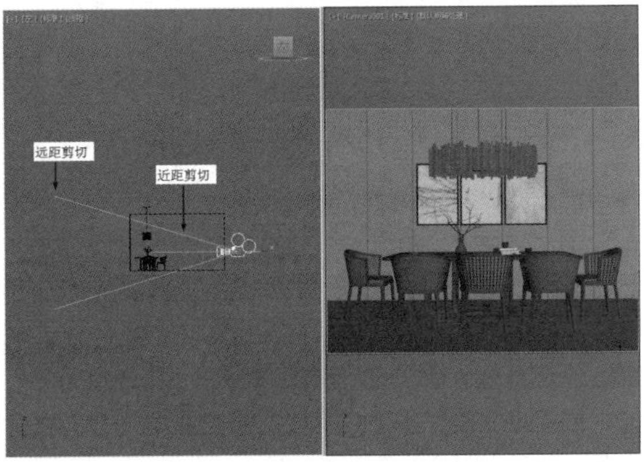

图 7-34

① 技巧与提示

选中创建的摄影机，然后执行“修改器 > 摄影机 > 摄影机校正”命令，可以对摄影机校正。

7.2.2 物理摄影机

物理摄影机是 Autodesk 公司与 VRay 开发商 Chaos Group 共同开发的，可以为设计师提供新的渲染选项，也可以模拟用户熟悉的真实摄影机，例如，该摄影机拥有快门速度、光圈、景深和曝光等参数。用户使用物理摄影机可以更加轻松地创建真实照片级图像和动画效果。物理摄影机也包含摄影机和目标点两个部件，如图 7-35 所示，其参数设置面板包含 7 个卷展栏，如图 7-36 所示。

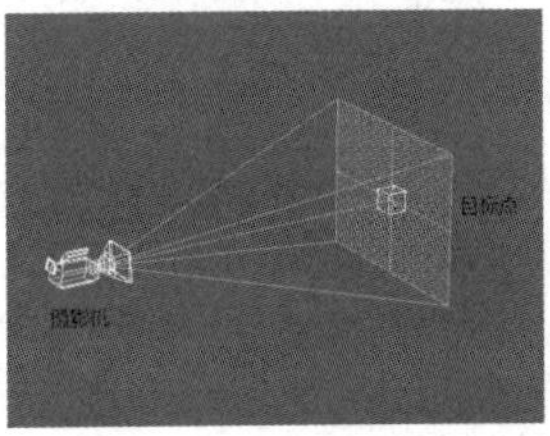

图 7-35

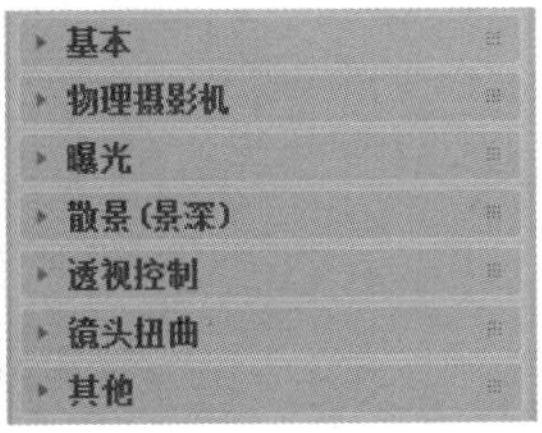

图 7-36

1. 基本卷展栏

展开物理摄影机的“基本”卷展栏，其中的参数如图 7-37 所示。

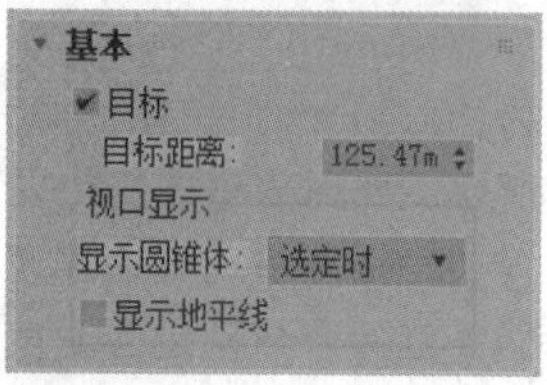

图 7-37

重要参数介绍

目标： 选中该复选框后，摄影机包括目标对象，与目标摄影机的使用方法相同，即可以通过移动目标点来设置摄影机的拍摄对象；关闭该选项后，摄影机的使用方法与自由摄影机相似，可以通过变换摄影机的位置来控制摄影机的拍摄范围。

目标距离： 设置目标与焦平面之间的距离，该数值会影响聚焦和景深等效果。

视口显示： 该选项组用于设置摄影机在视口中的显示效果。

显示圆锥体： 用于控制是否显示摄影机的拍摄锥面，包含“选定时”“始终”“从不”3 个选项。

显示地平线： 用于控制地平线是否在摄影机视口中显示为水平线。

2. 物理摄影机卷展栏

展开物理摄影机的“物理摄影机”卷展栏，其中的参数如图 7-38 所示。

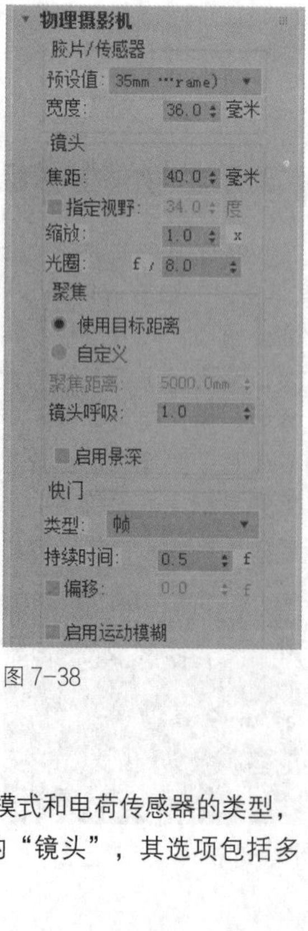

图 7-38

重要参数介绍

预设值： 用于选择胶片模式和电荷传感器的类型，其功能类似于目标摄影机的“镜头”，其选项包括多种行业标准传感器设置，每个选项都有其默认的“宽度”值，选择“自定义”选项时可以任意调整“宽度”值。

宽度： 用于手动设置胶片模式的宽度。

焦距： 设置镜头的焦距，默认值为 40mm。

指定视野： 勾选该复选框时，可以设置新的视野（FOV）值（以度为单位），默认的视野值取决于所选的“胶片 / 传感器”的预设类型。

> ① 技巧与提示
>
> 当“指定视野”选项处于启用状态时，“焦距”选项将被禁用。但是如果更改“指定视野”的数值，“焦距”数值也会跟着发生变化。

缩放： 在不更改摄影机位置的情况下缩放镜头。

光圈： 设置摄影机的光圈值。该参数会影响曝光和景深效果，光圈数越小，光圈越大，并且景深越小。

使用目标距离： 勾选该选项后，将使用设置的“目标距离”值作为焦距。

自定义： 选择该选项后，将激活下面的“焦距距离”选项，此时可以手动设置焦距距离。

镜头呼吸： 通过将镜头向焦距方向移动或远离焦距方向来调整视野，值为 0 时，表示禁用镜头呼吸效果，默认值为 1。

启用景深： 勾选该复选框后，摄影机在不等于焦距的距离上会生成模糊效果，景深效果的强度基于光圈设置，图 7-39 和图 7-40 所示分别是禁用景深与启用景深的渲染效果。

图 7-39

图 7-40

类型： 用于选择测量快门速度时使用的单位，包括“帧（通常用于计算机图形）”“秒”“1/ 秒（通常用于静态摄影）”“度（通常用于电影摄影）”。

持续时间： 根据所选单位类型设置快门速度，该值会影响曝光、景深和运动模糊效果。

偏移： 启用该选项时，可以指定相对于每帧开始时间的快门打开时间，更改该值会影响运动模糊效果。

启用运动模糊：启用该选项后，摄影机可以生成运动模糊效果。

3. 曝光卷展栏

展开物理摄影机的“曝光”卷展栏，其中的参数如图 7-41 所示。

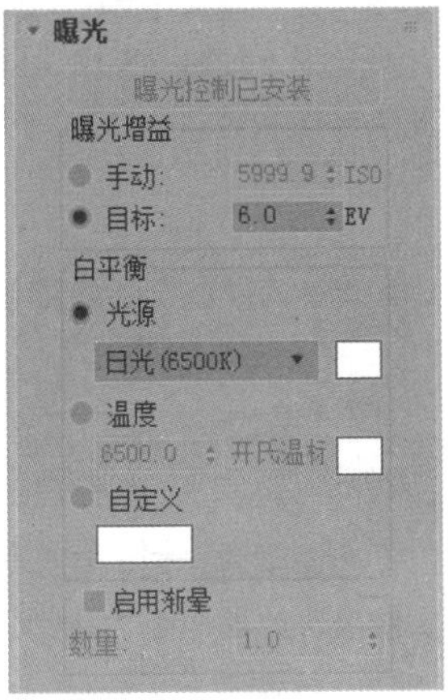

图 7-41

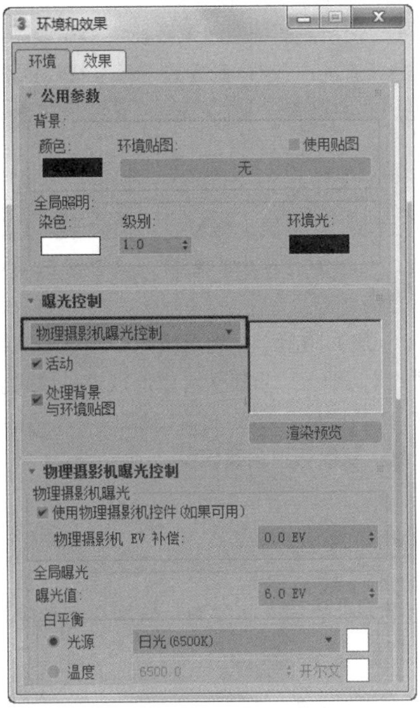

图 7-42

重要参数介绍

手动：通过改变 ISO 值设置曝光增益，数值越高，曝光时间越长。当此选项处于启用状态时，系统将根据这里设定的数值、快门速度和光圈设置来计算曝光。

目标：设置与“光圈”、“快门”的“持续时间”和“手动”的“曝光增益”这 3 个参数组合相对应的单个曝光值。每次增加或降低 EV 值，对应的也会分别减少或增加有效的曝光。目标的 EV 值越高，生成的图像越暗，反之则越亮。

光源：按照标准光源设置色彩平衡，默认设置为“日光（6500K）”。

温度：以色温的形式设置色彩平衡，以开尔文度（K）为单位。

自定义：用于设置任意的色彩平衡。

数量：选中“启用渐晕”复选框后，可以激活该选项，用于设置渐晕的数量。该值越大，渐晕效果越强。

> ⓘ 技巧与提示
>
> 物理摄影机在曝光控制上，除了要设置摄影机本身的参数外，还可以按 8 键打开“环境和效果”对话框，在打开的“环境与效果”对话框中的“曝光控制”卷展栏下选择“物理摄影机曝光控制”选项，然后进行物理摄影机曝光控制设置，如图 7-42 所示。

4. 散景（景深）卷展栏

如果在“物理摄影机”卷展栏中选中“启用景深”复选框，那么出现在焦点之外的图像区域将生成“散景”效果（也称为“模糊圈”），如图 7-43 所示。渲染景深的时候，画面中或多或少都会产生一些散景效果，这主要与散景到摄影机的距离有关。另外，在物理摄影机中，镜头的形状会影响散景的形状。展开“散景（景深）”卷展栏，其中的参数如图 7-44 所示。

图 7-43

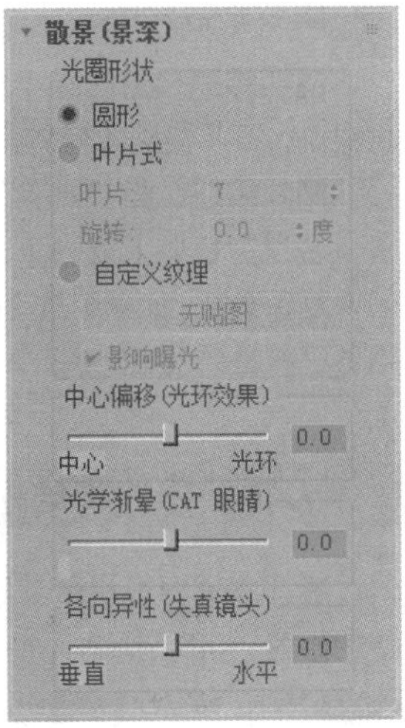

图 7-44

重要参数介绍

圆形：将散景效果渲染成圆形光圈形状。

叶片式：将散景效果渲染成带边的光圈。使用“叶片”选项可以设置每个模糊圈的边数，使用“旋转”

选项可以设置每个模糊圈旋转的角度。

自定义纹理：使用贴图的图案来替换每种模糊圈。如果贴图是黑色背景的白色圈，则等效于标准模糊圈。

影响曝光：选中该复选框时，自定义纹理将影响场景的曝光。

中心偏移（光环效果）：使光圈透明度向“中心”（负值）或“光环”（正值）偏移，正值会增加焦外区域的模糊量，而负值会减小模糊量，调整该选项可以让散景效果更为明显。

光学渐晕（CAT 眼睛）：通过模拟“猫眼”效果让帧呈现渐晕效果，部分广角镜头可以形成这种效果。

各向异性（失真镜头）：通过垂直（负值）或水平（正值）来拉伸光圈，从而模拟失真镜头。

5. 透视控制卷展栏

展开物理摄影机的“透视控制”卷展栏，其中的参数如图 7-45 所示。

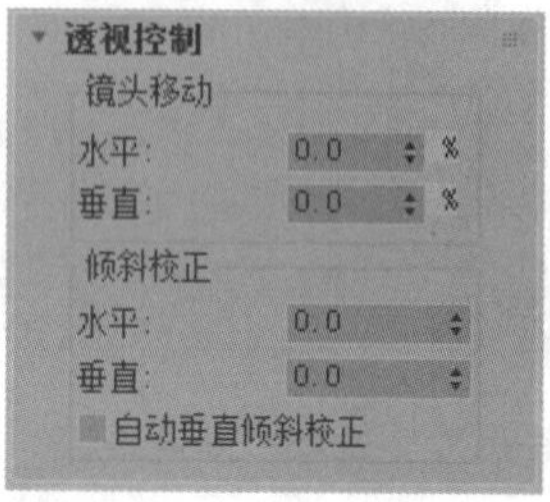

图 7-45

重要参数介绍

镜头移动：沿“水平”或“垂直”方向移动摄影机视口，而不旋转或倾斜摄影机。

倾斜校正：沿“水平”或“垂直”方向倾斜摄影机，在摄影机向上或向下倾斜的场景中，可以使用它们来更正透视。如果勾选“自动垂直倾斜校正”复选框，摄影机将自动校正透视。

6. 镜头扭曲卷展栏

展开物理摄影机的“镜头扭曲”卷展栏，其中的参数如图 7-46 所示。

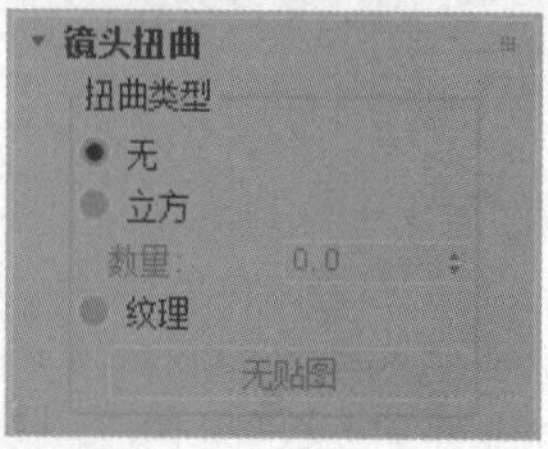

图 7-46

重要参数介绍

无：不应用扭曲。

立方：选择该选项后，将激活下面的“数量”参数。“数量”值为 0 时不产生扭曲，为正值时将产生枕形扭曲，为负值时将产生筒体扭曲。

纹理：基于纹理贴图扭曲图像，单击下面的“无贴图”按钮 无贴图 可以加载纹理贴图，贴图的红色分量会沿 x 轴扭曲图像，绿色分量会沿 y 轴扭曲图像，蓝色分量将被忽略。

实战：创建物理摄影机	
素材位置	素材文件 > 第 7 章 >02
实例位置	实例文件 > 第 7 章 > 创建物理摄影机 > 创建物理摄影机 .max
学习目标	学习物理摄影机参数及其操作

本案例将讲解物理摄影机的创建方法及具体应用，案例最终效果如图 7-47 所示。

图 7-47

01 打开本书学习资源中的“素材文件 > 第 7 章 > 02>02.max”文件，这是一个餐厅场景，如图 7-48 所示。

02 通过对场景的观察，可以看出场景中的主要模型都位于一侧，因此摄影机需要从桌子朝向柜子和窗帘一侧，如图 7-49 所示的方向。

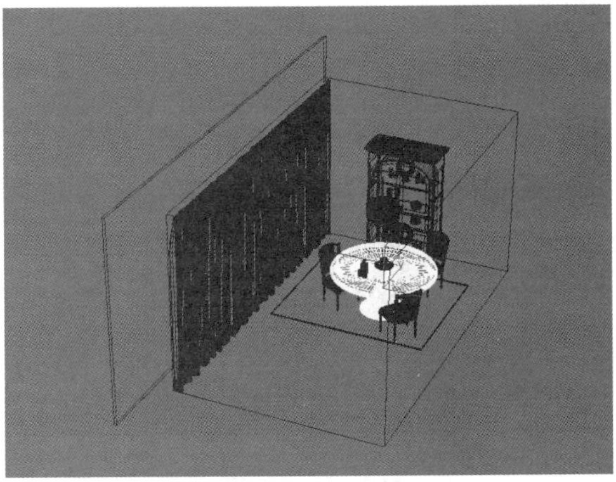

图 7-48

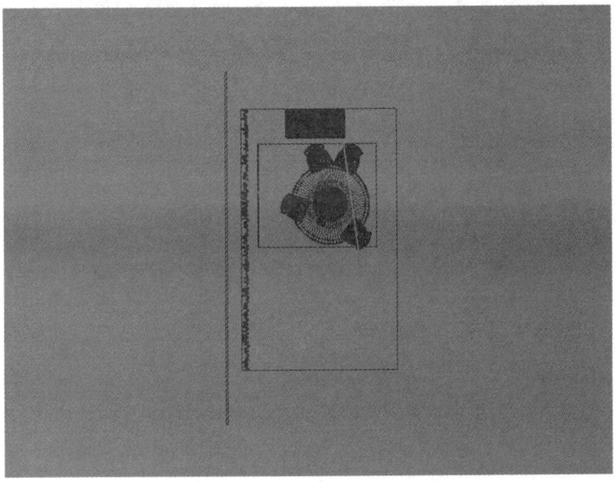

图 7-49

03 在“创建”命令面板中单击“摄影机”按钮，在“标准”摄影机类型中单击“物理”按钮 物理 ，如图 7-50 所示，然后在顶视口中按住鼠标左键从下向上拖曳出物理摄影机，如图 7-51 所示。

图 7-50

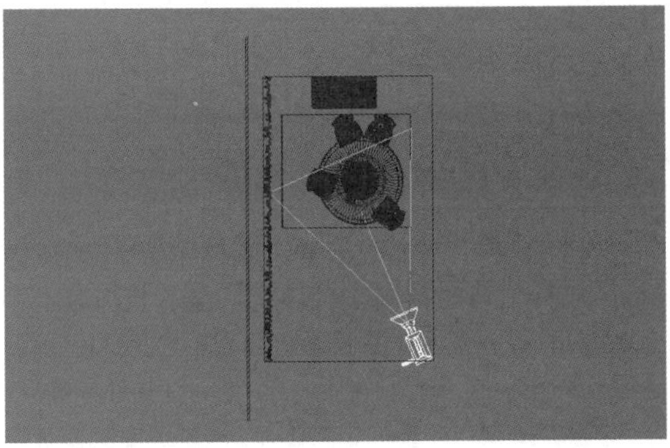

图 7-51

04 为了方便调整摄影机和观察取景，将视口布局从四视口调整为图 7-52 所示的双视口模式。

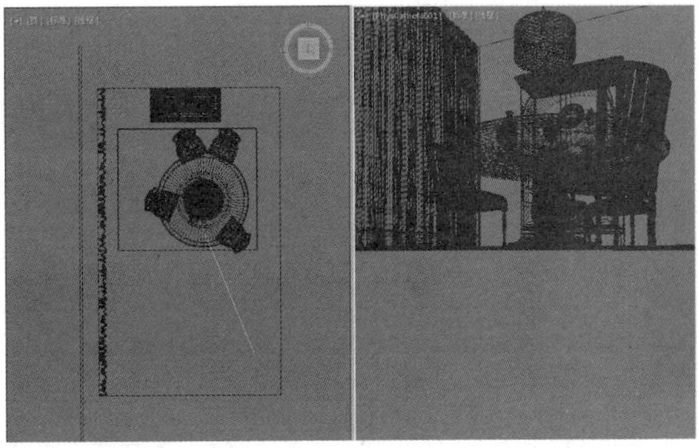

图 7-52

05 将顶视口切换为左视口，选择摄影机及其目标点，然后沿着 y 轴向上移动到如图 7-53 所示的位置。

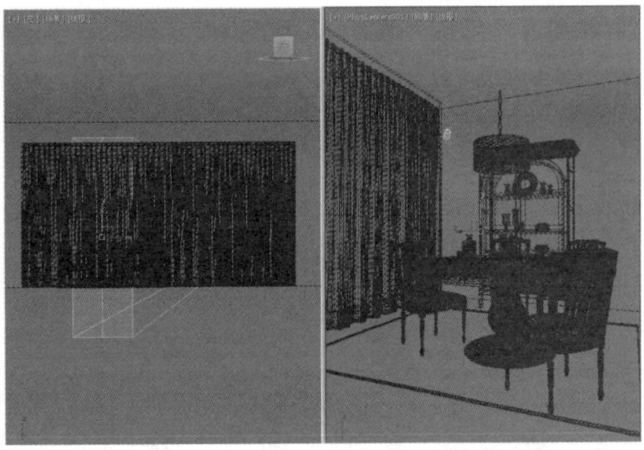

图 7-53

06 选中摄影机，切换到“修改”命令面板，然后在“物理摄影机”卷展栏中设置镜头的“焦距”为 50 毫米，如图 7-54 所示。

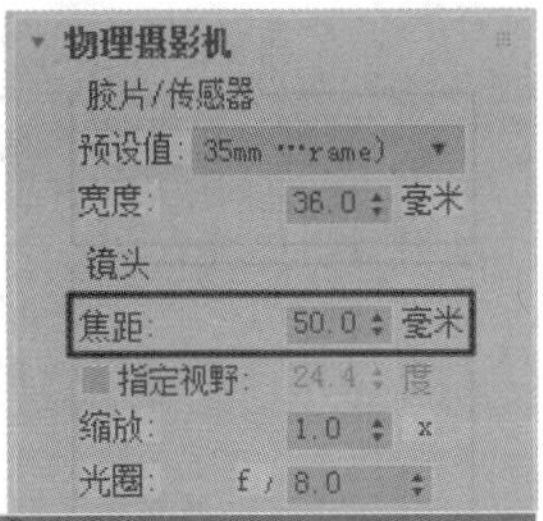

图 7-54

07 选中摄影机，然后将其向上适当移动，如图 7-55 所示。

图 7-55

08 通过观察摄影机视口可以发现，使用广角镜头使画面产生了透视畸变，因此需要校正摄影机。选中摄影机，切换到“修改”命令面板，在“透视控制”卷展栏中选中“自动垂直倾斜校正”复选框，画面畸变就消失了，如图 7-56 所示。

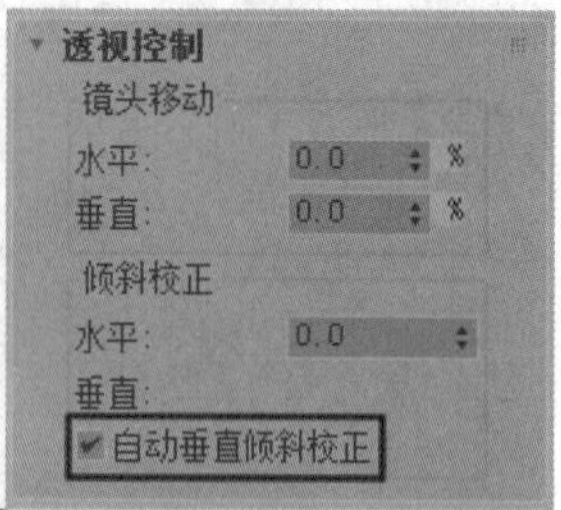

图 7-56

09 按 F10 键打开“渲染设置”对话框，在“输出大小”选项组中设置“宽度”为 1280、“高度”为 1600，如图 7-57 所示。

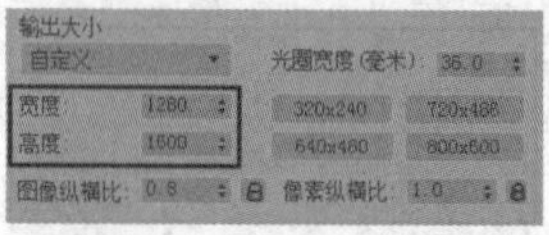

图 7-57

10 按 Shift + F 快捷键打开渲染安全框，然后微调摄影机的位置，最终效果如图 7-58 所示。

图 7-58

① 技巧与提示

选中物体，然后执行“编辑 > 对象属性”菜单命令，在打开的“对象属性”对话框中取消选中“对摄影机可见”复选框，可以让该物体不在摄影机中渲染出来，如图 7-59 所示。

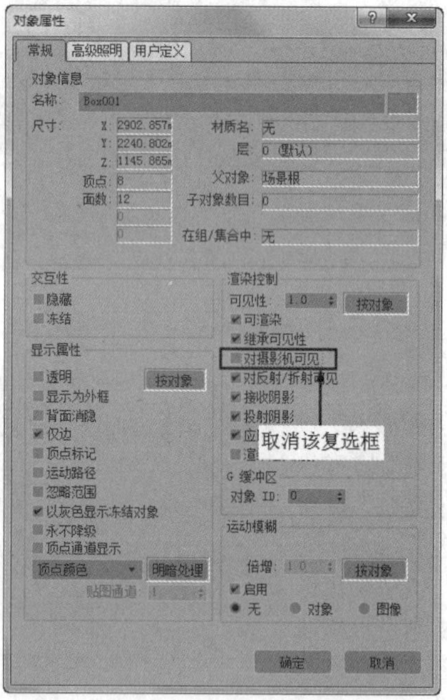

图 7-59

7.2.3 VRay 物理摄影机

默认情况下，3ds Max 中并不存在 VRay 物理摄影机，只有在安装好 VRay 插件后，摄影机列表中才会增加 VRay 摄影机。在摄影机列表中选择“VRay”选项，如图 7-60 所示，然后单击“（VR）物理摄影机”按钮 (VR)物理摄影机 ，如图 7-61 所示，即可按住鼠标左键并拖曳，在场景中创建一个 VRay 物理摄影机。

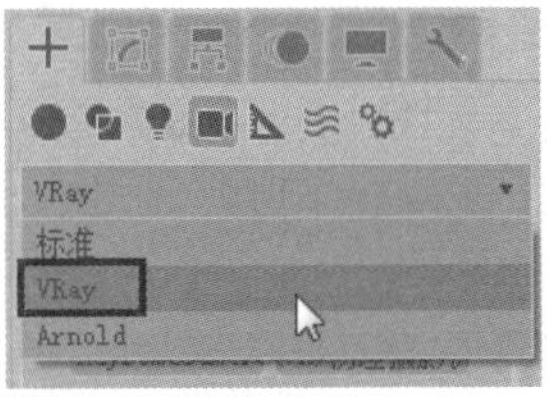

图 7-60

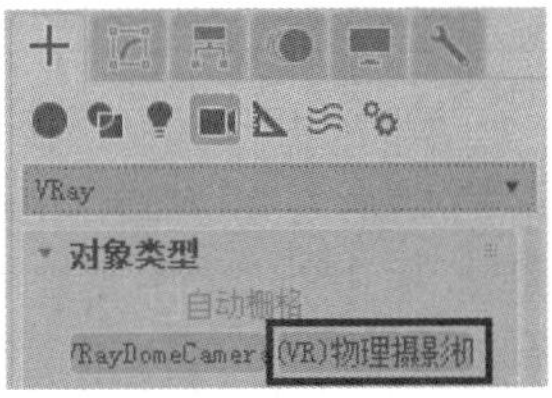

图 7-61

VRay 物理摄影机可用于模仿真实的摄影机，它有光圈、快门、曝光、ISO 值等调节参数，可以对场景进行“拍照”。创建 VRay 物理摄影机后，可以观察到 VRay 物理摄影机同样包含摄影机和目标点两个部件，如图 7-62 所示，VRay 物理摄影机的参数设置面板包含 10 个卷展栏，如图 7-63 所示。下面介绍一些重要的参数。

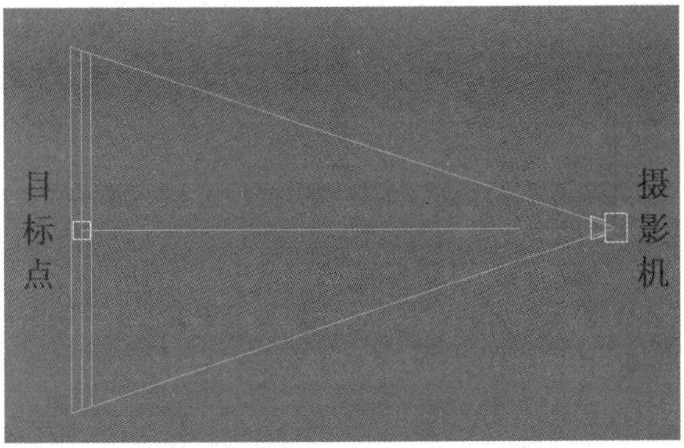

图 7-62

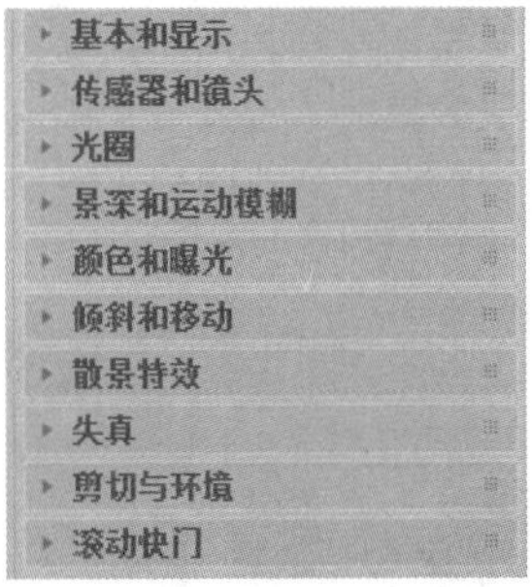

图 7-63

1. 基本和显示卷展栏

展开 VRay 物理摄影机的“基本和显示”卷展栏，其参数如图 7-64 所示。在摄影机类型列表中可以选择摄影机的类型，其中包含“照相机”“摄影机（电影）”“摄像机（DV）”，如图 7-65 所示。

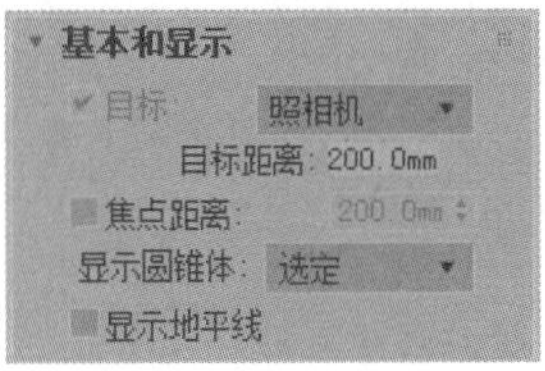

图 7-64

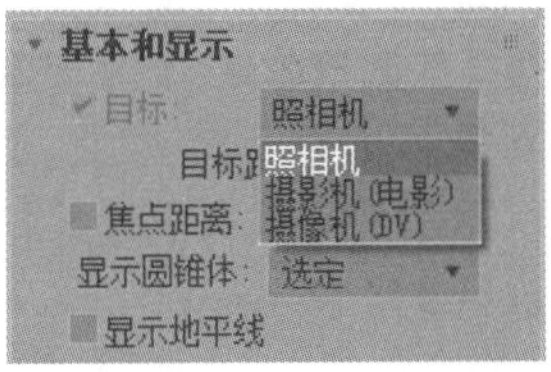

图 7-65

重要参数介绍

照相机：用来模拟一台常规快门的静态画面照相机。

摄影机（电影）：用来模拟一台圆形快门的电影摄影机。

摄像机（DV）：用来模拟带 CCD 矩阵快门的摄像机。

2. 传感器和镜头卷展栏

展开 VRay 物理摄影机的“传感器和镜头”卷展栏，其参数如图 7-66 所示。

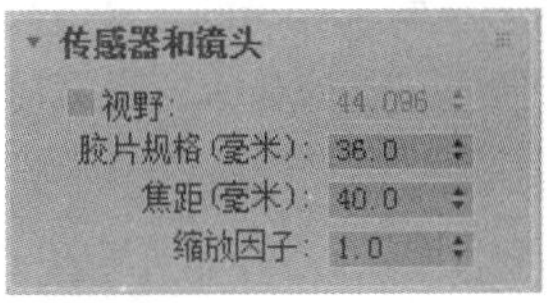

图 7-66

重要参数介绍

视野：启用该选项后，可以调整摄影机的可视区域。

焦距（毫米）：用于设置摄影机的焦长，同时也会影响画面的感光强度。较大的数值产生的效果类似于长焦效果，且感光材料（胶片）会变暗，特别是在胶片的边缘区域；较小的数值产生的效果类似于广角效果，其透视感比较强。

缩放因子：控制摄影机视口的缩放，值越大，摄影机视口拉得越近。

3. 光圈卷展栏

展开 VRay 物理摄影机的“光圈”卷展栏，其参数如图 7-67 所示。

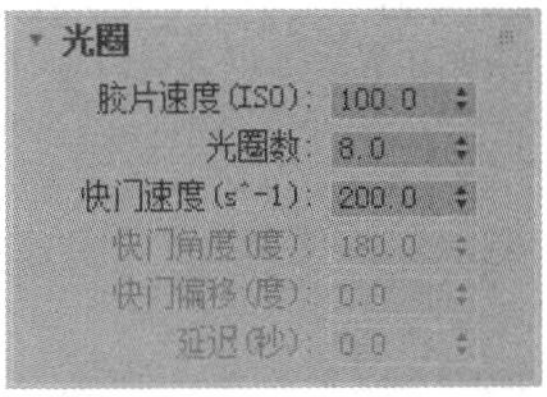

图 7-67

重要参数介绍

胶片速度（ISO）：用于控制图像的明暗，值越大，表示 ISO 的感光系数越强，图像也越亮。一般表现白天效果比较适合用较小的 ISO，而表现晚上效果比较适合用较大的 ISO，图 7-68~ 图 7-70 所示分别是“胶片速度（ISO）”值为 80、120 和 160 时的渲染效果。

图 7-68

图 7-69

图 7-70

快门速度（s^-1）：用于控制进光时间，其值越小，进光时间越长，图像就越亮；其值越大，进光时间就越小，图像就越暗，图 7-71~ 图 7-73 所示分别是“快门速度（s^-1）”值为 35、50 和 100 时的渲染效果。

图 7-71

图 7-72

图 7-73

快门角度（度）：当摄影机为“摄影机（电影）”类型的时候，该选项才会被激活，其作用和“快门速度（s^-1）”的作用相同，主要用来控制图像的明暗。

快门偏移（度）：当摄影机为“摄影机（电影）”类型的时候，该选项才被激活，主要用来控制快门角度的偏移。

延迟（秒）：当摄影机为“摄像机（DV）”类型的时候，该选项才被激活，其作用和“快门速度（s^-1）”的作用相同，主要用来控制图像的明暗，值越大，表示光越充足，图像也越亮。

4. 景深和运动模糊卷展栏

展开 VRay 物理摄影机的“景深和运动模糊”卷展栏，其参数如图 7-74 所示。

图 7-74

重要参数介绍

景深：用于控制是否开启景深效果。当某一物体聚焦清晰时，从该物体前面的某一段距离到其后面的某一段距离内的所有景物都是清晰的。

运动模糊：用于控制是否开启运动模糊功能。这个功能只适用于具有运动对象的场景，对静态场景不起作用。

5. 颜色和曝光卷展栏

展开 VRay 物理摄影机的“颜色和曝光”卷展栏，其参数如图 7-75 所示。

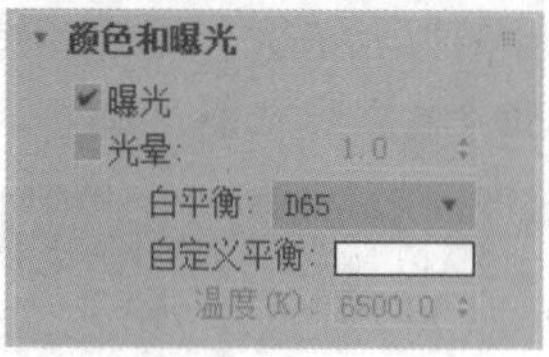

图 7-75

重要参数介绍

曝光：选中这个复选框后，VRay 物理摄影机中的“光圈数”“快门速度（s^-1）”“感光速度（ISO）”的设置才会起作用。

光晕：模拟真实摄影机里的光晕效果，图 7-76 和图 7-77 所示分别是选中“光晕”和取消选中“光晕”复选框时的渲染效果。

白平衡：和真实摄影机的功能一样，用于控制图像的色偏。例如，在表现白天效果时，设置一个桃色的白平衡颜色可以纠正阳光的颜色，从而得到正确的渲染颜色。

图 7-76

图 7-77

6. 散景特效卷展栏

展开 VRay 物理摄影机的“散景特效”卷展栏，其参数如图 7-78 所示。渲染景深的时候，画面中或多或少都会产生一些散景效果，这主要和散景到摄影机的距离有关，图 7-79 所示是使用真实摄影机拍摄的散景效果。

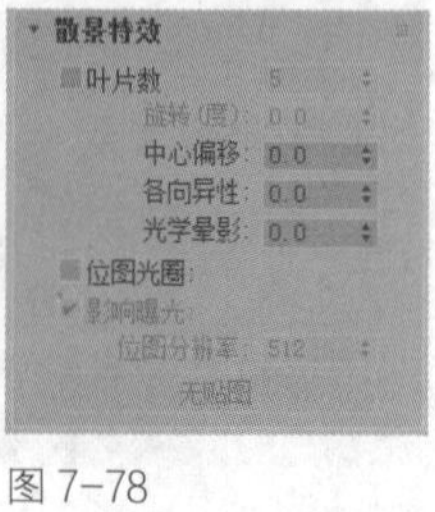

图 7-78

图 7-79

重要参数介绍

叶片数：用于控制散景产生的小圆圈的边数，默认值为 5，表示散景的小圆圈为正五边形。如果禁用该选项，那么散景就是圆形。

旋转（度）：用于控制散景产生的小圆圈的旋转角度。

中心偏移：用于控制散景偏移源物体的距离。

各向异性：用于控制散景的各向异性，值越大，散景的小圆圈拉得越长，即变成椭圆。

7.3 构图

构图是指在二维平面中用三维的透视关系进行表现。构图需要控制画面中各个元素之间的比例大小、前后位置等关系。有构图的画面区别于人眼视角，前者是有意识地去表现和赋予画面视觉美感。画面构图具体表现在点线面的构成、形态的固定、光影明暗以及色彩冷暖对比等。无论是摄影、绘画，还是计算机图像，都需要用构图来增加画面的美感。构图可以分为一点透视、两点透视和三点透视，如图 7-80 所示。

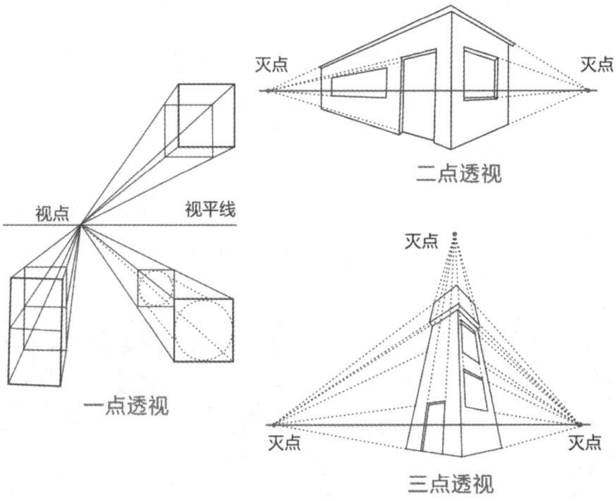

图 7-80

7.3.1 横向构图

横向构图是效果图中最常用的构图。横向构图有 3 种常用的画面比例，分别是 4 ：3、16 ：9 和 16 ：10，其中 4 ：3 是 3ds Max 默认的画面比例，而另外两种则是全屏展示图片的比例，图 7-81~ 图 7-83 所示分别是 4 ：3、16 ：9 和 16 ：10 画面比例的画面。若没有固定的输出要求，画面比例可按照场景表现的重点来设定任意的尺寸。

图 7-81

图 7-82

图 7-83

> ① 技巧与提示
>
> 4 ：3 的画面比例常用的输出尺寸有 640×480、1024×768 和 1280×960；16 ：9 的画面比例常用输出尺寸有 720×405、1280×720 和 1920×1080；16 ：10 的画面比例相对于前两种用得较少，常用的输出尺寸为 1920×1200。

实战：横向构图	
素材位置	素材文件 > 第 7 章 >03>03.max
实例位置	实例文件 > 第 7 章 > 横向构图 > 横向构图 .max
学习目标	学习横向构图的应用

本案例将以卧室场景为例介绍横向构图的应用，案例最终效果如图 7-84 所示。

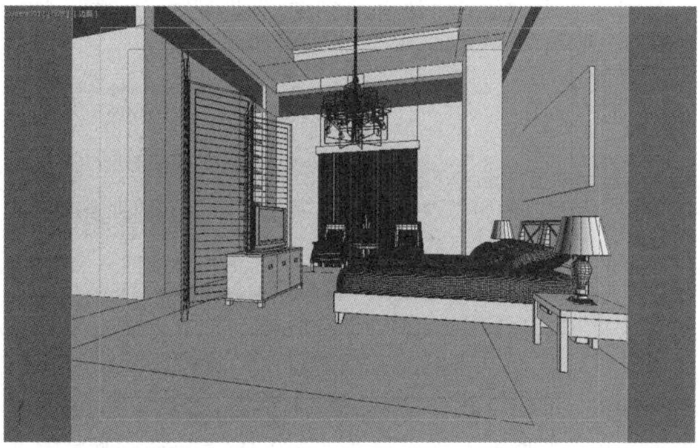

图 7-84

01 打开本书学习资源中的“素材文件 > 第 7 章 > 03>03.max”文件，这是一个卧室场景，如图 7-85 所示。

图 7-85

02 场景中已经创建好了摄影机，按 C 键切换到摄影机视口，然后按 Shift + F 快捷键打开渲染安全框，如图 7-86 所示，这是 4:3 的画面比例，也是 3ds Max 默认的画面比例。

图 7-86

03 按 F10 键打开“渲染设置”对话框，然后在“输出大小”选项组中设置“宽度”为 1280、“高度”为 720，如图 7-87 所示，摄影机视口中的画面效果如图 7-88 所示。这是 16:9 的画面比例，也是常用的画面比例之一。

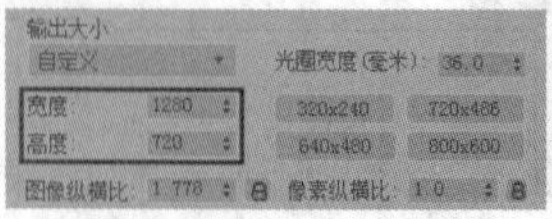

图 7-87

图 7-88

04 在“输出大小”选项组中设置“宽度”为 1280、“高度”为 800，如图 7-89 所示，此时摄影机视口中的画面效果如图 7-90 所示，这是 16:10 的画面比例。

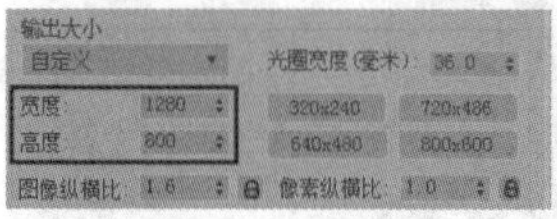

图 7-89

图 7-90

技巧与提示

在商业效果图或动画制作中，常用到下面两种输出尺寸。

1280×720：是 16:9 的画面比例，也是高清图片的输出尺寸，可以在电视等设备上播放。

1920×1080：是 16:9 的画面比例，也是超高清图片的输出尺寸，可以在电视、投影仪等设备上播放。

05 通过调整画面比例，可以观察到 16:9 的画面比例会使场景左侧显得很空，因此将卧室场景的画面比例设置为 640×480 最合适，其效果如图 7-91 所示。

图 7-91

7.3.2 纵向构图

纵向构图适合表现高度较高或纵深较大的空间。纵向构图不同于横向构图，没有固定的输出比例，通常根据画面表现的重点自由设定输出比例，如图 7-92~ 图 7-94 所示。

图 7-92

图 7-93

图 7-94

实战：纵向构图	
素材位置	素材文件 > 第 7 章 >04>04.max
实例位置	实例文件 > 第 7 章 > 纵向构图 > 纵向构图 .max
学习目标	学习纵向构图的应用

本案例将介绍纵向构图的应用。纵向构图适合表现高度较高或者纵深较大的空间，如别墅中庭、会议室、走廊等，其效果如图 7-95 所示。

图 7-95

01 打开本书学习资源中的“素材文件 > 第 7 章 > 04>04.max”文件，这是一个展览馆场景，如图 7-96 所示。通过观察可以发现，展览馆的层高较高，且顶部有灯饰，因此需要用纵向构图来表现场景。

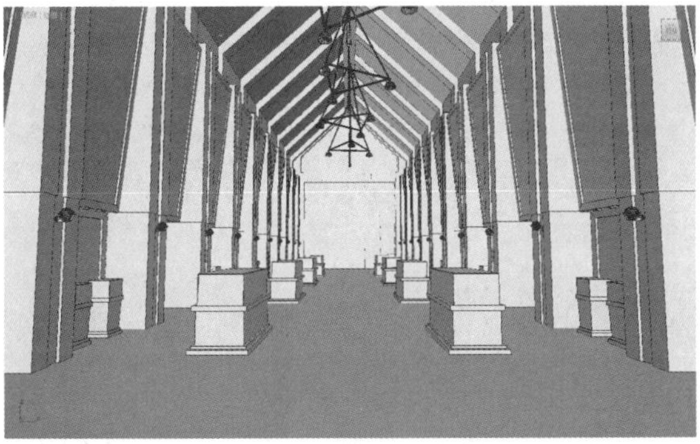

图 7-96

02 场景中已经创建好了摄影机，按 C 键，进入摄影机视口，然后按快捷键 Shift + F 打开渲染安全框，场景的画面比例是默认的画面比例，如图 7-97 所示。

图 7-97

03 按 F10 键打开“渲染设置”对话框，在“输出大小”选项组中设置“宽度”为 480、“高度”为 640，如图 7-98 所示，完成本例的练习，其效果如图 7-99 所示。

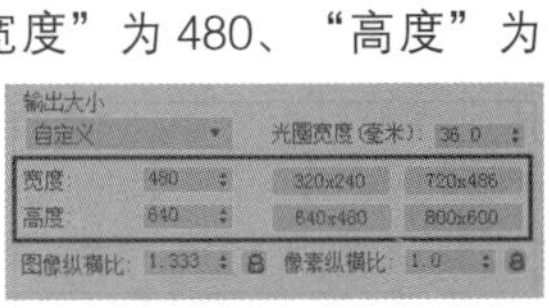

图 7-98

图 7-99

① 技巧与提示

纵向构图的画面比例没有明确的尺寸比例规定，只需要按照画面表现的重点进行调整。如果画面比例确定好后，观察到地面部分较多，又不能改变摄影机的位置时，只需要在渲染成图后，使用 Photoshop 裁剪掉一部分地面。

7.3.3 近焦构图

近焦构图是指画面的焦点在近处的主体对象上，超出目标前后一定范围的对象都会被虚化，如图 7-100 所示。

图 7-100

7.3.4 远焦构图

远焦构图与近焦构图相反，是指画面的焦点在远处的主体对象上，近处的对象会被虚化，如图 7-101 所示。

图 7-101

7.3.5 长焦构图

长焦构图用于展示场景的主体对象，透视较弱且画面有构成感，如图 7-102 所示。

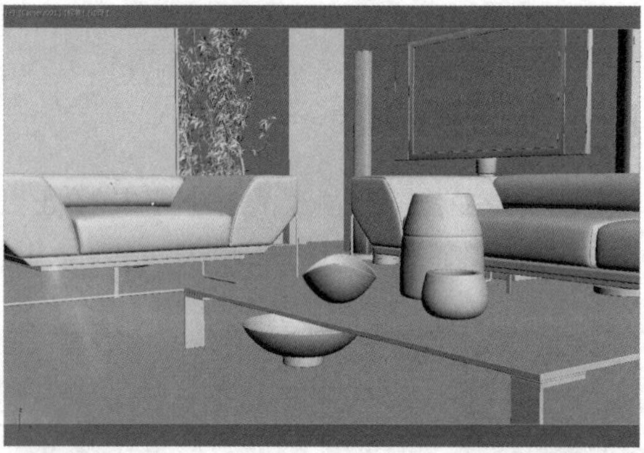

图 7-102

7.3.6 短焦构图

短焦构图用于展示大空间场景。短焦也就是广角，可以在画面中展示更多的内容，但广角不宜过度，否则会在画面四周产生畸变，如图 7-103 所示。

图 7-103

7.3.7 全景构图

全景构图是将场景的内容完全展示在画面中。全景构图方便后期制作三维的 VR 视觉效果，如图 7-104 所示。

图 7-104

08

第 8 章

材质与贴图技术

要点索引

▼

材质编辑器

3ds Max 材质

VRay 材质

常用贴图

贴图坐标

材质主要用于表现物体的颜色、质地、纹理、透明度和光泽等特性，依靠各种类型的材质可以制作出现实世界中各类物体的效果。

本章将讲解 3ds Max 的材质与贴图技术。材质与贴图是 3ds Max 中的重要内容，读者除了需要掌握“材质编辑器”对话框的使用方法外，还需要掌握常用材质与贴图的使用方法，如“标准”材质、“混合”材质、VRayMtl 材质、“位图”贴图和“衰减”贴图等。

8.1 材质编辑器

“材质编辑器”对话框十分重要，材质的设置都需要在这里完成。执行“渲染 > 材质编辑器 > 精简材质编辑器”菜单命令，如图 8-1 所示，即可打开“材质编辑器”对话框，其中包括四大部分，顶端为菜单栏，充满材质球的窗口为材质示例窗，示例窗右侧和下部的两排按钮为工具栏，其余的是参数控制区，如图 8-2 所示。

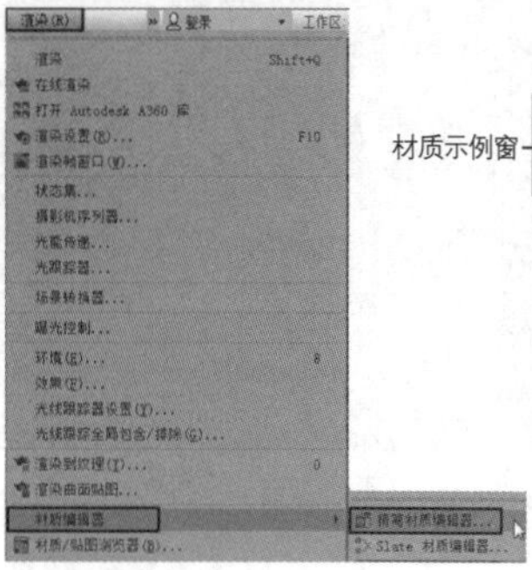

图 8-1

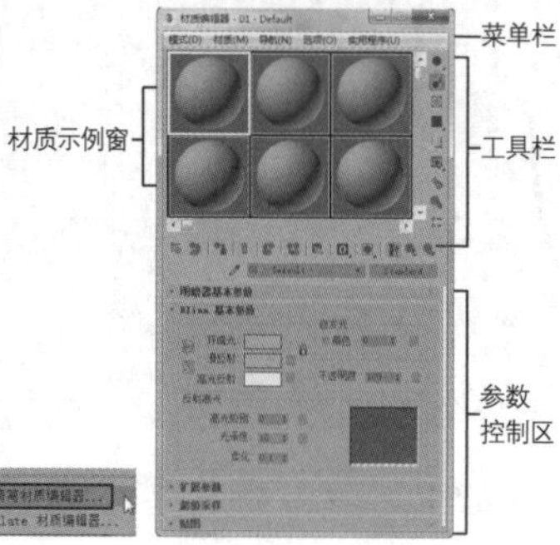

图 8-2

> ⓘ 技巧与提示
>
> 按 M 键可以快速打开“材质编辑器”对话框，这也是打开“材质编辑器”对话框的常用方法。

8.1.1 菜单栏

“材质编辑器”对话框中的菜单栏包含 5 个菜单，分别是“模式”“材质”“导航”“选项”“实用程序”菜单。

“模式”菜单：该菜单包含“精简材质编辑器”和“Slate 材质编辑器”菜单命令，用于在“精简材质编辑器”和“Slate 材质编辑器”对话框之间进行切换，如图 8-3 所示。在“材质编辑器”对话框中选择“Slate 材质编辑器”菜单命令，可以切换为“Slate 材质编辑器”对话框，如图 8-4 所示。

图 8-3

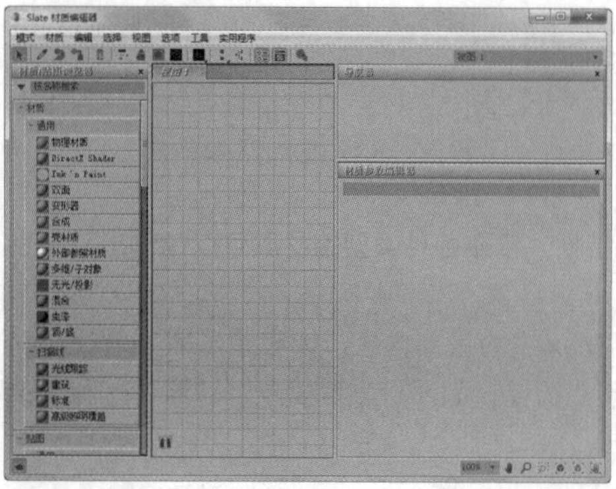

图 8-4

> ⓘ 技巧与提示
>
> “精简材质编辑器”是一个简化了的材质编辑界面，它的界面比“Slate 材质编辑器”的小。在实际工作中，一般都使用“精简材质编辑器”。

“材质”菜单：主要用来获取材质、从对象选取材质等。

“导航”菜单：主要用来切换材质或贴图的层级。

“选项”菜单：主要用来更换材质球的显示背景等。

“实用程序”菜单：主要用来清理多维材质、重置“材质编辑器”对话框等。

8.1.2 材质示例窗

材质示例窗主要用来展示材质效果，用户通过它可以很直观地观察到材质的基本属性，如反光、纹理和凹凸等，如图 8-5 所示。双击材质球会弹出一个独立的材质球显示窗口，用户可以将该窗口进行放大或缩小来观察当前设置的材质效果，如图 8-6 所示。

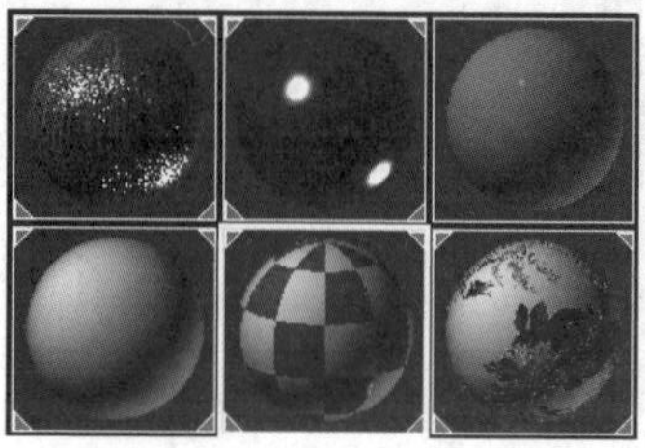

图 8-5

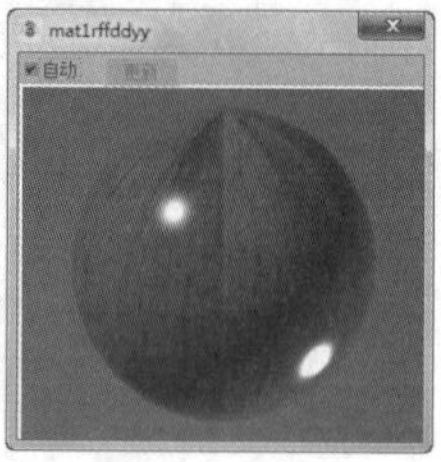

图 8-6

将材质球中的材质拖曳到场景中的对象上，可以将当前材质指定给对象，如图 8-7 所示。将材质指定给对象后，材质球上会显示 4 个缺角的符号，如图 8-8 所示。

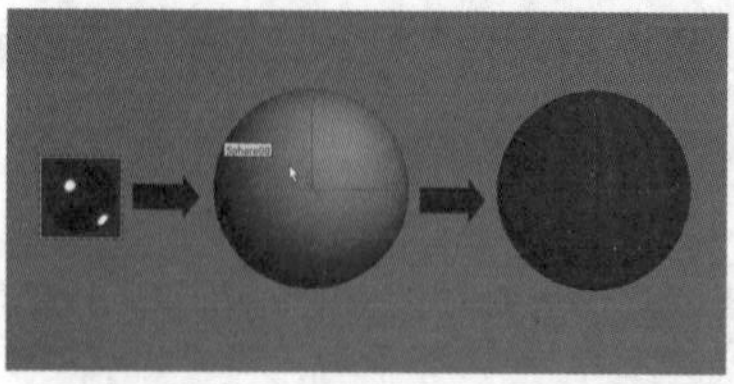

图 8-7

图 8-8

如果需要将其中一个材质球上的材质复制到另一个材质球上，只需将当前材质球拖曳到另一个材质球上即可，并覆盖掉原有的材质，如图 8-9 所示。

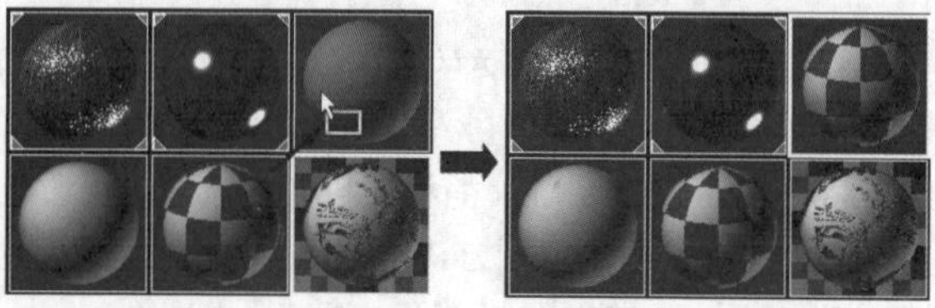

图 8-9

> ⓘ 技巧与提示
>
> 在默认情况下，材质示例窗中一共有 12 个材质球，可以拖曳滚动条显示出不在示例窗中的材质球。

8.1.3 工具栏

“材质编辑器”对话框中包含两类工具栏：一类是材质编辑工具栏，位于材质示例窗的下方；另一类是材质控制工具栏，位于材质示例窗的右方，如图 8-10 所示。

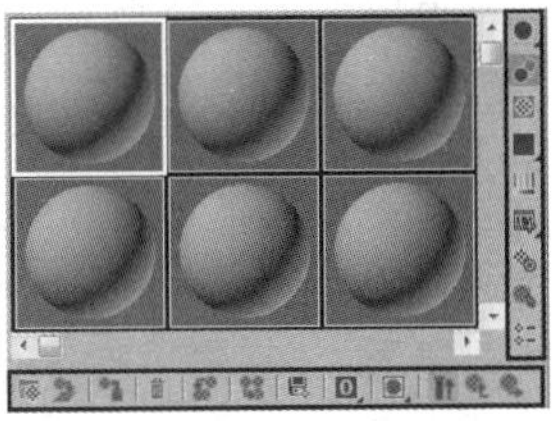

图 8-10

1. 材质编辑工具栏

“材质编辑器”对话框中的材质编辑工具栏包含 12 个工具按钮，是进行有关材质编辑和使用有关材质的工具栏。

重要参数介绍

获取材质：用于打开“材质 / 贴图浏览器”对话框，在此对话框中可以选择材质，同时对材质进行装载和编辑。

将材质放入场景：在编辑好材质后，单击该按钮可以更新已应用于对象的材质。

将材质指定给选定对象：单击该按钮可以将材质指定给选定的对象。

重置贴图 / 材质为默认设置：单击该按钮可以删除修改的所有属性，将材质属性恢复为默认值。

生成材质副本：单击该按钮可以在选定的材质球中创建当前材质的副本。

使唯一：单击该按钮将根据多级材质的参考属性复制为子材质，使之成为单独的材质。

放入库：单击该按钮可以重新命名材质并将其保存到当前打开的库中。

材质 ID 通道：用于为应用后期制作效果设置唯一的 ID 通道。

视口中显示明暗处理材质：用于在视口对象上显示 2D 材质贴图。

显示最终结果：用于显示出复杂材质的最终效果，默认状态为打开。

转到父对象：单击该按钮可以回到编辑材质层级的上一层。

转到下一个同级项：用于在不同的子层级间切换。

2. 材质控制工具栏

“材质编辑器”对话框中的材质控制工具栏包含 9 个工具按钮，用于控制材质球的显示方式。

重要参数介绍

采样类型：控制示例窗显示的对象类型，默认为球体类型，还有圆柱体和立方体类型。

背光：打开或关闭选定示例窗中的背景灯光。

背景：在材质下层显示方格背景图像，这在观察透明材质时非常有用。

采样 UV 平铺：为示例窗中的贴图设置 UV 平铺显示。

视频颜色检查：检查当前材质中 NTSC 和 PAL 制式的不支持颜色。

生成预览：用于产生、浏览和保存材质预览渲染。

选项：单击该按钮可以打开“材质编辑器选项”对话框，在该对话框中可以执行启用材质动画、加载自定义背景、定义灯光亮度或颜色，以及设置示例窗数目等操作。

按材质选择：用于选定使用当前材质的所有对象。

材质 / 贴图导航器：单击该按钮可以打开“材质 / 贴图导航器”对话框，该对话框会显示当前材质的所有层级。

8.1.4 参数控制区

参数控制区用于调节材质的参数，基本上所有的材质参数都在这里调节。由于不同的材质拥有不同的参数控制区，下面将针对重要材质的参数控制区进行详细讲解。

8.2 3ds Max 材质

在“材质编辑器”对话框中选择一个材质球，然后单击“Standard”（即标准）按钮 Standard ，如图 8-11 所示，在打开的“材质 / 贴图浏览器”对话框的“通用”和“扫描线”列表中可以观察到各种材质类型，如图 8-12 所示。

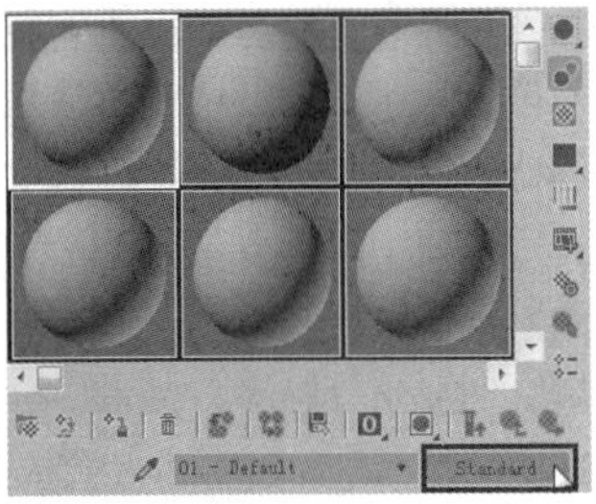

图 8-11

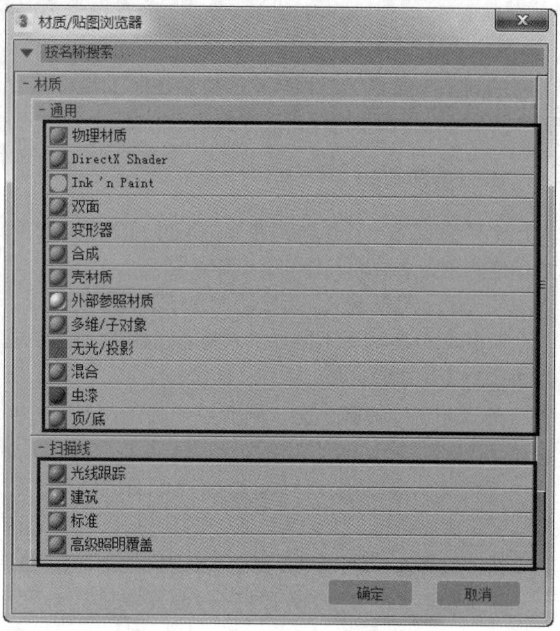

图 8-12

> ⓘ 技巧与提示
>
> 安装适合 3ds Max 当前版本的 VRay 插件后，在材质和贴图类型中将增加相应的 VRay 材质和贴图。

8.2.1 标准材质

“标准”材质是 3ds Max 默认的材质，也是使用频率最高的材质，它几乎可以模拟真实世界中的任何材质，其参数设置面板如图 8-13 所示，下面将详细介绍其中常用的参数卷展栏。

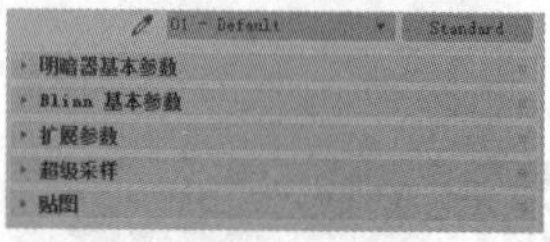

图 8-13

1. 明暗器基本参数

单击卷展栏名称或左侧的三角形符号▶，将展开卷展栏中的内容。“明暗器基本参数”卷展栏中的内容比较简单，如图 8-14 所示。

在“（B）Blinn”下拉列表中，包含 8 种不同的阴影表达方式，分别为“各向异性”“Blinn”“金属”“多层”“Oren-Nayar-Blinn”“Phong”“Strauss”“半透明明暗器”，如图 8-15 所示。用户可以针对不同的材质，选择合适的阴影模式。

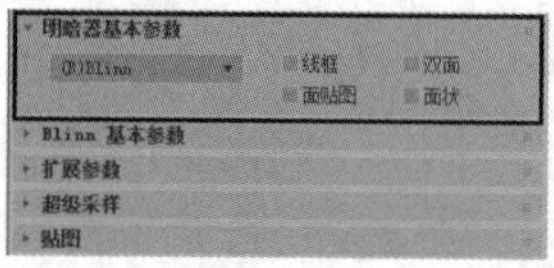

图 8-14

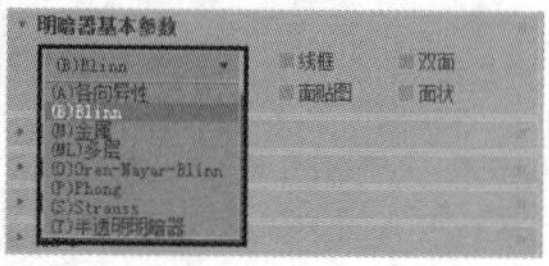

图 8-15

重要参数介绍

各向异性：该模式适合表现类似头发、玻璃等具有高反差的物体的表面。

Blinn：该模式适合表现质地柔软的物体。

金属：该模式同 Strauss 模式一样，最适合表现金属材质。

多层：该模式同 Phong、Oren-Nayar-Blinn 和“半透明明暗器”模式一样，适合表现塑料质感的材质。

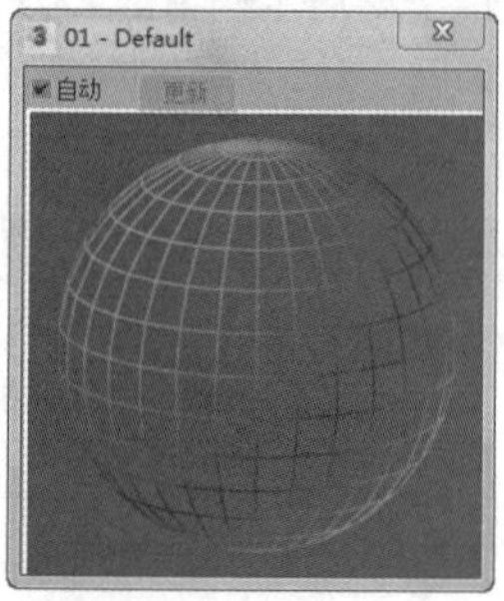

图 8-16

线框：选中该复选框，可以使物体以网格线框的方式显示，只表现出物体的框架结构，如图 8-16 所示。

双面：选中该复选框，可以对物体的内侧和外侧的表面都做材质处理，如表现玻璃材质就需要选中此复选框。

面贴图：选中该复选框，可以将材质指定给物体表面的每个面。

面状：选中该复选框，将以拼图方式来处理物体的每一个面，面与面之间没有渐变效果，也没有均匀的过渡色，形成像晶格一样的效果。

2. 基本参数

“基本参数”卷展栏用于在“明暗器基本参数”卷展栏中选择了某种阴影模式后，对对应属性进行设置。图 8-17 所示是选择 Blinn 阴影模式的基本参数内容，其他阴影模式的基本参数与之类似。

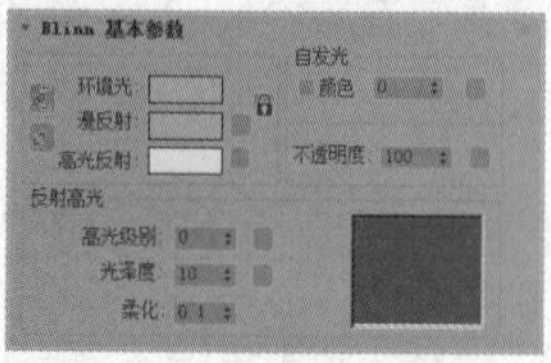

图 8-17

重要参数介绍

环境光：用于修改材质的颜色，单击右侧的“锁定”按钮🔒，可以将它与“漫反射”选项相连接，即改变环境色时也会将漫反射的色彩改变。

漫反射：用于修改材质上扩散的颜色或贴图，单击其中的颜色块，将打开用于编辑颜色的对话框，单击右侧的“无”按钮，将打开用于设置贴图的“材质 / 贴图浏览器”对话框。

高光反射：用于修改材质上高光部分的颜色或贴图，其操作方法与漫反射相同。

自发光：用于定义材质本身的亮度，适合制作霓虹灯材质。

不透明度：此选项可控制材质的透明程度，其值为 0~100，值越小越透明。值为 0 时，表示完全透明；值为 100 时，表示完全不透明。

反射高光：在该区域可以调整材质高光的级别、光泽度和柔化，在右侧的预览框中将显示高光的曲线图，如图 8-18 所示。

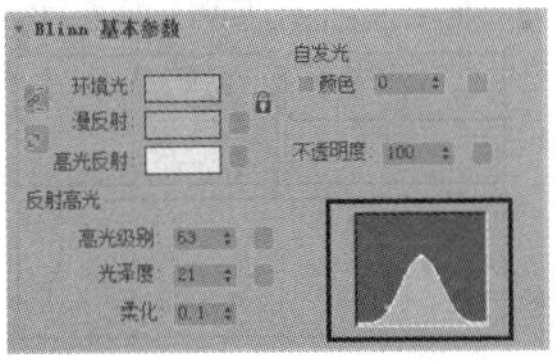

图 8-18

3. 扩展参数

“扩展参数”卷展栏中的选项是对基本参数卷展栏中不能调整的一些特殊材质属性编辑进行的补充，包括“高级透明”“反射暗淡”“线框”3 个选项区域，如图 8-19 所示。

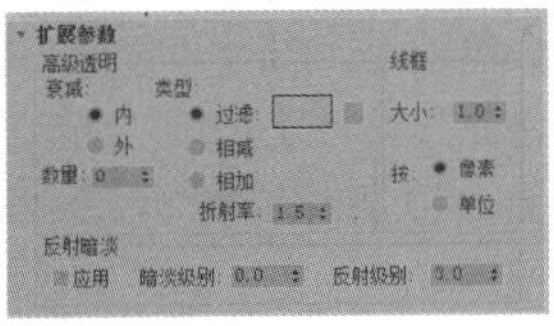

图 8-19

重要参数介绍

高级透明：该区域中的衰减区参数，用于定义材质透明度的衰减。选中“内”选项后，材质的透明度将由内向外增大；选中“外”选项后，材质的透明度将由外向内增大。“数量”数值框则用于设置材质透明度衰减的强弱程度。

反射暗淡：该区域用于设置反射的渐变效果。

线框：该区域用于设置材质以线框显示时的有关参数。在“大小”数值框中可以设置线框的尺寸，图 8-20 所示为较粗的线框效果。

图 8-20

4. 贴图

为了逼真地表现模型表面的质感，用户需要使用 3ds Max 提供的或者用户自己绘制的图案，在模型上添加贴图并对其进行参数控制。这个编辑过程需要在“贴图”卷展栏中完成，“贴图”卷展栏包含 12 个贴图编辑通道，如图 8-21 所示。通过“贴图”卷展栏中的通道，用户可以对物体的各个不同属性设置对应的材质和贴图，并对贴图的属性（如高光、反射、透明度等）进行各种编辑和调整，以达到模仿真实世界中的各种材质的效果。

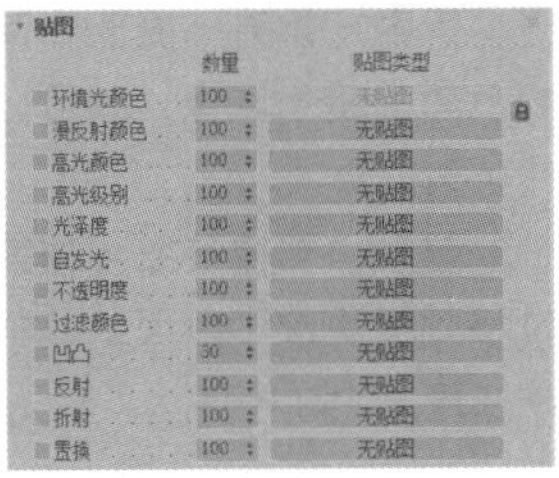

图 8-21

重要参数介绍

环境光颜色：在默认情况下，此通道与“漫反射颜色”联合使用，为物体的阴影区贴图，通常它与“漫反射颜色”锁定在一起。如果需要对它单独进行贴图，可以单击“漫反射颜色”通道右侧的“锁定”按钮，解除它们之间的锁定关系，然后就能对它进行贴图设置。

漫反射颜色：用于表现物体表面的整体材质的纹理效果。例如，为一个立方体的表面贴上地砖材质，只需用一张地砖贴图完全覆盖立方体物体表面即可。

高光颜色：对高光颜色选项进行贴图处理，可以显示物体高光位置的贴图纹理效果。

高光级别：在物体反光位置进行贴图，贴图的强度受反光强度的影响，当反光强度较大时，贴图就比较清晰，反之模糊。这种贴图方式通常用于表现反光处的色彩。

光泽度：将贴图表现在物体的高光处，贴图的颜色会影响反光的强度，这种贴图方式通常用于制作反光处的纹理效果。

自发光：一种将贴图图案以自发光的形式贴在物体表面的方式，图像中纯黑色的区域不会对材质产生任何反应，纯黑到纯白之间的区域会根据自身的色相亮度产生发光效果，发光的地方不受灯光及投影的影响。

不透明度：这种贴图方式通常用于制作静态材质，利用图像的明暗度在物体表面产生透明效果，纯黑色的区域将完全透明，纯白色的区域则完全不透明，这样可以滤掉多余的边缘。这种方法常用于制作一些遮挡物体。

过滤颜色：该贴图一般用于过滤各种专有颜色。可以将该效果应用于光影跟踪效果上，将它的过滤色指定为光影过滤，从而制作出体积光透过空隙的效果。

凹凸：通过图像的明暗强度来影响材质表面的光滑程度，从而产生凹凸的表面效果。数值为正数时，白色图像产生凸起，黑色图像产生凹陷，中间色产生过渡；数值为负数时，产生相反的凹凸效果。它的优点是能够快速地根据图形的表面特性渲染出逼真的凹凸效果。使用凹凸贴图能让材质更真实地表现。

反射：反射贴图是一种高级的贴图方式，它可以产生逼真、精彩的场景效果。它运用先进的光学反射信号原理模拟场景渲染，但是渲染速度很慢。

折射：折射贴图能在渲染物体表面产生对周围景物色彩的折射映像，如可以模拟空气和水等物质的光线折射效果。

置换：置换贴图可以使曲面的几何体产生位移，位移贴图更改了曲面的几何体或面片细分，应用贴图的灰度来生成位移。

> ⓘ 技巧与提示
>
> 在“贴图”卷展栏中，选择贴图通道选项后，相应的通道才能使用。单击各通道名称右侧的“无贴图”按钮 无贴图 ，将打开“材质 / 贴图浏览器”对话框，用户可在“材质 / 贴图浏览器”对话框中选择需要的材质或贴图并赋予这个通道。在“贴图”卷展栏中，用户可以通过设置“数量”选项的数值，控制该通道的应用程度。数值越大，贴图显示越明显，反之效果越弱。

实战：用标准材质制作油漆材质

素材位置	素材文件 > 第 8 章 >01
实例位置	实例文件 > 第 8 章 > 用标准材质制作油漆材质 > 用标准材质制作油漆材质 .max
学习目标	掌握标准材质的使用方法

本案例将使用标准材质制作油漆效果，案例最终效果如图 8-22 所示。

图 8-22

01 打开本书学习资源中的“素材文件 > 第 8 章 >01> 01.max”文件，这是一个挂件模型，如图 8-23 所示。

图 8-23

02 按 M 键打开“材质球编辑器 -01-Default”对话框，然后选择一个未编辑的材质球，材质球默认为 Standard（标准）材质，如图 8-24 所示。

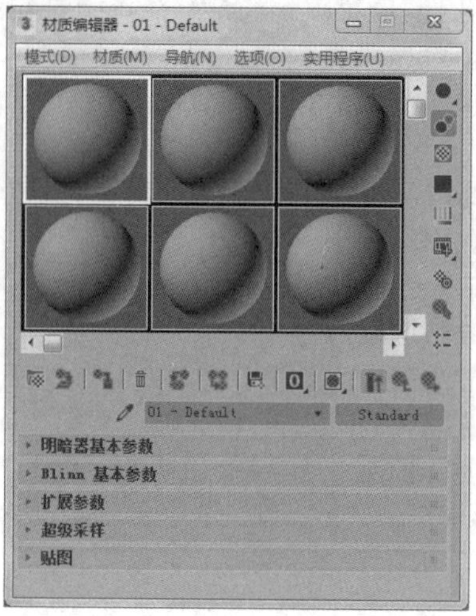

图 8-24

03 展开“Blinn 基本参数”卷展栏，然后单击“环境光”或“漫反射”的色块，如图 8-25 所示，再设置“环境光”和“漫反射”的颜色为土色，具体参数如图 8-26 所示。

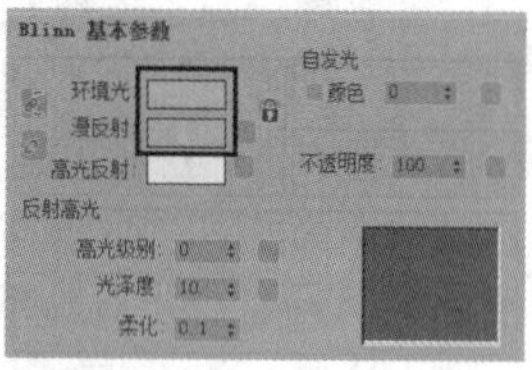

图 8-25

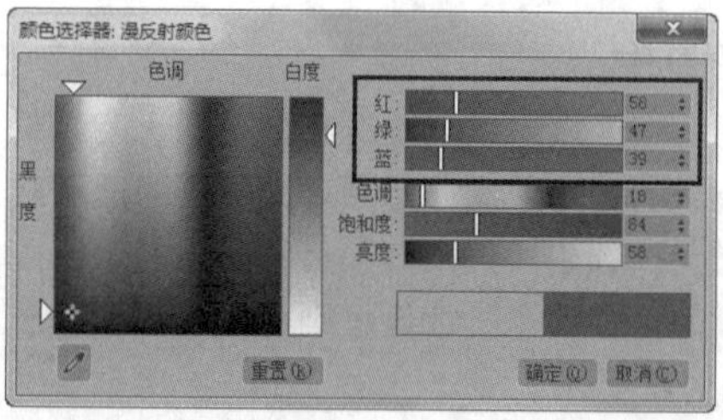

图 8-26

> ⓘ 技巧与提示
>
> 默认情况下，“环境光”与“漫反射”的颜色设置被关联锁定，只要调整其中一个参数，另一个参数会相应改变。

04 在“反射高光”选项组中设置“高光级别”为 50、“光泽度”为 30，具体参数如图 8-27 所示。然后选择场景中的鹿头模型，再单击“材质编辑器”对话框中的“将材质指定给选定对象”按钮，将制作好的材质指定给场景中的鹿头模型。

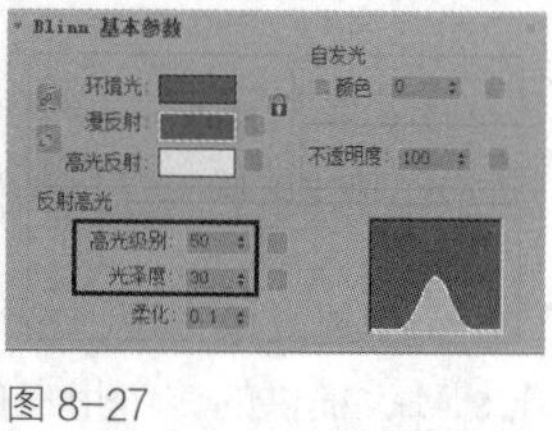

图 8-27

05 选择另一个未编辑的材质球，设置漫反射的颜色为淡蓝色，其他参数保持默认值不变，如图 8-28 和图 8-29 所示。

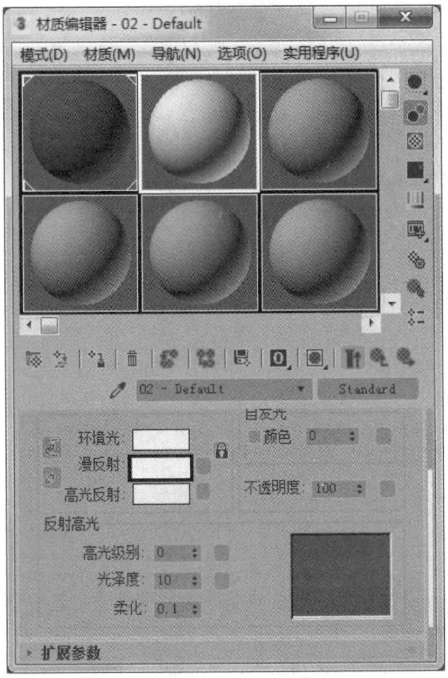

图 8-28

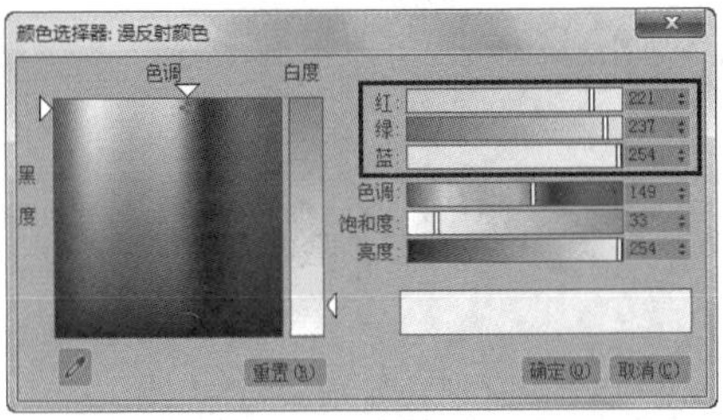

图 8-29

06 将上一步制作好的材质指定给场景中的背景模型，然后按 F9 键渲染当前场景，其效果如图 8-30 所示。

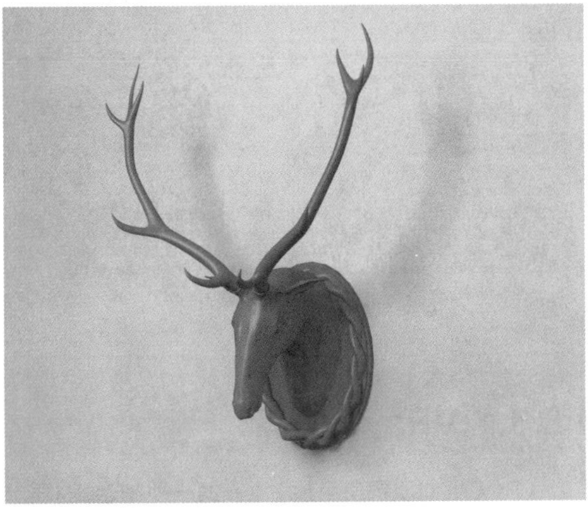

图 8-30

8.2.2 混合材质

在默认情况下，单击"材质编辑器"对话框中的"Standard"（即标准）按钮，在打开的"材质 / 贴图浏览器"对话框选择"混合"选项，即可将当前材质球设置为"混合"材质类型，如图 8-31 所示。"混合"材质可以在模型的单个面上将两种材质按照一定的百分比进行混合，其材质参数设置面板如图 8-32 所示。

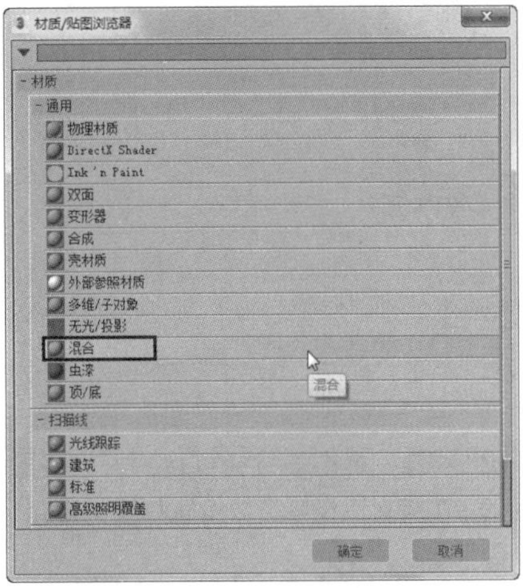

图 8-31

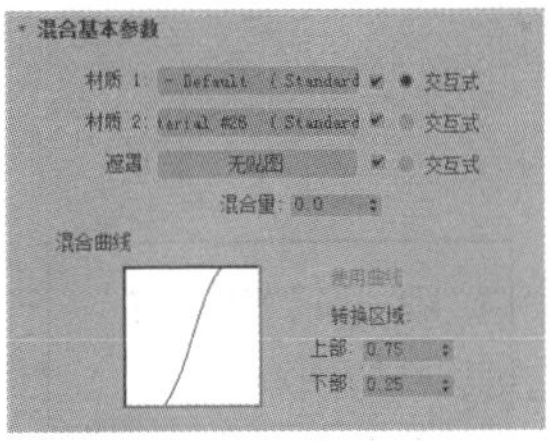

图 8-32

重要参数介绍

材质 1/ 材质 2：可在其右侧的材质通道中对要混合的两种材质分别进行设置。

遮罩：可以选择一张贴图作为遮罩，利用贴图的灰度值决定"材质 1"和"材质 2"的混合情况。

混合量：控制两种材质混合的百分比。如果使用遮罩，则"混合量"选项将不起作用。

交互式：用来选择哪种材质在视口中以实体着色方式显示在物体的表面。

混合曲线：对遮罩贴图中的黑白色过渡区进行调节。

使用曲线：控制是否使用"混合曲线"来调节混合效果。

上部：用于调节"混合曲线"的上部。

下部：用于调节"混合曲线"的下部。

8.2.3 多维 / 子对象材质

在打开的“材质 / 贴图浏览器”对话框中选择“多维 / 子对象”选项，即可将当前材质球设置为“多维 / 子对象”材质类型。“多维 / 子对象”材质可以为几何体的子对象级别分配不同的材质，其参数设置面板如图 8-33 所示。

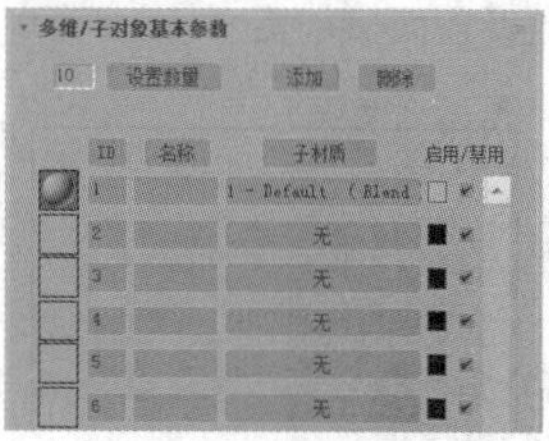

图 8-33

重要参数介绍

数量：显示包含在“多维 / 子对象”材质中的子材质的数量。

设置数量 设置数量：单击该按钮可以打开“设置材质数量”对话框，在该对话框中可以设置材质的数量，如图 8-34 所示。

图 8-34

添加 添加：单击该按钮可以添加子材质。

删除 删除：单击该按钮可以删除子材质。

ID ID：单击该按钮将对列表进行排序，其顺序开始于最低材质 ID 的子材质，结束于最高材质 ID 的子材质。

名称 名称：单击该按钮可以用名称进行排序。

子材质 子材质：单击该按钮可以通过显示于“子材质”按钮上的子材质名称进行排序。

启用 / 禁用：启用或禁用子材质。

“子材质”列表：单击子材质右侧的“无”按钮 无，可以创建或编辑一个子材质。

8.3 VRay 材质

在“材质编辑器”对话框中单击“Standard”（即标准）按钮 Standard，然后在打开的“材质 / 贴图浏览器”对话框中展开“V-Ray”选项，将显示多种 VRay 材质类型，如图 8-35 和图 8-36 所示。下面介绍几种常用的 VRay 材质。

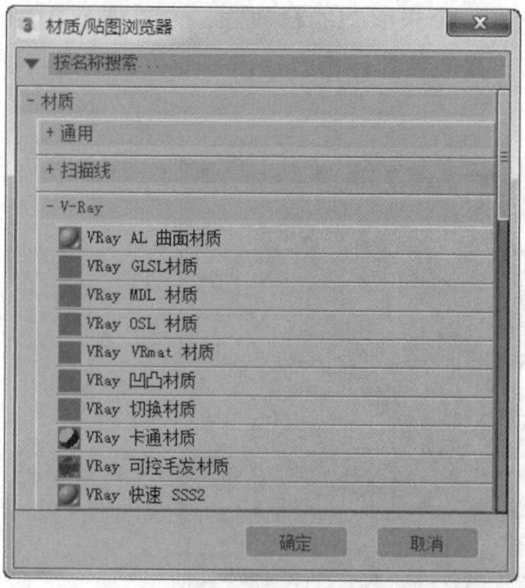

图 8-35

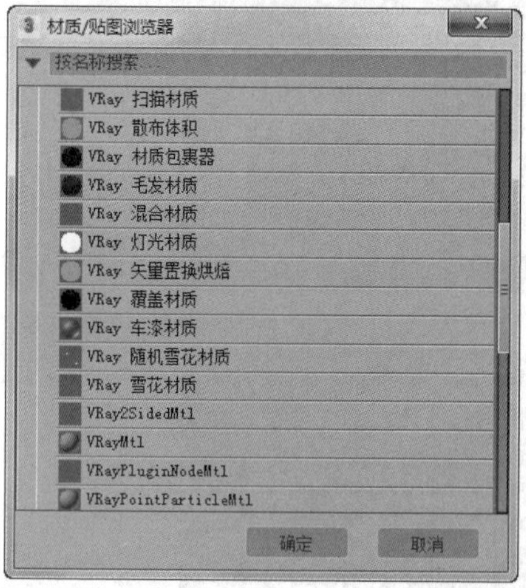

图 8-36

① 技巧与提示

在默认情况下，VRay 材质只包括如图 8-37 所示的材质。要想获得更多类型的 VRay 材质，需要在“渲染设置”对话框中将渲染器设置为 VRay 渲染器，如图 8-38 所示。

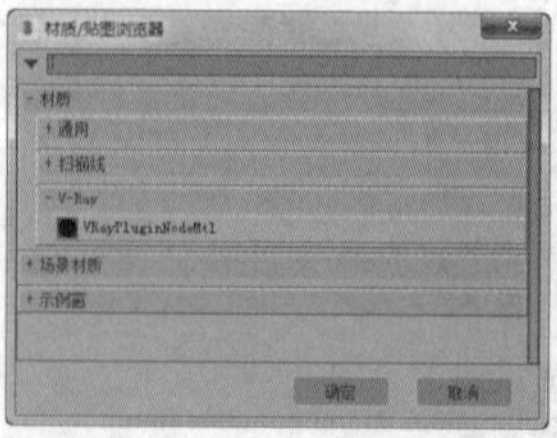

图 8-37

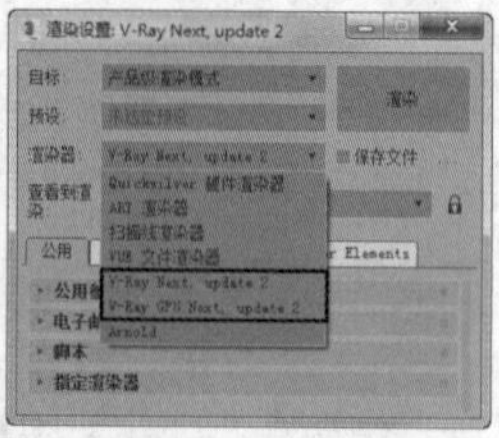

图 8-38

8.3.1 VRayMtl 材质

VRayMtl 材质是使用频率最高的一种 VRay 材质，常用于制作室内外效果图。VRayMtl 材质除了能表现一些反射和折射效果外，还能出色地表现出 SSS（体透光效果）以及 BRDF（双向反射效果）等效果，其参数设置面板如图 8-39 所示。

图 8-39

1. 基本参数卷展栏

展开 VRayMtl 材质的“基本参数”卷展栏，其参数设置面板如图 8-40 所示。

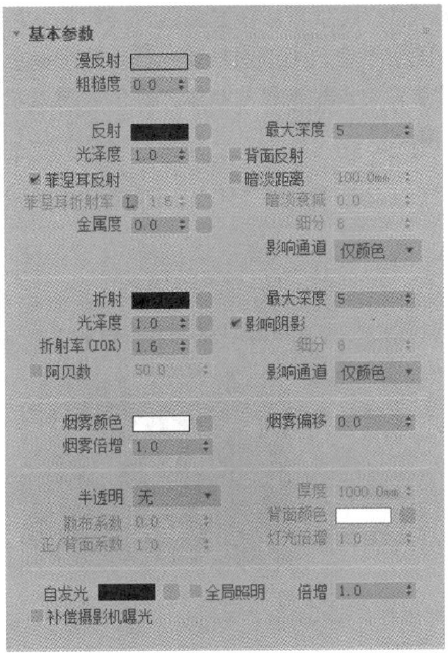

图 8-40

重要参数介绍

漫反射：物体的漫反射用来决定物体的表面颜色。单击它的色块，可以调整颜色。单击右侧的按钮■可以选择不同的贴图类型。

粗糙度：数值越大，粗糙效果越明显，可以用该选项来模拟绒布的效果。

反射：这里的反射是靠颜色的灰度来控制的，颜色越白，反射越强；越黑，反射越弱，如图 8-41~ 图 8-44 所示。单击右侧的按钮■，可以使用贴图的灰度来控制反射的强弱。

图 8-41

图 8-42

图 8-43

图 8-44

光泽度：物理世界中所有的物体都有反射光泽度，只是光泽度大小不同而已。默认值 1 表示没有模糊效果，而越小的值表示模糊效果越强烈，如图 8-45~ 图 8-48 所示。单击右边的按钮■，可以通过贴图的灰度来控制反射模糊效果的强弱。

图 8-45

图 8-46

图 8-47

图 8-48

菲涅耳反射：选中该复选框后，反射强度会与光线的入射角度有关系，入射角度越小，反射越强烈，垂直入射的时候，反射强度最弱。同时，菲涅耳反射的效果也和下面的“菲涅耳折射率”有关，当“菲涅耳折射率”为 0 或 100 时，将产生完全反射；而当“菲涅耳折射率”从 1 变化到 0 时，反射变得强烈；同样，当菲涅耳折射率从 1 变化到 100 时，反射也变得强烈。

> ⓘ 技巧与提示
>
> “菲涅耳反射”模拟的是真实世界中的一种反射现象，反射的强度与摄影机的视点和具有反射功能的物体与光线的角度有关。角度值接近 0 时，反射最强；当光线垂直于物体表面时，反射最弱，这也是物理世界中的现象。

菲涅耳折射率：在“菲涅耳反射”中，菲涅耳现象的强弱衰减率可以用该选项来调节。

细分：用来控制反射“光泽度”的品质，较高的值可以产生较平滑的效果，而较低的值可以让模糊区域产生颗粒效果。注意，“细分值”越大，渲染速度越慢，如图 8-49 和图 8-50 所示。

图 8-49

图 8-50

最大深度：指反射的次数，数值越高，效果越真实，但渲染时间也更长。

> ⓘ 技巧与提示
>
> 渲染室内的玻璃或金属物体时，反射次数需要设置得大一些；渲染地面和墙面时，反射次数可以设置得小一些，这样可以提高渲染速度。

折射：和反射的原理一样，颜色越白，物体越透明，进入物体内部产生折射的光线也就越多；颜色越黑，物体越不透明，产生折射的光线也就越少，如图 8-51~图 8-54 所示。单击右侧的按钮■，可以通过贴图的灰度来控制折射的强弱。

图 8-51

图 8-52

图 8-53

图 8-54

光泽度：用来控制物体的折射模糊程度。值越小，模糊越明显，为默认值 1 时不产生折射模糊。单击右侧的按钮■，可以通过贴图的灰度来控制折射模糊的强弱。

> ⓘ 技巧与提示
>
> 真空的折射率是 1，水的折射率是 1.33，玻璃的折射率是 1.5，水晶的折射率是 2，钻石的折射率是 2.4，这些都是制作效果图常用的折射率。

折射率（IOR）：设置透明物体的折射率。

最大深度：和反射中的最大深度原理一样，用来控制折射的最大次数。

影响阴影：这个选项用来控制透明物体产生的阴影。选中该复选框时，透明物体将产生真实的阴影。注意，这个选项仅对“VRay 灯光”和“VRay 阴影”有效。

细分：用来控制折射模糊的品质，较大的值可以产生比较光滑的效果，但是渲染速度会变慢；较大的值会使模糊区域产生杂点，但是渲染速度会变快。

烟雾颜色：这个选项可以让光线通过透明物体后变少，就和物理世界中的半透明物体一样。这个颜色值和物体的尺寸有关，对于厚的物体，颜色需要设置淡一点才有效果。

> ⓘ 技巧与提示
>
> 默认情况下的“烟雾颜色”为白色，是不起任何作用的，也就是说白色的雾对不同厚度的透明物体的效果是一样的。在图 8-55 中，“烟雾颜色”为淡绿色，“烟雾倍增”为 0.08，由于玻璃的侧面比正面厚，所以侧面的颜色就会深一些，这样的效果与现实中的玻璃是一样的。
>
> 
>
> 图 8-55

烟雾偏移：控制烟雾的偏移，较小的值会使烟雾向摄影机的方向偏移。

烟雾倍增：可以理解为烟雾的浓度。值越大，雾越浓，光线穿透物体的能力越差。不推荐使用大于 1 的值。

半透明：包括 3 种半透明效果（也叫 3S 效果），一种是“硬（蜡）模型”，比如蜡烛；一种是“软（水）模型”，比如海水；还有一种是“混合模型”，如图 8-56 所示。

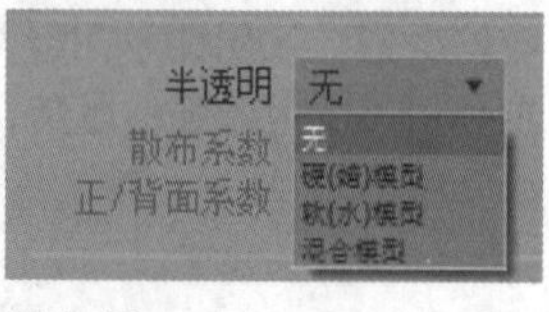

图 8-56

散布系数：物体内部的散射总量。0 表示光线在所有方向被物体内部散射；1 表示光线在一个方向被物体内部散射，而不考虑物体内部的曲面。

背面颜色：用来控制半透明效果的颜色。

灯光倍增：用于设置光线穿透能力的倍增值，值越大，散射效果越强。

① 技巧与提示

半透明参数所产生的效果通常也叫 3S 效果。半透明参数产生的效果与烟雾参数产生的效果有一些相似，很多用户不太分得清楚。其实半透明参数产生的效果包括了烟雾参数产生的效果，更重要的是它还能产生光线的次表面散射效果，也就是说当光线直射半透明物体时，光线会在半透明物体内部进行分散，然后从物体的四周发散出来；也可以理解为半透明物体为二次光源，能模拟现实世界中的效果。

2. 双向反射分布函数卷展栏

展开 VRayMtl 材质的“双向反射分布函数”卷展栏，其参数设置面板如图 8-57 所示。

图 8-57

重要参数介绍

明暗器列表：明暗器列表中包含 4 种明暗器类型，分别是“多面”“反射”“沃德”“微面 GTR（GGX）”。“多面”的高光区域最小，适合硬度很高的物体；“反射”的高光区域次之，适合大多数物体；“沃德”的高光区域最大，适合表面柔软或粗糙的物体；“微面 GTR（GGX）”适合金属类物体，如图 8-58 所示。

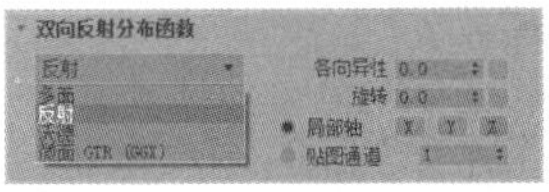

图 8-58

各向异性：控制高光区域的形状，该参数可以用来设置拉丝效果。

旋转：控制高光区的旋转方向。

局部轴：有 *x*、*y*、*z* 3 个反射局部轴可供选择。

贴图通道：可以使用不同的贴图通道与 UVW 贴图进行关联，从而使一个物体在多个贴图通道中使用不同的 UVW 贴图，这样可以得到各自对应的贴图坐标。

① 技巧与提示

双向反射现象在物理世界中随处可见。比如在图 8-59 中，可以看到不锈钢锅底的高光形状是由两个锥形构成的，这就是双向反射现象。这里产生双向反射现象是因为不锈钢表面是一个有规律的均匀的凹槽（比如常见的拉丝不锈钢效果），光反射到这样的表面上时就会产生双向反射现象。

图 8-59

3. 选项卷展栏

展开 VRayMtl 材质的“选项”卷展栏，其参数设置面板如图 8-60 所示。

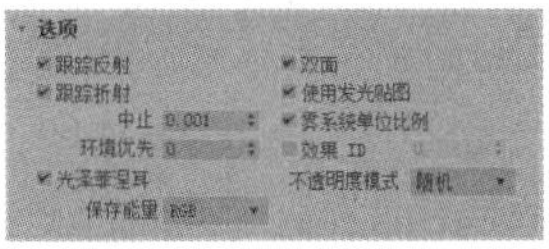

图 8-60

重要参数介绍

跟踪反射：控制光线是否追踪反射。如果不选中该复选框，VRay 将不渲染反射效果。

跟踪折射：控制光线是否追踪折射。如果不选中该复选框，VRay 将不渲染折射效果。

中止：选定材质的反射和折射的最小阈值。

环境优先：控制“环境优先”的数值。

光泽菲涅耳：选中该复选框时，将强制 VRay 计算反射物体的背面产生的反射效果。

保存能量：该选项在效果图制作中一般都默认设置为“RGB”模型，因为这样可以得到彩色效果。

双面：控制 VRay 渲染的面是否为双面。

使用发光贴图：控制选定的材质是否使用“发光贴图”。

4. 贴图卷展栏

展开 VRayMtl 材质的“贴图”卷展栏，其中的贴图通道大多与标准材质中的贴图通道相同，其参数设置面板如图 8-61 所示。

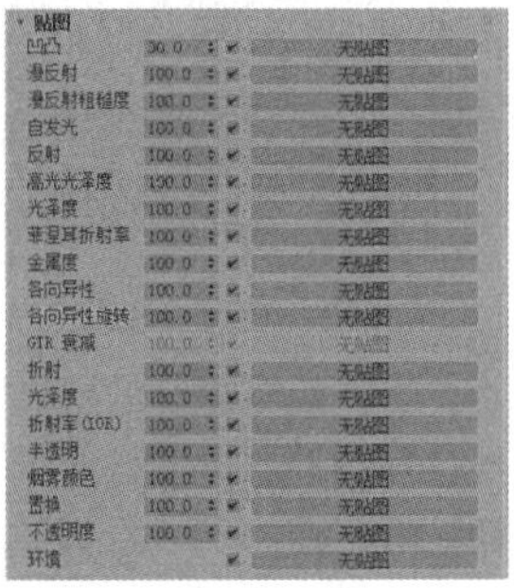

图 8-61

> ① 技巧与提示
>
> 如果制作场景中的某个物体不存在环境效果，就可以用“环境”贴图通道来完成。比如在图 8-62 中，如果在“环境”贴图通道中加载一张位图贴图，那么就需要将“坐标”类型设置为“环境”才能正确使用，如图 8-63 所示。
>
> 
>
> 图 8-62
>
> 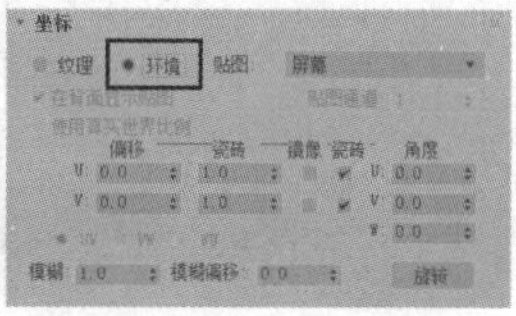
>
>
> 图 8-63

实战：用 VRayMtl 材质制作陶瓷材质

素材位置	素材文件 > 第 8 章 >02
实例位置	实例文件 > 第 8 章 > 用 VRayMtl 材质制作陶瓷材质 > 用 VRayMtl 材质制作陶瓷材质 .max
学习目标	掌握 VRayMtl 材质的使用方法

本案例将使用 VRayMtl 材质制作陶瓷效果，案例最终效果如图 8-64 所示。

图 8-64

01 打开本书学习资源中的“素材文件 > 第 8 章 > 02>02.max”文件，如图 8-65 所示。

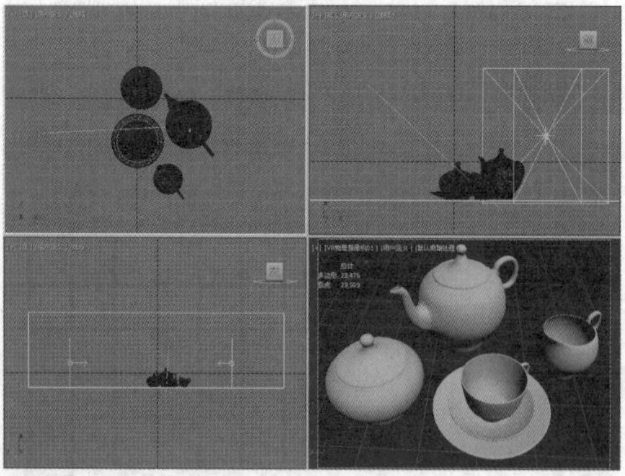

图 8-65

02 按 M 键打开“材质编辑器”对话框，选择一个未编辑的材质球，单击“Standard”（即标准）按钮 Standard ，在打开的“材质 / 贴图浏览器”对话框中展开“V-Ray”选项，然后选择“VRayMtl”材质，如图 8-66 所示。

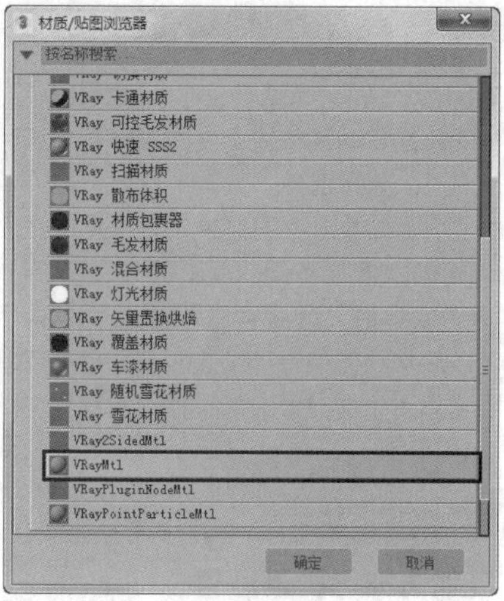

图 8-66

03 在“基本参数”卷展栏中单击“漫反射”选项的色块，如图 8-67 所示，在打开的“颜色选择器 :diffuse”对话框中设置漫反射颜色为乳白色（红 :228 绿 :228 蓝 :228），如图 8-68 所示。

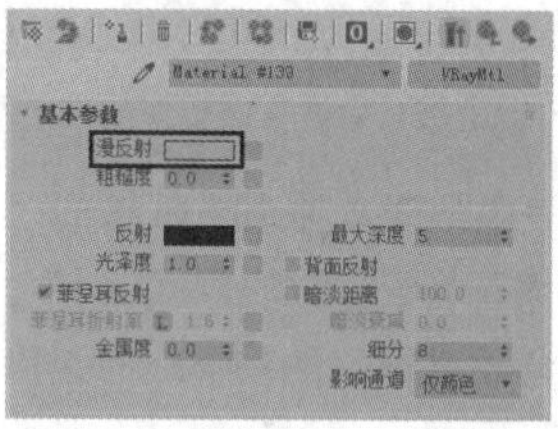

图 8-67

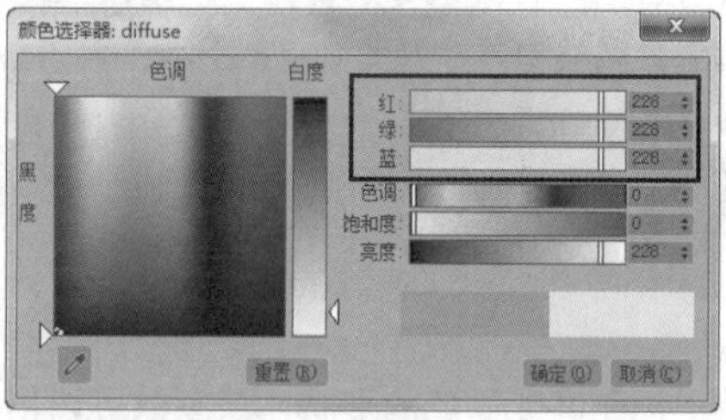

图 8-68

04 单击“反射”选项的色块，在打开的“颜色选择器”对话框中设置漫反射颜色为白色（红 :255 绿 :255 蓝 :255），然后设置“光泽度”为 0.9，如图 8-69 所示。

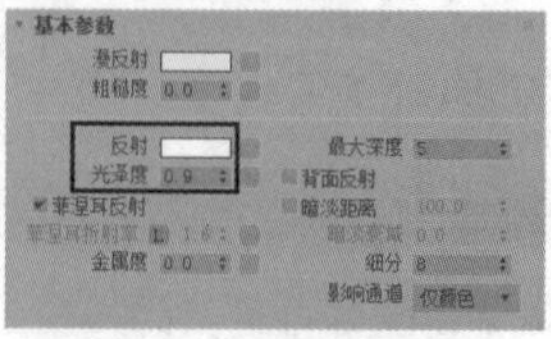

图 8-69

05 选择场景中的模型，将编辑好的白色陶瓷材质指定给选中的模型对象，然后按 F9 键渲染当前场景，最终效果如图 8-70 所示。

图 8-70

8.3.2 VRay 灯光材质

“VRay 灯光材质”主要用来模拟自发光效果，其参数设置面板如图 8-71 所示。

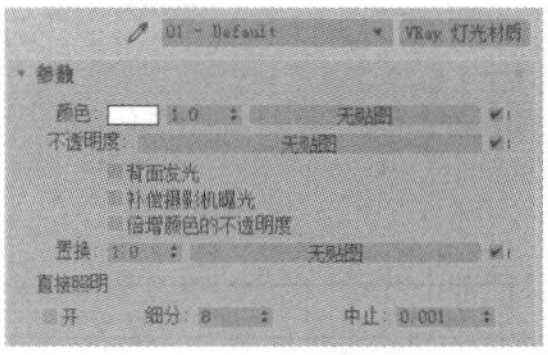

图 8-71

重要参数介绍

颜色：设置对象自发光的颜色，右侧的输入框用来设置自发光的“强度”。

不透明度：用贴图来指定发光体的透明度。

背面发光：当选中该复选框时，它可以让材质光源双面发光。

实战：用 VRay 灯光材质制作烛光	
素材位置	素材文件 > 第 8 章 >03
实例位置	实例文件 > 第 8 章 > 用 VRay 灯光材质制作烛光 > 用 VRay 灯光材质制作烛光 .max
学习目标	掌握 VRay 灯光材质的使用方法

本案例将使用 VRay 灯光材质制作烛光效果，案例最终效果如图 8-72 所示。

图 8-72

01　打开本书学习资源中的“素材文件 > 第 8 章 > 03>03.max”文件，这是一个烛台模型，如图 8-73 所示。

图 8-73

02　按 M 键打开“材质编辑器”对话框，选择一个未编辑的材质球，单击“Standard”（即标准）按钮 Standard ，在打开的“材质 / 贴图浏览器”对话框中选择“VRay 灯光材质”选项，如图 8-74 所示。

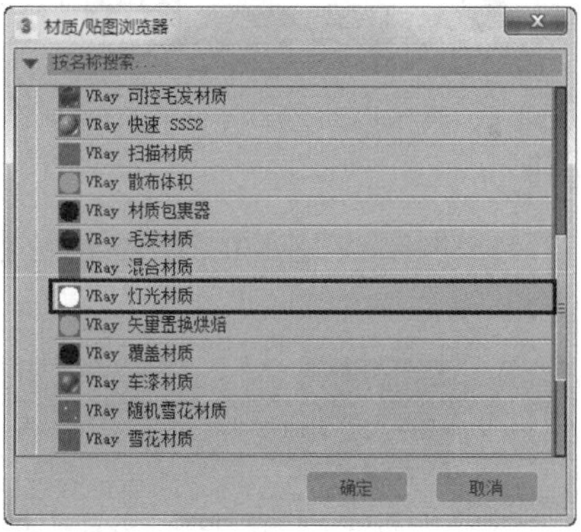

图 8-74

03　在“参数”卷展栏中的“颜色”数值框中输入灯光的“强度”为 50，然后单击“颜色”选项右侧的“无贴图”按钮 无贴图 ，如图 8-75 所示。

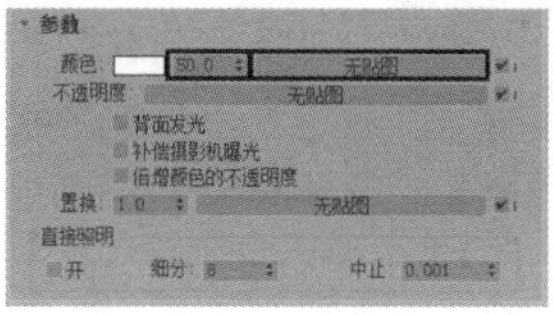

图 8-75

04　在打开的“材质 / 贴图浏览器”对话框中双击“位图”选项，如图 8-76 所示，然后在打开的“选择位图图像文件”对话框中选择并打开学习资源中的“素材文件 > 第 8 章 >03> 烛光 .jpg”位图文件，如图 8-77 所示。

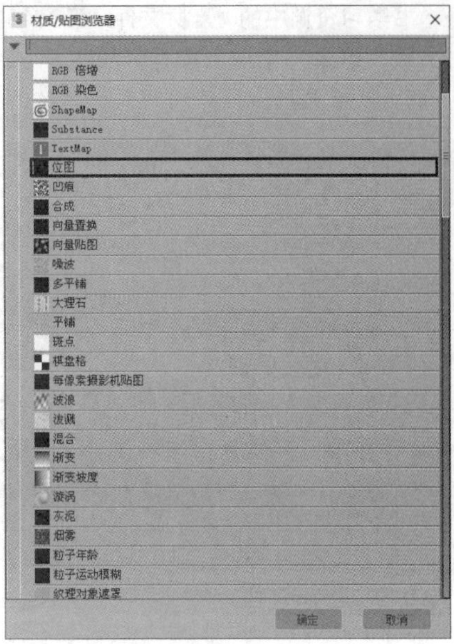

图 8-76

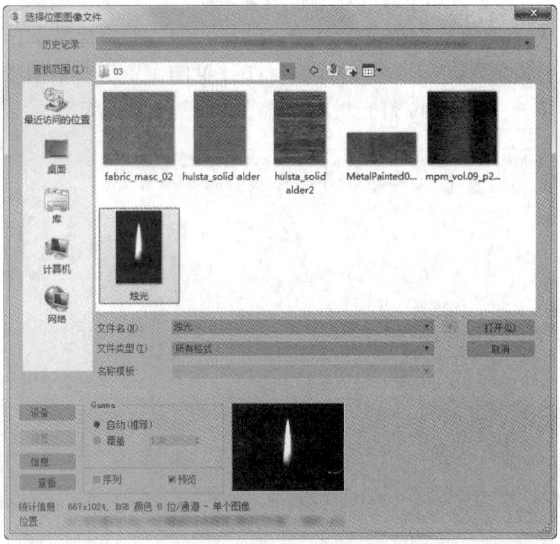

图 8-77

05 单击“转到父对象”按钮，返回到“VRay 灯光材质”的“参数”卷展栏中，将“颜色”选项中的贴图拖曳到“不透明度”选项的“无贴图”按钮上，对其进行复制，如图 8-78 所示。

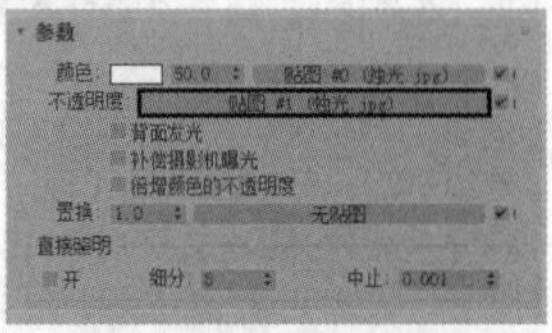

图 8-78

> ① 技巧与提示
>
> “不透明度”通道中的贴图的作用是抠掉“颜色”通道中的黑色背景，只留下火苗的部分。

06 选择场景中蜡烛上的面片模型，然后将制作好的材质指定给蜡烛上的面片模型，按 F9 键渲染当前场景，最终效果如图 8-79 所示。

图 8-79

8.3.3 VRay 混合材质

“VRay 混合材质”可以通过让多个材质以层的方式混合来模拟物理世界中的复杂材质。“VRay 混合材质”和 3ds Max 里的“混合”材质的效果类似，但是其渲染速度比 3ds Max 的快很多，其参数设置面板如图 8-80 所示。

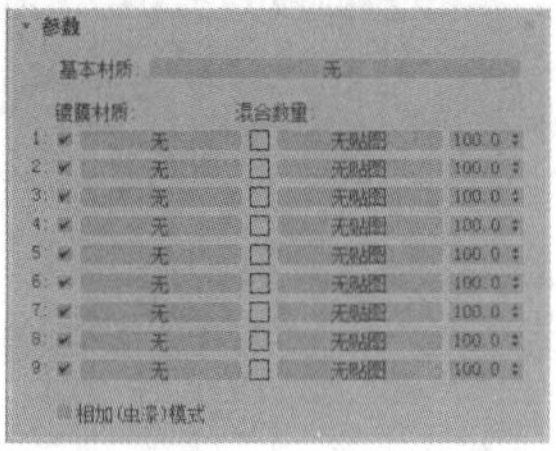

图 8-80

重要参数介绍

基本材质：用于设置最基础的材质效果。

镀膜材质：用于设置表面材质，可以理解为基本材质上面的材质。

混合数量：这个混合数量表示混合多少“镀膜材质”到“基本材质”上，如果颜色为白色，那么这个“镀膜材质”将全部混合上去，而下面的“基本材质”将不起作用；如果颜色为黑色，那么这个“镀膜材质”自身就没什么效果。混合数量也可以由后面的贴图通道来代替。

相加（虫漆）模式：选中该复选框，“VRay 混合材质”将和 3ds Max 通用材质中的“虫漆”材质效果类似。

8.3.4 VRay 覆盖材质

“VRay 覆盖材质”可以让用户更全面地控制场景的色彩融合、反射、折射等，其参数设置面板如图 8-81

所示。图 8-82 所示的效果就是“VRay 覆盖材质”的表现，陶瓷瓶在桌子上的反射是红色，是因为使用了“反射材质”；而玻璃瓶子折射的是淡黄色，是因为使用了“折射材质”。

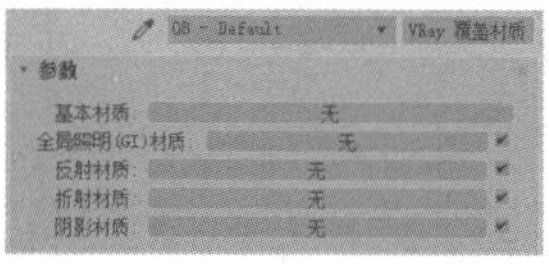

图 8-81

图 8-82

重要参数介绍

基本材质：用于设置物体最基础的材质效果。

全局照明（GI）材质：用于设置物体的全局光材质效果，当使用这个参数的时候，灯光的反射将由这个材质的灰度来控制，而不是基础材质。

反射材质：物体的反射材质，在反射里看到的物体的材质。

折射材质：物体的折射材质，在折射里看到的物体的材质。

阴影材质：基本材质的阴影将用该参数中的材质来控制，而基本材质的阴影将无效。

8.3.5 VRay 双面材质

VRay 双面材质（即“VRay2SidedMtl”）可以使对象的外表面和内表面同时被渲染，并且可以使其内、外表面拥有不同的纹理贴图，其参数设置面板如图 8-83 所示。

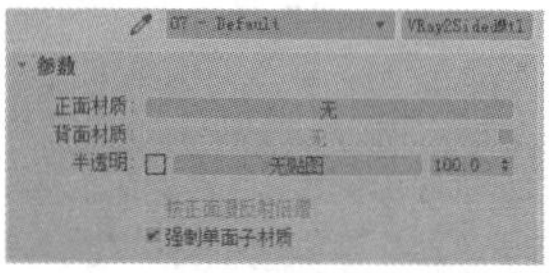

图 8-83

重要参数介绍

正面材质：用来设置物体外表面的材质。

背面材质：用来设置物体内表面的材质。

半透明：用来设置“正面材质”和“背面材质”的混合程度，可以直接设置混合值，可以用贴图来代替。值为 0 时，“正面材质”在外表面，“背面材质”在内表面；值为 0~100 时，两面的材质可以相互混合；值为 100 时，“背面材质”在外表面，“正面材质”在内表面。

8.3.6 VRay 材质包裹器

“VRay 材质包裹器”主要用于控制色溢现象，其参数设置面板如图 8-84 所示。

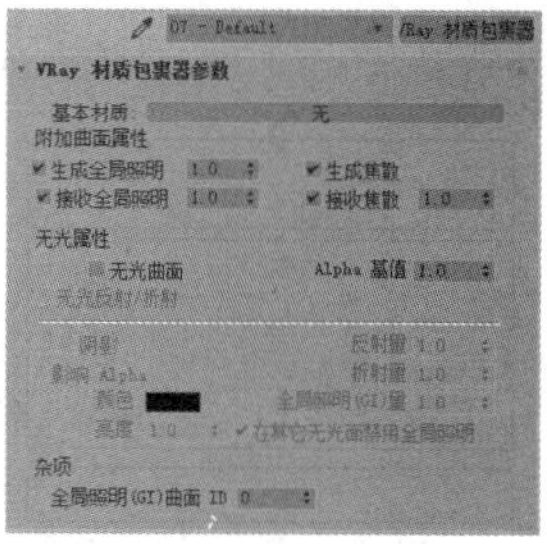

图 8-84

重要参数介绍

基本材质：用于设置物体最基础的材质。

生成全局照明：控制基本材质的物体对其他材质物体的全局光照影响。

接收全局照明：控制基本材质的物体受到全局光照的影响。

Alpha 基值：控制基础材质的 Alpha 通道。

> ⓘ 技巧与提示
>
> 在 3ds Max 中，色溢是指 A 材质的颜色过多地影响到 B 材质的显色效果。如图 8-85 所示，图中红色的模型对白色的背景产生了影响，白色的背景在阴影处映出红色。如果期望的效果是不需要白色的背景映出红色，就需要使用“VRay 材质包裹器”来调整。
>
> 
>
> 图 8-85

8.4 常用贴图

贴图主要用于表现物体材质表面的纹理，贴图可以在不增加模型的复杂程度的情况下就表现出对象的细节，并且可以创建反射、折射、凹凸和镂空等多种效果。贴图可以增强模型的质感，完善模型的造型，使三维场景更加接近真实的环境。

展开“贴图”卷展栏，该卷展栏下有很多贴图通道，用户在这些贴图通道中可以加载贴图来表现物体的相应属性。随意单击一个通道，可以看到在打开的“材质 / 贴图浏览器”对话框中包含很多贴图，如图 8-86~图 8-88 所示。本节将讲解常用的贴图类型。

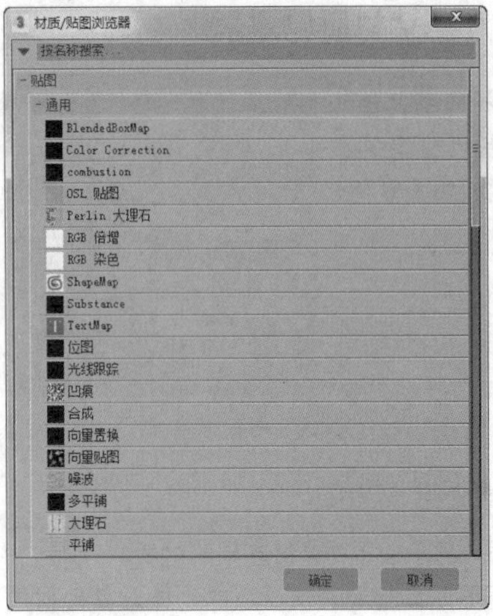

图 8-86

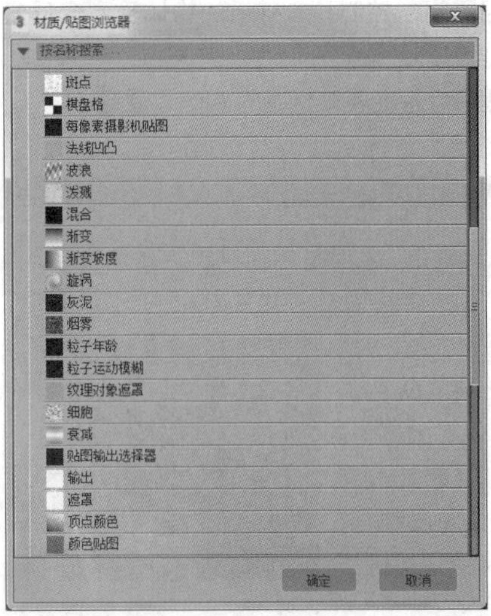

图 8-87

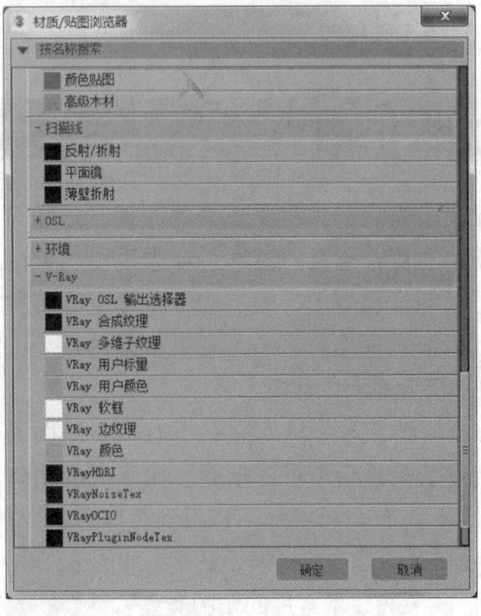

图 8-88

8.4.1 位图贴图

“位图”贴图是一种最基本的贴图类型，也是最常用的贴图类型。在“材质 / 贴图浏览器”对话框中双击“位图”选项后，将打开“选择位图图像文件”对话框，在“文件类型”下拉列表中可以选择需要的位图文件类型，其中包括 FLC、AVI、BMP、GIF、JPEG、PNG、PSD 和 TIFF 等多种图像格式，如图 8-89 所示。

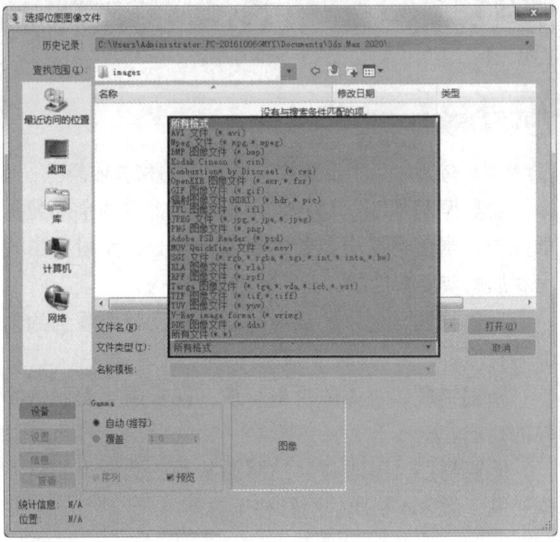

图 8-89

实战：用位图贴图制作抱枕	
素材位置	素材文件 > 第 8 章 >04
实例位置	实例文件 > 第 8 章 > 用位图贴图制作抱枕 > 用位图贴图制作抱枕 .max
学习目标	掌握位图贴图的使用方法

本案例将使用位图贴图制作抱枕效果，案例最终效果如图 8-90 所示。

图 8-90

01 打开本书学习资源中的“素材文件 > 第 8 章 >04>04.max”文件，这是一组抱枕模型，如图 8-91 所示。

图 8-91

02 按 M 键打开“材质编辑器”对话框，然后选择一个空白材质球，展开“贴图”卷展栏，单击“漫反射颜色”通道的“无贴图”按钮 无贴图 ，如图 8-92 所示，在“材质 / 贴图浏览器”对话框中双击“位图”选项，如图 8-93 所示。

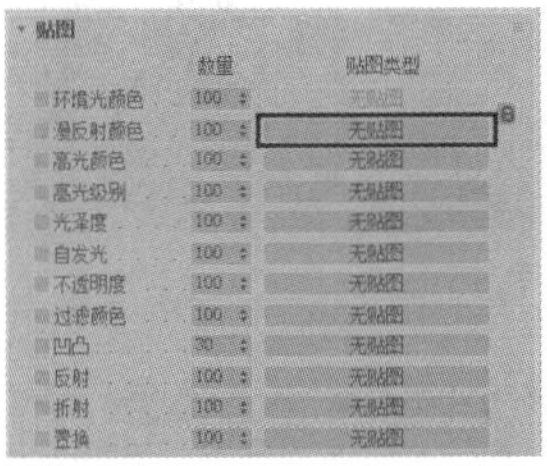

图 8-92

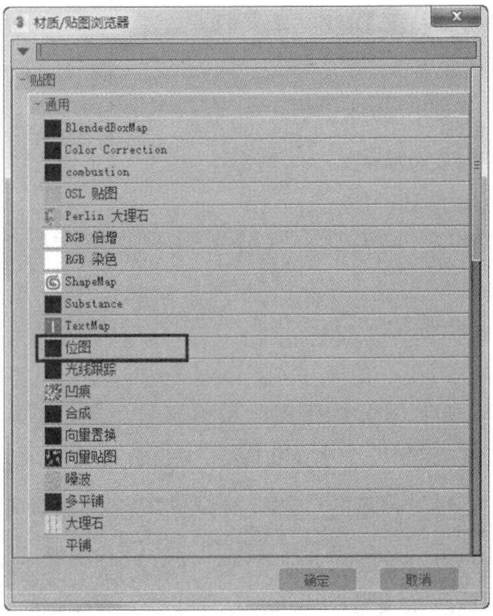

图 8-93

03 在打开的“选择位图图像文件”对话框中选择并打开学习资源中的“素材文件 > 第 8 章 >04> 花纹 .jpg”位图文件，如图 8-94 所示。

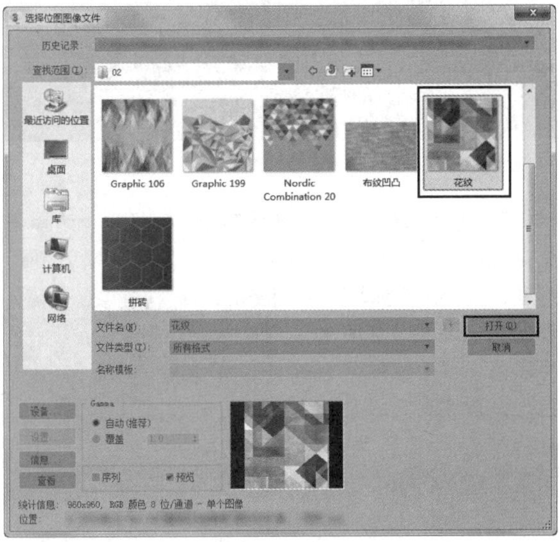

图 8-94

04 单击“转到父对象”按钮，然后使用同样的方法为“凹凸”通道加载学习资源中的“素材文件 > 第 8 章 >04> 布纹凹凸 .jpg”文件，设置“数量”为 100，如图 8-95 所示。

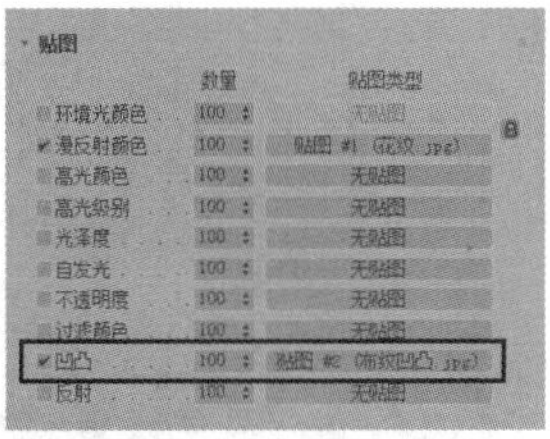

图 8-95

05 将编辑好的材质赋予其中一个抱枕模型，单击“视口中显示明暗处理材质”按钮，在场景中显示材质，其效果如图 8-96 所示。

图 8-96

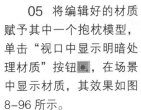

06 选择赋予材质的抱枕模型，然后为其添加“UVW 贴图”修改器，设置“贴图”类型为“长方体”，“长度”为 200mm、“宽度”为 200mm、“高度”为 200mm，并设置“贴图通道”为 2，如图 8-97 所示。

图 8-97

07 在“材质编辑器”对话框中单击材质球的“凹凸”通道的贴图按钮 贴图 #2（布纹凹凸 .jpg），进入“凹凸”通道的参数设置面板，然后设置“贴图通道”为 2，如图 8-98 所示。

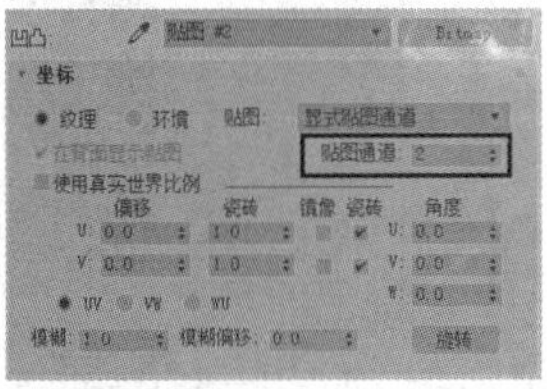

图 8-98

技巧与提示

本例中“UVW 贴图”通道控制抱枕的“凹凸”通道的贴图大小，即抱枕布纹纹理的大小。原有的“漫反射颜色”通道中的花纹贴图不受其控制。

08 按照上述方法制作出其余抱枕的贴图，最终效果如图 8-99 所示。

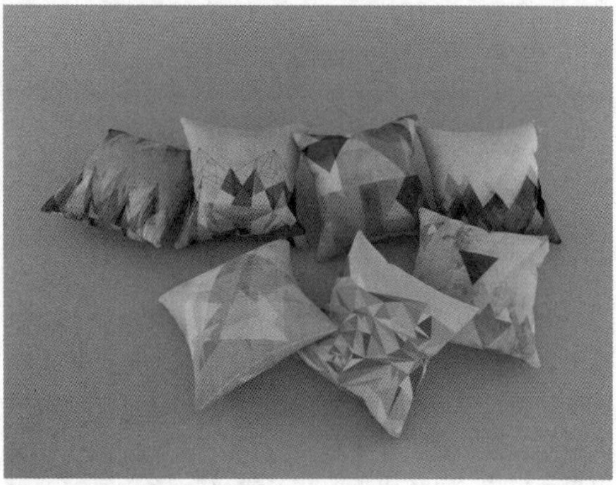

图 8-99

8.4.2 反射 / 折射贴图

在编辑模型的材质时，可以使用反射 / 折射、光线跟踪、平面镜等贴图类型制作反射和折射效果，将反射 / 折射类的贴图用于“贴图”卷展栏中的“反射”和“折射”通道，可以得到更好的贴图效果，如图 8-100 所示。

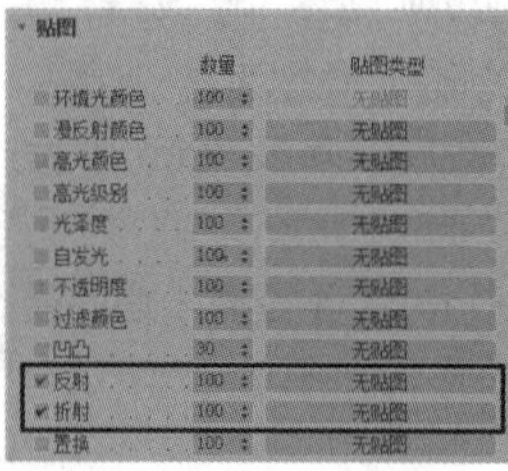

图 8-100

反射 / 折射：该贴图可以生成反射或折射表面，如图 8-101 所示的气球。要创建反射，需要指定此贴图类型作为材质的反射贴图。要创建折射，需要指定此贴图类型作为材质的折射贴图。

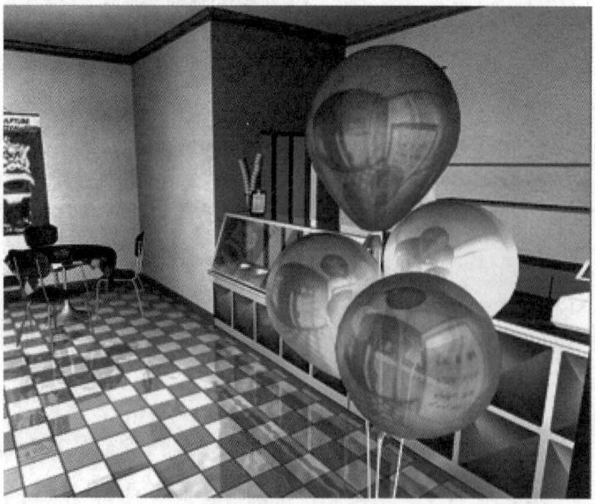

图 8-101

光线跟踪：使用该贴图可以提供全部光线跟踪反射和折射，如图 8-102 所示。

平面镜：“平面镜”贴图应用到共面集合时会生成反射环境对象的材质，它可以被指定为材质的反射贴图，如图 8-103 所示。

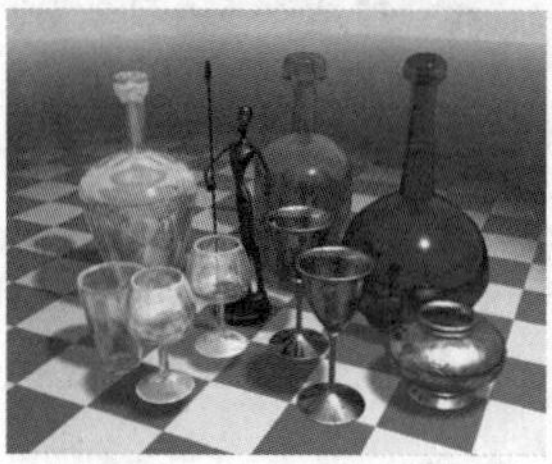

图 8-102

图 8-103

实战：用光线跟踪贴图制作水龙头	
素材位置	素材文件 > 第 8 章 >05
实例位置	实例文件 > 第 8 章 > 用光线跟踪贴图制作水龙头 > 用光线跟踪贴图制作水龙头 .max
学习目标	掌握光线跟踪贴图的使用方法

本案例将使用光线跟踪贴图来制作水龙头效果，案例最终效果如图 8-104 所示。

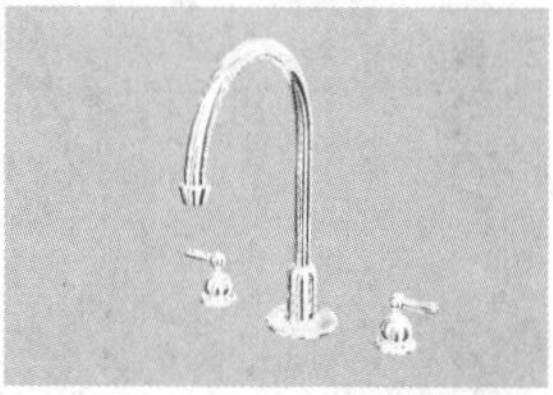

图 8-104

01 打开本书学习资源中的“素材文件 > 第 8 章 > 05>05.max”文件，这是一个水龙头模型，如图 8-105 所示。

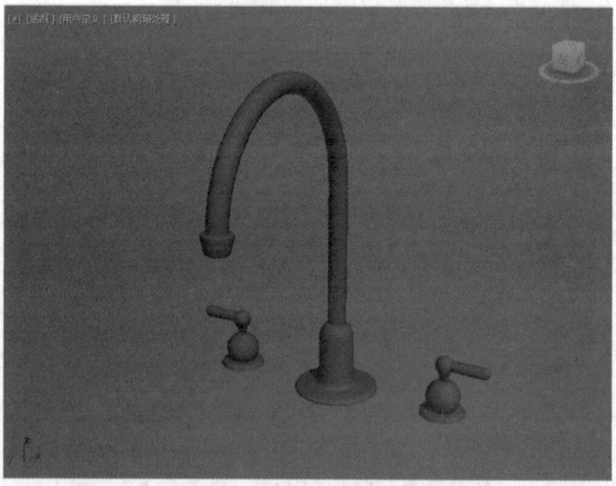

图 8-105

02 按 M 键打开“材质编辑器”对话框，选择一个空白材质球，然后在明暗器列表中选择“(M)金属”选项，在“金属基本参数”卷展栏中设置“环境光”为黑色、“漫反射”为白色，设置“高光级别”为 60、“光泽度”为 85，如图 8-106 所示。

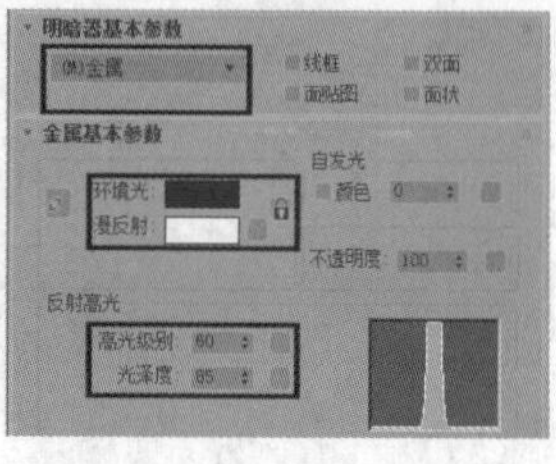

图 8-106

03 展开“贴图”卷展栏，单击“反射”贴图通道中的“无贴图”按钮 无贴图 ，如图 8–107 所示，在打开的“材质 / 贴图浏览器”对话框中选择“光线跟踪”选项并单击“确定”按钮 确定 ，如图 8–108 所示。

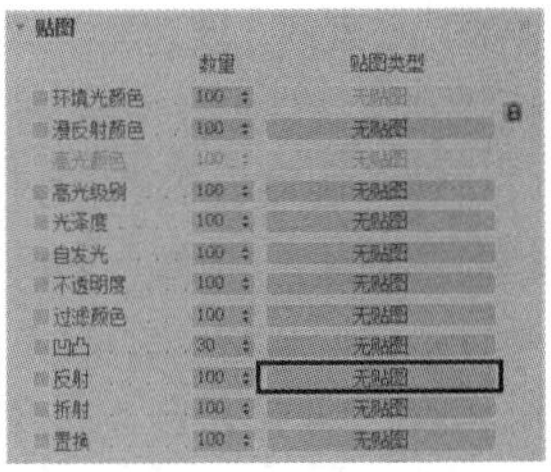

图 8–107

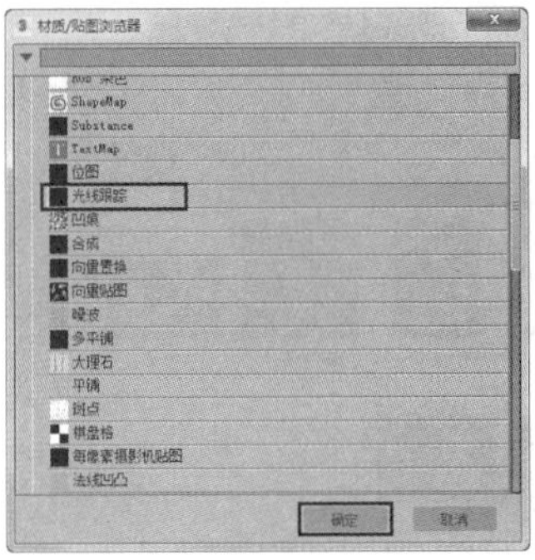

图 8–108

04 在“光线跟踪”参数设置面板中展开“光线跟踪器参数”卷展栏，然后单击“背景”选项组中的“无”按钮 无 ，如图 8–109 所示，在打开的“材质 / 贴图浏览器”对话框中双击“位图”选项，接着在打开的“选择位图图像文件”对话框中选择并打开学习资源中的“素材文件 > 第 8 章 >05> 金属质感 .jpg”素材，如图 8–110 所示。

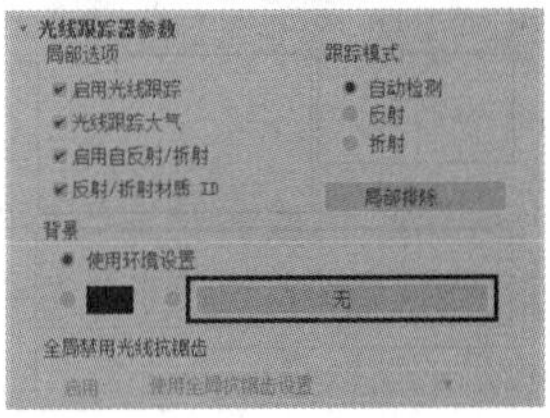

图 8–109

图 8–110

05 在“背景”贴图层级中展开“坐标”卷展栏，然后依次设置“瓷砖”选项数值为 1 和 0.1，如图 8–111 所示。将编辑好的材质指定给场景中的水龙头模型，并按 F9 键进行渲染，最终效果如图 8–112 所示。

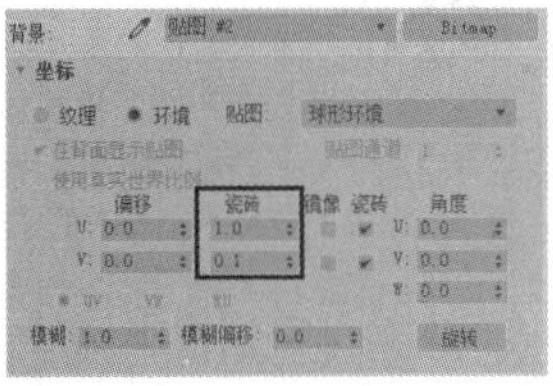

图 8–111

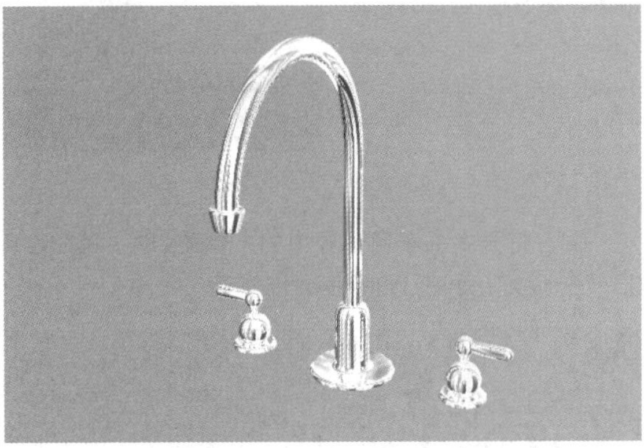
图 8–112

8.4.3 渐变贴图

“渐变”贴图类型提供了 3 种颜色或位图覆盖物体的表面，这种贴图类型的 3 种颜色或位图之间是渐变的，其渐变类型包括“线性”和“径向”两种，如图 8–113 所示。

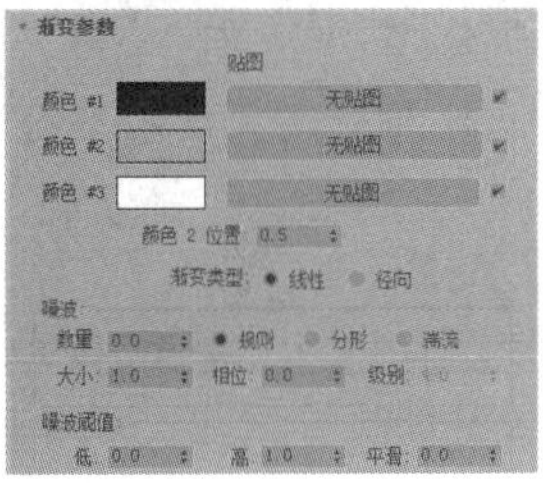

图 8–113

重要参数介绍

颜色 2 位置：用于设置颜色 2 在渐变过程中所处的位置。

渐变类型：包括线性渐变和径向渐变。

噪波：用于设置渐变处理时的噪波效果，包括“规则”“分形”“端流”3 种形式。

数量：设置噪波的程度，“数量”值范围为 0~1，噪波程度随“数量”值增大而增大。

大小：设置噪波产生的碎片大小。

噪波阈值：用于设置噪波产生的高低界限。

低：设置噪波的低限值参数，参数范围为 0 ~ 1。

高：设置噪波的高限值参数，参数范围为 0 ~ 1。

平滑：设置噪波效果从低限到高限转换的平滑程度，参数范围为 0 ~ 1。

8.4.4 平铺贴图

使用“平铺”贴图可以创建类似于瓷砖的贴图，通常在制作建筑瓷砖图案时使用。

实战：用平铺贴图制作地砖材质

素材位置	素材文件 > 第 8 章 >06
实例位置	实例文件 > 第 8 章 > 用平铺贴图制作地砖材质 > 用平铺贴图制作地砖材质 .max
学习目标	掌握平铺贴图的使用方法

本案例将使用平铺贴图来制作地砖效果，案例最终效果如图 8-114 所示。

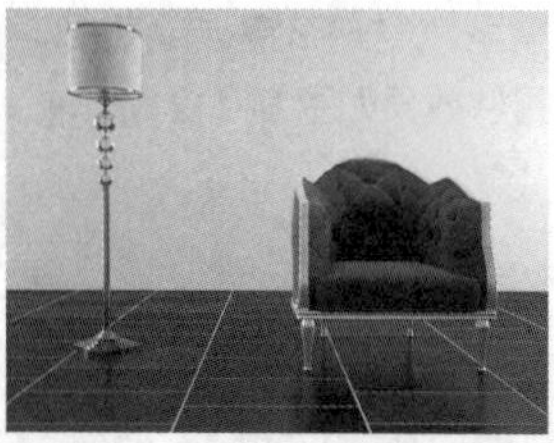

图 8-114

01 打开本书学习资源中的“素材文件 > 第 8 章 > 06>06.max”文件，如图 8-115 所示。

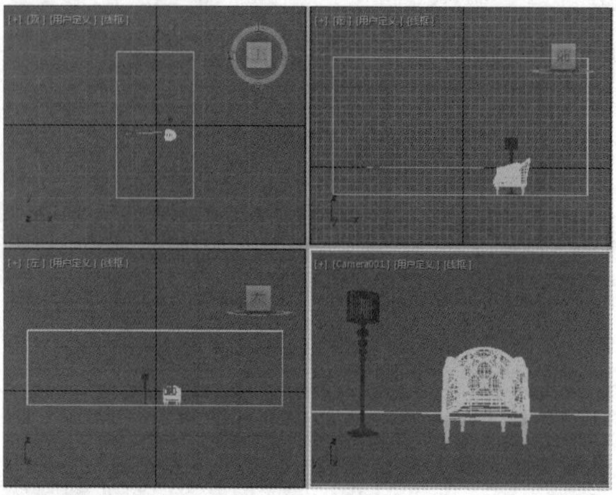

图 8-115

02 按 M 键打开“材质编辑器”对话框，选择一个空白材质球，展开“贴图”卷展栏，为“漫反射颜色”贴图通道加载“平铺”贴图，如图 8-116 所示。

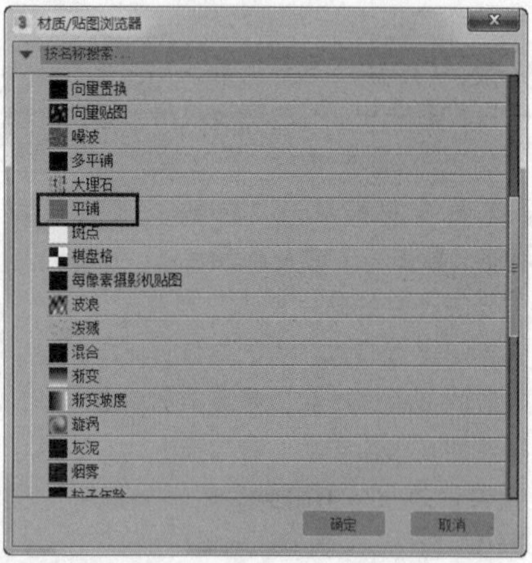

图 8-116

03 在“平铺”贴图参数设置面板中展开“高级控制”卷展栏，然后在“平铺设置”选项组中单击“纹理”选项右侧的按钮 None，如图 8-117 所示，为“纹理”贴图通道加载“素材文件 > 第 8 章 >06> 地面 .jpg”素材文件，如图 8-118 所示。

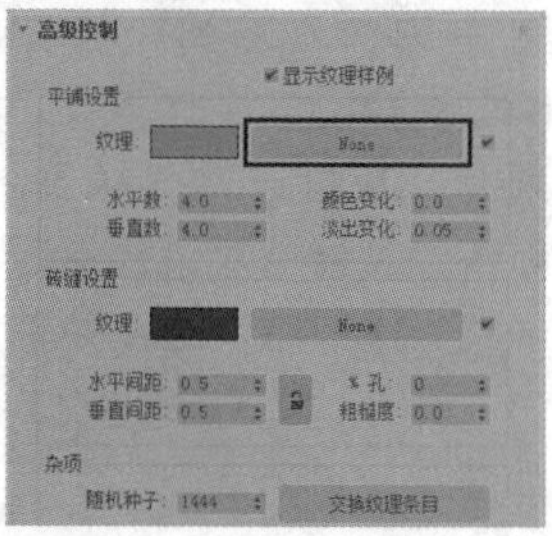

图 8-117

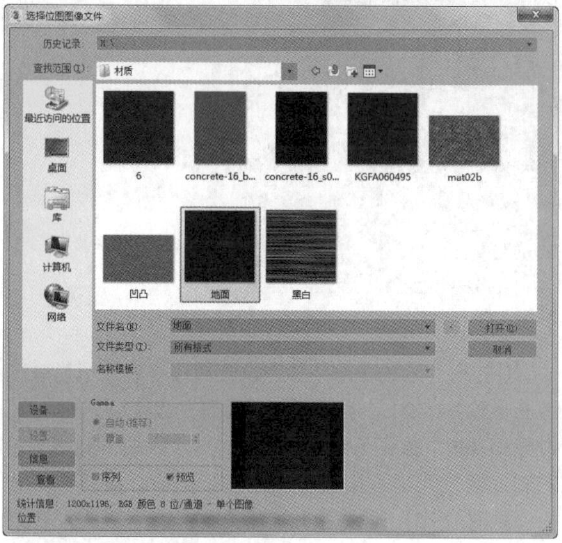

图 8-118

04 返回到“高级控制”卷展栏，设置“平铺设置”选项组的“水平数”和“垂直数”为 20，再设置砖缝的“纹理”颜色为（红 :223，绿 :223，蓝 :223），设置“水平间距”和“垂直间距”为 0.05，如图 8-119 所示。

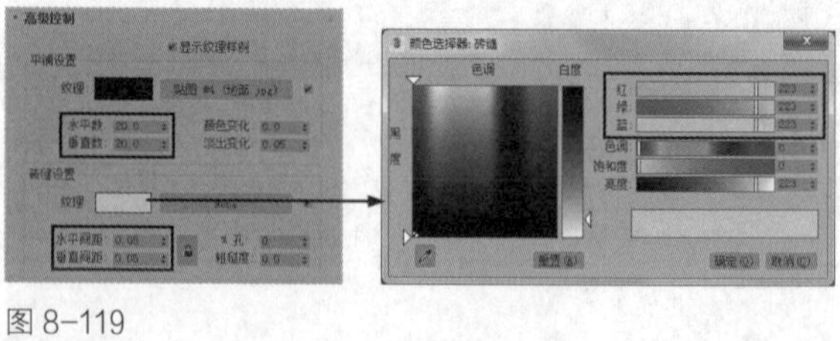

图 8-119

05 展开材质的“Blinn 基本参数”卷展栏，设置“高光级别”为 35，如图 8-120 所示。

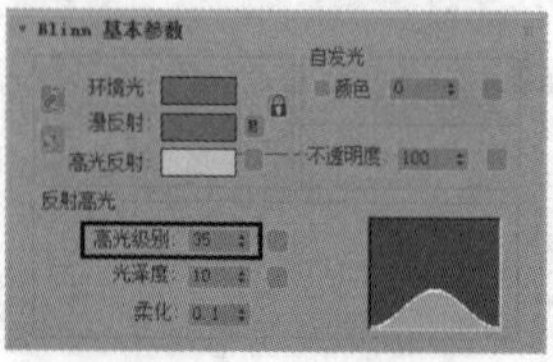

图 8-120

06 展开“贴图”卷展栏，将“漫反射颜色”贴图通道中的贴图向下拖到“凹凸”贴图通道上，在打开的“复制（实例）贴图”对话框中选择“复制”选项并单击“确定”按钮 确定 ，如图 8-121 所示，然后设置“凹凸”的“数量”为 10，如图 8-122 所示。

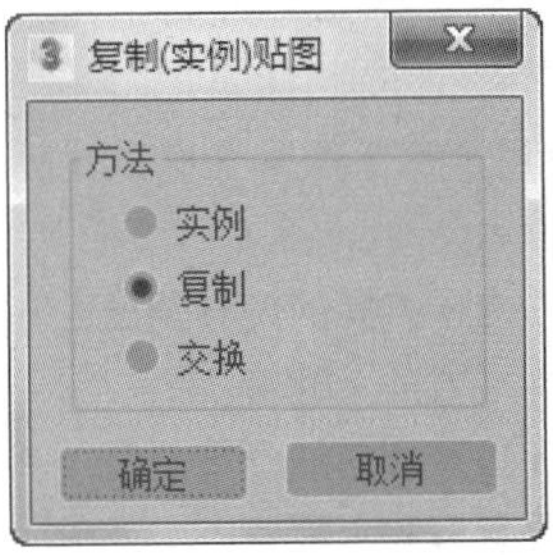

图 8-121

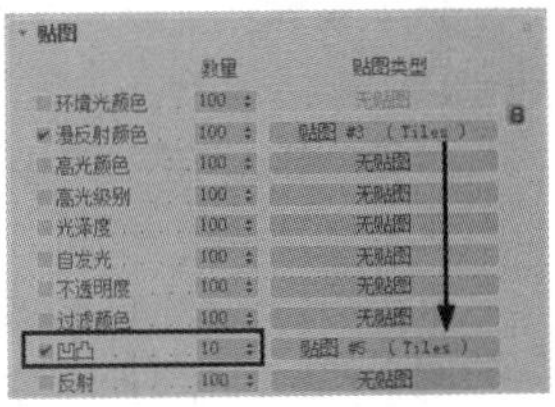

图 8-122

07 将制作好的材质指定给场景中的地板模型，按 F9 键进行渲染，最终效果如图 8-123 所示。

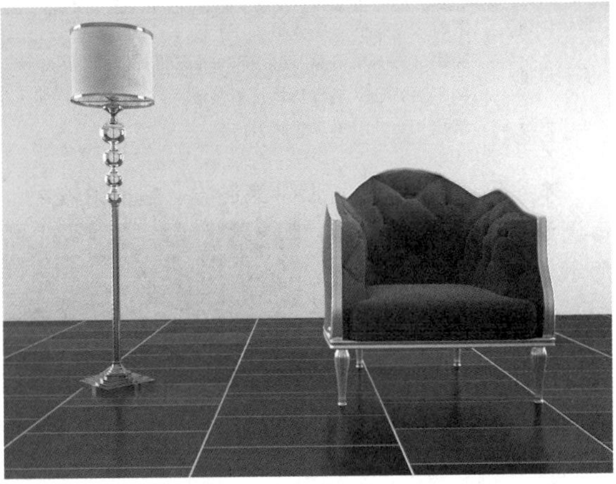

图 8-123

8.4.5 衰减贴图

“衰减”贴图可以用来控制材质从强烈到柔和的过渡效果，其参数设置面板如图 8-124 所示。

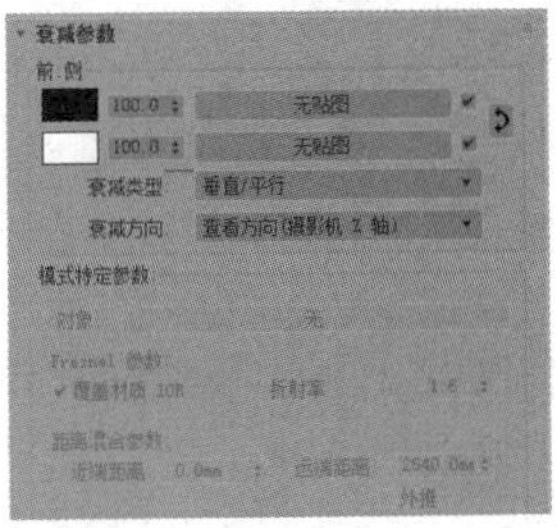

图 8-124

重要参数介绍

衰减类型：设置衰减的方式，共有以下 5 种。

垂直 / 平行：在与衰减方向相垂直的面法线和与衰减方向相平行的法线之间设置角度衰减范围。

朝向 / 背离：在面向衰减方向的面法线和背离衰减方向的法线之间设置角度衰减范围。

Fresnel：基于 IOR（折射率）在面向视口的曲面上产生暗淡反射，而在有角的面上产生较明亮的反射。

阴影 / 灯光：基于落在对象上的灯光，在两个子纹理之间进行调节。

距离混合：基于“近端距离”值和“远端距离”值，在两个子纹理之间进行调节。

衰减方向：设置衰减的方向。

8.4.6 噪波贴图

使用“噪波”贴图可以将噪波效果添加到物体的表面，以突出材质的质感。“噪波”贴图通过应用分形噪波函数来扰动像素的 UV 贴图，从而表现出非常复杂的物体材质，其参数设置面板如图 8-125 所示。

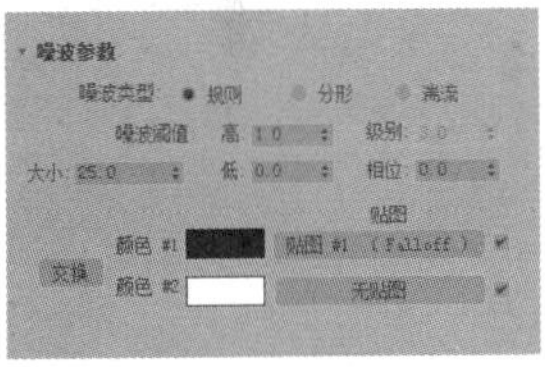

图 8-125

重要参数介绍

噪波类型：共有 3 种类型，分别是“规则”“分形”“湍流”。

规则：生成普通噪波，如图 8-126 所示。

分形：使用分形算法生成噪波，如图 8-127 所示。

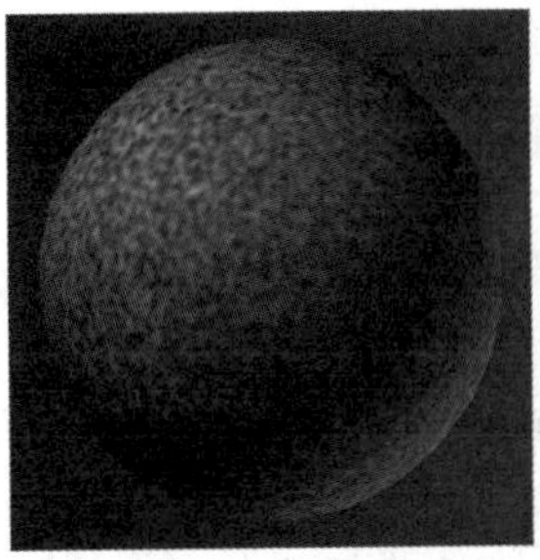

图 8-126

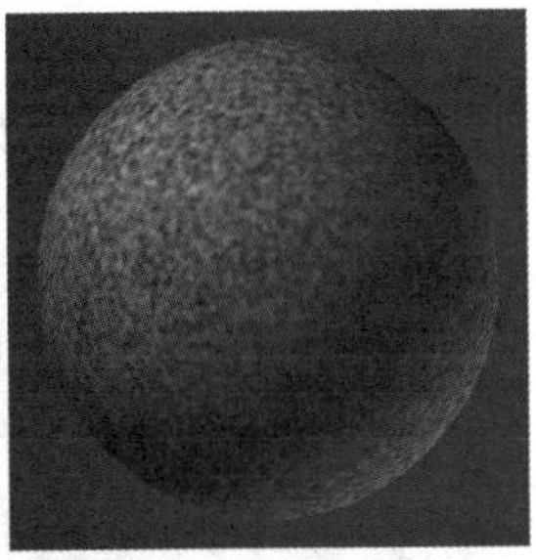

图 8-127

湍流：生成应用绝对值函数来制作故障线条的分形噪波，如图 8-128 所示。

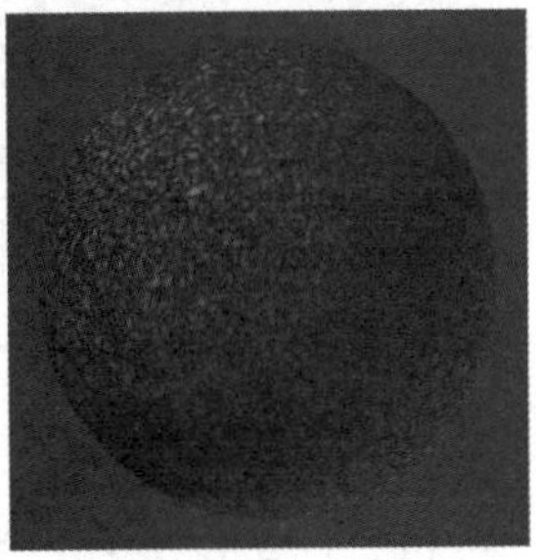

图 8-128

噪波阈值：控制噪波的效果，取值范围为 0~1。

级别：决定有多少分形能量用于分形和湍流噪波函数。

大小：设置噪波产生的碎片大小。

相位：控制噪波函数的动画速度。

交换 交换：交换两个颜色或贴图的位置。

颜色 #1/ 颜色 #2：可以从两个主要噪波颜色中进行选择，将通过所选的两种颜色来生成中间颜色值。

8.4.7 混合贴图

“混合”贴图可以用来制作材质之间的混合效果，其参数设置面板如图 8-129 所示。

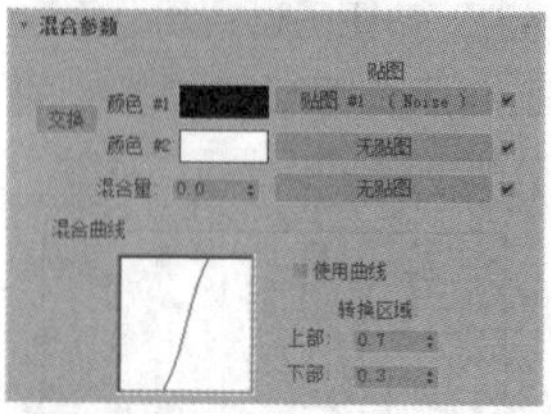

图 8-129

重要参数介绍

交换 交换：交换两个颜色或贴图的位置。

颜色 #1/ 颜色 #2：设置混合的两种颜色。

混合量：设置颜色混合的比例。

混合曲线：用曲线来确定对混合效果的影响。

转换区域：调整“上部”和“下部”的级别。

8.4.8 VRayHDRI

VRayHDRI（即“高动态范围贴图”）主要用来设置场景的环境贴图，即把 HDRI 当作光源来使用，其参数设置面板如图 8-130 所示。

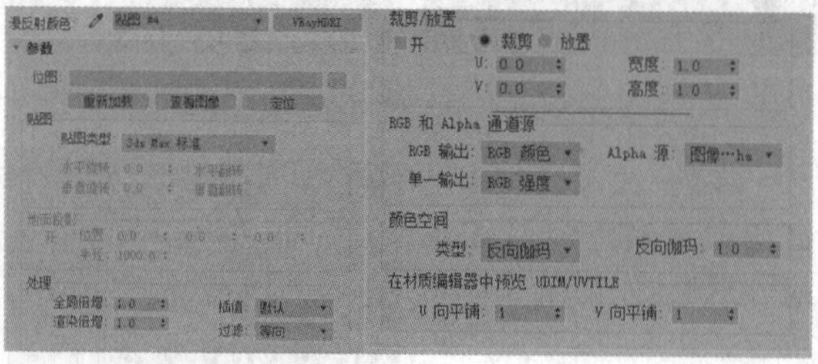

图 8-130

重要参数介绍

位图：单击右侧的“浏览”按钮可以指定一张 HDR 贴图。

贴图类型：控制 HDRI 的贴图类型，共有以下 5 种类型。

3ds Max 标准：主要用于对单个物体指定环境贴图。

角度：主要用于使用了对角拉伸坐标方式的 HDRI。

立方：主要用于使用了立方体坐标方式的 HDRI。

球体：主要用于使用了球形坐标方式的 HDRI。

球状镜像：主要用于使用了镜像球体坐标方式的 HDRI。

水平旋转：控制 HDRI 在水平方向的旋转角度。

水平翻转：让 HDRI 在水平方向上翻转。

垂直旋转：控制 HDRI 在垂直方向的旋转角度。

垂直翻转：让 HDRI 在垂直方向上翻转。

全局倍增：控制 HDRI 的亮度。

渲染倍增：设置渲染时的光强度倍增。

实战：用 VRayHDRI 制作环境反射	
素材位置	素材文件 > 第 8 章 >07
实例位置	实例文件 > 第 8 章 > 用 VRayHDRI 制作环境反射 > 用 VRayHDRI 制作环境反射 .max
学习目标	掌握 VRayHDRI 的使用方法

本案例将使用 VRayHDRI 来制作环境反射效果，案例最终效果如图 8-131 所示。

图 8-131

01 打开本书学习资源中的“素材文件 > 第 8 章 > 07>07.max”文件，这是一个茶壶模型，如图 8-132 所示。

图 8-132

02 执行“渲染 > 环境”菜单命令，打开“环境和效果”对话框，单击“环境贴图”通道中的“无”

按钮 无 ，然后在打开的“材质 / 贴图浏览器”对话框中双击“VRayHDRI”选项，如图 8-133 和图 8-134 所示。

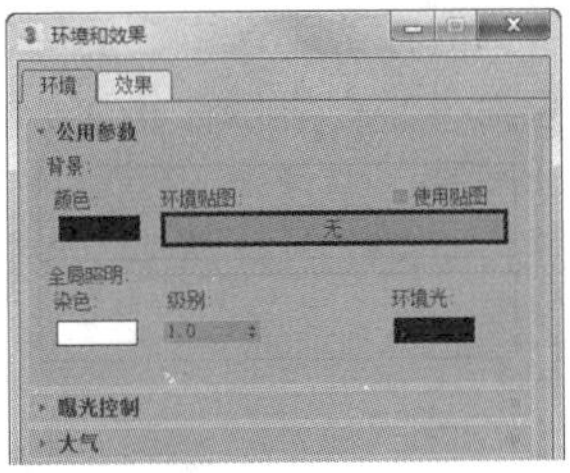

图 8-133

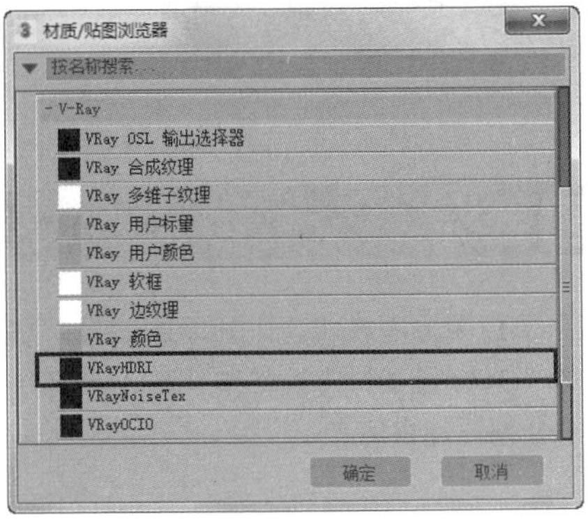

图 8-134

① 技巧与提示

按主键盘区中的 8 键可以快速打开“环境和效果”对话框。

03 按 M 键打开“材质编辑器”对话框，然后将“环境贴图”通道中的 VRayHDRI 拖曳到一个空白材质球上，如图 8-135 所示，并以“实例”的形式进行复制，如图 8-136 所示。

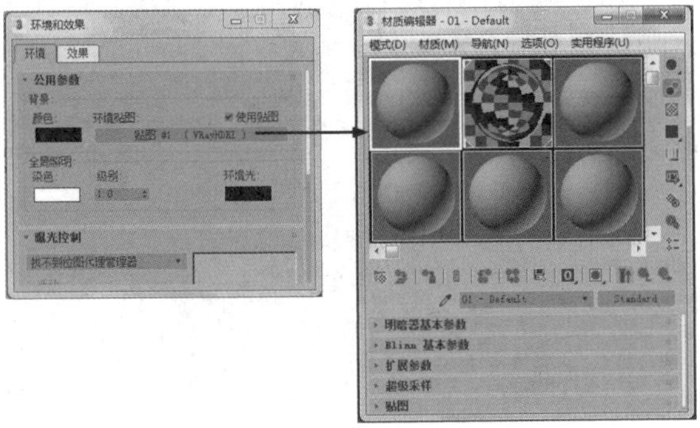

图 8-135

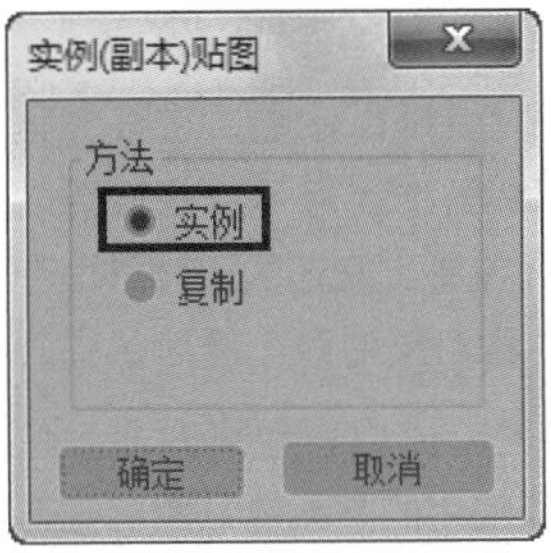

图 8-136

04 展开复制的材质球的“参数”卷展栏，然后单击“位图”通道右侧的“浏览”按钮 ，如图 8-137 所示，在打开的“选择 HDR 图像”对话框中选择并打开学习资源中的“素材文件 > 第 8 章 >07> 环境”素材文件，如图 8-138 所示。

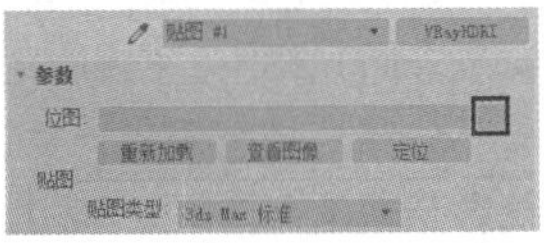

图 8-137

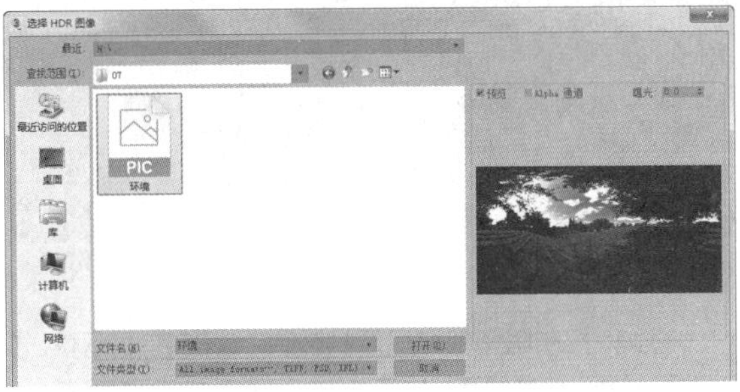

图 8-138

05 在“参数”卷展栏中设置“贴图类型”为“球形”，如图 8-139 所示。

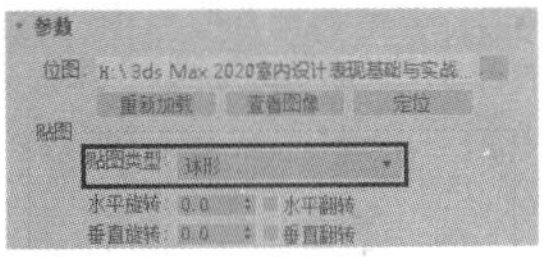

图 8-139

06 选择透视视口作为要渲染的视图，然后按 F9 键渲染当前场景，得到的效果如图 8-140 所示。

图 8-140

8.4.9 VRay 污垢贴图

VRay 污垢贴图常用于表现模型复杂细小的拐角纹理，使模型结构看起来更加立体，有白描的效果。在制作效果图时，使用 VRay 污垢贴图可以渲染出 AO 通道，用于效果图的后期调整，其参数设置面板如图 8-141 所示。

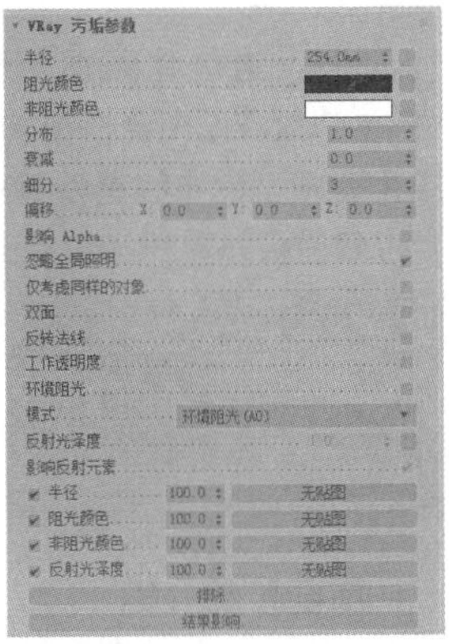

图 8-141

重要参数介绍

半径：控制阻光颜色的距离。

阻光颜色：控制物体产生的阴影部分的颜色。

非阻光颜色：控制物体本身的颜色。

分布：控制阴影产生的范围。数值越小，产生的阴影范围越大，如图 8-142 和图 8-143 所示。

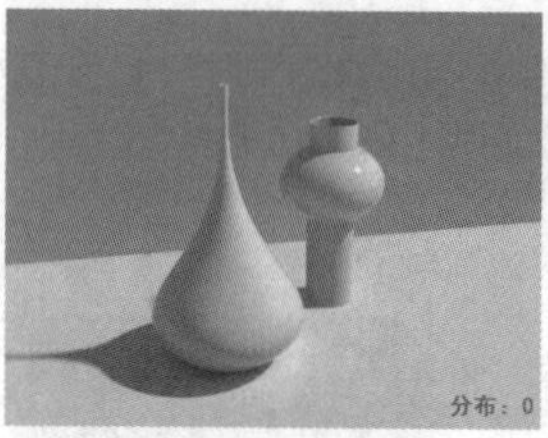

图 8-142

图 8-143

衰减：控制阴影部分显示的强弱。数值越大，阴影分布范围越小，强度越弱，如图 8-144 和图 8-145 所示。

图 8-144

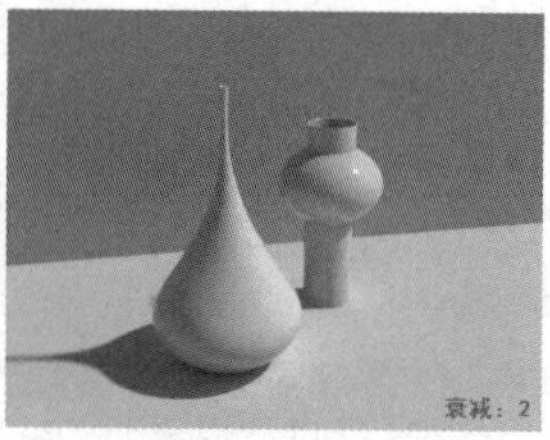

图 8-145

细分：控制阴影部分的噪点大小。数值越大，阴影边缘越细腻，噪点越少，如图 8-146 和图 8-147 所示。

图 8-146

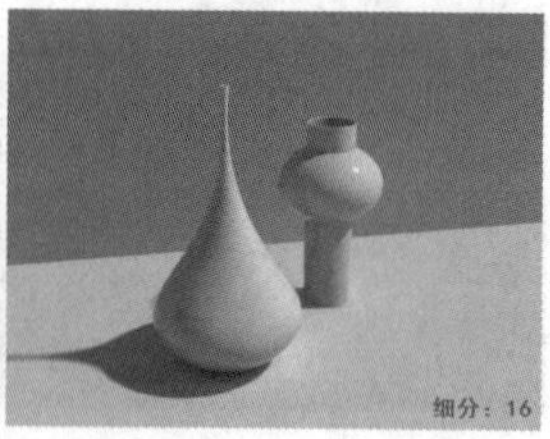

图 8-147

8.4.10 VRay 边纹理贴图

VRay 边纹理贴图用于渲染模型的线框材质。VRay 边纹理贴图会根据模型的布线进行渲染，因此在应用时模型的布线是否整齐美观是十分重要的，其参数设置面板如图 8-148 所示。

图 8-148

重要参数介绍

颜色：控制线框显示的颜色。

隐藏边：选中该复选框后，线框显示三角面，如图 8-149 所示。

图 8-149

世界宽度：以世界单位控制线框的粗细。

像素宽度：以像素单位控制线框的粗细。

8.5 贴图坐标

贴图坐标用于控制贴图在模型上显示的效果。贴图坐标常用的是“UVW 贴图”修改器和“UVW 展开”修改器，下面将分别详细讲解。

8.5.1 UVW 贴图修改器

“UVW 贴图”修改器是用来调整贴图在模型上的显示效果的。“UVW 贴图”修改器可以很好地展示出大部分的模型贴图效果，是常用的修改器之一，其参数设置面板如图 8-150 所示。

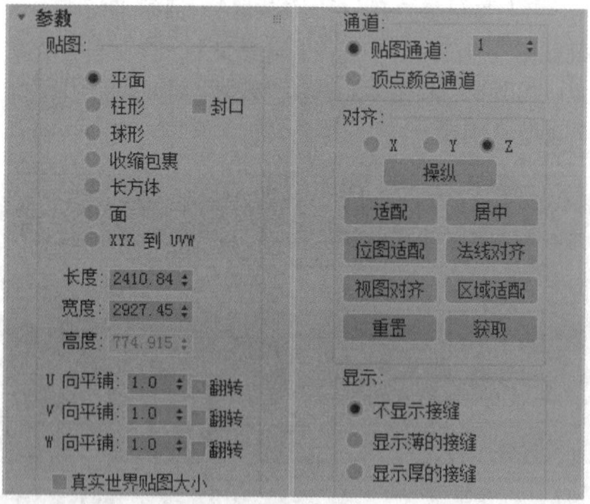

图 8-150

重要参数介绍

平面：从对象上的一个平面投影贴图，在某种程度上类似于投影幻灯片，如图 8-151 所示。在需要贴图对象的一侧时，会使用平面投影。它还用于倾斜地在多个侧面贴图，以及用于在对称对象的两个侧面贴图。

柱形：从圆柱体投影贴图，使用它包裹对象。位图接合处的缝是可见的，除非使用的是无缝贴图。柱形投影用于基本形状为圆柱体的对象，如图 8-152 所示。

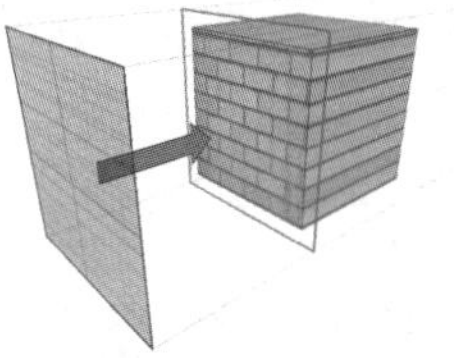

图 8-151

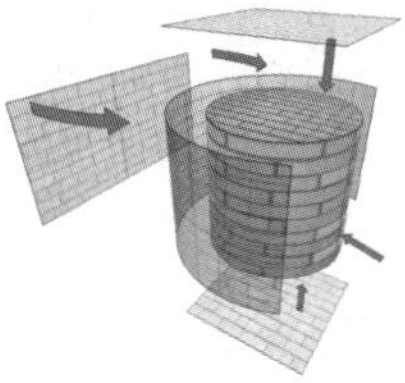

图 8-152

球形：通过从球体投影贴图来包围对象。在球体顶部和底部，在位图边与球体两极的交汇处能看到缝和贴图奇点。球形投影用于基本形状为球体的对象，如图 8-153 所示。

收缩包裹：使用球体贴图，但是它会截去贴图的各个角，然后在一个单独极点将它们全部结合在一起，仅创建一个奇点。收缩包裹贴图用于隐藏贴图奇点，如图 8-154 所示。

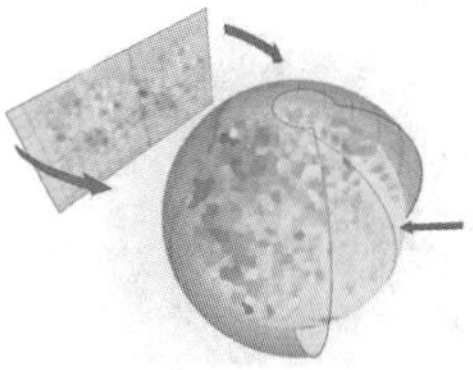

图 8-153

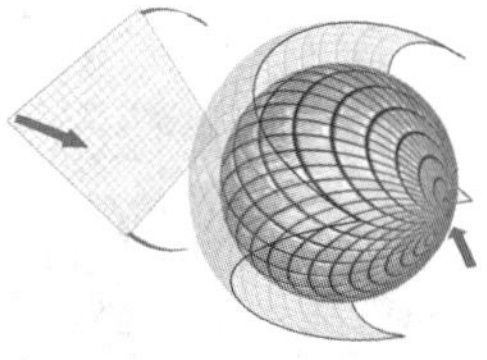

图 8-154

长方体：从长方体的 6 个侧面投影贴图，每个侧面投影为一个平面投影贴图，且表面上的效果取决于曲面法线。从其法线几乎与其每个面的法线平行的最接近长方体的表面为每个面贴图，如图 8-155 所示。

面：对对象的每个面应用贴图副本，使用完整矩形贴图来为共享隐藏边的成对面贴图，使用贴图的矩形部分为不带隐藏边的单个面贴图，如图 8-156 所示。

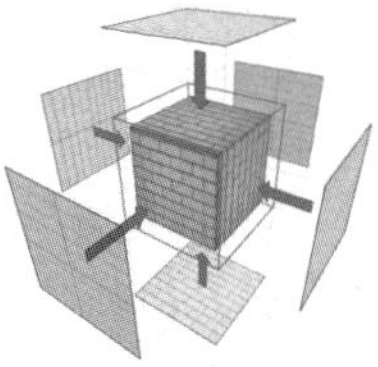

图 8-155

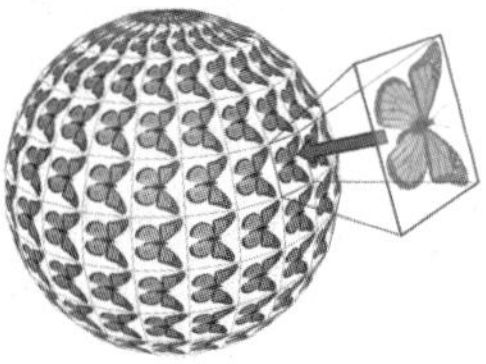

图 8-156

XYZ 到 UVW：将 3D 程序坐标贴图到 UVW 坐标，这会将程序纹理贴到对象表面。如果对象表面被拉伸，3D 程序贴图也会被拉伸。对于包含动画拓扑的对象，需要结合程序纹理（如细胞）使用此选项，如图 8-157 所示。

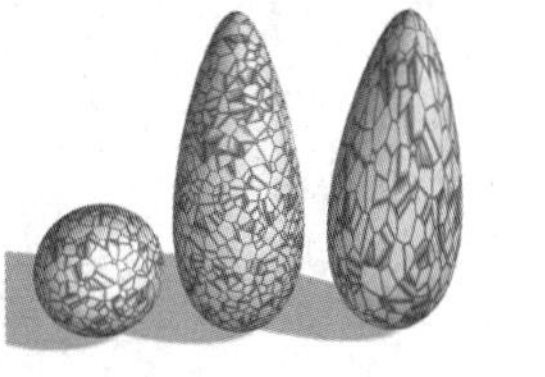

图 8-157

长度 / 宽度 / 高度：指定“UVW 贴图”Gizmo 的尺寸，在应用修改器时，贴图图标的默认缩放由对象的最大尺寸定义。

U 向平铺 /V 向平铺 /W 向平铺：用于指定 UVW 贴图的尺寸以平铺图像。

贴图通道：设置贴图通道。“UVW 贴图”修改器默认为通道 1，贴图时以默认的通道工作。

X/Y/Z：选择其中之一，可翻转贴图 Gizmo 的对齐。

适配：将 Gizmo 适配到对象的范围并使其居中，以使其锁定到对象的范围。

居中：移动 Gizmo，使其中心与对象的中心一致。

重置：删除控制 Gizmo 的当前控制器，并使用“拟合”功能初始化的新控制器。

实战：用 UVW 贴图修改器调整玩具熊贴图	
素材位置	素材文件 > 第 8 章 >08
实例位置	实例文件 > 第 8 章 > 用 UVW 贴图修改器调整玩具熊贴图 > 用 UVW 贴图修改器调整玩具熊贴图 .max
学习目标	掌握 UVW 贴图修改器的使用方法

本案例将使用 UVW 贴图修改器来调整玩具熊贴图，案例最终效果如图 8-158 所示。

图 8-158

01　打开本书学习资源中的“素材文件 > 第 8 章 > 08>08.max”文件，这是一个木雕熊摆件模型，如图 8-159 所示。

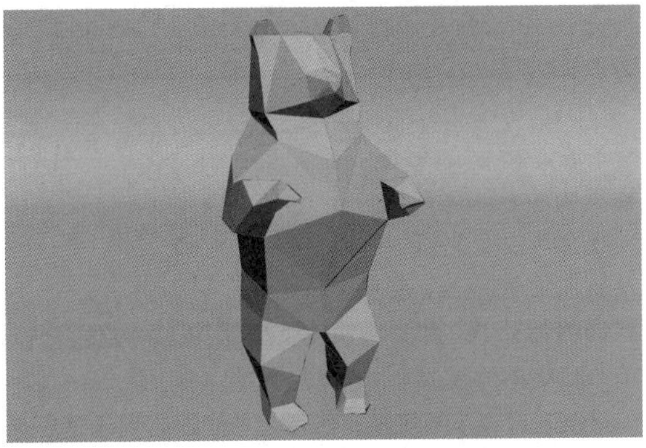

图 8-159

02　按 M 键打开“材质编辑器”对话框，选择一个空白材质球，展开“贴图”卷展栏，为“漫反射颜色”贴图通道添加学习资源中的“素材文件 > 第 8 章 >08> 木纹 .jpg”贴图，如图 8-160 和图 8-161 所示。

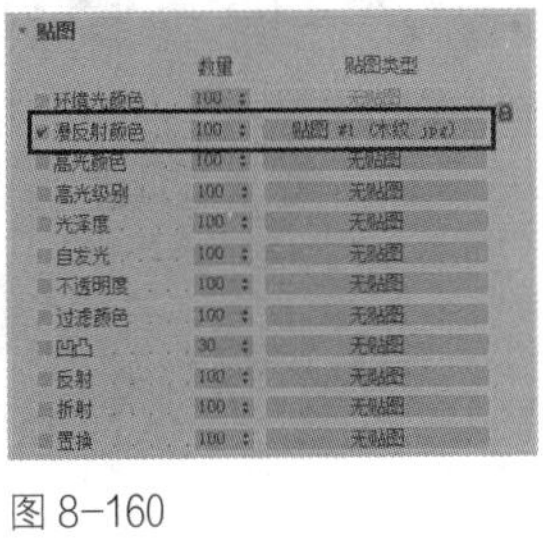

图 8-160

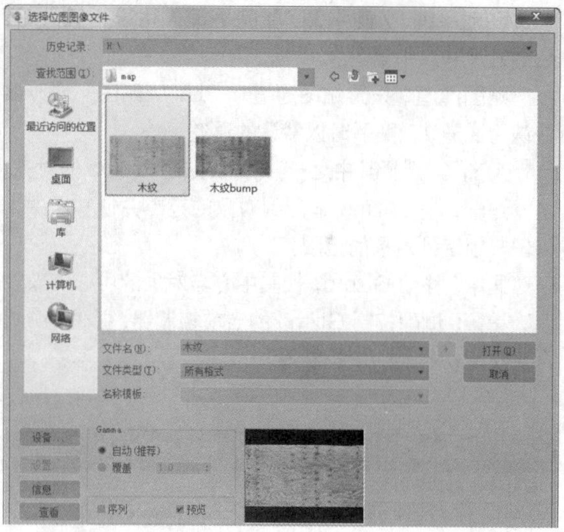

图 8-161

03 在“贴图”卷展栏中为“凹凸”贴图通道添加学习资源中的“素材文件 > 第 8 章 >08> 木纹 bump.jpg”贴图，并设置“凹凸”通道的“数量”为 -5，如图 8-162 所示。

04 将“凹凸”贴图通道的“木纹 bump.jpg”贴图拖到“反射”贴图通道中，对贴图进行复制，然后设置“反射”的“数量”为 70，如图 8-163 所示。

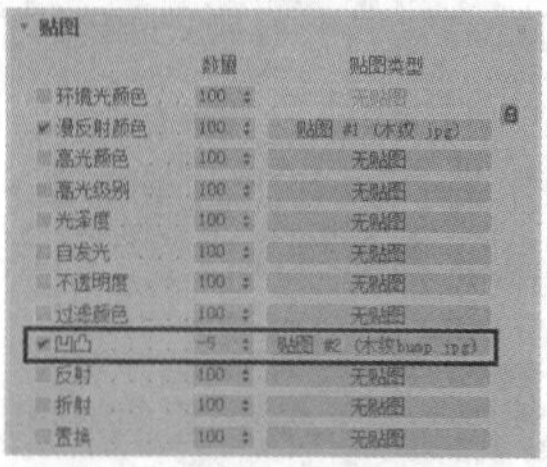
图 8-162

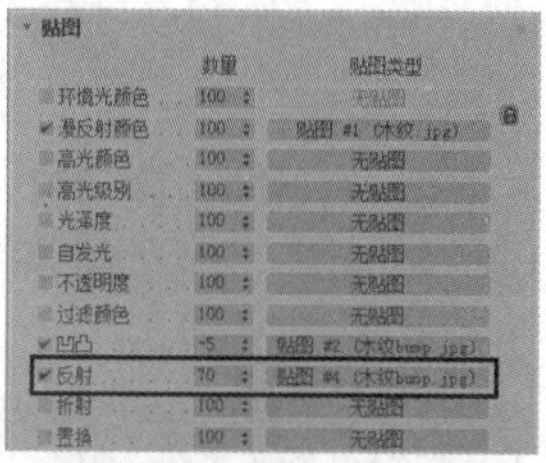
图 8-163

05 将编辑好的材质赋予场景中的小熊模型，其效果如图 8-164 所示。通过观察可以发现赋予的木纹材质纹理较大，没有达到理想的效果，需要调整贴图的大小。

图 8-164

06 选中小熊模型，然后在“修改器列表”中选择“UVW 贴图”修改器，此时修改器默认的贴图形状为“平面”，如图 8-165 所示。

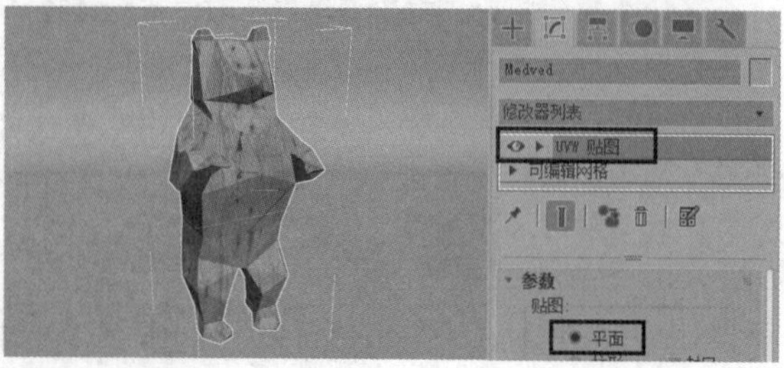

图 8-165

> ① 技巧与提示
>
> 由于本例的小熊模型整体呈长方体，这里的贴图形状选择“长方体”比较合适。

07 设置贴图形状为“长方体”，然后设置“长度”“宽度”“高度”都为 800mm，如图 8-166 所示，修改后的模型贴图效果如图 8-167 所示。

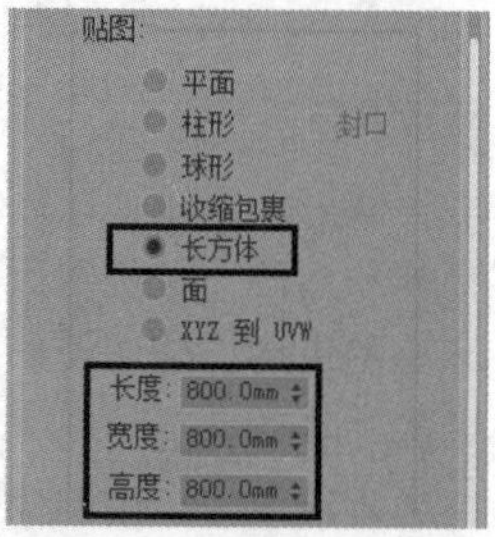

图 8-166

图 8-167

8.5.2 UVW 展开修改器

“UVW 展开”修改器用于将贴图（纹理）坐标指定给对象和子对象，用户可手动或通过各种工具来编辑这些坐标，还可以使用它来展开和编辑对象上已有的 UVW 坐标。对于一些复杂的模型和贴图，使用“UVW 贴图”修改器不能很好地处理缝隙拐角等位置的贴图走向，而使用“UVW 展开”修改器可以很好地处理这一问题。“UVW 展开”参数设置面板如图 8-168~ 图 8-170 所示。

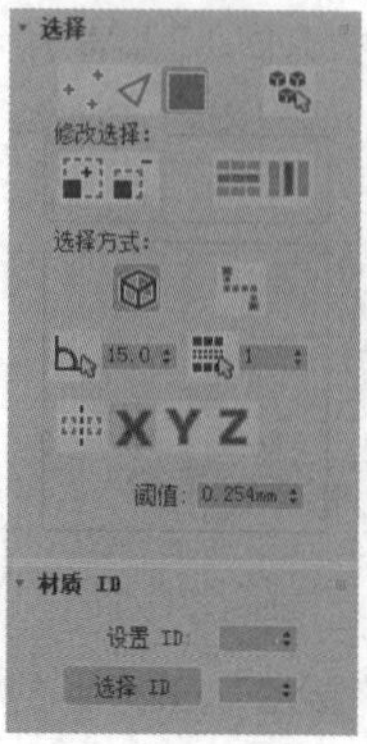

图 8-168

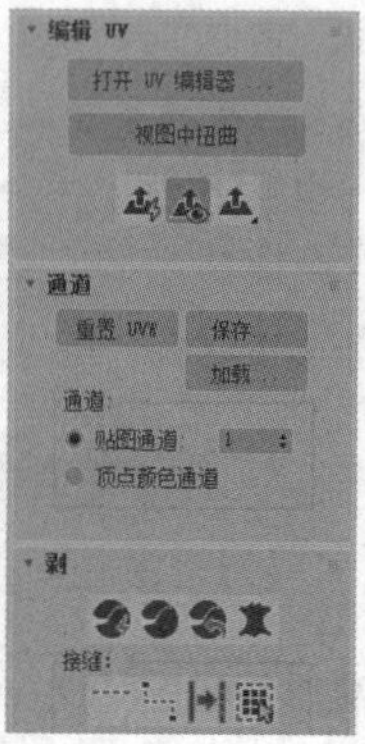

图 8-169

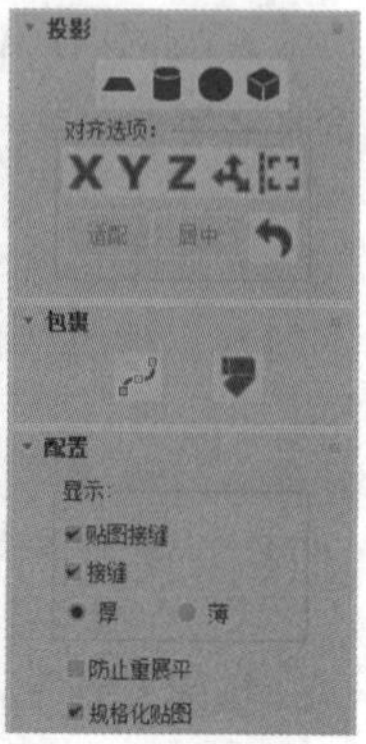

图 8-170

重要参数介绍

顶点 / **边** / **多边形**：用于在各自的纹理子对象层级上启用选择。

按元素 XY 切换选择：当此选项处于启用状态并且修改器的子对象层级处于活动状态时，在修改的对象上单击元素，将选择该元素中活动层级上的所有子对象。

扩大：XY 选择：通过选择连接到选定子对象的所有子对象来扩展选择。

收缩：XY 选择：通过取消选择与非选定子对象相邻的所有子对象来减少选择。

循环：XY 边：在与选中边对齐的同时，尽可能远地扩展选择。循环仅用于边选择，而且仅沿着偶数边的交点传播。

环形：XY 边：通过选择所有平行于选中边的边来扩展边选择，环形只应用于边选择。

打开 UV 编辑器 打开 UV 编辑器：单击此按钮可以打开“编辑 UVW”窗口进行贴图编辑，如图 8-171 所示。

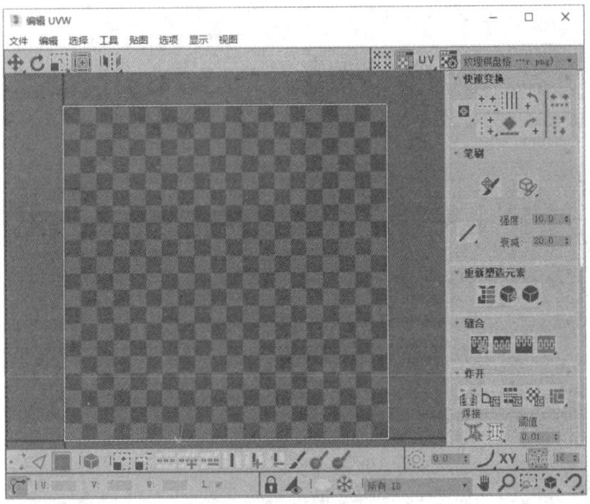

图 8-171

视图中扭曲 视图中扭曲：启用该选项时，通过在视口中的模型上拖曳顶点，每次可以调整一个纹理顶点。

实战：用 UVW 展开修改器调整包装盒贴图	
素材位置	素材文件 > 第 8 章 >09> 包装盒 .jpg
实例位置	实例文件 > 第 8 章 > 用 UVW 展开修改器调整包装盒贴图 > 用 UVW 贴图修改器调整包装盒贴图 .max
学习目标	掌握 UVW 展开修改器的使用方法

本案例将使用“UVW 展开”修改器调整包装盒贴图，案例最终效果如图 8-172 所示。

图 8-172

01 在场景中使用“长方体”工具 长方体 创建一个长方体，然后设置“长度”为 100mm、“宽度”为 100mm、“高度”为 25mm，如图 8-173 所示。

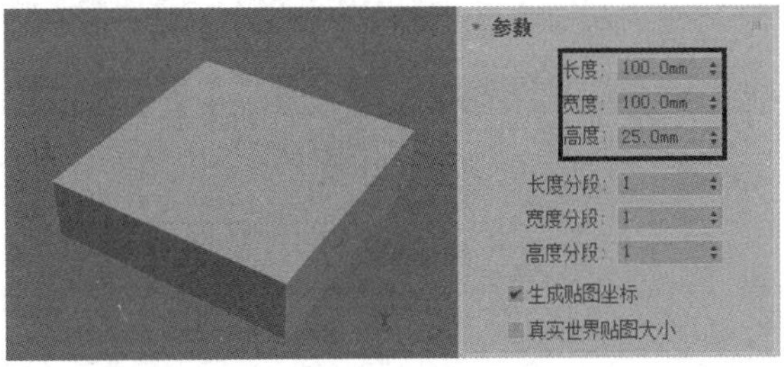

图 8-173

02 按 M 键打开“材质编辑器”对话框，选择一个空白材质球，展开“贴图”卷展栏，为“漫反射颜色”贴图通道添加学习资源中的“素材文件 > 第 8 章 >09> 包装盒 .jpg”贴图，如图 8-174 所示。

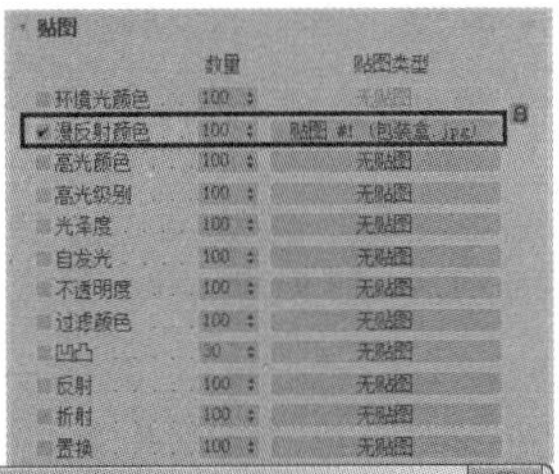

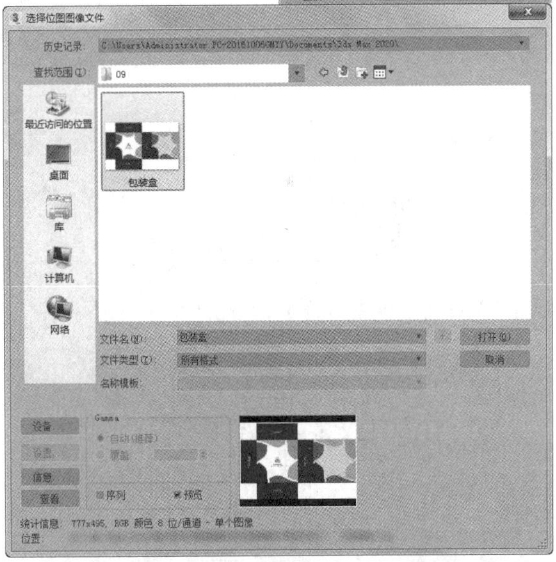

图 8-174

03 将编辑好的材质赋予场景中的长方体模型，效果如图 8-175 所示。观察发现贴图在模型上没有按照设想的面显示，因此需要为模型添加“UVW 展开”修改器来调整贴图坐标。

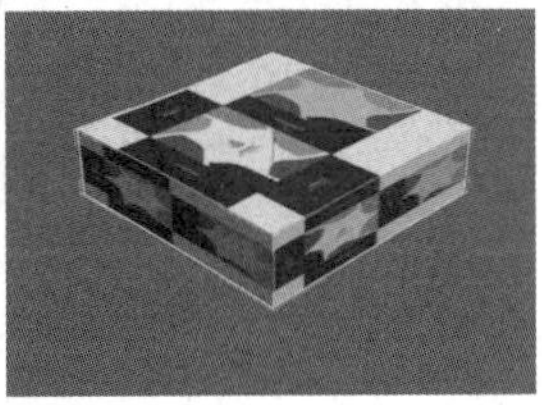

图 8-175

04 选中场景中的长方体模型，为其添加“UVW 展开”修改器，然后在修改器堆栈中选中“多边形”层级，再单击“编辑 UV”卷展栏中的“打开 UV 编辑器”按钮 打开 UV 编辑器，如图 8-176 所示。

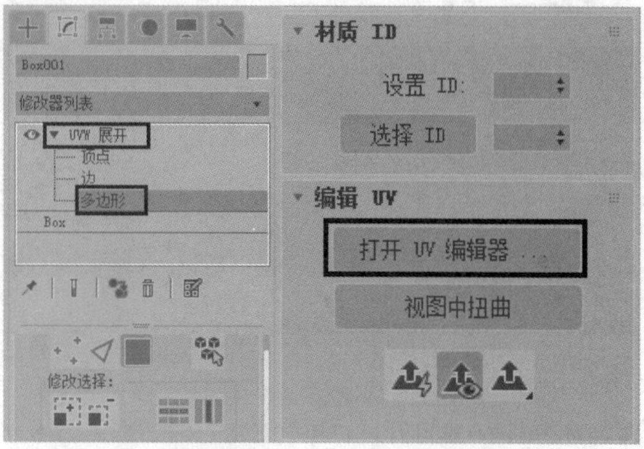

图 8-176

05 在打开的“编辑 UVW”窗口中执行“贴图 > 展平贴图”菜单命令，在弹出的“展平贴图”对话框中单击“确定”按钮 确定，如图 8-177 所示，这时窗口中会出现如图 8-178 所示的效果。

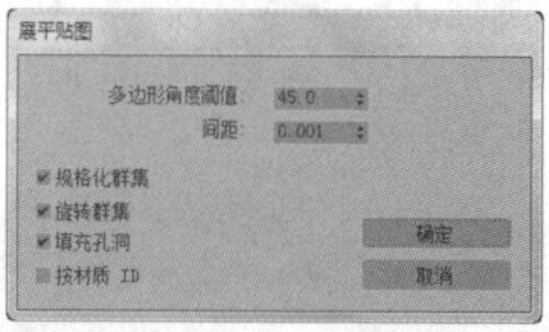

图 8-177

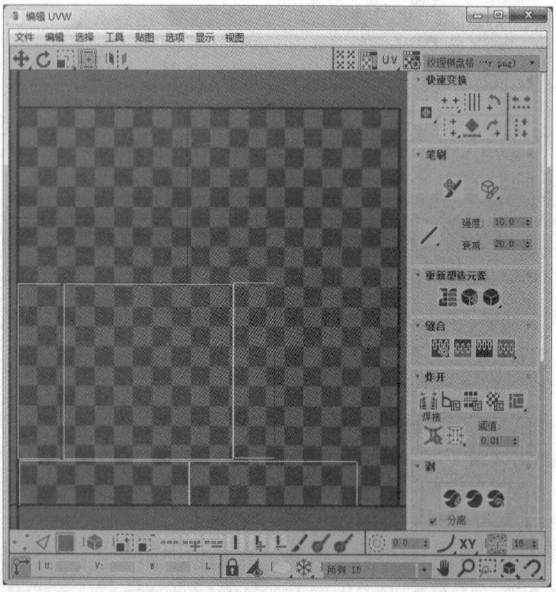

图 8-178

06 单击窗口右侧的下拉列表框，然后选择包装盒贴图，如图 8-179 所示。

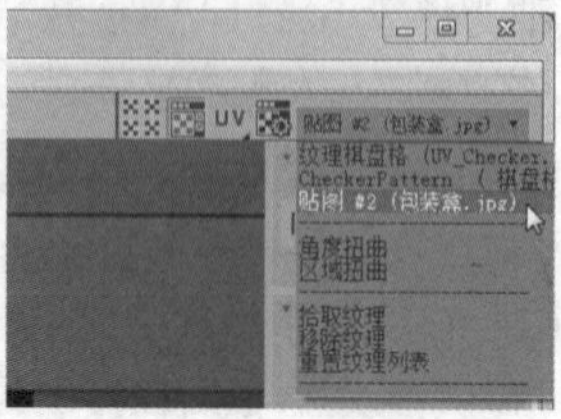

图 8-179

07 单击窗口中的“自由形式模式”按钮，然后参照模型最终效果将多边形移动到相应的贴图位置，并适当调整多边形的大小，如图 8-180 所示，此时模型效果如图 8-181 所示，完成本例的练习。

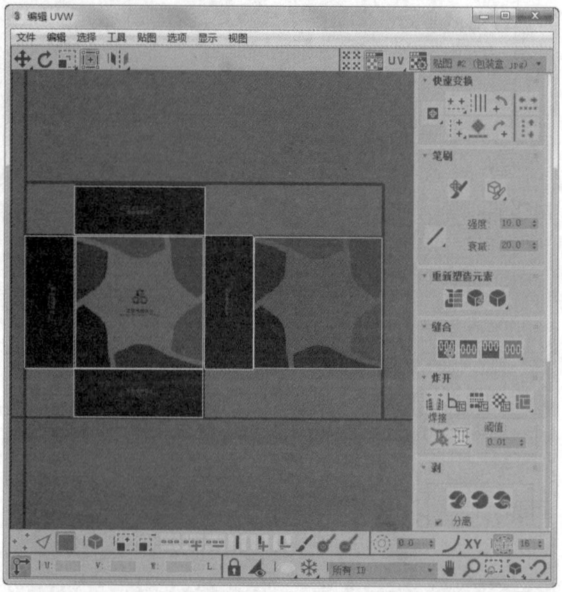

图 8-180

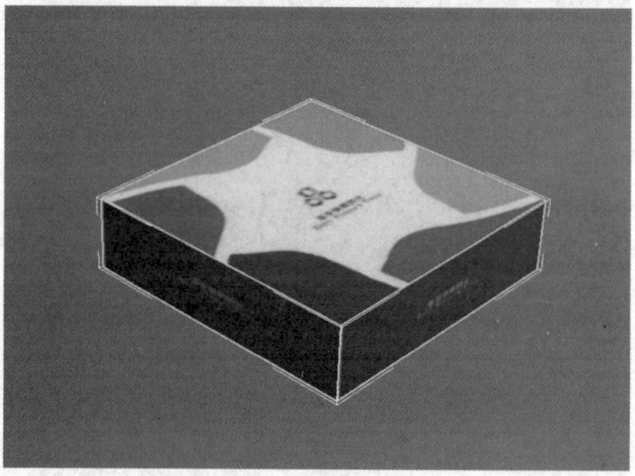

图 8-181

09

第9章

灯光技术

要点索引

▼

光度学灯光

标准灯光

VRay 灯光

在三维场景中即使有精美的模型、真实的材质，如果没有灯光照射，其表现效果也会大大减弱，由此可见灯光在三维表现中的重要性。有光才有影，才能让物体呈现出三维立体感，不同的灯光效果营造的视觉感受也不一样。

本章将介绍 3ds Max 的灯光技术，包括“光度学”灯光、“标准”灯光和 VRay 灯光。在 3ds Max 中，灯光的应用十分重要，特别是对于目标灯光、目标聚光灯、目标平行光、VRay 灯光和 VRay 太阳的布光思路与方法，读者应该完全领会并掌握。

9.1 光度学灯光

3ds Max 提供了多个不同类型的灯光，光度学灯光是 3ds Max 中的默认灯光。在“创建”命令面板中单击“灯光”按钮，可以显示“光度学”灯光中的灯光对象，共有 3 种“光度学”灯光类型，分别是“目标灯光”“自由灯光”“太阳定位器”，如图 9-1 所示。

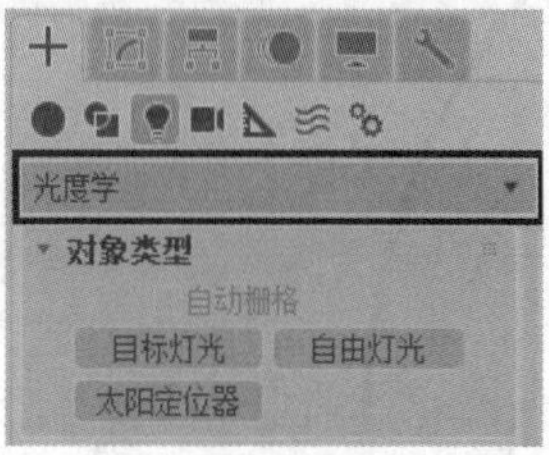

图 9-1

9.1.1 目标灯光

目标灯光带有一个目标点，用于指向被照明物体，如图 9-2 所示。目标灯光主要用来模拟现实中的筒灯、射灯和壁灯等，其参数设置面板包含 10 个默认卷展栏，如图 9-3 所示。

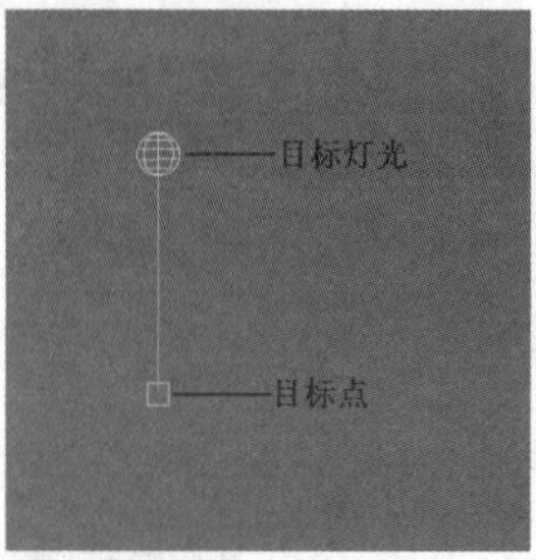

图 9-2

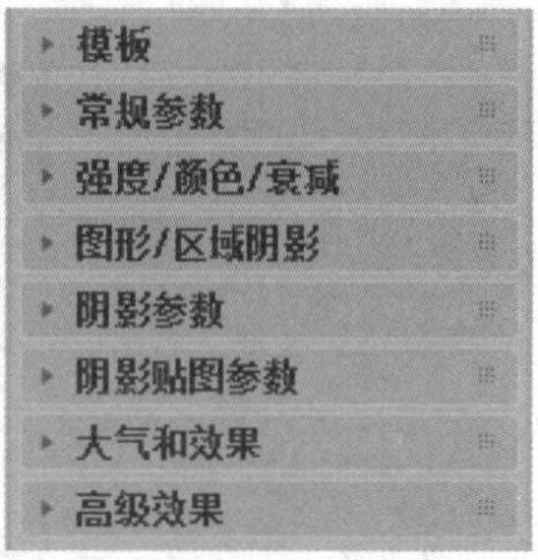

图 9-3

> ① 技巧与提示
>
> 由于目标灯光中的参数太多，下面将主要针对一些常用卷展栏进行讲解。

1. 常规参数卷展栏

展开目标灯光的“常规参数”卷展栏，其参数如图 9-4 所示。

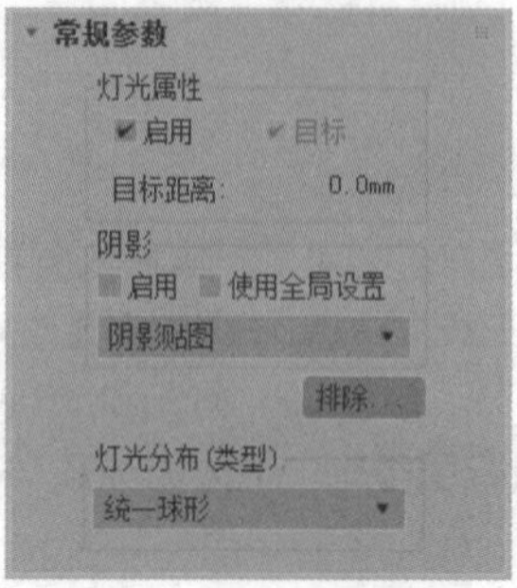

图 9-4

重要参数介绍

启用：控制是否开启灯光。

目标：选中该复选框后，目标灯光才有目标点；如果禁用该选项，则目标灯光没有目标点，将变成自由灯光，如图 9-5 所示。

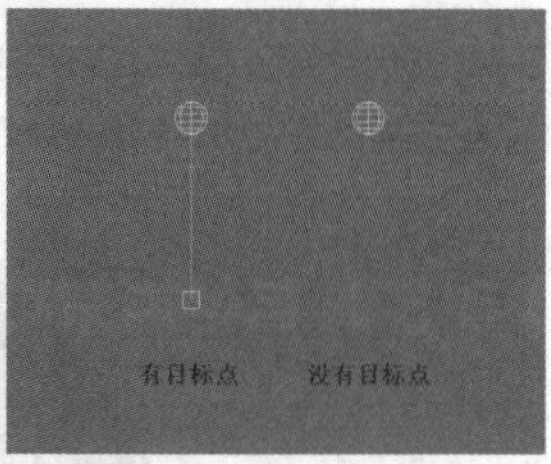

图 9-5

> ① 技巧与提示
>
> 目标灯光的目标点并不是固定、不可调节的，用户可以对它进行移动、旋转等操作。

目标距离：用来显示目标灯光与目标点之间的距离。

启用：控制是否开启灯光的阴影效果。

使用全局设置：如果选中该复选框，该灯光投射的阴影将影响整个场景的阴影效果；如果取消选中该复选框，则必须选择渲染器使用哪种阴影类型来生成特定的灯光阴影。

阴影类型列表：设置渲染器渲染场景时使用的阴影类型，包括“高级光线跟踪”“区域阴影”“阴影贴图”“光线跟踪阴影”“VRay 阴影”，如图 9-6 所示。

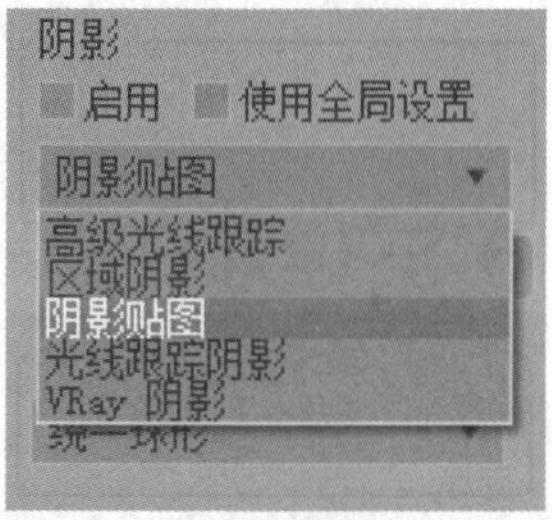

图 9-6

排除：用于排除对象于灯光效果之外。单击该按钮，可以打开“排除/包含”对话框进行对象排除的设置，如图 9-7 所示。

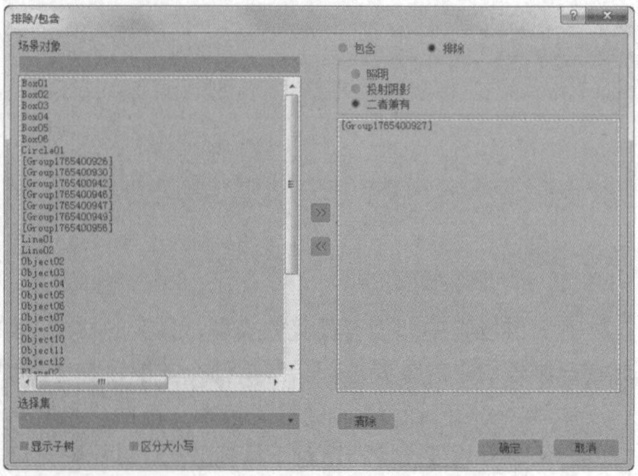

图 9-7

灯光分布（类型）列表：设置灯光的分布类型，

包含“光度学 Web”“聚光灯”“统一漫反射”“统一球形”，如图 9-8 所示。

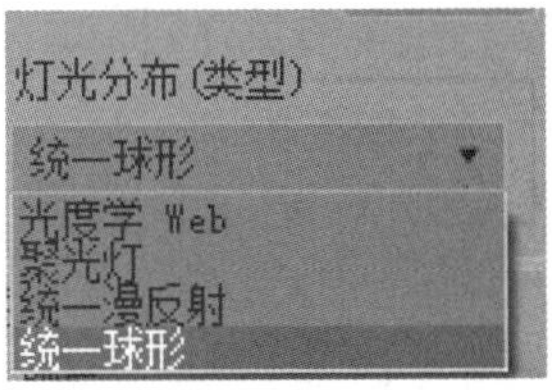

图 9-8

光线暗淡时白炽灯颜色会切换：选中该复选框后，灯光可以在暗淡时通过产生更多的黄色来模拟白炽灯。

使用：启用灯光的远距衰减。

显示：在视口中显示远距衰减的范围。

开始：设置灯光开始淡出的距离。

结束：设置灯光减为 0 时的距离。

2. 强度 / 颜色 / 衰减卷展栏

展开目标灯光的“强度 / 颜色 / 衰减”卷展栏，其参数如图 9-9 所示。

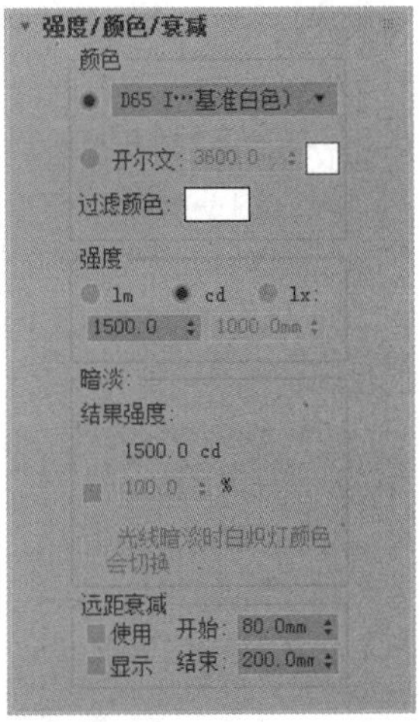

图 9-9

重要参数介绍

灯光列表：可以以近似灯光的光谱特征选择公用灯光，如图 9-10 所示。

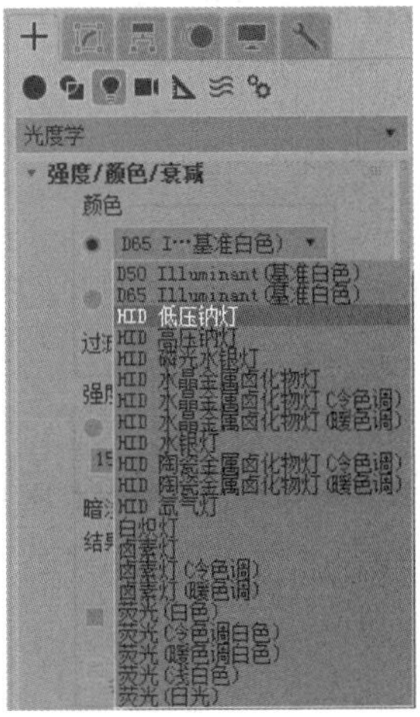

图 9-10

开尔文：通过调整色温微调器来设置灯光的颜色。

过滤颜色：使用颜色过滤器来模拟置于灯光上的过滤色效果。

lm（流明）：测量整个灯光（光通量）的输出功率。100 W 的通用灯泡约有 1750 lm 的光通量。

cd（坎德拉）：用于测量灯光的最大发光强度，通常沿着瞄准发射。100 W 通用灯泡的发光强度约为 139 cd。

lx（lux）：测量以一定距离并面向光源方向投射到表面上的灯光所产生的照度。

结果强度：用于显示暗淡所产生的强度。

暗淡百分比：选中该复选框后，该值会指定用于降低灯光强度的“倍增”。

3. 图形 / 区域阴影卷展栏

展开目标灯光的“图形 / 区域阴影”卷展栏，其参数如图 9-11 所示。

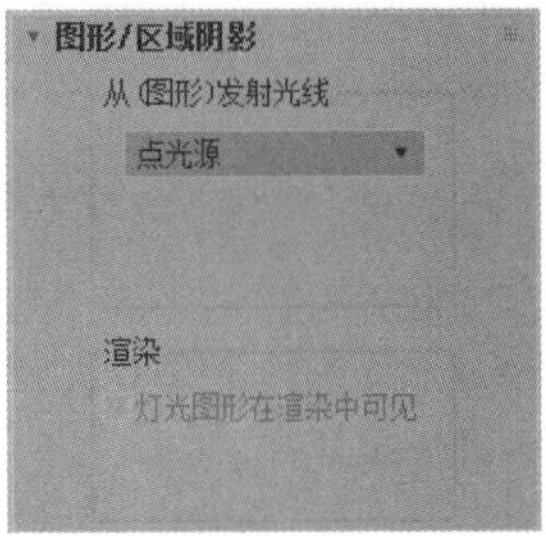

图 9-11

重要参数介绍

从（图形）发射光线：用于选择阴影生成的图形类型，包括“点光源”“线”“矩形”“圆形”“球体”“圆柱体”，如图 9-12 所示。

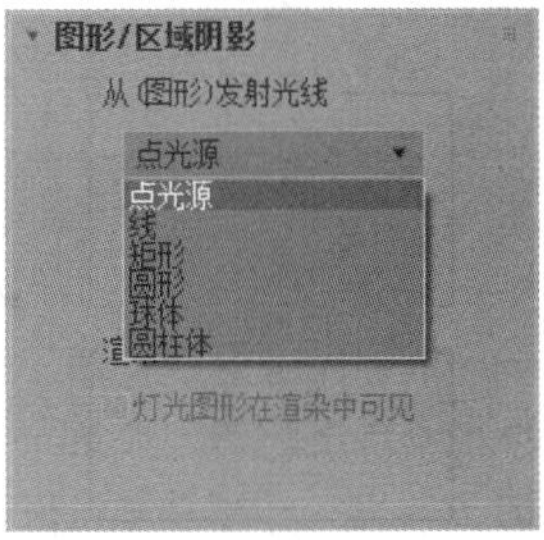

图 9-12

灯光图形在渲染中可见：选中该复选框后，如果灯光对象位于视野之内，那么灯光图形在渲染中会显示为自供照明（发光）的图形。

4. 阴影参数卷展栏

展开目标灯光的“阴影参数”卷展栏，其参数如图 9-13 所示。

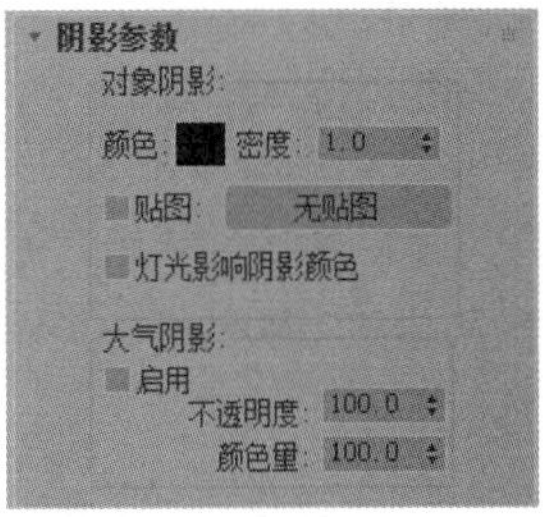

图 9-13

重要参数介绍

颜色：设置灯光阴影的颜色，默认为黑色。

密度：用于调整阴影的密度。

贴图：选中该复选框后，可以使用贴图作为灯光的阴影。

无贴图 无贴图 ：单击该按钮可以选择作为灯光阴影的贴图。

灯光影响阴影颜色：选中该复选框后，可以将灯光颜色与阴影颜色（如果阴影已设置贴图）混合起来。

启用：选中该复选框后，大气效果如灯光穿过它们一样投影。

不透明度：调整阴影的不透明度。

颜色量：调整大气颜色与阴影颜色混合的量。

5. 阴影贴图参数卷展栏

展开目标灯光的“阴影贴图参数”卷展栏，其参数如图 9-14 所示。

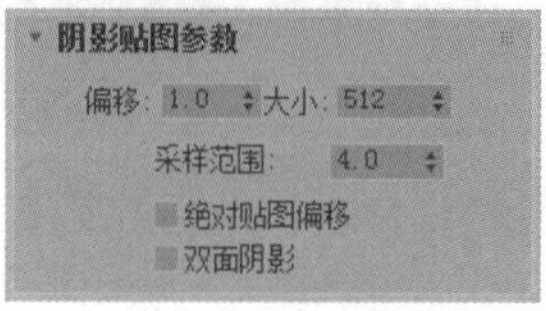

图 9-14

重要参数介绍

偏移：设置将阴影移向或远离投射阴影的对象的距离。

大小：用于设置阴影贴图的大小。

采样范围：决定阴影内平均有多少个区域。

绝对贴图偏移：选中该复选框后，阴影贴图的偏移是不标准化的，但是该偏移在固定比例的基础上会以 3ds Max 的默认单位来表示。

双面阴影：选中该复选框后，计算阴影时物体的背面也将产生阴影。

> ⓘ 技巧与提示
>
> 该卷展栏的名称由“常规参数”卷展栏下的阴影类型来决定，不同的阴影类型具有不同的阴影卷展栏以及不同的参数选项。

6. 大气和效果卷展栏

展开目标灯光的“大气和效果”卷展栏，其参数如图 9-15 所示。

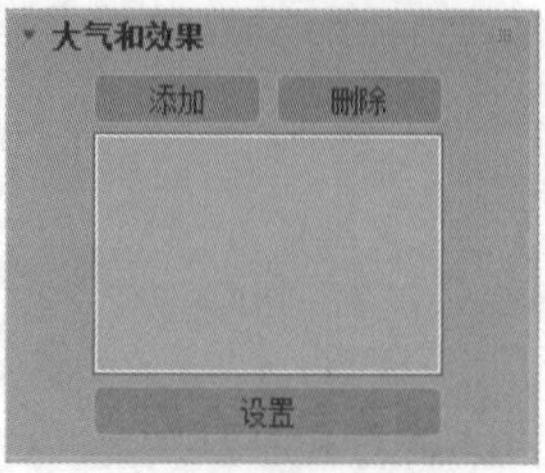

图 9-15

重要参数介绍

添加 添加 ：单击该按钮可以打开“添加大气或效果”对话框，如图 9-16 所示。在该对话框中可以将大气或渲染效果添加到灯光中。

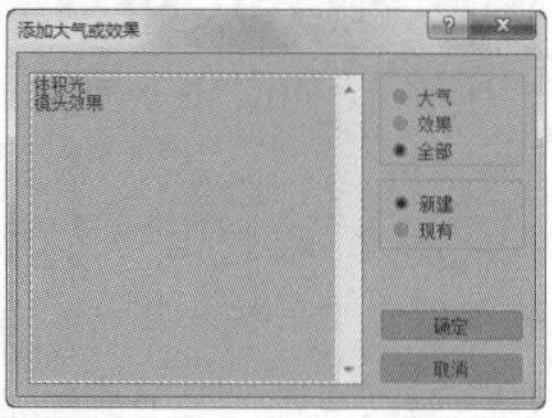

图 9-16

删除 删除 ：添加大气或效果以后，在“大气或效果列表”中选择大气或效果，然后单击该按钮可以将其删除。

大气或效果列表：显示添加的大气或效果，如图 9-17 所示的“体积光”。

设置 设置 ：在“大气或效果列表”中选择大气或效果以后，单击该按钮可以打开“环境和效果”对话框，在该对话框中可以对环境效果进行设置，如图 9-18 所示。

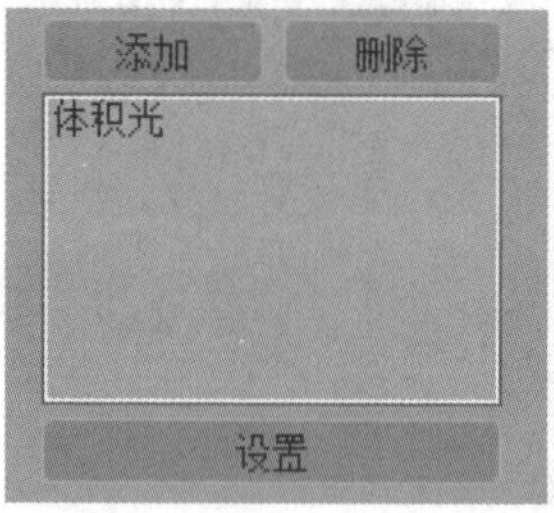

图 9-17

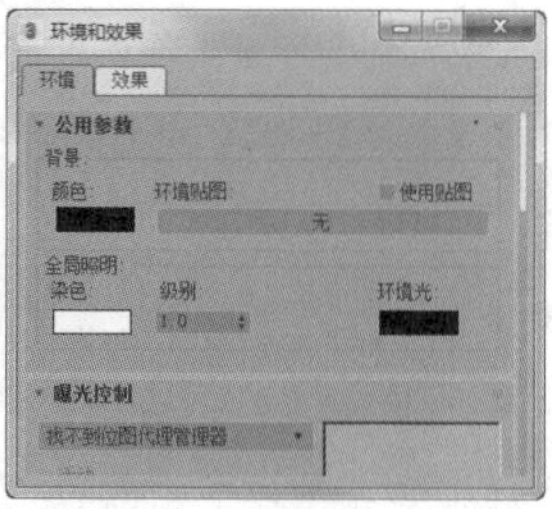

图 9-18

> ⓘ 技巧与提示
>
> “环境和效果”对话框的相关内容将在第 10 章进行详细讲解。

7. 高级效果卷展栏

展开目标灯光的“高级效果”卷展栏，其参数如图 9-19 所示。

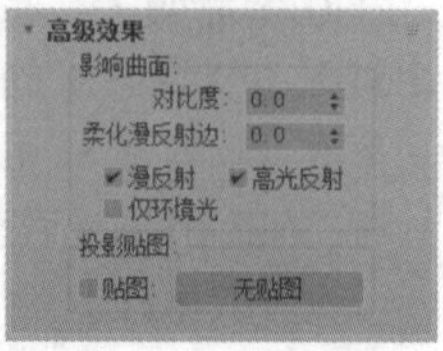

图 9-19

重要参数介绍

对比度：用于调整漫反射区域和环境光区域的对比度。

柔化漫反射边：增加该选项的数值可以柔化曲面的漫反射区域和环境光区域的边缘。

漫反射：选中此复选框，灯光将影响曲面的漫反射属性。

高光反射：选中此复选框，灯光将影响曲面的高光属性。

仅环境光：选中此复选框，灯光仅影响照明的环境光。

贴图：单击右侧的“无贴图”按钮 无贴图 可以为投影加载贴图。

实战：用目标灯光制作玄关灯光	
素材位置	素材文件 > 第 9 章 >01
实例位置	实例文件 > 第 9 章 > 用目标灯光制作玄关灯光 > 用目标灯光制作玄关灯光 .max
学习目标	掌握目标灯光的使用方法

本案例将使用目标灯光来制作玄关灯光，最终效果如图 9-20 所示。

图 9-20

01 打开本书学习资源中的“素材文件 > 第 9 章 > 01>01.max”素材文件，这是一个玄关场景，如图 9-21 所示。在这个场景中需要使用目标灯光来模拟射灯效果，照亮玄关和装饰品。

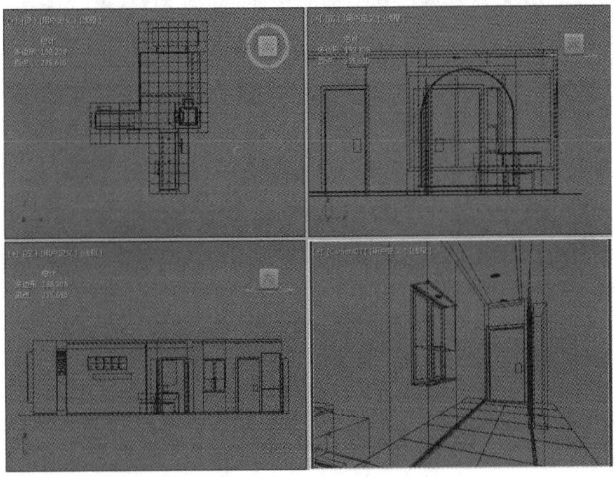

图 9-21

02 在“创建”命令面板中单击“灯光”按钮，然后在“光度学”灯光类型中单击“目标灯光”按钮 目标灯光，接着在前视口中拖曳鼠标创建一个目标灯光，并适当调整目标灯光的位置，如图 9-22 和图 9-23 所示。

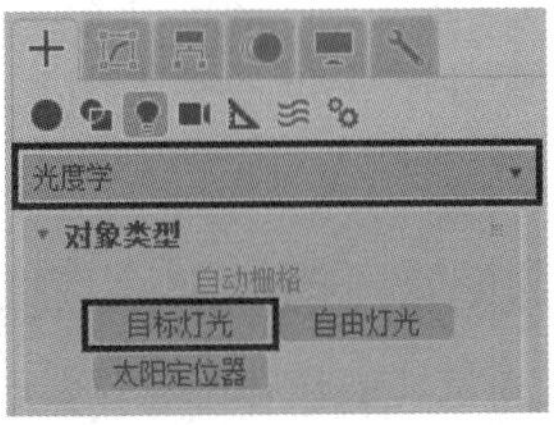

图 9-22

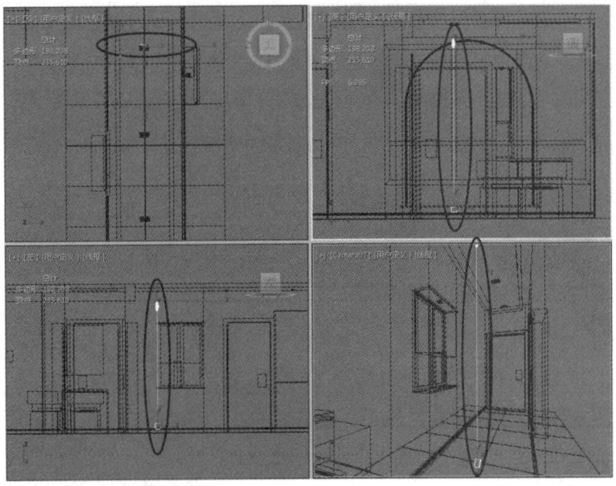

图 9-23

03 选择创建的目标灯光的投射点，进入“修改”命令面板，展开“常规参数”卷展栏，在“阴影”选项组中选中“启用”复选框，然后设置“灯光分布（类型）”为“光度学 Web”，如图 9-24 所示。

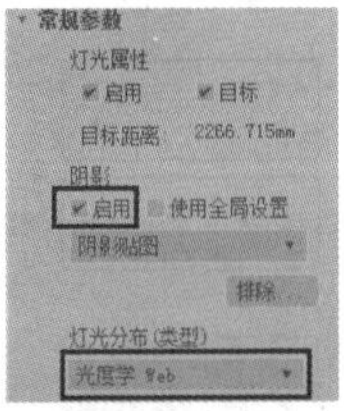

图 9-24

04 展开“分布（光度学 Web）”卷展栏，然后单击“< 选择光度学文件 >”按钮 < 选择光度学文件 >，如图 9-25 所示。

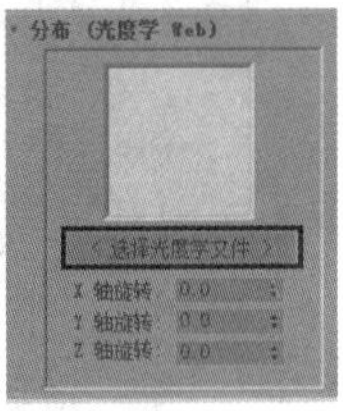

图 9-25

05 在打开的“打开光域 Web 文件”对话框中选择并打开学习资源中的“素材文件 > 第 9 章 > 01>cooper.ies”文件，对光度学文件进行加载，如图 9-26 所示。

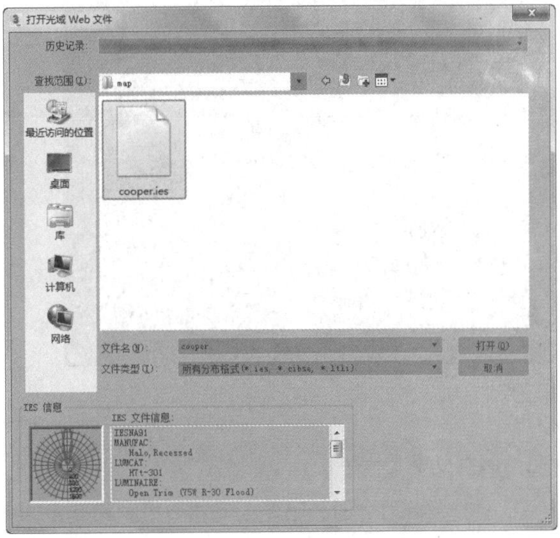

图 9-26

06 展开“强度 / 颜色 / 衰减”卷展栏，设置“过滤颜色”为黄色（红 :228 绿 :139 蓝 :60），然后选择“cd”选项，设置“强度”为 5000，如图 9-27 和图 9-28 所示。

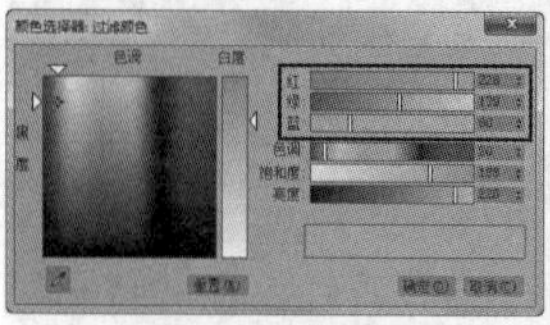

图 9-27

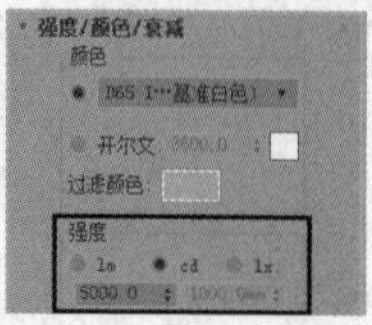

图 9-28

07 在顶视口中选择创建的目标灯光的投射点和目标点，然后按住 Shift 键对目标灯光进行拖曳复制，在打开的“克隆选项”对话框中选中“对象”选项组的“实例”选项，设置“副本数”为 2，如图 9-29 所示，对目标灯光进行复制后的效果如图 9-30 所示。

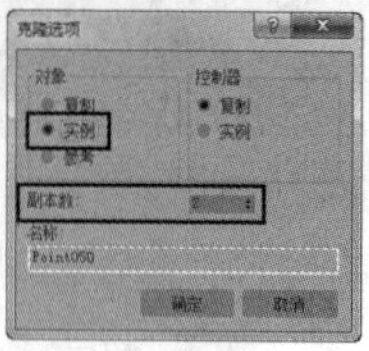

图 9-29

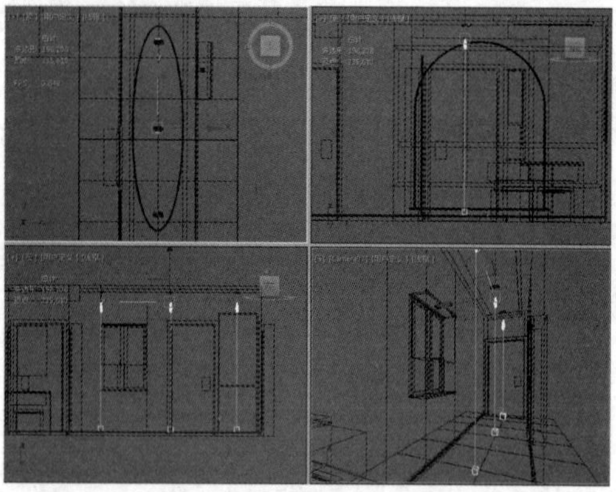

图 9-30

08 使用“目标灯光”工具 目标灯光 在前视口中按住鼠标左键拖曳创建一盏目标灯光，如图 9-31 所示。

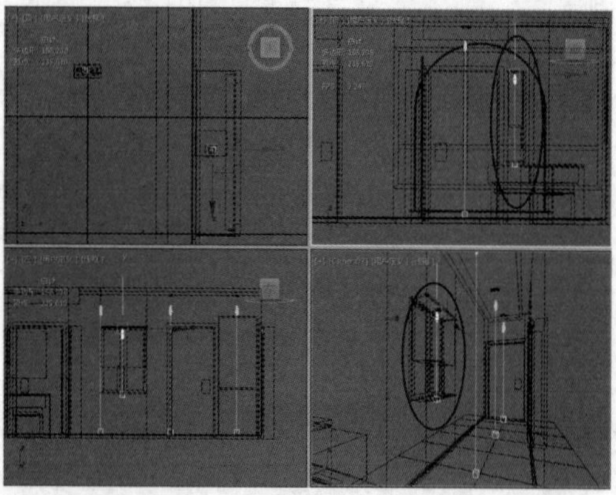

图 9-31

> ① 技巧与提示
>
> 创建目标灯光时，不要使光源与模型相交，这样会造成灯光无法渲染。

09 选择上一步创建的目标灯光，进入“修改”命令面板，然后对目标灯光的阴影、光灯分布、强度和颜色进行设置，如图 9-32 所示。

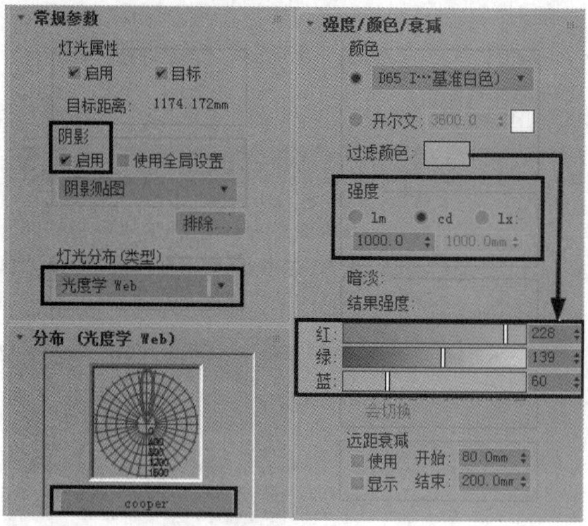

图 9-32

10 选择摄影机视口，然后按 F9 键对当前场景进行渲染，最终效果如图 9-33 所示。

图 9-33

9.1.2 自由灯光

自由灯光与目标灯光相似，只是自由灯光没有目标点，常用来模拟发光球、台灯等，其参数卷展栏如图 9-34 所示。

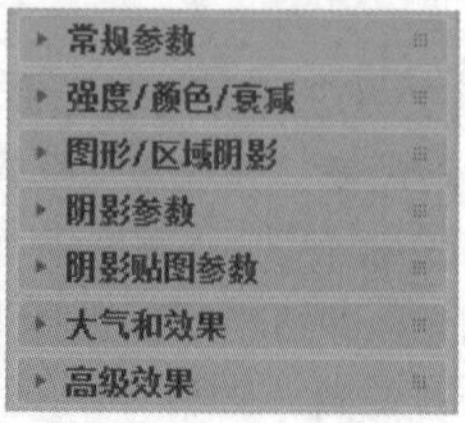

图 9-34

> ① 技巧与提示
>
> 自由灯光的参数与目标灯光的参数完全一样，这里就不再重复讲解。

9.1.3 太阳定位器

太阳定位器用于设置太阳的位置、方向、距离和时间等。太阳定位器必须配合天光使用，其参数如图 9-35 所示。

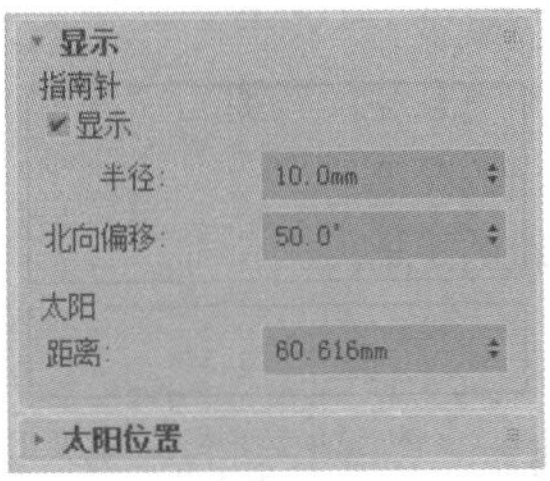

图 9-35

① 技巧与提示

太阳定位器在实际工作中基本上不会用到，因此这里不对其进行详细讲解。

9.2 标准灯光

“标准”灯光是常用的灯光类型。在“创建”命令面板中单击“灯光”按钮，然后单击灯光类型下拉列表框，在灯光类型列表中选择“标准”选项，如图 9-36 所示，可以显示其中的灯光对象，包括“目标聚光灯”“自由聚光灯”“目标平行光”“自由平行光”“泛光”“天光”，如图 9-37 所示。

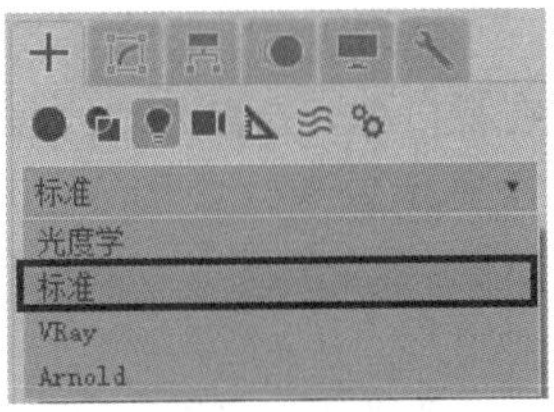

图 9-36

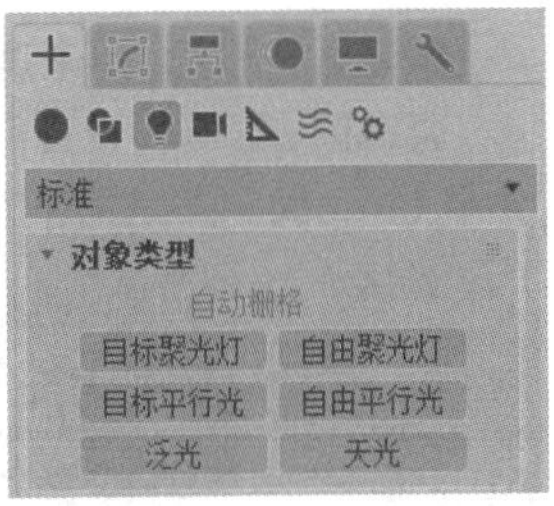

图 9-37

9.2.1 目标聚光灯

目标聚光灯可以产生一个锥形的照射区域，区域以外的对象不会受到灯光的影响，主要用来模拟吊灯、手电筒等发出的灯光。目标聚光灯由透射点和目标点组成，其方向性非常好，对阴影的塑造能力也很强，如图 9-38 所示。在“标准”灯光类型中单击“目标聚光灯”按钮 目标聚光灯，然后在场景中按住鼠标左键并拖曳，即可创建一个目标聚光灯，其效果和参数面板如图 9-39 所示。

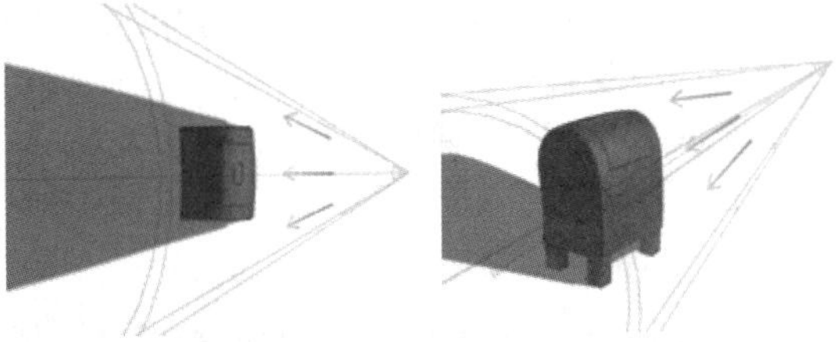

图 9-38

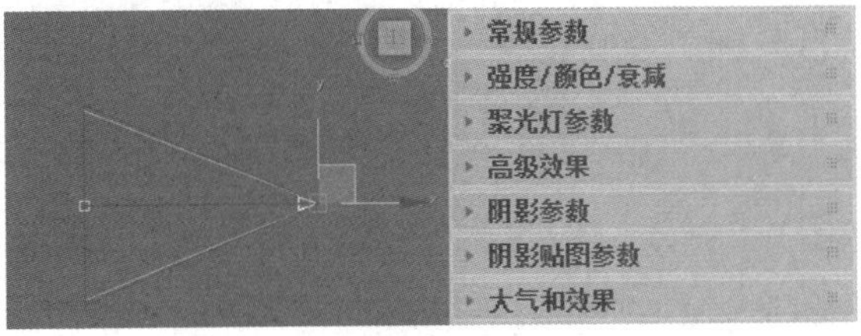

图 9-39

1. 常规参数卷展栏

展开目标聚光灯的“常规参数”卷展栏，其参数如图 9-40 所示。

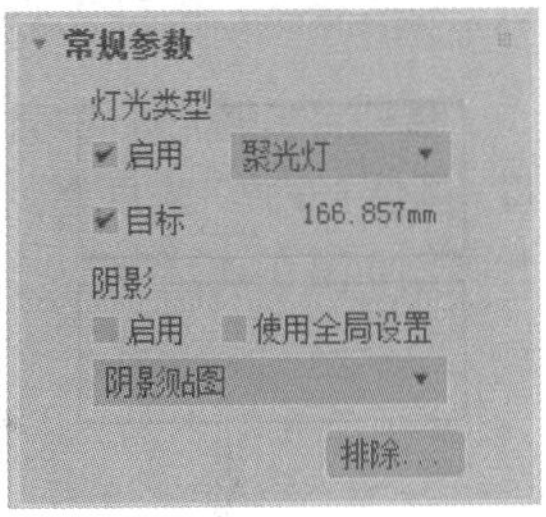

图 9-40

重要参数介绍

启用：控制是否开启灯光。

灯光类型列表：可以设置灯光的类型，包含“聚光灯”“平行光”“泛光”，如图 9-41 所示。

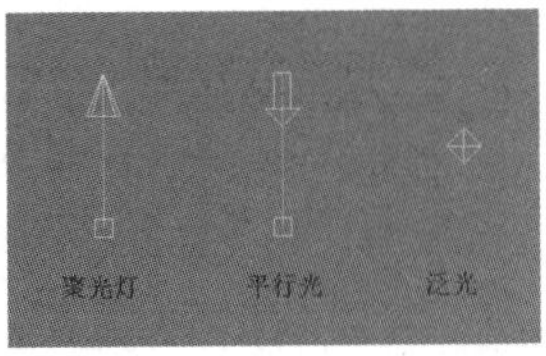

图 9-41

① 技巧与提示

在切换灯光类型时，可以从视口中很直接地观察到灯光外观的变化。切换灯光类型后，场景中的灯光就会变成当前选择的灯光。

目标：如果选中该复选框，灯光将成为目标聚光灯；如果取消选中该复选框，灯光将变成自由聚光灯。

启用：控制是否开启灯光阴影。

使用全局设置：如果启用该选项，该灯光投射的阴影将影响整个场景的阴影效果；如果禁用该选项，则必须选择渲染器使用哪种阴影类型来生成特定的灯光阴影。

阴影类型：单击此下拉列表框可以切换阴影的类型来得到不同的阴影效果。

排除 排除... ：用于排除对象于灯光效果之外。单击该按钮，可以打开“排除 / 包含”对话框进行对象排除的设置，如图 9-42 所示。

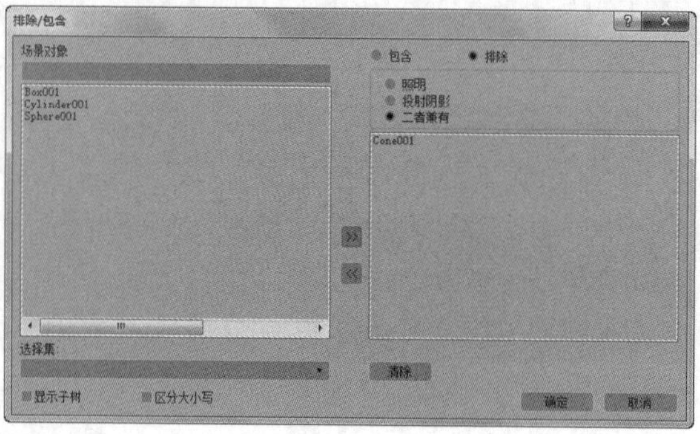

图 9-42

2. 强度 / 颜色 / 衰减卷展栏

展开目标聚光灯的“强度 / 颜色 / 衰减”卷展栏，其参数如图 9-43 所示。

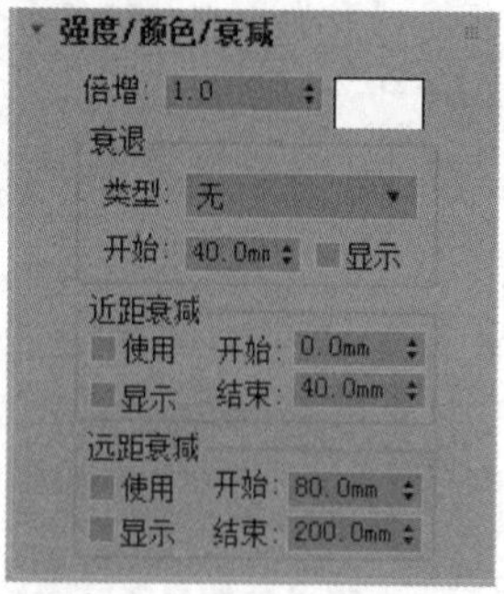

图 9-43

重要参数介绍

倍增：用来控制灯光的强弱程度。

颜色：用来设置灯光的颜色。

类型：指定灯光的衰退方式，“无”为不衰退，“倒数”为反向衰退，“平方反比”为以平方反比的方式进行衰退。

> ① 技巧与提示
>
> 如果“平方反比”衰退方式使场景太暗，可以按主键盘区的 8 键打开“环境和效果”对话框，然后在“全局照明”选项组中适当加大“级别”值来提高场景亮度。

开始：设置灯光开始衰退的距离。

显示：在视口中显示灯光衰退的效果。

近距衰减：该选项组用来设置灯光近距离衰减的参数。

使用：启用灯光近距离衰减。

显示：在视口中显示近距离衰减的范围。

开始：设置灯光开始淡出的距离。

结束：设置灯光达到衰减最远处的距离。

远距衰减：该选项组用来设置灯光远距离衰减的参数。

使用：启用灯光的远距离衰减。

显示：在视口中显示远距离衰减的范围。

开始：设置灯光开始淡出的距离。

结束：设置灯光完全衰减的距离。

3. 聚光灯参数卷展栏

展开目标聚光灯的“聚光灯参数”卷展栏，其参数如图 9-44 所示。

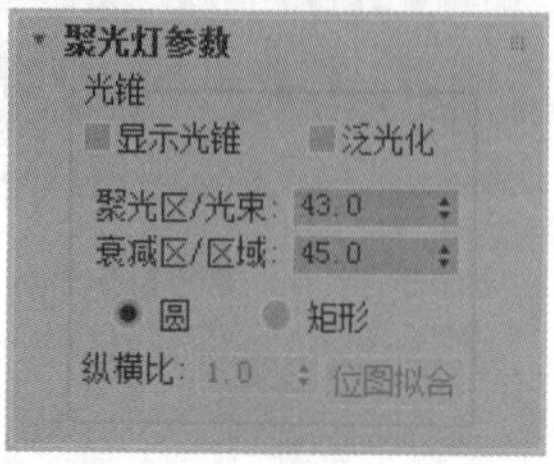

图 9-44

重要参数介绍

显示光锥：控制是否在视口中开启聚光灯的圆锥显示效果，如图 9-45 所示。

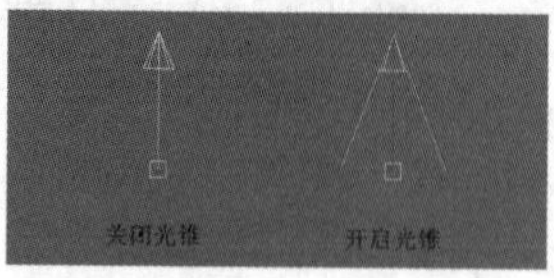

图 9-45

泛光化：启用该选项时，灯光将向各个方向投射光线。

聚光区 / 光束：用来调整灯光圆锥体的角度。

衰减区 / 区域：设置灯光衰减区的角度，图 9-46 所示是不同“聚光区 / 光束”和“衰减区 / 区域”的光锥对比。

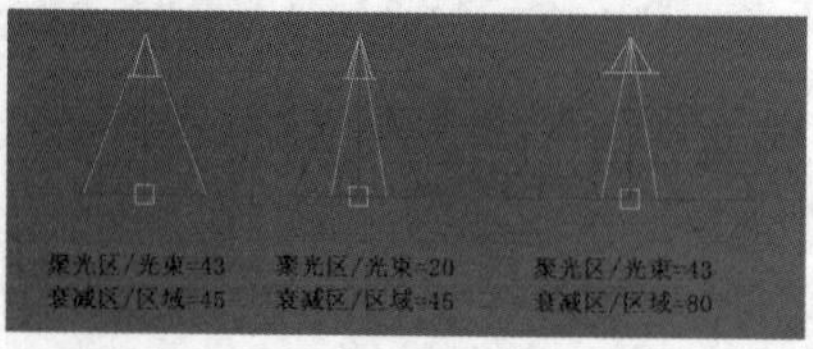

图 9-46

圆 / 矩形：选择聚光区和衰减区的形状。

纵横比：设置矩形光束的纵横比。

位图拟合 位图拟合 ：如果灯光的投影纵横比为矩形，应设置纵横比以匹配特定的位图。

4. 高级效果卷展栏

展开目标聚光灯的“高级效果”卷展栏，其参数如图 9-47 所示。

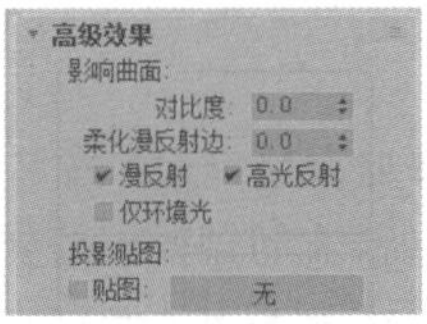

图 9-47

重要参数介绍

对比度：用于调整漫反射区域和环境光区域的对比度。

柔化漫反射边：增加该选项的数值可以柔化曲面的漫反射区域和环境光区域的边缘。

漫反射：选中此复选框，灯光将影响曲面的漫反射属性。

高光反射：选中此复选框，灯光将影响曲面的高光属性。

仅环境光：选中此复选框，灯光仅影响照明的环境光。

贴图：为投影加载贴图。单击右侧的“无”按钮 无 可以为投影加载贴图。

5. 阴影参数卷展栏

展开目标聚光灯的“阴影参数”卷展栏，其参数如图 9-48 所示。

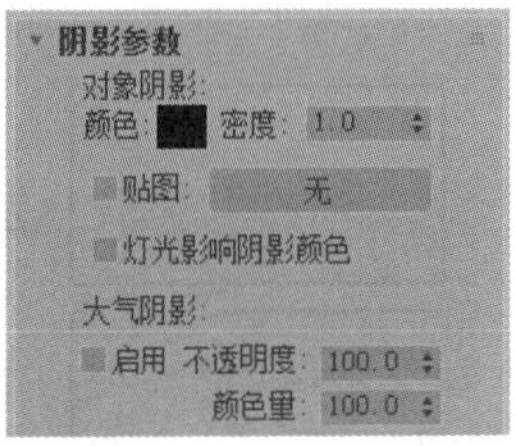

图 9-48

重要参数介绍

颜色：单击该选项右侧的颜色块，可以在“颜色选择器：阴影颜色”对话框中设置阴影颜色。

密度：调节该选项右侧数值框中的数值可以改变阴影的色彩浓度，其数值越大，颜色越深。

贴图：单击该复选框右侧的“无”按钮 无 ，可以打开“材质 / 贴图浏览器”对话框，使用贴图来创建阴影效果。

灯光影响阴影颜色：选中此复选框，可以开启灯光颜色对阴影的影响。

6. 阴影贴图参数卷展栏

展开目标聚光灯的“阴影贴图参数”卷展栏，其参数如图 9-49 所示。

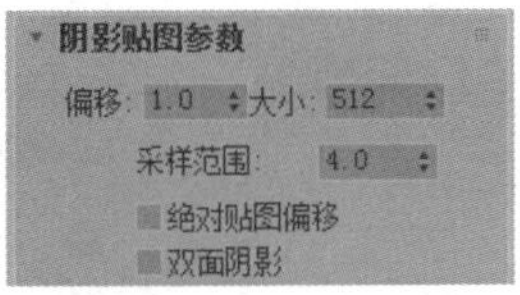

图 9-49

重要参数介绍

偏移：调节该选项右侧数值框中的数值，可以改变阴影贴图的偏移量。

大小：调节该选项右侧数值框中的数值，可以改变阴影贴图的大小。

采样范围：用于控制生成的阴影效果的质量，其数值越大，质量越好，但所需要的渲染时间也越长。

实战：用目标聚光灯制作照明灯光	
素材位置	素材文件 > 第 9 章 >02
实例位置	实例文件 > 第 9 章 > 用目标聚光灯制作照明灯光 > 用目标聚光灯制作照明灯光 .max
学习目标	掌握目标聚光灯的使用方法

本案例将使用目标聚光灯来制作照明灯光，最终效果如图 9-50 所示。

图 9-50

01　打开本书学习资源中的“素材文件 > 第 9 章 >02>02.max”素材文件，这是一个边柜模型，如图 9-51 所示。

图 9-51

02　在“创建”命令面板中单击“灯光”按钮，在“标准”灯光类型中单击“目标聚光灯”按钮 目标聚光灯 ，然后在前视口中按住鼠标左键拖曳以创建一个目标聚光灯，其位置如图 9-52 所示。

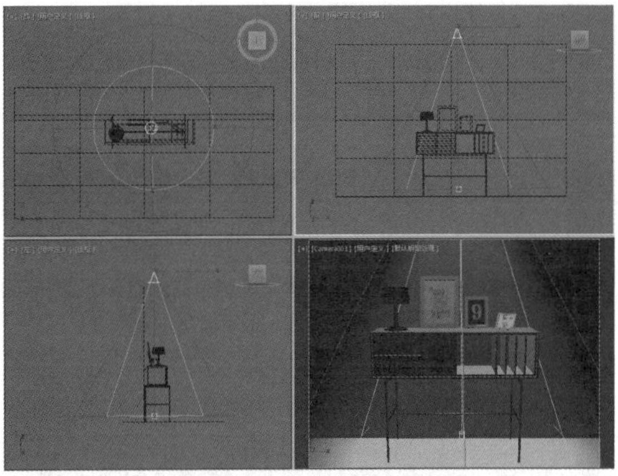

图 9-52

03 选中创建的目标聚光灯的投射点，切换到“修改”命令面板，展开“常规参数”卷展栏，在“阴影”

选项组中选中“启用”复选框，并设置阴影类型为“区域阴影”，如图 9-53 所示。

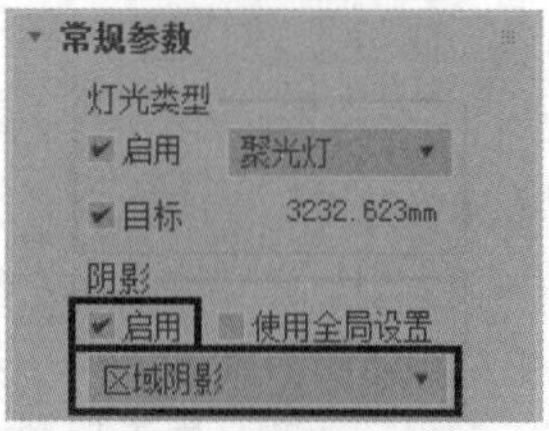

图 9-53

04 展开“强度 / 颜色 / 衰减”卷展栏，设置“颜色”为黄色（红 :255 绿 :207 蓝 :169），然后设置“倍增”为 1.5，如图 9-54 和图 9-55 所示。

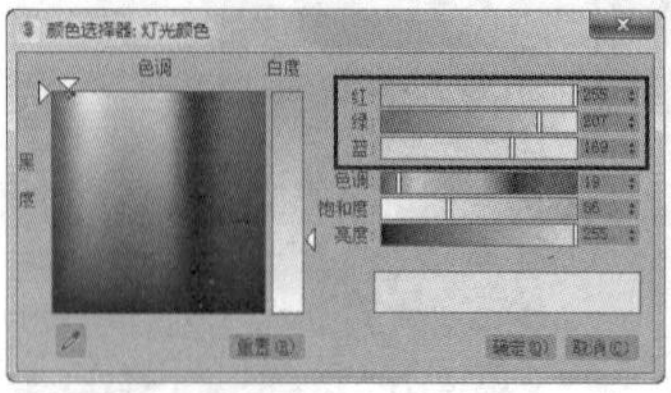

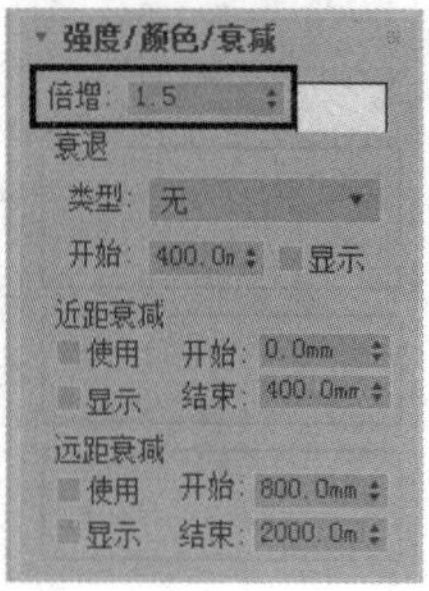

图 9-54　　图 9-55

05 展开“聚光灯参数”卷展栏，设置“聚光区 / 光束”为 38、“衰减区 / 区域”为 60，如图 9-56 所示。

06 展开“阴影参数”卷展栏，设置阴影的“密度”为 0.8，如图 9-57 所示。

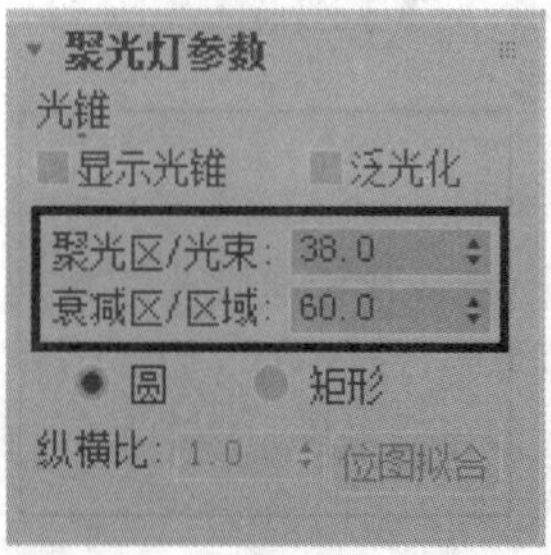

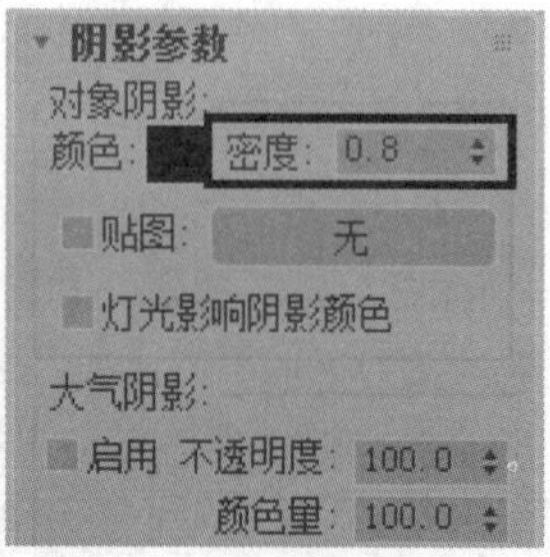

图 9-56　　图 9-57

07 选择摄影机视口，然后按 F9 键渲染当前场景，最终效果如图 9-58 所示。

图 9-58

9.2.2 自由聚光灯

在“标准”灯光类型中单击“自由聚光灯”按钮 自由聚光灯 ，然后在场景中单击鼠标，即可创建一个自由聚光灯。自由聚光灯与目标聚光灯的参数基本一致，只是用户无法对它的发射点和目标点分别进行调节，如图 9-59 所示。自由聚光灯特别适合用来模拟一些动画灯光，比如舞台上的射灯。

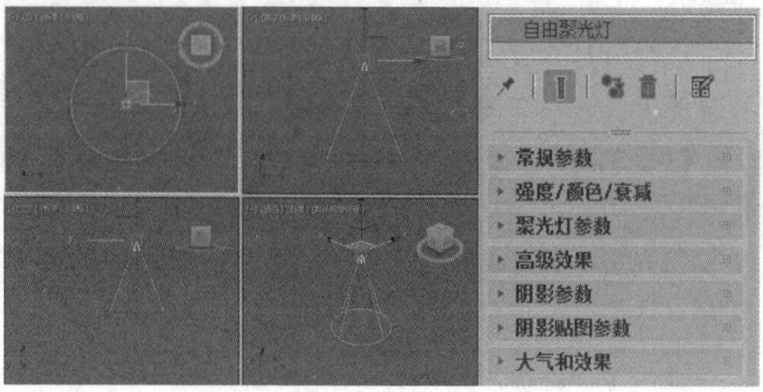

图 9-59

> **技巧与提示**
>
> 自由聚光灯与目标聚光灯的区别在于，自由聚光灯没有目标点，而目标聚光灯有目标点，如图 9-60 所示。在“常规参数”卷展栏中选中“目标”复选框时，自由聚光灯会自动变成目标聚光灯，如图 9-61 所示，因此这两种灯光之间是相互关联的。
>
> 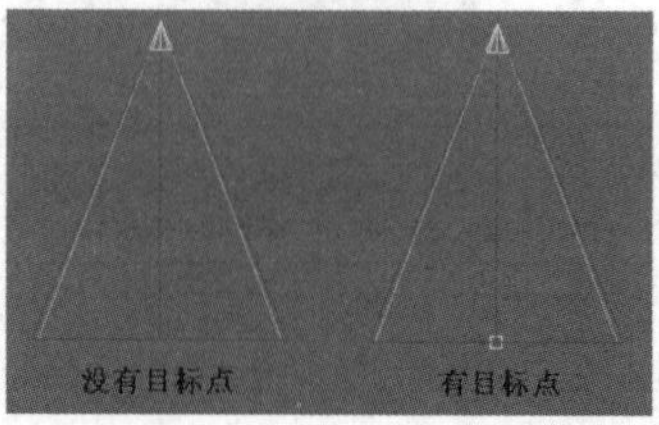
>
>
> 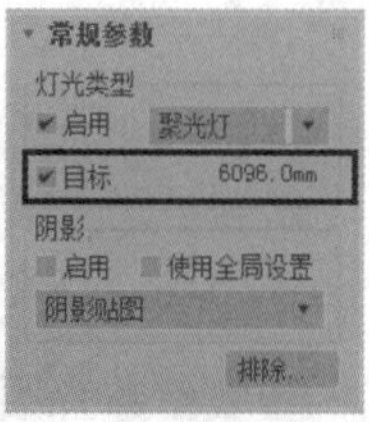
>
>
> 图 9-60　　图 9-61

9.2.3 目标平行光

在“标准”灯光类型中单击“目标平行光”按钮 目标平行光 ，然后在场景中按住鼠标左键并拖曳，即可创建一个目标平行光。目标平行光可以产生一个照射区域，主要用来模拟自然光线的照射效果，如图 9-62 所示。如果将目标平行光作为体积光来使用，那么可以用它模拟出激光束等效果。

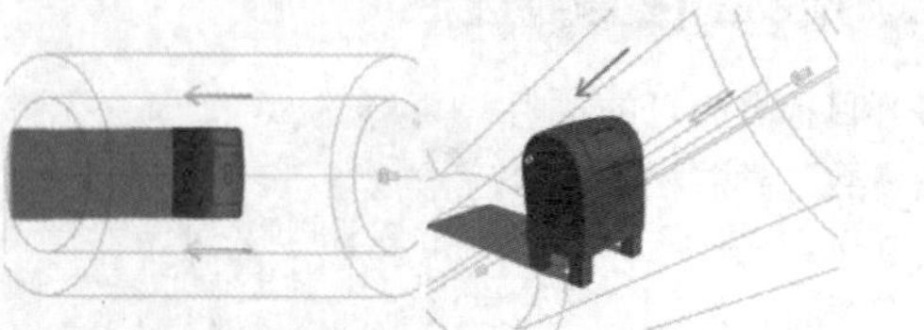
图 9-62

> ① 技巧与提示
>
> 虽然目标平行光可以用来模拟太阳光，但是它与目标聚光灯的灯光类型却不相同。目标聚光灯的灯光类型是聚光灯，而目标平行光的灯光类型是平行光。从外形上看，目标聚光灯的照射范围更像锥形，而目标平行光的照射范围更像筒形，如图 9-63 所示。

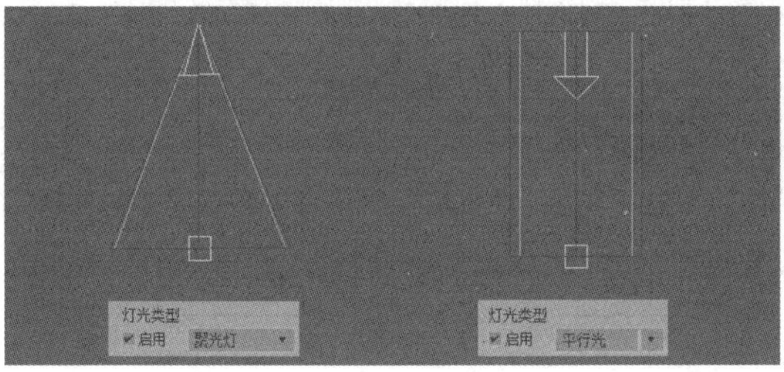

图 9-63

实战：用目标平行光制作客厅阳光	
素材位置	素材文件 > 第 9 章 >03
实例位置	实例文件 > 第 9 章 > 用目标平行光制作客厅阳光 > 用目标平行光制作客厅阳光 .max
学习目标	掌握目标平行光的使用方法

本案例将使用目标平行光来制作客厅阳光，最终效果如图 9-64 所示。

图 9-64

01 打开本书学习资源中的“素材文件>第 9 章 >03>03.max”素材文件，这是一个客厅场景，如图 9-65 所示。

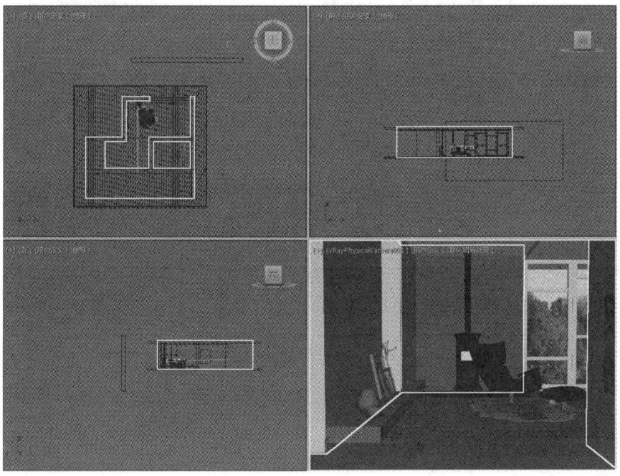

图 9-65

02 在“创建”命令面板中单击“灯光”按钮，在“标准”灯光类型中单击“目标平行光”按钮 自由平行光 ，然后在前视口中拖曳出目标平行光作为阳光对象，其位置如图 9-66 所示。

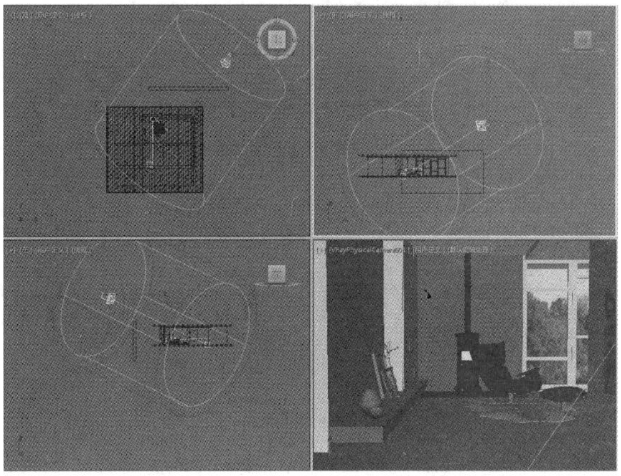

图 9-66

03 选中目标平行光的投射点，进入“修改”命令面板，展开“常规参数”卷展栏，然后在“阴影”选项组中选中“启用”复选框，并设置阴影类型为“VRay 阴影”，具体参数设置如图 9-67 所示。

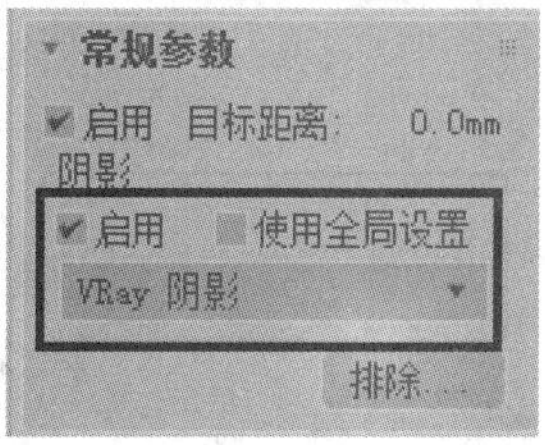

图 9-67

04 展开“强度 / 颜色 / 衰减”卷展栏，设置“倍增”为 3，然后单击灯光颜色的色块，在打开的“颜色选择器：灯光颜色”对话框中设置“颜色”为黄色（红 :255 绿 :196 蓝 :119），如图 9-68 和图 9-69 所示。

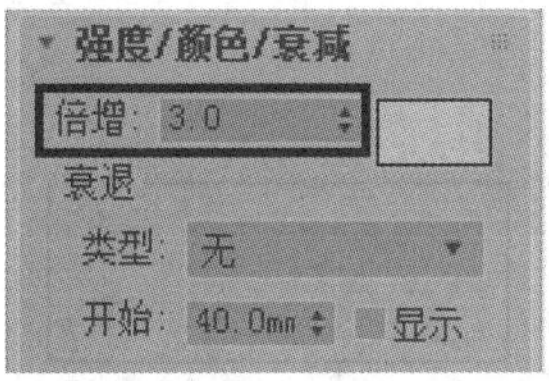

图 9-68

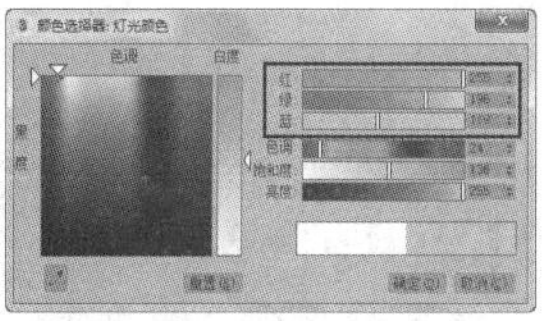

图 9-69

05 展开“平行光参数”卷展栏，然后设置“聚光区 / 光束”为 11698mm、“衰减区 / 区域”为 11700mm，具体参数设置如图 9-70 所示。

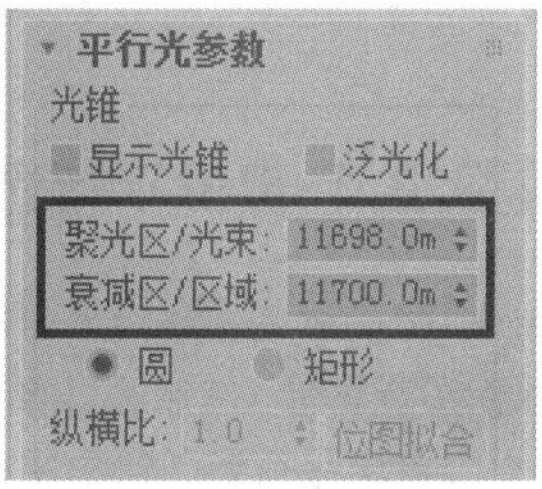

图 9-70

06 展开“VRay 阴影参数”卷展栏，然后选中“区域阴影”复选框，设置“U 大小”“V 大小”“W 大小”都为 254mm，具体参数设置如图 9-71 所示。

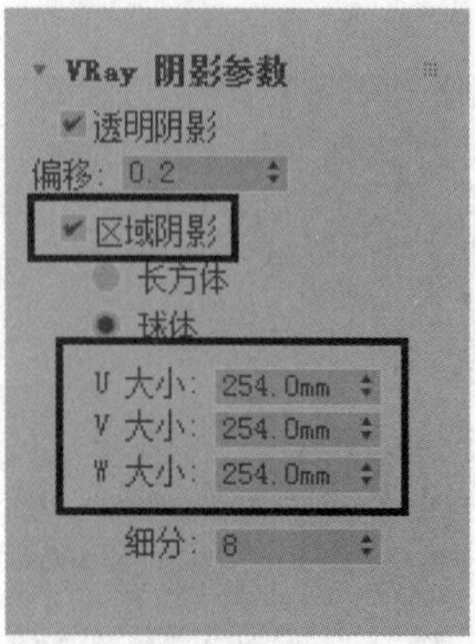

图 9-71

07 选择摄影机视口，然后按 F9 键渲染当前场景，添加目标平行光后的效果如图 9-72 所示。

图 9-72

9.2.4 自由平行光

在“标准”灯光类型中单击“自由平行光”按钮 自由平行光 ，然后在场景中单击鼠标左键，即可创建一个自由平行光。自由平行光能产生一个平行的照射区域，常用来模拟太阳光，如图 9-73 所示。

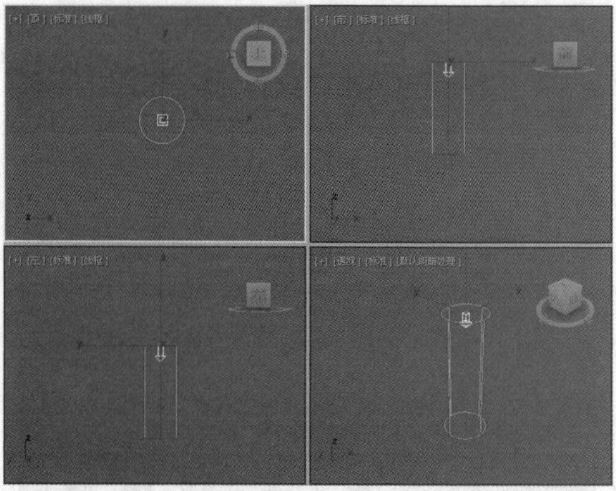
图 9-73

技巧与提示

自由平行光和自由聚光灯一样没有目标点，当选中“常规参数”卷展栏中的“目标”复选框时，自由平行光会自动变成目标平行光，如图 9-74 所示。

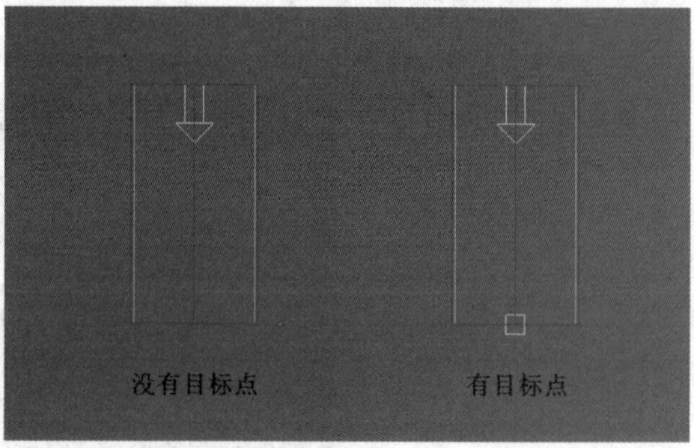

图 9-74

9.2.5 泛光

在“标准”灯光类型中单击“泛光”按钮 泛光 ，然后在场景中单击鼠标左键，即可创建一个泛光。泛光可以向周围发散光线，其光线可以到达场景中无限远的地方，如图 9-75 所示。泛光比较容易创建和调节，能够均匀地照射场景，但是在一个场景中如果使用太多泛光可能会导致场景缺乏明暗层次，缺乏对比。

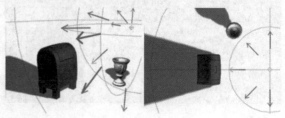

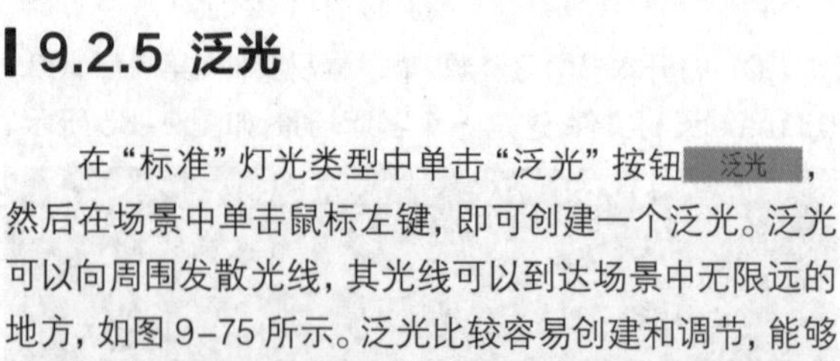
图 9-75

实战：用泛光制作烛光	
素材位置	素材文件 > 第 9 章 >04
实例位置	实例文件 > 第 9 章 > 用泛光制作烛光 > 用泛光制作烛光 .max
学习目标	掌握泛光的使用方法

本案例将使用泛光来制作烛光，最终效果如图 9-76 所示。

图 9-76

01　打开本书学习资源中的“素材文件 > 第 9 章 > 04>04.max”素材文件，如图 9-77 所示。

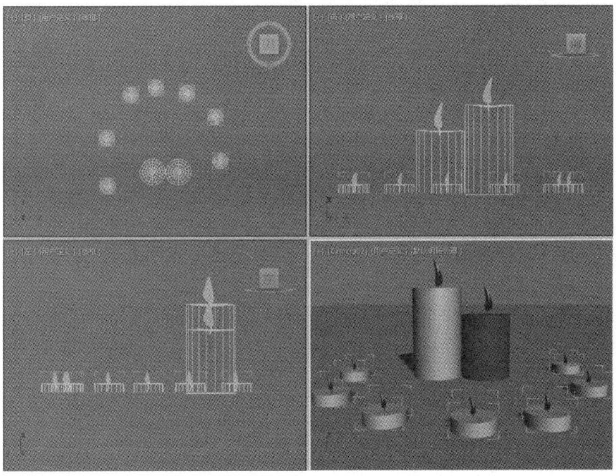

图 9-77

02　在“标准”灯光类型中单击“泛光”按钮 泛光 ，然后在蜡烛的火苗上单击鼠标左键，创建一个泛光，如图 9-78 所示。

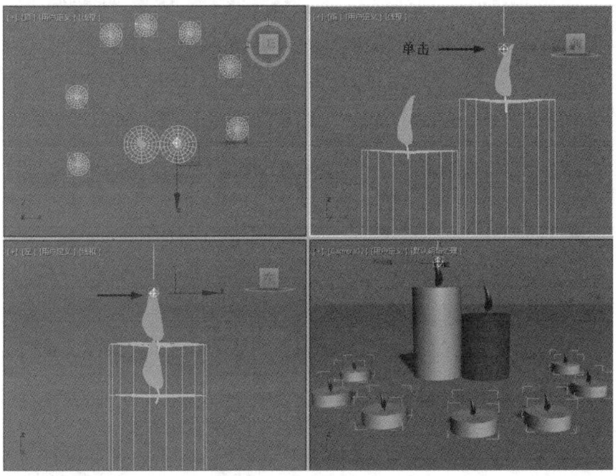

图 9-78

03　选择泛光，进入“修改”命令面板，在“强度 / 颜色 / 衰减”卷展栏中设置泛光“颜色”（红 :255 绿 :222 蓝 :158），在“远距衰减”选项组中选中“使用”和“显示”复选框，并设置“开始”为 15mm、“结束”为 55mm，具体参数设置如图 9-79 和图 9-80 所示。

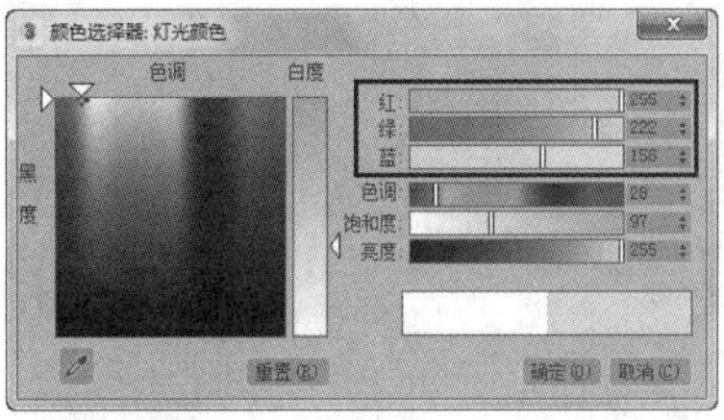

图 9-79

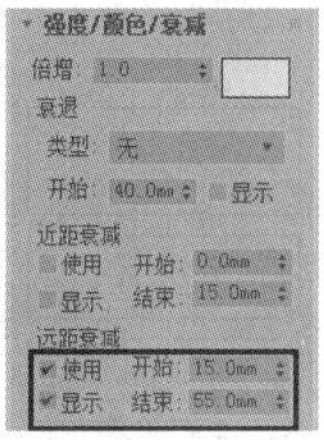

图 9-80

04　使用“选择并移动”工具选择泛光，然后按住 Shift 键，同时将泛光拖拽到另一个火苗上，在打开的“克隆选项”对话框中的“对象”选项组中选择“实例”选项，如图 9-81 所示。

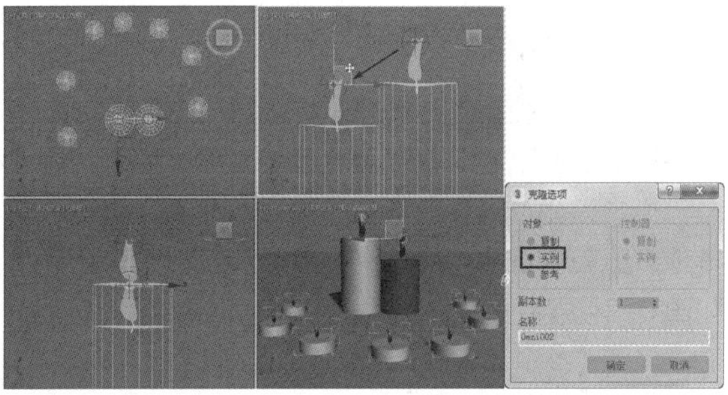

图 9-81

① 技巧与提示

在复制灯光时，如果使用“实例”复制方式，在修改其中任何一个泛光的参数时，其他灯光的参数也会跟着改变。

05　使用同样的复制操作，将泛光复制到其他的火苗上，如图 9-82 所示。

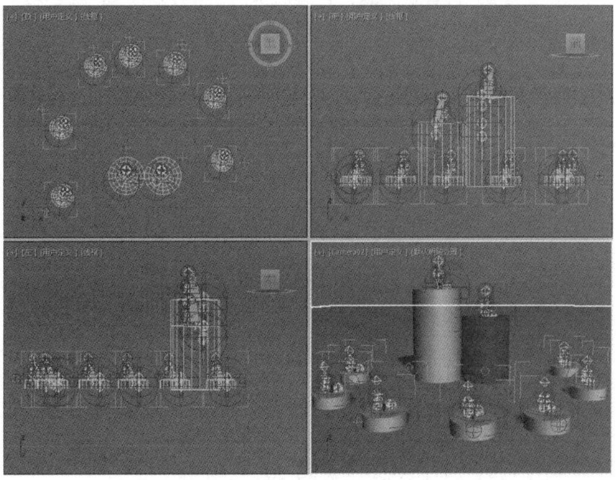

图 9-82

06　选择摄影机视口，然后按 F9 键渲染当前场景，最终效果如图 9-83 所示。

图 9-83

9.2.6 天光

在“标准”灯光类型中单击“天光”按钮 天光 ，然后在场景中单击鼠标左键，即可创建一个天光。天光可以作为场景中唯一的光源，也可以与其他灯光配合使用，实现高光效果和投射锐边阴影，如图 9-84 所示。

天光的参数比较少，只有一个“天光参数”卷展栏，如图 9-85 所示。

图 9-84

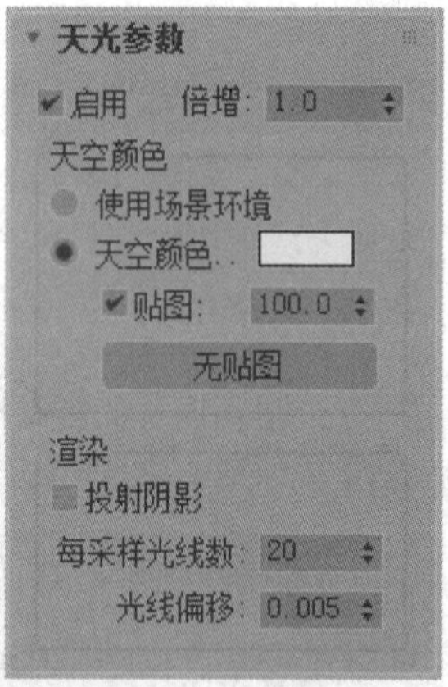

图 9-85

重要参数介绍

启用：控制是否开启天光。

倍增：控制天光的强弱程度。

使用场景环境：选择此选项后，将使用“环境与特效”对话框中设置的“环境光”颜色作为天光颜色。

天空颜色：用于设置天光的颜色。

贴图：指定贴图来影响天光的颜色。

投射阴影：控制天光是否投射阴影。

每采样光线数：计算落在场景中的每个点的光子数目。

光线偏移：用于设置光线产生的偏移距离。

9.3 VRay 灯光

安装好 VRay 插件后，在“灯光”创建面板中就可以选择 VRay 灯光。VRay 灯光包含 4 种类型，分别是“(VR)灯光”“(VR)光域网”“(VR)环境灯光”“(VR)太阳”，如图 9-86 所示。

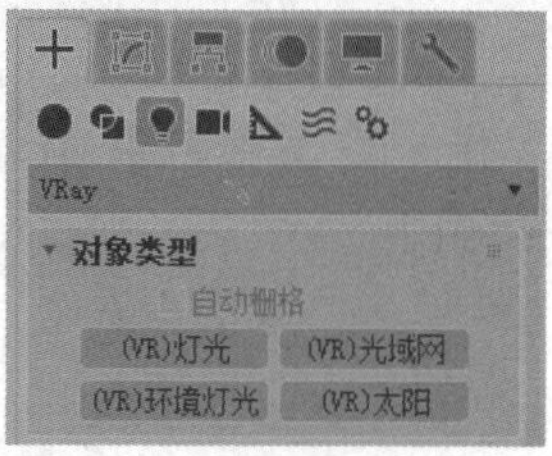

图 9-86

9.3.1 (VR)灯光

(VR)灯光主要用来模拟室内光源，是效果图制作中使用频率最高的一种灯光，其参数设置面板如图 9-87 所示。

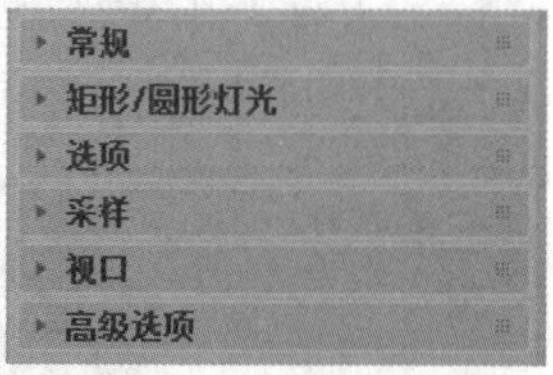

图 9-87

1. 常规卷展栏

展开(VR)灯光的“常规”卷展栏，其参数如图 9-88 所示。

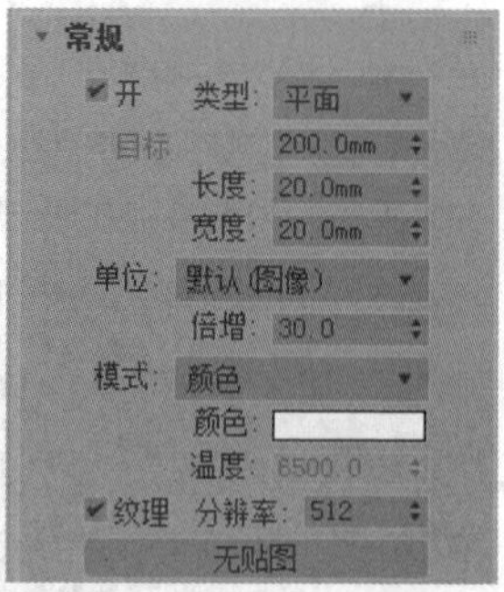

图 9-88

重要参数介绍

开：用于开启或关闭(VR)灯光。

类型列表：设置(VR)灯光的类型，共有“平面”“穹顶”“球体”“网格”“圆形”5 种，如图 9-89 所示。

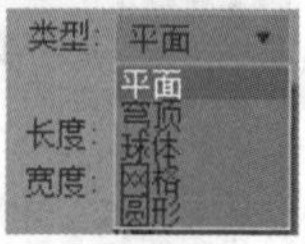

图 9-89

平面：将（VR）灯光设置成平面形状。

穹顶：将（VR）灯光设置成穹顶状，类似于 3ds Max 的天光，光线来自位于灯光 z 轴的半球体状圆顶。

球体：将（VR）灯光设置成球体。

网格：这种灯光是一种以网格为基础的灯光，因此必须拾取网格模型。

圆形：将（VR）灯光设置成圆环形状。

> ① 技巧与提示
>
> 不同类型的（VR）灯光可以模拟不同的效果。
>
> 平面：模拟环境光、灯带、灯箱等规则的方形灯光。
>
> 穹顶：模拟环境光，或用于检查场景模型。
>
> 球体：模拟灯泡、烛光、日光、月光等球形灯光。
>
> 网格：模拟异形灯光，需要关联不规则模型形成灯光。
>
> 圆形：模拟环境光、日光灯等规则的圆形灯光。

长度：设置灯光的长度。

宽度：设置灯光的宽度。

单位：指定（VR）灯光的发光单位，共有“默认（图像）”“发光率（lm）”“亮度［lm/（m²·sr）］”“辐射率（W）”“辐射［W/（m²·sr）］”5 种。

默认（图像）：（VR）灯光的默认发光单位，依靠灯光的颜色和亮度来控制灯光的强弱，如果忽略曝光类型的因素，灯光色彩将是物体表面受光的最终色彩。

发光率（lm）：当选择这个单位时，灯光的亮度将和灯光的大小无关（100W 的亮度大约等于 1500lm）。

亮度［lm/（m²·sr）］：当选择这个单位时，灯光的亮度和灯光的大小有关系。

辐射率（W）：当选择这个单位时，灯光的亮度和灯光的大小无关。注意，这里的瓦特和物理上的瓦特不一样，比如这里的 100 W 大约等于物理上的 2~3 W。

辐射［W/（m²·sr）］：当选择这个单位时，灯光的亮度和灯光的大小有关系。

倍增：用于设置（VR）灯光的强度。

模式：用于设置（VR）灯光的颜色模式，共有“颜色”和“温度”两种。

颜色：指定灯光的颜色。

温度：以温度模式来设置（VR）灯光的颜色。

> ① 技巧与提示
>
> 常用的温度值：晴天日光 5400K；阴天 6000K；阴影 7000K；闪光灯 5600K；日落前 3800K；日落后 3200K；黎明前 8000K；晴朗草原 5800K；煤油灯 2200K；暖黄节能灯 2600K；冷白节能灯 4000K；白炽灯 2800K；商场 3000K；新闻灯 3200K；素云黄昏 4100K；高空蓝天 6800K。

纹理：控制是否给（VR）灯光添加纹理贴图，单击“无贴图”按钮 无贴图 ，可以为（VR）灯光添加纹理贴图。

分辨率：控制添加的贴图的分辨率大小。

2. 矩形 / 圆形灯光卷展栏

展开（VR）灯光的“矩形 / 圆形灯光”卷展栏，其参数如图 9-90 所示。

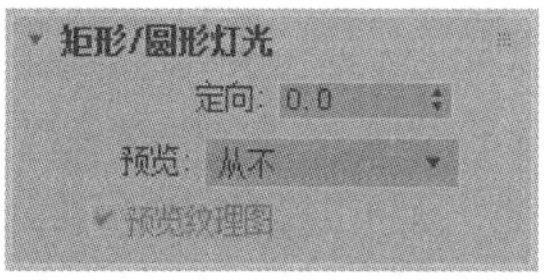

图 9-90

重要参数介绍

定向：使用“平面”和“圆形”灯光时，控制灯光照射方向。

预览：观察灯光定向的范围，有“选定”“始终”“从不”3 个选项，如图 9-91 所示。

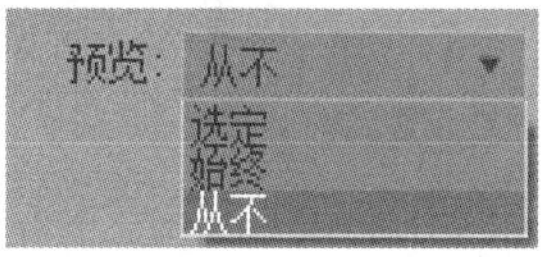

图 9-91

3. 选项卷展栏

展开（VR）灯光的“选项”卷展栏，其参数如图 9-92 所示。

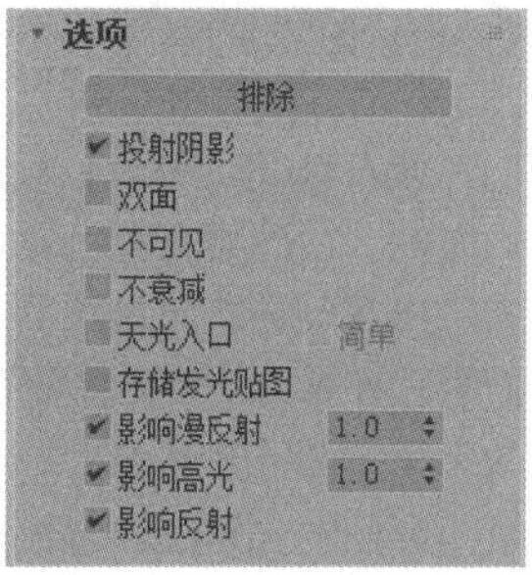

图 9-92

重要参数介绍

排除 排除 ：用来排除灯光对物体的影响。

投射阴影：控制是否让物体产生灯光照射的阴影。

双面：用来控制是否让灯光的双面都产生照明效果（当灯光类型设置为“平面”时有效，设置为其他类型无效），图 9-93 和图 9-94 所示分别是勾选与取消勾选该复选框时的灯光效果。

图 9-93

图 9-94

不可见：这个选项用来控制最终渲染时是否显示（VR）灯光的形状，图 9-95 和图 9-96 所示分别是勾选与不勾选该复选框时的灯光效果。

图 9-95

图 9-96

不衰减：在物理世界中，所有的光线都是有衰减的，如果勾选该复选框，VRay 将不计算灯光的衰减效果，图 9-97 和图 9-98 所示分别是勾选与不勾选该复选框时的灯光效果。

图 9-97

图 9-98

> ① 技巧与提示
>
> 在真实世界中，光线会随着距离的增大而不断变暗，也就是说远离光源的物体的表面会比靠近光源的物体的表面更暗。

天光入口：这个选项是把（VR）灯光转换为天光，这时的（VR）灯光就变成了“间接照明（GI）”，失去了直接照明。勾选该复选框时，“投射阴影”“双面”“不可见”等参数将不可用，这些参数将被 VRay 的天光参数所取代。

存储发光贴图：勾选该复选框，同时将“间接照明（GI）”里的“首次反弹”引擎设置为“发光图”时，（VR）灯光的光照信息将保存在“发光图”中。这样在渲染光子的速度将变得更慢，但是在渲染出图时，渲染速度会提高很多。当渲染完光子的时候，可以关闭或删除这个（VR）灯光，对最后的渲染效果没有影响，因为它的光照信息已经保存在了“发光图”中。

影响漫反射：该选项决定灯光是否影响物体材质属性的漫反射。

影响高光：这选项决定灯光是否影响物体材质属性的高光。

影响反射：勾选该复选框时，灯光将对物体的反射区进行照射，物体可以对光线进行反射，如图 9-99 和图 9-100 所示。

图 9-99

图 9-100

4. 采样卷展栏

展开（VR）灯光的“采样”卷展栏，其参数如图 9-101 所示。

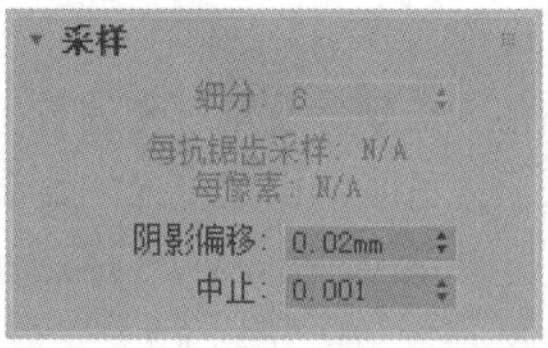

图 9-101

重要参数介绍

细分：这个参数控制（VR）灯光的采样细分。当设置比较低的值时，会增加阴影区域的杂点，但是渲染速度比较快，如图 9-102 所示；当设置比较高的值时，会减少阴影区域的杂点，但是会减慢渲染速度，如图 9-103 所示。

图 9-102

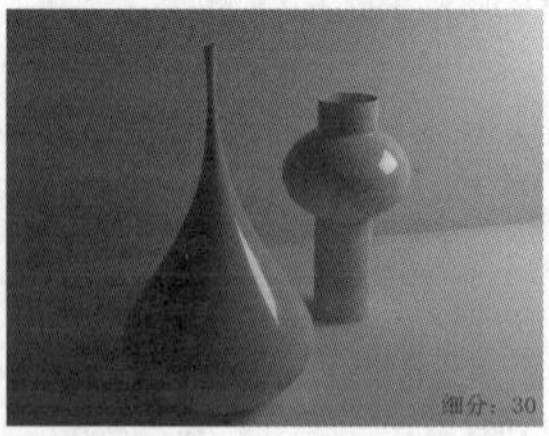

图 9-103

阴影偏移：这个参数用来控制物体与阴影的偏移距离，设置较大的值时会使阴影向灯光的方向偏移。

中止：设置采样的最小阈值，小于这个数值时采样将结束。

实战：用（VR）灯光制作灯带	
素材位置	素材文件 > 第 9 章 >05
实例位置	实例文件 > 第 9 章 > 用（VR）灯光制作灯带 > 用（VR）灯光制作灯带 .max
学习目标	学习（VR）灯光的参数及其操作

本案例将使用（VR）灯光来制作灯带，最终效果如图 9-104 所示。

图 9-104

01 打开本书学习资源中的“素材文件 > 第 9 章 > 05>05.max”素材文件，这是一个电梯厅场景，如图 9-105 所示。

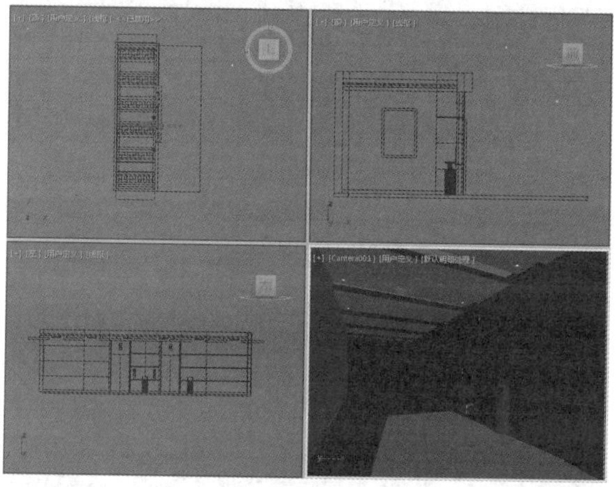

图 9-105

02 在“创建”命令面板中单击“灯光”按钮，然后选择“Vray”灯光类型，再单击“（VR）灯光”按钮 (VR)灯光 ，在前视口中拖曳出一个（VR）灯光作为环境照明灯光，如图 9-106 所示。

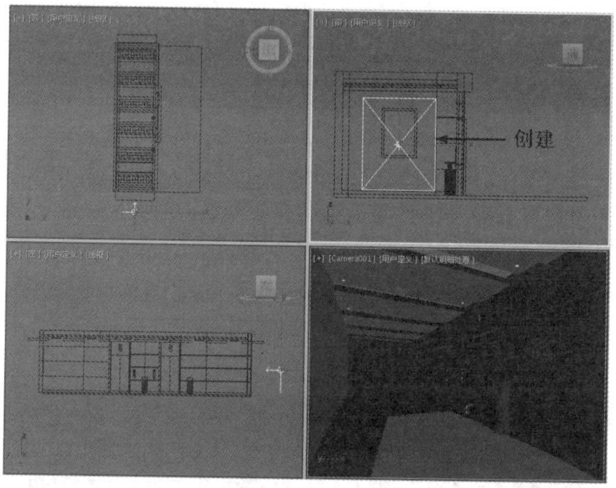

图 9-106

03 选择创建的（VR）灯光，然后进入“修改”命令面板，展开“常规”卷展栏，设置“类型”为“平面”，设置“长度”为 2000mm、“宽度”为 2500mm，设置“倍增”为 3，如图 9-107 所示。单击“颜色”选项右侧的颜色块，然后在打开的“颜色选择器：颜色”对话框中设置灯光颜色为淡蓝色（红 :237 绿 :244 蓝 :250），如图 9-108 所示。

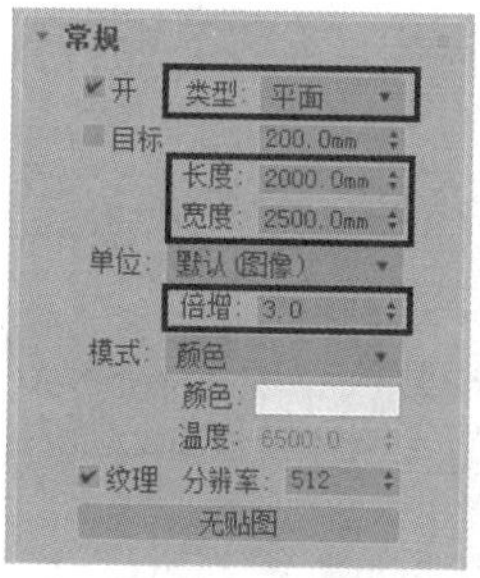

图 9-107

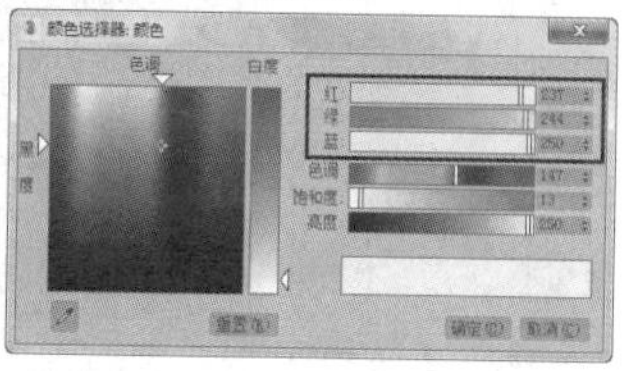

图 9-108

04 展开（VR）灯光的“选项”卷展栏，然后勾选“投射阴影”“不可见”“影响漫反射”复选框，取消勾选其他复选框，如图 9-109 所示。

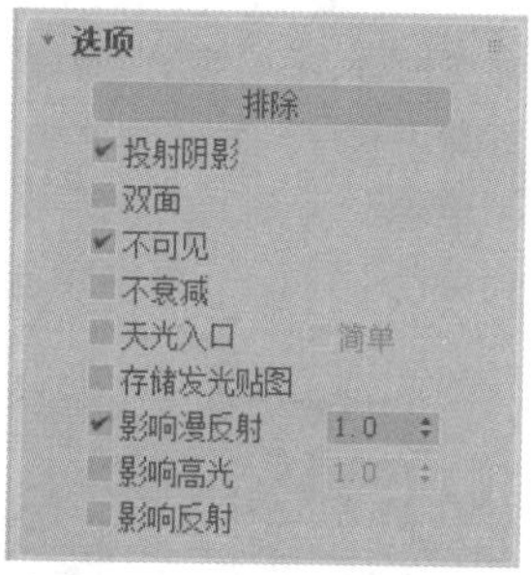

图 9-109

05 切换到摄影机视口，然后按 F9 键渲染当前场景，渲染后的效果如图 9-110 所示。

图 9-110

06 在吊顶位置的灯槽内创建（VR）灯光模拟灯带。使用“（VR）灯光”工具 (VR)灯光 在顶视口的灯槽中创建一个（VR）灯光，如图 9-111 所示。

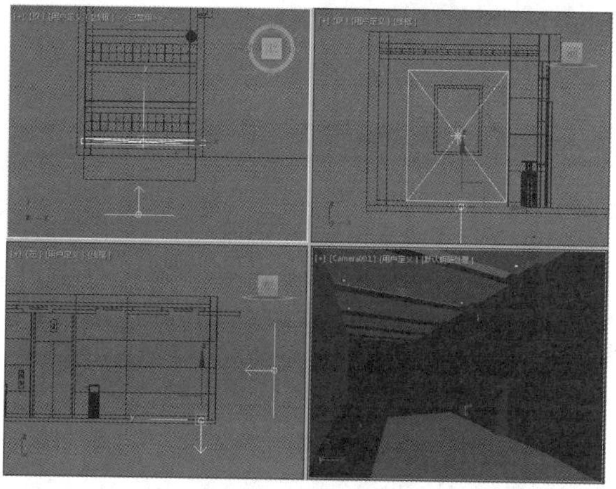

图 9-111

07 在顶视口中将刚创建的（VR）灯光沿 z 轴镜像一次，如图 9-112 所示。然后在前视口中将（VR）灯光向上移动，其位置如图 9-113 所示。

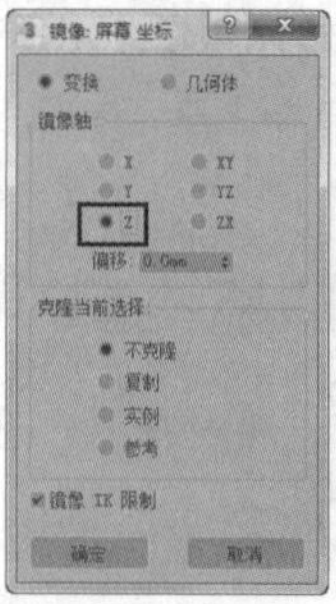

图 9-112

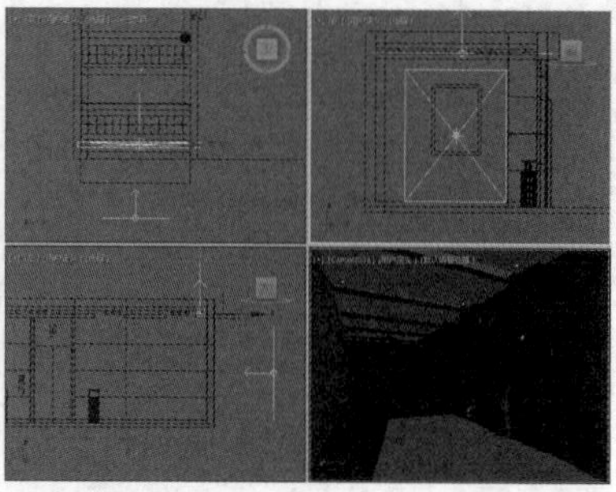

图 9-113

08 选中修改后的（VR）灯光，然后进入“修改”命令面板，在“常规”卷展栏中设置“类型”为“平面”，设置“长度”为3200mm、“宽度”为150mm，设置“倍增”为6，如图9-114所示。然后设置灯光颜色为黄色（红:252 绿:216 蓝:169），如图9-115所示。

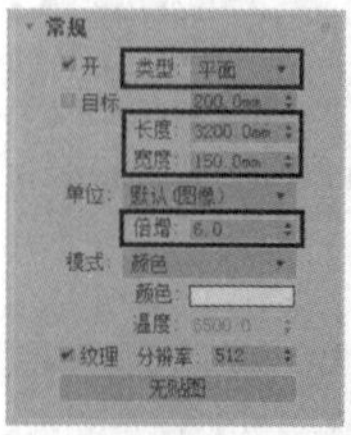

图 9-114

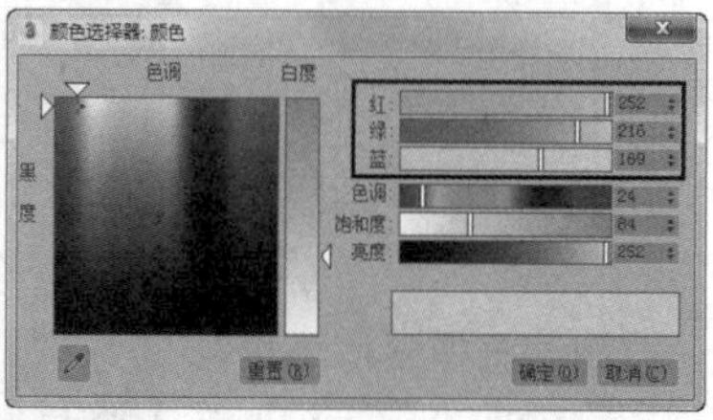

图 9-115

09 在（VR）灯光的“选项”卷展栏中勾选“投射阴影”“不可见”“影响漫反射”复选框，取消勾选其他复选框，如图9-116所示。

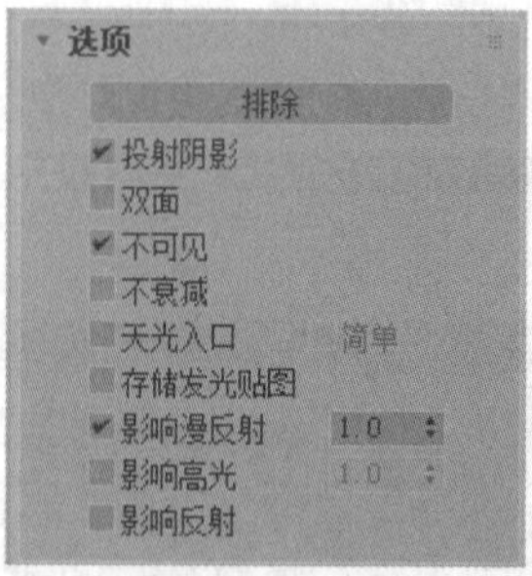

图 9-116

10 按住Shift键的同时在顶视口中拖曳修改后的（VR）灯光，然后以“实例”形式将其复制到其余灯槽内，如图9-117所示，效果如图9-118所示。

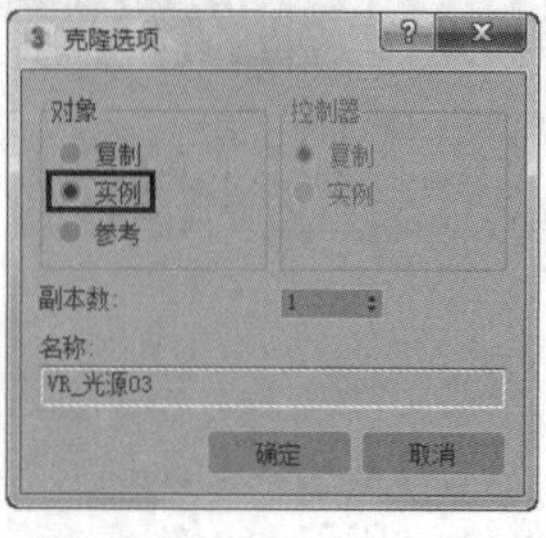

图 9-117

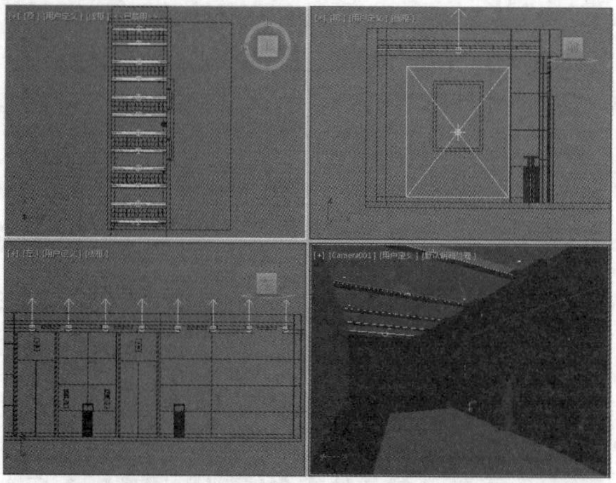

图 9-118

11 切换到摄影机视口，然后按F9键渲染当前场景，最终效果如图9-119所示。

图 9-119

9.3.2 （VR）光域网

（VR）光域网灯光类似于“目标”灯光，可以制作射灯、筒灯等带有光域网文件的灯光效果，其参数设置面板如图9-120所示。

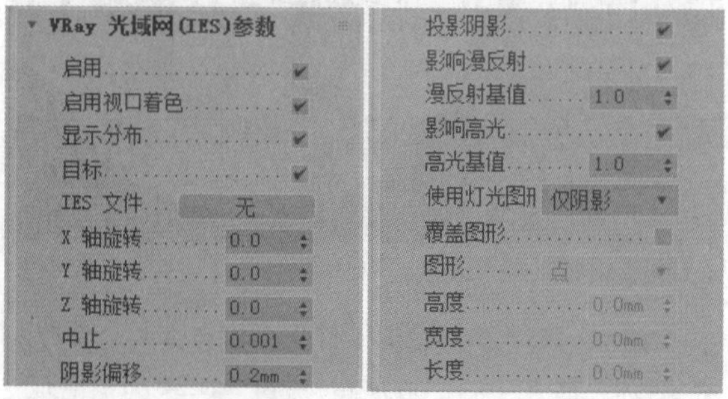

图 9-120

重要参数介绍

启用：用于开启或关闭（VR）光域网灯光。

目标：勾选该复选框后，灯光将出现目标点，如图 9-121 和图 9-122 所示。

图 9-121

图 9-122

IES 文件：用于添加 IES 光域网文件。

投射阴影：控制是否让物体产生灯光照射的阴影。

影响漫反射：控制是否让灯光照射出模型漫反射的颜色。

影响高光：控制是否让灯光照射出模型的高光区域。

9.3.3 （VR）环境灯光

（VR）环境灯光用于控制环境的灯光效果，其参数设置面板如图 9-123 所示。

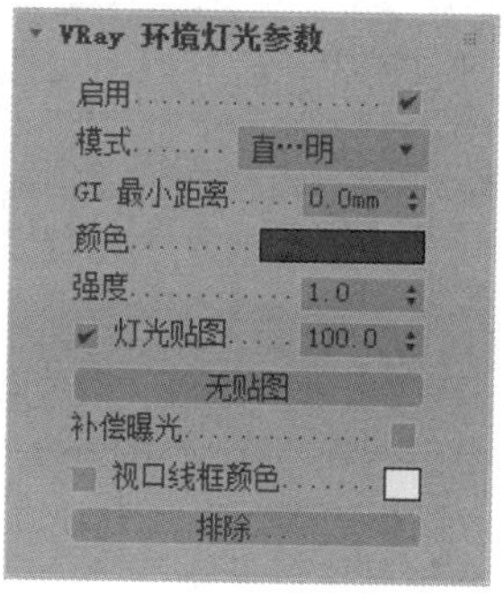

图 9-123

重要参数介绍

启用：用于开启或关闭（VR）环境灯光。

模式：用于设置环境光照明的模式，包括“直接光＋全局照明”“直接光”和“全局照明”3 种，如图 9-124 所示。

图 9-124

颜色：用于设置环境光的颜色。

强度：用于控制环境光的强度。

灯光贴图：用于开启或关闭环境光贴图。通过修改该选项右侧的数值，可以调整贴图的透明度；单击“无贴图”按钮 无贴图 ，可以添加环境光贴图。

排除 排除 ：用来排除环境光对物体的影响。

9.3.4 （VR）太阳

（VR）太阳主要用来模拟真实的太阳光。（VR）太阳的参数比较简单，只包含一个“VRay 太阳参数”卷展栏，其参数设置面板如图 9-125 所示。

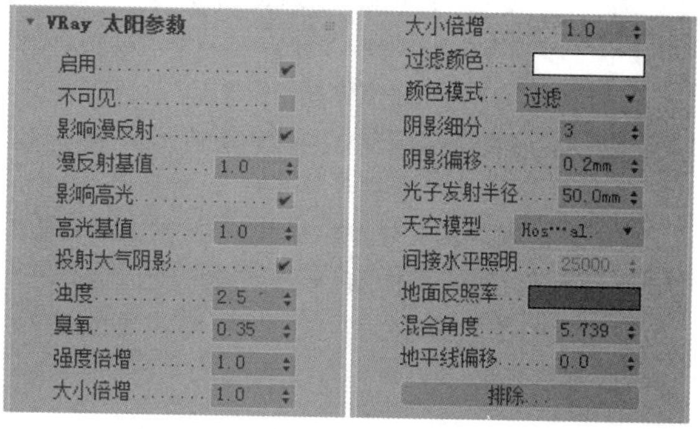

图 9-125

重要参数介绍

启用：用于开启或关闭（VR）太阳。

不可见：启用该选项后，在渲染的图像中将不会出现太阳的形状。

影响漫反射：该选项决定灯光是否影响物体材质属性的漫反射。

影响高光：该选项决定灯光是否影响物体材质属性的高光。

投射大气阴影：启用该选项以后，可以投射大气的阴影，以得到更加真实的阳光效果。

浊度：这个参数控制空气的浊度，它影响（VR）太阳和 VRay 天空的颜色。比较小的值表示晴朗干净的空气，此时（VR）太阳和 VRay 天空的颜色比较蓝；较大的值表示灰尘含量高的空气（比如沙尘暴），此时（VR）太阳和 VRay 天空的颜色呈现黄色甚至橘黄色，图 9-126 和图 9-127 所示分别是“浊度”值为 3 和 10 时的阳光效果。

图 9-126

图 9-127

臭氧：这个参数用来设置空气中臭氧的含量，较小的值的阳光比较黄，较大的值的阳光比较蓝。

强度倍增：这个参数是指阳光的亮度，默认值为 1，具体数值对阳光的影响见图 9-128 和图 9-129 所示的对比效果。

图 9-128

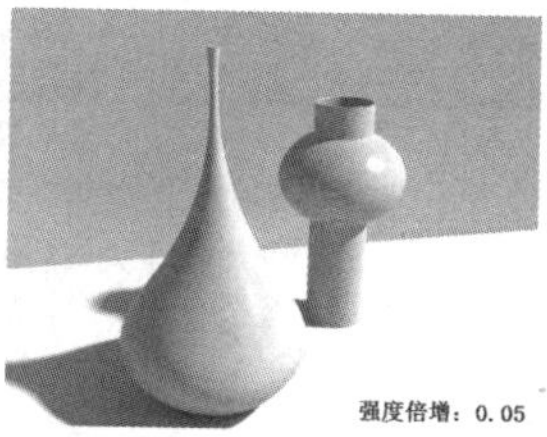

图 9-129

> ① 技巧与提示
>
> “浊度”和“强度倍增”是相互影响的，因为当空气中的灰尘多的时候，阳光的强度就会降低。“大小倍增”和“阴影细分”也是相互影响的，这主要是因为影子虚边越大，所需的细分就越多，也就是说“大小倍增”值越大，“阴影细分”的值就要适当增大，因为当影子为虚边阴影（面阴影）的时候，就需要一定的细分值来增加阴影的采样，不然就会有很多杂点。

大小倍增：这个参数是指太阳的大小，它主要影响阴影的模糊程度，较大的值可以使阳光阴影比较模糊，如图 9-130 和图 9-131 所示的对比效果。

图 9-130

图 9-131

阴影细分：这个参数是指阴影的细分，较大的值可以使模糊区域的阴影产生比较光滑的效果，并且没有杂点。

阴影偏移：用来控制物体与阴影之间的偏移距离，较大的值会使阴影向灯光的方向偏移。

光子发射半径：这个参数和“光子贴图”计算引擎有关。

天空模型：用于选择天空的模型。

间接水平照明：该参数目前不可用。

地面反照率：通过颜色控制画面的反射颜色。

排除 排除 ：将物体排除于阳光照射范围之外。

> ① 技巧与提示
>
> 其实 VRay 天空是 VRay 系统中的一个程序贴图，主要用作环境贴图或作为天光来照亮场景。在创建（VR）太阳时，会弹出如图 9-132 所示的对话框，询问是否将“VRay 天空”环境贴图自动加载到环境中。

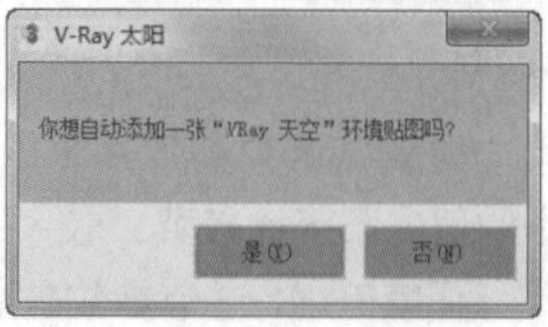

图 9-132

实战：用（VR）太阳制作室内阳光

素材位置	素材文件 > 第 9 章 >06
实例位置	实例文件 > 第 9 章 > 用（VR）太阳制作室内阳光 > 用（VR）太阳制作室内阳光 .max
学习目标	学习（VR）太阳的参数及其操作

本案例将使用（VR）太阳来制作室内阳光，最终效果如图 9-133 所示。

图 9-133

01 打开本书学习资源中的“素材文件 > 第 9 章 > 06>06.max”素材文件，如图 9-134 所示。

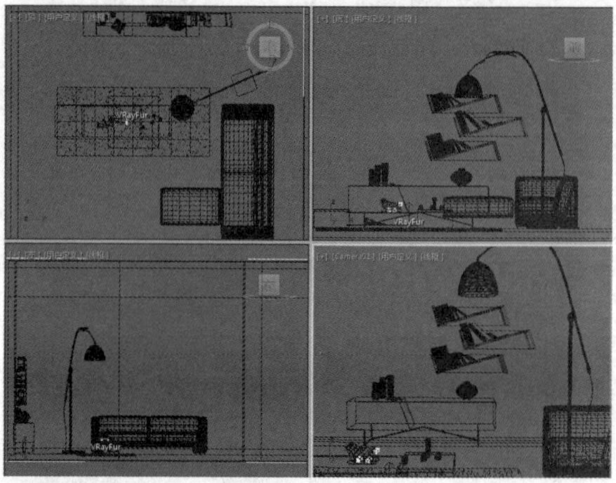
图 9-134

02 在“创建”命令面板中单击“灯光”按钮，然后选择“Vray”灯光类型，再单击“（VR）太阳”按钮 (VR)太阳 ，在前视口中拖曳出一个（VR）太阳光，如图 9-135 所示。

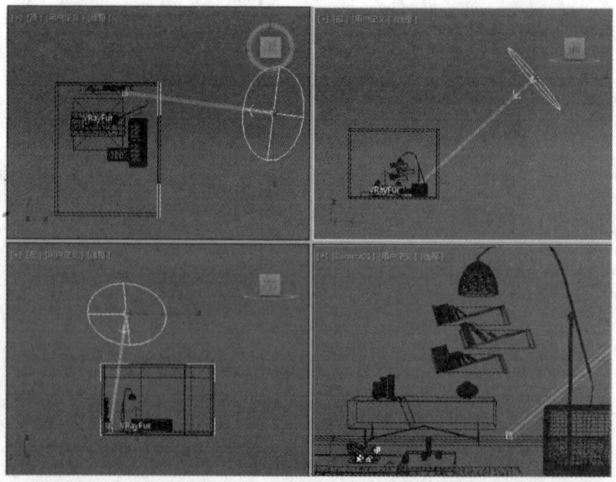
图 9-135

03 在弹出的提示对话框中单击“是”按钮 是(Y) ，添加一张“VRay 天空”环境贴图，如图 9-136 所示。

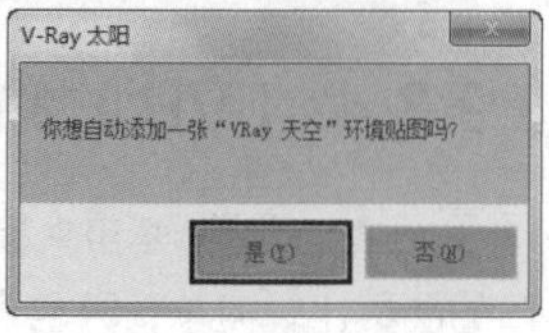

图 9-136

04 选择创建的（VR）太阳光，然后在“VRay 太阳参数”卷展栏中设置“强度倍增”为 0.05、“大小倍增”为 5、“阴影细分”为 8，具体参数设置如图 9-137 所示。

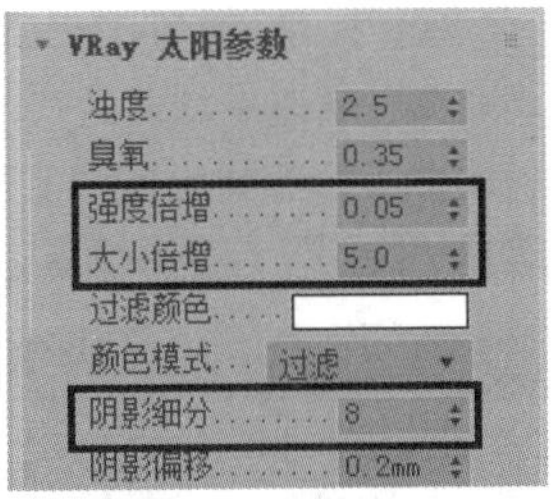

图 9-137

05 切换到摄影机视口，然后按 F9 键渲染当前场景，最终效果如图 9-138 所示。

图 9-138

9.3.5 VRay 天空

VRay 天空是 VRay 灯光系统中的一个非常重要的照明系统。VRay 没有真正的天光引擎，只能用环境贴图来代替。在“环境和效果”对话框的“环境贴图”通道中加载一张“VRay 天空”环境贴图，这样就可以得到 VRay 的环境光，再将“VRay 天空”环境贴图拖曳到一个空白的材质球上，即可调节 VRay 天空的相关参数，如图 9-139 所示。

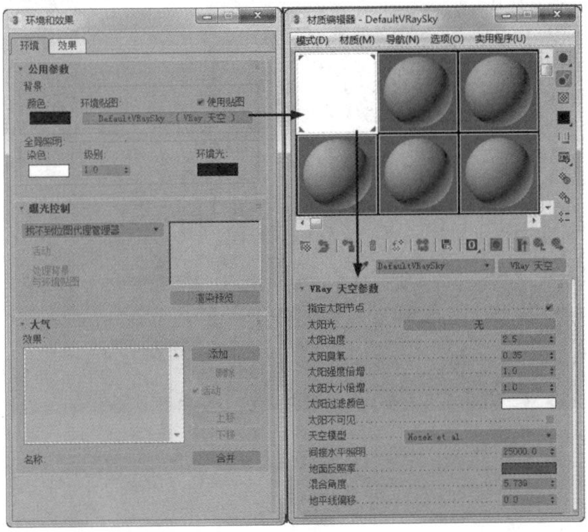

图 9-139

重要参数介绍

指定太阳节点：当取消勾选该复选框时，VRay 天空的参数将根据场景中的（VR）太阳的参数里自动匹配；当勾选该复选框时，用户就可以从场景中选择不同的灯光，在这种情况下，（VR）太阳将不再控制 VRay 天空的效果，VRay 天空将用它自身的参数来改变天光的效果。

太阳光：单击右侧的“无”按钮 无 可以选择太阳灯光，这里除了可以选择 VRay 太阳光之外，还可以选择其他的灯光。

太阳浊度：与“VRay 太阳参数”卷展栏下的“浊度”选项的含义相同。

太阳臭氧：与“VRay 太阳参数”卷展栏下的“臭氧”选项的含义相同。

太阳强度倍增：与“VRay 太阳参数”卷展栏下的“强度倍增”选项的含义相同，数值不同时会呈现不同的效果，如图 9-140 和图 9-141 所示。

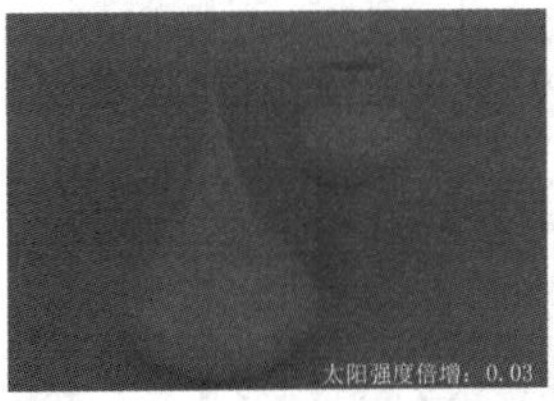

图 9-140

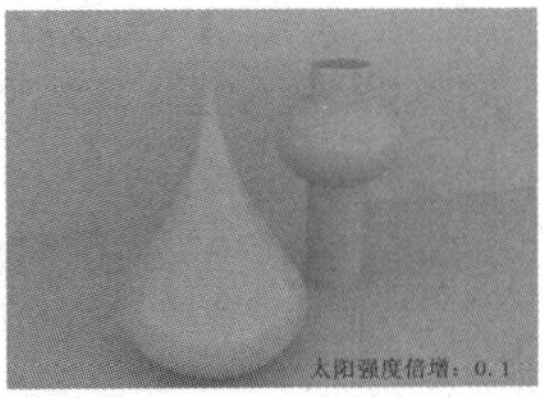

图 9-141

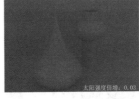

太阳大小倍增：与“VRay 太阳参数”卷展栏下的“大小倍增”选项的含义相同。

太阳过滤颜色：与“VRay 太阳参数”卷展栏下的“过滤颜色”选项的含义相同。

太阳不可见：与“VRay 太阳参数”卷展栏下的“不可见”选项的含义相同。

天空模型：VRay 提供了 4 种天空模型，如图 9-142 所示。默认的“天空模型”为“Hosek et al.”，4 种天空模型的效果如图 9-143~ 图 9-146 所示。

图 9-142

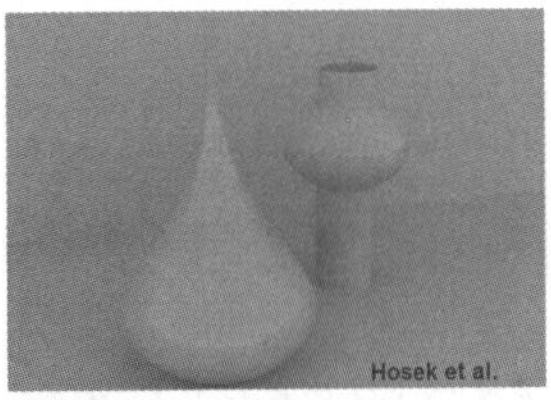

图 9-143

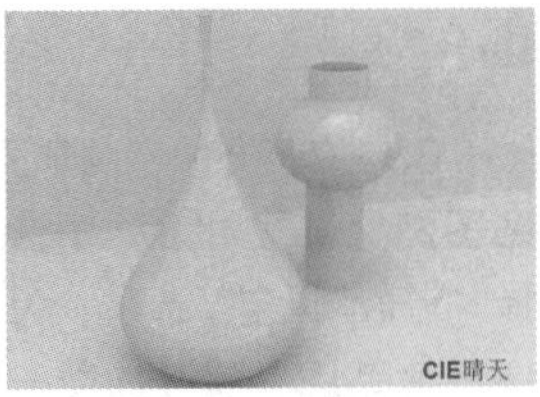

图 9-144

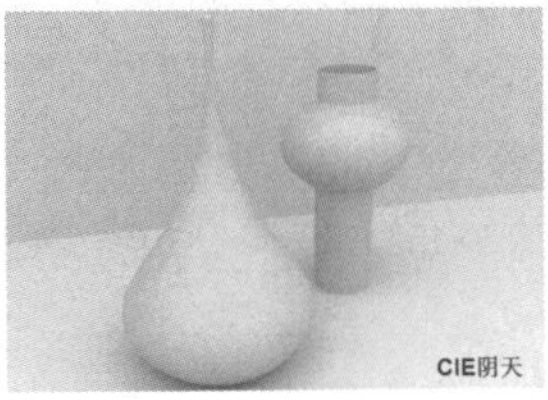

图 9-145

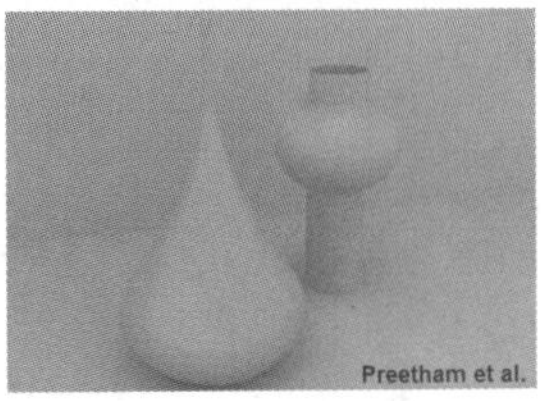

图 9-146

实战：用 VRay 天空制作自然光照效果

素材位置	素材文件 > 第 9 章 >07
实例位置	实例文件 > 第 9 章 > 用 VRay 天空制作自然光照效果 > 用 VRay 天空制作自然光照效果 .max
学习目标	学习 VRay 天空参数及其操作

本案例将使用 VRay 天空来制作自然光照效果，最终效果如图 9-147 所示。

图 9-147

01 打开本书学习资源中的“素材文件 > 第 9 章 > 07>07.max”素材文件，如图 9-148 所示。

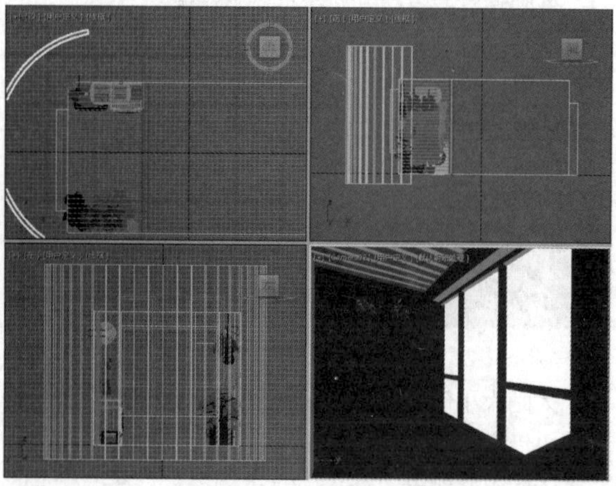

图 9-148

02 执行“渲染 > 环境”菜单命令，或按 8 键打开“环境和效果”对话框，然后单击“环境贴图”通道中的“无”按钮 无，如图 9-149 所示。

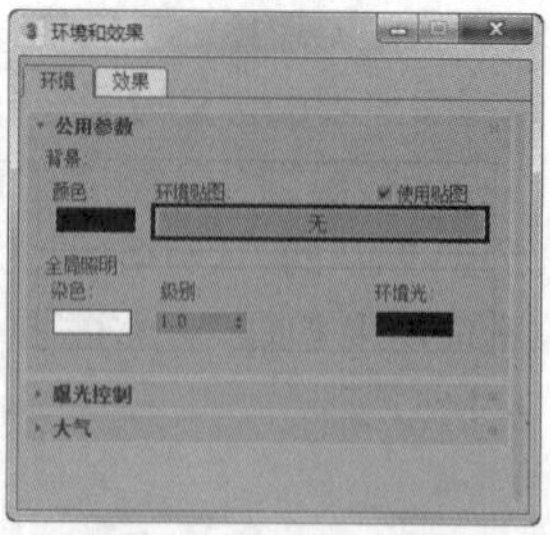

图 9-149

03 在打开的“材质 / 贴图浏览器”对话框中选择“VRay 天空”选项，为“环境贴图”通道加载一张“VRay 天空”贴图，如图 9-150 所示。

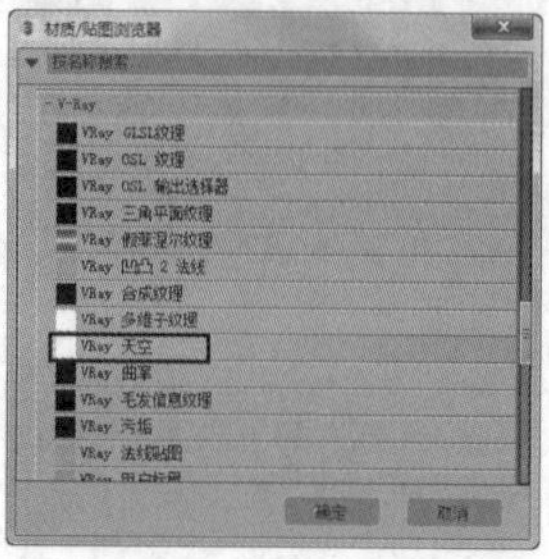

图 9-150

04 按 M 键打开“材质编辑器”对话框，然后将“环境贴图”通道中加载的“VRay 天空”贴图拖曳到空白材质球上，在弹出的“实例（副本）贴图”对话框中选择“实例”选项并确定，如图 9-151 所示。

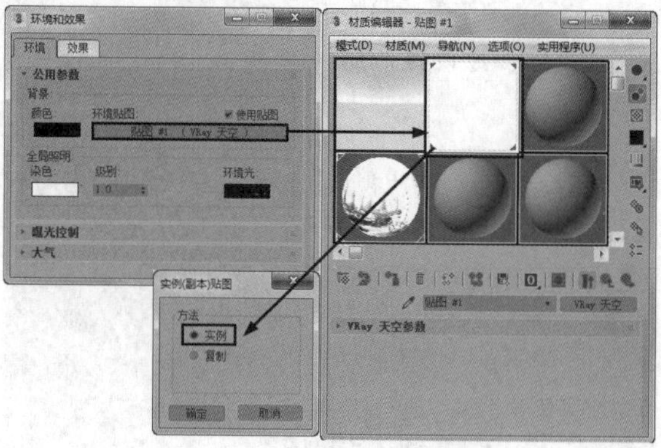

图 9-151

05 在“材质编辑器”对话框中选择“VRay 天空”材质球，展开“VRay 天空参数”卷展栏，勾选“指定太阳节点”复选框，设置“太阳强度倍增”为 0.05、“太阳大小倍增”为 5、“天空模型”为“Preetham et al.”，如图 9-152 所示。

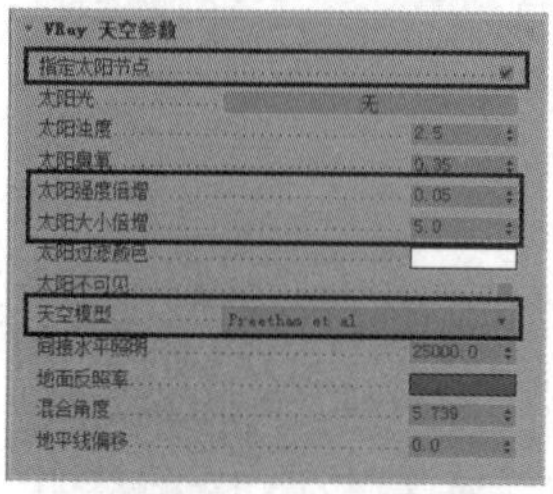

图 9-152

06 按 C 键进入摄影机视口，然后按 F9 键渲染当前场景，案例最终效果如图 9-153 所示。

图 9-153

10

第10章

环境与效果

要点索引

▼

环境

效果

本章将讲解 3ds Max 2020 的环境和效果技术，“环境和效果”功能可以为场景添加真实的环境以及诸如火、雾、体积光、镜头效果和胶片颗粒等特效。

10.1 环境

在现实世界中，所有物体都不是独立存在的，周围都存在相对应的环境。环境对场景的氛围起到了至关重要的烘托作用。用户可以在 3ds Max 中的“环境和效果”对话框的“环境”选项卡中进行环境的设置，如图 10-1 所示。

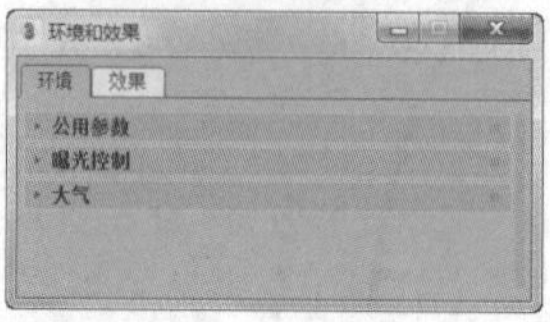

图 10-1

打开“环境和效果”对话框主要有以下 3 种方法。

第 1 种，执行“渲染 > 环境”菜单命令。

第 2 种，执行“渲染 > 效果”菜单命令。

第 3 种，按主键盘区上的 8 键。

10.1.1 背景与全局照明

优秀的作品不仅要有精细的模型、真实的材质和合理的渲染参数，还要有符合当前场景的背景和全局照明效果，这样才能烘托出场景的氛围。在“环境和效果”对话框中展开“公用参数”卷展栏，可以进行背景与全局照明的设置，如图 10-2 所示。

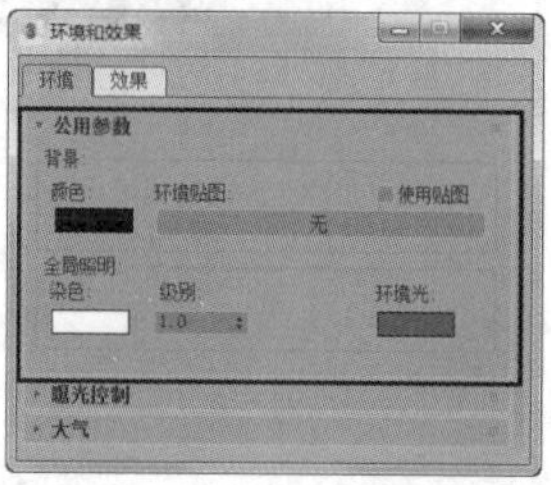

图 10-2

重要参数介绍

颜色：用于设置环境的背景颜色。

环境贴图：单击“无”按钮 无 ，可以在其贴图通道中加载一张“环境贴图”来作为背景。

使用贴图：选中此复选框，将使用一张贴图作为背景。

染色：如果该颜色不是白色，那么场景中的所有灯光（环境光除外）都将被染色。

级别：增强或减弱场景中所有灯光的亮度，值为 1 时，所有灯光保持原始设置，增加该值可以加强场景的整体照明，减小该值可以减弱场景的整体照明。

环境光：用于设置环境光的颜色。

实战：添加背景贴图	
素材位置	素材文件 > 第 10 章 >01
实例位置	实例文件 > 第 10 章 > 添加背景贴图 > 添加背景贴图 .max
学习目标	学习添加背景贴图的方法

本案例将练习添加背景贴图的操作，案例最终效果如图 10-3 所示。

图 10-3

01 打开本书学习资源中的“素材文件 > 第 10 章 > 01>01.max”文件，如图 10-4 所示。

02 按 C 键切换到摄影机视口，然后按 F9 键渲染当前场景，可以观察到窗外没有背景图，如图 10-5 所示。

图 10-4

图 10-5

03 按主键盘区上的 8 键，打开“环境和效果”对话框，在“环境贴图”选项下方单击“无”按钮 无 ，如图 10-6 所示。

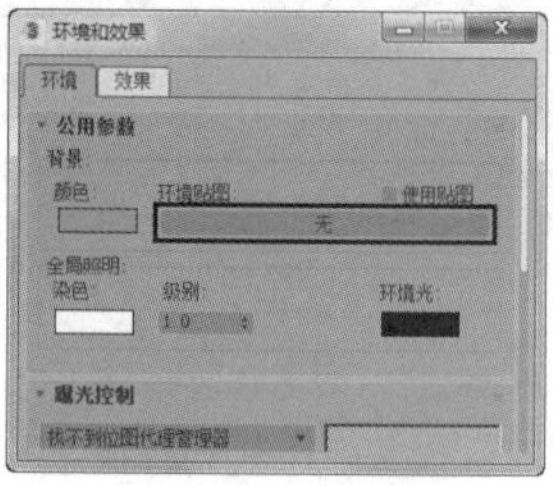

图 10-6

04 在打开的“材质 / 贴图浏览器”对话框中双击“位图”选项，如图 10-7 所示，然后在打开的“选择位图图像文件”对话框中选择并打开学习资源中的“素材文件 > 第 10 章 >01> 背景 .jpg”素材文件，如图 10-8 所示。

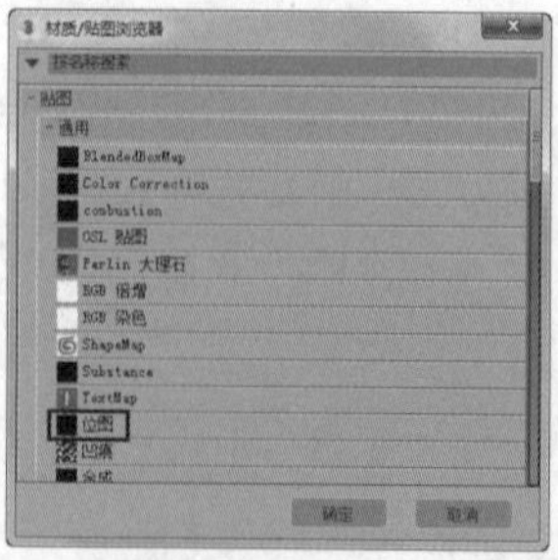

图 10-7

图 10-8

> **技巧与提示**
>
> 在默认情况下，背景颜色都是黑色，也就是说渲染出来的背景颜色是黑色。本案例中为了演示场景效果，将背景颜色设置为淡蓝色，因此窗外的背景为淡蓝色。

05　按 C 键切换到摄影机视口，然后按 F9 键渲染当前场景，发现窗外的背景图没有呈现贴图的全部效果，且有拉伸现象需要调整，如图 10-9 所示。

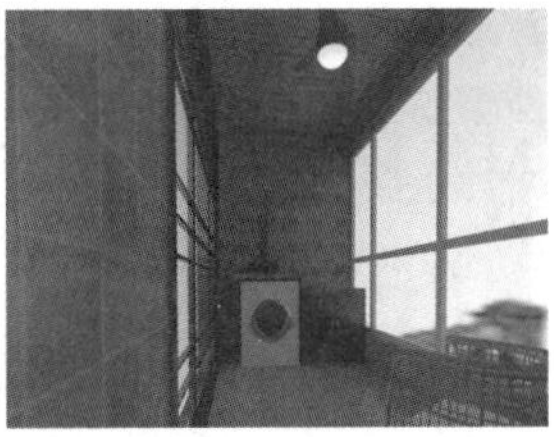

图 10-9

06　按 M 键打开“材质编辑器”对话框，然后将“环境和效果”对话框中加载的贴图拖曳到一个空白材质球上，如图 10-10 所示。在弹出的“实例(副本)贴图”对话框中选择“实例”选项，如图 10-11 所示。

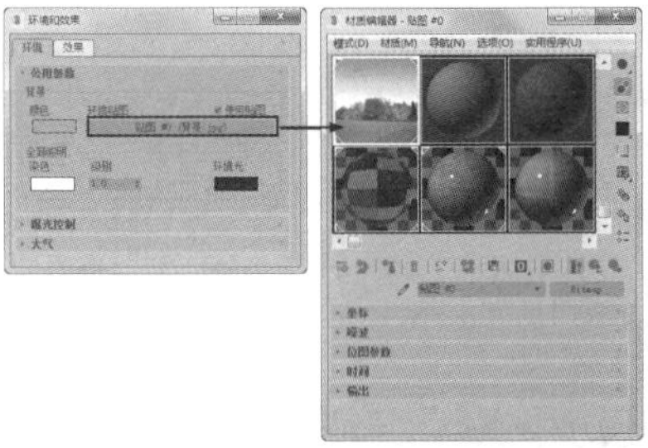

图 10-10

图 10-11

07　选中材质球，然后展开“坐标”卷展栏，设置“贴图”类型为“屏幕”选项，如图 10-12 所示。

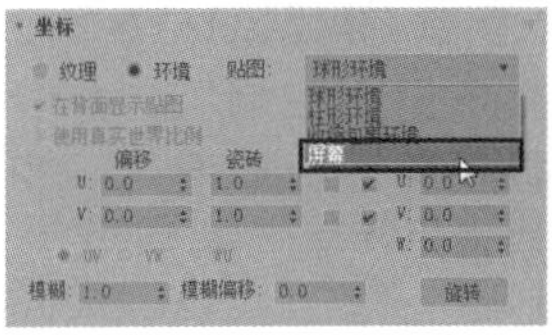

图 10-12

08　切换到摄影机视口，然后按F9键渲染当前场景，可以观察到窗外背景贴图位置合适，但亮度较低，显得整个画面很假，因此需要增加亮度，如图 10-13 所示。

图 10-13

09　在“材质编辑器”对话框中展开“输出”卷展栏，然后勾选“启用颜色贴图”复选框，再设置“输出量”为 2，如图 10-14 所示。

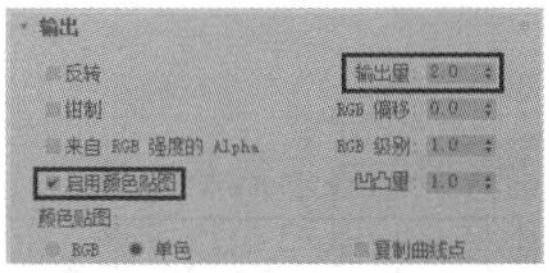

图 10-14

10　切换到摄影机视口，然后按 F9 键渲染当前场景，最终效果如图 10-15 所示。

图 10-15

技巧与提示

添加背景除了使用上面案例中提到的方法外，还有其他两种方法也可以使用。

第 1 种，在窗外创建一个平面或弧形的面片，然后为其加载一个“VRay 灯光”材质，呈现如图 10-16 所示的效果。

第 2 种，将背景渲染为黑色或白色，然后在 Photoshop 中抠除外景颜色，再选择一张新的背景贴图嵌入窗外，呈现如图 10-17 所示的效果。

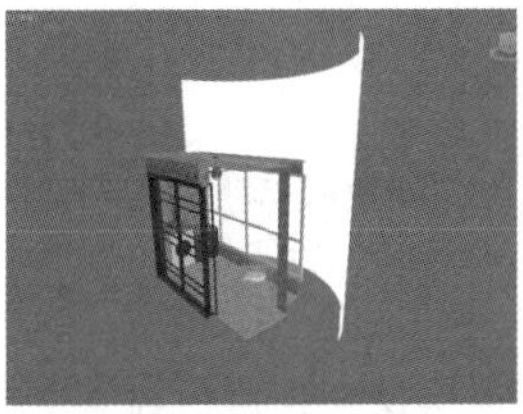

图 10-16

图 10-17

10.1.2 曝光控制

“曝光控制”是用于调整渲染的输出级别和颜色范围的插件组件，就像调整胶片曝光一样。展开“曝光控制”卷展栏，单击曝光控制类型下拉列表框，如图 10-18 所示，可以看到 3ds Max 2020 的 5 种曝光控制类型，如图 10-19 所示。

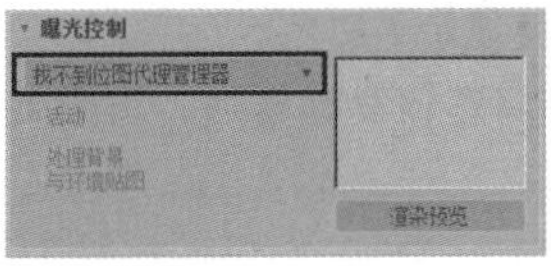

图 10-18

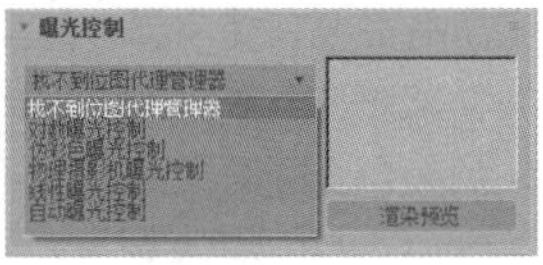

图 10-19

重要参数介绍

对数曝光控制：用于在有天光照明的室外场景中，

将物理值映射为 RGB 值。“对数曝光控制”比较适合动态范围很高的场景。

伪彩色曝光控制：实际上是一个照明分析工具，可以直观地展示和计算场景中的照明级别。

物理摄影机曝光控制：提供物理摄影机的曝光校正。

线性曝光控制：可以从渲染中进行采样，并且可以使用场景的平均亮度来将物理值映射为 RGB 值，最适合用在动态范围很低的场景中。

自动曝光控制：可以从渲染图像中进行采样，并生成一个直方图，以便在渲染的整个动态范围中提供良好的颜色分离。

1. 自动曝光控制

在“曝光控制”卷展栏下设置曝光控制类型为“自动曝光控制”，其参数设置面板如图 10-20 所示。

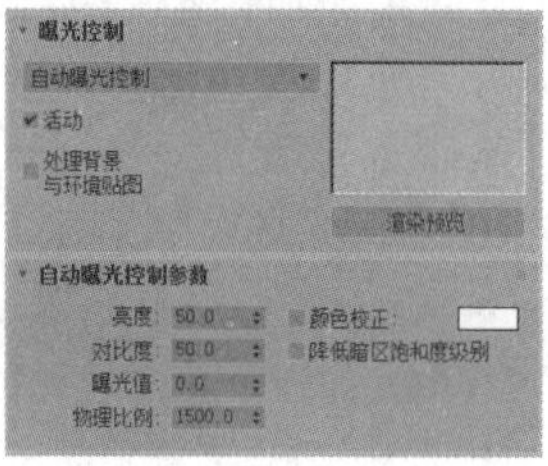

图 10-20

重要参数介绍

活动：控制是否在渲染中开启曝光控制。

处理背景与环境贴图：启用该选项时，场景背景贴图和场景环境贴图将受曝光控制的影响。

渲染预览 渲染预览：单击该按钮可以预览要渲染的缩略图。

亮度：用于调整转换颜色的亮度，其范围为 0~200，默认值为 50。

对比度：用于调整转换颜色的对比度，其范围为 0~100，默认值为 50。

曝光值：用于调整渲染的总体亮度，其范围为 -5~5，负值可以使图像变暗，正值可使图像变亮。

物理比例：用于设置曝光控制的物理比例，主要用在非物理灯光中。

颜色校正：勾选该复选框后，“颜色校正”会改变所有颜色，使色样中的颜色显示为白色。

降低暗区饱和度级别：勾选该复选框后，渲染出来的颜色会变暗。

2. 对数曝光控制

在“曝光控制”卷展栏下设置曝光控制类型为“对数曝光控制”，其参数设置面板如图 10-21 所示。

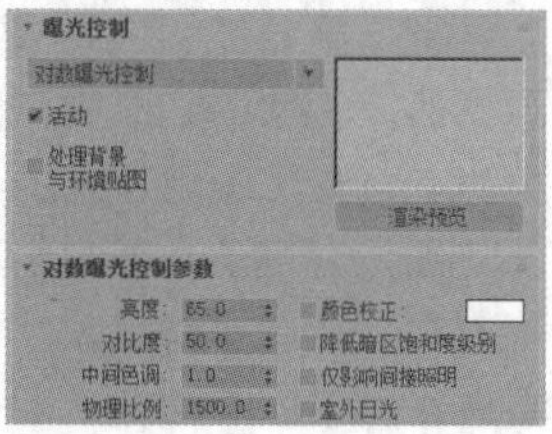

图 10-21

重要参数介绍

仅影响间接照明：启用该选项时，“对数曝光控制”仅应用于间接照明的区域。

室外日光：启用该选项时，可以将日光转换为适合室外场景的颜色。

> ⓘ 技巧与提示
>
> “对数曝光控制”的其他参数说明可以参考“自动曝光控制”。

3. 伪彩色曝光控制

在“曝光控制”卷展栏下设置曝光控制类型为“伪彩色曝光控制”，其参数设置面板如图 10-22 所示。

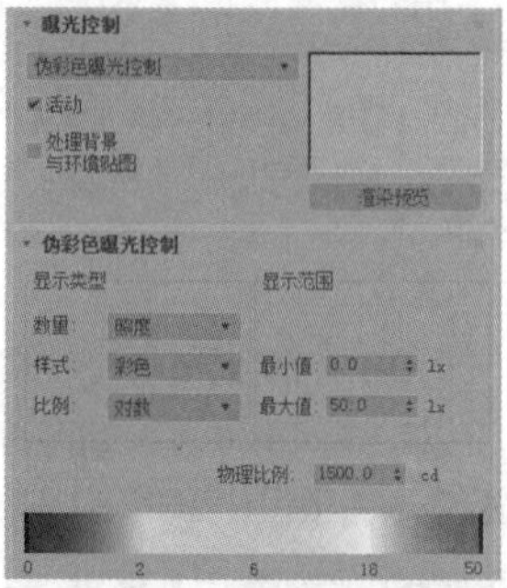

图 10-22

重要参数介绍

数量：设置所测量的值。

照度：显示曲面上的入射光的值。

亮度：显示曲面上的反射光的值。

样式：选择显示值的方式。

彩色：显示光谱。

灰度：显示从白色到黑色范围的灰色色调。

比例：选择用于映射值的方式。

对数：使用对数比例。

线性：使用线性比例。

最小值：设置在渲染中要测量和表示的最小值。

最大值：设置在渲染中要测量和表示的最大值。

物理比例：设置曝光控制的物理比例，主要用于非物理灯光。

光谱条：显示光谱与强度的映射关系。

4. 线性曝光控制

“线性曝光控制”从渲染图像中采样，使用场景的平均亮度将物理值映射为 RGB 值，非常适合用于动态范围很低的场景，其参数设置面板如图 10-23 所示。

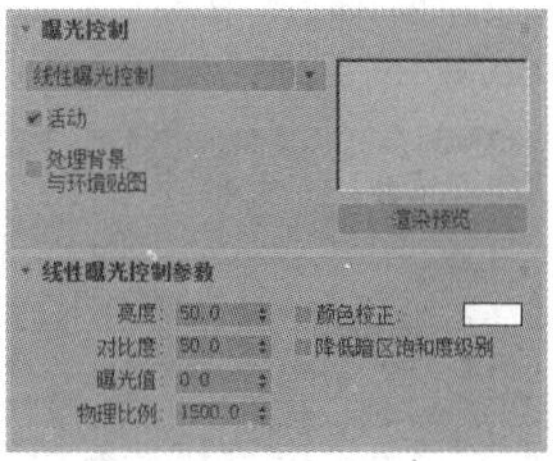

图 10-23

> ① 技巧与提示
>
> “线性曝光控制”的参数与“自动曝光控制”的参数完全相同，因此这里不再重复讲解。

5. 物理摄影机曝光控制

“物理摄影机曝光控制”是 3ds Max 2020 新加入的功能，需配合新加入的“物理摄影机”一起使用，其参数设置面板如图 10-24 和图 10-25 所示。

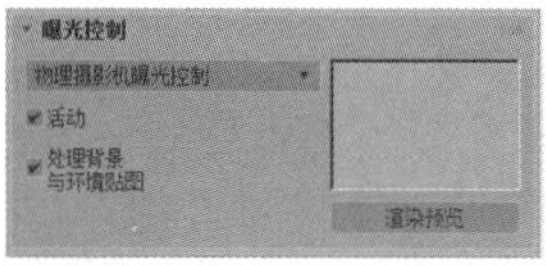

图 10-24

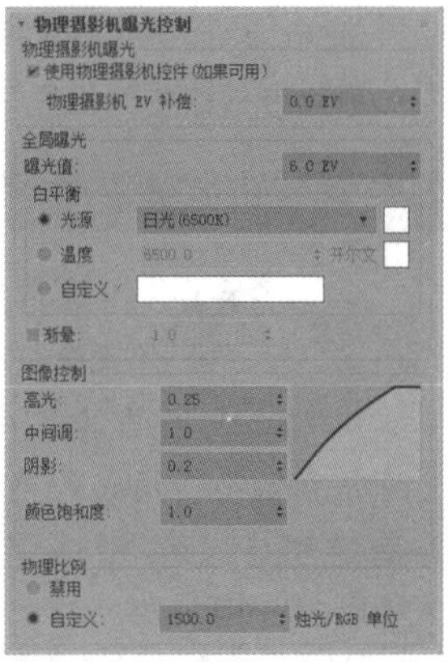

图 10-25

重要参数介绍

物理摄影机 EV 补偿：用于设置物理摄影机的曝光值，默认值为 0，但默认情况下，此值将由每个摄影机的 EV 设置（默认值为 6）覆盖。如果选择“忽略透视摄影机曝光（使用全局）”，此设置将被禁用。要设置默认值以外的全局 EV，请在选择“忽略透视摄影机曝光”之前更改此值。

高光/中间调/阴影：使用这些微调器可调整颜色－响应曲线。

颜色饱和度：用于在渲染中更改颜色饱和度，如果值大于 1，会增加颜色饱和度；如果值小于 1，会降低颜色饱和度。默认值为 1。

10.1.3 大气

3ds Max 中的大气环境效果可以用来模拟自然界中的云、雾、火和体积光等环境效果。使用这些特殊环境效果可以逼真地模拟出自然界的各种气候，同时还可以增强场景的景深感，使场景显得更为广阔，有时还能起到烘托场景氛围的作用。大气环境效果的参数设置面板如图 10-26 所示。

图 10-26

重要参数介绍

效果：显示已添加的效果名称。

名称：为列表中的效果自定义名称。

添加 添加...：单击该按钮可以打开“添加大气效果”对话框，在该对话框中可以添加大气效果，如图 10-27 所示。

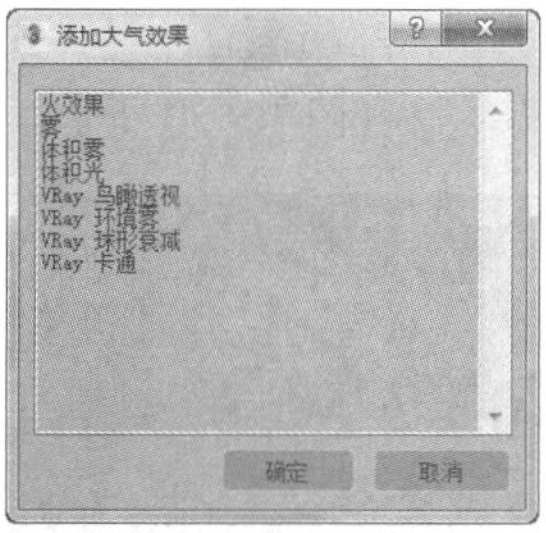

图 10-27

删除 删除：在“效果”列表中选择大气效果以后，单击该按钮可以删除选中的效果。

活动：勾选该复选框可以启用添加的大气效果。

上移 上移 **/ 下移** 下移：用于更改大气效果的应用顺序。

合并 合并：用于合并其他 3ds Max 场景文件中的效果。

1. 火效果

使用“火效果”可以制作出火焰、烟雾和爆炸等效果，如图 10-28 所示。“火效果”不产生任何照明效果，若要模拟火产生的灯光效果，可以使用灯光来实现。“火效果”的参数设置面板如图 10-29 所示。

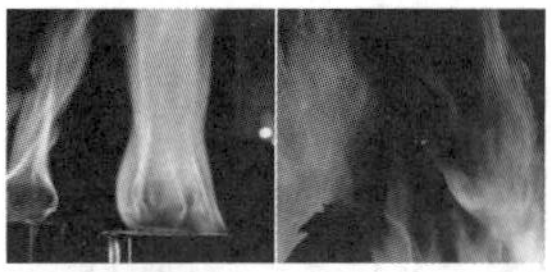
图 10-28

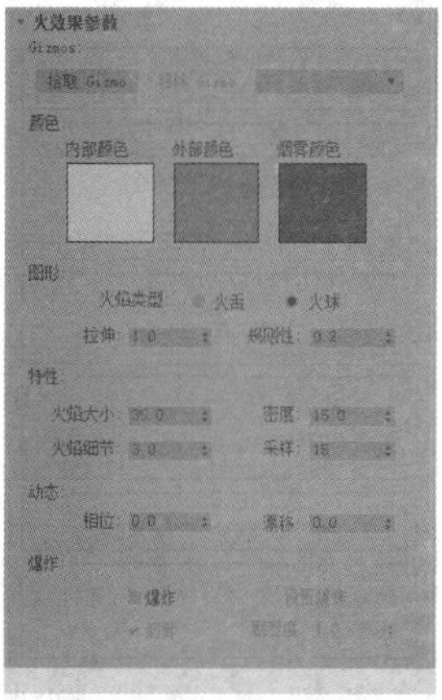

图 10-29

重要参数介绍

拾取 Gizmo 拾取 Gizmo：单击该按钮可以拾取场景中要产生火效果的 Gizmo 对象。

移除 Gizmo 移除 Gizmo：单击该按钮可以移除选项右侧下拉列表中所选的 Gizmo 对象。移除 Gizmo 对象后，Gizmo 对象仍在场景中，但是它不再产生火效果。

内部颜色：设置火焰最密集部分的颜色，如图 10-30 和图 10-31 所示。

图 10-30

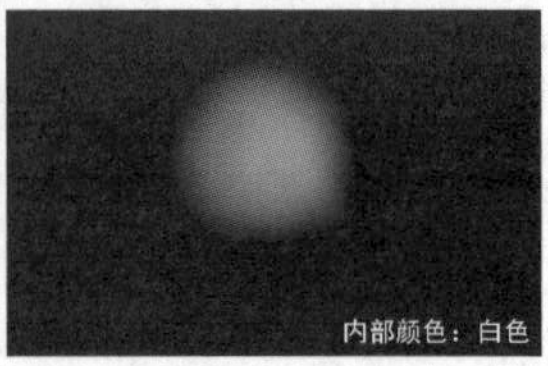

图 10-31

外部颜色：设置火焰最稀薄部分的颜色，如图 10-32 和图 10-33 所示。

图 10-32

图 10-33

烟雾颜色：当勾选“爆炸”选项时，该选项才有用，主要用来设置爆炸的烟雾颜色。

火焰类型：共有“火舌”和“火球”两种类型。“火舌”是沿着中心使用纹理创建带方向的火焰，这种火焰类似于篝火，其方向沿着火焰装置的局部 z 轴；“火球”是创建圆形的爆炸火焰，如图 10-34 和图 10-35 所示。

图 10-34

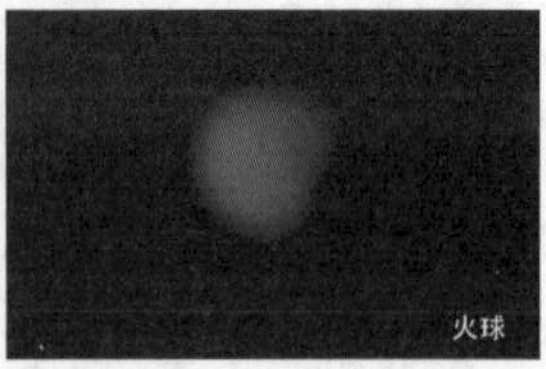

图 10-35

拉伸：将火焰沿着装置的 z 轴进行缩放，该选项最适合创建“火舌”火焰。

规则性：修改火焰填充装置的方式，其范围为 0~1，如图 10-36 和图 10-37 所示。

图 10-36

图 10-37

火焰大小：设置装置中各个火焰的大小，装置越大，需要的火焰也越大，使用 15~30 的值可以获得最佳的火效果，如图 10-38 和图 10-39 所示。

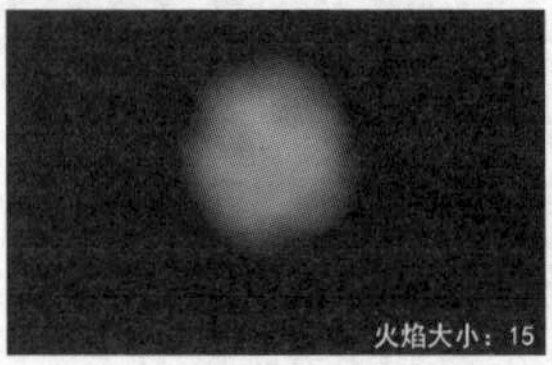

图 10-38

图 10-39

火焰细节：控制每个火焰中显示的颜色更改量和边缘的尖锐度，范围为 0~10。

密度：设置火焰效果的不透明度和亮度。

采样：设置火焰效果的采样率，值越大，生成的火焰效果越细腻，但是会增加渲染时间。

相位：用于控制火焰效果的速率。

漂移：设置火焰沿着火焰装置的 z 轴的渲染方式。

爆炸：勾选该复选框后，火焰将产生爆炸效果。

设置爆炸 设置爆炸...：单击该按钮可以打开“设置爆炸相位曲线”对话框，在该对话框中可以调整爆炸的“开始时间”和“结束时间”。

烟雾：控制爆炸是否产生烟雾。

剧烈度：改变“相位”参数的涡流效果。

实战：用火效果制作蜡烛火苗	
素材位置	素材文件 > 第 10 章 >02>02.max
实例位置	实例文件 > 第 10 章 > 用火效果制作蜡烛火苗 > 用火效果制作蜡烛火苗 .max
学习目标	学习火效果的使用方法

本案例将使用火效果来制作蜡烛火苗，最终效果如图 10-40 所示。

图 10-40

01 打开本书学习资源中的“素材文件 > 第 10 章 > 02>02.max”文件，这是一个烛台，如图 10-41 所示。

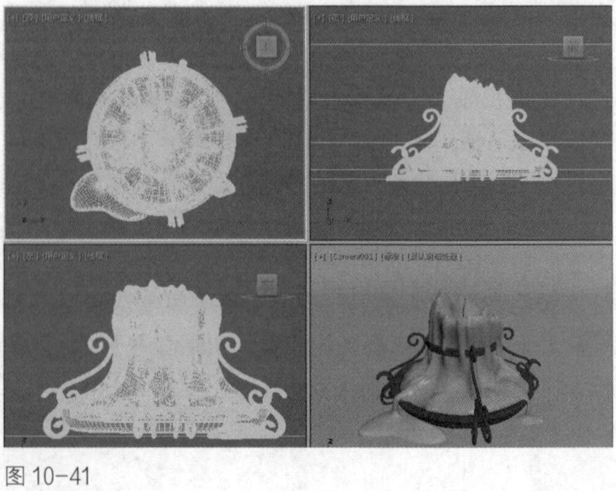
图 10-41

02　切换到摄影机视口，然后按 F9 键渲染当前场景，其效果如图 10-42 所示。

03　在“创建”命令面板中单击“辅助对象”按钮，设置辅助对象类型为“大气装置”，然后单击“球体 Gizmo”按钮 球体 Gizmo ，如图 10-43 所示。

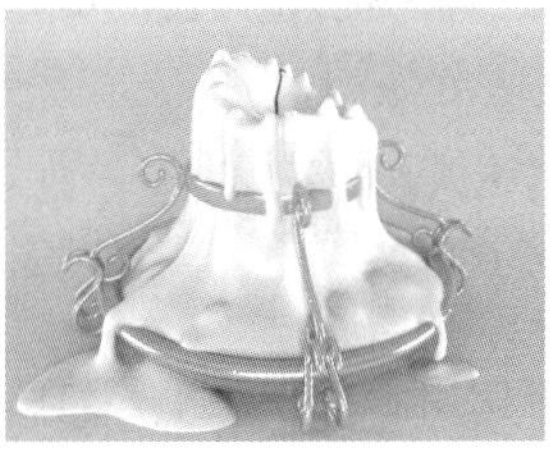

图 10-42

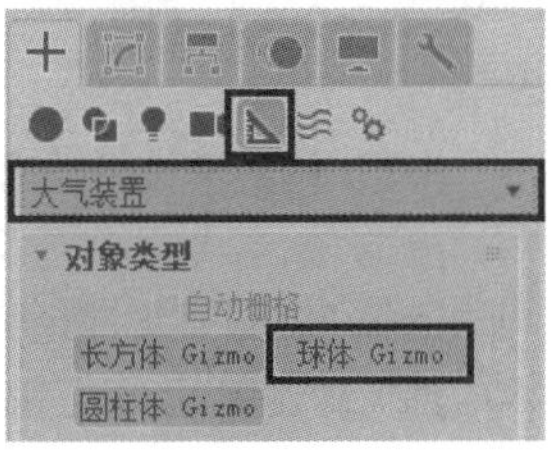

图 10-43

04　在顶视口中创建一个球体 Gizmo，在前视口中将球体 Gizmo 移到蜡烛的火焰位置，如图 10-44 所示，然后在“球体 Gizmo 参数”卷展栏下设置“半径”为 4mm，勾选“半球”复选框，如图 10-45 所示。

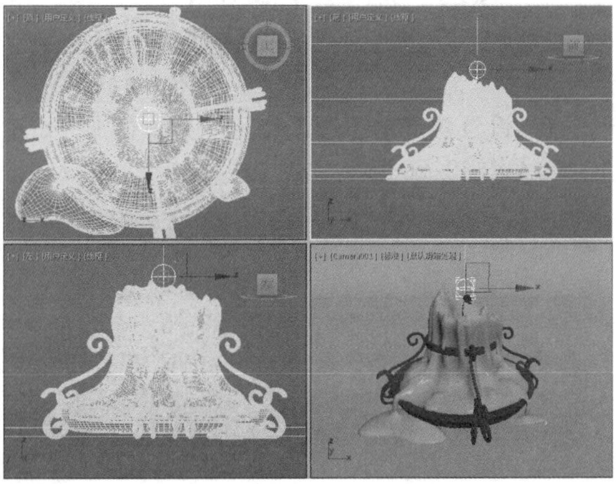

图 10-44

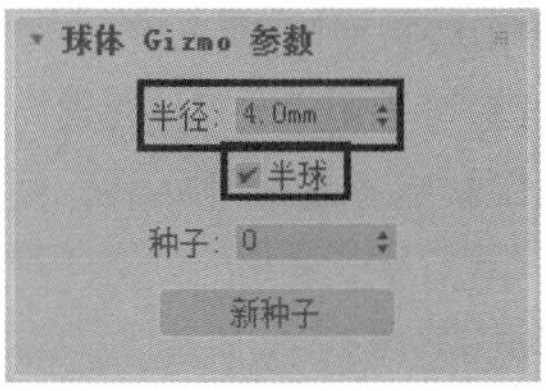

图 10-45

05　按 R 键选择“选择并均匀缩放”工具，然后在左视口中将球体 Gizmo 缩放成如图 10-46 所示的形状。

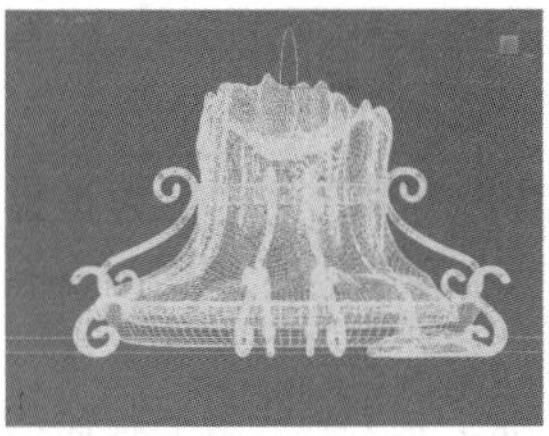

图 10-46

06　按主键盘区上的 8 键，打开“环境和效果”对话框，在“大气”卷展栏下单击“添加”按钮 添加... ，如图 10-47 所示。

07　在打开的“添加大气效果”对话框中选择“火效果”选项并单击“确定”按钮 确定 ，如图 10-48 所示。

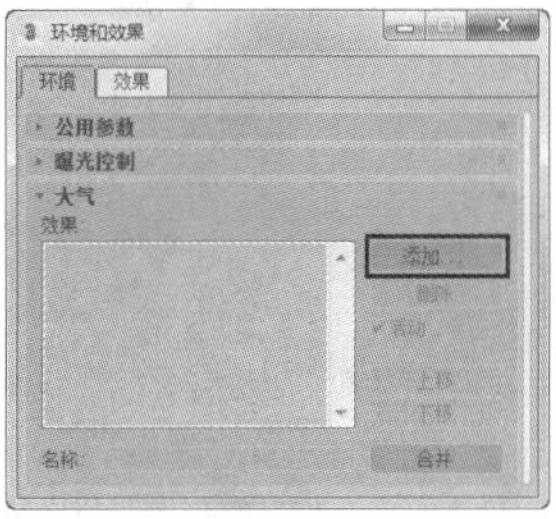

图 10-47

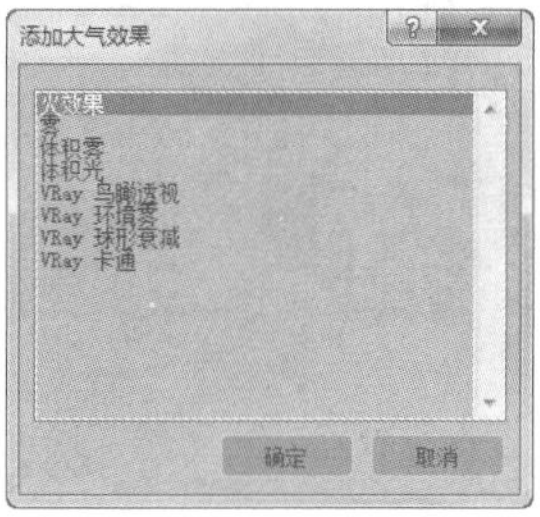

图 10-48

08　返回“环境和效果”对话框，在“效果”列表框中选择“火效果”选项，然后在“火效果参数”卷展栏中单击“拾取 Gizmo”按钮 拾取 Gizmo ，如图 10-49 所示。

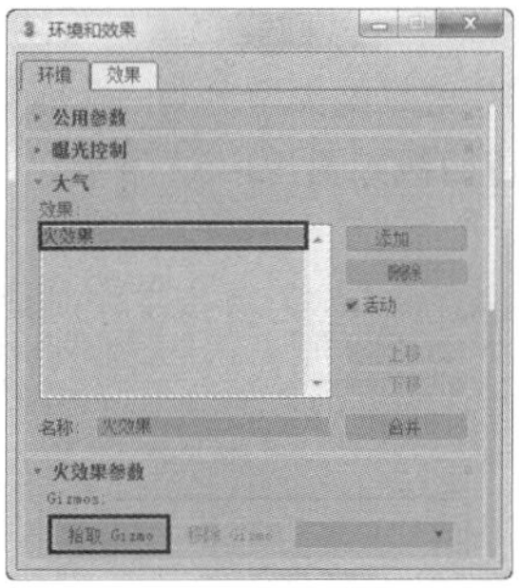

图 10-49

09　在视口中拾取球体 Gizmo，然后设置“火焰大小”为 400、“火焰细节”为 10、“密度”为 700、“采样”为 20、“相位”为 10、“漂移”为 5，具体参数设置如图 10-50 所示。

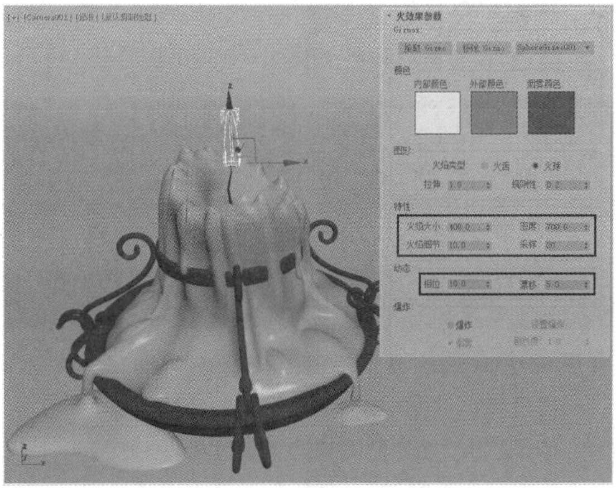

图 10-50

10　切换到摄影机视口中，然后按 F9 键渲染当前场景，最终效果如图 10-51 所示。

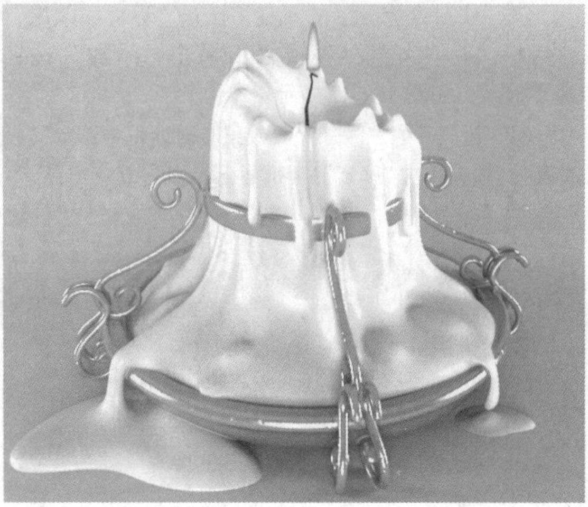

图 10-51

2. 雾

使用 3ds Max 的“雾”效果可以创建出雾、烟雾和蒸汽等特殊环境效果。“雾”效果的类型分为“标准”和“分层”两种，其参数设置面板如图 10-52 所示。

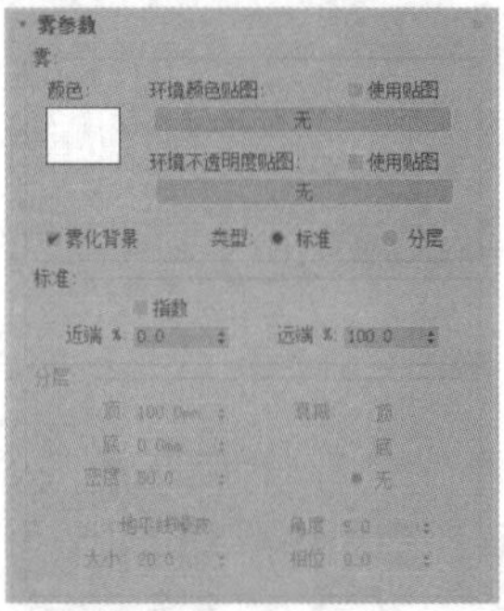

图 10-52

重要参数介绍

颜色：设置雾的颜色，如图 10-53 和图 10-54 所示。

图 10-53

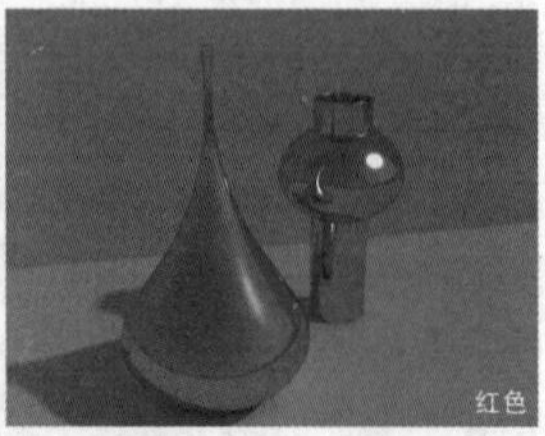

图 10-54

环境颜色贴图：从贴图导出雾的颜色。

使用贴图：使用贴图来产生雾效果。

环境不透明度贴图：使用贴图来更改雾的密度。

雾化背景：将雾应用于场景的背景。

标准：使用标准雾，如图 10-55 所示。

分层：使用分层雾，如图 10-56 所示。

图 10-55

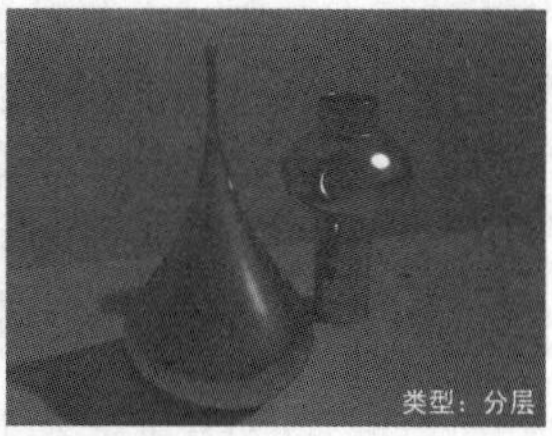

图 10-56

指数：随距离按指数增大密度。

近端 %：设置雾在近距范围的密度。

远端 %：设置雾在远距范围的密度。

顶：设置雾层的上限（使用世界单位），如图 10-57 和图 10-58 所示。

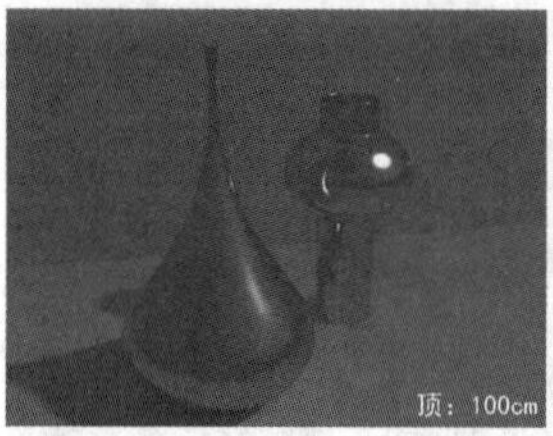

图 10-57

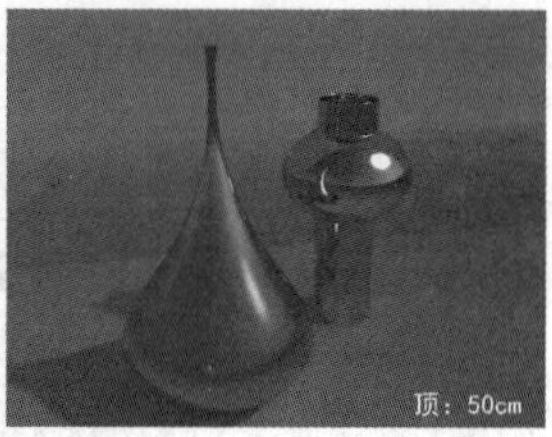

图 10-58

底：设置雾层的下限（使用世界单位），如图 10-59 和图 10-60 所示。

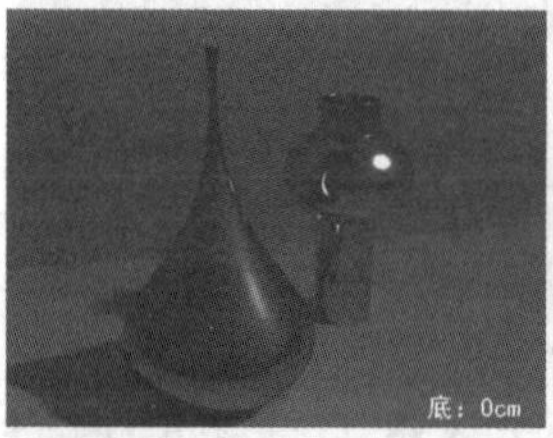

图 10-59

图 10-60

密度：设置雾的总体密度。

顶 / 底 / 无（衰减）：添加指数衰减效果。

地平线噪波：选中该复选框可启用“地平线噪波”系统。“地平线噪波”系统仅影响雾层的地平线，用来增强雾的真实感。

大小：确定应用于噪波的缩放系数。

角度：确定受影响的雾与地平线的角度。

相位：用来设置噪波动画。

3. 体积雾

“体积雾”效果可以在一个限定的范围内设置和编辑雾效果。“体积雾”和“雾”最大的区别在于“体积雾”是三维的雾，是有体积的。“体积雾”多用来模拟烟云等有体积的气体，其参数设置面板如图 10-61 所示。

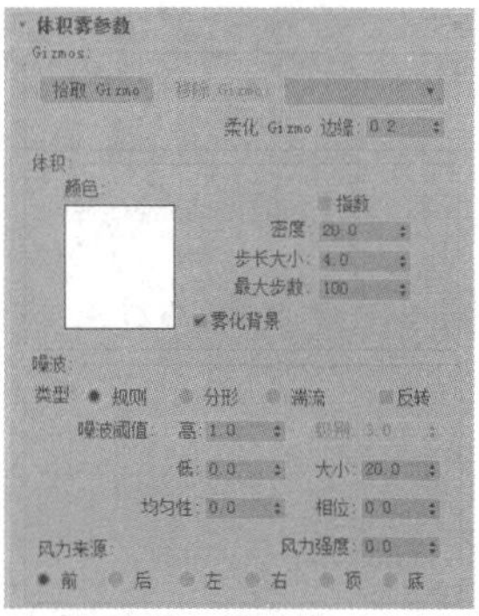

图 10-61

重要参数介绍

拾取 Gizmo ：单击该按钮可以拾取场景中要产生体积雾效果的 Gizmo 对象。

移除 Gizmo ：单击该按钮可以移除列表中所选的 Gizmo 对象。移除 Gizmo 对象后，Gizmo 对象仍在场景中，但是它不再产生体积雾效果。

柔化 Gizmo 边缘：羽化体积雾效果的边缘，其值越大，体积雾效果边缘越柔和。

颜色：设置雾的颜色，如图 10-62 和图 10-63 所示。

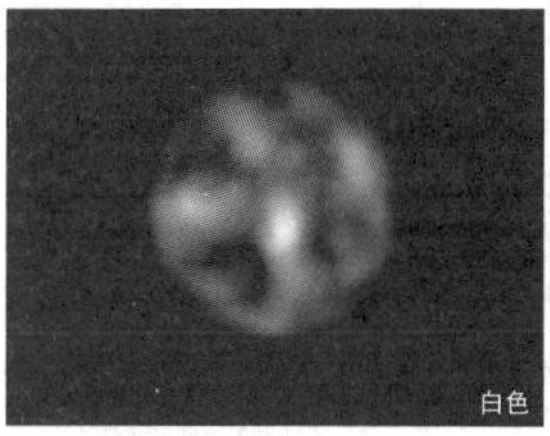

图 10-62

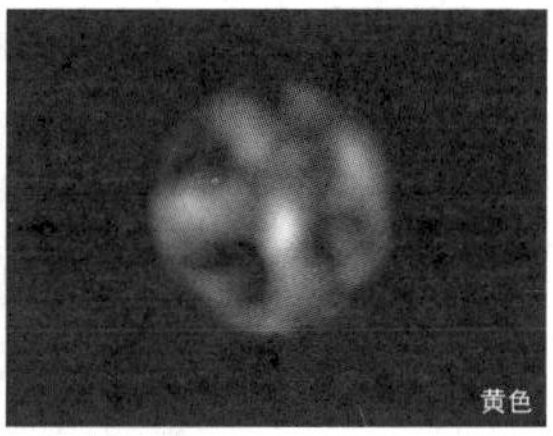

图 10-63

指数：随距离按指数增大密度。

密度：控制雾的密度，范围为 0~20，如图 10-64 和图 10-65 所示。

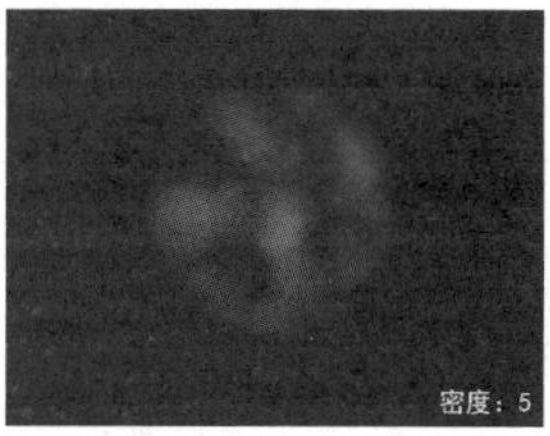

图 10-64

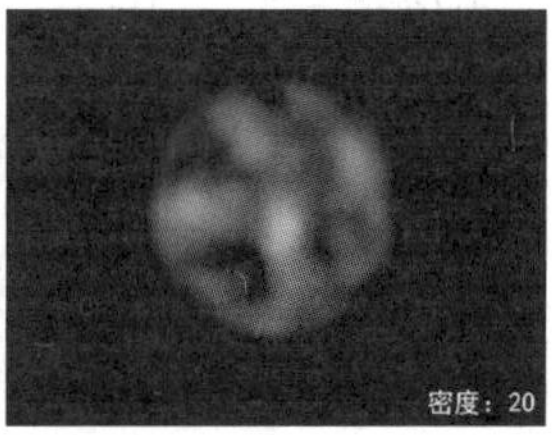

图 10-65

步长大小：确定雾采样的粒度，即雾的“细度”。

最大步数：限制采样量，以使雾的计算不会永远执行。该选项适合于雾密度较低的场景。

雾化背景：将体积雾应用于场景的背景。

类型：有“规则”“分形”“湍流”“反转”4 种类型可供选择，如图 10-66~ 图 10-69 所示。

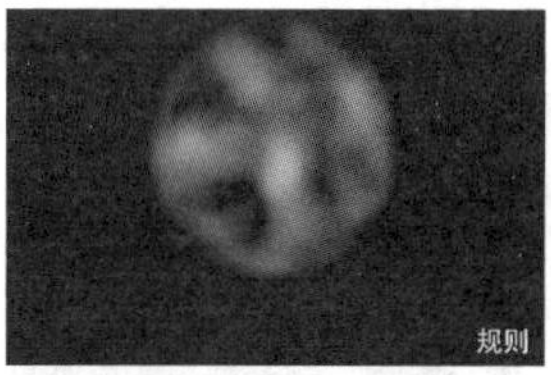

图 10-66

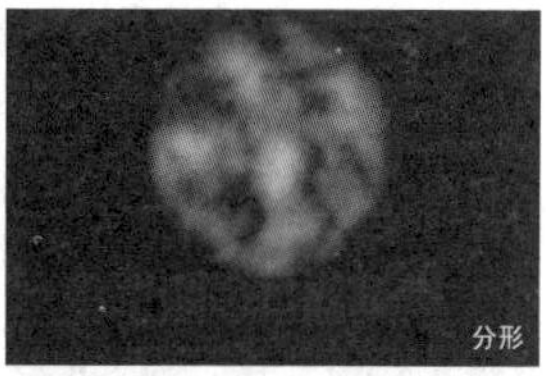

图 10-67

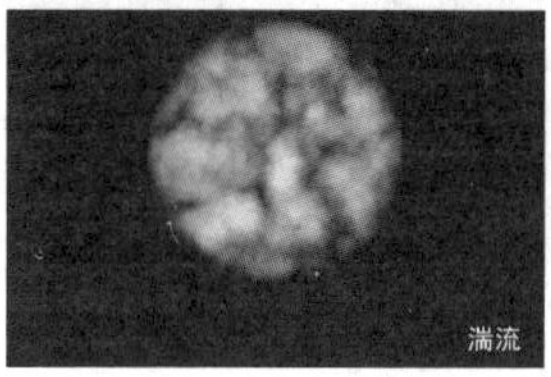

图 10-68

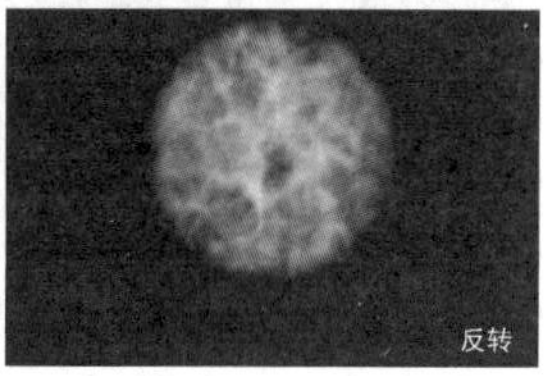

图 10-69

噪波阈值：用于限制噪波效果，范围为 0~1。

级别：设置噪波迭代应用的次数，范围为 1~6。

大小：设置烟卷或雾卷的大小。

相位：用于设置噪波的动画。如果相位沿着正方向移动，雾卷将向上漂移（同时变形）。如果雾高于地平线，可能需要沿着负方向设置相位的动画，使雾卷下落。

风力强度：控制烟雾远离风向（相对于相位）的速度。

风力来源：定义风来自哪个方向。

4. 体积光

“体积光”效果可以用来制作带有光束的光线，并且可以指定给灯光[部分灯光除外，如(VR)太阳]。这种体积光可以被物体遮挡，从而形成光芒透过缝隙的效果，常用来模拟树与树之间的缝隙中透过的光束，如图 10-70 所示，其参数设置面板如图 10-71 所示。

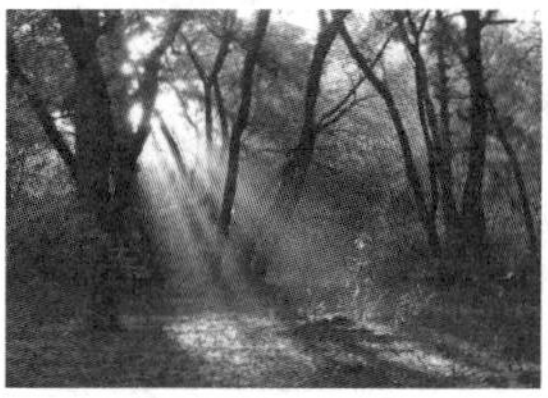

图 10-70

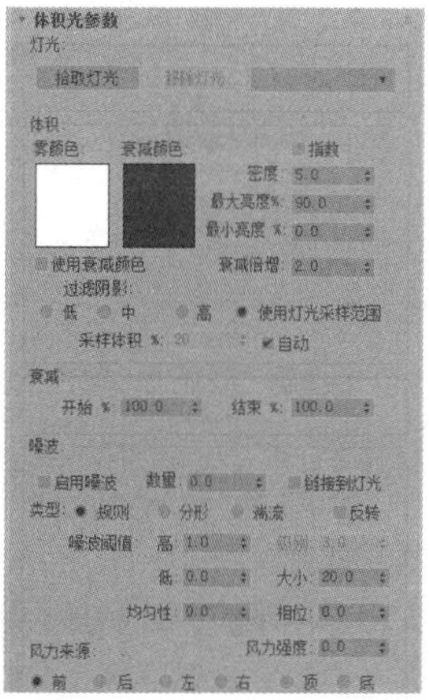

图 10-71

重要参数介绍

拾取灯光 ：拾取要产生体积光的光源。

移除灯光 ：将灯光从选项右侧的下拉列表中移除。

雾颜色：设置体积光产生的雾的颜色。

衰减颜色：体积光随距离而衰减。

使用衰减颜色：控制是否开启“衰减颜色”功能。

指数：随距离按指数增大密度。

密度：设置雾的密度，如图 10-72 和图 10-73 所示。

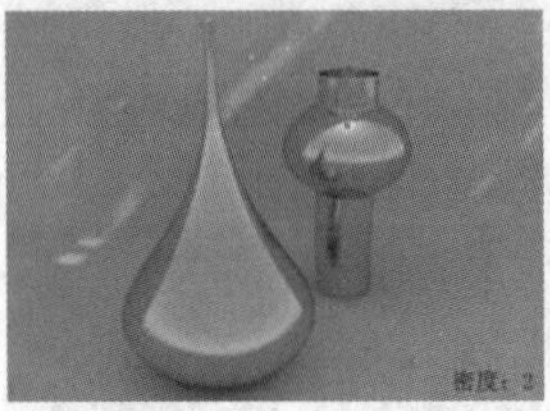

图 10-72

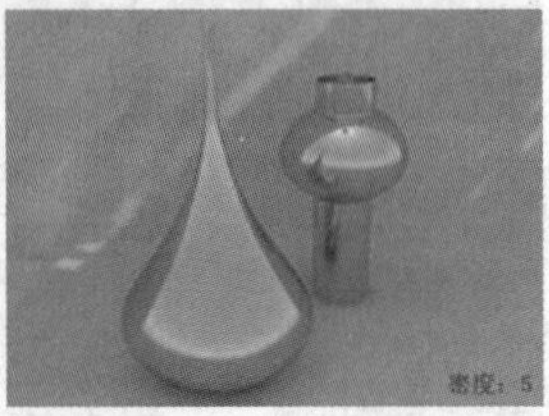

图 10-73

最大亮度 %/ 最小亮度 %：设置可以达到的最大和最小的光晕效果。

衰减倍增：设置“衰减颜色”的强度。

过滤阴影：通过提高采样率（以增加渲染时间为代价）来获得更高质量的体积光效果，包括“低”“中”“高”3 个级别，如图 10-74~ 图 10-76 所示。

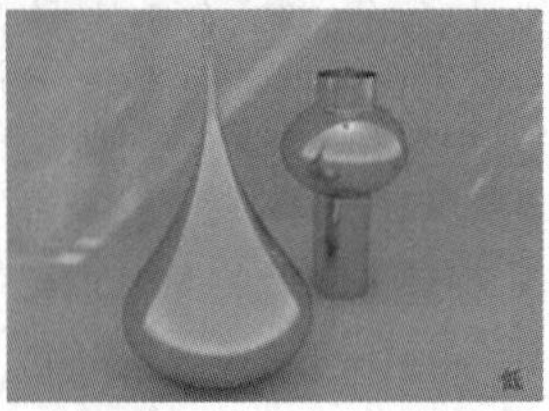

图 10-74

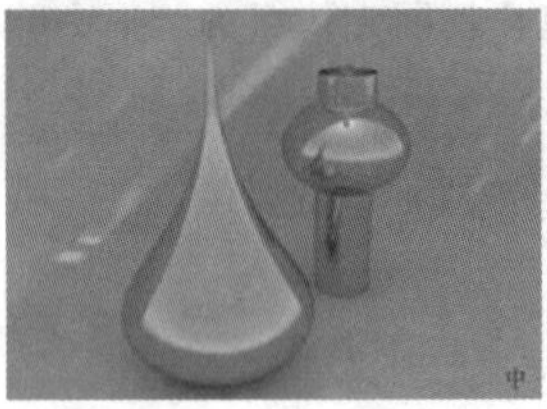

图 10-75

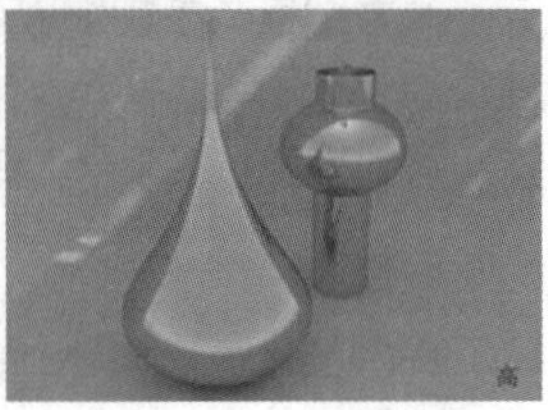

图 10-76

使用灯光采样范围：根据灯光阴影参数中的“采样范围”值来使体积光中投射的阴影变模糊，如图 10-77 所示。

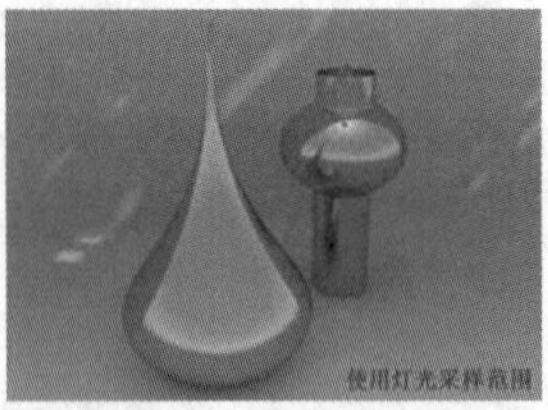

图 10-77

采样体积 %：用于控制体积的采样率。

自动：选中该复选框将自动控制“采样体积 %”的参数。

开始 %/ 结束 %：设置灯光效果开始和结束衰减的百分比。

启用噪波：控制是否启用噪波效果。

数量：设置应用于雾的噪波的百分比。

链接到灯光：选中该复选框将链接噪波效果到灯光对象。

实战：用体积光为场景添加体积光	
素材位置	素材文件 > 第 10 章 >03
实例位置	实例文件 > 第 10 章 > 用体积光为场景添加体积光 > 用体积光为场景添加体积光 .max
学习目标	学习体积光的使用方法

本案例将练习为场景添加体积光的操作，最终效果如图 10-78 所示。

图 10-78

01 打开本书学习资源中的“素材文件 > 第 10 章 > 03>03.max”文件，如图 10-79 所示。

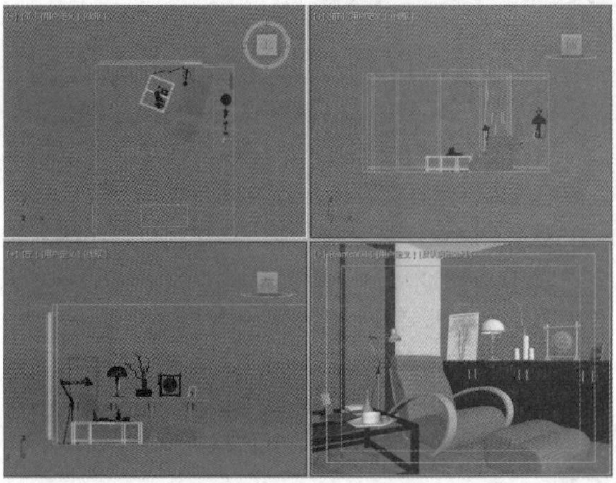

图 10-79

02 在“创建”命令面板中设置灯光类型为“标准”，然后在场景中创建一个目标平行光，调整其位置如图 10-80 所示。

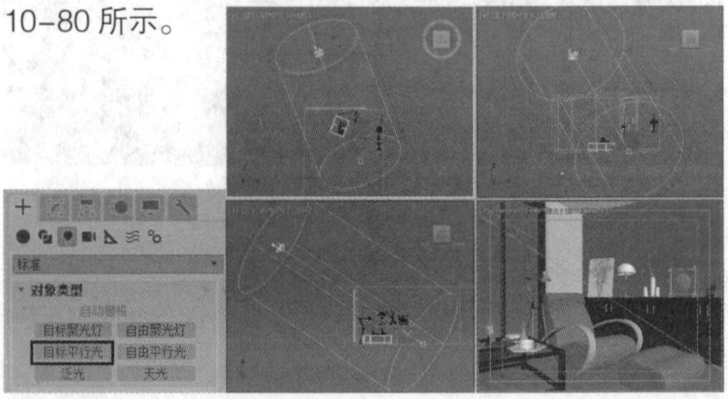

图 10-80

03 选择创建的目标平行光，在“修改”命令面板中展开“常规参数”卷展栏，设置阴影类型为“VRay 阴影”，然后展开“平行光参数”卷展栏，设置“聚光区 / 光束”为 240mm、“衰减区 / 区域”为 280mm，如图 10-81 和图 10-82 所示。

图 10-81

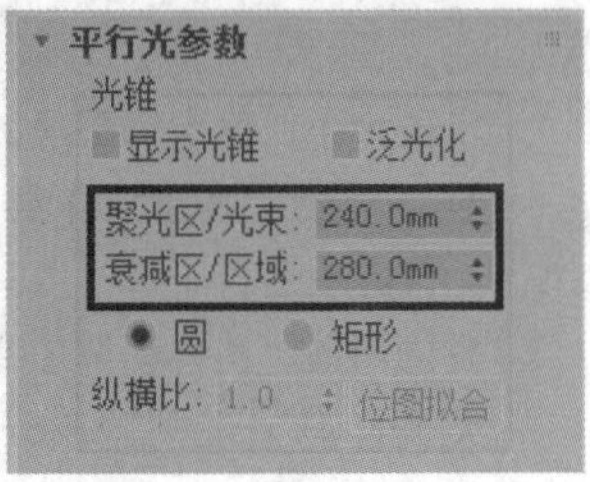

图 10-82

04 展开目标平行光的“高级效果”卷展栏，单击“投影贴图”选项组中的“无”按钮 无 ，然后在打开的“材质/贴图浏览器”对话框中双击“位图”选项，在打开的“选择位图图像文件”对话框中选择学习资源中的“素材文件 > 第 10 章 >03>55.jpg”素材文件作为投影贴图，如图 10-83~ 图 10-85 所示。

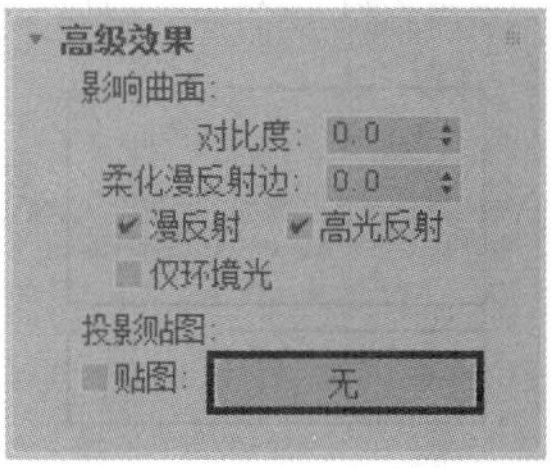

图 10-83

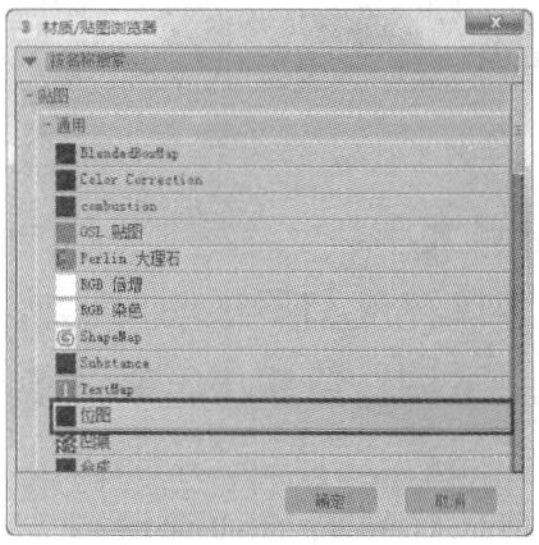

图 10-84

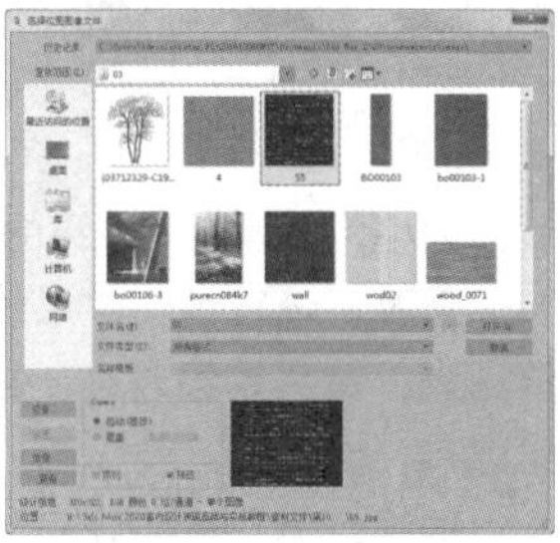

图 10-85

05 切换到摄影机视口，然后按 F9 键渲染当前场景，最终效果如图 10-86 所示。

图 10-86

① 技巧与提示

虽然在“投影贴图”通道中加载了黑白贴图，但是灯光还没有产生体积光效果。

06 按主键盘区上的 8 键，打开“环境和效果”对话框，在“大气”卷展栏中单击“添加”按钮 添加... ，然后在弹出的“添加大气效果”对话框中选择“体积光”选项并单击“确定”按钮 确定 ，如图 10-87 和图 10-88 所示。

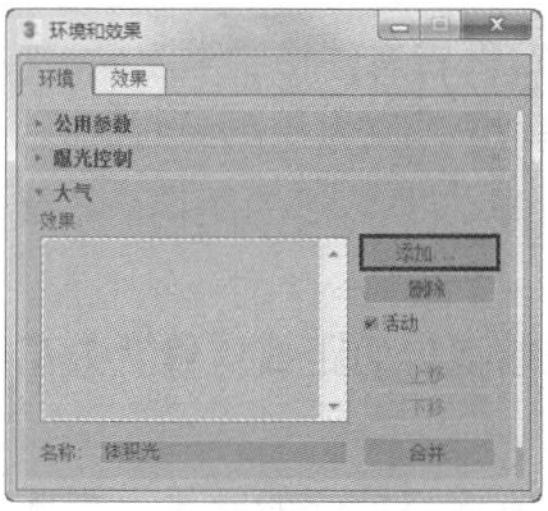

图 10-87

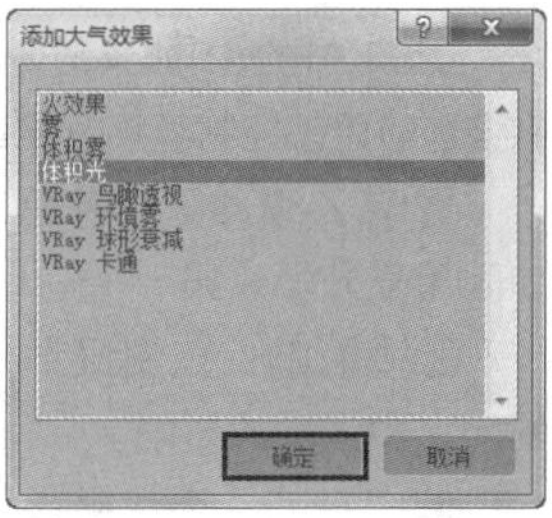

图 10-88

07 在“效果”列表框中选择“体积光”选项，在“体积光参数”卷展栏中单击“拾取灯光”按钮 拾取灯光 ，然后在场景中拾取目标平行光，接着在“体积光参数”卷展栏中勾选“指数”复选框，并设置“密度”为 3.8，如图 10-89 所示。

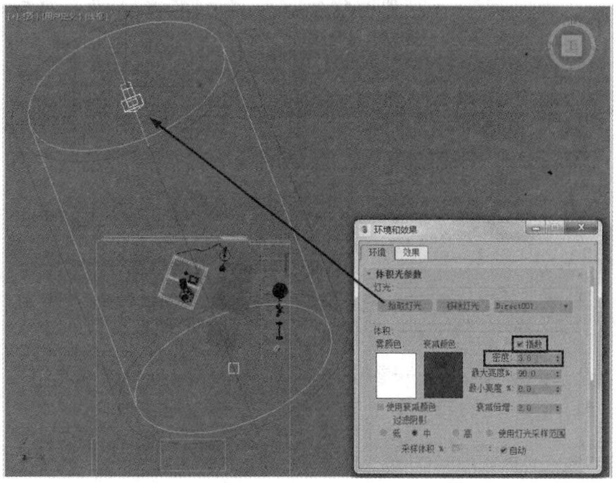

图 10-89

08 切换到摄影机视口，按 F9 键渲染当前场景，最终效果如图 10-90 所示。

图 10-90

10.2 效果

在“环境和效果”对话框的“效果”选项卡中单击“添加”按钮 添加... ，可以在打开的“添加效果”对话框中为场景添加“Hair 和 Fur”(头发和毛发)、“镜头效果”、“模糊”、“亮度和对比度”、“色彩平衡”、“景深”、“文件输出”、“胶片颗粒”、“运动模糊”和“VRay 镜头特效”效果，如图 10-91 和图 10-92 所示。

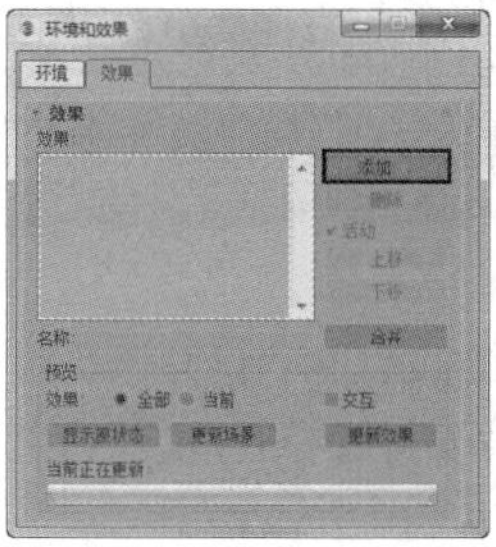

图 10-91

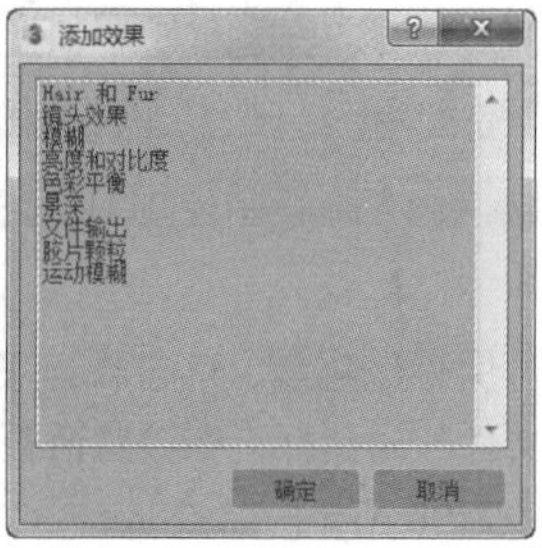

图 10-92

10.2.1 镜头效果

在“添加效果”对话框中为场景添加“镜头效果”，可以模拟照相机拍照时镜头所产生的光晕效果，这些效果包括光晕、光环、射线、自动二级光斑、手动二级光斑、星形和条纹，如图 10-93 所示。

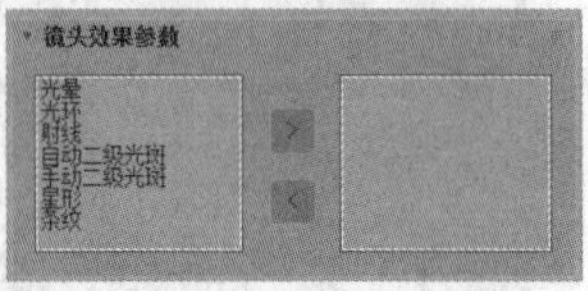

图 10-93

> ① 技巧与提示
>
> 在“镜头效果参数”卷展栏中选择镜头效果，单击按钮可以将其加载到右侧的列表中，以应用镜头效果，选中镜头效果并单击按钮可以移除加载到右侧列表的镜头效果。

1. 参数

“镜头效果”卷展栏中有一个“镜头效果全局”卷展栏，该卷展栏分为“参数”和“场景”两个选项卡，选择“参数”选项卡，其参数设置面板如图 10-94 所示。

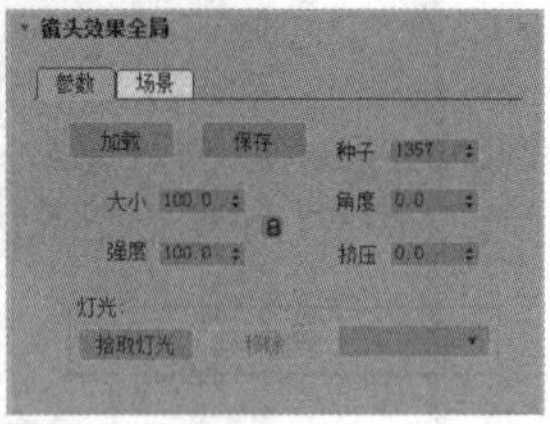

图 10-94

重要参数介绍

加载：单击该按钮可以打开“加载镜头效果文件”对话框，在该对话框中可选择要加载的 lzv 文件，如图 10-95 所示。

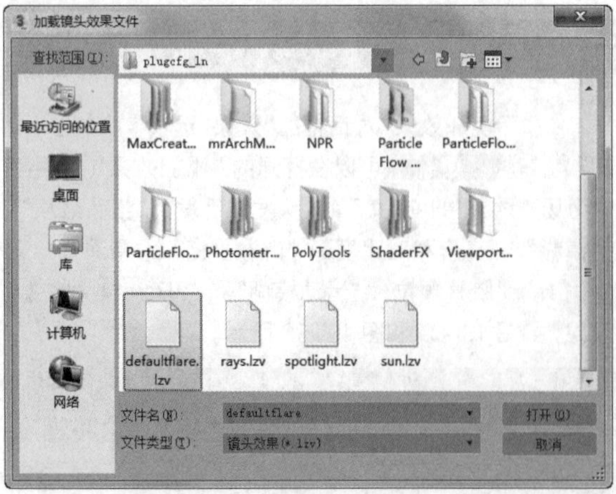

图 10-95

保存：单击该按钮可以打开“保存镜头效果文件”对话框，在该对话框中可以保存 lzv 文件，如图 10-96 所示。

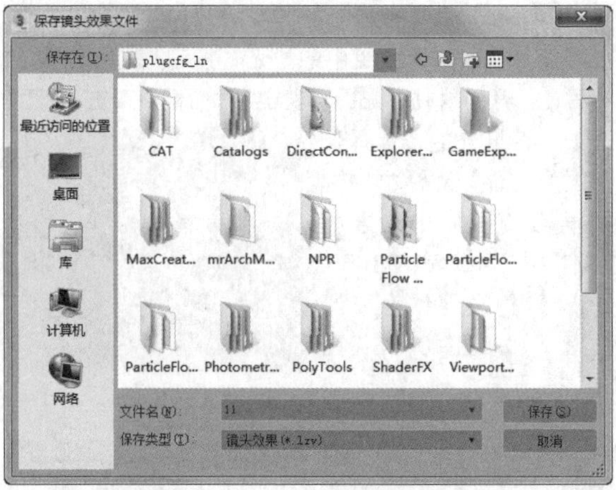

图 10-96

大小：设置镜头效果的总体大小。

强度：设置镜头效果的总体亮度和不透明度。该值越大，镜头效果越亮、越不透明；值越小，镜头效果越暗、越透明。

种子：为“镜头效果”中的随机数生成器提供不同的起点，并创建略有不同的镜头效果。

角度：当效果与摄影机的相对位置发生改变时，该选项用来设置镜头效果从默认位置的旋转量。

挤压：在水平方向或垂直方向挤压镜头效果的总体大小。

拾取灯光：单击该按钮可以在场景中拾取灯光。

移除：单击该按钮可以移除所选择的灯光。

2. 场景

在“镜头效果全局”卷展栏中选择“场景”选项卡，其参数设置面板如图 10-97 所示。

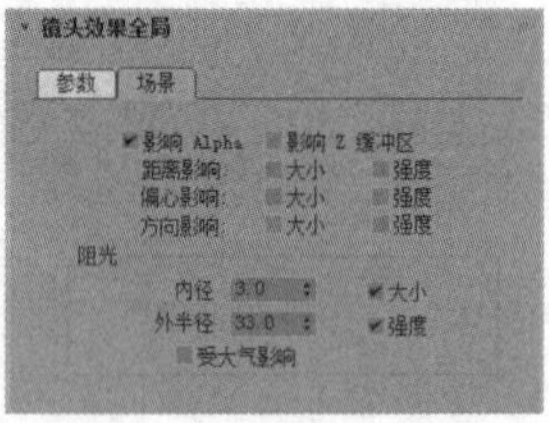

图 10-97

重要参数介绍

影响 Alpha：如果图像以 32 位文件格式来渲染，那么该选项用来控制镜头效果是否影响图像的Alpha通道。

影响 Z 缓冲区：存储对象与摄影机的距离。Z 缓冲区用于光学效果。

距离影响：控制摄影机或视口的距离对镜头效果的大小和强度的影响。

偏心影响：产生摄影机或视口偏心的效果，影响其大小或强度。

方向影响：根据聚光灯相对于摄影机的方向，影响其大小或强度。

内径：用于设置效果周围的内径，另一个场景对象必须与内径相交才能完全阻挡效果。

外半径：用于设置效果周围的外径，另一个场景对象必须与外径相交才能开始阻挡效果。

大小：减小所阻挡的效果的大小。

强度：减小所阻挡的效果的强度。

受大气影响：控制是否允许大气效果阻挡镜头效果。

实战：用镜头效果制作镜头特效

素材位置	素材文件 > 第 10 章 >04
实例位置	实例文件 > 第 10 章 > 用镜头效果制作镜头特效 > 用镜头效果制作镜头特效 .max
学习目标	学习镜头效果的使用方法

本案例将练习使用镜头效果，最终效果如图 10-98 所示。

图 10-98

01 打开本书学习资源中的“素材文件 > 第 10 章 > 04>04.max”文件，如图 10-99 所示。

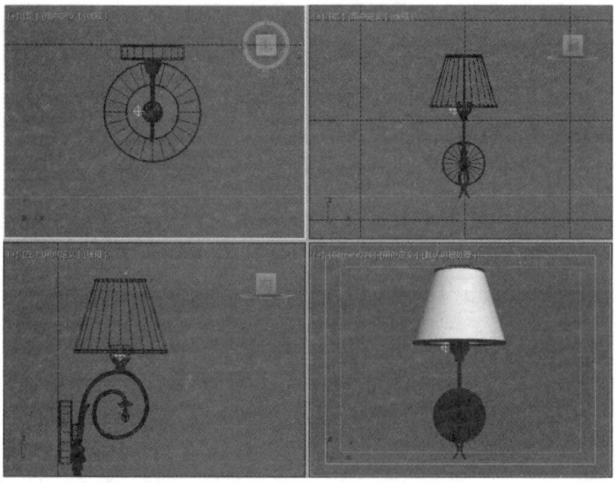

图 10-99

02 按主键盘区上的 8 键，打开“环境和效果”对话框，在“效果”选项卡中单击“添加”按钮 添加... ，然后在打开的“添加效果”对话框中选择“镜头效果”效果并单击“确定”按钮 确定 ，如图 10-100 所示。

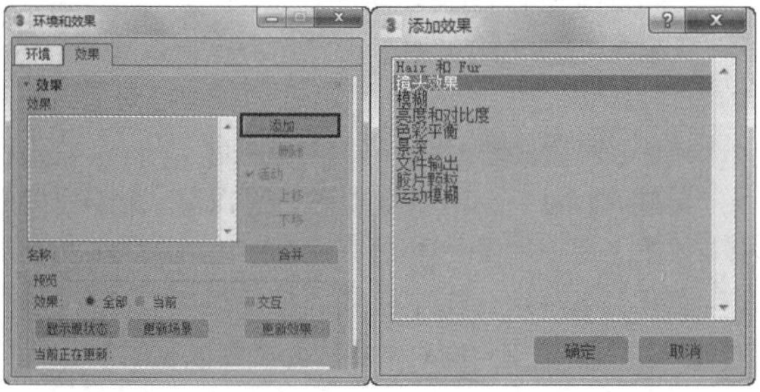

图 10-100

03 返回“环境和效果”对话框，选择“效果”列表框中的“镜头效果”选项，然后展开“镜头效果参数”卷展栏，在左侧列表中选择“光晕”选项，再单击按钮 > 将其添加到右侧列表中，如图 10-101 所示。

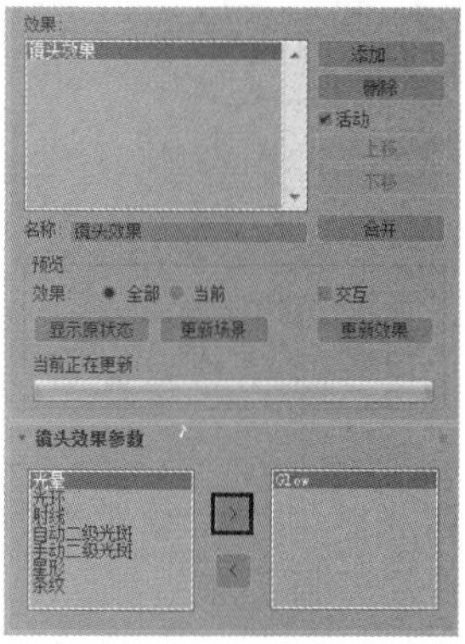

图 10-101

04 展开“镜头效果全局”卷展栏，然后在“参数”选项卡中单击“拾取灯光”按钮 拾取灯光 ，接着在视口中拾取泛光灯，如图 10-102 所示。

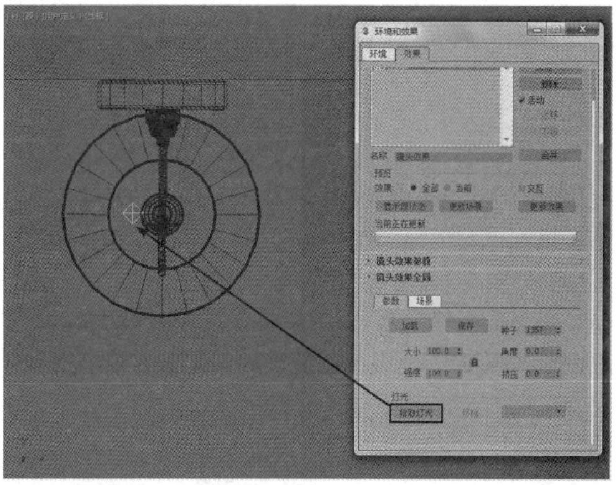

图 10-102

05 展开“光晕元素”卷展栏，然后在“参数”选项卡中设置“强度”为 60，在“径向颜色”选项组中设置“边缘颜色”为黄色 (红 :255 绿 :144 蓝 :0)，具体参数设置如图 10-103 和图 10-104 所示。

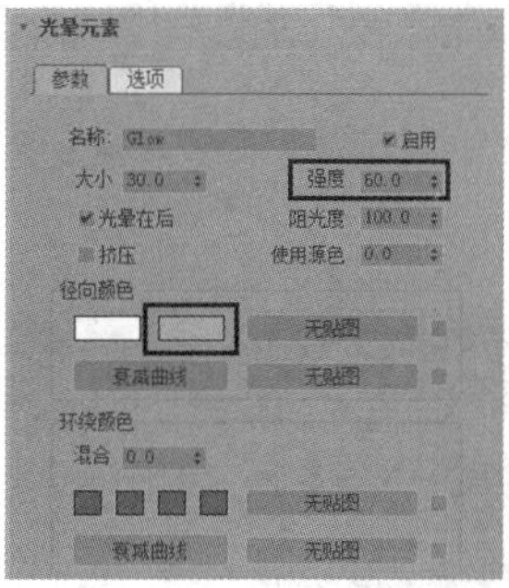

图 10-103

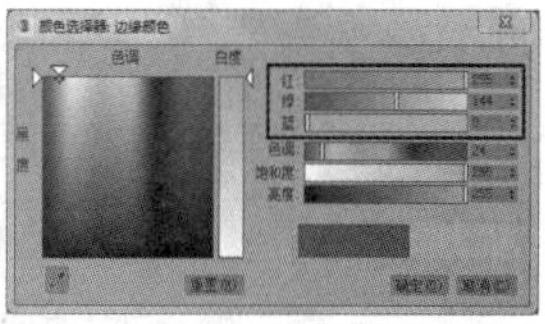

图 10-104

06 返回“镜头效果参数”卷展栏，将左侧的“条纹”效果添加到右侧的列表中，然后在“条纹元素”卷展栏中设置“强度”为 5，如图 10-105 所示。

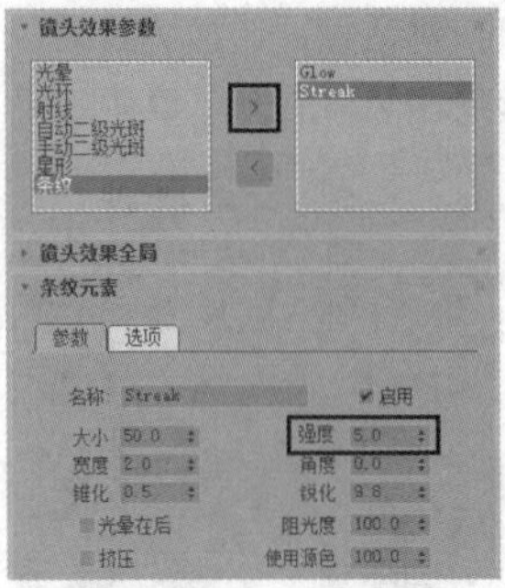

图 10-105

07 返回“镜头效果参数”卷展栏，将左侧的“射线”效果添加到右侧的列表中，然后在“射线元素”卷展栏中设置“强度”为28，如图 10-106 所示。

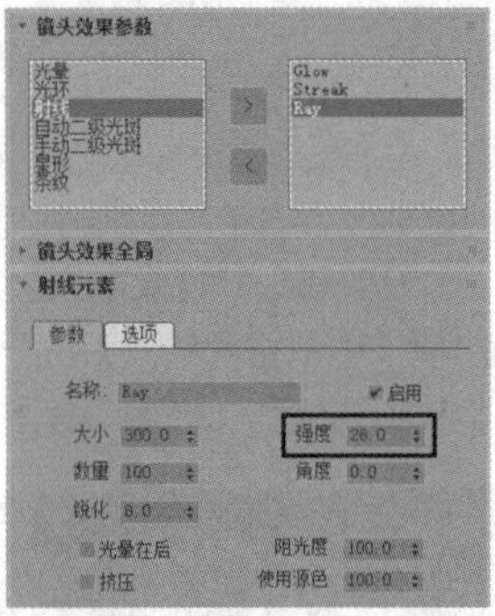

图 10-106

08 返回“镜头效果参数”卷展栏，将左侧的“手动二级光斑”效果添加到右侧的列表中，然后在“手动二级光斑元素”卷展栏中设置“强度”为 35，如图 10-107 所示。

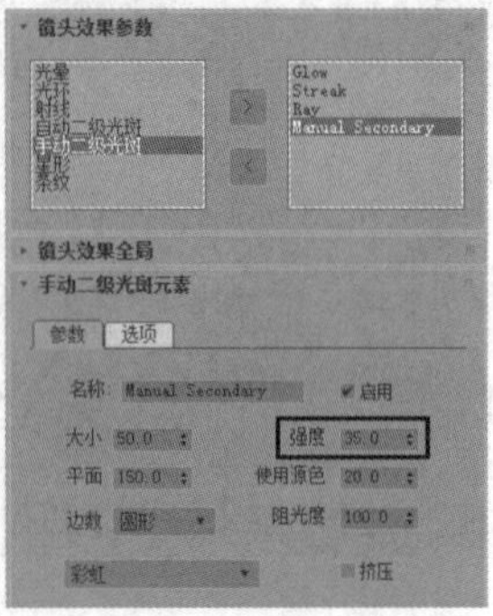

图 10-107

09 切换到摄影机视口，按 F9 键渲染当前场景，最终效果如图 10-108 所示。

图 10-108

10.2.2 模糊

在“添加效果”对话框中添加“模糊”效果后，在“效果”选项卡中将显示“模糊”效果的“模糊类型”和“像素选择”参数选项卡。

1. 模糊类型

使用“模糊”效果时，可以通过“模糊类型”选项卡中的 3 种不同的方法使图像变得模糊，分别是“均匀型”“方向型”“径向型”，如图 10-109 所示。

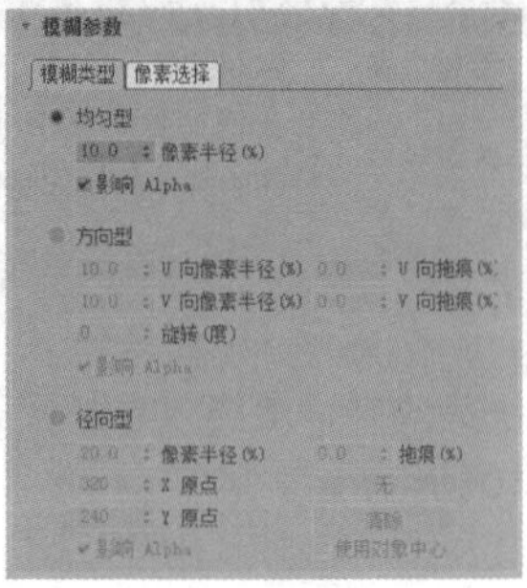

图 10-109

重要参数介绍

均匀型：将模糊效果均匀应用在整个渲染图像中。

像素半径：用于设置模糊效果的半径。

影响 Alpha：启用该选项时，可以将“均匀型”模糊效果应用于 Alpha 通道。

方向型：按照“方向型”参数指定的任意方向应用模糊效果。

U 向像素半径（%）/V 向像素半径（%）：设置模糊效果的水平 / 垂直强度。

U 向拖痕（%）/V 向拖痕（%）：通过为 U/V 轴的某一侧分配更大的模糊权重来为模糊效果添加方向。

旋转（度）：通过“U 向像素半径（%）”和“V 向像素半径（%）”来应用模糊效果的 U 向像素和 V 向像素的轴。

影响 Alpha：启用该选项时，可以将“方向型”模糊效果应用于 Alpha 通道。

径向型：以径向的方式应用模糊效果。

像素半径（%）：用于设置模糊效果的半径。

拖痕（%）：通过为模糊效果的中心分配更大或更小的模糊权重来为模糊效果添加方向。

X 原点 /Y 原点：以“像素”为单位，对渲染输出的尺寸指定模糊的中心。

无 无 ：用于指定作为模糊效果中心的对象。

清除按钮 清除 ：移除对象名称。

影响 Alpha：启用该选项时，可以将“径向型”模糊效果应用于 Alpha 通道。

使用对象中心：选中该复选框后，单击“无”按钮 无 指定的对象将作为模糊效果的中心。

2. 像素选择

使用“模糊”效果时，可以根据“像素选择”选项卡中的参数设置场景模糊效果，在“模糊参数”卷展栏中选择“像素选择”选项卡，其参数设置面板如图 10-110 所示。

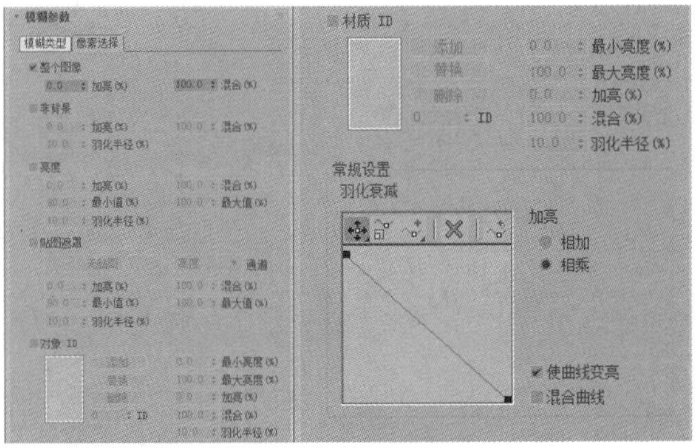

图 10-110

重要参数介绍

整个图像：选中复该选框后，模糊效果将影响整个渲染图像。

加亮（%）：使整个图像变亮，如图 10-111 和图 10-112 所示。

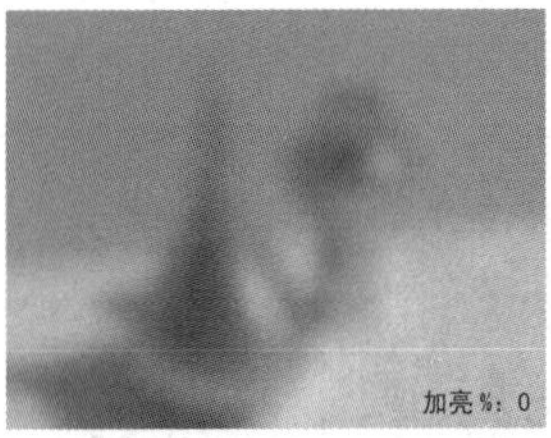

图 10-111

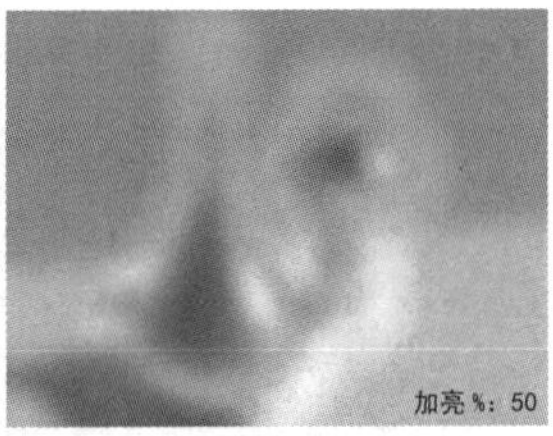

图 10-112

混合（%）：将模糊效果和“整个图像”参数与原始的渲染图像进行混合，如图 10-113 和图 10-114 所示。

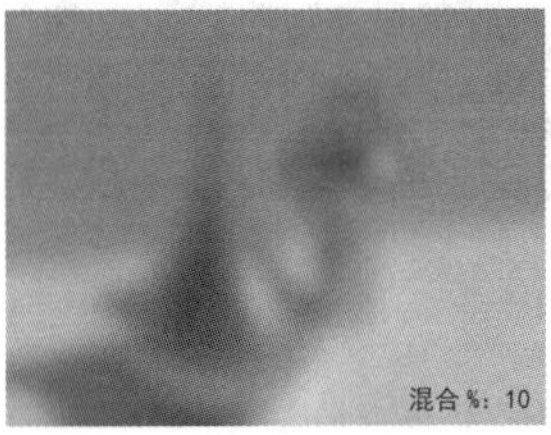

图 10-113

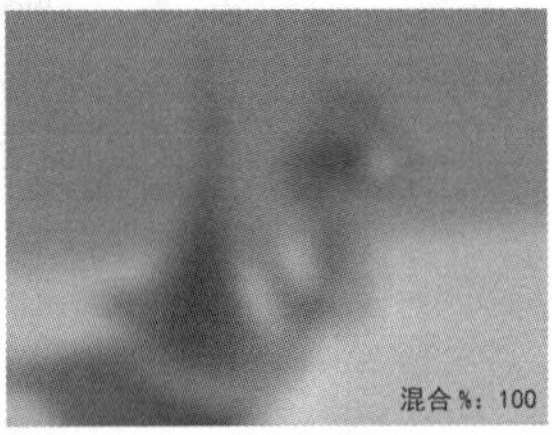

图 10-114

非背景：选中复该选框后，模糊效果将影响除背景图像或动画以外的所有元素。

羽化半径（%）：用于设置应用于场景的非背景元素的羽化模糊效果的百分比，如图 10-115 和图 10-116 所示。

亮度：影响亮度值介于“最小值（%）”和“最大值（%）”微调器之间的所有像素。

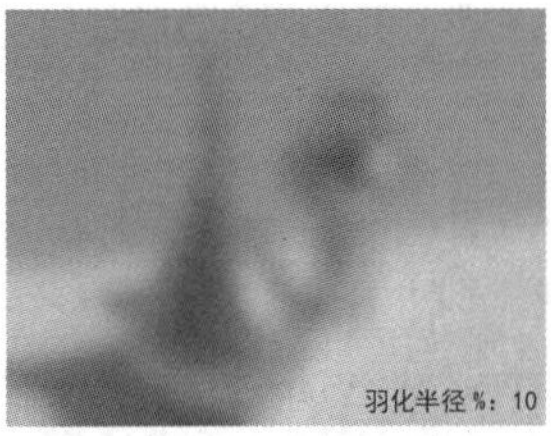

图 10-115

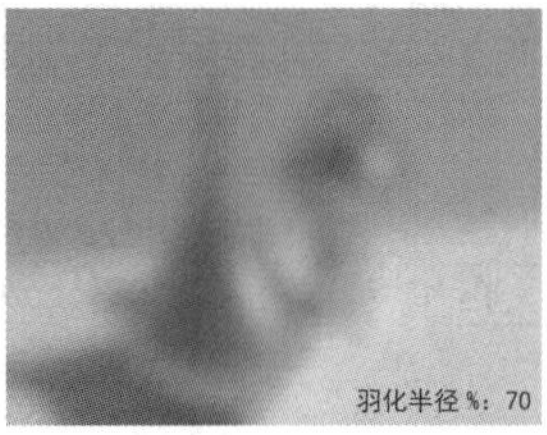

图 10-116

最小值（%）/ 最大值（%）：设置每个像素要应用模糊效果所需的最小和最大亮度值。

贴图遮罩：通过在“材质 / 贴图浏览器”对话框选择的通道和应用的遮罩来应用模糊效果。

对象 ID：如果对象匹配过滤器设置，会将模糊效果应用于对象或对象中具有特定对象 ID 的部分（在 G 缓冲区中）。

材质 ID：如果材质匹配过滤器设置，会将模糊效果应用于该材质或材质中具有特定材质效果通道的部分。

羽化衰减：使用曲线来确定基于图形的模糊效果的羽化衰减区域。

10.2.3 亮度和对比度

“亮度和对比度”效果可以调整图像的亮度和对比度，其参数设置面板如图 10-117 所示。

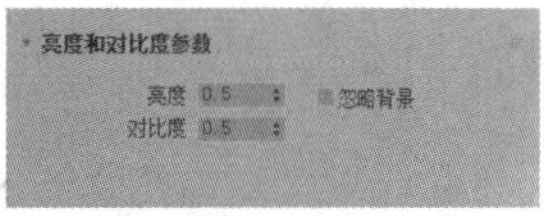

图 10-117

重要参数介绍

亮度：增加或减少所有色元（红色、绿色和蓝色）的亮度，其取值范围为 0~1。

对比度：压缩或扩展最大黑色和最大白色之间的范围，其取值范围为 0~1。

忽略背景：确定是否将效果应用于除背景以外的所有元素。

10.2.4 胶片颗粒

“胶片颗粒”效果主要用于在渲染场景中重新创建胶片颗粒，同时还可以作为背景的源材质与软件中创建的渲染场景相匹配，其参数设置面板如图 10-118 所示。

图 10-118

重要参数介绍

颗粒：设置添加到图像中的颗粒数，其取值范围为 0~1。

忽略背景：屏蔽背景，使颗粒仅应用于场景中的几何体对象。

实战：用胶片颗粒效果制作老电影画面

素材位置	素材文件 > 第 10 章 >05
实例位置	实例文件 > 第 10 章 > 用胶片颗粒效果制作老电影画面 > 用胶片颗粒效果制作老电影画面 .max
学习目标	学习胶片颗粒效果的使用方法

本案例将练习使用胶片颗粒效果来制作老电影画面，最终效果如图 10-119 所示。

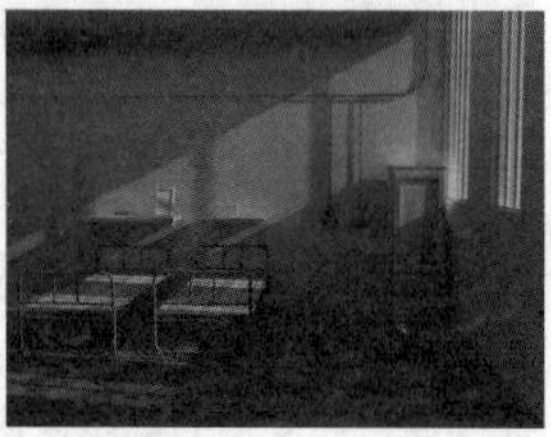

图 10-119

01 打开本书学习资源中的“素材文件 > 第 10 章 > 05>05.max”文件，如图 10-120 所示。

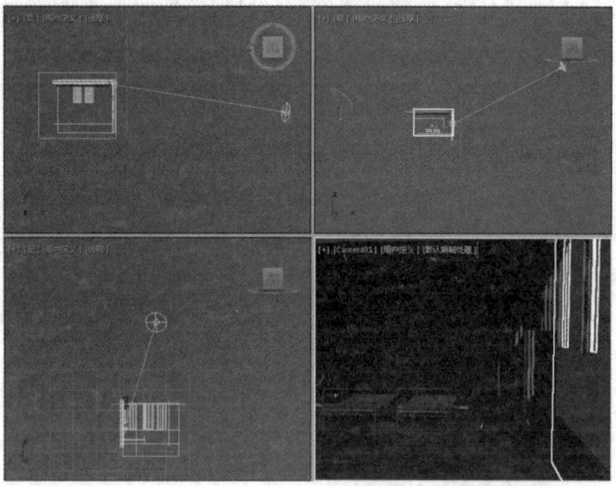

图 10-120

02 切换到摄影机视口，按F9键渲染当前场景，其效果如图 10-121所示。

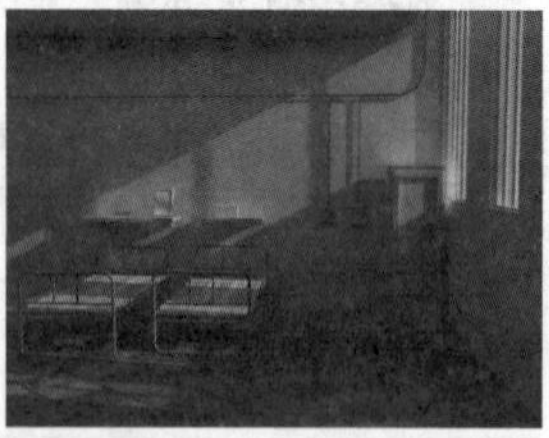

图 10-121

03 按主键盘区上的 8 键，打开“环境和效果”对话框，在“效果”选项卡中单击“添加”按钮 添加... ，然后在打开的“添加效果”对话框中选择“胶片颗粒”效果并单击“确定”按钮 确定 ，如图 10-122 和图 10-123 所示。

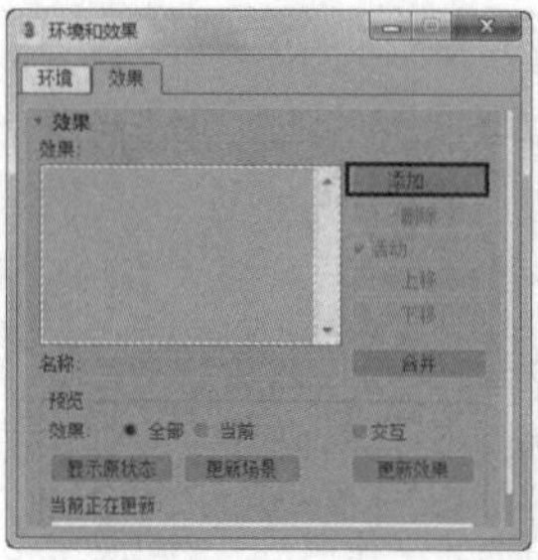

图 10-122

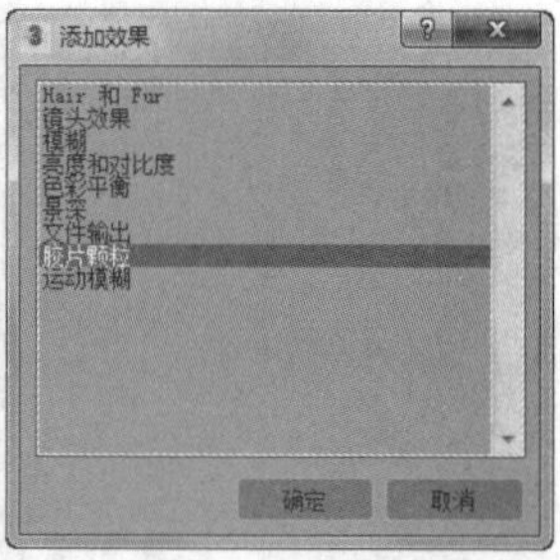

图 10-123

04 返回“环境和效果”对话框，选择“效果”列表框中的“胶片颗粒”选项，展开“胶片颗粒参数”卷展栏，然后设置“颗粒”为 0.5，如图 10-124 所示。

图 10-124

05 切换到摄影机视口，按 F9 键渲染当前场景，最终效果如图 10-125 所示。

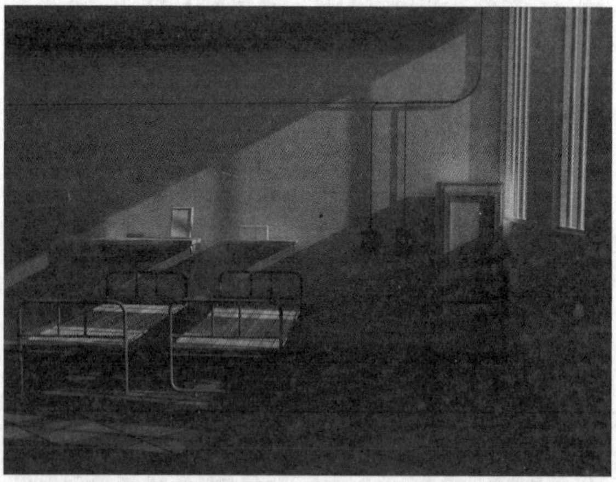

图 10-125

11

第11章

渲染设置

要点索引

▼

指定渲染器

VRay 渲染器设置

VRay 渲染技巧

渲染设置在效果图的制作过程中非常重要。场景的渲染不仅需要良好的光照、精美的材质，还需要合理的渲染参数，才能产生优秀的渲染作品。

VRay 渲染器是一款高质量渲染引擎，主要以插件的形式应用在 3ds Max 软件中。VRay 渲染器可以真实地模拟现实光照，并且操作简单，可控性也很强，因此被广泛应用于建筑表现、工业设计和动画制作等领域，也是目前效果图制作领域流行的渲染器。本章将以 VRay 渲染器为例进行渲染方面的讲解。

11.1 指定渲染器

执行“文件 > 编辑”菜单命令，或按 F10 键打开“渲染设置”对话框，然后单击“渲染器”下拉列表框，在弹出的列表中可以选择所需的渲染器（由于本书以 VRay 渲染器为例进行讲解，因此这里选择如图 11-1 所示的 VRay 渲染器选项）。VRay 渲染器包括“公用”“VRay”“GI”“设置”“Render Elements”（渲染元素）5 个选项卡，如图 11-2 所示。

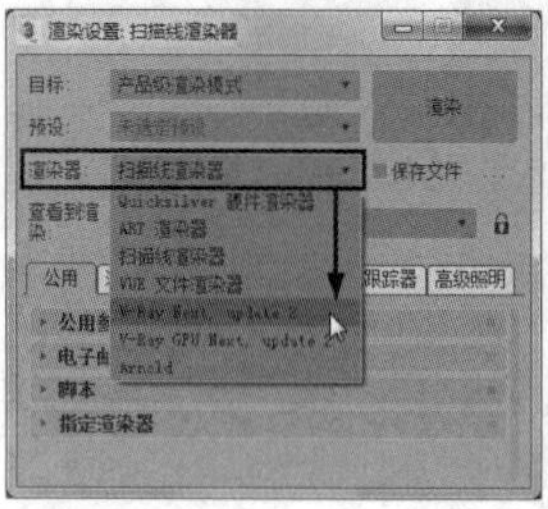

图 11-1

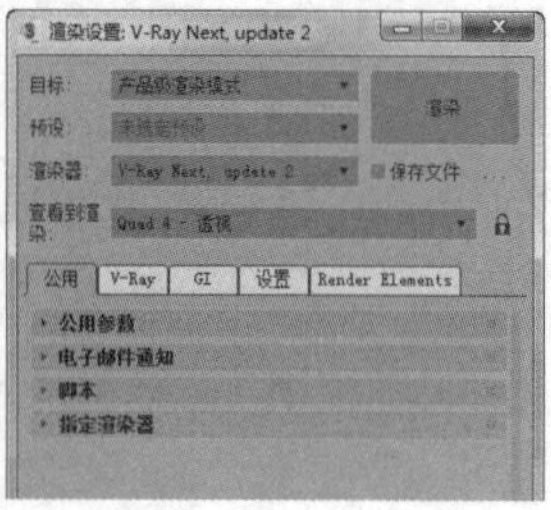

图 11-2

11.2 公用设置

在“渲染设置”对话框中选择“公用”选项卡，然后展开“公用参数”卷展栏，可以进行渲染的基本设置，包括设置渲染图像帧数的范围、输出图像的尺寸大小和图像的保存方式，如图 11-3 所示。

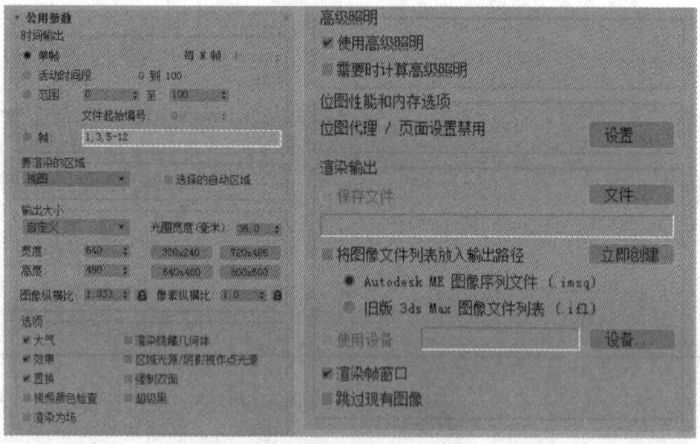

图 11-3

11.2.1 设置输出帧范围

展开“公用参数”卷展栏，在“时间输出”选项组中可以设置渲染图像帧数的范围，如图 11-4 所示。

重要参数介绍

单帧：只渲染当前帧的图像。

活动时间段：渲染显示在时间滑块内的当前帧范围的图像。

范围：渲染两个指定数字之间（包括这两个数）的所有帧的图像。

帧：可以指定渲染非连续帧的图像，帧与帧之间用逗号隔开（如 2,5）或渲染连续的帧范围，范围用连字符相连（如 0-5）。

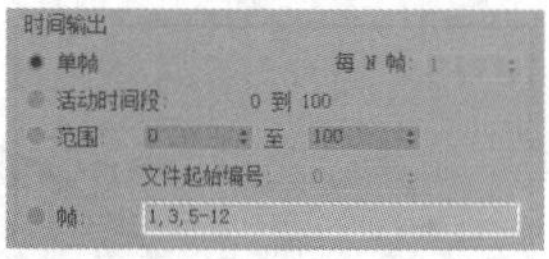

图 11-4

11.2.2 设置图像尺寸

在“输出大小”选项组中可以设置输出图像的尺寸大小，“宽度”和“高度”选项用于设置输出图像的尺寸。在选项组的右侧，系统提供了 4 种输出尺寸供用户选择，如图 11-5 所示。

“图像纵横比”选项用于控制输出图像的宽度与高度的比例，当单击该选项右侧的“锁定”按钮后，在改变输出图像的尺寸时，宽高比将保持显示的比例不变。

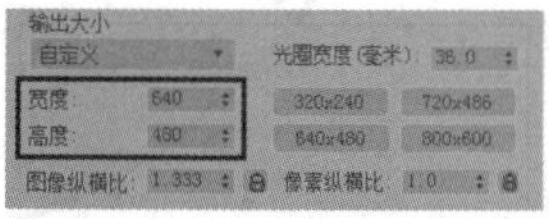

图 11-5

11.2.3 设置输出路径

“渲染输出”选项组主要用于设置输出图像的保存方式，如图 11-6 所示。单击“文件”按钮 文件... 打开“渲染输出文件”对话框，可以设置输出图像的保存路径、名称和文件类型，如图 11-7 所示。

图 11-6

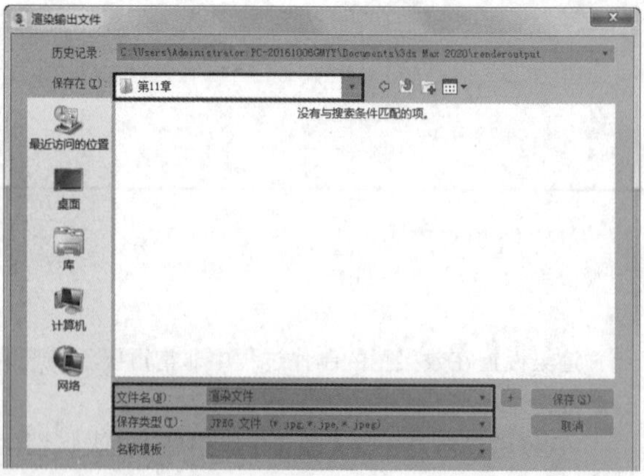

图 11-7

11.3 V-Ray 设置

在“渲染设置”对话框中选择“V-Ray”选项卡，可以显示其中的 10 个参数卷展栏，如图 11-8 所示。下面重点讲解“帧缓冲区”“全局开关”“图像采样器（抗锯齿）”“图像过滤器”“全局确定性蒙特卡洛”“环境”“颜色贴图”等卷展栏中的参数。

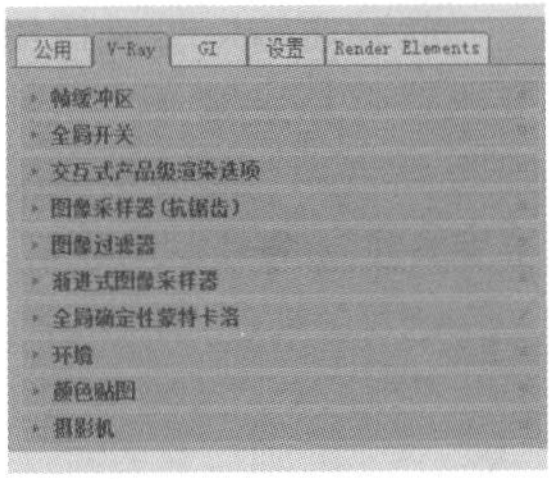

图 11-8

11.3.1 帧缓冲区

“帧缓冲区”卷展栏可以代替 3ds Max 自身的帧缓冲区窗口。这里可以设置渲染图像的大小，以及保存渲染图像等，如图 11-9 所示。

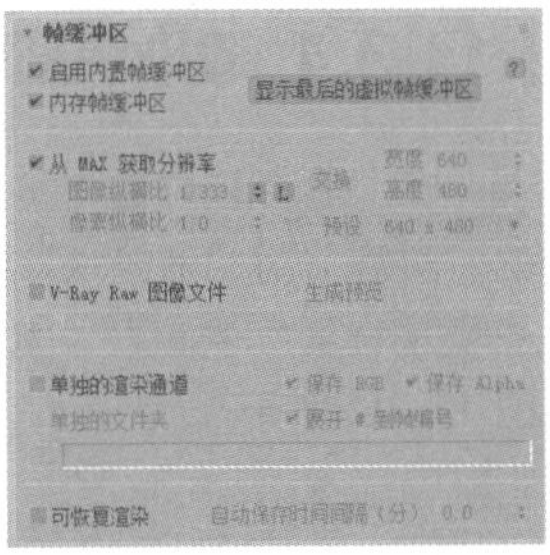

图 11-9

重要参数介绍

启用内置帧缓冲区：当选择这个选项的时候，用户就可以使用 VRay 自身的渲染窗口。同时需要注意，应该取消勾选 3ds Max 默认的“渲染帧窗口”复选框，这样可以节约一些内存资源，如图 11-10 所示。

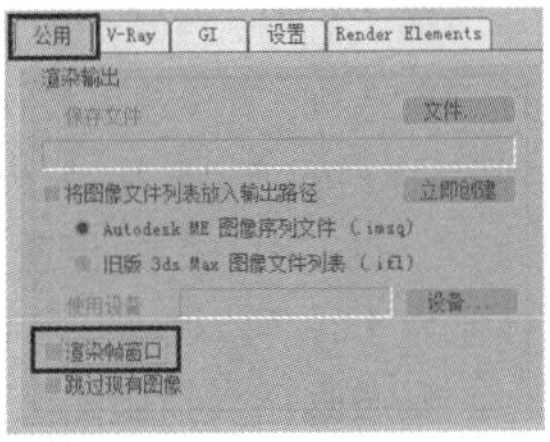

图 11-10

内存帧缓冲区：当勾选该复选框时，图像可以被渲染到内存中，然后再由帧缓冲区窗口显示出来，这样可以方便用户观察渲染的过程；当取消勾选该复选框时，不会出现渲染框，图像直接保存到指定的硬盘文件夹中，这样的好处是可以节约内存资源。

从 Max 获取分辨率：当勾选该复选框时，将从“公用”选项卡的“输出大小”选项组中获取渲染尺寸；当取消勾选该复选框时，可以重新设置渲染尺寸。

宽度：设置像素的宽度。

高度：设置像素的高度。

交换 交换：交换“宽度”和“高度”的数值。

图像纵横比：设置图像的长宽比，单击右侧的“锁”按钮 L 可以锁定图像的长宽比。

像素纵横比：控制渲染图像的像素长宽比。

V-Ray Raw 图像文件：控制是否将渲染后的文件保存到所指定的路径中，勾选该复选框后渲染的图像将以 raw 格式进行保存。

> **技巧与提示**
>
> 在渲染较大的场景时，计算机会负担很大的渲染压力，而勾选“V-Ray Raw 图像文件”选项后（需要设置好渲染图像的保存路径），渲染图像会自动保存到设置的路径中。

单独的渲染通道：控制是否单独保存渲染通道。

保存 RGB：控制是否保存 RGB 色彩。

保存 Alpha：控制是否保存 Alpha 通道。

...：单击该按钮，可以打开“选择 V-Ray G- 缓冲区文件名”对话框，对缓冲区文件进行保存设置，如图 11-11 所示。

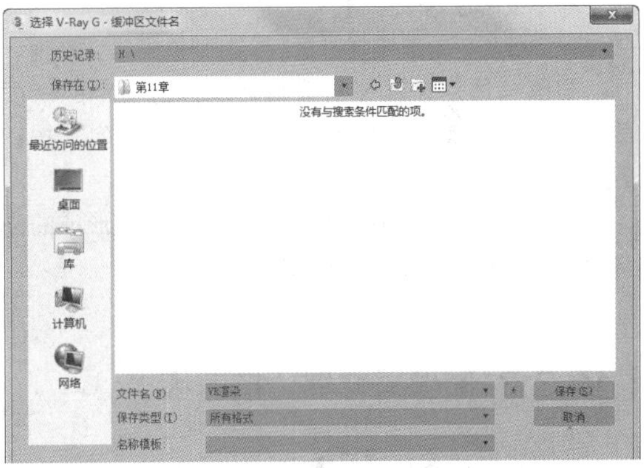

图 11-11

11.3.2 全局开关

“全局开关”卷展栏中的参数主要用来对场景中的灯光、材质、置换等进行全局设置，比如是否使用默认灯光、是否开阴影、是否开模糊等。单击面板中的“默认”按钮 默认 ，可以切换到“高级”模式面板，然后单击面板中的“高级”按钮 高级 ，可以切换到“专家”模式面板，如图 11-12~ 图 11-14 所示。

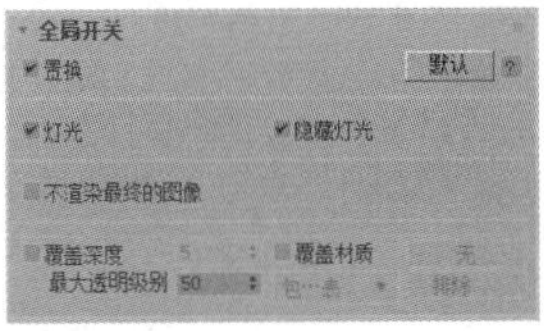

图 11-12

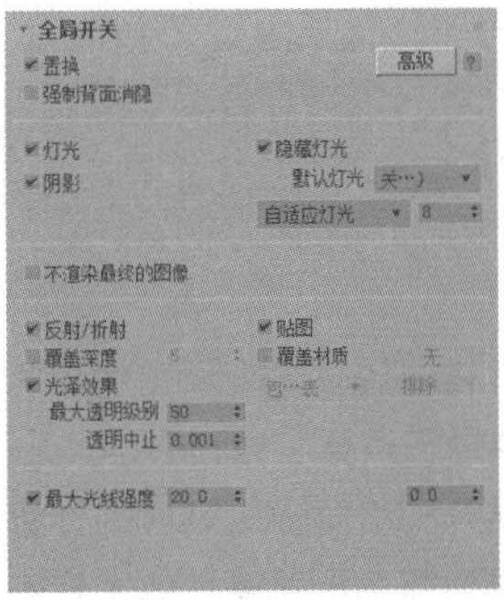

图 11-13

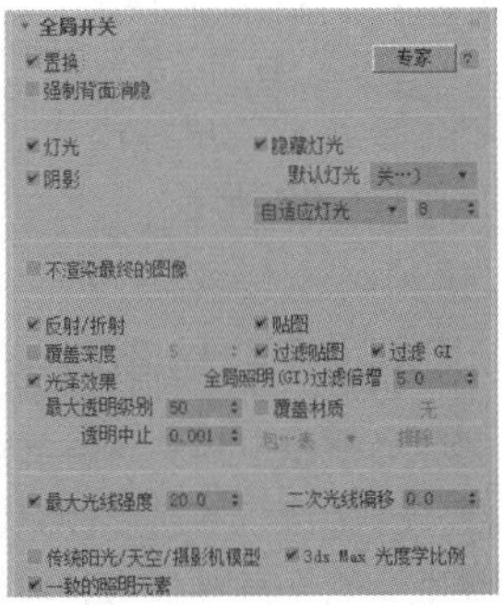

图 11-14

重要参数介绍

置换：勾选该复选框后，材质的置换通道才会启用。

灯光：勾选该复选框后，场景的灯光才会生效。

阴影：勾选该复选框后，灯光才会产生阴影。

隐藏灯光：勾选该复选框后，被隐藏的灯光也会产生照明效果。

不渲染最终的图像：渲染光子文件时需要勾选该复选框。

反射 / 折射：勾选该复选框后，反射和折射效果才会产生。

覆盖深度：勾选该复选框后，所有反射和折射的深度都不会超过这个数值。

光泽效果：勾选该复选框后，高光效果才会产生。

覆盖材质：勾选该复选框后，将用指定的材质覆盖场景中所有材质，单击右下方的“排除”按钮 排除... 可以选择需要排除的对象。

最大光线强度：用于抑制反射采样不足形成的亮白噪点，会略微降低成图亮度。

11.3.3 图像采样器（抗锯齿）

抗锯齿在渲染设置中是一个必须调整的参数，其数值的大小决定了图像的渲染精度和渲染时间，但抗锯齿与全局照明精度的高低没有关系，其只作用于场景物体的图像和物体的边缘精度。与“全局开关”卷展栏一样，不同模式的“图像采样器（抗锯齿）”的参数设置面板如图 11-15~ 图 11-17 所示。

图 11-15

图 11-16

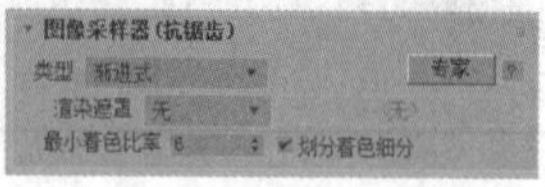

图 11-17

重要参数介绍

类型：包含“渲染块”和“渐进式”两种模式，如图 11-18 所示。

图 11-18

渲染块：选择该项后，将增加“渲染块图像采样器”卷展栏，用户可在其中进行渲染参数设置。

渐进式：渐进式的采样方式不同于渲染块的计算模式，它全局性的由粗糙到精细，直到满足最大样本数为止。其计算速度相对于渲染块要慢一些。

渲染遮罩：可以按照要求渲染指定区域，在其下拉列表中包括 6 种渲染遮罩方式，如图 11-19 所示。

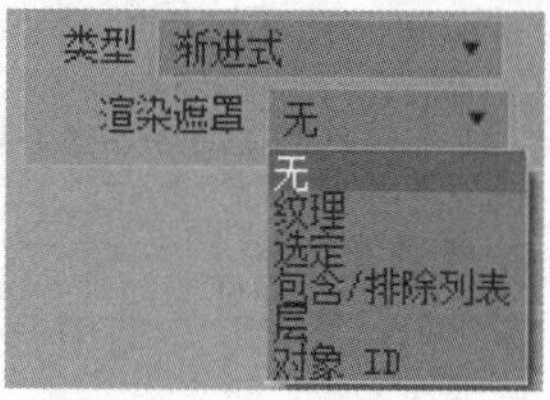

图 11-19

最小着色比率：该参数决定了所有反射模糊、折射模糊和阴影采样的细分。该参数值越大，渲染时间越长，效果也越好，但此参数不会影响对象边缘的抗锯齿。

11.3.4 渲染块图像采样器

在“图形采样器（抗锯齿）”卷展栏中设置渲染的“类型”为“渲染块”选项时，就会出现“渲染块图像采样器”卷展栏，如图 11-20 所示。

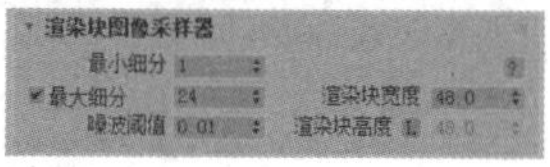

图 11-20

重要参数介绍

最小细分：控制全局允许的最小细分数，默认值为 1 不变。

最大细分：控制全局允许的最大细分数。如果不勾选该复选框，渲染速度最快，但质量最低，可以参照“固定”采样器的渲染效果。勾选该复选框后，默认“最大细分”为 24，渲染速度较慢，但质量很好。一般设置“最大细分”数值为 4 时，可以参照“自适应”采样器的渲染效果。

噪波阈值：控制图像的噪点数量，数值越小噪点数越少，渲染速度越慢。

渲染块宽度：控制渲染图像时的格子宽度，单位是像素。

渲染块高度：控制渲染图像时的格子高度，单位是像素。

实战：图像采样器类型对比	
素材位置	素材文件 > 第 11 章 >01
实例位置	实例文件 > 第 11 章 > 图像采样器类型对比 > 图像采样器类型对比 .max
学习目标	掌握图像采样器类型

01 打开本书学习资源中的“素材文件 > 第 11 章 >01>01.max” 文件，如图 11-21 所示。

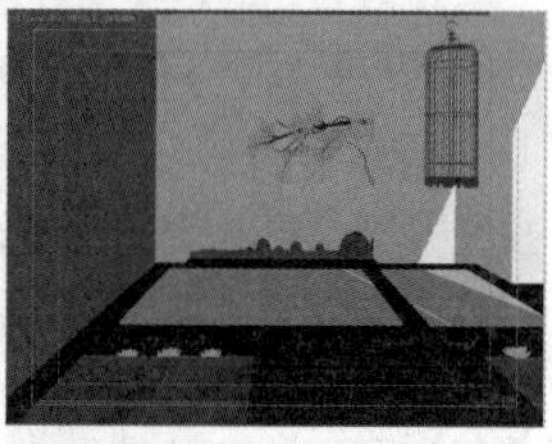
图 11-21

02 按F10键打开“渲染设置”对话框，在“渲染器”下拉列表框中可以选择如图 11-22 所示的渲染器。

03 在“渲染设置”对话框中选择“V-Ray”选项卡，然后在“帧缓冲区”卷展栏中勾选“启用内置帧缓冲区”复选框，如图 11-23 所示。

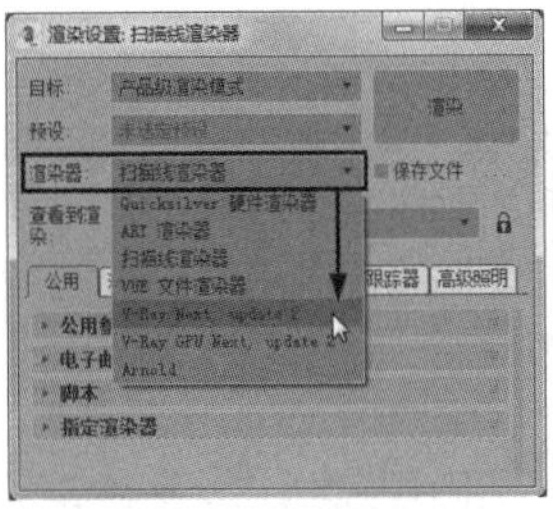

图 11-22

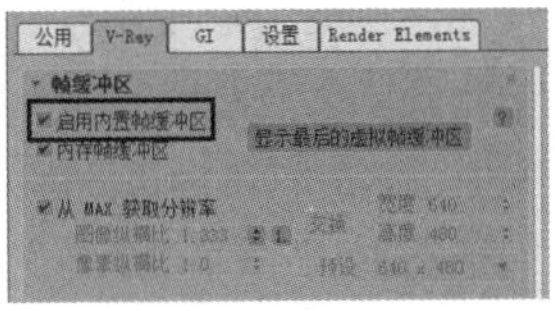

图 11-23

04 展开“图像采样器(抗锯齿)”卷展栏，设置“类型”为“渐进式”，此时渲染面板自动增加“渐进式图像采样器”卷展栏，如图 11-24 所示。此时对摄影机视口进行渲染，可以观察到在该模式下渲染图像时，是以点为基础逐渐渲染出清晰图像的，其效果如图 11-25 所示。

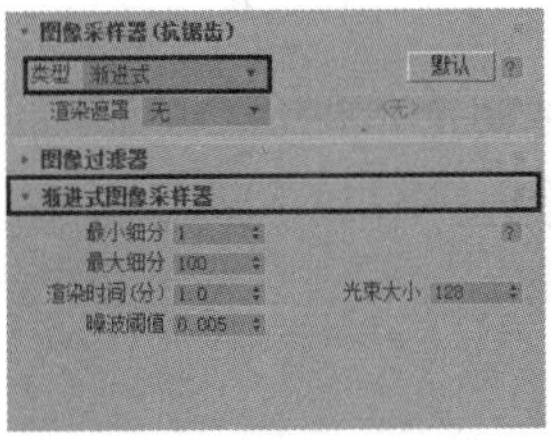

图 11-24

图 11-25

ⓘ 技巧与提示

“渐进式”图像采样器的渲染效果最好，但渲染时间较长，一般很少使用。

05 在“图像采样器(抗锯齿)”卷展栏中设置“类型”为“渲染块”，此时渲染面板自动增加“渲染块图像采样器”卷展栏，如图 11-26 所示。此时对摄影机视口进行渲染，可以观察到在该模式下渲染图像时，是以块为基础渲染图像的，其效果如图 11-27 所示。

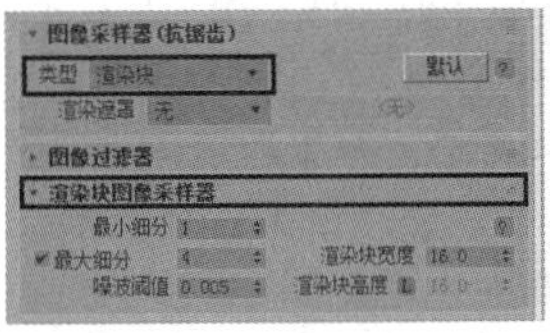

图 11-26

图 11-27

06 在“渲染块图像采样器”卷展栏中设置“渲染块宽度”和“渲染块高度”为 32，如图 11-28 所示。在渲染图像时，可以观察到控制渲染时的方块发生了变化，其效果如图 11-29 所示。

图 11-28

图 11-29

ⓘ 技巧与提示

在渲染时，渲染块可能会出现 2 块、4 块、8 块或是更多。出现的渲染块的数量是根据计算机自身的 CPU 核心数和线程数确定的。

启动计算机的“任务管理器”，单击“进程”选项卡，然后选中“3dsmax.exe”，单击鼠标右键，在弹出的菜单中选择“设置相关性（A）”命令，如图 11-30 所示，打开“处理器相关性”对话框，这里会显示计算机的 CPU 数量。这里显示几个 CPU，渲染时就会出现几个渲染块，如图 11-31 所示。

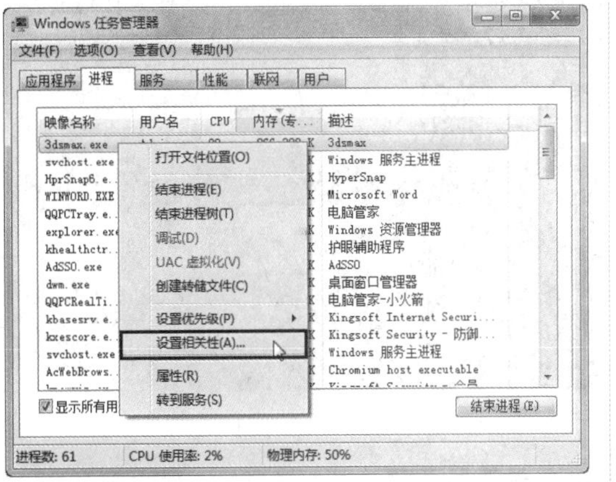

图 11-30

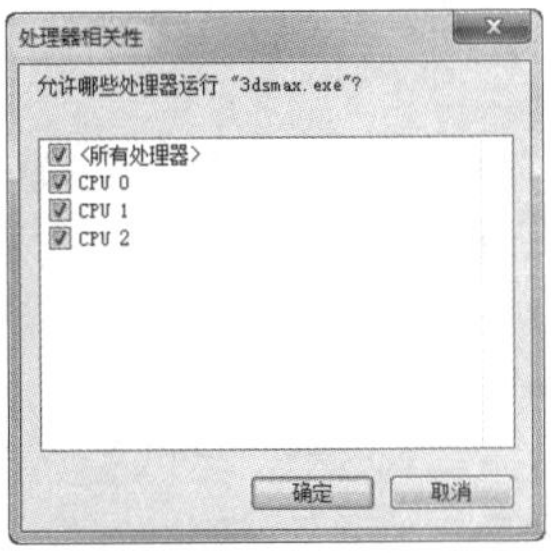

图 11-31

07 在“渲染块图像采样器”卷展栏中取消勾选“最大细分”复选框，如图 11-32 所示，可以观察到此时渲染图像的速度最快。

图 11-32

08 在“渲染块图像采样器”卷展栏中勾选“最大细分”复选框，然后设置“噪波阈值”为 0.01，如图 11-33 所示。此时渲染效果如图 11-34 所示。

图 11-33

图 11-34

09 设置“噪波阈值”为 0.005，如图 11-35 所示。此时渲染效果如图 11-36 所示。通过修改“噪波阈值”参数，可以观察到“噪波阈值”的数值越小，图像噪点也越少，但渲染速度也越慢。

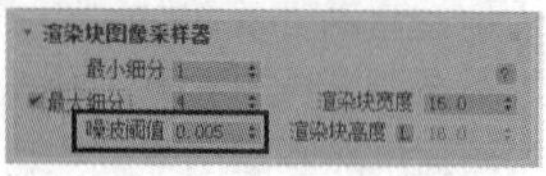

图 11-35

图 11-36

> ① 技巧与提示
>
> 在一般情况下，VRay 渲染的流程主要包括以下 4 个步骤。
>
> 第 1 步，在场景中创建好摄影机，然后确定要表现的内容，接着设置好渲染图的比例，并打开渲染安全框。
>
> 第 2 步，逐一制作场景中的材质。
>
> 第 3 步，设置好测试渲染的参数，然后在场景中布光，同时微调材质参数，接着通过测试渲染确定效果。
>
> 第 4 步，设置最终渲染参数，渲染大图。

11.3.5 图像过滤器

“图像过滤器”卷展栏中的参数可以控制图像锯齿的大小，如图 11-37 所示。

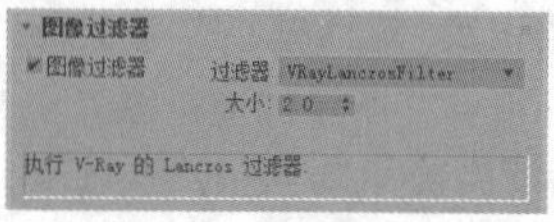

图 11-37

重要参数介绍

图像过滤器：当勾选该复选框以后，可以从右侧的“过滤器”下拉列表中选择一个抗锯齿过滤器来对场景进行抗锯齿处理；如果不勾选“图像过滤器”复选框，那么渲染时将使用纹理抗锯齿过滤器。抗锯齿过滤器有 17 种类型，如图 11-38 所示。

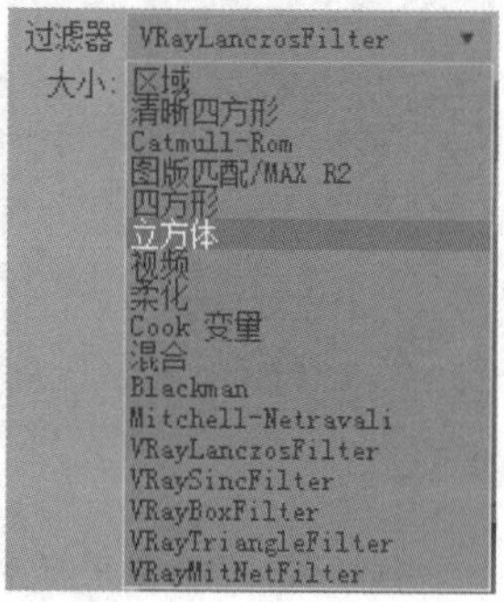

图 11-38

区域：用区域大小来计算抗锯齿，如图 11-39 所示。

清晰四方形：来自 Neslon Max 算法的清晰 9 像素重组过滤器。

Catmull-Rom：一种具有边缘增强功能的过滤器，可以产生较清晰的图像效果，是常用的图像过滤器之一，如图 11-40 所示。

图 11-39

图 11-40

图版匹配 /MAX R2：使用 3ds Max R2 的方法（无贴图过滤）将摄影机和场景或“无光 / 投影”元素与未过滤的背景图像相匹配。

四方形：和“清晰四方形”相似，能产生一定的模糊效果。

立方体：基于立方体的 25 像素过滤器，能产生一定的模糊效果。

视频：适合用于制作视频动画的一种抗锯齿过滤器。

柔化：用于程度模糊效果的一种抗锯齿过滤器。

Cook 变量：一种通用过滤器，较小的数值可以得到清晰的图像效果。

混合：一种用混合值来确定图像清晰程度的抗锯齿过滤器。

Blackman：一种没有边缘增强效果的抗锯齿过滤器。

Mitchell-Netravali：一种常用的过滤器，能产生微量模糊的图像效果，如图 11-41 所示。

图 11-41

VRayLanczosFilter：其值越小，图像越柔和、细腻，且边缘越清晰。例如，当数值为 2 时，图像效果如图 11-42 所示；当数值为 20 时，图像类似于应用了 Photoshop 中的高斯模糊＋单反相机的景深和散景效果，如图 11-43 所示。

图 11-42

图 11-43

VRaySincFilter：用于调节图像边缘清晰度和不同颜色之间的过渡。当数值为 3 时，图像边缘清晰，不同颜色之间过渡柔和，但是品质一般；当数值为 20 时，图像边缘锐利，不同颜色之间的过渡也稍显生硬，高光点出现黑白色旋涡状效果且被放大，如图 11-44 和图 11-45 所示。

图 11-44

图 11-45

VRayBoxFilter：用于调节图像阴影、高光的边缘。当参数为 1.5 时，图像边缘较为模糊，阴影和高光的边缘也是模糊的，质量一般；当参数为 20 时，图像彻底变得模糊，场景色调会略微偏冷（白蓝色）。

VRayTriangleFilter：用于调节图像模糊度。当参数为 2 时，图像稍清晰一些；当参数为 20 时，图像彻底模糊。

大小：设置过滤器的大小。

> ⓘ 技巧与提示
>
> 在效果图制作中，经常采用的过滤器是 Mitchell-Netravali 和 Catmull-Rom。

11.3.6 全局确定性蒙特卡洛

“全局确定性蒙特卡洛”卷展栏中的参数用于控制成图中的噪点大小，不同模式下的“全局确定性蒙特卡洛”卷展栏如图 11-46 所示。

图 11-46

重要参数介绍

锁定噪波图案：用于动画制作，制作效果图不使用该功能。

使用局部细分：勾选该复选框后，灯光和材质球中的“细分倍增”选项才能被激活。

细分倍增：用于整体增加场景中灯光或材质的细分数，默认值为 1。图 11-47 和图 11-48 是“细分倍增”为 1 和 2 时的对比效果。

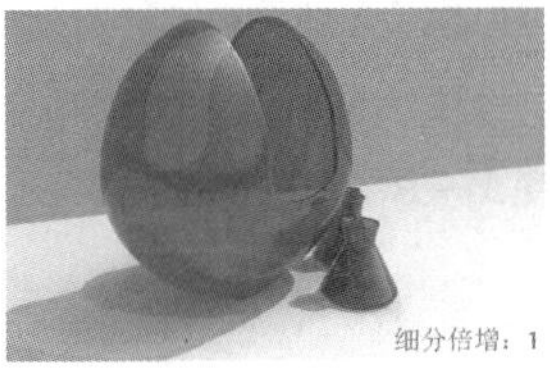

图 11-47

图 11-48

最小采样：此参数决定了每一个像素首次使用的样本数，数值越大，噪点越少，渲染速度越慢。默认值为 16，图 11-49 和图 11-50 所示是“最小采样”为 8 和 16 时的对比效果。

图 11-49

图 11-50

自适应数量：当值为 1 时，将采用“最小采样”控制的样本数作为最小值；当值为 0 时，将采用“最大细分”控制的样本数。

噪波阈值：用于判断单个像素的色差，数值越小，噪点越少，渲染速度越慢，图 11-51 和图 11-52 所示是“噪波阈值”为 0.1 和 0.001 时的对比效果。

图 11-51

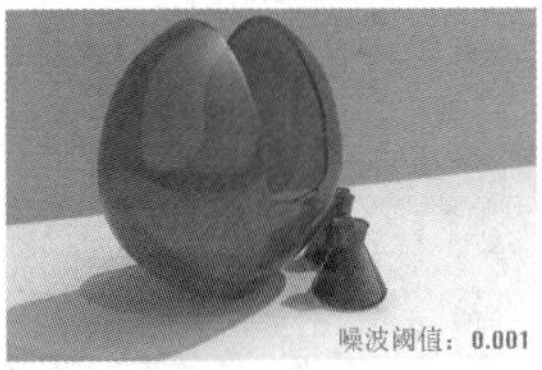

图 11-52

> ⓘ 技巧与提示
>
> 渲染大图时，数值较大的参数会渲染出高质量

的图片，相对的也会耗时更久。由于每台机器的配置不同，同一个渲染参数所消耗的渲染时间也不同，大家在学习时可以根据自身机器的配置，找到合适的渲染参数组合。在商业效果图制作中，效率是最重要的，合适的渲染参数组合可以在时间与品质之间找到平衡。

11.3.7 环境

在“环境”卷展栏中可以设置天光的亮度、反射、折射和颜色等，其中包括“全局照明（GI）环境”“反射 / 折射环境”“折射环境”“二次无光环境”4 个选项组，如图 11-53 所示。

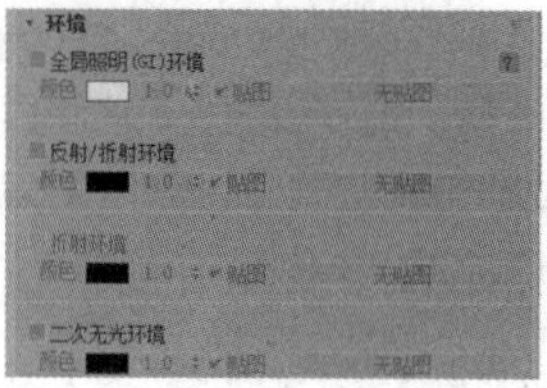

图 11-53

重要参数介绍

全局照明（GI）环境：控制是否开启 VRay 的环境光。当启用这个选项以后，3ds Max 默认的环境光效果将不起作用。

颜色：设置环境光的颜色。

倍增 1.0：设置天光亮度的倍增，值越大，环境光的亮度越高。

无贴图 无贴图：选择贴图来作为环境光的光照。

反射 / 折射环境：勾选该复选框后，当前场景中的反射和折射环境将由它来控制。

折射环境：勾选该复选框后，当前场景中的折射环境由它来控制。

二次无光环境：勾选该复选框后，将在反射 / 折射计算中使用指定的颜色和纹理。

11.3.8 颜色贴图

“颜色贴图”卷展栏中的参数主要用来控制整个场景的颜色和曝光方式，不同模式下的“颜色贴图”卷展栏如图 11-54~ 图 11-56 所示。

图 11-54

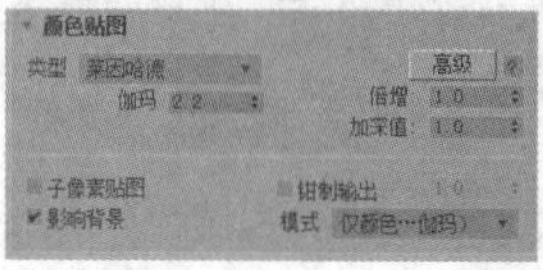

图 11-55

图 11-56

重要参数介绍

类型：提供不同的曝光模式，包括“线性倍增”“指数”“HSV 指数”“强度指数”“伽玛校正”“强度伽玛”“莱因哈德”7 种，如图 11-57 所示。

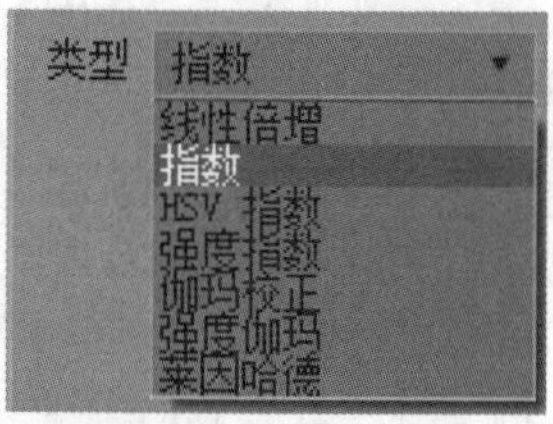

图 11-57

线性倍增：这种模式将基于最终色彩亮度来进行线性的倍增，可能会导致靠近光源的点过分明亮，如图 11-58 所示。“线性倍增”模式包括 3 个参数：“暗部倍增”是对暗部的亮度进行控制，增加该值可以提高暗部的亮度；“亮部倍增”是对亮部的亮度进行控制，增加该值可以提高亮部的亮度；“伽玛”主要用来控制图像的伽玛值。

指数：这种曝光采用指数模式，它可以降低靠近光源处物体表面的曝光效果，同时场景颜色的饱和度会降低，“指数”模式的参数与“线性倍增”一样，如图 11-59 所示。

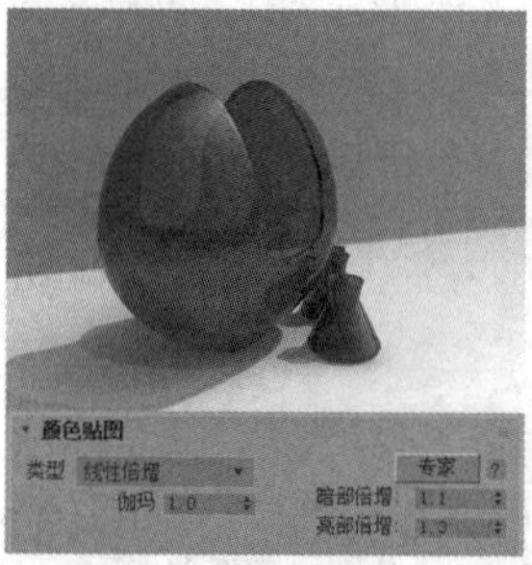

图 11-58

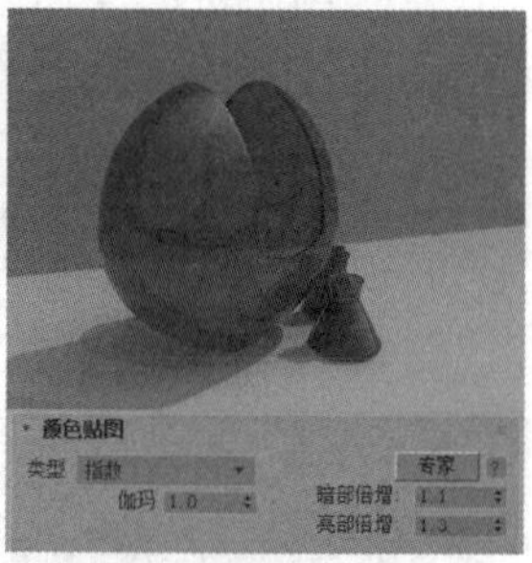

图 11-59

HSV 指数：与“指数”曝光模式比较相似，不同点在于“HSV 指数”可以保持场景物体的颜色饱和度，但是这种模式会取消高光的计算，“HSV 指数”曝光模式的参数与“线性倍增”一样，如图 11-60 所示。

强度指数：这种模式是对上面两种指数曝光模式的结合，既抑制了光源附近的曝光效果，又保持了场景物体的颜色饱和度，“强度指数”曝光模式的参数与“线性倍增”相同，如图 11-61 所示。

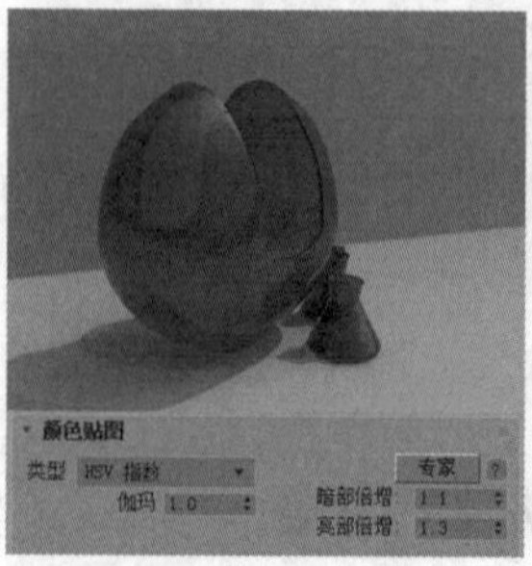

图 11-60

图 11-61

伽玛校正：采用伽玛来修正场景中的灯光衰减和贴图色彩，其效果和“线性倍增”曝光模式类似，如图 11–62 所示。“伽玛校正”模式包括“伽马”“倍增”和“反向伽玛”3 个参数。“倍增”主要用来控制图像的整体亮度倍增；“反向伽玛”是在 VRay 内部转化得到的，比如输入 2.2 就和显示器的伽玛 2.2 相同；“伽马值”主要用来控制图像的伽玛值。

强度伽玛：这种曝光模式不仅拥有“伽玛校正”的优点，还可以修正场景灯光的亮度，“强度伽玛”曝光模式的参数与“伽玛校正”相同，如图 11–63 所示。

图 11–62

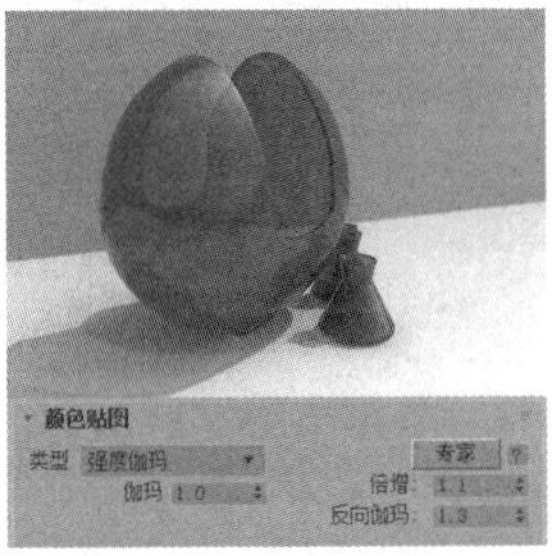

图 11–63

莱因哈德：这种曝光方式可以把“线性倍增”和“指数”曝光模式混合起来，其中“加深值”参数主要用来控制“线性倍增”和“指数”曝光的混合值，0 表示“线性倍增”不参与混合，1 表示“指数”不参加混合，0.5 表示“线性倍增”和“指数”曝光效果各占一半，如图 11–64 所示。

图 11–64

子像素贴图：在实际渲染时，物体的高光区与非高光区的界限处会有明显的黑边，而启用“子像素映射”选项后就可以缓解这种现象。

钳制输出：当勾选该复选框后，渲染图中有些无法表现出来的色彩会通过限制得到自动纠正。但是当使用 HDRI（高动态范围贴图）的时候，如果限制了色彩的输出，就会出现一些问题。

影响背景：控制是否让曝光模式影响背景。当关闭该复选框时，背景不受曝光模式的影响。

模式：用于选择颜色贴图的模式，右侧下拉列表中有“颜色贴图和伽玛”“无（不适用任何东西）”“仅颜色贴图（无伽玛）”3 种模式，如图 11–65 所示。

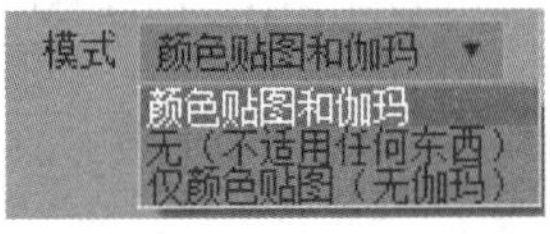

图 11–65

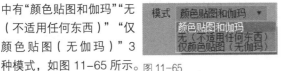

线性工作流：当使用线性工作流时，可以勾选该复选框。

11.4 GI 设置

在“渲染设置”对话框中选择“GI”选项卡，可以显示其中的 4 个参数卷展栏，如图 11–66 所示。

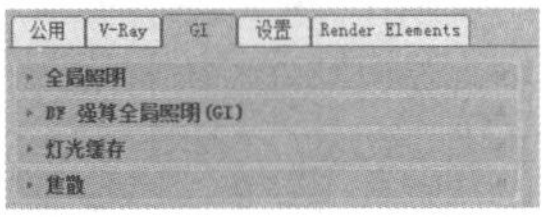

图 11–66

11.4.1 全局照明

没有启用“全局照明”的效果就是直接照明效果，启用后就可以得到间接照明效果。启用“全局照明”后，光线会在物体与物体间反弹，因此光线计算会更加准确，图像也更加真实。不同模式下的“全局照明”卷展栏中的参数如图 11–67~ 图 11–69 所示。

图 11–67

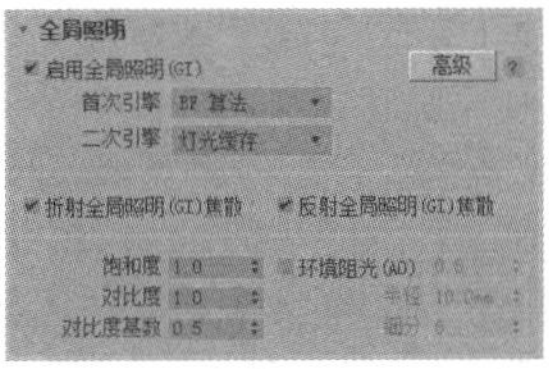

图 11–68

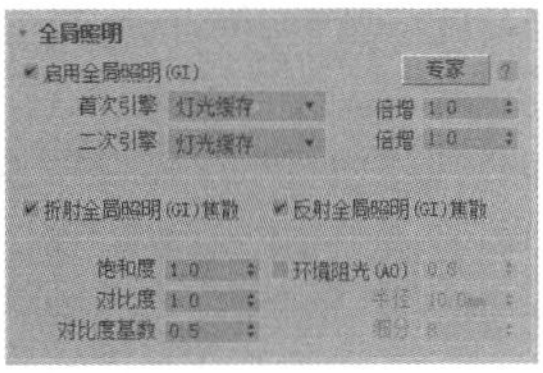

图 11–69

重要参数介绍

启用全局照明（GI）：勾选该复选框后，将启用“全局照明”功能。

首次引擎：选择直接光照射到物体后，第 1 次反弹计算所使用的引擎，包括如图 11–70 所示的 3 种引擎类型。

图 11–70

发光贴图：渲染常用引擎，其优点是速度快，缺点是不能较好地表现细节光照。

BF 算法：渲染时间较长，效果最好，但在参数较低时更容易产生噪点，一般很少使用。

灯光缓存：渲染常用引擎，其优点是速度快，还能加速反射 / 折射模糊的计算，缺点是会占用大量内存，对计算机配置要求较高。

二次引擎：选择物体反弹出来的光，再次反弹时计算使用的引擎。

倍增：控制光的倍增值。值越大，光的能量越强，渲染的场景越亮，最大值为 1，默认情况下也为 1。

折射全局照明（GI）焦散：默认为勾选状态。勾选后必须在焦散开启的情况下，渲染折射投射的光斑效果。

反射全局照明（GI）焦散：默认为不勾选状态。勾选后必须在焦散开启的情况下，渲染反射投射的光斑效果。

饱和度：可以用来控制色溢，减小该数值可以降低色溢效果，一般不做修改。

对比度：控制色彩的对比度。数值越大，色彩对比越强；数值越小，色彩对比越弱。

对比度基数：控制“饱和度”和“对比度”的基数。数值越大，“饱和度”和“对比度”效果越明显。

环境阻光（AO）：勾选该复选框后，将开启“环境阻光”功能。

> ⓘ 技巧与提示
>
> 反弹和二次反弹的区别：在真实世界中，光线的反弹一次比一次弱。VRay 渲染器中的全局照明有“首次反弹”和“二次反弹”，但并不是说光线只反射两次。“首次反弹”可以理解为直接照明光线的反弹，光线照射到 A 物体后反射到 B 物体，B 物体所接收到的光就是“首次反弹”，B 物体再将光线反射到 D 物体，D 物体再将光线反射到 E 物体……D 物体以后的物体所接收到的光的反射就是“二次反弹”，如图 11-71 所示。
>
> 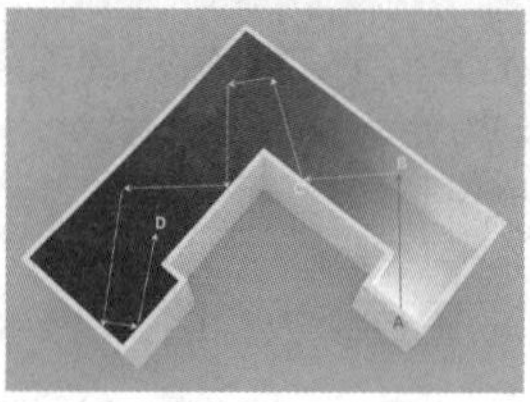
>
> 图 11-71

11.4.2 发光贴图

“发光贴图”描述了三维空间中的任意一点以及可能照射到这点的全部光线。在几何光学里，这个点可以由无数条不同的光线来照射，但是对于渲染器来说，必须对这些不同的光线进行对比、取舍，这样才能优化渲染速度。

那么 VRay 渲染器的“发光贴图”是怎样对光线进行优化的呢？当光线射到物体表面的时候，VRay 会从“发光贴图”里寻找与当前计算过的点类似的点（VRay 计算过的点就会放在“发光贴图”里），然后根据内部参数进行对比，满足内部参数的点就认为和计算过的点相同，不满足内部参数的点就认为和计算过的点不相同，同时认为此点是个新点，那么就要重新计算它，并且把它也保存在“发光贴图”里。这就是大家在渲染时看到的“发光贴图”在计算过程中运算几遍光子的现象。正是因为这样，“发光贴图”会在物体的边界、交叉、阴影区域计算得更精确（这些区域的光变化很大，所以被计算的新点也很多）；而在平坦区域计算的精度就比较低（平坦区域的光的变化并不大，所以被计算的新点也相对较少）。这是一种常用的全局光引擎，只存在于“首次反弹”引擎中。

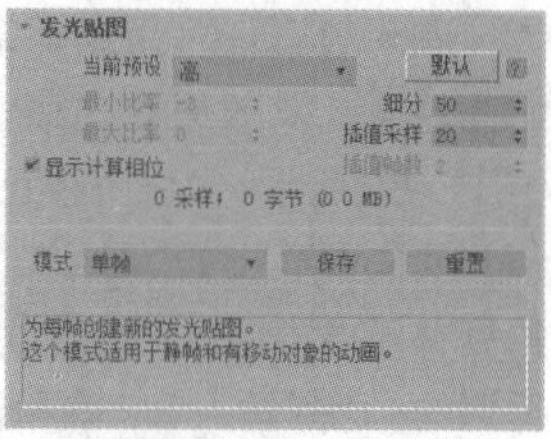

图 11-72

不同模式的“发光贴图”卷展栏中的参数如图 11-72~ 图 11-74 所示。

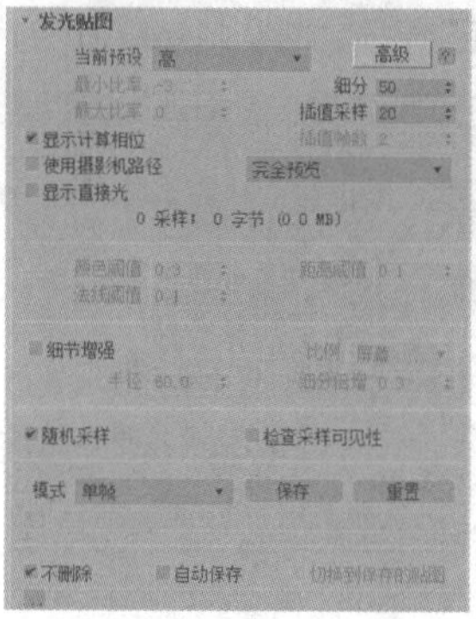

图 11-73

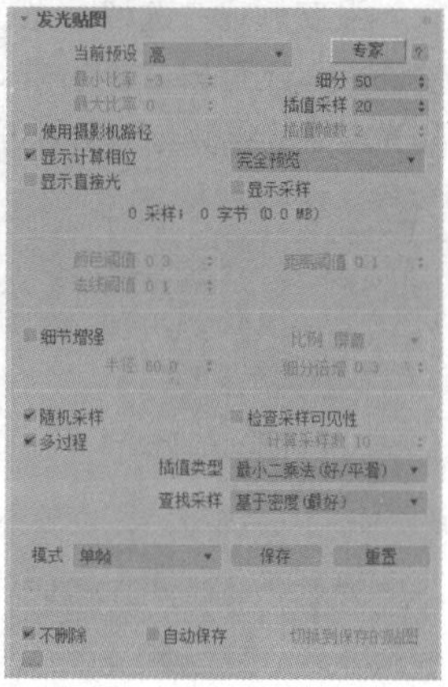

图 11-74

重要参数介绍

当前预设：设置发光贴图的预设类型，共有以下 8 种。

自定义：选择该模式时，可以手动调节参数。

非常低：一种品质非常低的精度模式，主要用于测试阶段。

低：一种品质比较低的精度模式，不适合用于保存光子贴图。

中：一种中级品质的预设模式。

中 - 动画：用于渲染动画效果，可以解决动画闪烁的问题。

高：一种高精度模式，一般用在光子贴图中。

高 - 动画：比中等品质效果更好的一种动画渲染预设模式。

非常高：是预设模式中精度最高的一种，可以用来渲染高品质的效果图。

最小比率：控制场景中平坦区域的采样数量，0 表示计算区域的每个点都有样本，-1 表示计算区域的 1/2 是样本，-2 表示计算区域的 1/4 是样本。

最大比率：控制场景中的物体边线、角落、阴影等细节的采样数量，0 表示计算区域的每个点都有样本，-1 表示计算区域的 1/2 是样本，-2 表示计算区域的 1/4 是样本。

细分：因为 VRay 采用的是几何光学，所以它可以模拟光线的条数，这个参数就是用来模拟光线的数量的，其值越大，表现的光线越多，那么样本精度也就越高，渲染的品质也越好，同时渲染时间也会增加，图 11-75 和图 11-76 所示是“细分”为 10 和 50 时的效果对比。

图 11-75

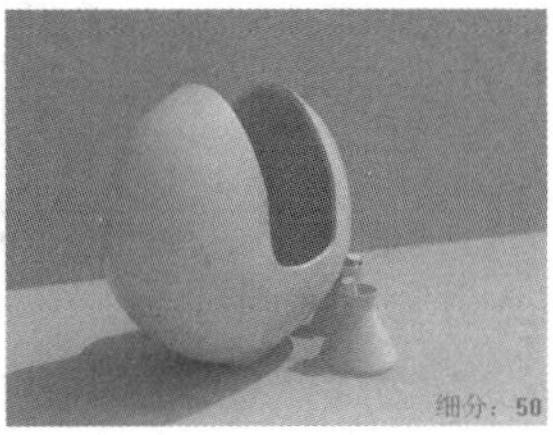

图 11-76

插值采样：这个参数用于对样本进行模糊处理，较大的值可以得到比较模糊的效果，较小的值可以得到比较锐利的效果，图 11-77 和图 11-78 所示是“插值采样”为 2 和 20 时的效果对比。

图 11-77

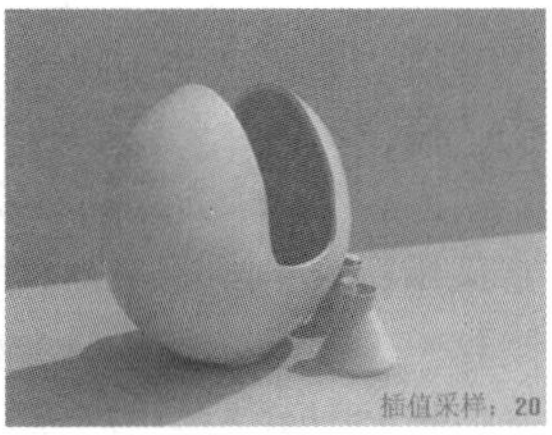

图 11-78

显示计算相位：勾选该复选框后，用户可以看到渲染帧里的 GI 预计算过程，同时会占用一定的内存资源。

显示直接光：勾选该复选框后，在预计算的时候将显示直接照明，以方便用户观察直接光照的位置。

颜色阈值：这个值主要是让渲染器分辨哪些是平坦区域，哪些不是平坦区域。它是按照颜色的灰度来区分的，值越小，对灰度的敏感度越高，区分能力越强。

法线阈值：这个值主要是让渲染器分辨哪些是交叉区域，哪些不是交叉区域。它是按照法线的方向来区分的，值越小，对法线方向的敏感度越高，区分能力越强。

距离阈值：这个值主要是让渲染器分辨哪些是弯曲表面区域，哪些不是弯曲表面区域。它是按照表面距离和表面弧度的比较来区分的，值越大，表示弯曲表面的样本越多，区分能力越强。

细节增强：控制是否开启“细节增强”功能。

模式：共有以下 8 种模式。

单帧：一般用来渲染静帧图像。

多帧增量：用于渲染仅有摄影机移动的动画。采用该模式时，当 VRay 计算完第 1 帧的光子以后，会在后面的帧里根据第 1 帧里没有的光子信息进行新计算，这样就节约了渲染时间。

从文件：当渲染完光子以后，可以将其保存起来，这个选项就是调用保存的光子图进行动画计算（静帧也可以这样）。

添加到当前贴图：当渲染完一个角度的时候，可以把摄影机转一个角度再全新计算新角度的光子，最后把这两次的光子叠加起来，这样的光子信息更丰富、更准确，也可以进行多次叠加。

增量添加到当前贴图：这个模式和“添加到当前贴图”相似，只不过它不是全新计算新角度的光子，而是只对没有计算过的区域进行新的计算。这种模式用于渲染动画光子文件。

块模式：把整个图分成块来计算，渲染完一个块后再进行下一个块的计算，但是在低 GI 的情况下，渲染出来的块会出现错位的情况。它主要用于网络渲染，速度比其他方式快。

动画（预通过）：适合动画预览，使用这种模式要预先保存好光子贴图。

动画（渲染）：适合最终动画渲染，使用这种模式要预先保存好光子贴图。

保存 保存：将光子图保存到计算机硬盘中。

重置 重置：将光子图从内存中清除。

浏览 ...：从硬盘中调用需要的光子图进行渲染。

不删除：勾选该复选框，当光子渲染完以后，不把光子从内存中删掉。

自动保存：当光子渲染完以后，其将自动保存在硬盘中，单击下方的“浏览”按钮 ... 就可以选择保存位置。

切换到保存的贴图：当勾选了“自动保存”复选框后，在渲染结束时会自动进入“从文件”模式并调用光子贴图。

11.4.3 灯光缓存

“灯光缓存”与“发光贴图”比较相似，都是将最后的光发散到摄影机后得到最终图像，只是“灯光缓存”与“发光贴图”的光线路径是相反的。“发光贴图”的光线追踪方向是从光源发射到场景的模型中，最后再反弹到摄影机；而“灯光缓存”是从摄影机开始追踪光线到光源，摄影机追踪光线的数量就是“灯光缓存”的最后精度。

由于“灯光缓存”是从摄影机方向开始追踪光线的，所以最后的渲染时间与渲染的图像的像素没有关系，只与其中的参数有关，一般适用于“二次反弹”。不同模式的“灯光缓存”卷展栏中的参数如图 11-79~图 11-81 所示。

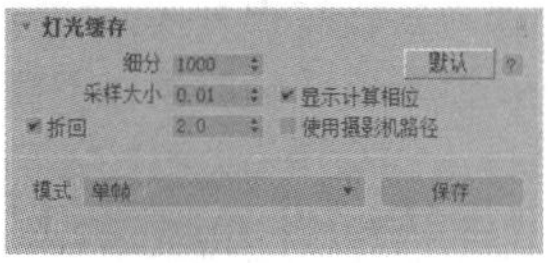

图 11-79

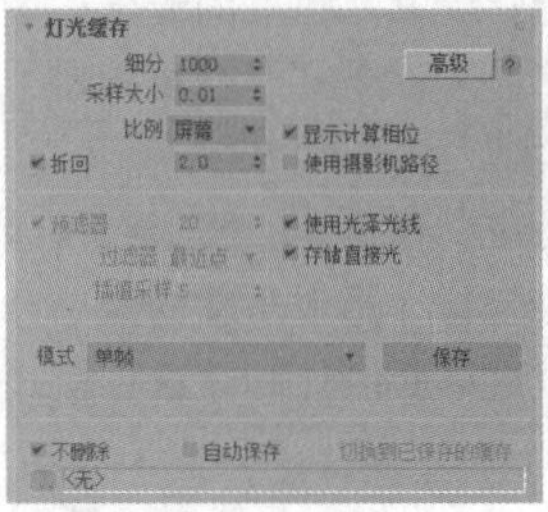

图 11-80

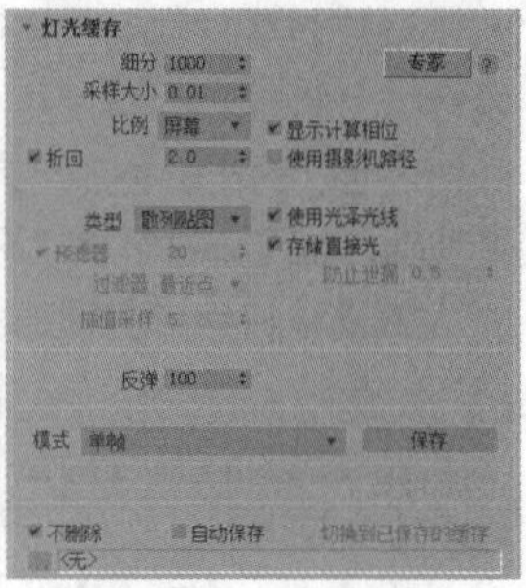

图 11-81

重要参数介绍

细分：用来决定"灯光缓存"的样本数量。其值越大，样本总量越多，渲染效果越好，但渲染时间越长，图 11-82 和图 11-83 所示是"细分"值为 200 和 1000 时的渲染效果对比。

图 11-82

图 11-83

采样大小：用来控制"灯光缓存"的样本大小，比较小的样本可以得到更多的细节，但是需要更多的样本，图 11-84 和图 11-85 所示是"采样大小"为 0.04 和 0.01 时的渲染效果对比。

图 11-84

图 11-85

比例：主要用来确定样本的大小根据什么单位决定。这里提供了"屏幕"和"世界"两种单位，一般在效果图中使用"屏幕"选项，在动画中使用"世界"选项。

显示计算相位：勾选该复选框以后，可以显示"灯光缓存"的计算过程，方便观察。

使用摄影机路径：该参数主要用于渲染动画，用于解决动画渲染中的闪烁问题。

存储直接光：勾选该复选框以后，"灯光缓存"将保存直接光照信息。当场景中有很多灯光时，使用这个选项会提高渲染速度。因为它已经把直接光照信息保存到"灯光缓存"里，在渲染出图的时候，不需要对直接光照再进行采样计算。

预滤器：勾选该复选框以后，可以对"灯光缓存"样本进行提前过滤，它主要是查找样本边界，然后对其进行模糊处理。其右侧的值越大，对样本进行模糊处理的程度越高，图 11-86 和图 11-87 所示是"预滤器"为 10 和 50 时的对比渲染效果。

图 11-86

图 11-87

过滤器：该选项是在渲染最后成图时，对样本进行过滤，在其下拉列表中共有以下 3 个选项。

无贴图：对样本不进行贴图过滤。

最近点：当使用这个过滤方式时，过滤器会对样本的边界进行查找，然后对色彩进行均化处理，从而得到一个模糊效果。选择该选项以后，下方会出现一个"插补采样"参数，其值越大，模糊程度越高。

固定：这个方式和"最近点"方式的不同点在于，它采用距离的判断来对样本进行模糊处理。同时它也附带一个"过滤大小"参数，其值越大，表示模糊的半径越大，图像的模糊程度越高。

插值采样：通过右侧的参数控制插值精度，数值越大，采样越精细，耗时也越长。

模式：设置光子图的使用模式，共有以下 4 种。

单帧：一般用来渲染静帧图像。

穿行：这个模式用在动画制作方面，它把第 1 帧到最后 1 帧的所有样本都融合在一起。

从文件：使用这种模式，VRay 要导入一个预先渲染好的光子贴图，该功能只渲染光影追踪。

渐进式路径跟踪：这个模式就是常说的 PPT，它是一种新的计算方式，和"自适应 DMC"一样是一个精确的计算方式。不同的是，它会不停地计算样本，不对任何样本进行优化，直到样本计算完毕为止。

保存：将内存中的光子贴图进行保存。

浏览：从硬盘中浏览保存好的光子图。

不删除：选中该复选框后，当光子渲染完以后，不把光子从内存中删掉。

自动保存：当光子渲染完以后，自动将其保存在硬盘中，单击下方的"浏览"按钮可以设置自动保存的位置。

切换到被保存的缓存：勾选"自动保存"选项以后，这个选项才被激活。勾选该复选框以后，系统会自动使用最新渲染的光子图来进行大图渲染。

11.4.4 焦散

"焦散"是一种特殊的物理现象，是指当光线穿过一个透明物体时，由于对象表面的不平整，使得光线折射并没有平行发生，而是出现漫折射，投影表面出现光子分散现象。“焦散”卷展栏中的参数如图 11-88 所示。

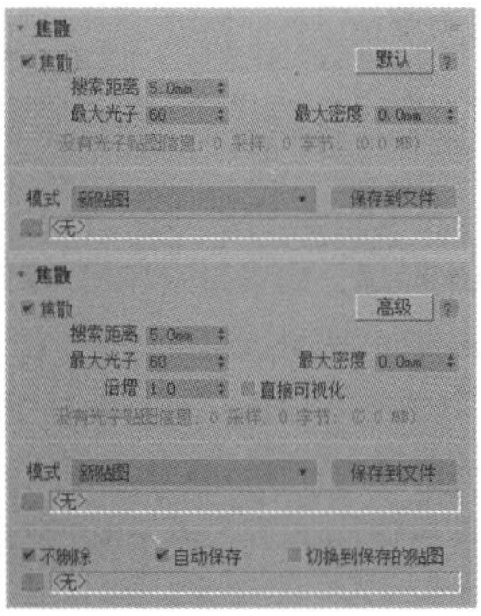

图 11-88

重要参数介绍

焦散：勾选该复选框后，就可以渲染焦散效果。

倍增：通过调整右侧的值来调整焦散的亮度倍增。值越高，焦散效果越亮，图 11-89 和图 11-90 所示分别是“倍增”为 4 和 12 时的对比渲染效果。

图 11-89

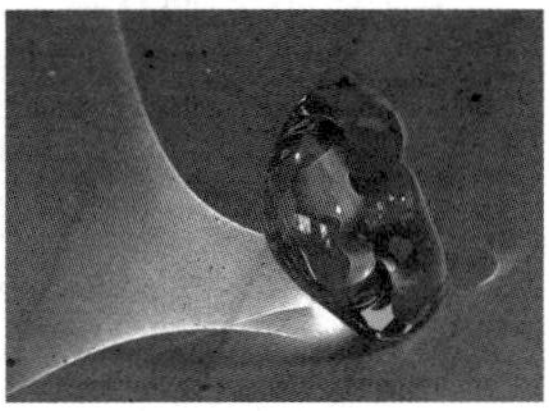

图 11-90

搜索距离：当光子追踪撞击在物体表面的时候，会自动搜索位于周围区域同一平面的其他光子，实际上这个搜索区域是一个以撞击光子为中心的圆形区域，其半径就是由搜索距离确定的。较小的值容易产生斑点；较大的值会产生模糊焦散效果，图 11-91 和图 11-92 所示分别是“搜索距离”为 0.1mm 和 2mm 时的对比渲染效果。

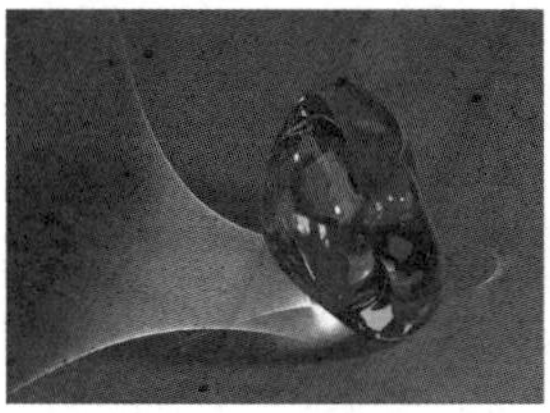

图 11-91

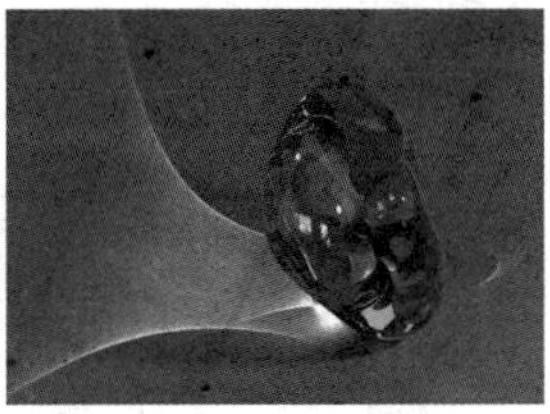

图 11-92

最大光子：定义单位区域内的最大光子数量，然后根据单位区域内的光子数量来均分照明。较小的值不容易得到焦散效果；而较大的值会使焦散效果产生模糊现象，图 11-93 和图 11-94 所示分别是“最大光子”为 1 和 200 时的对比渲染效果。

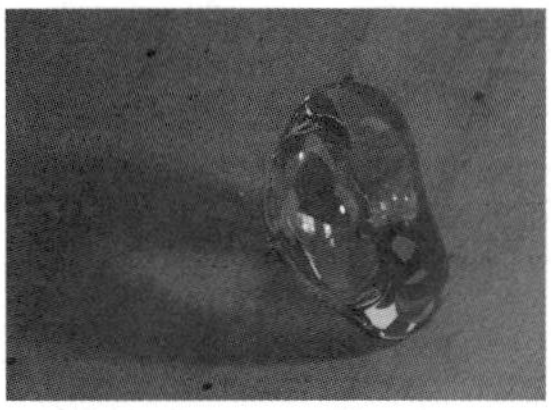

图 11-93

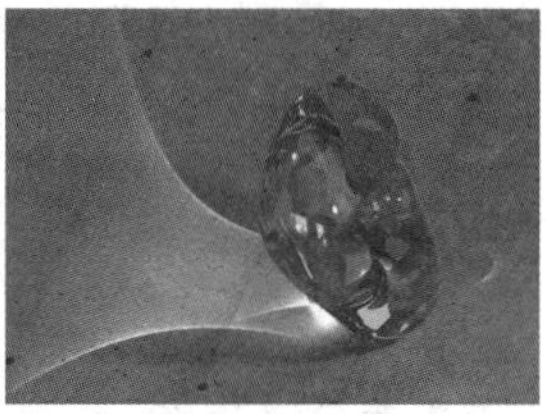

图 11-94

最大密度：控制光子的最大密度，默认值 0 表示使用 VRay 内部确定的密度，较小的值会让焦散效果比较锐利，图 11-95 和图 11-96 所示分别是“最大密度”为 0.01mm 和 5mm 时的对比渲染效果。

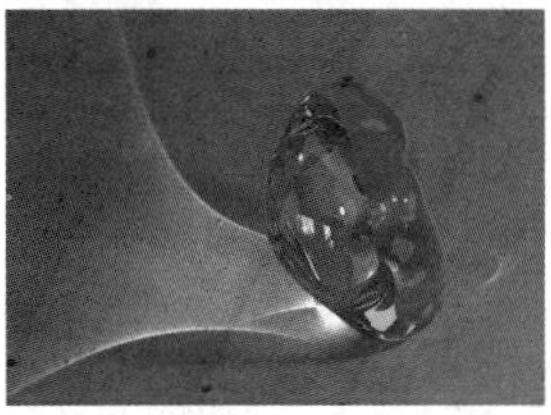

图 11-95

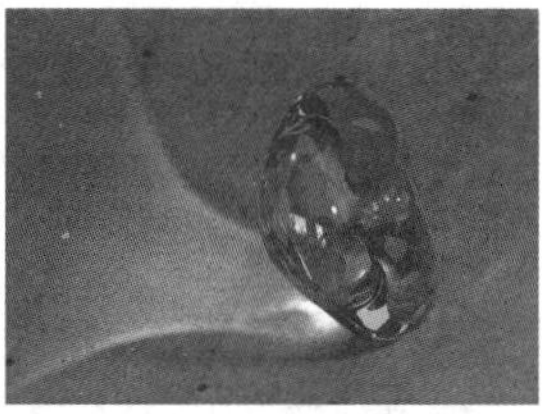

图 11-96

11.5 其他设置

在“渲染设置”对话框中选择“设置”选项卡，可以显示其中的 6 个参数卷展栏，如图 11-97 所示。

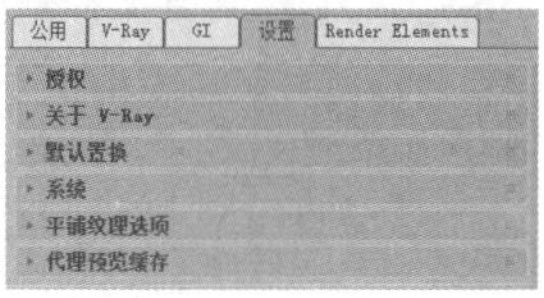

图 11-97

11.5.1 默认置换

“默认置换”卷展栏中的参数是用灰度贴图来实现物体表面的凸凹效果，它对材质中的置换起作用，而不作用于物体表面，其参数如图 11-98 所示。

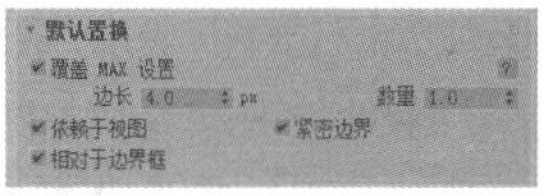

图 11-98

重要参数介绍

覆盖 MAX 设置：控制是否用“默认置换”卷展栏中的参数来替代 3ds Max 中的置换参数。

边长：设置 3D 置换中产生的最小的三角面的长度。其数值越小，精度越高，渲染速度越慢。

数量：设置置换的强度总量。其数值越大，置换效果越明显。

依赖于视图：控制是否将渲染图像中的像素长度设置为“边长”的单位。若不启用该选项，系统将以 3ds Max 中的单位为准。

紧密边界：控制是否对置换进行预先计算。

相对于边界框：控制是否在置换时关联（缝合）边界。若不启用该选项，在物体的转角处可能会产生裂面现象。

11.5.2 系统

"系统"卷展栏中的参数不仅对渲染速度有影响，而且还会影响渲染的显示和提示功能，同时还可以完成联机渲染。不同模式下"系统"卷展栏的参数如图11-99~图11-101所示。

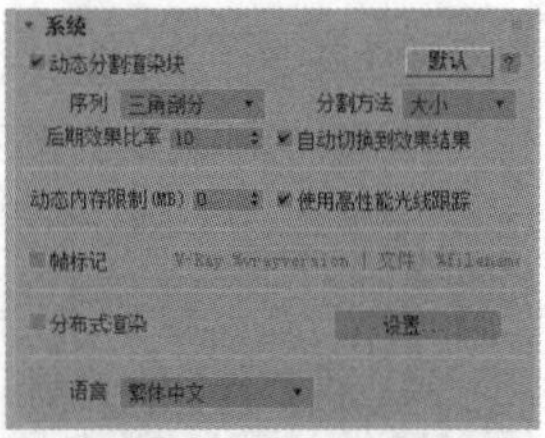

图 11-99

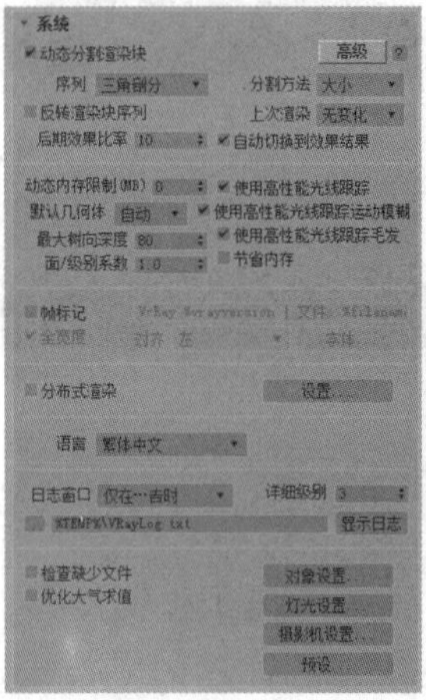

图 11-100

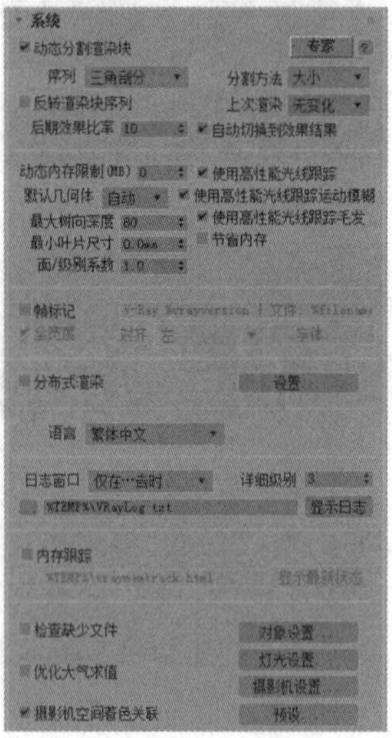

图 11-101

重要参数介绍

动态分割渲染块：勾选该复选框以后，VRay渲染器会自动减小渲染块大小，以便使用所有可用的CPU核心。

序列：控制渲染块的渲染顺序，共有以下6种方式。

上 -> 下：渲染块将按照从上到下的渲染顺序渲染。

左 -> 右：渲染块将按照从左到右的渲染顺序渲染。

棋格：渲染块将按照棋格的渲染顺序渲染。

螺旋：渲染块将按照从里到外的渲染顺序渲染。

三角剖分：这是VRay默认的渲染方式，它将图形分为两个三角形依次进行渲染。

希尔伯特：渲染块将按照"希耳伯特曲线"的渲染顺序渲染。

反转渲染块序列：勾选该复选框以后，渲染顺序将和设定的顺序相反。

上次渲染：这个参数确定在渲染开始的时候，在3ds Max默认的帧缓存框中以什么样的方式处理先前的渲染图像。这些参数的设置不会影响最终渲染效果，系统提供了以下6种方式。

无变化：与前一次渲染的图像保持一致。

交叉：每隔2个像素，图像被设置为黑色。

场：每隔1条线设置为黑色。

变暗：图像的颜色设置为黑色。

蓝色：图像的颜色设置为蓝色。

清除：清除上次渲染图像。

动态内存限制(MB)：控制动态内存的总量。注意，这里的动态内存被分配给每个线程，如果是双线程，那么每个线程各占一半的动态内存。如果这个值较小，那么系统经常在内存中加载并释放一些信息，这样就减慢了渲染速度。用户应该根据自己的内存情况来确定该值。

默认几何体：控制内存的使用方式，共有以下3种方式。

自动：VRay会根据使用内存的情况自动调整使用静态或动态的方式。

静态：在渲染过程中采用静态内存会加快渲染速度，但在复杂场景中，由于需要的内存资源较多，经常会出现3ds Max跳出的情况。这是因为系统需要更多的内存资源，这时应该选择动态内存。

动态：使用内存资源交换技术，当渲染完一个块后就会释放占用的内存资源，同时开始下个块的计算。这样就有效地提高了内存的使用效率。注意，动态内存的渲染速度比静态内存慢。

最大树向深度：控制根节点的最大分支数量。较大的值会加快渲染速度，同时会占用较多的内存。

最小叶片尺寸：控制叶节点的最小尺寸，达到叶节点尺寸以后，系统停止计算场景。0表示考虑计算所有的叶节点，这个参数对速度的影响不大。

面/级别系数：控制一个节点中的最大三角面数量，当未超过临近点时计算速度较快；当超过临近点时，渲染速度会减慢。所以，这个值要根据不同的场景来设定，进而提高渲染速度。

分布式渲染：当勾选该复选框时，可以开启"分布式渲染"功能。

详细级别：控制"VRay日志"的显示内容，一共有4个级别。1表示仅显示错误信息；2表示显示错误和警告信息；3表示显示错误、警告和情报信息；4表示显示错误、警告、情报和调试信息。

优化大气求值：当场景中拥有大气效果，并且大气比较稀薄的时候，勾选该复选框可以得到比较优秀的大气效果。

对象设置 对象设置：单击该按钮会弹出"VRay对象属性"对话框，在该对话框中可以设置场景物体的局部参数。

灯光设置 灯光设置：单击该按钮会弹出"VRay光源属性"对话框，在该对话框中可以设置场景灯光的一些参数。

预设 预设 ：单击该按钮会打开“VRay 预设”对话框，在该对话框中可以保存当前 VRay 渲染参数的各种属性，方便以后调用。

11.6 VRay 渲染技巧

本节将为读者讲解一些用 VRay 渲染的技巧，包括渲染光子图、AO 通道、线框图、ID 通道和 VRay 物理降噪。

11.6.1 光子图

在实际工作中渲染大尺寸渲染图需要花费很多的时间。为了既减少渲染浪费的时间，又能保证图片的质量，这时就需要提前以较小尺寸渲染光子图，然后再进行最终渲染。

实战：光子图渲染	
素材位置	素材文件 > 第 11 章 >02
实例位置	实例文件 > 第 11 章 > 光子图渲染 > 光子图渲染 .max
学习目标	学习光子图的渲染与使用方法

本案例将学习光子图的渲染与使用方法，案例最终效果如图 11-102 所示。

图 11-102

01 打开本书学习资源中的“素材文件 > 第 11 章 >02>02.max”文件，如图 11-103 所示。

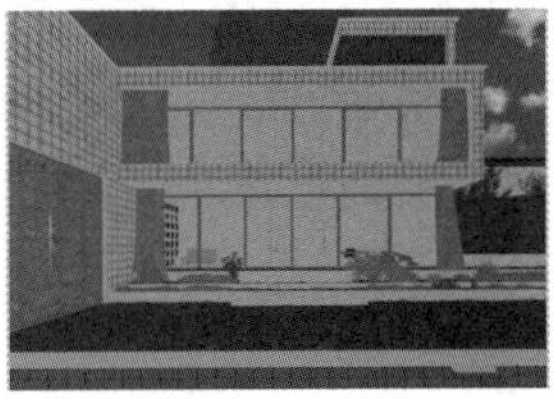

图 11-103

02 下面讲解渲染光子图的方法。按 F10 键打开“渲染设置”对话框，然后在“公用”选项卡的“输出大小”选项组中设置“宽度”为 600、“高度”为 420，如图 11-104 所示。

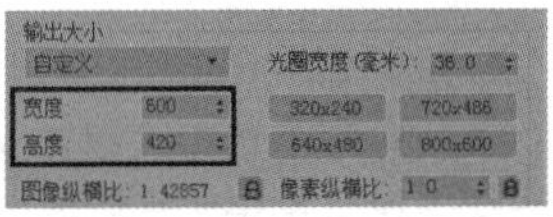

图 11-104

> **技巧与提示**
>
> 光子图的尺寸需要根据大图的尺寸确定，理论上光子图的尺寸最小为成图的 1/10，但为了保证成图的质量，最小应设置为成图的 1/4 左右。

03 切换到“GI”选项卡，在“发光贴图”卷展栏中切换到“高级”模式面板，然后设置“当前预设”为“中”，在“模式”下拉列表中选择“单帧”，再勾选“自动保存”复选框，如图 11-105 所示。

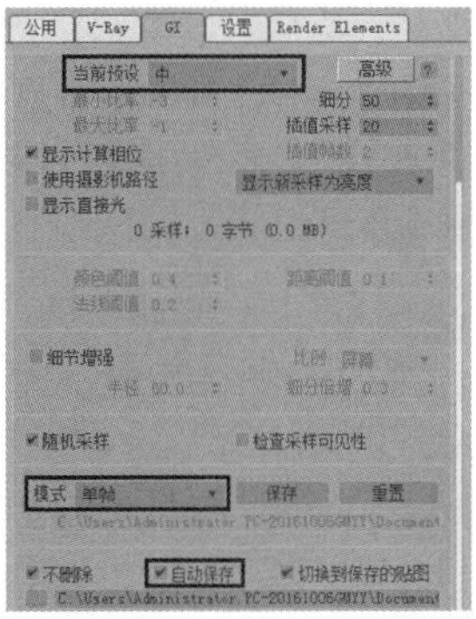

图 11-105

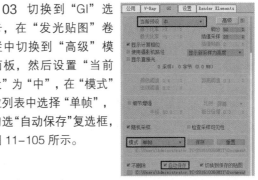

04 在“发光贴图”卷展栏下方单击“浏览”按钮 ，在打开的“保存发光贴图”对话框中设置光子图的保存位置和文件名，如图 11-106 所示。

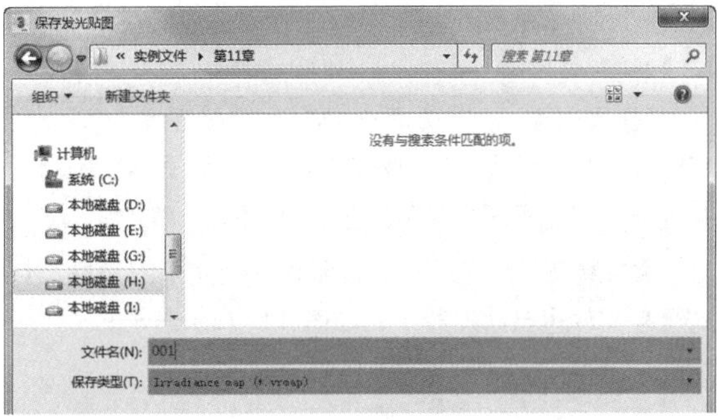

图 11-106

05 展开“灯光缓存”卷展栏，切换到“高级”模式面板，然后设置“细分”为 1000，在“模式”下拉列表中选择“单帧”，然后勾选“自动保存”复选框，接着单击下方“浏览”按钮 ，设置灯光缓存的保存位置，如图 11-107 所示。

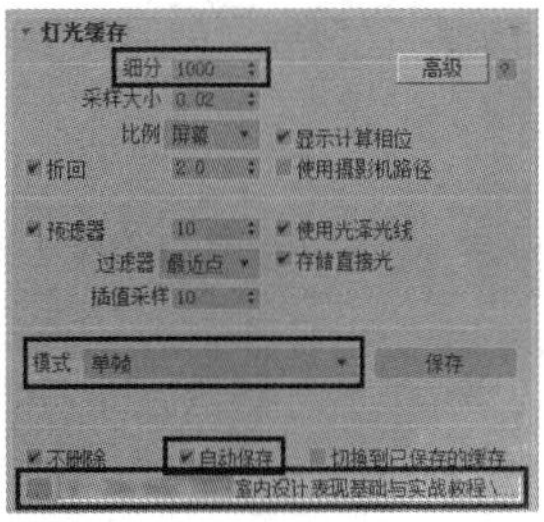

图 11-107

> **技巧与提示**
>
> 光子图的文件名后缀为 .vrmap，灯光缓存的文件名后缀为 .vrlmap。

06 切换到“V-Ray”选项卡，展开“全局开关”卷展栏，然后勾选“不渲染最终的图像”复选框，如图 11-108 所示。

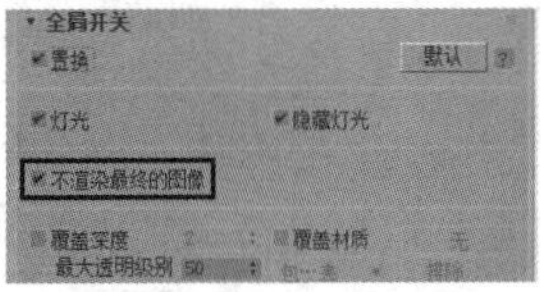

图 11-108

07 切换到摄影机视口，按 F9 键渲染当前场景。渲染完成后，系统会自动保存光子图文件和灯光缓存文件，之后可以在保存光子图文件的文件夹中找到这两个文件，如图 11-109 所示。

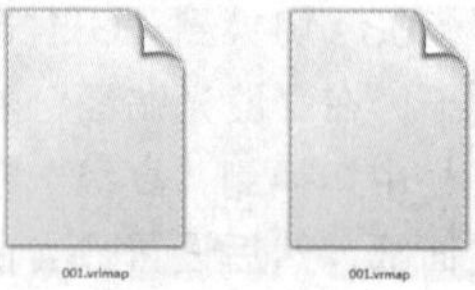

图 11-109

08 下面渲染成图。切换到“公用”选项卡，在“输出大小”选项组中设置“宽度”为 2000、“高度”为 1500，如图 11-110 所示。

09 切换到“V-Ray”选项卡，展开“全局开关”卷展栏，然后取消勾选“不渲染最终的图像”复选框，如图 11-111 所示。

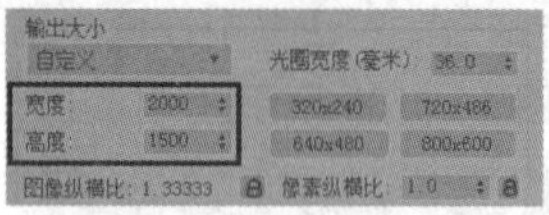

图 11-110

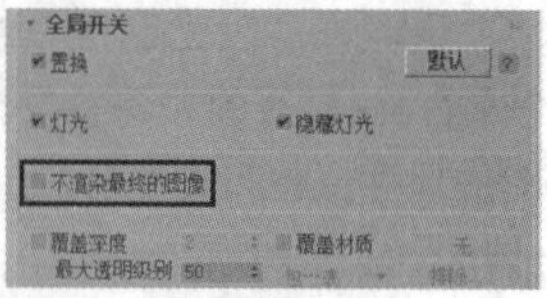

图 11-111

10 切换到“GI”选项卡，展开“发光贴图”卷展栏，可以观察到“模式”中已经自动选择“从文件”选项，并且下方有光子图文件的路径，如图 11-112 所示。

11 展开“灯光缓存”卷展栏，同光子图一样，灯光缓存文件也自动加载了，如图 11-113 所示。

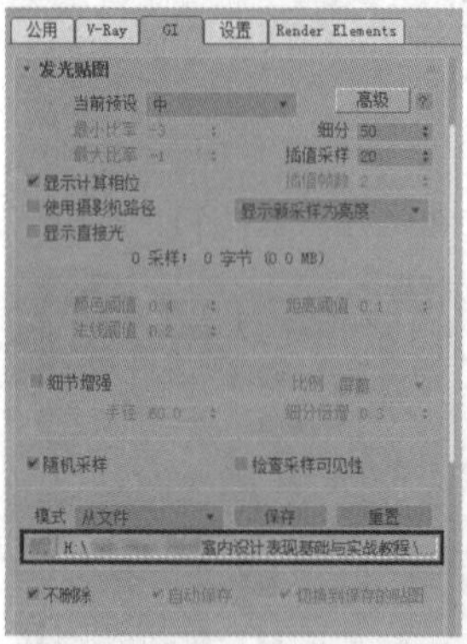

图 11-112

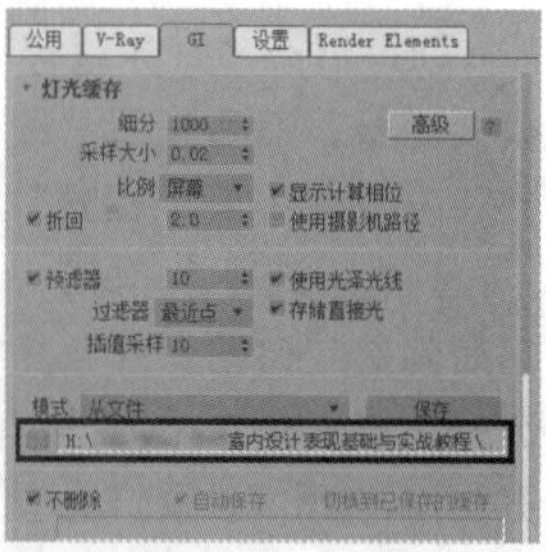

图 11-113

12 切换到摄影机视口，按 F9 键渲染当前场景，最终效果如图 11-114 所示。

图 11-114

技巧与提示

渲染光子图可以在保证渲染质量的情况下极大地提升渲染速度，但是这中间还有一些问题需要注意。

第 1 点，如果在渲染光子图后修改了场景中的模型造型，那么就必须重新渲染光子图。

第 2 点，如果在渲染光子图后修改了场景中的灯光颜色和位置，那么就必须重新渲染光子图。

第 3 点，如果在渲染光子图后修改了场景中模型的材质，一般不需要重新渲染光子图，可以直接渲染最终效果图。

第 4 点，渲染最终效果图时，如果画面整体泛绿色或出现花斑而光子图没有出现该效果，这是由于场景中存在“渐变坡度”贴图的模型，找到该模型修改材质或直接将模型删除再重新渲染光子图。

11.6.2 AO 通道

AO 通道是为后期在 Photoshop 中调整成图做准备。通过对 AO 通道的调整，可以增强效果图的空间感、立体感，特别是突出线条不太清楚的地方（如石膏线）。

实战：渲染 AO 通道	
素材位置	素材文件 > 第 11 章 >03
实例位置	实例文件 > 第 11 章 > 渲染 AO 通道 > 渲染 AO 通道 .max
学习目标	学习 AO 通道的渲染方法

本案例将练习渲染 AO 通道的操作，案例最终效果如图 11-115 所示。

图 11-115

01 打开本书学习资源中的“素材文件 > 第 11 章 > 03>03.max”文件，如图 11-116 所示。

02 按 F10 键打开“渲染设置”面板，切换到“V-Ray”选项卡，然后展开“全局开关”卷展栏，勾选“覆盖材质”复选框，如图 11-117 所示。

图 11-116

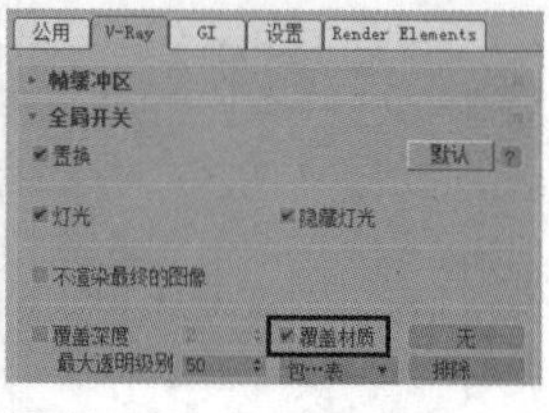

图 11-117

03 按 M 键打开“材质编辑器”对话框，选择一个空白材质球，设置材质类型为“VRayMtl”材质，然后在“漫反射”通道中加载一张“VRay 污垢”贴图，如图 11–118 所示。再进入“VRay 污垢”参数面板，设置“半径”为 800mm，如图 11–119 所示。

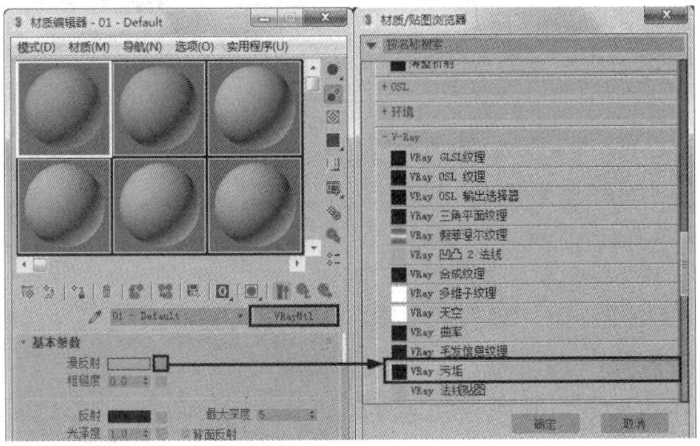

图 11–118

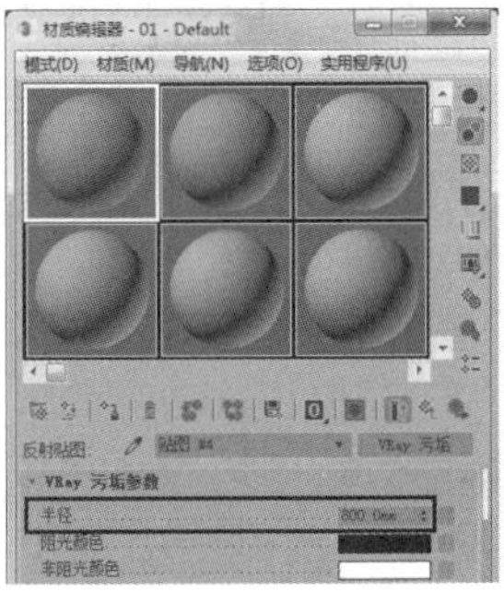

图 11–119

04 将调整好的 AO 材质球拖曳到“渲染设置”面板的“覆盖材质”通道中，然后在弹出的对话框中选择“实例”，如图 11–120 和图 11–121 所示。

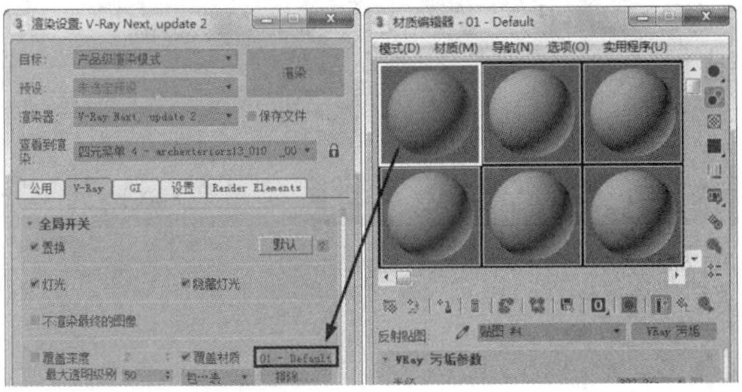

图 11–120

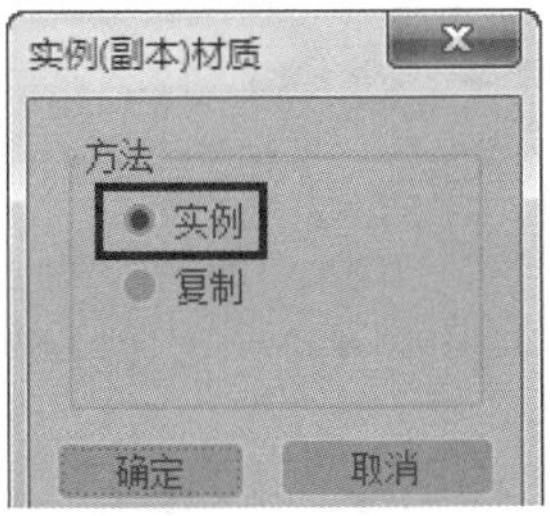

图 11–121

05 切换到摄影机视口中，然后按 F9 键渲染当前场景，AO 通道最终效果如图 11–122 所示。

图 11–122

11.6.3 ID 通道

ID 通道也是为后期在 Photoshop 中调整成图做准备。通过彩色通道，用户可以快速地选取画面中的物体，然后调整其色相、饱和度、曝光等选项。

实战：渲染 ID 通道	
素材位置	素材文件 > 第 11 章 >03
实例位置	实例文件 > 第 11 章 > 渲染 ID 通道 > 渲染 ID 通道 .max
学习目标	学习 ID 通道的渲染方法

本案例将练习渲染 ID 通道的操作，案例最终效果如图 11–123 所示。

图 11–123

01 打开本书学习资源中的“素材文件 > 第 11 章 > 03>03.max”文件。

02 按 F10 键打开“渲染设置”面板，切换到“Render Elements”（渲染元素）选项卡，然后单击“添加”按钮，在打开的“渲染元素”对话框中选择“VRay 元素 ID”选项，再单击“确定”按钮 确定 ，将元素添加到左侧面板中，如图 11–124 所示。

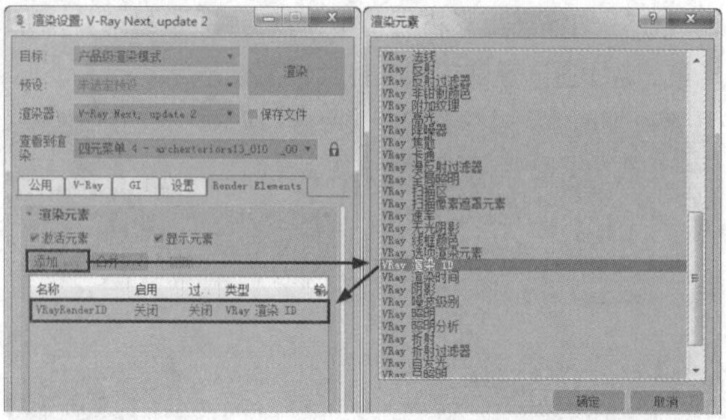

图 11-124

03 对摄影机视口进行渲染，其效果如图 11-125 所示，单击渲染窗口左上角的渲染下拉列表框，选择“VRay 渲染 ID”选项，可以切换到渲染的 ID 通道图像，如图 11-126 所示。

图 11-125

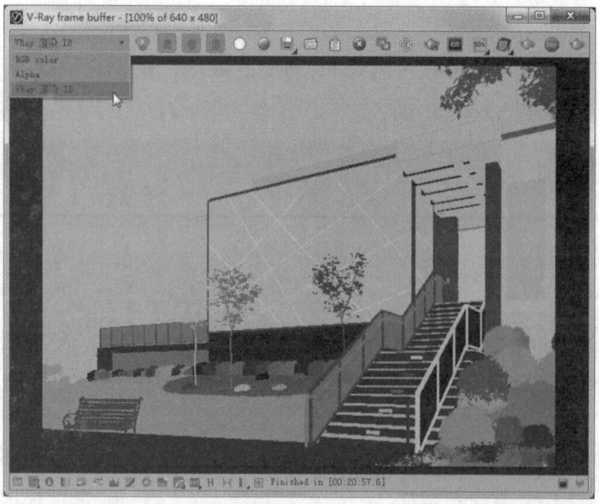

图 11-126

11.6.4 线框图

线框图可以很好地展现模型的结构、布线，也可以通过后期处理软件进一步处理成各种效果。

实战：渲染线框图

素材位置	素材文件 > 第 11 章 >03
实例位置	实例文件 > 第 11 章 > 渲染线框图 > 渲染线框图 .max
学习目标	学习线框图的渲染方法

本案例将练习渲染线框图的操作，案例最终效果如图 11-127 所示。

图 11-127

01 打开本书学习资源中的“素材文件 > 第 11 章 >03>03.max”文件。

02 按 F10 键打开“渲染设置”对话框，切换到“V-Ray”选项卡，然后展开“全局开关”卷展栏，再勾选“覆盖材质”复选框，如图 11-128 所示。

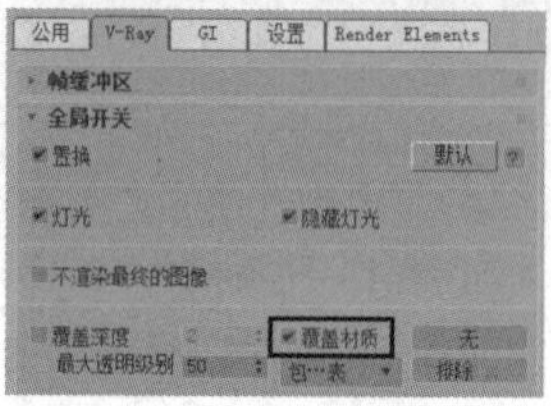

图 11-128

03 按 M 键打开“材质编辑器”对话框，选择一个空白材质球，设置材质类型为“VRayMtl”材质，然后在“漫反射”通道中加载一张“VRay 边纹理”贴图，如图 11-129 所示，再进入“VRay 边纹理参数”面板，设置颜色为深黑色（红 :12 绿 :12 蓝 :12），设置“像素宽度”为 0.3，如图 11-130 所示。

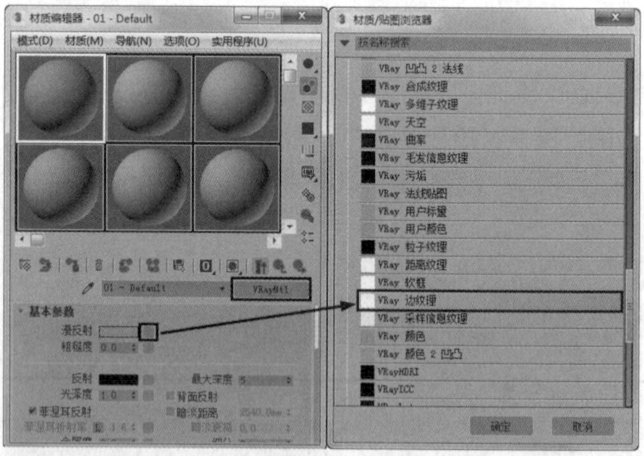

图 11-129

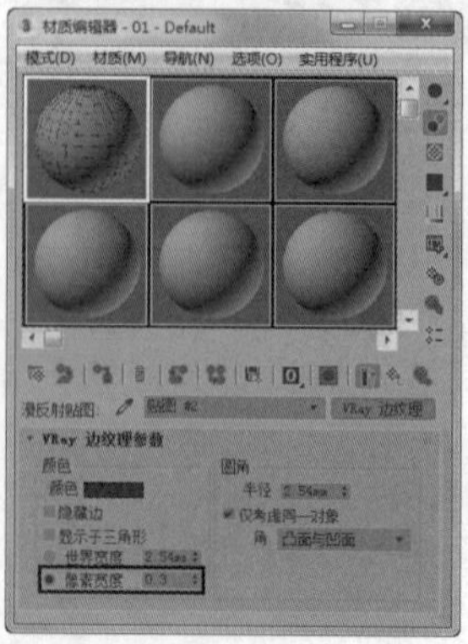

图 11-130

04 将调整好的线框材质球拖曳到“渲染设置”面板的“覆盖材质”通道中，然后在弹出的对话框中选择“实例”，如图 11-131 和图 11-132 所示。

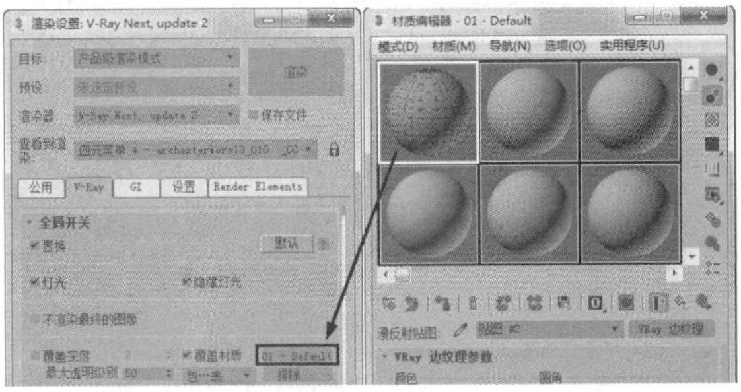
图 11-131

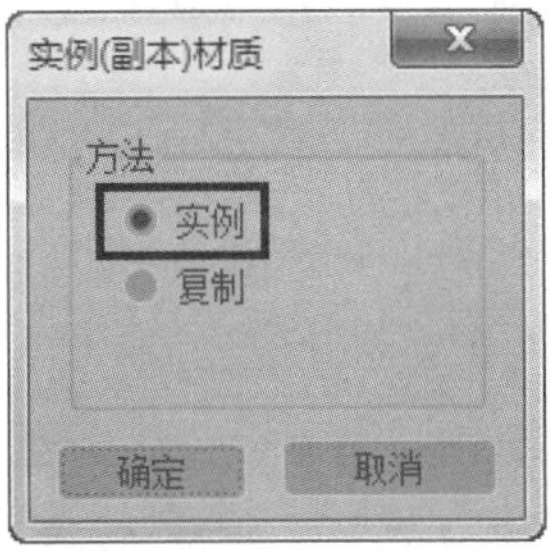

图 11-132

05 切换到摄影机视口，然后按 F9 键渲染当前场景，渲染线框图最终效果如图 11-133 所示。

图 11-133

11.6.5 VRay 物理降噪

VRay 物理降噪可以在较低的渲染参数下修正图像，达到高质量效果图的渲染效果。这对应用性能一般的计算机制作效果图十分有帮助，省去了许多购买昂贵硬件的花费。对于初学者来说，该功能可以减少因渲染参数设置不到位而导致渲染质量不佳的情况。

实战：VRay 物理降噪	
素材位置	素材文件 > 第 11 章 >04
实例位置	实例文件 > 第 11 章 > VRay 物理降噪 >VRay 物理降噪 .max
学习目标	学习 VRay 物理降噪的使用方法

本案例将介绍 VRay 物理降噪的应用，案例最终效果如图 11-134 所示。

图 11-134

01 打开本书学习资源中的“素材文件 > 第 11 章 > 04>04.max”，如图 11-135 所示。这是一个商店场景，场景中模型的面数很多，导致计算机对场景进行运算时速度很慢，为了方便快速渲染，这里设置一组质量很低的渲染参数。

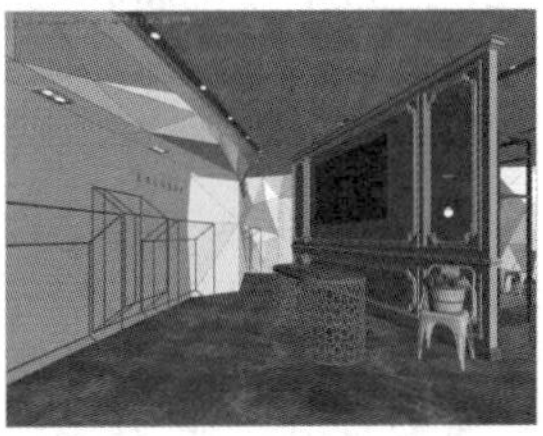
图 11-135

02 按 F10 键打开“渲染设置”对话框，然后在“公用”卷展栏中设置“输出大小”的“宽度”为 800、“高度”为 600，如图 11-136 所示。

03 切换到“V-Ray”选项卡，展开“图像采样器(抗锯齿)”卷展栏，然后设置“类型”为“渲染块”，接着在“渲染块图像采样器”卷展栏中设置“最小细分”为 1、“最大细分”为 4、“噪波阈值”为 0.01，如图 11-137 所示。

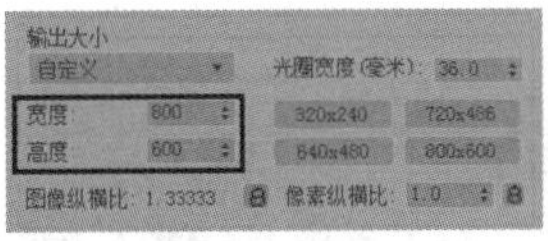
图 11-136

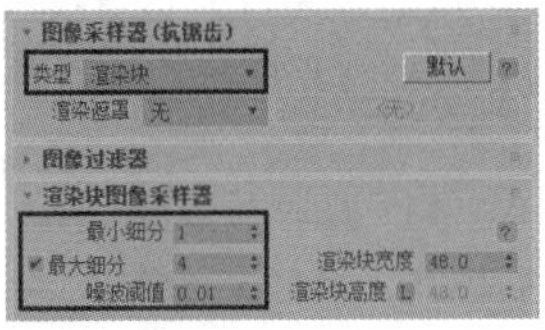
图 11-137

04 展开“图像过滤器”卷展栏，然后设置“过滤器”为“Mitchell-Netravali”，如图 11-138 所示。

05 展开“全局确定性蒙特卡洛”卷展栏，然后设置“最小采样”为 8、“噪波阈值”为 0.01，如图 11-139 所示。

图 11-138

图 11-139

06 展开“颜色贴图”卷展栏，然后设置“类型”为“莱因哈德”，再设置“加深值”为 0.6，如图 11-140 所示。

07 切换到“GI”选项卡，然后设置“首次引擎”为“发光贴图”、“二次引擎”为“灯光缓存”，如图 11-141 所示。

图 11-140

图 11-141

08 展开“发光贴图”卷展栏，然后设置“当前预设”为“非常低”，接着设置“细分”为 30、“插值采样”为 10，如图 11-142 所示。

09 展开“灯光缓存”卷展栏，然后设置“细分”为 300，如图 11-143 所示。

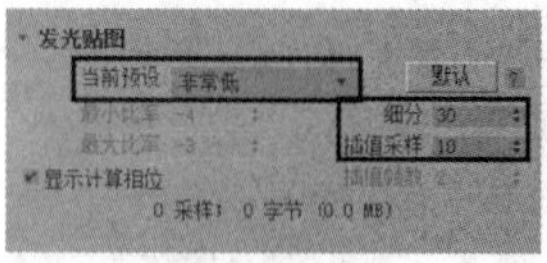

图 11-142

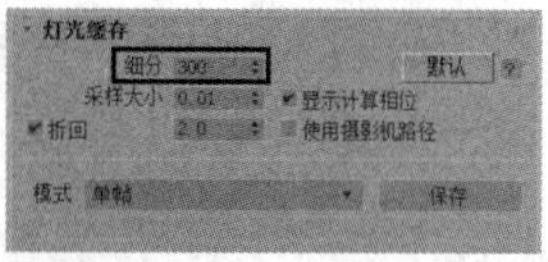

图 11-143

10 切换到“设置”选项卡，然后设置“序列”为“上→下”，接着设置“动态内存限制(MB)”为 4000，如图 11-144 所示。

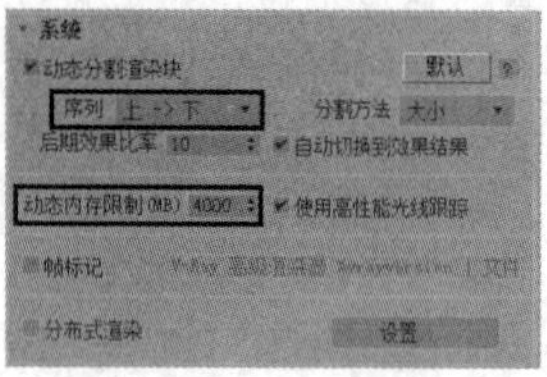

图 11-144

ⓘ 技巧与提示

“动态内存限制（MB）”的数值是根据计算机自身的物理内存进行确定的。若物理内存是 4GB，则数值不能超过 4000；若物理内存是 8GB，则数值不能超过 8000。以此类推，若数值超过物理内存，则会造成程序无响应而自动退出的情况。

11 此时可以快速渲染场景，其效果如图 11-145 所示。但是此时场景中白色的部分有很多噪点，还有很多曝光的白斑，整体显得很粗糙。

图 11-145

12 下面加载 VRay 物理降噪。切换到“Render Elements（渲染元素）”选项卡，然后单击“添加”按钮 添加 在弹出的对话框中选择“VRay 降噪器”选项，接着单击“确定”按钮 确定，如图 11-146 所示。

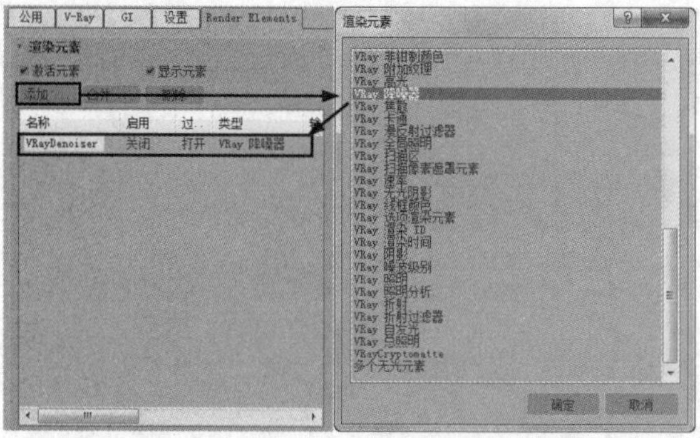

图 11-146

13 展开下方的“VRay 降噪器参数”卷展栏，然后设置“预设”为“自定义”，如图 11-147 所示。

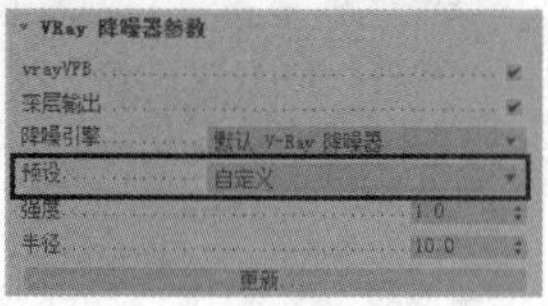

图 11-147

ⓘ 技巧与提示

对于绝大多数效果图，使用“自定义”选项后就不需要设置其他数值，请根据效果图的情况灵活使用该选项。

14 设置好参数后再次渲染，会发现在渲染的过程最后多了一步 VRay 物理降噪的过程，但效果图却没有任何改变。单击 VRay 帧缓存左上角的下拉列表，选择“VRayDenoiser”选项，如图 11-148 所示。此时效果图切换到 VRay 物理降噪后的效果，可以观察到白色部分的噪点全部消失，整体画面精细了很多，如图 11-149 所示。

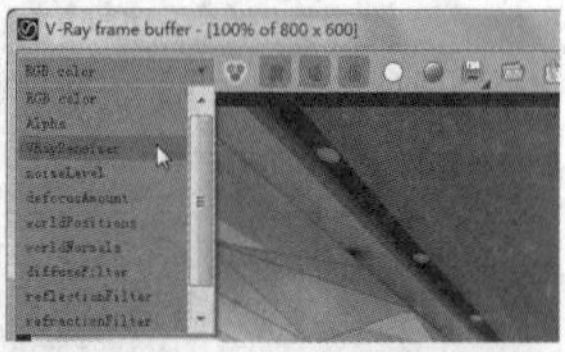

图 11-148

图 11-149

12

第12章

综合案例

要点索引

现代风格客厅

现代风格电梯厅

废弃仓库 CG 场景

本章将通过综合案例详细讲解用 VRay 渲染器制作商业案例的制作流程，希望读者能仔细阅读，全面掌握效果图的制作方法与流程。

12.1 现代风格客厅

现代风格客厅	
素材位置	素材文件 > 第 12 章 >01
实例位置	实例文件 > 第 12 章 > 现代风格客厅 > 现代风格客厅.max
学习目标	掌握家装场景渲染的全流程

本场景是一个休闲客厅空间，由于该空间有两个面积较大的窗户，同时考虑到现代简约的设计风格，所以决定采用日光效果表现出阳光穿过玻璃投射到室内的温馨气氛，最终渲染效果如图 12-1 所示。

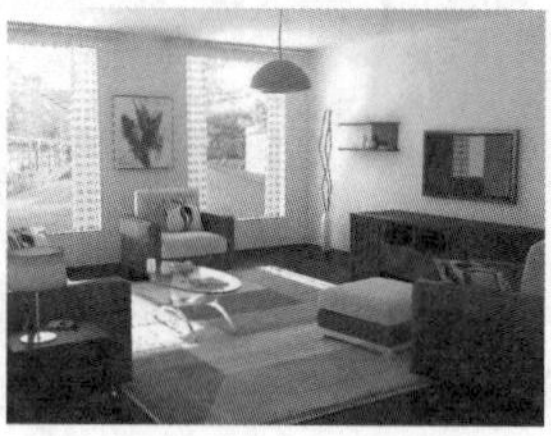

图 12-1

12.1.1 摄影机创建

通常情况下，场景的摄影机角度都是根据客户的要求来设定的，比如需要表现哪一个面，或者说需要表现哪一个角度等。在本场景中，将使用“目标”摄影机来设置场景的视角。

01 打开本书学习资源中的“素材文件 > 第 12 章 > 01>01.max”文件，如图 12-2 所示。

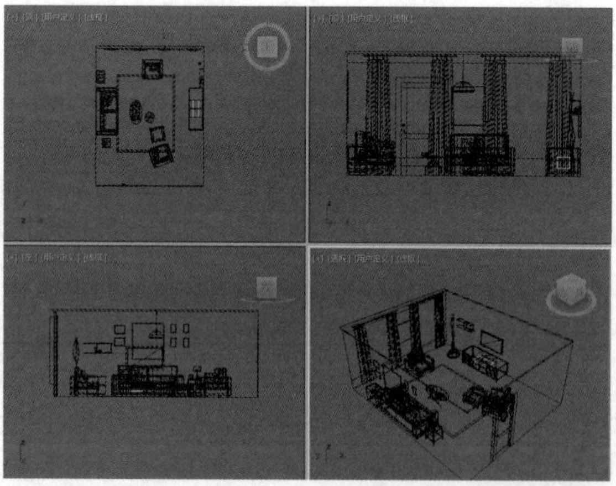

图 12-2

02 在“创建”命令面板中单击“摄影机”按钮，然后单击“标准”摄影机类型中的“目标”按钮 目标 ，如图 12-3 所示。

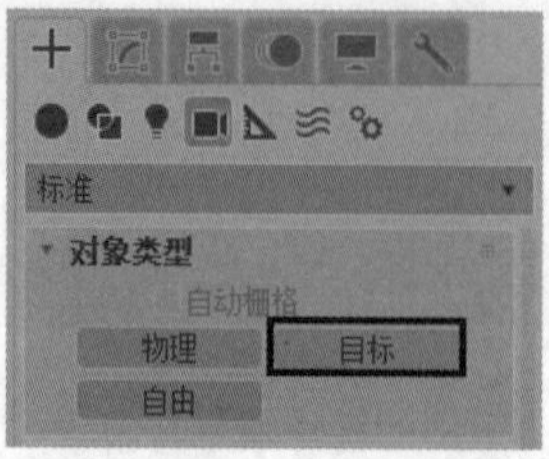

图 12-3

03 按 T 键切换到顶视口，然后在如图 12-4 所示的位置创建一台“目标”摄影机。

04 按 F 键切换到前视口，调整摄影机的投射点和目标点到如图 12-5 所示的位置。

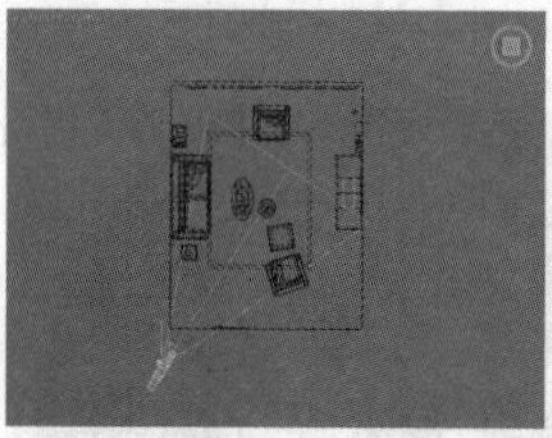

图 12-4

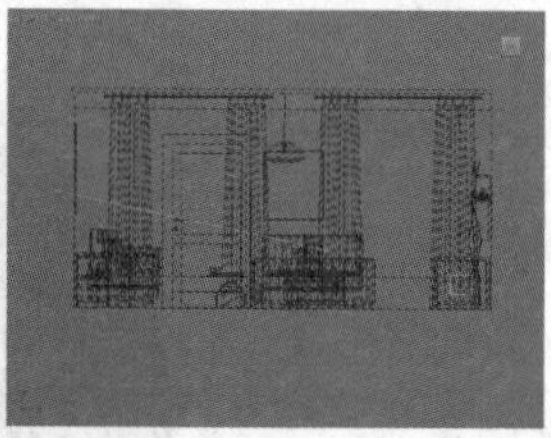

图 12-5

05 选择“修改”命令面板，设置摄影机的“镜头”为 43.456mm，然后勾选“手动剪切”复选框，设置“近距剪切”为 233mm、“远距剪切”为 1000mm，如图 12-6 所示。

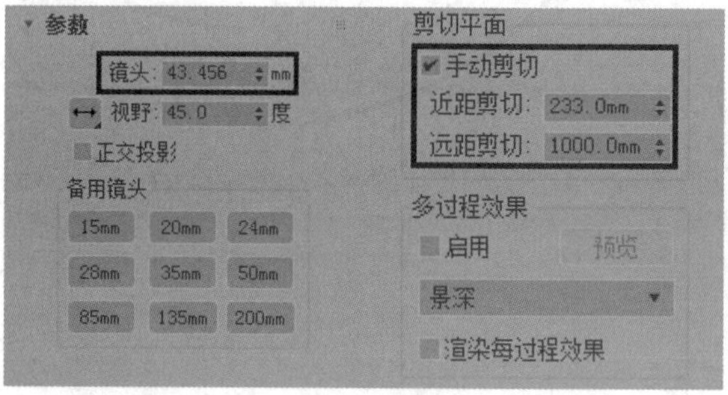

图 12-6

> ① 技巧与提示
>
> 设置“手动剪切”的范围时，要切除遮挡镜头的物体，并包含房间的最远距离。

06 按 C 键切换到摄影机视口，最后场景的视角如图 12-7 所示。

图 12-7

12.1.2 材质制作

VRay 中的材质以物理世界中的物体为依据，可以逼真地表现出物体材质的属性，如物体的基本色彩、对光的反弹率和吸收率、光的穿透能力、物体内部对光的阻碍能力和表面光滑度等。本小节将针对场景中藤椅、地板、地毯、木纹、不锈钢、坐垫、玻璃和窗帘等材质的制作进行讲解，如图 12-8 所示。

图 12-8

1. 藤椅材质

01 设置材质球类型。按 M 键打开“材质编辑器”对话框，选择一个空白材质球，单击“Standard”（标准）按钮 Standard ，如图 12-9 所示，在打开的“材质 / 贴图浏览器”对话框中展开“V-Ray”选项，然后选择“VRayMtl”材质，如图 12-10 所示。

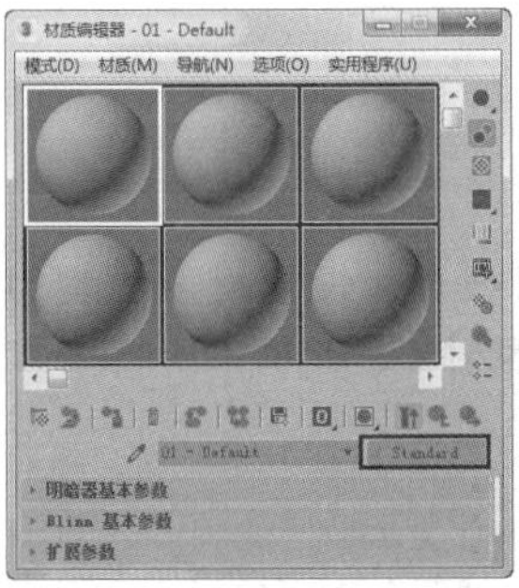

图 12-9

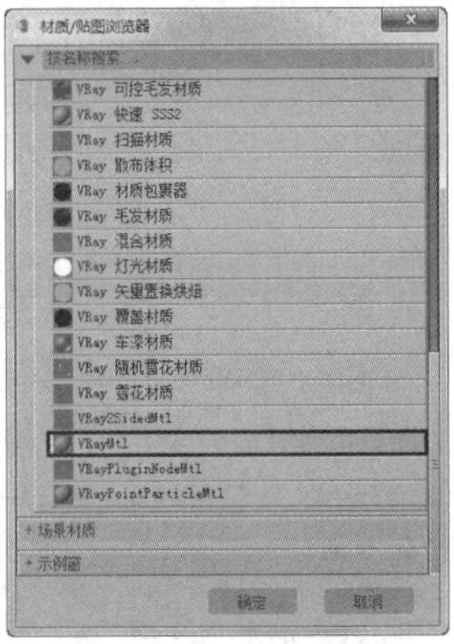

图 12-10

02 加载漫反射贴图。在“基本参数”卷展栏中单击“漫反射”通道中的按钮■，如图 12-11 所示，在打开的“材质 / 贴图浏览器”对话框中双击“位图”选项，如图 12-12 所示，然后在打开的“选择位图图像文件”对话框中加载“素材文件 > 第 12 章 >01> 藤椅 .jpg”位图文件，如图 12-13 所示。

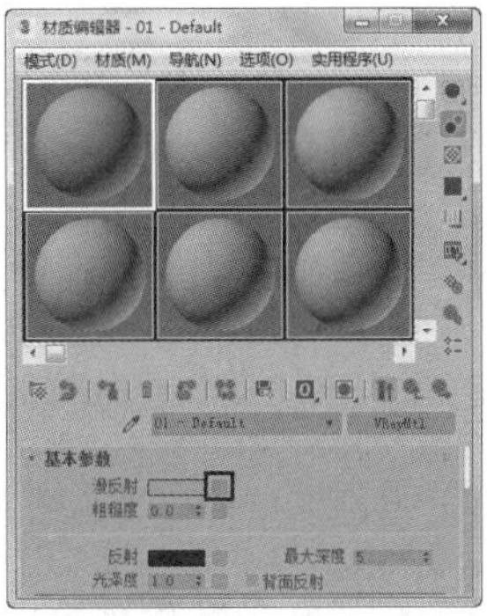

图 12-11

图 12-12

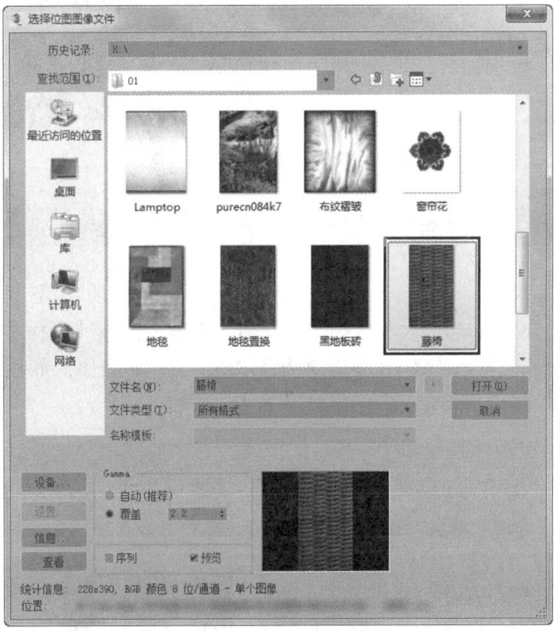

图 12-13

03 在“基本参数”卷展栏中单击“反射”右侧的颜色块，在打开的“颜色选择器 :reflection”对话框中设置颜色为浅灰色（红 :164 绿 :164 蓝 :164），然后设置“光泽度”为 0.8、“细分”为 16，如图 12-14 所示。

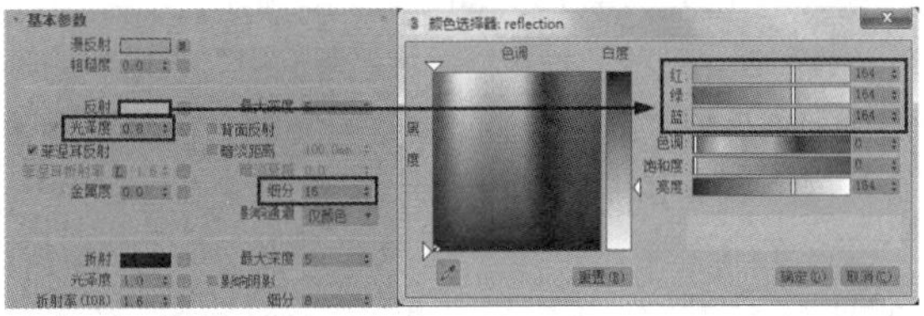

图 12-14

04 展开“贴图”卷展栏，然后在“凹凸”通道加载“素材文件 > 第 12 章 >01> 藤椅 bump.jpg”文件，然后设置通道强度为 30，如图 12-15 所示。

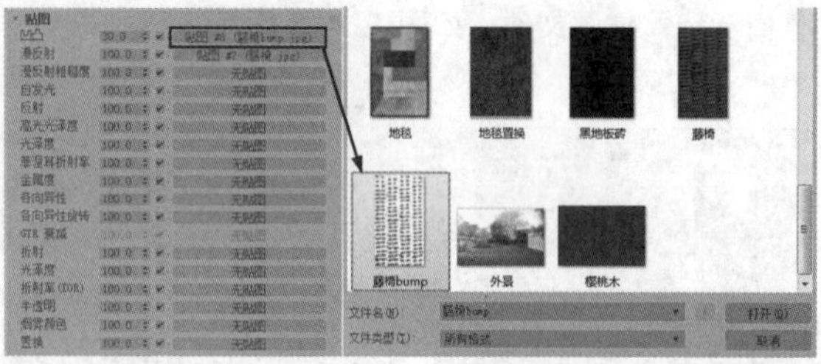

图 12-15

05 制作好的材质球如图 12-16 所示。选择场景中的藤椅模型，然后单击“材质编辑器”对话框中的“将材质指定给选定对象”按钮，将编辑好的材质指定给藤椅模型。

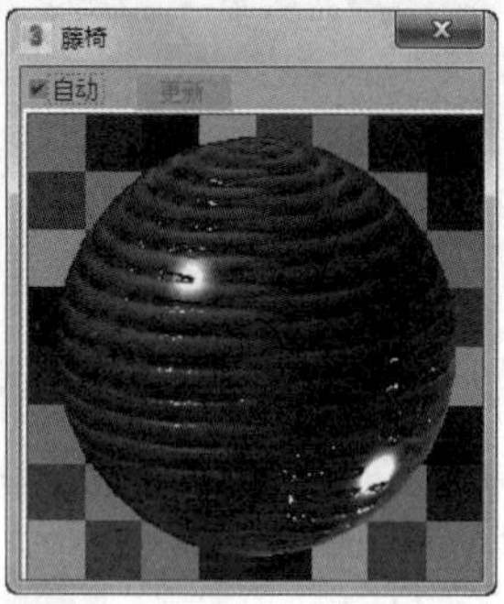

图 12-16

2. 地板材质

01 选择一个空白材质球，设置材质类型为“VRayMtl”，然后在“漫反射”通道中加载“素材文件 > 第 12 章 >01> 黑地板砖 .jpg”图像文件，如图 12-17 所示。

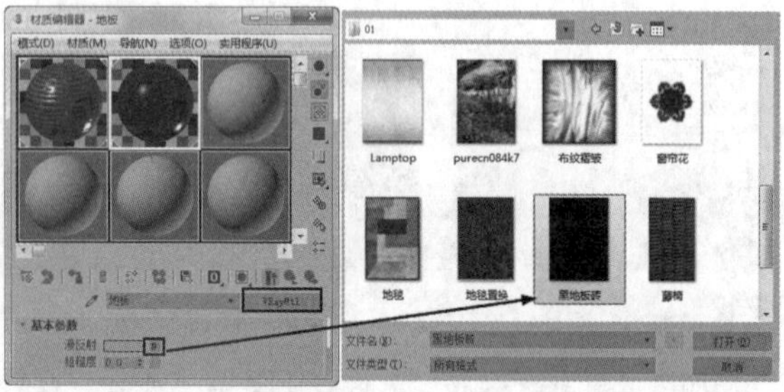

图 12-17

02 在“基本参数”卷展栏中设置“反射”颜色为灰黑色（红 :65 绿 :65 蓝 :65），然后设置“光泽度”为 0.8、“细分”为 15，如图 12-18 所示。

03 在“贴图”卷展栏中将“漫反射”通道中的贴图向上拖曳到“凹凸”通道中进行复制，然后设置通道强度为 30，如图 12-19 所示。

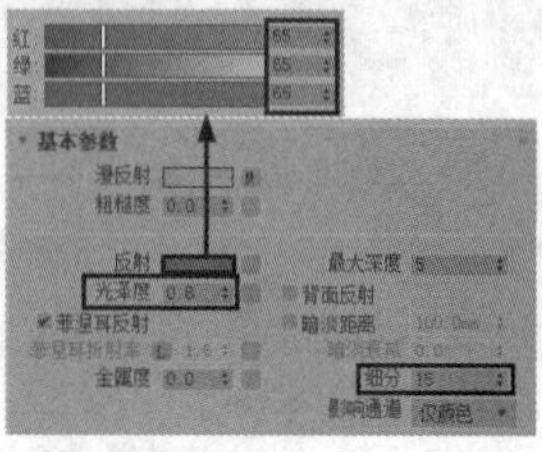

图 12-18

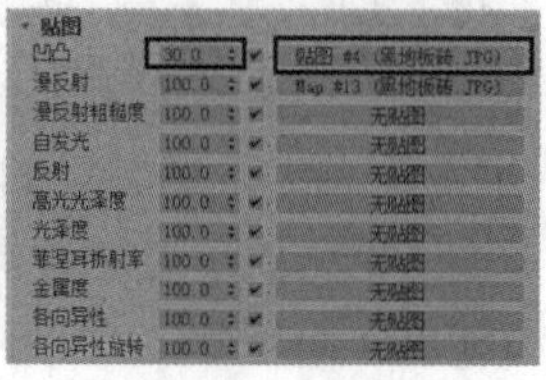

图 12-19

> **技巧与提示**
>
> 在“凹凸”通道中贴图时，无论是用黑白还是彩色贴图，效果都是一样的。如果用彩色贴图，3ds Max 在计算渲染的时候，会把彩色贴图转换为黑白的。如果用黑白贴图，那么不需要转换。如果场景中需要的“凹凸”通道贴图很多，那么还是应该使用黑白的贴图，这样 3ds Max 就不需要再做转换处理，从而可以节约内存的使用量。

04 制作好的材质球如图 12-20 所示。选择场景中的地板模型，将编辑好的材质指定给该模型。

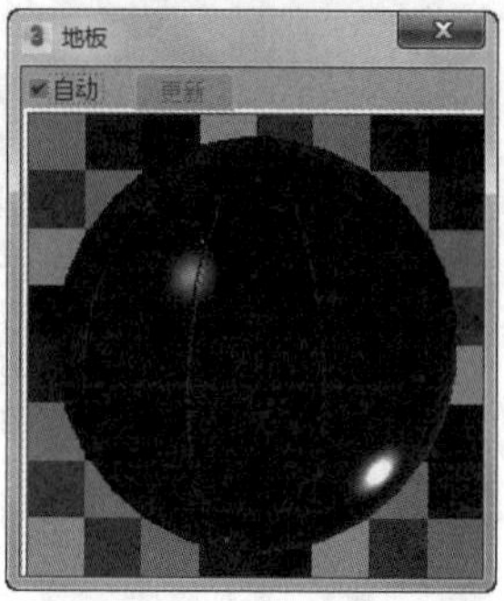

图 12-20

05 在“修改器列表”的下拉列表中选择“UVW 贴图”修改器，为地板模型指定一个贴图坐标，如图 12-21 所示，设置“贴图”的类型为“平面”，然后设置“长度”为 60mm、“宽度”为 70mm，如图 12-22 所示。

图 12-21

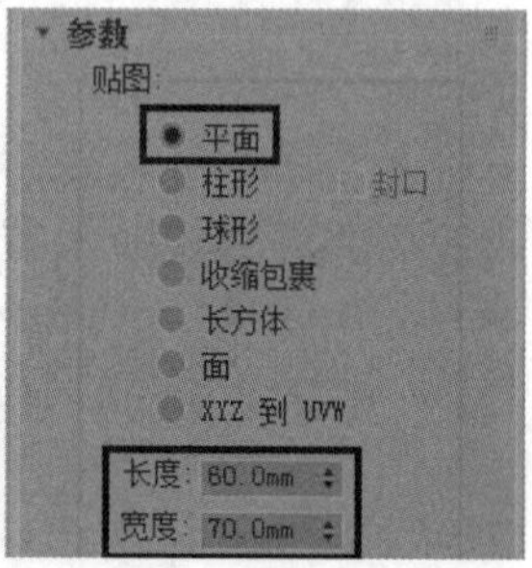

图 12-22

3. 地毯材质

01 选择一个空白材质球，设置材质类型为“VRayMtl”，然后在“漫反射”通道中加载“衰减”贴图类型，如图 12-23 所示。

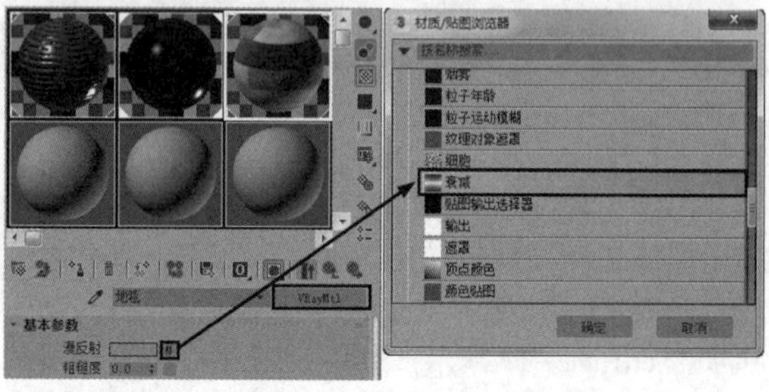

图 12-23

02 在“前”通道和“侧”通道中加载“素材文件 > 第 12 章 >01> 地毯 .jpg”图像文件，再设置“侧”通道量为 70，最后设置“衰减类型”为“垂直 / 平行”，如图 12-24 所示。

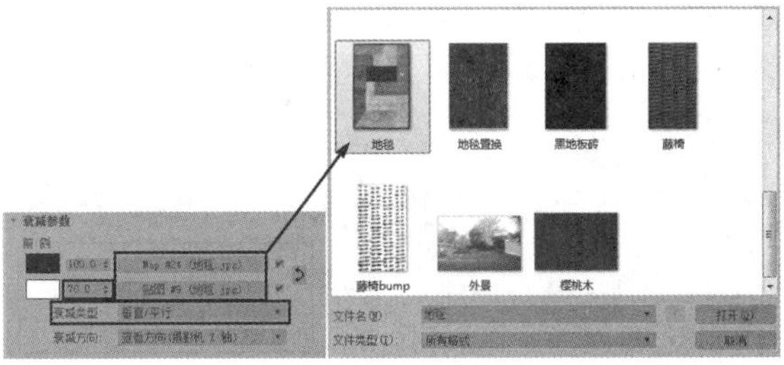

图 12-24

03 设置“反射”颜色为深黑色（红 :18 绿 :18 蓝 :18），如图 12-25 所示，然后设置“光泽度”为 0.5、“细分”为 16，如图 12-26 所示。

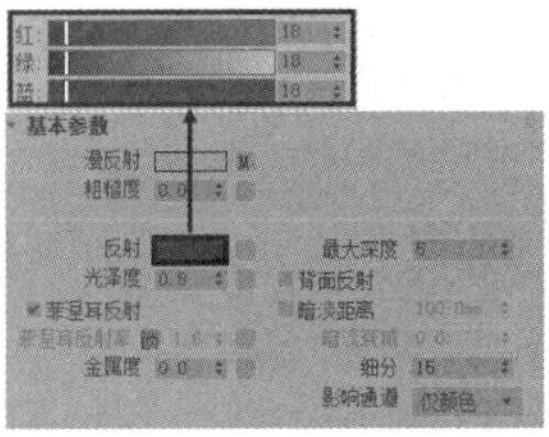

图 12-25

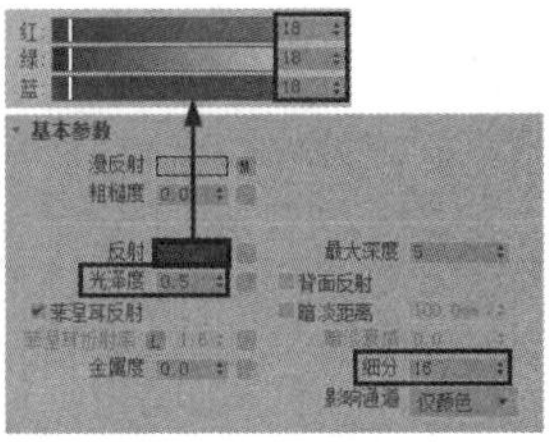

图 12-26

04 展开“贴图”卷展栏，在“凹凸”通道中加载“素材文件 > 第 12 章 >01> 地毯置换 .jpg”文件，然后设置通道强度为 30，如图 12-27 所示。

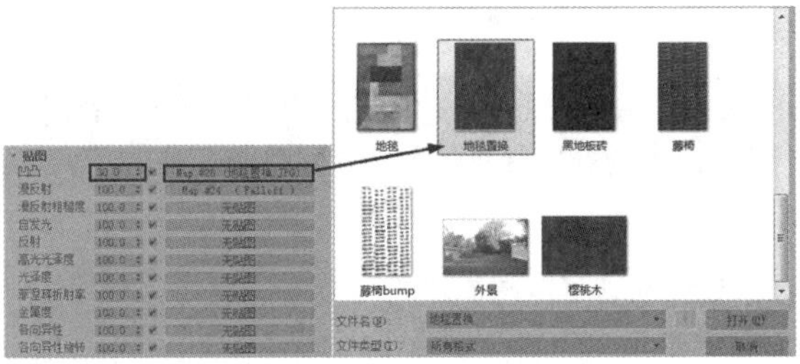

图 12-27

05 制作好的材质球如图 12-28 所示。将编辑好的材质指定给地毯模型。

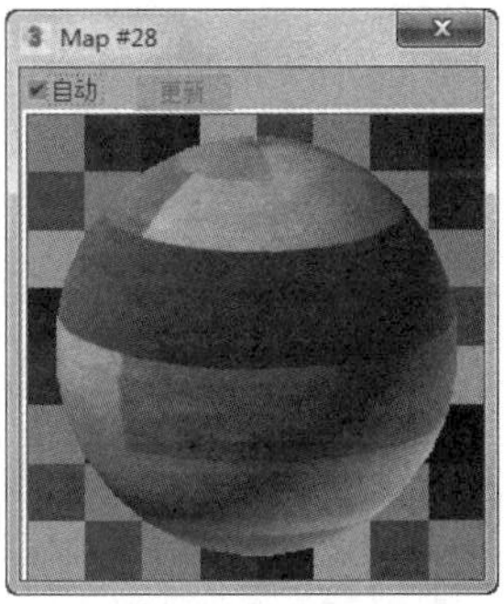

图 12-28

06 为地毯模型指定“UVW 贴图”修改器，然后设置“贴图”类型为“平面”、“长度”为 360mm、“宽度”为 280mm，如图 12-29 所示。

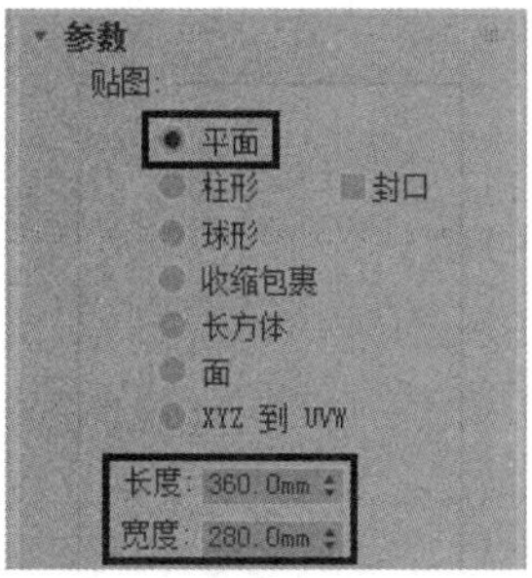

图 12-29

4. 木纹材质

01 选择一个空白材质球，设置材质类型为“VRayMtl”，在“漫反射”通道中加载“素材文件 > 第 12 章 >01> 樱桃木 .jpg”图像文件，如图 12-30 所示。

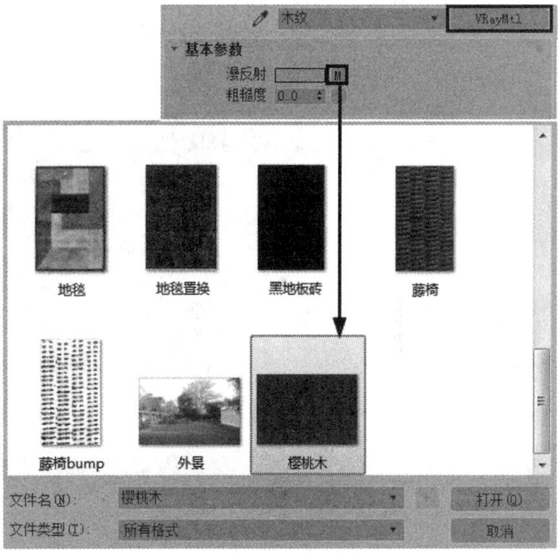

图 12-30

02 设置“反射”颜色为深灰色（红 :45 绿 :45 蓝 :45），然后设置“光泽度”为 0.85、“细分”为 12，如图 12-31 所示。

03 制作好的材质球如图 12-32 所示，将编辑好的材质指定给木纹模型。

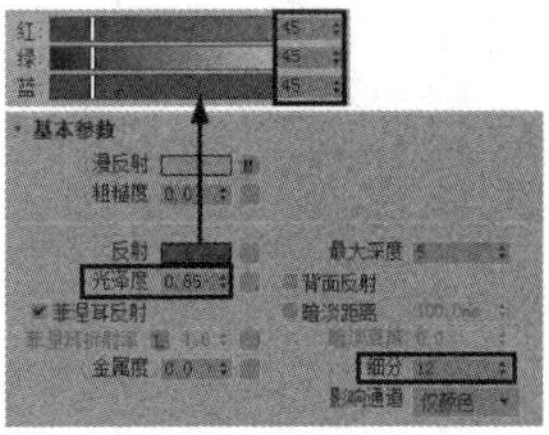

图 12-31

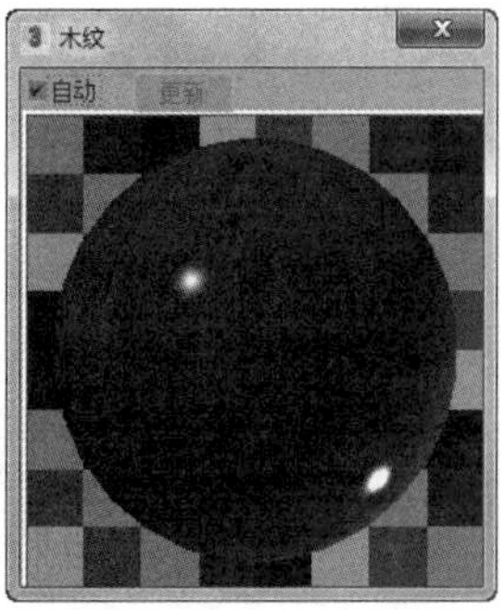

图 12-32

5. 不锈钢材质

01 选择一个空白材质球，设置材质类型为“VRayMtl”，然后设置“漫反射”颜色为灰白色（红 :221 绿 :221 蓝 :221），如图 12-33 所示。

02 设置“反射”颜色为灰白色（红 :220 绿 :220 蓝 :220），然后设置“光泽度”为 0.85、“细分”为 12，再取消勾选“菲涅耳反射”复选框，如图 12-34 所示。

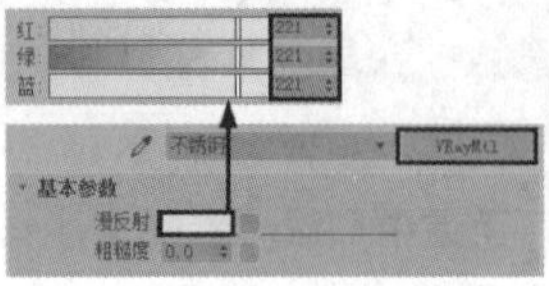

图 12-33

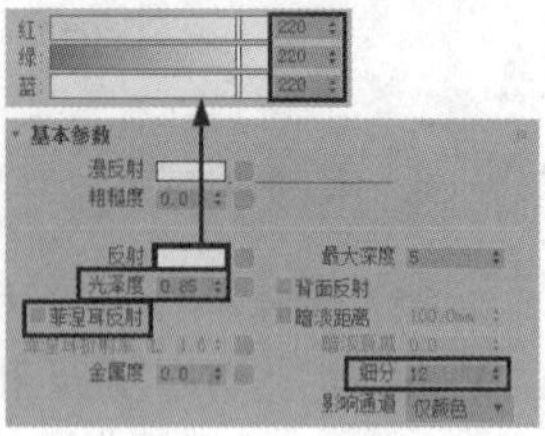

图 12-34

03 展开“双向反射分布函数”卷展栏，然后设置类型为“微面 GTR（GGX）”，如图 12-35 所示。

04 制作好的材质球如图 12-36 所示，将编辑好的材质指定给不锈钢模型。

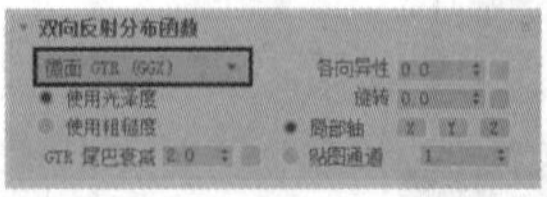

图 12-35

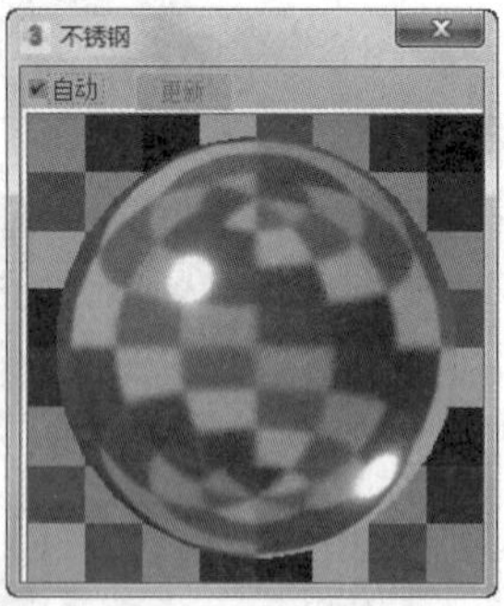

图 12-36

技巧与提示

虽然不锈钢材质在现实中也是存在菲涅耳反射的，但这个反射量很小，基本可以忽略不计。如果要表现不锈钢材质的菲涅耳反射效果，就需要设置“菲涅耳折射率”数值。

6. 坐垫材质

01 选择一个空白材质球，设置材质类型为“VRayMtl”，然后在“漫反射”通道中加载“衰减”贴图类型，如图 12-37 所示。

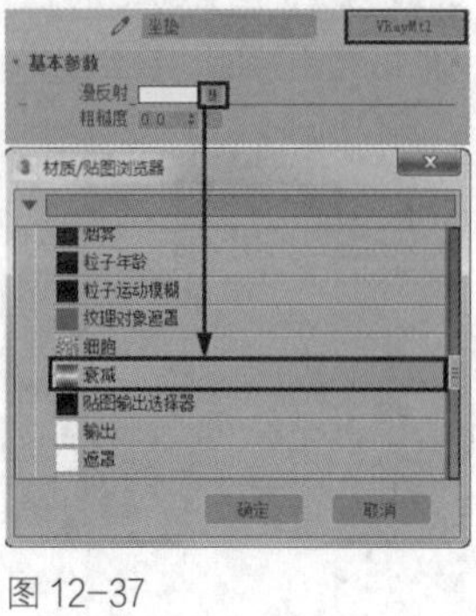

图 12-37

02 设置“前”通道颜色为浅灰色（红 :144 绿 :144 蓝 :144），设置“衰减类型”为“垂直 / 平行”，如图 12-38 所示。

03 设置“反射”颜色为深黑色（红 :18 绿 :18 蓝 :18），然后设置“光泽度”为 0.7，接着设置“细分”为 10，如图 12-39 所示。

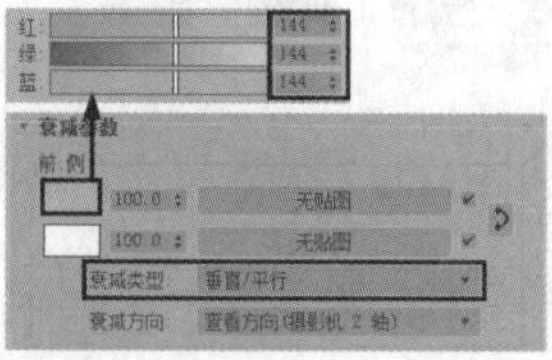

图 12-38

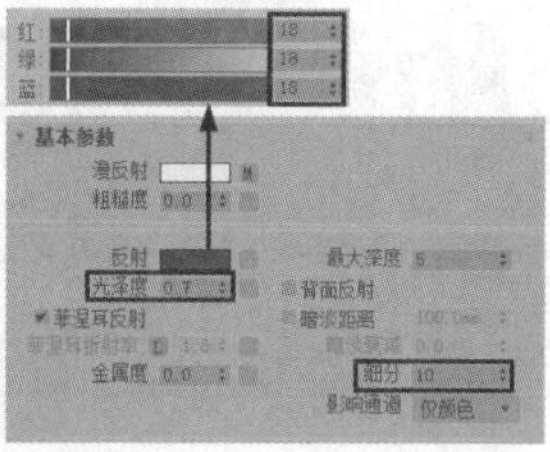

图 12-39

04 展开“贴图”卷展栏，然后在“凹凸”通道中加载“素材文件 > 第 12 章 >01> 布纹褶皱 .jpg”图像文件，设置通道强度为 250，如图 12-40 所示。

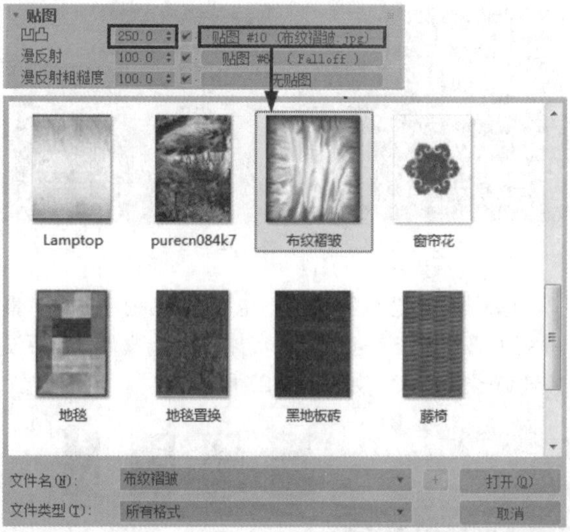

图 12-40

05 制作好的材质球如图 12-41 所示，将编辑好的材质指定给坐垫和靠垫模型。

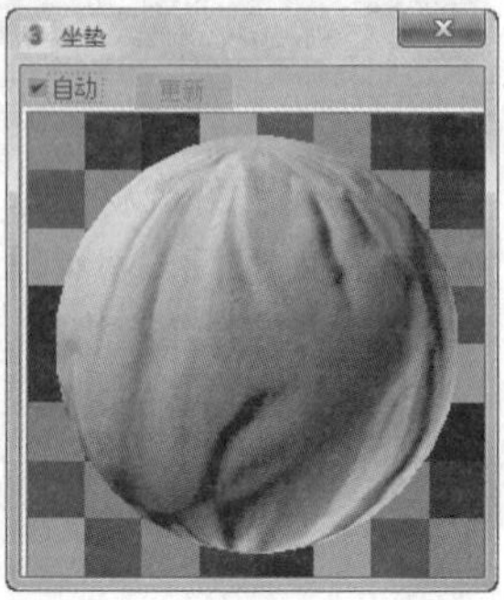

图 12-41

7. 玻璃材质

01 选择一个空白材质球，设置材质类型为

"VRayMtl"，设置"漫反射"的颜色为淡绿色（红 :169 绿 :210 蓝 :183），如图 12-42 所示。

02 设置"反射"颜色为白色（红 :255 绿 :255 蓝 :255），然后设置"光泽度"为 0.9、"细分"为 8，如图 12-43 所示。

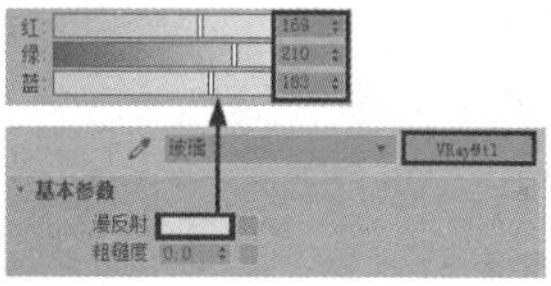
图 12-42

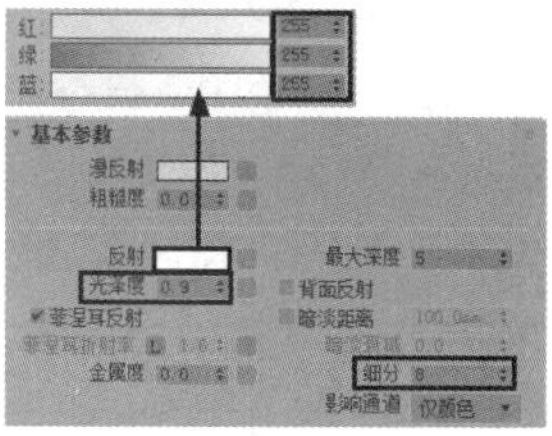
图 12-43

03 设置"折射"颜色为白色（红 :255 绿 :255 蓝 :255），然后设置"折射率（IOR）"为 1.517、"烟雾颜色"为淡绿色（红 :169 绿 :210 蓝 :183），再设置"烟雾倍增"为 0.02，如图 12-44 所示。

04 制作好的材质球如图 12-45 所示，将编辑好的材质指定给玻璃模型。

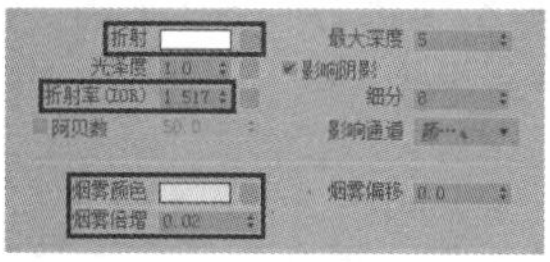
图 12-44

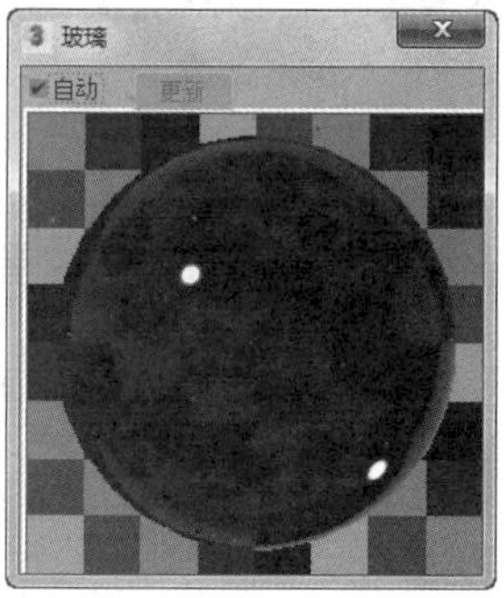
图 12-45

8. 窗帘材质

01 选择一个空白材质球，设置材质类型为"VRayMtl"，设置"漫反射"的颜色为浅白色（红 :245 绿 :245 蓝 :245），如图 12-46 所示。

02 设置"反射"颜色为黑色（红 :0 绿 :0 蓝 :0），然后设置"光泽度"为 1、"细分"为 8，如图 12-47 所示。

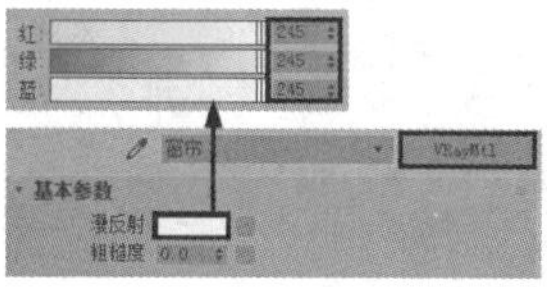
图 12-46

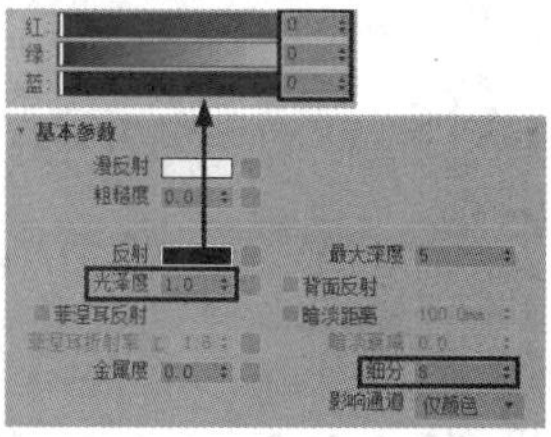
图 12-47

03 设置"折射"颜色为深灰色（红 :79 绿 :79 蓝 :79），然后设置"折射率（IOR）"为 1，如图 12-48 所示。

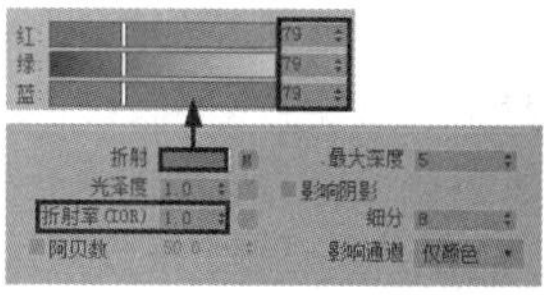
图 12-48

04 展开"贴图"卷展栏，在"折射"通道中加载"素材文件 > 第 12 章 >01> 窗帘花 .jpg"图像文件，然后设置"折射"通道量为 50，如图 12-49 所示。

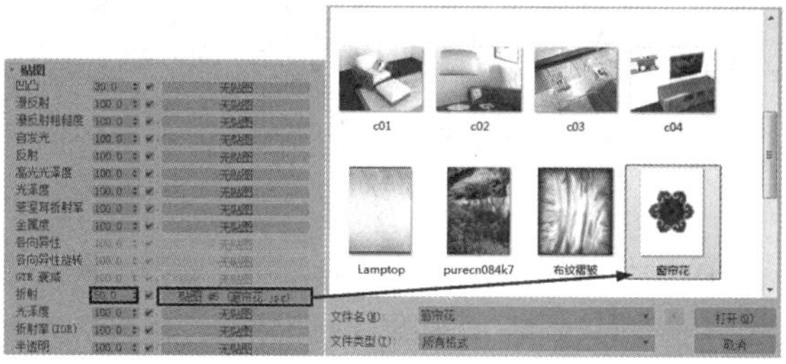
图 12-49

05 制作好的材质球如图 12-50 所示，将编辑好的材质指定给窗帘模型。

图 12-50

技巧与提示

在本例中，不仅设置了"折射"的颜色，还在"折射"通道加载了贴图。"折射"通道的数值起到控制颜色和贴图的混合量的作用。本例中的"折射"通道量是 50，意味着颜色和贴图以 1 : 1 的比例进行混合以呈现折射效果；默认值 100 则意味是以贴图来呈现折射效果；0 则意味着是以颜色来呈现折射效果。

12.1.3 测试渲染参数

在进行效果图制作过程中，可以先设置测试渲染的参数，然后根据测试效果进行灯光创建与设置。

01 按 F10 键打开"渲染设置"对话框，在"公用"选项卡的"输出大小"选项组中设置"宽度"为 640、"高度"为 480，如图 12-51 所示。

02 选择“V-Ray”选项卡，然后在“图像采样器（抗锯齿）”卷展栏中设置“类型”为“渲染块”，接着在“渲染块图像采样器”卷展栏中设置“最小细分”为 1、“最大细分”为 4、“噪波阈值”为 0.001，如图 12-52 所示。

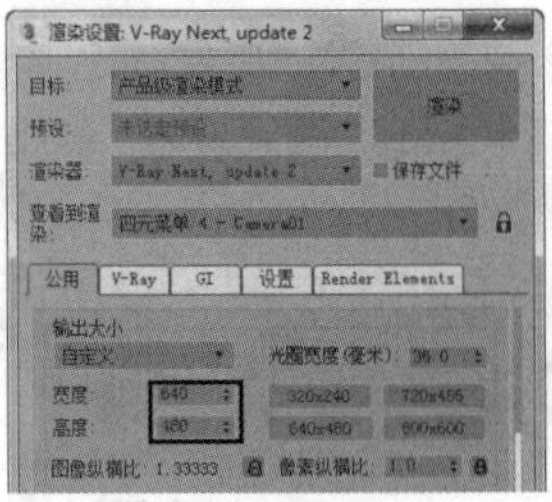

图 12-51

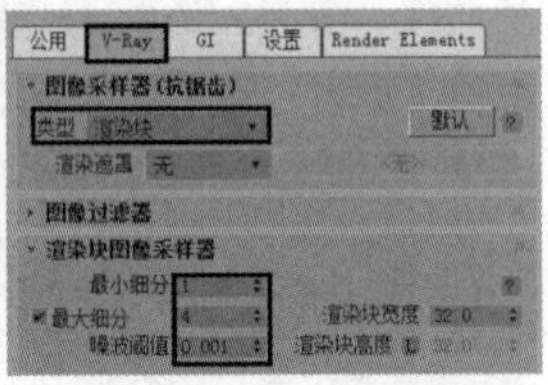

图 12-52

03 在“图像过滤器”卷展栏中设置“过滤器”为“Catmull-Rom”，如图 12-53 所示。

04 在“全局确定性蒙特卡洛”卷展栏中设置“最小采样”为 8、“噪波阈值”为 0.01，如图 12-54 所示。

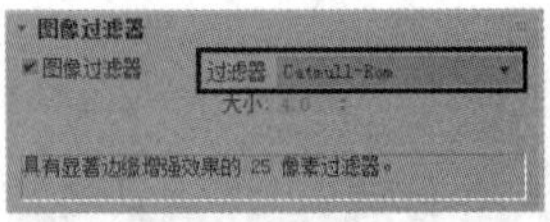

图 12-53

图 12-54

05 在“颜色贴图”卷展栏中设置“类型”为“莱因哈德”，然后设置“加深值”为 0.5，如图 12-55 所示。

06 选择“GI”选项卡，然后设置“首次引擎”为“发光贴图”、“二次引擎”为“灯光缓存”，如图 12-56 所示。

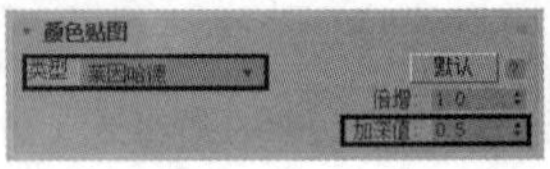

图 12-55

图 12-56

07 在“发光贴图”卷展栏中设置“当前预设”为“非常低”，然后设置“细分”为 50、“插值采样”为 20，如图 12-57 所示。

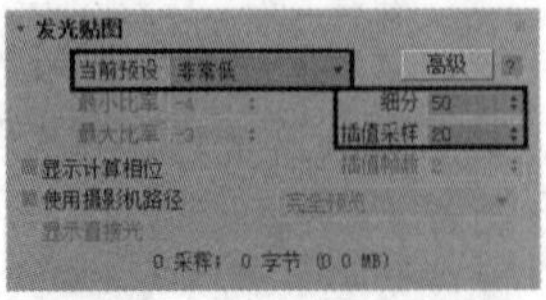

图 12-57

08 在“灯光缓存”卷展栏中设置“细分”为 600，如图 12-58 所示。

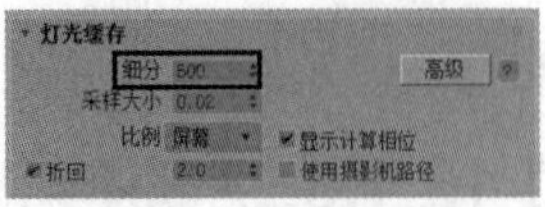

图 12-58

09 选择“设置”选项卡，然后设置“序列”为“上→下”，如图 12-59 所示。

图 12-59

12.1.4 灯光设置

考虑到本场景有两个比较大的窗户，所以采用了午后的阳光来表现出整个场景的太阳气息。

1. 创建太阳光

01 在“创建”命令面板中单击“灯光”按钮，然后选择“Vray”灯光类型，再单击“(VR)太阳”按钮 (VR)太阳，在左视口中拖曳出一个（VR）太阳光，如图 12-60 所示。

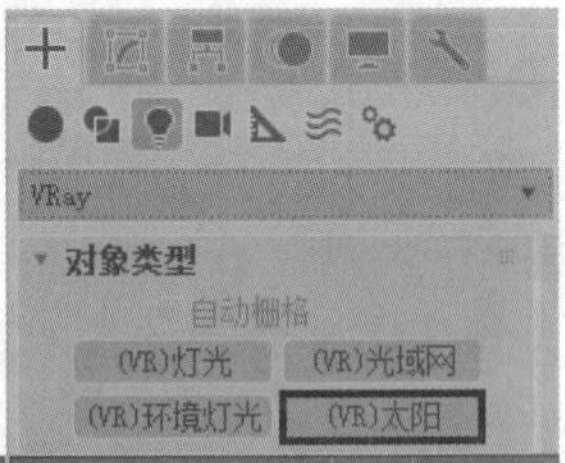

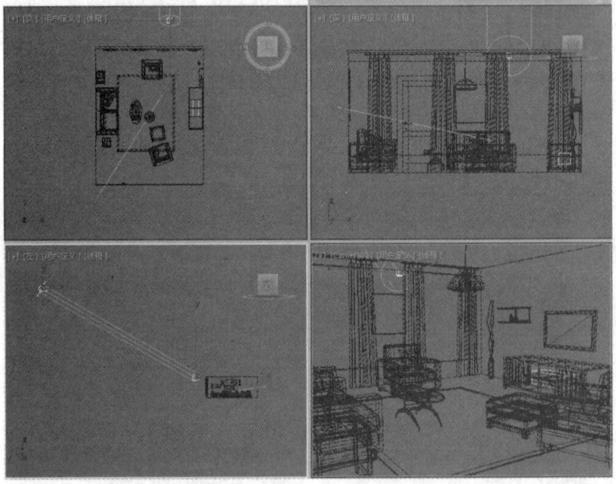

图 12-60

02 在弹出的提示对话框中单击“是”按钮 是(Y)，添加一张“VRay 天空”环境贴图，如图 12-61 所示。

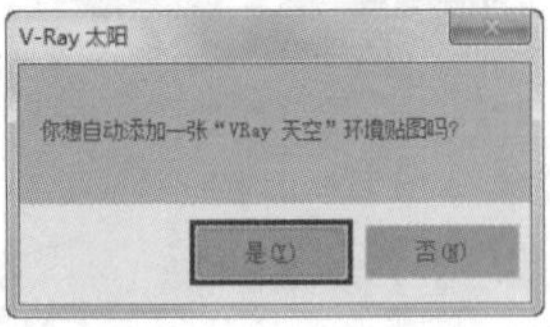

图 12-61

03 选择创建的（VR）太阳，在“修改”命令面板中展开“VRay 太阳参数”卷展栏，然后设置“强度倍增”为 0.05、“大小倍增”为 5、“阴影细分”为 8，然后适当调整太阳光的位置，如图 12-62 所示。

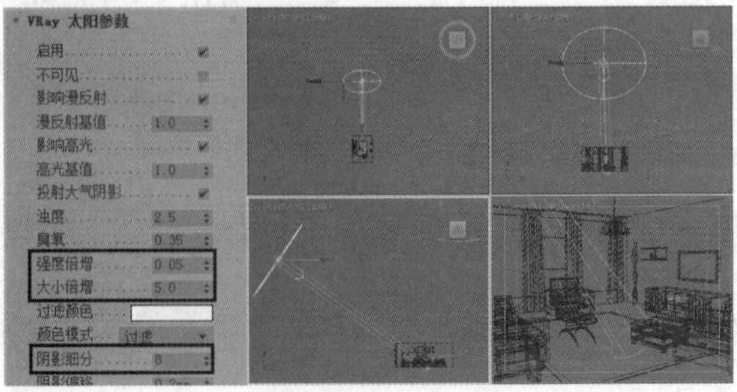

图 12-62

04　按 F9 键渲染当前场景，其效果如图 12-63 所示。观察测试渲染的效果，此时阳光的强度已经比较合适，但室内光感不足，因此需要在窗外创建天光。

图 12-63

2. 创建辅助光

01　在“灯光”面板中单击“（VR）灯光”按钮 (VR)灯光 ，然后在场景中创建一个（VR）灯光作为辅助光，其位置如图 12-64 所示。

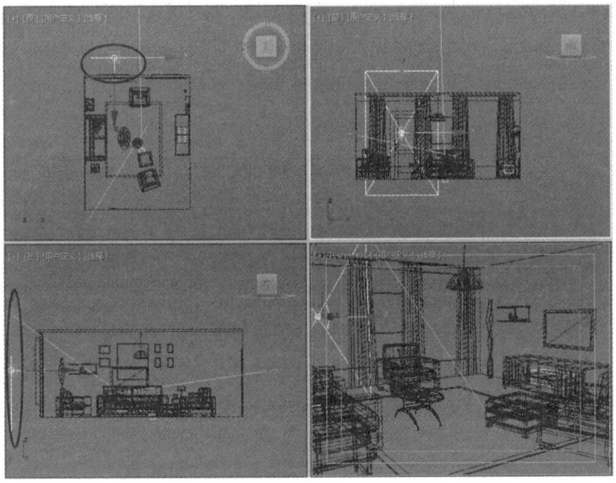

图 12-64

02　选择创建的（VR）灯光，然后进入“修改”命令面板，在“常规”卷展栏中设置“类型”为“平面”、“长度”为 230 mm、“宽度”为 380mm、“倍增”为 8、“颜色”为淡黄色（红 :254 绿 :240 蓝 :186），如图 12-65 所示。

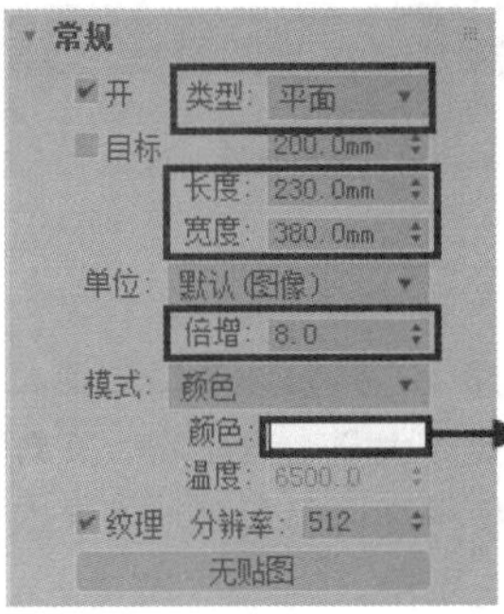

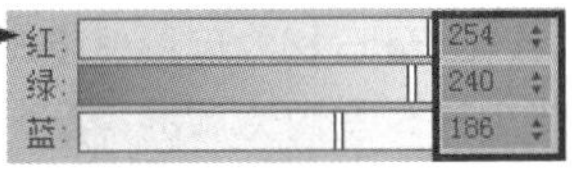

图 12-65

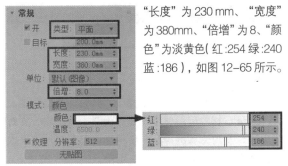

03　展开“选项”卷展栏，勾选“不可见”复选框，如图 12-66 所示。

04　展开“采样”卷展栏，设置“细分”为 15，如图 12-67 所示。

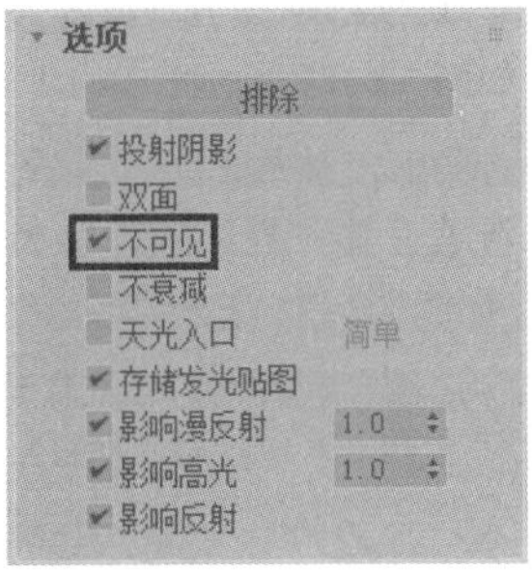

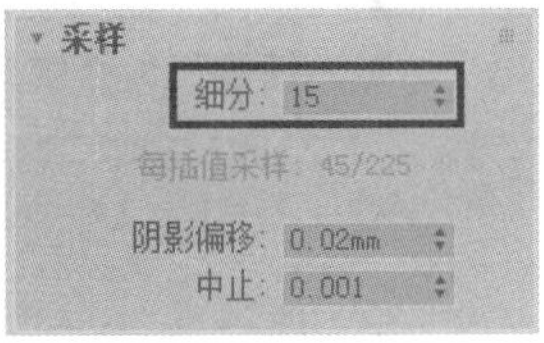

图 12-66　　图 12-67

05　按住 Shift 键的同时，向右拖曳修改后的（VR）灯光，然后以“实例”的方式将其复制到另一个窗户外，如图 12-68 所示。

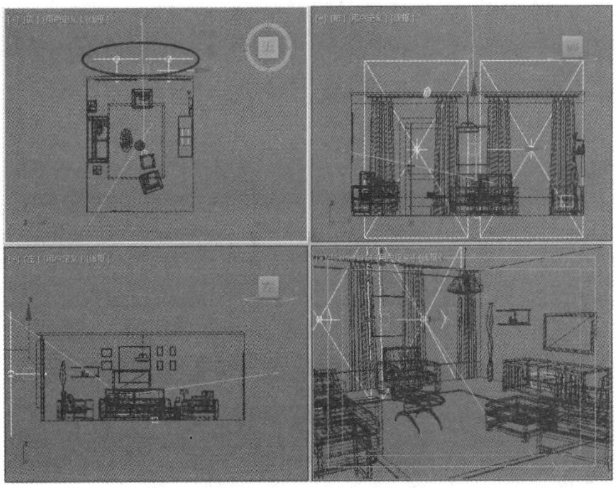

图 12-68

06　按 F9 键对场景进行渲染，最终效果如图 12-69 所示。

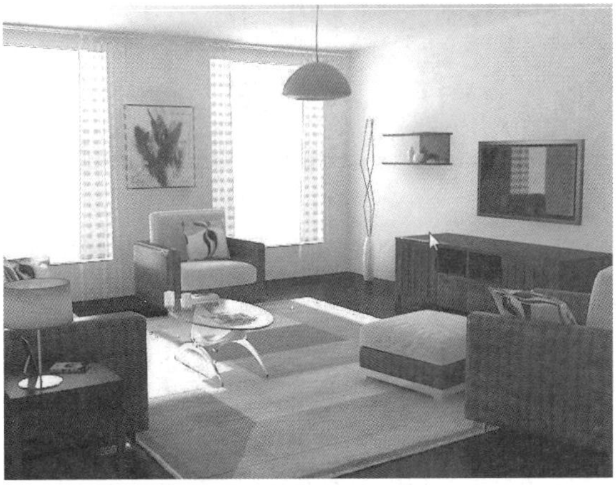

图 12-69

12.1.5 设置最终渲染参数

下面设置最终渲染参数以渲染出最终效果。

01 按 F10 键打开“渲染设置”对话框，然后在“公用”选项卡的“输出大小”选项组中设置“宽度”为 1200、“高度”为 900，如图 12-70 所示。

02 切换到“V-Ray”选项卡，然后展开“全局确定性蒙特卡洛”卷展栏，接着设置“最小采样”为 16、“噪波阈值”为 0.005，如图 12-71 所示。

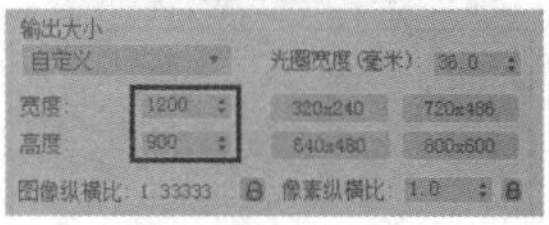

图 12-70

图 12-71

03 切换到“GI”选项卡，然后展开“发光贴图”卷展栏，接着设置“当前预设”为“低”，再设置“细分”为 60、“插值采样”为 30，如图 12-72 所示。

04 展开“灯光缓存”卷展栏，设置“细分”为 1000，如图 12-73 所示。

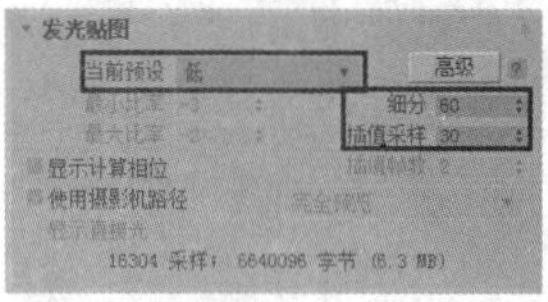

图 12-72

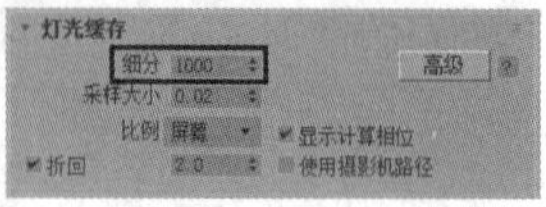

图 12-73

05 切换到“Render Elements”选项卡，然后单击“添加”按钮 添加 ，在弹出的对话框中选择“VRay 降噪器”选项并单击“确定”按钮 确定 ，如图 12-74 所示。

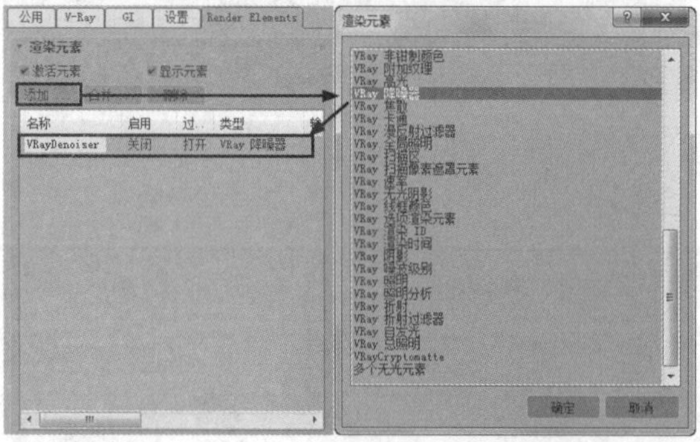

图 12-74

06 展开下方的“VRay 降噪器参数”卷展栏，然后设置“预设”为“自定义”选项，如图 12-75 所示。

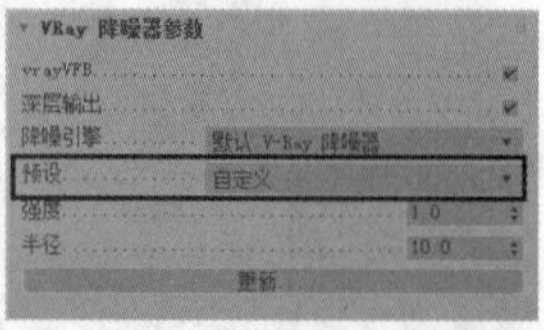

图 12-75

07 按 C 键切换到摄影机视口，然后按 F9 键对场景进行渲染，最终效果如图 12-76 所示。

图 12-76

> **技巧与提示**
>
> 在 3ds Max 中渲染好场景后，还可以在 Photoshop 中为场景添加外景，其方法如下。
>
> 第 1 步，在 Photoshop 中打开渲染好的效果图和一张准备好的外景图，如图 12-77 所示。
>
> 第 2 步，把渲染图里的窗外部分删除，然后放入准备好的外景图片，同时调整大小和角度，再适当调整图片的色彩和不透明度，如图 12-78 所示。这里一定要注意外景贴图的角度要和窗户保持一致。

图 12-77

图 12-78

12.2 现代风格电梯厅

现代风格电梯厅	
素材位置	素材文件 > 第 12 章 >02
实例位置	实例文件 > 第 12 章 > 现代风格电梯厅 > 现代风格电梯厅 .max
学习目标	掌握工装场景渲染的全流程

本案例制作的是一个电梯厅，其设计风格简洁大方，大量石材的运用使空间显得大气、有档次，在灯光上通过室内光源的搭配，使得画面看起来很有层次感，案例最终效果如图 12-79 所示。

图 12-79

12.2.1 摄影机创建

01 打开本书学习资源中的“素材文件 > 第 12 章 > 02>02.max”文件，如图 12-80 所示。

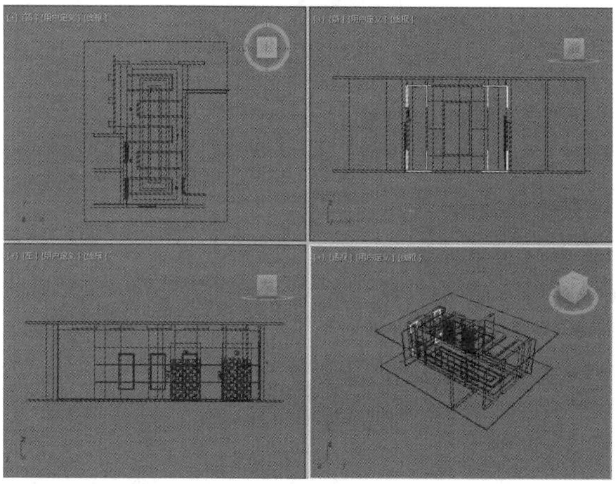

图 12-80

02 在顶视口创建一个“目标”摄影机，切换到“修改”命令面板，设置摄影机的“镜头”为 24mm，然后调整摄影机的焦距和位置，使摄影机有一个较好的观察范围，如图 12-81 所示。

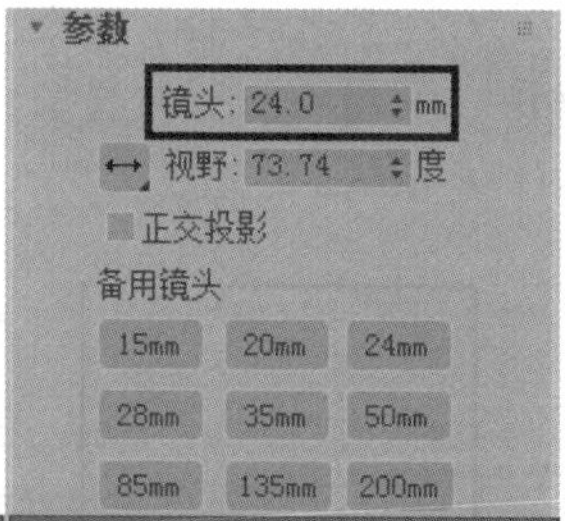

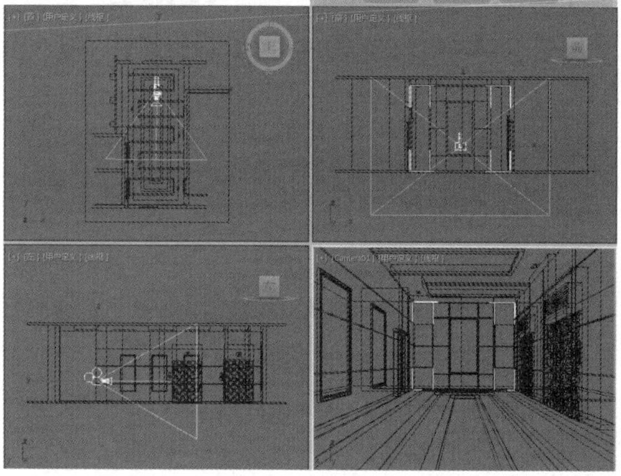

图 12-81

12.2.2 材质制作

本节将针对场景中墙砖、地砖、边线、镜子、不锈钢、乳胶漆、画框、灯片等材质的制作进行讲解，如图 12-82 所示。

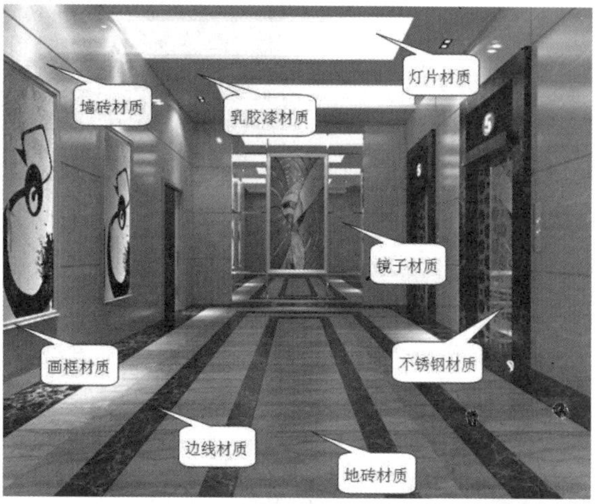

图 12-82

1. 墙砖材质

01 选择一个空白材质球，设置材质类型为“VRayMtl”，在“漫反射”通道中加载“素材文件 > 第 12 章 >02> 萨安那米黄 .jpg”文件，如图 12-83 所示。

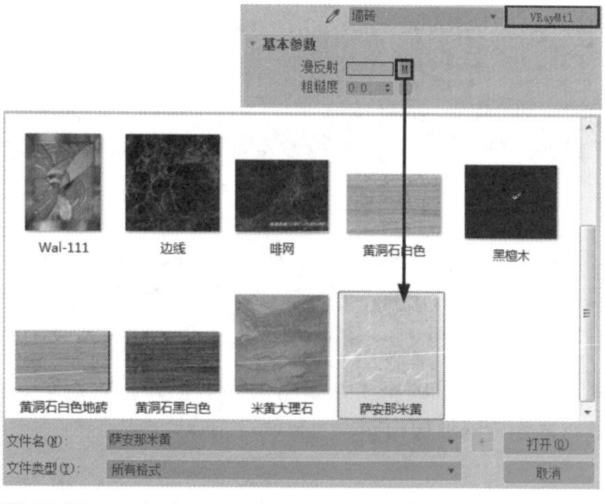

图 12-83

02 设置“反射”颜色为浅白色（红 :190 绿 :190 蓝 :190），然后设置“光泽度”为 0.92，接着设置“细分”为 15，如图 12-84 所示。

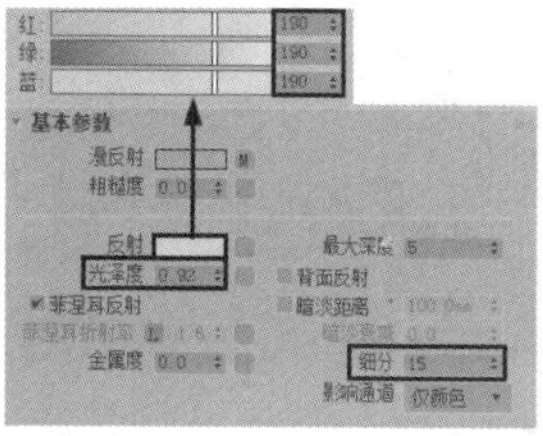

图 12-84

03 制作好的材质球如图 12-85 所示，将编辑好的材质指定给墙砖模型。

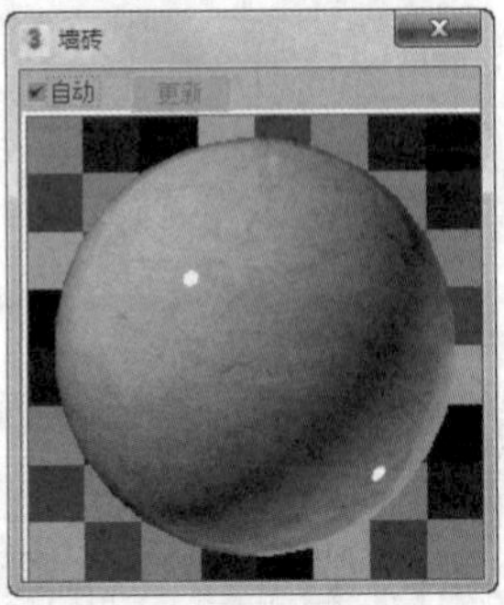

图 12-85

2. 地砖材质

01 选择一个空白材质球，设置材质类型为“VRayMtl”，在“漫反射”通道中加载“素材文件 > 第 12 章 >02> 米黄大理石 .jpg”文件，如图 12-86 所示。

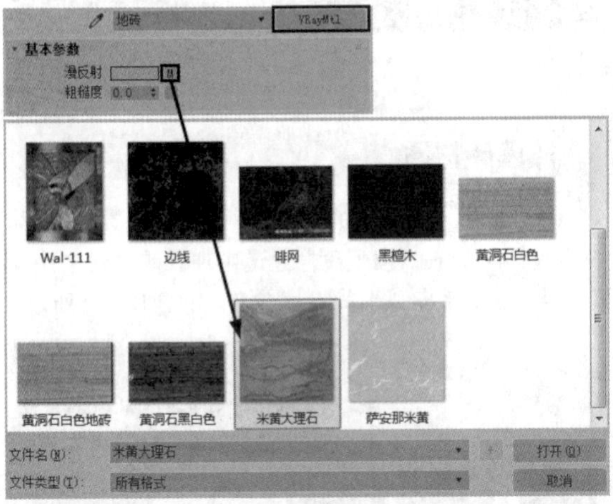

图 12-86

02 设置“反射”颜色为灰色（红 :143 绿 :143 蓝 :143），然后设置“光泽度”为 0.8，接着设置“细分”为 15，如图 12-87 所示。

03 制作好的材质球如图 12-88 所示，将编辑好的材质指定给地砖模型。

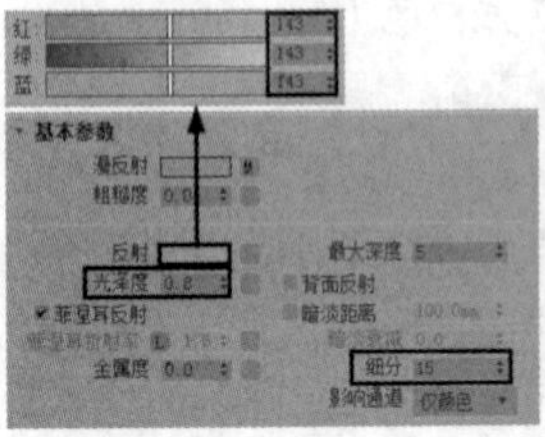

图 12-87

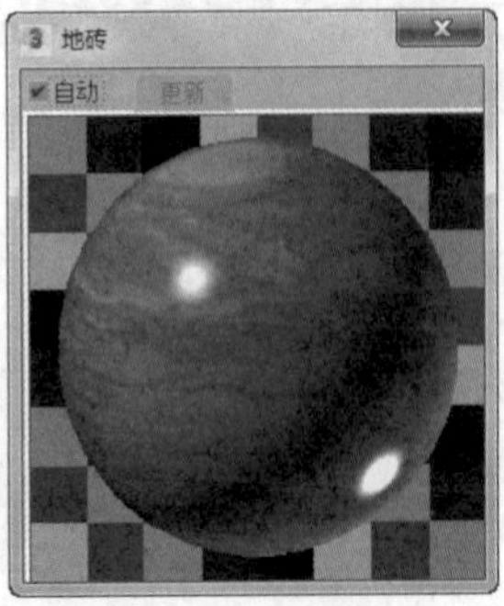

图 12-88

3. 边线材质

01 选择一个空白材质球，设置材质类型为“VRayMtl”，在“漫反射”通道中加载“素材文件 > 第 12 章 >02> 边线 .jpg”文件，如图 12-89 所示。

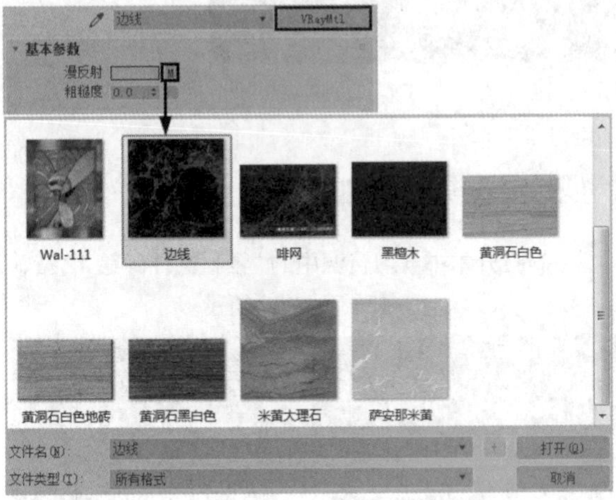

图 12-89

02 设置“反射”颜色为灰色（红 :151 绿 :151 蓝 :151），然后设置“光泽度”为 0.82，接着设置“细分”为 15，如图 12-90 所示。

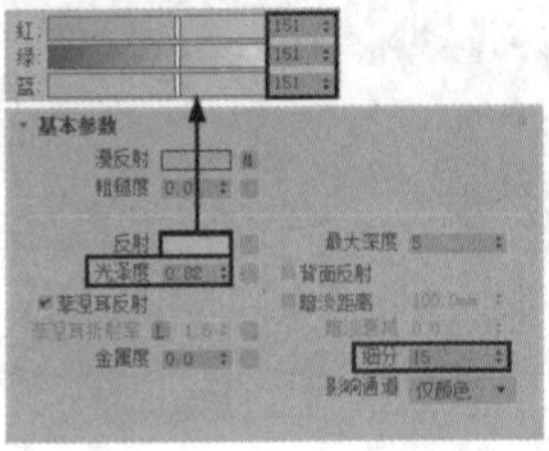

图 12-90

03 制作好的材质球如图 12-91 所示，将编辑好的材质指定给边线模型。

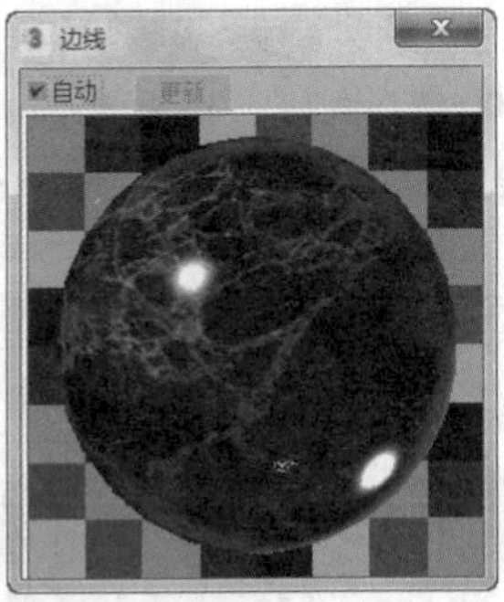

图 12-91

4. 镜子材质

01 选择一个空白材质球，设置材质类型为“VRayMtl”，然后设置“漫反射”颜色为深黑色（红 :34 绿 :34 蓝 :34），如图 12-92 所示。

02 设置“反射”颜色为白色（红 :255 绿 :255 蓝 :255），然后设置“细分”为 10，再取消勾选“菲涅耳反射”复选框，如图 12-93 所示。

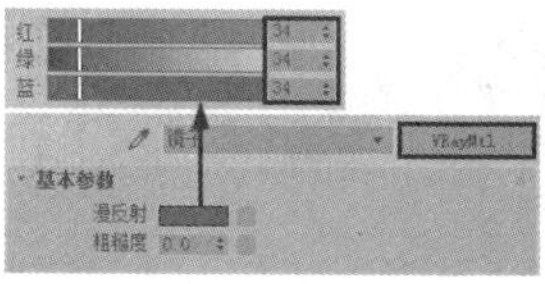

图 12-92

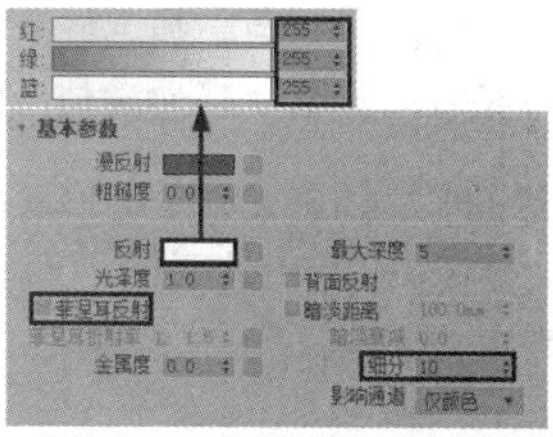

图 12-93

03 制作好的材质球如图 12-94 所示，将编辑好的材质指定给镜子模型。

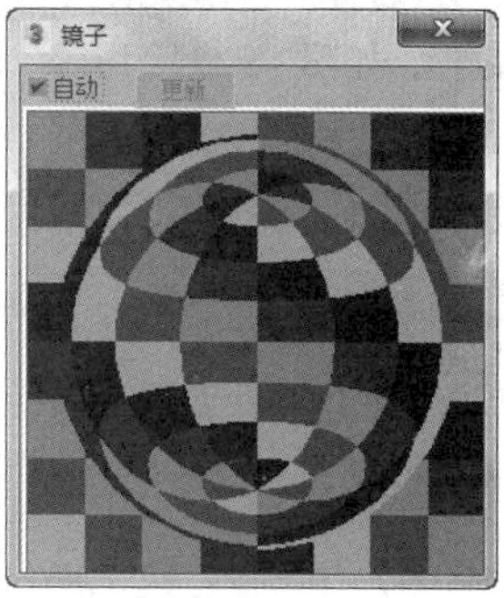

图 12-94

5. 不锈钢材质

01 选择一个空白材质球，设置材质类型为“VRayMtl”，然后设置“漫反射”颜色为灰色（红 :190 绿 :190 蓝 :190），如图 12-95 所示。

02 设置“反射”颜色为浅白色（红 :242 绿 :249 蓝 :255），然后设置“光泽度”为 0.98、“细分”为 12，再取消勾选“菲涅耳反射”复选框，如图 12-96 所示。

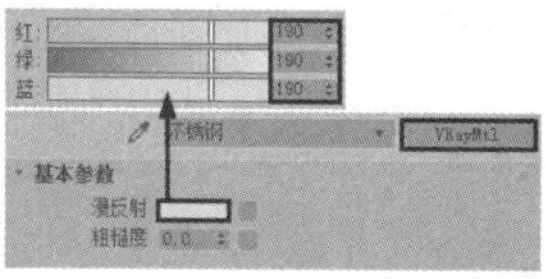

图 12-95

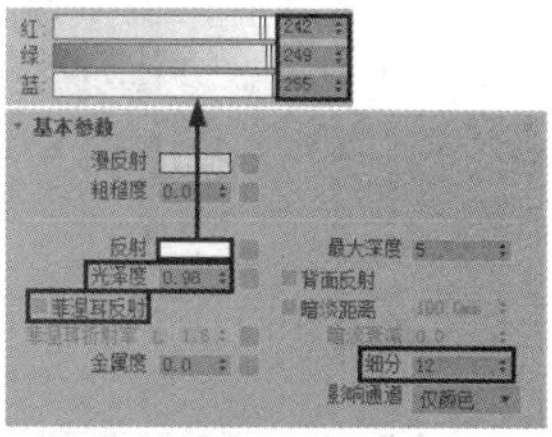

图 12-96

03 展开“双向反射分布函数”卷展栏，然后设置类型为“微面 GTR（GGX）”，如图 12-97 所示。

04 制作好的材质球如图 12-98 所示，将编辑好的材质指定给不锈钢模型。

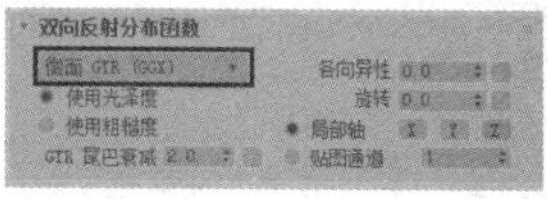

图 12-97

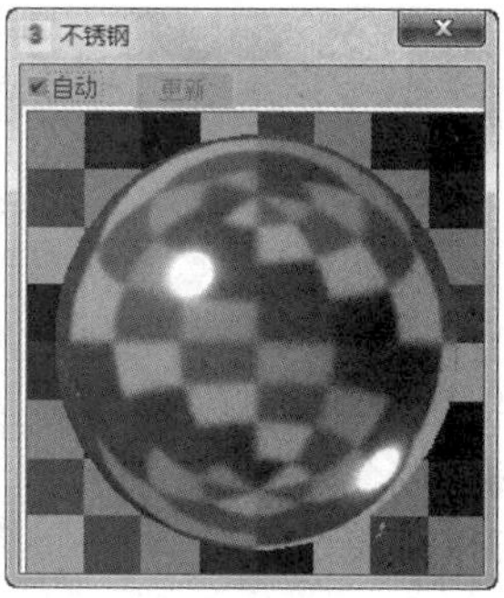

图 12-98

6. 乳胶漆材质

01 选择一个空白材质球，设置材质类型为“VRayMtl”，设置“漫反射”浅白色（红 :250 绿 :250 蓝 :250），如图 12-99 所示。

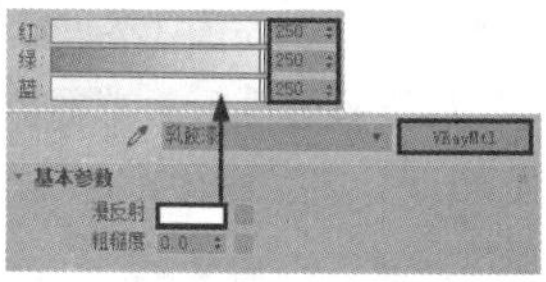

图 12-99

02 制作好的材质球如图 12-100 所示，将编辑好的材质指定给顶面模型。

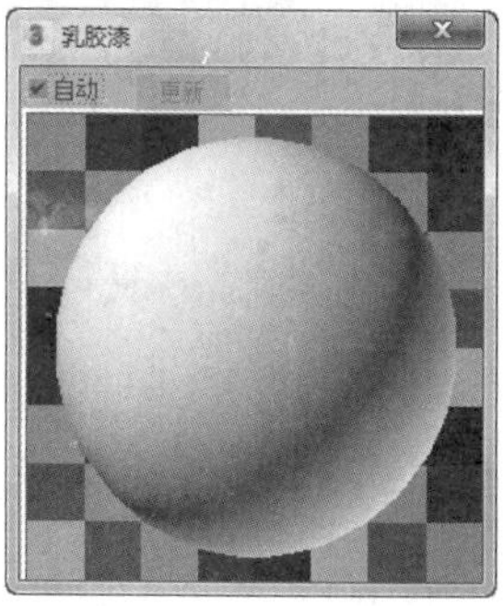

图 12-100

7. 画框材质

01 选择一个空白材质球，设置材质类型为“VRayMtl”，设置“漫反射”颜色为灰色（红 :112 绿 :112 蓝 :112），如图 12-101 所示。

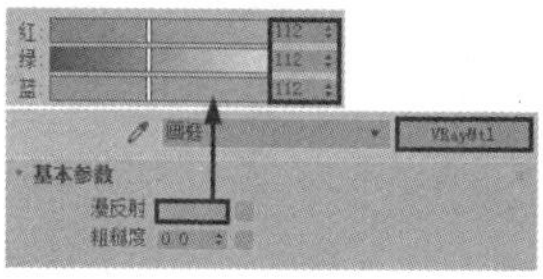

图 12-101

02 设置“反射”颜色为深灰色（红 :50 绿 :50 蓝 :50），然后设置“光泽度”为 0.85、“细分”为 10，再取消勾选“菲涅耳反射”复选框，如图 12-102 所示。

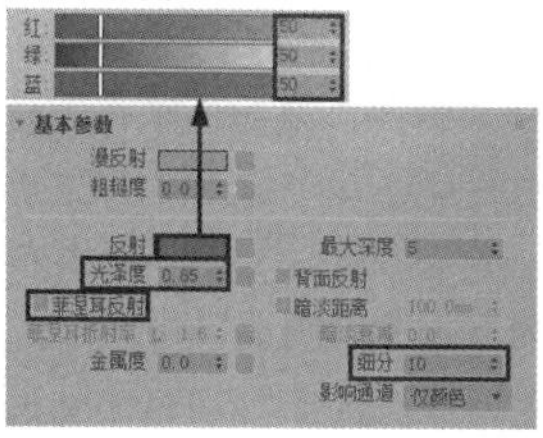

图 12-102

03 展开“双向反射分布函数”卷展栏，然后设置类型为“微面 GTR（GGX）”，如图 12-103 所示。

04 制作好的材质球如图 12-104 所示，将编辑好的材质指定给画框模型。

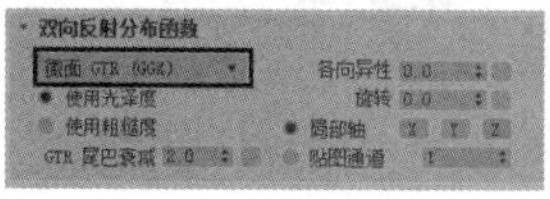

图 12-103

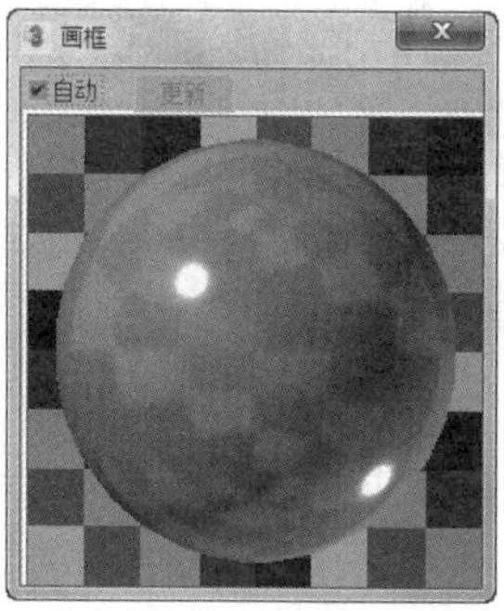

图 12-104

8. 灯片材质

01 选择一个空白材质球，设置材质类型为“VRay灯光材质”，如图 12-105 所示。

02 设置漫反射“颜色”为白色（红 :255 绿 :255 蓝 :255），然后设置倍增为 2，如图 12-106 所示。

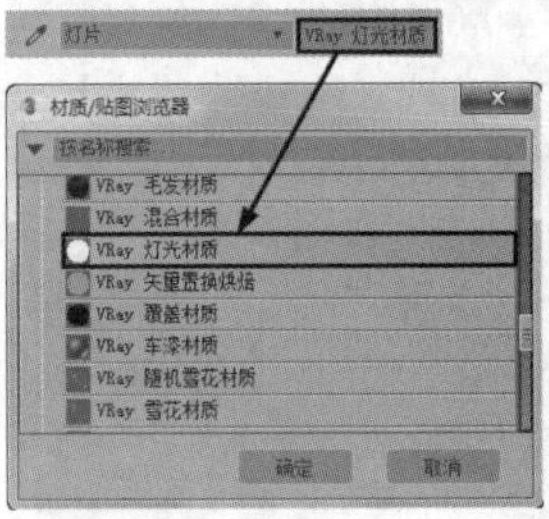

图 12-105

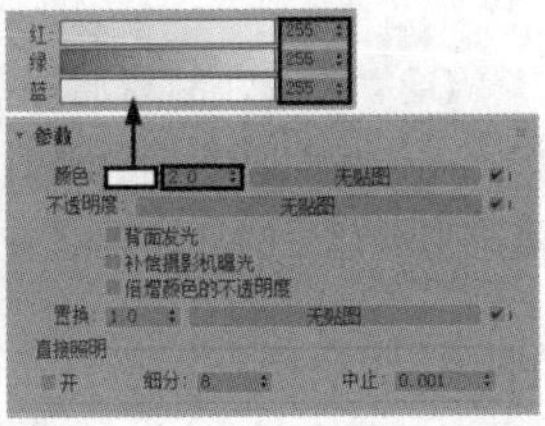

图 12-106

03 制作好的材质球如图 12-107 所示，将编辑好的材质指定给灯片模型。

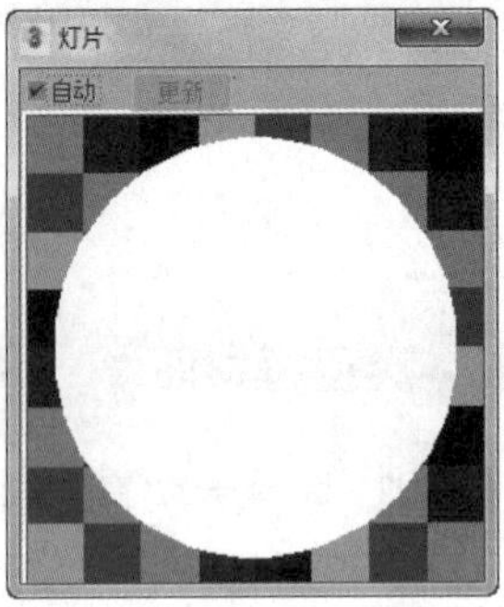

图 12-107

12.2.3 测试渲染参数

下面设置测试渲染的参数，为后面创建灯光做准备。

01 按 F10 键打开“渲染设置”对话框，然后在“公用”选项卡的“输出大小”选项组中设置“宽度”为 640、“高度”为 480，如图 12-108 所示。

02 选择“V-Ray”选项卡，然后在“图像采样器（抗锯齿）”卷展栏中设置“类型”为“渲染块”，接着在“渲染块图像采样器”卷展栏中设置“最小细分”为 1、“最大细分”为 4、“噪波阈值”为 0.001，如图 12-109 所示。

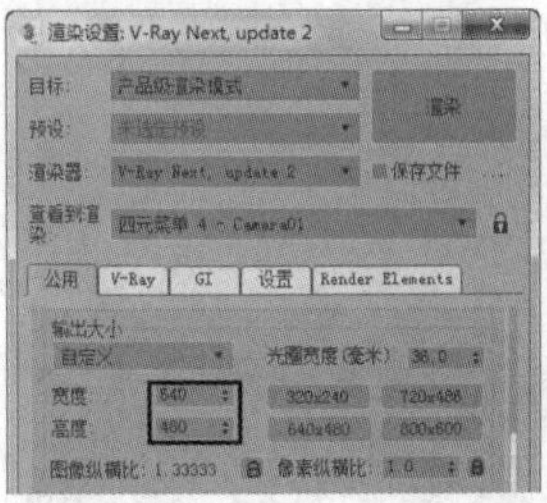

图 12-108

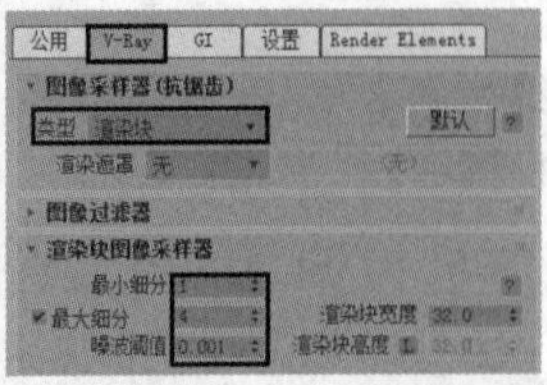

图 12-109

03 在“图像过滤器”卷展栏中设置“过滤器”为“Catmull-Rom”，如图 12-110 所示。

04 在“全局确定性蒙特卡洛”卷展栏中设置“最小采样”为 8、“噪波阈值”为 0.01，如图 12-111 所示。

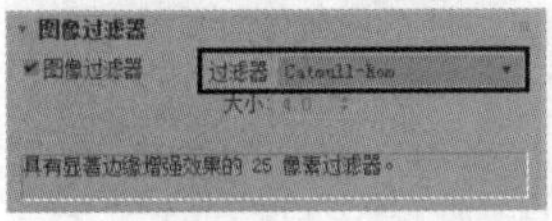

图 12-110

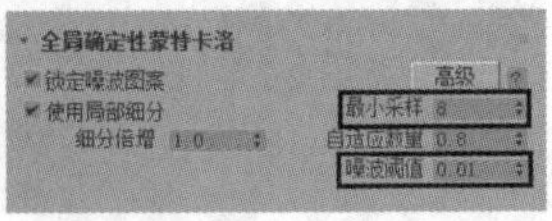

图 12-111

05 在“颜色贴图”卷展栏中设置“类型”为“指数”，如图 12-112 所示。

06 选择“GI”选项卡，然后设置“首次引擎”为“发光贴图”、“二次引擎”为“灯光缓存”，如图 12-113 所示。

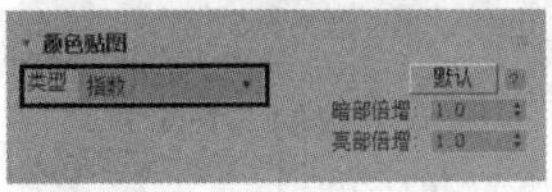

图 12-112

图 12-113

07 在“发光贴图”卷展栏中设置“当前预设”为“非常低”，然后设置“细分”为 50、“插值采样”为 20，如图 12-114 所示。

08 在“灯光缓存”卷展栏中设置“细分”为 600，如图 12-115 所示。

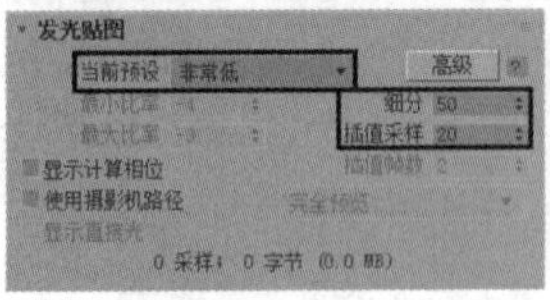

图 12-114

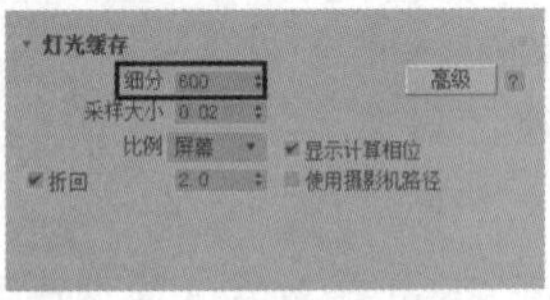

图 12-115

09 选择“设置”选项卡，然后设置“序列”为“上→下”，如图 12-116 所示。

图 12-116

12.2.4 灯光设置

由于这是一个封闭空间，将全部使用人工光源模拟照明效果。

1. 创建整体光源

01 在“创建”命令面板中单击“灯光”按钮，然后选择“Vray”灯光类型，再单击“（VR）灯光”按钮 (VR)灯光 ，在摄影机背后创建一个（VR）灯光，如图 12-117 所示。

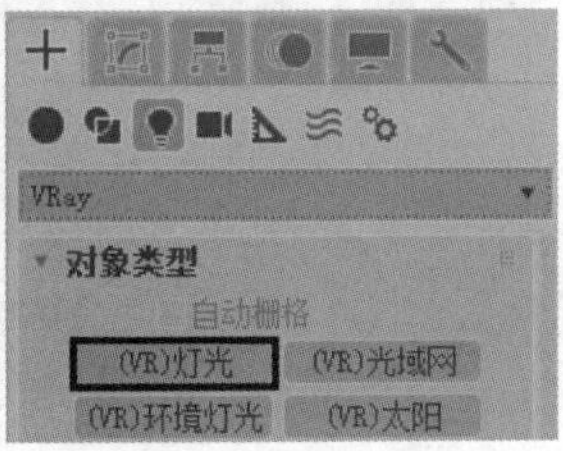

图 12-117

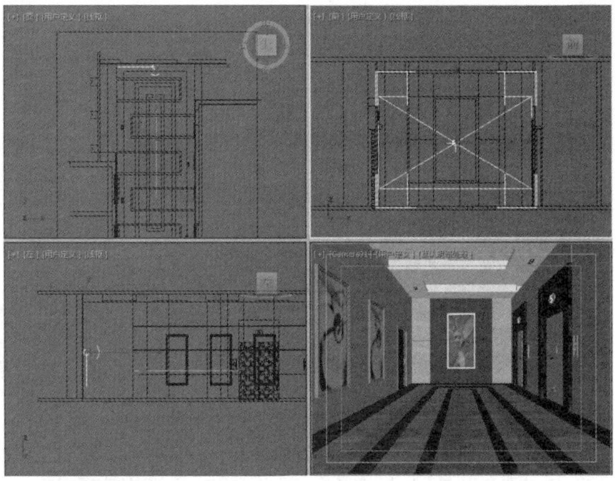
图 12-117（续）

02 选择创建的（VR）灯光，然后进入“修改”命令面板，在“常规”卷展栏中设置“类型”为“平面”、“长度”为 1650 mm、“宽度”为 910mm、“倍增”为 1、“颜色”为淡蓝色（红 :148 绿 :183 蓝 :255），如图 12-118 所示。

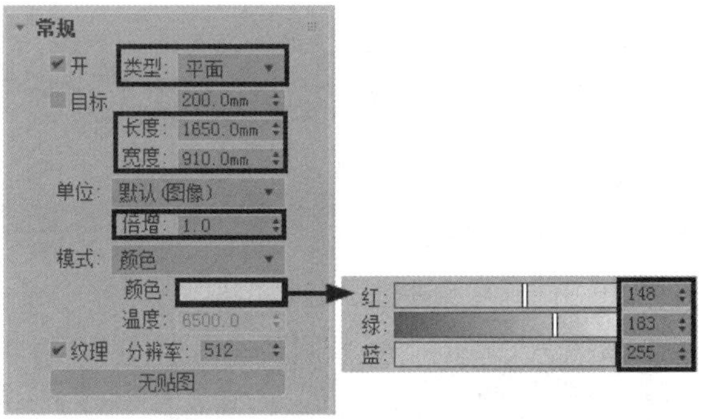

图 12-118

03 展开“选项”卷展栏，勾选“不可见”复选框，然后取消勾选“影响高光”和“影响反射”复选框，如图 12-119 所示。

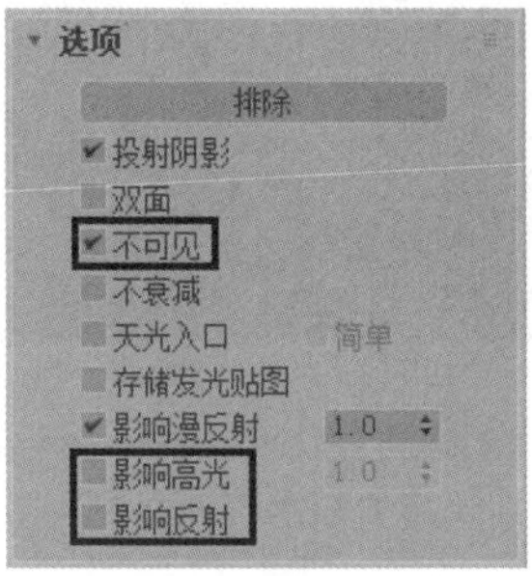

图 12-119

技巧与提示

这里取消勾选“影响高光”和“影响反射”复选框是为了不在墙面和地面反射出灯光的光片。

04 展开“采样”卷展栏，设置“细分”为 16，如图 12-120 所示。

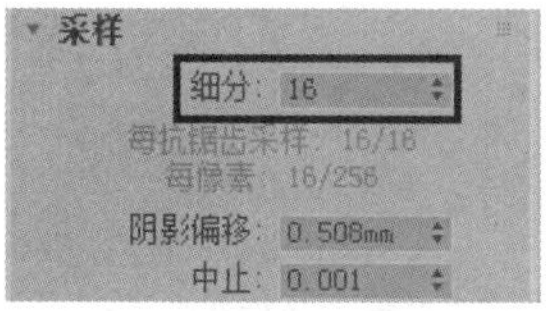

图 12-120

05 按 F9 键对场景进行渲染，其效果如图 12-121 所示。观察渲染效果，可以看到场景的空间感已经体现，下面还需要创建室内的灯光。

图 12-121

2. 创建灯带

01 使用“（VR）灯光”工具在灯槽内创建一个（VR）灯光来模拟灯带，其位置如图 12-122 所示。

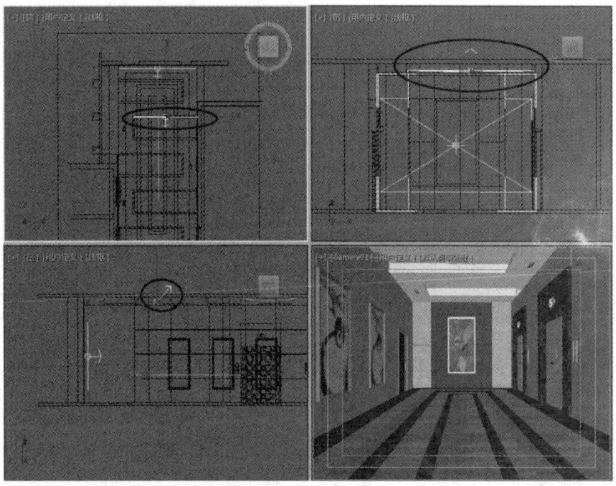
图 12-122

02 选择上一步创建的（VR）灯光，然后进入“修改”命令面板，在“常规”卷展栏下设置“类型”为“平面”、“长度”为 3100mm、“宽度”为 92mm、“倍增”为 11、“颜色”为白色（红 :255 绿 :255 蓝 :243），如图 12-123 所示。

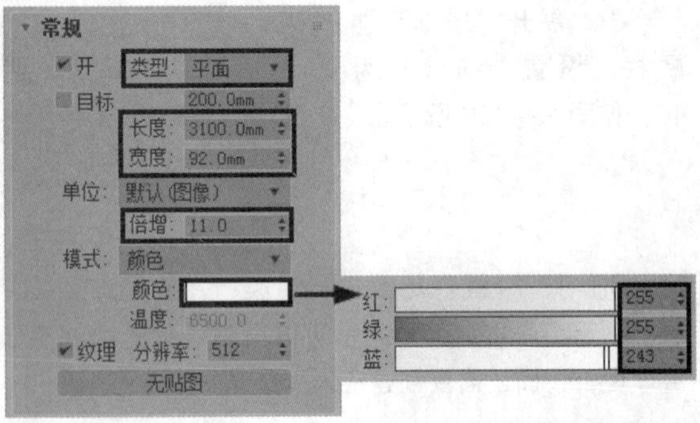

图 12-123

03 展开“选项”卷展栏，勾选“不可见”复选框，然后取消勾选“影响高光”和“影响反射”复选框，如图 12-124 所示。

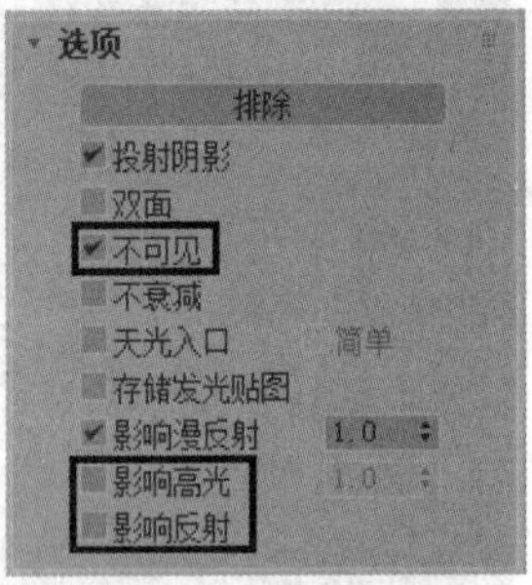

图 12-124

04 展开“采样”卷展栏，设置“细分”为 16，如图 12-125 所示。

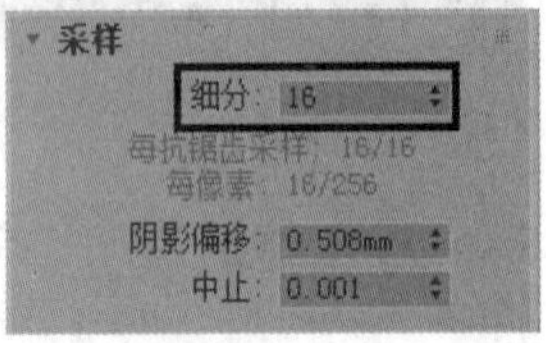

图 12-125

05 选中修改后的（VR）灯光，然后将其以“实例”的形式复制到其余灯槽中，如图 12-126 所示。

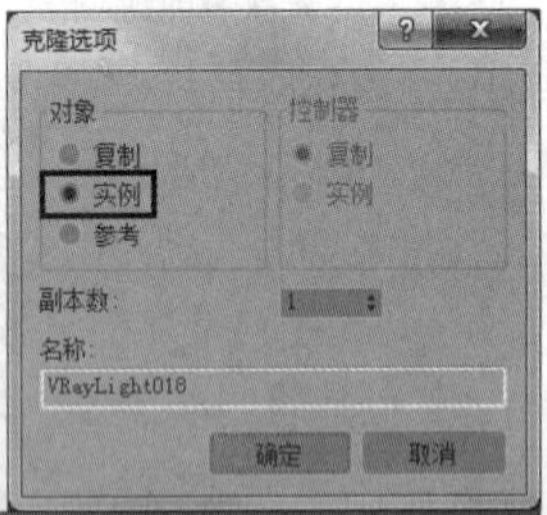

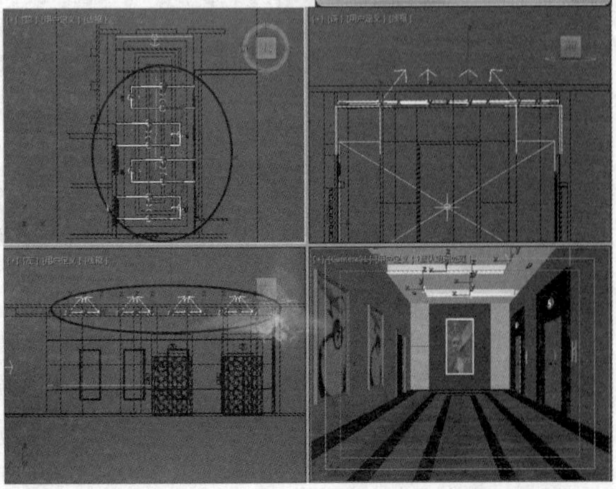

图 12-126

06 按 F9 键对场景进行测试渲染，其效果如图 12-127 所示。观察渲染效果，可以看到场景整体被照亮，但缺乏高光部分，整个场景看起来很平、没有层次感。

图 12-127

3. 创建筒灯

01 在“灯光”面板中选择“光度学”灯光类型，再单击“自由灯光”按钮 自由灯光 ，然后在筒灯模型下创建一个自由灯光，如图 12-128 所示。

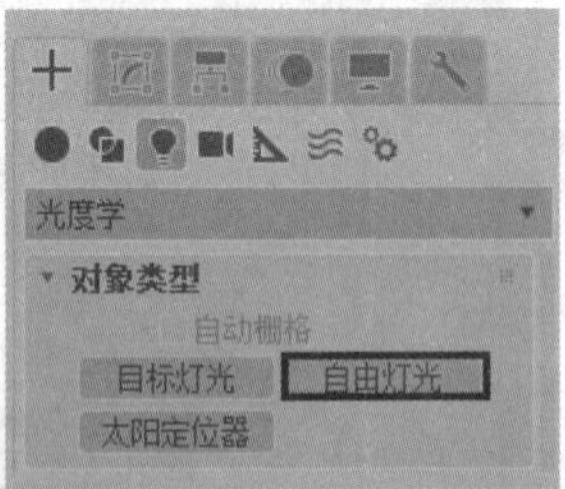

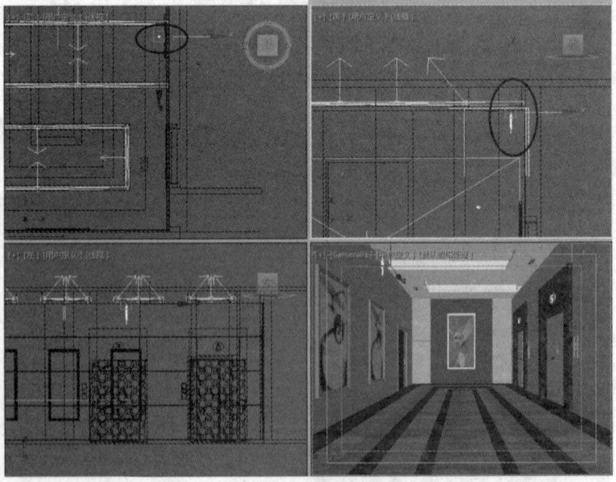

图 12-128

02 以“实例”的方式将创建的自由灯光复制到其余筒灯模型下，如图 12-129 所示。

03 选择其中一个自由灯光，展开“常规参数”卷展栏，勾选阴影“启用”复选框，然后设置阴影类型为“VRay 阴影”，再设置“灯光分布（类型）”为“光度学 Web”，如图 12-130 所示。

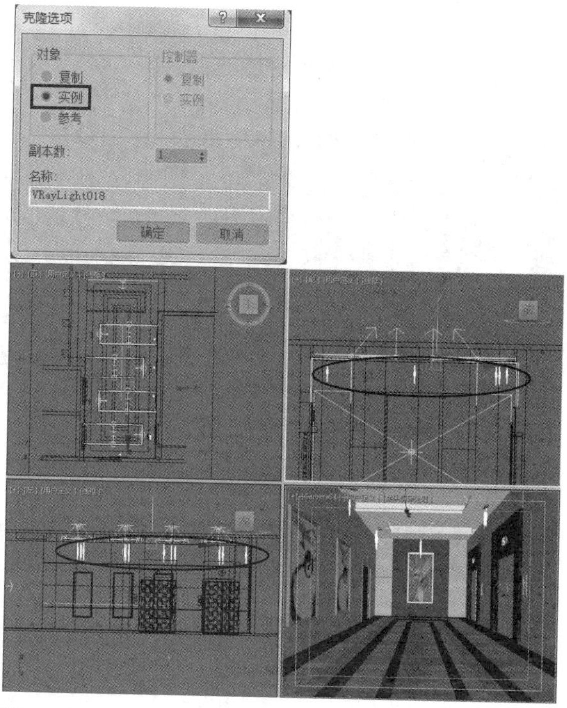

图 12-129

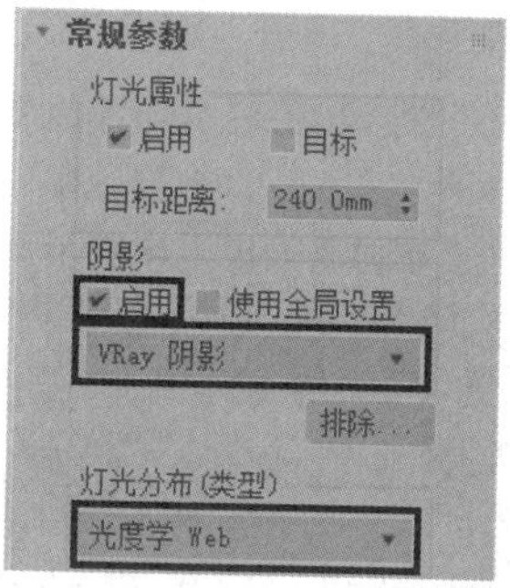

图 12-130

04 展开“分布（光度学 Web）”卷展栏，单击“选择光度学文件”按钮 < 选择光度学文件 > ，然后在打开的“打开光域 Web 文件”对话框中加载本书学习资源中的“素材文件 > 第 12 章 >02>SD-116.IES”灯光文件，如图 12-131 所示。

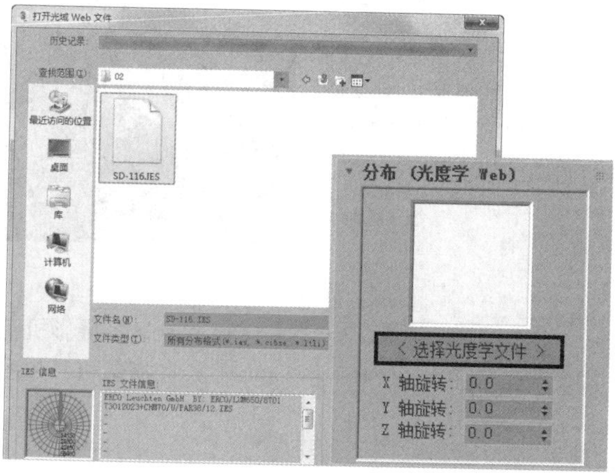

图 12-131

05 展开“强度 / 颜色 / 衰减”卷展栏，设置“过滤颜色”（红 :255 绿 :199 蓝 :144），然后设置“强度”为 60000cd，如图 12-132 所示。

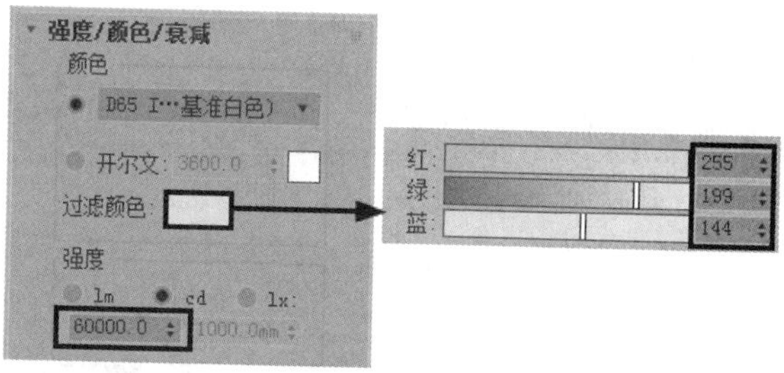

图 12-132

06 按 F9 键对场景进行测试渲染，其效果如图 12-133 所示。可以观察到添加了筒灯后，场景中的灯光有了层次感。

图 12-133

12.2.5 设置最终渲染参数

综合案例 1 使用了“VRay 降噪器”工具来渲染最终效果，本案例将使用“光子图”渲染最终效果。

01 按 F10 键打开“渲染设置”对话框，切换到“V-Ray”选项卡，然后展开“全局开关”卷展栏，勾选其中的“不渲染最终的图像”复选框，如图 12-134 所示。

02 展开“渲染块图像采样器”卷展栏，设置“最小细分”为 1，然后勾选“最大细分”复选框，并设置其值为 4，再设置“噪波阈值”为 0.005、“渲染块宽度”为 32，如图 12-135 所示。

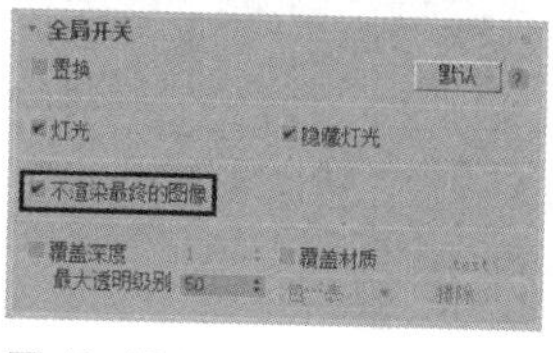

图 12-134

图 12-135

03 展开“图像过滤器”卷展栏，然后设置“过滤器”为“Mitchell-Netravali”，如图 12-136 所示。

04 展开“全局确定性蒙特卡洛”卷展栏，然后设置“最小采样”为16、“自适应数量”为0.8、“噪波阈值”为0.005，如图12-137所示。

图12-136

图12-137

05 选择“GI”选项卡，展开“发光贴图”卷展栏，切换到“高级”模式，然后设置“当前预设”为“中”、“细分”为60、“插值采样”为30，接着在“模式”中选择“单帧”，再勾选“自动保存”复选框，并单击下方“浏览”按钮...，设置光子图的保存路径，如图12-138所示。

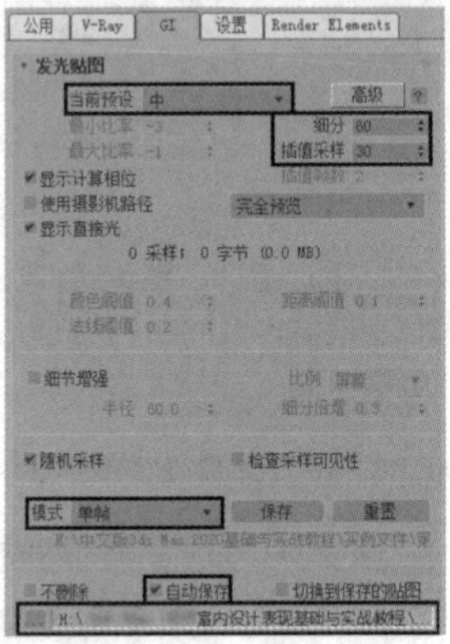

图12-138

06 展开“灯光缓存”卷展栏，切换到“高级模式”，然后设置“细分”为1000，在“模式”中选择“单帧”，再勾选“自动保存”复选框，最后单击下方“浏览”按钮...，设置灯光缓存的保存路径，如图12-139所示。

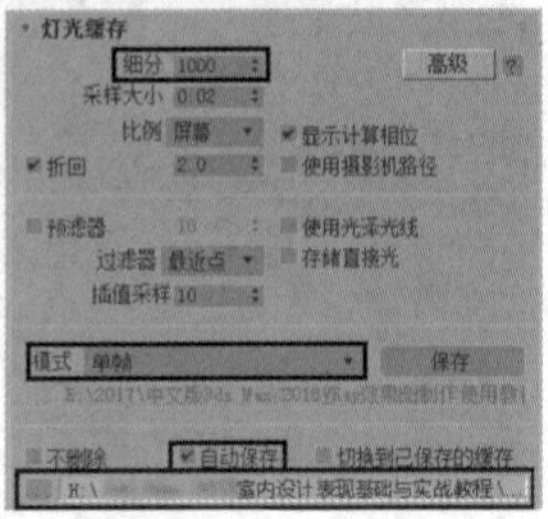

图12-139

07 按F9键渲染场景，然后在保存路径中找到渲染好的光子图文件，如图12-140所示。

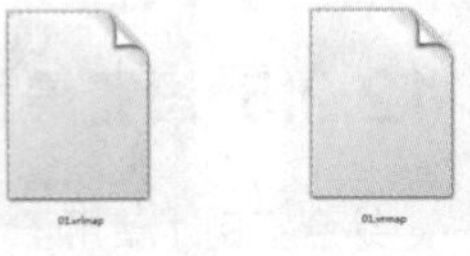

图12-140

08 按F10键打开“渲染设置”对话框，然后在“公用”选项卡中设置“宽度”为1500、“高度”为1125，如图12-141所示。

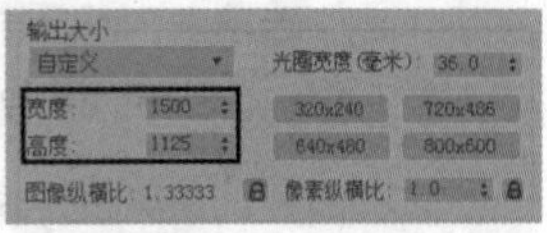

图12-141

09 切换到“V-Ray”选项卡，并展开“全局开关”卷展栏，然后取消勾选“不渲染最终的图像”复选框，如图12-142所示。

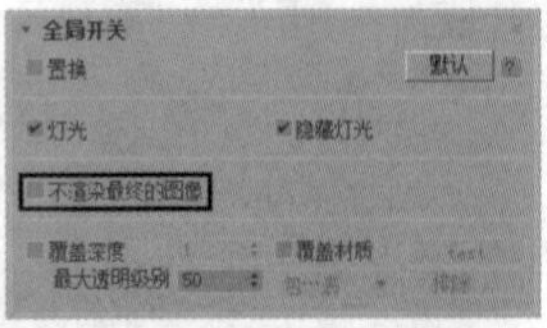

图12-142

10 按C键切换到摄影机视口，然后按F9键对场景进行渲染，得到的效果如图12-143所示，完成本例的制作。

图12-143

12.3 废弃仓库CG场景

废弃仓库CG场景	
素材位置	素材文件 > 第12章 >03
实例位置	实例文件 > 第12章 > 废弃仓库CG场景 > 废弃仓库CG场景.max
学习目标	掌握CG场景渲染的全流程

CG场景在制作时有别于家装和工装类场景的制作。CG场景更注重光影和颜色的搭配，颜色要浓郁，以突出场景需要表现的氛围；在材质表现上依赖于混合类材质，以体现出材质的更多细节；在制作上较为复杂烦琐。废弃仓库CG场景的效果如图12-144所示。

图12-144

12.3.1 摄影机创建

01 打开本书学习资源中的“素材文件 > 第12章 >03>03.max”文件，如图12-145所示。

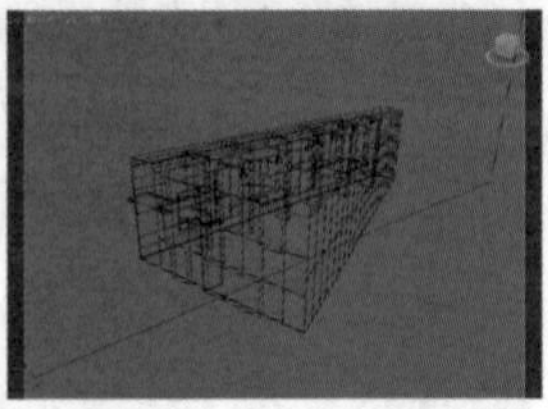

图12-145

02 切换到顶视口，然后使用“目标”摄影机工具 目标 在场景中创建一台“目标”摄影机，如图12-146所示。

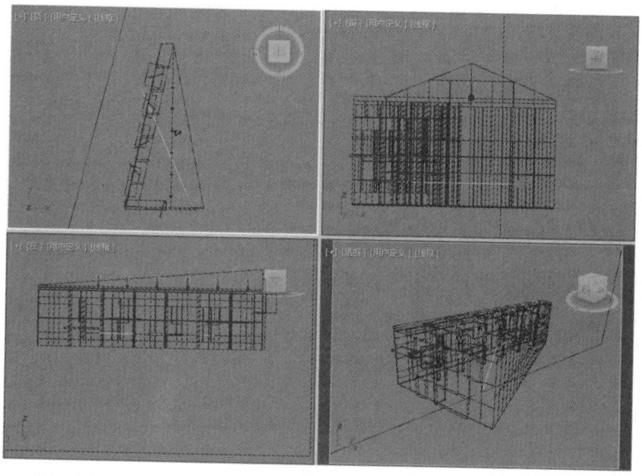

图 12-146

03 选中创建的摄影机，在“修改”命令面板中设置“镜头”为 33mm，然后勾选“手动剪切”复选框，再设置“近距剪切”为 640mm、“远距剪切”为 7320mm，如图 12-147 所示。

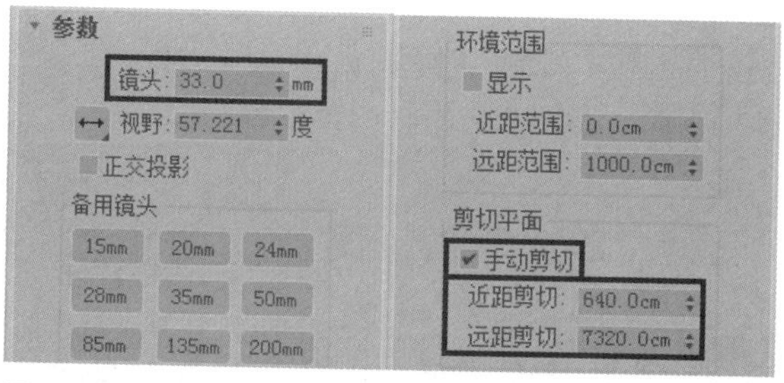

图 12-147

04 在场景中适当调整摄影机的位置，选择透视口，然后按 C 键将透视口切换为摄影机视口，其效果如图 12-148 所示。

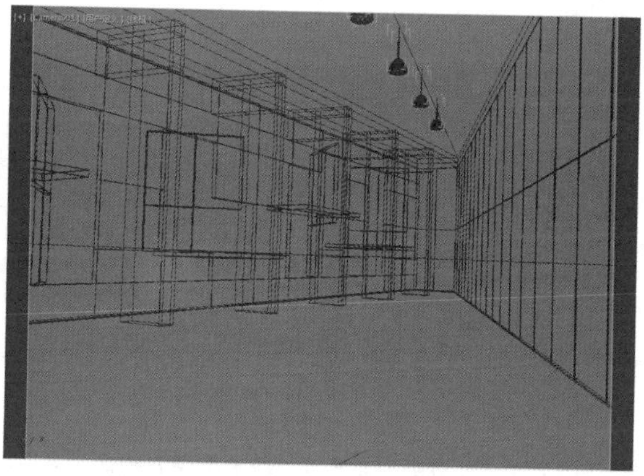

图 12-148

12.3.2 材质制作

本例场景中的对象的材质主要包括地面材质、屋顶材质和墙面材质 3 种，下面将针对这些材质的制作进行讲解，如图 12-149 所示。

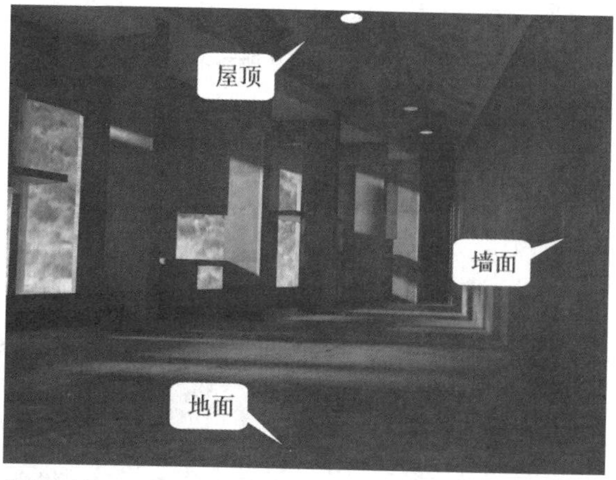

图 12-149

1. 地面材质

01 按 M 键打开“材质编辑器”对话框，选择一个空白材质球，单击“Standard”（标准）按钮 Standard，在打开的“材质 / 贴图浏览器”对话框中展开“V-Ray”选项，然后选择“VRayMtl”材质，如图 12-150 和图 12-151 所示。

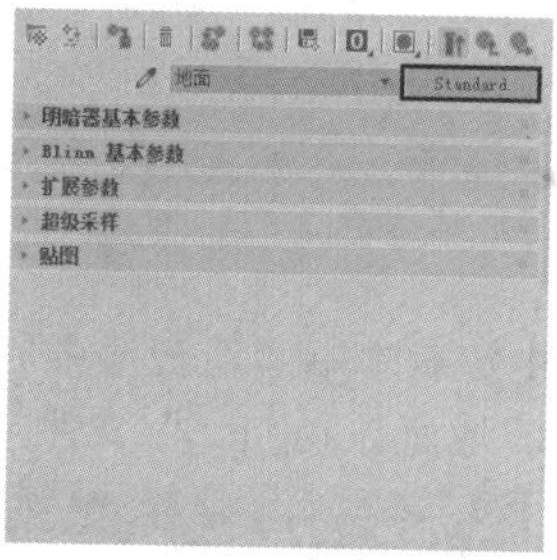

图 12-150

图 12-151

02 在“漫反射”通道中加载本书学习资源中的“素材文件 > 第 12 章 >03> 地面 color.jpg”文件，如图 12-152 所示。

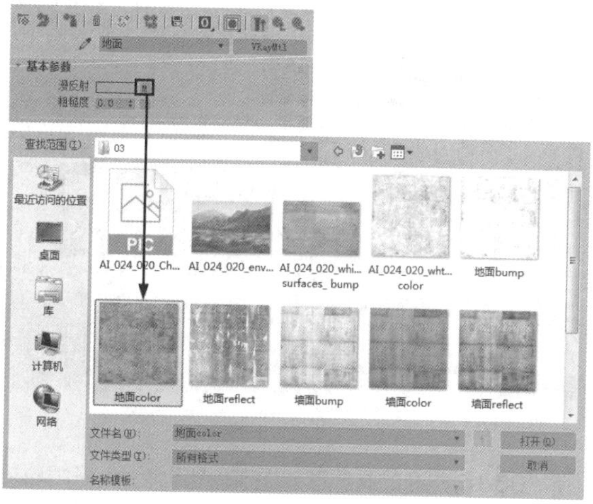

图 12-152

03 设置“光泽度”为 0.78，然后设置“菲涅耳折射率”为 2.5，如图 12-153 所示。

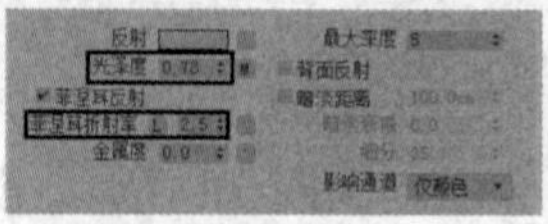

图 12-153

04 展开“贴图”卷展栏，在“光泽度”通道中加载本书学习资源中的“素材文件 > 第 12 章 >03> 地面 reflect.jpg”文件，如图 12-154 和图 12-155 所示。

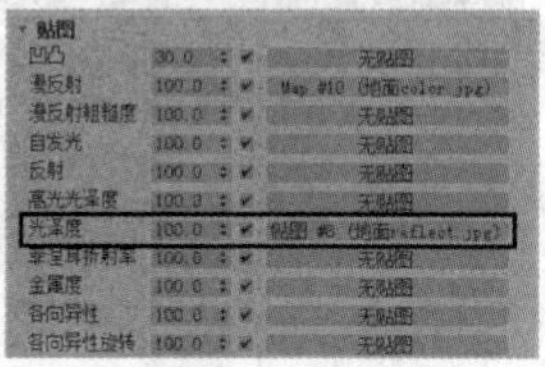

图 12-154

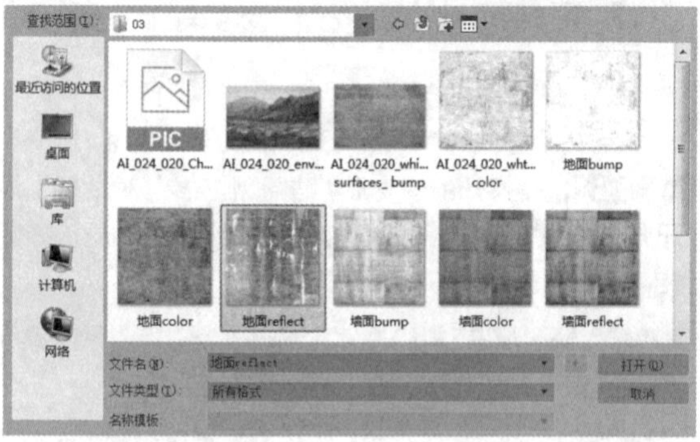

图 12-155

05 在“凹凸”通道中加载本书学习资源中的“素材文件 > 第 12 章 >03> 地面 bump.jpg”文件，并设置“凹凸”通道强度为 30，如图 12-156 和图 12-157 所示。

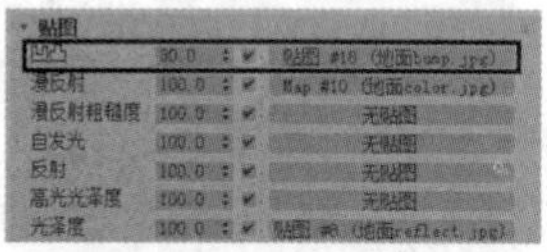

图 12-156

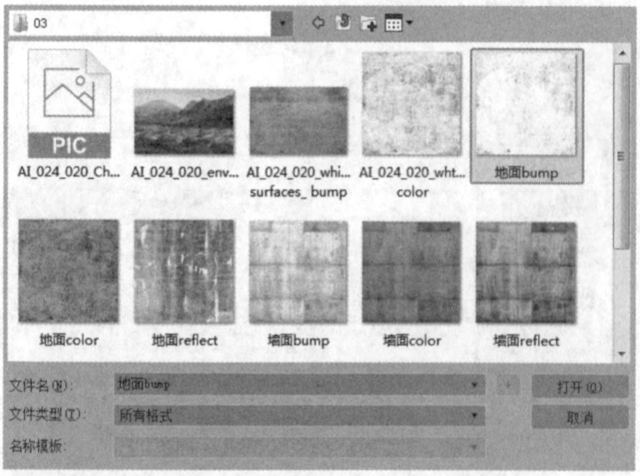

图 12-157

06 制作好的材质球如图 12-158 所示，将编辑好的材质指定给地面模型。

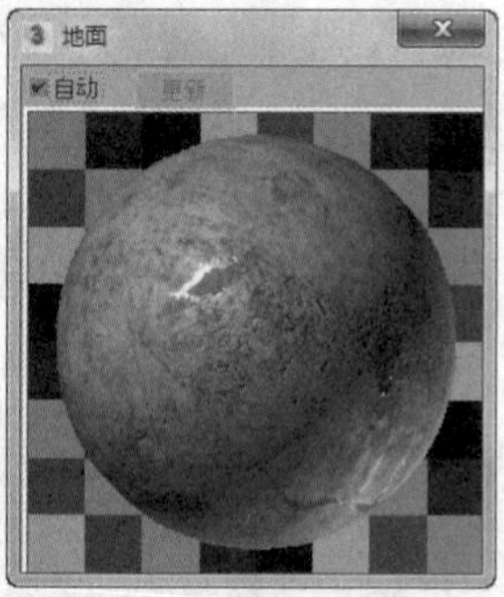

图 12-158

2. 屋顶材质

01 选择一个空白材质球，然后设置材质类型为“VRay 混合材质”，如图 12-159 和图 12-160 所示。

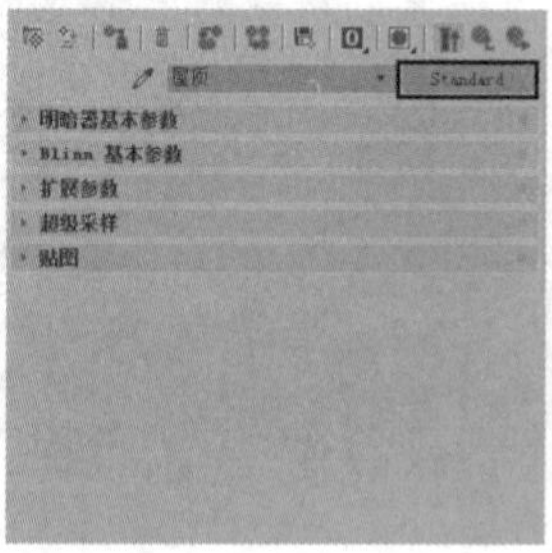

图 12-159

图 12-160

02 单击“基本材质”通道中的“无”按钮 无 ，然后加载一个“VRayMtl”材质，如图 12-161 和图 12-162 所示。

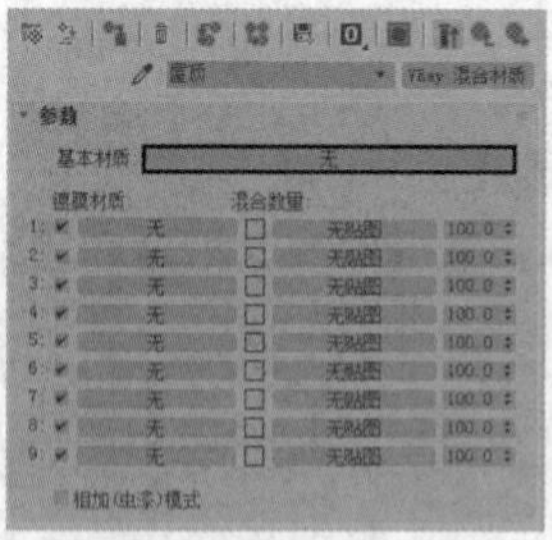

图 12-161

图 12-162

03 在“漫反射”通道中加载本书学习资源中的“素材文件 > 第 12 章 >03> 墙面 color.jpg”文件，如图 12-163 所示。

04 设置“光泽度”为 0.9，然后设置“菲涅耳折射率”为 2.2，如图 12-164 所示。

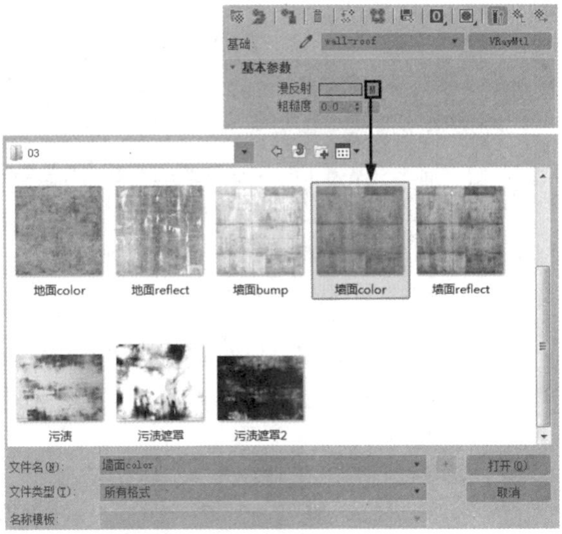

图 12-163

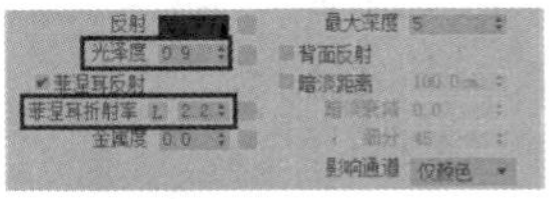

图 12-164

05 展开“贴图”卷展栏，然后在“反射”和“光泽度”通道中加载本书学习资源中的“素材文件 > 第 12 章 >03> 墙面 reflect.jpg”文件，如图 12-165 和图 12-166 所示。

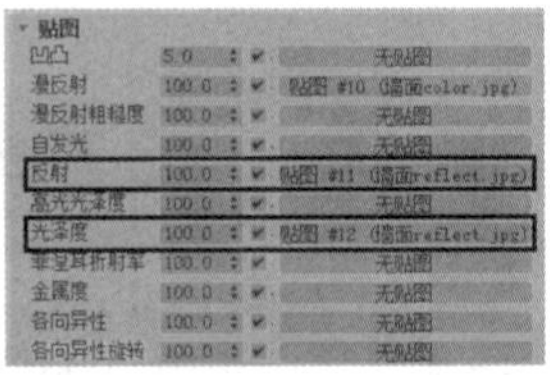

图 12-165

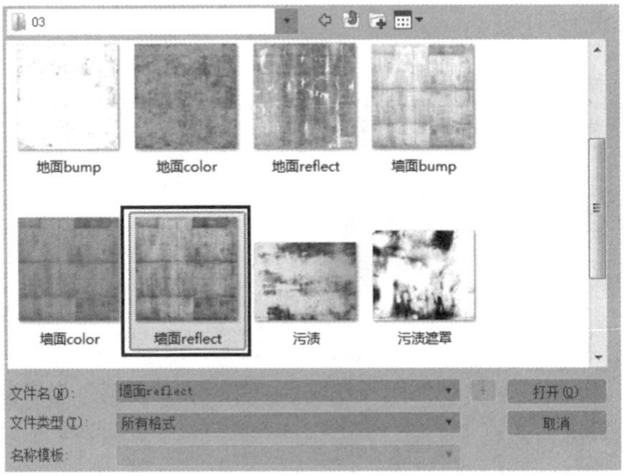

图 12-166

06 在“凹凸”通道中加载本书学习资源中的“素材文件 > 第 12 章 >03> 墙面 bump.jpg”文件，然后设置“凹凸”通道强度为 5，如图 12-167 和图 12-168 所示。

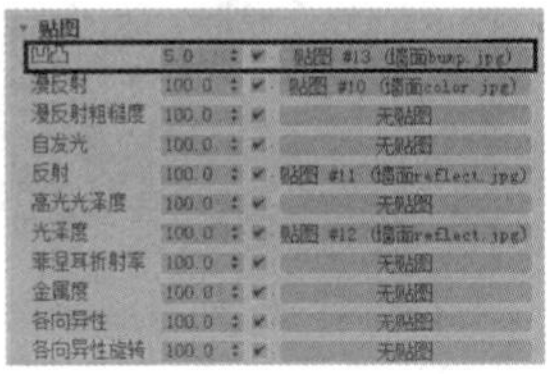

图 12-167

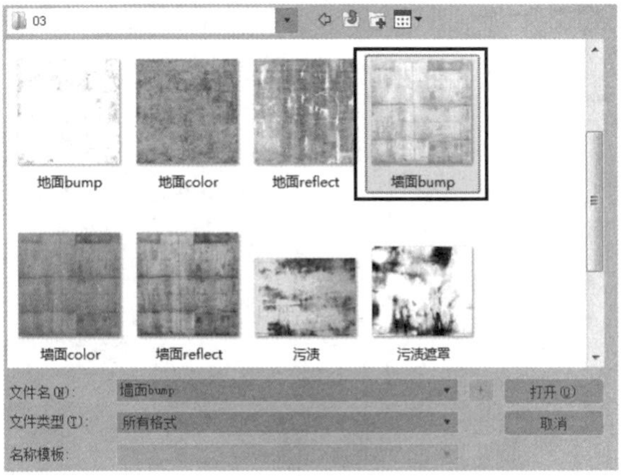

图 12-168

07 返回“VRay 混合材质”参数面板，然后在“镀膜材质 1”通道中加载“VRayMtl”材质，如图 12-169 和图 12-170 所示。

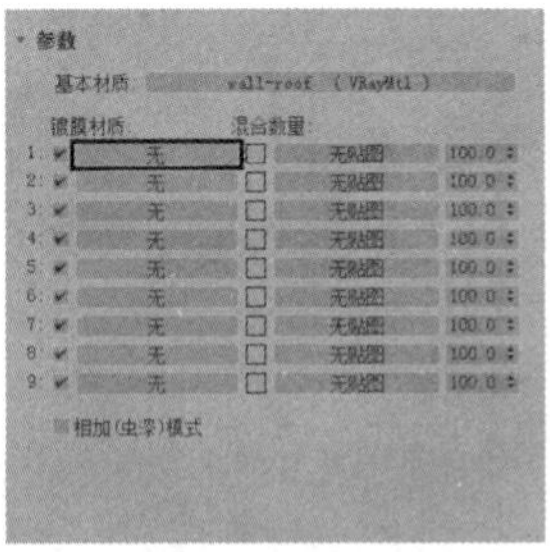

图 12-169

图 12-170

08 在“漫反射”通道中加载本书学习资源中的“素材文件 > 第 12 章 >03> 污渍 .jpg”文件，如图 12-171 所示。

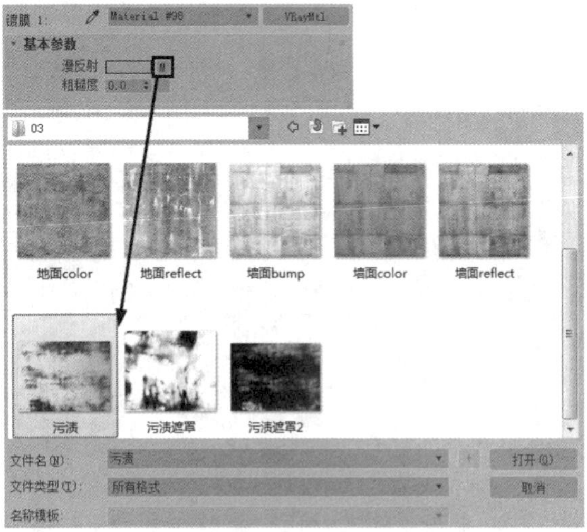

图 12-171

09 返回“VRay 混合材质”参数面板，然后在“混合数量 1”通道中加载本书学习资源中的“素材文件 >

第 12 章 >03> 污渍遮罩 .jpg”文件，如图 12-172 所示。

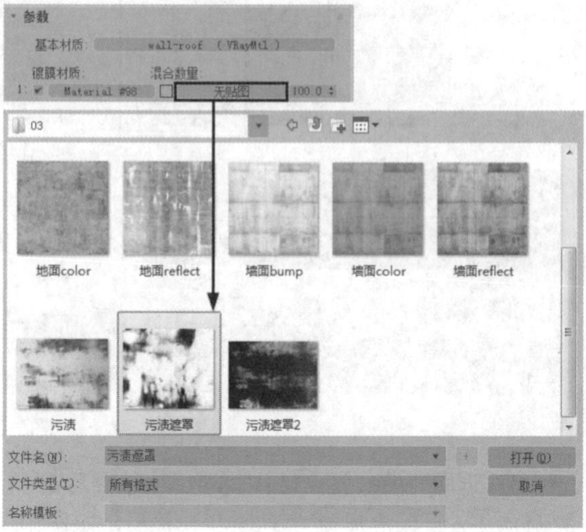

图 12-172

10 制作好的材质球如图 12-173 所示，将编辑好的材质指定给屋顶模型。

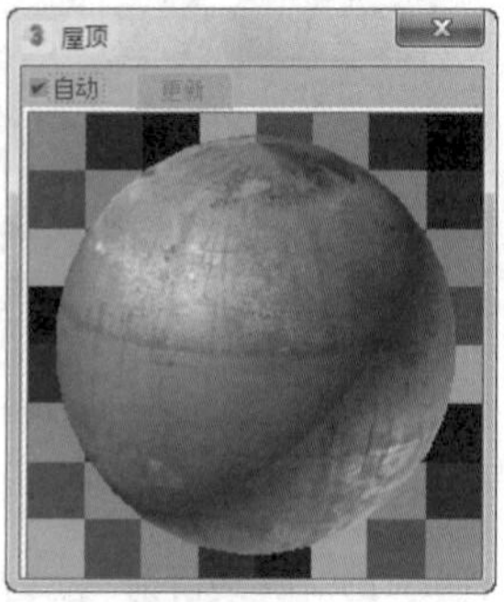

图 12-173

3. 墙面材质

01 选择一个空白材质球，然后设置材质类型为“VRay 混合材质”，如图 12-174 和图 12-175 所示。

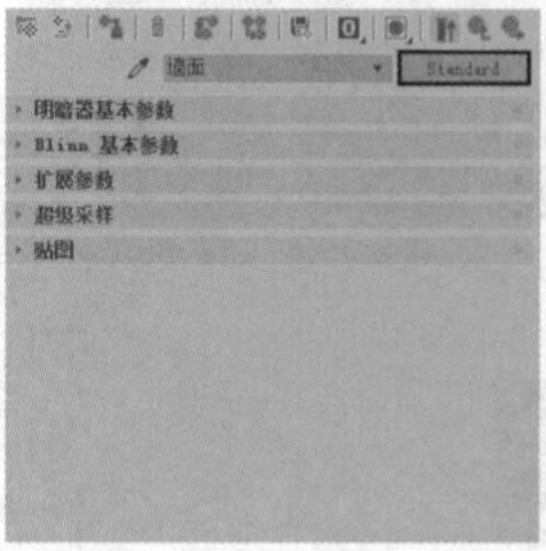

图 12-174

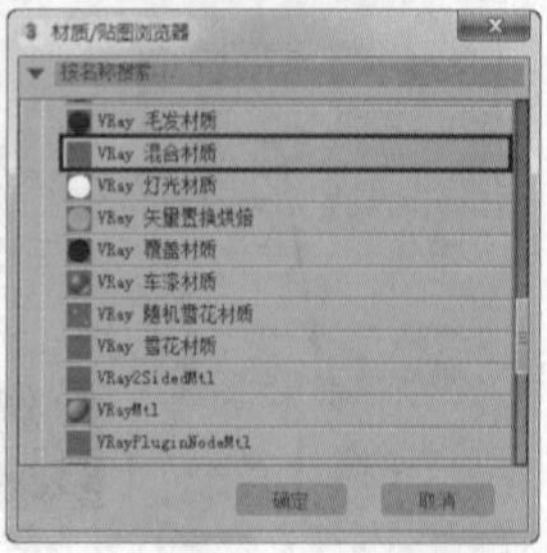

图 12-175

02 单击“基本材质”通道中的“无”按钮 无 ，然后加载一个“VRayMtl”材质，如图 12-176 和图 12-177 所示。

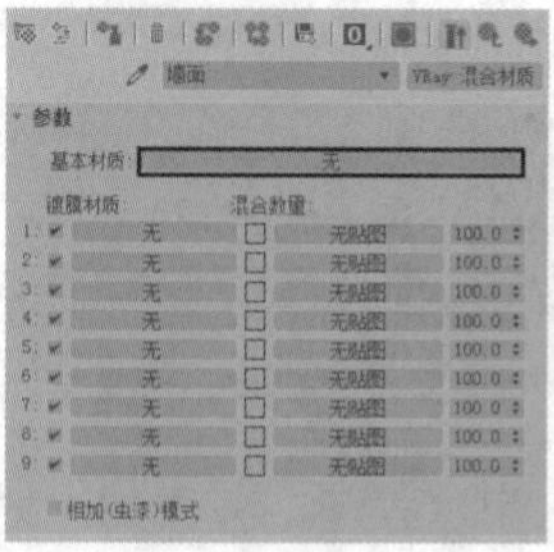

图 12-176

图 12-177

03 在“漫反射”通道中加载本书学习资源中的“素材文件 > 第 12 章 >03> 墙面 color.jpg”文件，如图 12-178 所示。

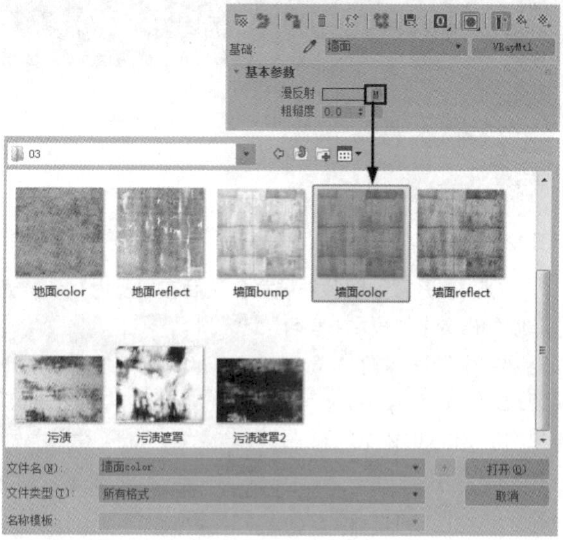

图 12-178

04 设置“光泽度”为 0.9，然后设置“菲涅耳折射率”为 2.2，如图 12-179 所示。

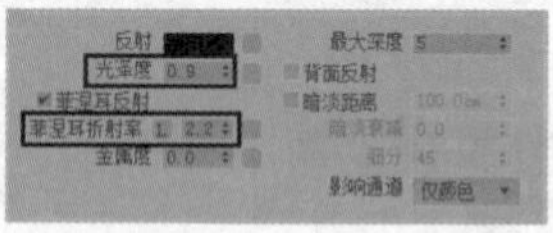

图 12-179

05 展开“贴图”卷展栏，然后在“反射”和“光泽度”通道中加载本书学习资源中的“素材文件 > 第 12 章 >03> 墙面 reflect.jpg”文件，如图 12-180 和图 12-181 所示。

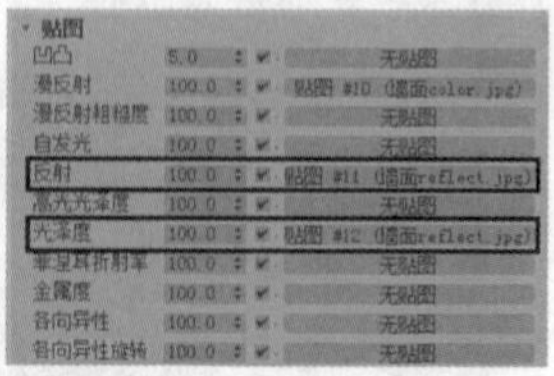

图 12-180

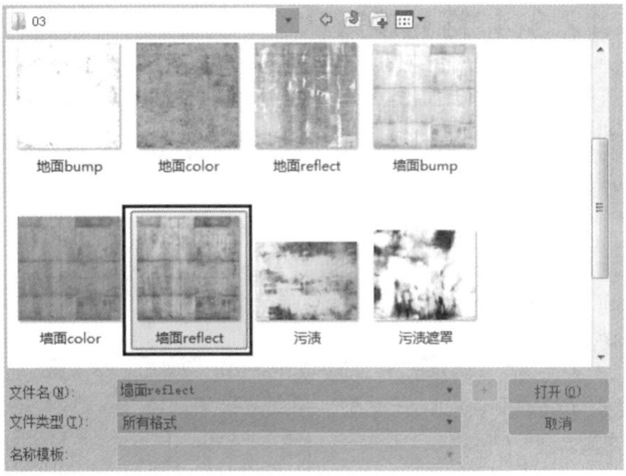

图 12-181

06 在“凹凸”通道中加载本书学习资源中的“素材文件 > 第 12 章 >03> 墙面 bump.jpg”文件，然后设置“凹凸”通道强度为 5，如图 12-182 和图 12-183 所示。

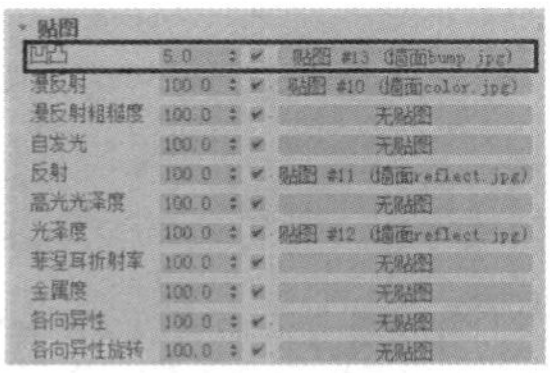

图 12-182

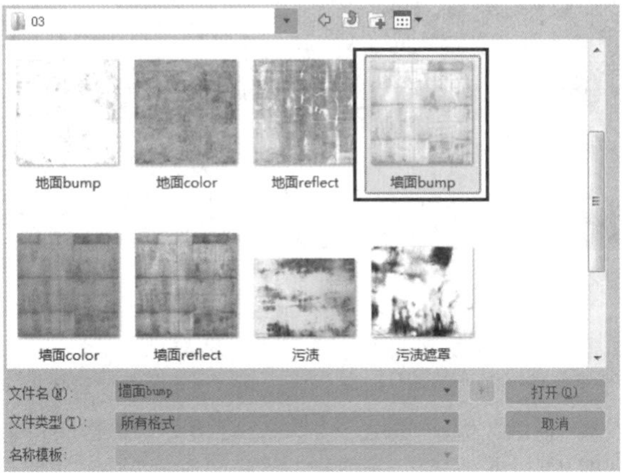

图 12-183

07 返回“VRay 混合材质”参数面板，然后在“镀膜材质 1”通道中加载“VRayMtl”材质，如图 12-184 和图 12-185 所示。

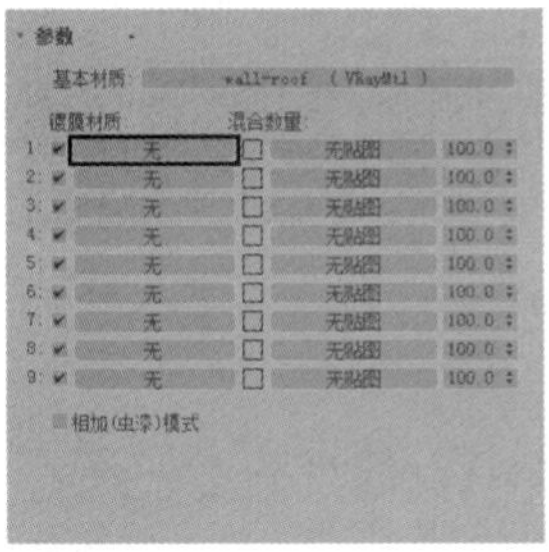

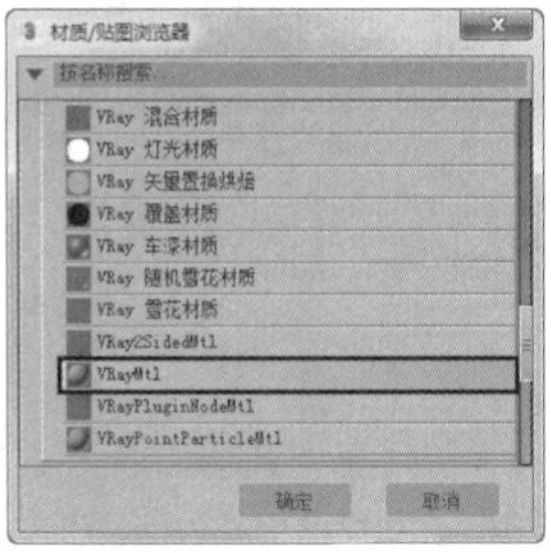

图 12-184

图 12-185

08 在“漫反射”通道中加载本书学习资源中的“素材文件 > 第 12 章 >03> 污渍 .jpg”文件，如图 12-186 所示。

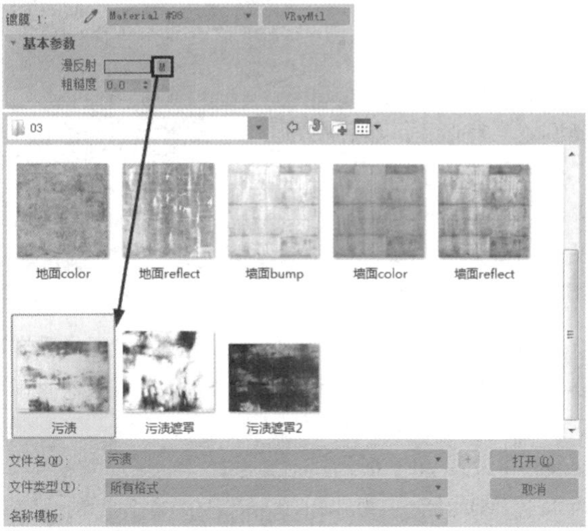

图 12-186

09 返回“VRay 混合材质”参数面板，然后在“混合数量 1”通道中加载本书学习资源中的“素材文件 > 第 12 章 >03> 污渍遮罩 2.jpg”文件，如图 12-187 所示。

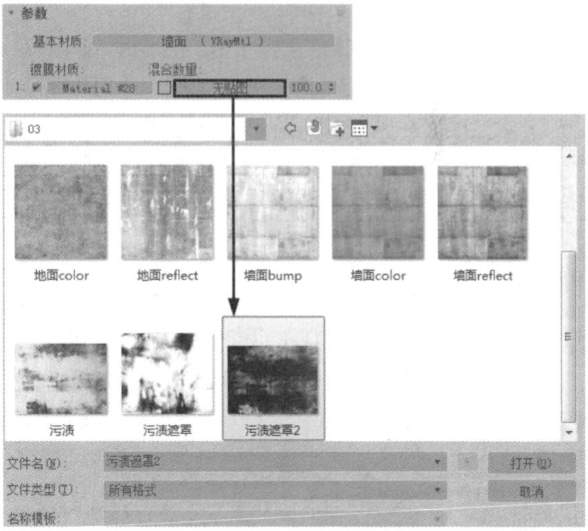

图 12-187

10 制作好的材质球如图 12-188 所示，将编辑好的材质指定给墙面模型。

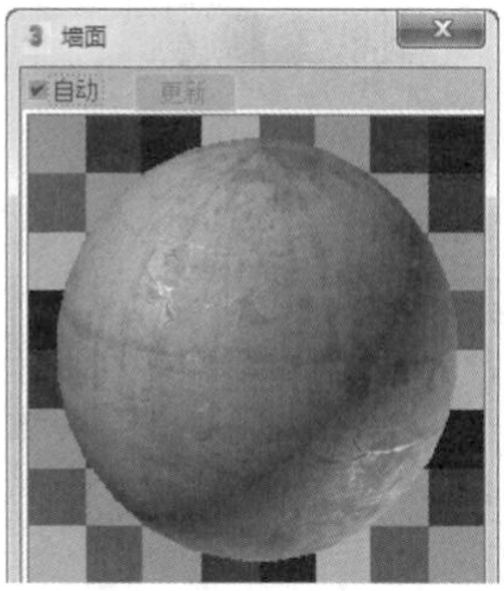

图 12-188

12.3.3 测试渲染参数

下面设置测试渲染的参数，为后面创建灯光做准备。

01 按F10键打开“渲染设置”对话框，然后在“公用”选项卡的“输出大小”选项组中设置“宽度”为640、“高度”为480，如图12-189所示。

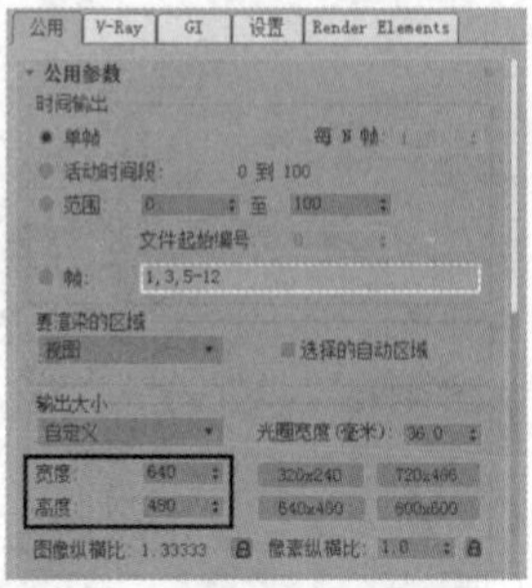

图12-189

02 切换到“V-Ray”选项卡，然后在“图像采样器（抗锯齿）”卷展栏中设置“类型”为“渲染块”，在“渲染块图像采样器”卷展栏中设置“最小细分”为1、“最大细分”为4、“噪波阈值”为0.01，如图12-190所示。

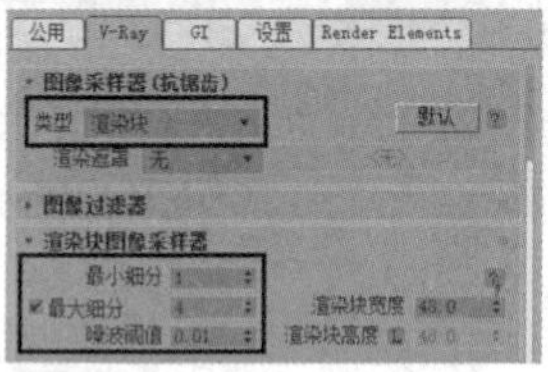

图12-190

03 展开“图像过滤器”卷展栏，设置“过滤器”为“Mitchell-Netrali”，如图12-191所示。

04 展开“全局确定性蒙特卡洛”卷展栏，设置“最小采样”为8、“噪波阈值”为0.001，如图12-192所示。

图12-191

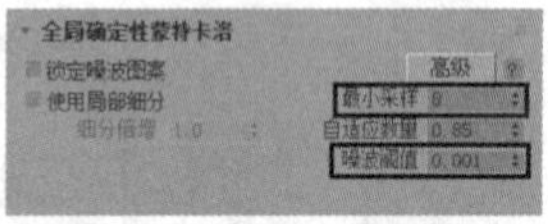

图12-192

05 展开“颜色贴图”卷展栏，设置“类型”为“莱因哈德”、“加深值”为0.6，如图12-193所示。

06 切换到“GI”选项卡，然后设置“首次引擎”为“发光图”、“二次引擎”为“BF算法”，如图12-194所示。

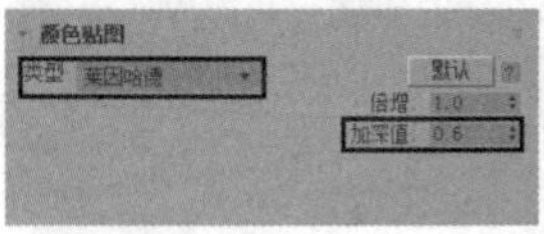

图12-193

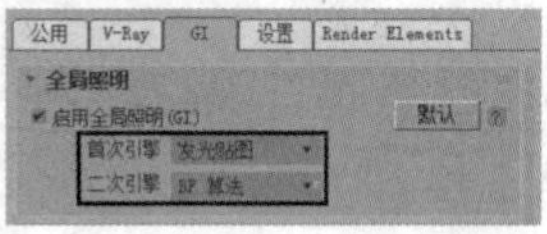

图12-194

07 在“发光贴图”卷展栏中，设置“当前预设”为“非常低”，然后设置“细分”为50、“插值采样”为20，如图12-195所示。

08 切换到“设置”选项卡，然后设置“序列”为“上→下”，如图12-196所示。

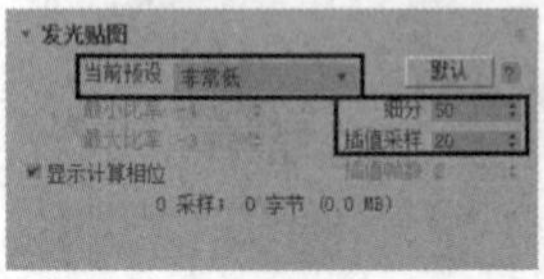

图12-195

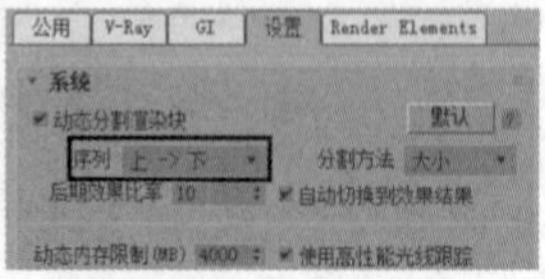

图12-196

12.3.4 灯光设置

在本场景中的灯光布局中，使用（VR）穹顶灯光模拟天光，用（VR）太阳模拟日光，用（VR）球体灯光模拟吊灯灯光。

1. 创建天光

01 在“创建”命令面板中单击“灯光”按钮，然后选择“Vray”灯光类型，再单击“（VR）灯光”按钮 (VR)灯光 ，在场景中创建一个（VR）灯光，如图12-197所示。

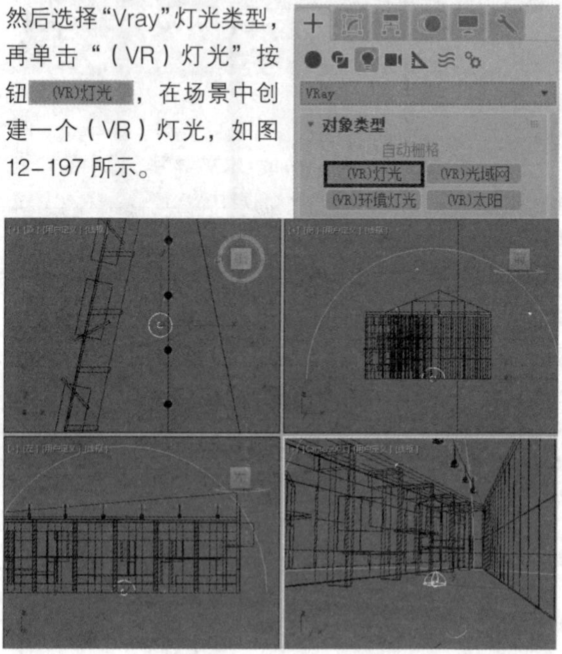

图12-197

02 选择创建的（VR）灯光，然后进入“修改”命令面板，在“常规”卷展栏中设置“类型”为“穹顶”，设置“倍增”为8、“颜色”为绿色（红:8 绿:18 蓝:16），如图12-198所示。

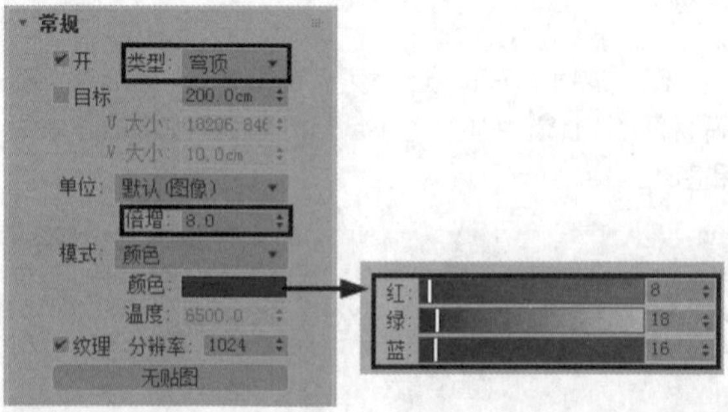

图12-198

03 在“选项”卷展栏中勾选“不可见”复选框，如图12-199所示。

04　选择摄影机视口，然后渲染当前场景，其效果如图 12-200 所示。

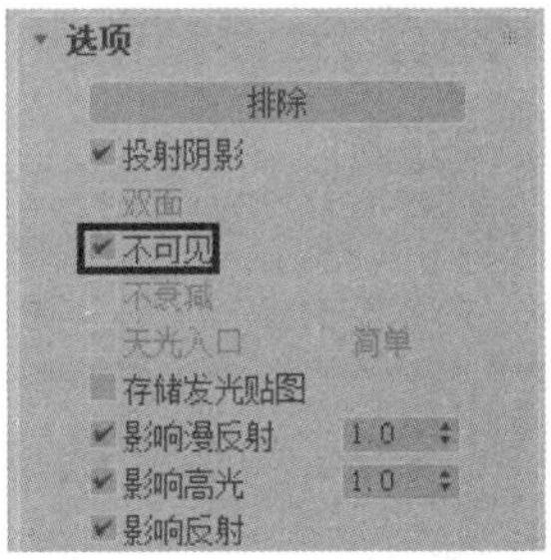

图 12-199

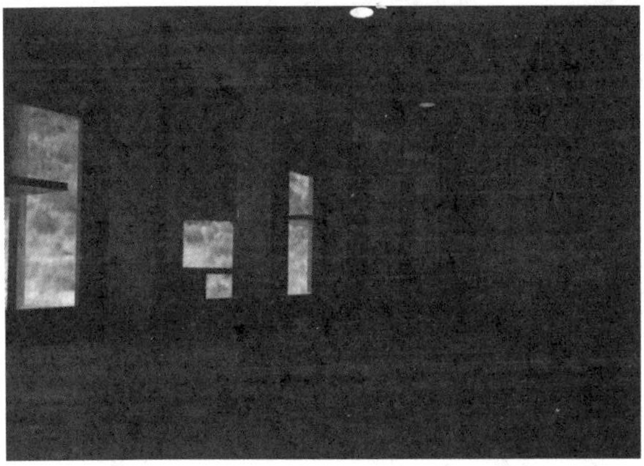

图 12-200

① 技巧与提示

本案例是一个 CG 场景，在添加光源时可以进行艺术处理。常见的效果图基本使用蓝色和绿色系作为暗色，这里使用绿色。绿色作为暗色在电影、游戏等 CG 场景中出现较多，可以使场景看起来有古旧、质朴的感觉。

2. 创建太阳光

01　选择“Vray”灯光类型，再单击“（VR）太阳”按钮 (VR)太阳 ，然后在摄影机背后创建一个（VR）太阳光，如图 12-201 所示。

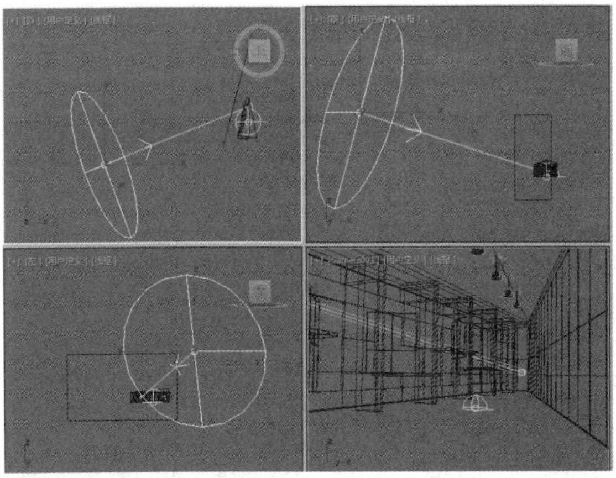

图 12-201

02　当创建（VR）太阳光时，系统会自动弹出如图 12-202 所示的对话框，单击“否”按钮 否(N) 即可。

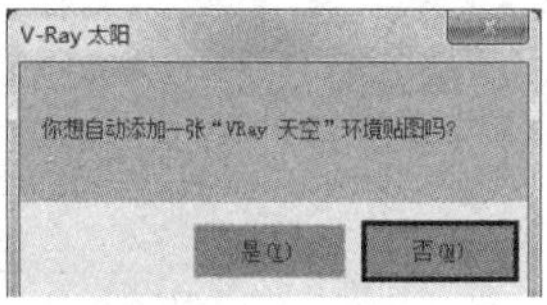

图 12-202

03　选择创建的（VR）太阳光，展开“VRay 太阳参数”卷展栏，设置“强度倍增”为 0.08、“大小倍增”为 10、“过滤颜色”为黄色（红 :255 绿 :201 蓝 :175）、“阴影细分”为 32，如图 12-203 所示。

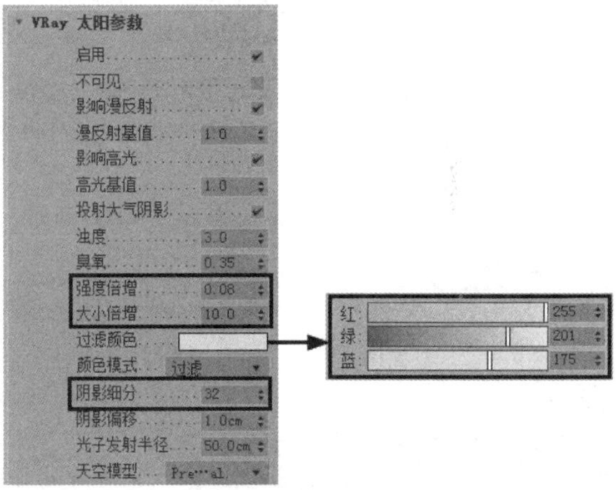

图 12-203

04　选择摄影机视口，然后渲染当前场景，其效果如图 12-204 所示。

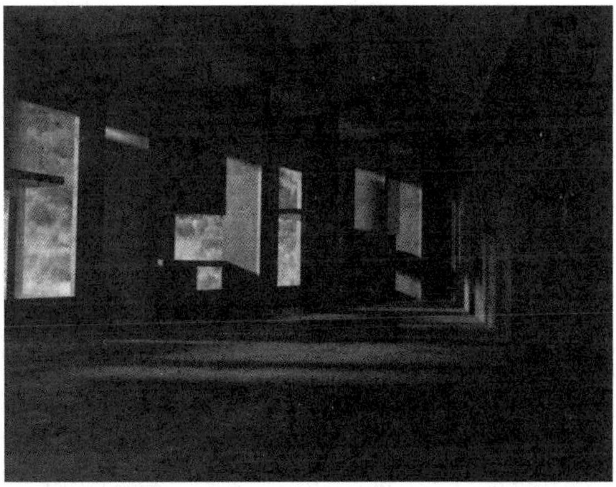

图 12-204

3. 创建吊灯

01　选择“Vray”灯光类型，单击“（VR）灯光”按钮 (VR)灯光 ，在吊灯中创建一个（VR）灯光作为吊灯灯光，然后将其复制到另外两个吊灯内，其位置如图 12-205 所示。

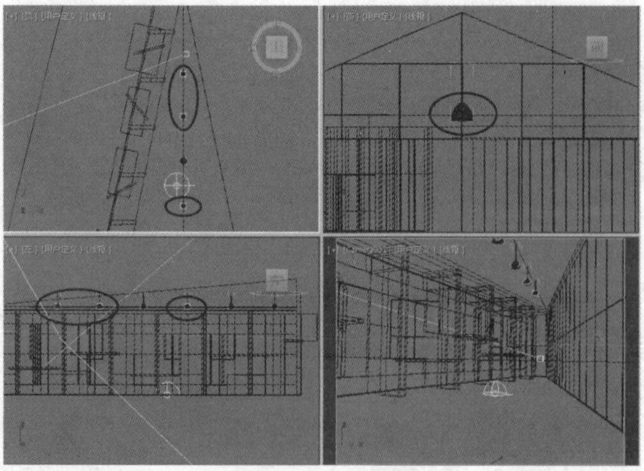

图 12-205

02 选择创建的（VR）灯光，进入“修改”命令面板，在“常规”卷展栏中设置“类型”为“球体”，然后设置“半径”为5cm，接着设置“倍增”为80、“颜色”为黄色（红:248 绿:200 蓝:137），如图 12-206 所示。

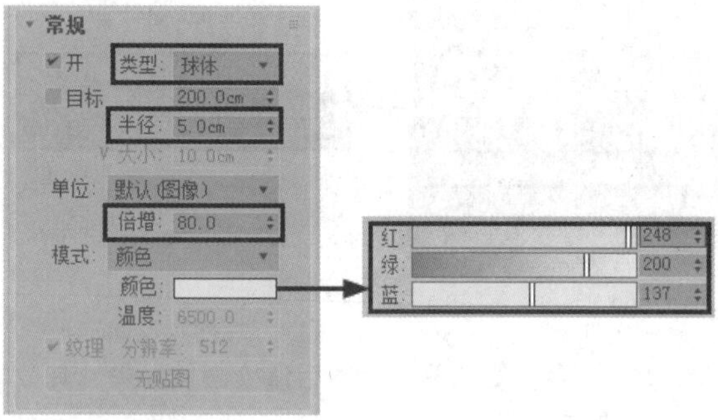

图 12-206

03 在“选项”卷展栏中勾选“不可见”复选框。如图 12-207 所示。

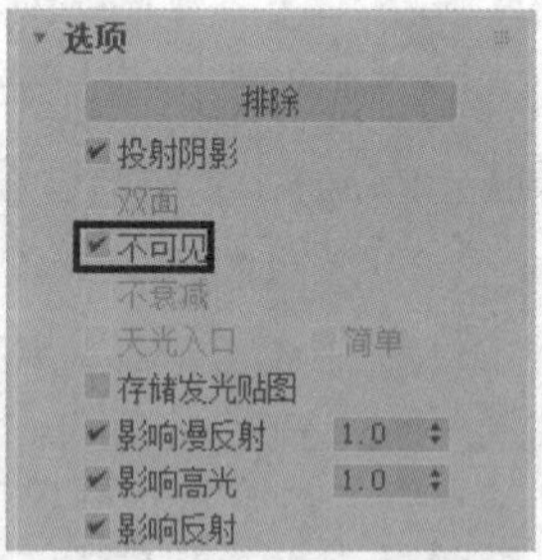

图 12-207

> ① 技巧与提示
>
> 复制的两个（VR）灯光的“倍增”值设置任意数值即可，这样可以使光线不呆板。

04 选择摄影机视口，然后渲染当前场景，其效果如图 12-208 所示。

图 12-208

12.3.5 设置最终渲染参数

01 按 F10 键打开“渲染设置”对话框，然后在“公用”选项卡的“输出大小”选项组中设置“宽度”为 1500、“高度”为 1125，如图 12-209 所示。

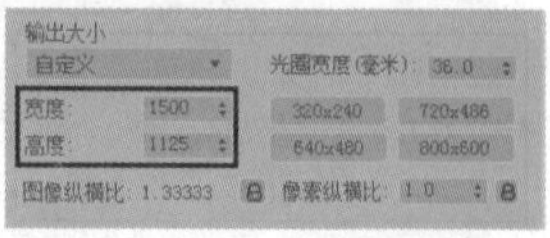

图 12-209

02 切换到“V-Ray”选项卡，展开“全局确定性蒙特卡洛”卷展栏，设置“最小采样”为 16、“噪波阈值”为 0.005，如图 12-210 所示。

图 12-210

03 切换到“GI”选项卡，展开“发光贴图”卷展栏，设置“当前预设”为“低”，再设置“细分”为 60、“插值采样”为 30，如图 12-211 所示。

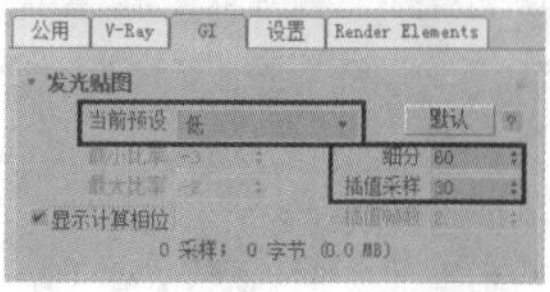

图 12-211

04 切换到“Render Elements”选项卡，然后单击“添加”按钮 添加... ，在弹出的对话框中选择“VRay 降噪器”选项，再单击“确定”按钮 确定 ，如图 12-212 所示。

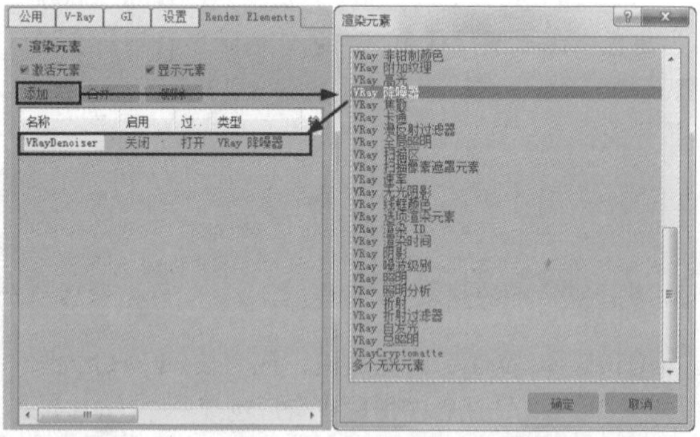

图 12-212

05 展开下方的“VRay 降噪器参数”卷展栏，然后设置“预设”为“自定义”，如图 12-213 所示。

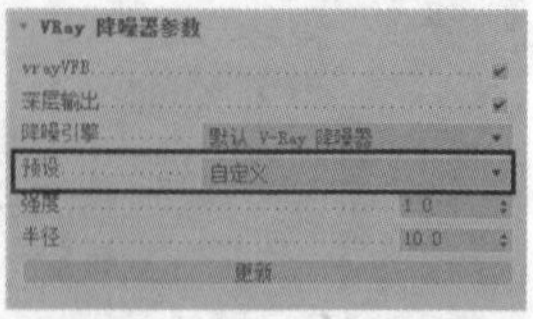

图 12-213

06 按 C 键切换到摄影机视口，然后按 F9 键对场景进行渲染，最终效果如图 12-214 所示。

图 12-214